# 构造地质学

## （第二版）

［挪］Haakon Fossen 著

付晓飞　王海学　孙永河　等译

石油工业出版社

## 内容提要

本书在阐明构造地质学这一学术概念的基础上，用22章的内容系统地、全方位地介绍了构造地质学所涉及的知识，特别是对上地壳应用中涉及的构造地质学知识进行了详细的描述，提供了相关理论和与具体理论相对应的模型，突出了构造地质学在石油和水资源勘探和开发中的重要性。本书配有术语表和符号说明，还包括精心设计的全彩插图和配套电子资源，深入浅出，有助于读者理解和掌握相关专业知识。

本书是资源勘查、地质工程、油气田勘探相关专业师生的构造地质学课程教材，可供地质工作者学习，也可供相关行业的科研人员和技术人员参考，也可供对构造地质学感兴趣的人士浏览品鉴。

## 图书在版编目（CIP）数据

构造地质学：第二版 /（挪威）哈康·弗森（Haakon Fossen）著；付晓飞等译 . —北京：石油工业出版社，2021.4（2022.9 重印）

书名原文：Structural Geology Second Edition.

ISBN 978-7-5183-4411-6

Ⅰ.①构… Ⅱ.①哈… ②付… Ⅲ.①构造地质学 – 教材 Ⅳ.① P54

中国版本图书馆 CIP 数据核字（2021）第 023314 号

出版发行：石油工业出版社

（北京市朝阳区安定门外安华里 2 区 1 号楼　100011）

网　　址：www. petropub. com

编辑部：（010）64251362

图书营销中心：（010）64523633

经　销：全国新华书店

排　版：北京中石油彩色印刷有限责任公司

印　刷：北京中石油彩色印刷有限责任公司

2021 年 4 月第 1 版　2022 年 9 月第 2 次印刷

889 毫米 × 1194 毫米　开本：1/16　印张：41.75

字数：1142 千字

定价：360.00 元

（如出现印装质量问题，请与图书营销中心联系）

# 《构造地质学（第二版）》
# 翻译组名单

组　　长：付晓飞

副 组 长：王海学　孙永河

参译人员：（按照姓氏拼音排序）

陈友智　巩　磊　何春波

贾　茹　刘　露　刘志达

柳　波　孟令东　平贵东

王　升　谢昭涵　易泽军

# 译者序

《构造地质学》一书由挪威卑尔根大学构造地质学教授 Haakon Fossen 撰写，于 2010 年在剑桥大学出版社出版。自出版以来，该书受到了国内外地质工作者的一致好评，其中大量内容被各国教材和专著引用和借鉴，对构造地质学学界影响颇深。由于反响热烈，作者积极采纳来自全世界各地读者的建议之后，在 2016 年推出了第二版，其内容和理论体系得到了进一步的完善，各知识点之间的呼应关系也得到了进一步强化。

《构造地质学（第二版）》一书内容全面、通俗易懂，在说明构造地质的基本原理、基本特征和基本方法的基础上，全方位地阐述了构造地质学这一基础学科的内容。本书有以下几个方面的特点：

（1）每章以总结性前言引入，有助于读者掌握整体性；

（2）重点概念和术语突出，便于读者查找；

（3）专栏特征明确且有指向性，有助于读者有选择、有层次地阅读；

（4）来自世界各地的高质量全彩照片和图件、文字紧密结合，有助于引起读者的兴趣、帮助读者理解相关概念；

（5）章末配备总结，并配备电子学习模块，有助于学生对地质现象的深层次理解和对专业重点的把握。

综合以上因素，我们希望该书能够有一个中文版本，可以有助于加深大学生和地质工作者对构造地质的理解，也为"构造地质学"课程的教材建设起到一定的参考作用。在 2017 年 12 月，我们很荣幸地得到 Fossen 先生本人的许可，通过石油工业出版社获得了本书的简体中文版翻译权和简体中文纸质版本的出版权，于是本书的英译汉工作从此拉开帷幕。

构造地质学是从事地质学理论和油气地质实践研究的一门重要的专业基础课程，研究领域非常广泛。现有的构造地质学教科书普遍关注中—下地壳的韧性或塑性变形，而本书则侧重于上地壳的应用，用生动的实例和形象的语言突出了构造地质学在石油和水资源的勘探和开发中的重要性。虽然作者编写时用语平实，对术语的使用也比较严谨，但本书的翻译依然是一个充满挑战的过程。在这个过程中，未曾经历或者预料的问题层出不穷，很多问题一经发现就需要对整本稿件进行全面修正，而很多术语也是在长期的探讨和对两种语言的深入理解之后才最终确定的。在翻译过程中，我们还发现并修正了一些原书的问题。幸运的是，团队齐心协力、共克难关，在保证质量的基础上及时实现了本书的出版。作为主译，在此向全体翻译人员和编辑为本书付出的艰苦劳动致敬！

本书由东北石油大学地球科学学院断裂控藏研究室组织翻译，具体分工如下：第 1 章译者为谢昭涵、付晓飞；第 2 章译者为王升；第 3 章译者为王海学；第 4 章译者为王海学、王升；第 5 章译者为谢昭涵；第 6 章译者为王海学；第 7 章译者为巩磊；第 8 章译者为巩磊；第 9 章译者为孟令东；第 10 章译者为巩磊；第 11 章译者为孟令东；第 12 章译者为孙永河；第 13 章译者为陈友智；第 14 章译者为陈友智；第 15 章译者为易泽军；第 16 章译者为付晓飞、刘志达；第 17 章译者为王海学、易泽军；第 18 章译者为孙永河；第 19 章译者为孙永河、刘露；第 20 章译者为贾茹、何春波；第 21 章译者为易泽军；第 22 章译者为巩磊；附录 A 译者为柳波；附录 B 译者为平贵东；术语和符号释义等内容由所有译者共同完成。付晓飞和王海学负责统稿，并对全书进行了最终验核。

限于译者水平，本书难免存在不妥之处，敬请广大读者批评指正。

付晓飞

2021 年 2 月 1 日

# 目录

# 再版说明

　　为了回应广大使用者的反馈，这本市场领先的教科书已全面更新。本书包括一个关于节理和矿脉的新章节、来自世界各地的额外的实例、令人惊叹的新的野外照片以及具有新的动画和练习的在线扩展资源。本书第一版很受欢迎，其特点是侧重于上地壳的应用，包括石油和地下水地质学，突出了构造地质学在石油和水资源勘探和开发中的重要性。本书精心设计的全彩插图与文字紧密结合，有助于帮助学生学习。本书补充了来自世界各地的高质量照片，从日常实际情况中的实例和类似情况吸引着学生，而章节末的复习题有助于检查他们的理解情况。更新的电子模块可以帮助读者在线查阅大部分章节，通过总结、创新性动画将概念引入生活以及其他实例和图中，进一步增强关键主题。

　　Haakon Fossen 是挪威卑尔根大学构造地质学教授，隶属于地球科学和自然历史博物馆。他曾在挪威国家石油公司从事勘探和生产地质 / 地球物理学工作，在卑尔根大学担任教授（1996 年至今）并在挪威进行地质测绘和矿物勘探。他的研究领域从坚硬岩石到软岩石，包括褶皱、剪切带以及加里东造山运动的形成和碰撞、构造变形（张扭）数值模拟、北海裂谷的演化和美国西部变形砂岩。他已经在世界各地进行了大量的野外考察工作，特别是挪威、犹他州 / 科罗拉多州和西奈。他的研究以野外制图、微观观测、物理和数值模拟、地理年代学和地震解释为基础。Fossen 教授曾从事多本国际地质学期刊的编辑工作，撰写了 100 多篇学术论文，并撰写了另外两本专著、许多书籍的部分章节。他已经从事本科构造地质学课程教学 20 年[1]，对开发电子教学资源以及帮助学生可视化和理解地质构造具有浓厚的兴趣。

---

①译者注：本书英文版初印时间为 2016 年，结合上下文，从 1996 年至 2016 年，正好 20 年。

# 前　言

　　本书是教科书《构造地质学》的第二版，第一版教材于 2010 年首次出版，并受到广大学生、学者和行业专家等的广泛好评。我收到了来自读者的许多鼓舞人心的评论和有意义的建议，这对准备编写一个新的改进版本（更新内容、插图和照片，保持原版的整体结构）的教材具有激励作用。

　　本书的编写目的是给大学生和具有一定地质基础的读者介绍构造地质的基本原理、基本特征和基本方法。尽管本书中描述的构造特征和分析方法也与地球深部出现的变形相关，但本书主要研究地壳的构造地质。此外，据火星和其他星球远程数据显示，在地球以外的其他星球上也观察到许多与大陆构造地质相似的特征。

　　构造地质的研究领域非常广泛，而本书选择性地介绍了本领域较为重要的一些研究课题。这种选择是艰难的，众所周知，教师往往会选择自己擅长的构造地质学课题，或根据其所在院系的课程学习计划进行选择。现有构造地质学教科书重视中—下地壳的韧性或塑性变形，而本教材则尝试更广泛地研究上地壳摩擦领域，从而更好地与地壳深部变形对比，其中一些章节为石油地质和脆性变形的研究提供了更多信息。这种理念在第二版中得到扩展，特别是增加了关于节理和矿脉这一章的内容。

　　维持这种平衡是撰写本书的初衷之一，而且或许与本人在石油地质和结晶岩构造地质方面的研究经验有关。另外一个初衷是希望能够重新调整书中的插图，并为读者呈现一个完全彩印的构造地质学教材。同时，我认为一本 21 世纪的基本构造地质学教材应该具备网络学习（e-learning）资源，因此，与本书一起提交的网络学习材料包应该作为本书的一部分。

## 本书结构

　　本书结构在许多方面是遵循传统的，从应变（第 2 章和第 3 章）到应力（第 4 章和第 5 章），从流变学（第 6 章）到脆性变形（第 7 章至第 10 章）。其中，第 2 章内容对一些学生读者和课堂教学而言太详细且太超前，但可以进行选择性阅读。然后，本书在简单地引入了微尺度构造的概念和判别晶体塑性变形作用与脆性变形作用的方法后（第 11 章），探讨了褶皱、石香肠、叶理和剪切带等脆性变形构造（第 12 章至第 16 章）。本书使用连续 3 个章节来研究 3 个主要构造域（第 17 章至第 19 章），接下来提出了盐构造和恢复原理（第 20 章至第 21 章）。最后的章节引入变质岩石学和地层学的内容，在结束全书的同时表明构造地质学和大地构造学很大程度依赖于其他学科。每章并不需要按顺序阅读，而且大部分章节可以独立应用。

## 重点和实例

　　本书探索性地涵盖了构造地质学广泛的研究领域，且本书实例来自世界各地。然而，一些地质研究区的图片和插图在本书中反复出现。一是北海（North Sea）裂谷系著名的 Gullfaks 油田，据我所知，该油田目前隶属于挪威国家石油公司。二是科罗拉多（Colorado）高原（基本上属于犹他州），在过去 2 个世纪中，该区域一直是地质工作者最有利的研究场所。三是较湿润和植被覆盖率更大的斯堪的那维亚加里东造山带，以及更炎热的巴西 Aracuai—Ribeira 带。描述塑性域典型构造的许多实例选自这些造山带。

# 致谢

本教材的编写综合了我在整个职业生涯获得的经验和知识，时间跨度涵盖了我的学生生涯、从业生涯及教职生涯。在这里，我要感谢在卑尔根大学、奥斯陆大学、明尼苏达大学、犹他州州立大学、挪威国家石油公司和挪威地质调查局的同学、地质学家和教授们。特别感谢我的顾问和朋友 Tim Holst、Peter Hudleston 和 Christian Teyssier，他们在我学生时期慷慨地分享他们的知识；也要感谢曾经的同学 Basil Tikoff，他在皮尔斯伯里大厅里与我进行了有价值的讨论和交流。在众多合作者、同事和以前的学生中，我特别感谢 Roy Gabrielsen，Jan Inge Faleide，Jonny Hesthammer，Rich Schultz，Roger Soliva，Gregory Ballas，Rob Gawthorpe，Ritske Huismans 和 Carolina Cavalcante。

还要特别感谢 Wallace Bothner，Rob Butler，Nestor Cardozo，Declan DePaor，Jim Evans，James Kirkpatrick，Stephen Lippard，Christophe Pascal，Atle Rotevatn，Zoe Shipton，Holger Stunitz 和 BruceTrudgill 对本教材的批判性评论。Julio Almeida，Renato Almeida，Nicolas Badertscher，Wallace Bothner，Jean M. Crespi，Rui Dias，Marcos Egydia，Jim Evans，Jonny Hesthammer，Fernando O. Marques，Roger Soliva，John Walsh 和 Adolph Yonkee 在这一领域提供的宝贵的帮助和交流对本书具有重要影响。感谢读者对第一版不同章节的评论。最后，我在学生时代阅读及学习的其他构造地质学教科书对于提升我的知识及对于本书的筹划均具有较大帮助。我从其他教科书中得到很多乐趣，并从书中学到很多，特别是 Hobbs、Means 和 Williams（1976），Twiss 和 Moores（2007），van der Pluijm 和 Marshak（2004）所著书籍、George H. Davis 和合著者的各种版本的《构造地质学》以及 Passchier 和 Trouw（2005）所著的《微观构造》。

Haakon Fossen

# 如何使用这本书

每一章都以概括性**引言**开始，这为构造地质学中的主题提供了整体的背景。这些介绍为本章提供了一个路线图，有助于你浏览本书。右侧专栏里介绍了与本章有关的在线电子模块和所涉及的主题。

本书主要内容包括读者需要理解和熟悉的**重要的术语**和**关键表达式**。很多这种术语都列在本书最后部分的**术语表**中。术语部分易于让读者在任何需要的时候查找，还可以用于复习重要的主题和**关键事实**。每一章都包含一系列重点论述，促使读者停下来，回顾一下对所阅读内容的理解。

专栏提供了关于特定主题的深层次的信息、有用的实例或相关背景信息。其他重要观点也将在**每章总结**中汇总。在进入下一主题之前，**复习题**用于检验对本章的理解。**答案**见本书的对应网页。**延伸阅读**部分可以为那些对更详细或更高级的信息感兴趣的人提供选定论文和书籍的参考。

---

## 17

## Contractional regimes

Contractional faults occur in any tectonic regime, but they are most common along destructive plate boundaries and in intracratonic orogenic zones. Contractional structures received much attention from the last part of the nineteenth century up to the end of the twentieth century, when the focus shifted somewhat towards extensional structures. The study of contractional faults resulted in the development of balanced cross-sections, and brought attention to the role of fault overlaps and way structures, the relation between displacement and fault length, and the mechanical aspects of faulting. Understanding contractional faults is important not only for better understanding of orogenic processes in general, but also for improved petroleum exploration methods, because a number of the world's oil resources are located in fold and thrust belts. The fundamentals of contractional faults and related structures are covered in this chapter with a focus on thrust structures found in orogenic belts.

The e-module for this chapter, Contraction, provides further support on the following topics:
- Tectonic units
- Tectonic regions
- Fault geometries
- Structural growth
- Orogenic wedges

---

in Figure 4.7, now known as the Mohr diagram, where the horizontal and vertical axes represent the normal ($\sigma_n$) and shear ($\sigma_s$) stresses that act on a plane through a point. The value of the maximum and minimum principal stresses ($\sigma_1$ and $\sigma_3$, also denoted $\sigma_1$ and $\sigma_2$ for two dimensional cases) are plotted on the horizontal axis, and the distance between $\sigma_1$ and $\sigma_3$ defines the diameter of a circle centered at $((\sigma_1 + \sigma_3)/2, 0)$. This circle is called the **Mohr circle**.

---

The Mohr circle describes the normal and shear stress acting on planes of all possible orientations through a point in the rock.

---

## Review questions

1. What is structural geology all about?
2. Name the four principal ways a structural geologist can learn ation. How would you rank them?
3. How can we collect structural data sets? Name important data analysis.
4. What are the advantages and disadvantages of seismic reflecti
5. What is a scale model?
6. What is kinematic analysis?

通过使用总结、额外的实例和图件以及创新的动画，**电子学习模块**进一步增强了主题，将概念带入生活。强烈推荐阅读每章之后使用这些电子学习模块作为复习和考试准备的一部分。这些模块提供了追加的信息，补充了正文内容。

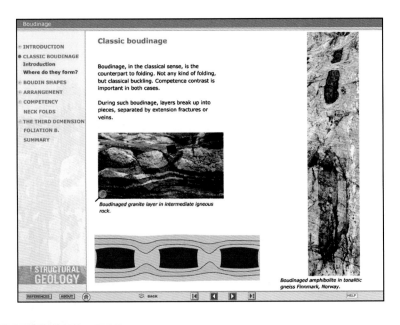

**在线资源：www.cambridge.org/fossen2e**

本书特别准备的、独特的资源可以从上述网站中获得，包括：

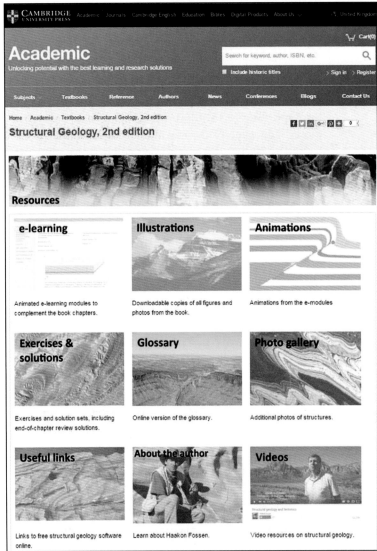

- 电子学习模块结合了动画、文字、插图和照片。这些在高度可视化和互动环境中展现出构造地质学的关键方面。
- 为教师准备的每章结尾复习题的答案。
- 额外学生练习（为老师提供解决方案）。
- 每章所有图件都是 jpeg 格式和 Pow-erPoint 格式的文件。
- 电子术语表。
- 一组描述额外地质构造和野外实例的补充图件。
- 野外教学视频。
- 链接到其他构造地质学网络资源，包括软件。
- 链接到作者博客和团队 facebook 页。

# 符号释义

| | |
|---|---|
| $\alpha$ | 微破裂椭圆的长轴 |
| $A$ | 面积； |
| | 根据流动定律确定的经验常量 |
| $c$ | 微破裂椭圆的短轴 |
| $C$ | 岩石的内聚力或黏结强度 |
| $C_f$ | 断层的内聚力强度 |
| $d$ | 偏移或视位移 |
| $d_{cl}$ | 泥岩层厚度 |
| $D$ | 位移； |
| | 分形维数 |
| $D_{max}$ | 沿断层面或沿断层形迹的最大位移 |
| $\boldsymbol{D}$ | 变形（梯度）矩阵 |
| $e=\varepsilon$ | 伸展率 |
| $\dot{e}=\dot{\varepsilon}$ | 伸展速率，$de/dt$ |
| $\dot{e}_x$，$\dot{e}_y$ | 在 $X$ 和 $Y$ 轴的伸展速率，$s^{-1}$ |
| $\boldsymbol{e}_1$，$\boldsymbol{e}_2$ 和 $\boldsymbol{e}_3$ | 应变椭球体三个轴相同的变形矩阵的特征向量 |
| $\bar{e}$ | 对数（自然的）伸展率 |
| $\bar{e}_s$ | 天然八面体单元剪切 |
| $E$ | 杨氏模量； |
| | 通过晶体空位迁移的活化量，$J \cdot mol^{-1} \cdot K^{-1}$ |
| $E^*$ | 活化能 |
| $\boldsymbol{F}$ | 力矢量，$kg \cdot m \cdot s^{-2}$ 和 N |
| $\boldsymbol{F}_n$ | 力矢量的法向分量 |
| $\boldsymbol{F}_s$ | 力矢量的剪切分量 |
| $g$ | 重力加速度，$m/s^2$ |
| $h$ | 岩层厚度 |
| $h_o$ | 原始岩层厚度 |
| $h_T$ | 褶皱（弯曲）开始时的地层厚度 |
| $ISA_{1-3}$ | 瞬时拉伸轴 |
| $k$ | 描述应变椭球体形态的参数（弗林图上的线） |
| $K$ | 体积模量 |
| $K_i$ | 应力强度因子 |
| $K_c$ | 破裂韧性 |
| $k_x$，$k_y$ | 纯剪切分量，纯剪切和简单剪切矩阵中的对角元素 |
| $l$ | 线长，m |
| $l_o$ | 变形前线长，m |
| $\boldsymbol{L}$ | 速度张量（矩阵） |

| | |
|---|---|
| $L$ | 断层长度 |
| | 波长 |
| $L_d$ | 主波长 |
| $L_T$ | 超过一个波长距离的褶皱岩层的实际长度 |
| $n$ | 位移—长度标度的指数 |
| $p_f$ | 流体压力 |
| $p$ | 压力，Pa |
| $Q$ | 活化能 |
| $R$ | 椭圆的椭球率或面比率（长轴／短轴比）；气体常数，$J \cdot kg^{-1} \cdot K^{-1}$ |
| $R_f$ | 物体的最终椭圆率在变形前是非圆形的 |
| $R_i$ | 物体的原始椭圆率（变形前） |
| $R_s$ | 与 $R$ 一样，结合 $R_f/\phi$ 法从 $R_f$ 中识别它 |
| $R_{xy}$ | $X/Y$ |
| $R_{yz}$ | $Y/Z$ |
| $s$ | 拉伸 |
| $\dot{s}$ | 拉伸张量，速度张量的对称部分 |
| $t$ | 时间，s |
| $T$ | 温度，K 或 ℃ |
| | 单轴抗拉强度，bar |
| | 计算 SGR 和 SSF 时断层的局部位移或断距 |
| $\boldsymbol{v}$ | 速度矢量，m/s |
| $V$ | 体积，$m^3$ |
| $V_o$ | 变形前体积 |
| $v_p$ | 纵波速度 |
| $v_s$ | 横波速度 |
| $\boldsymbol{w}$ | 涡度矢量 |
| $w$ | 涡度 |
| $W$ | 涡度（或自旋）张量，即速度张量的反对称分量 |
| $W_k$ | 运动学涡度数 |
| $\boldsymbol{x}$ | 变形前坐标系的矢量或点 |
| $\boldsymbol{x'}$ | 变形后坐标系的矢量或点 |
| $x, y, z$ | 坐标轴，$z$ 是垂向的 |
| $X, Y, Z$ | 主应变轴，$X \geqslant Y \geqslant Z$ |
| $Z$ | 地壳深度，m |
| $\alpha$ | 热膨胀系数，$K^{-1}$ |
| | Biot 弹性参数 |
| | 非共轴变形开始时被动标志层和剪切方向的夹角（第 15 章） |
| | 流脊间夹角（第 2 章） |
| $\alpha'$ | 非共轴变形后被动标志层和剪切方向的夹角 |
| $\beta$ | 拉伸系数，等于 $s$ |
| $\varDelta$ | 体积变化系数 |
| $\Delta\sigma$ | 应力变化 |
| $\gamma$ | 剪切应变 |
| $\bar{\gamma}_{oct}$ | 八面体剪切应变 |

| | |
|---|---|
| $\dot{\gamma}$ | 剪切应变率 |
| $\Gamma$ | 一般剪切变形矩阵中非对角线项 |
| $\eta$ | 黏度常量，$N \cdot s \cdot m^{-2}$ |
| $\lambda$ | 二次伸展率 |
| $\lambda_1$，$\lambda_2$，$\lambda_3$ | 变形矩阵的固有值 |
| $\sqrt{\lambda_1}$，$\sqrt{\lambda_2}$，$\sqrt{\lambda_3}$ | 应变椭圆轴长度 |
| $\mu$ | 剪切模量； |
| | 黏度 |
| $\mu_f$ | 滑动摩擦系数 |
| $\mu_L$ | 弯曲能干层的黏度 |
| $\mu_M$ | 弯曲能干层基质的黏度 |
| $\upsilon$ | 泊松比； |
| | Lode 参数 |
| $\theta$ | 裂缝法向和 $\sigma_1$ 的夹角； |
| | $TSA_1$ 和剪切面的夹角 |
| $\theta'$ | $X$ 应变轴与剪切面的夹角 |
| $\rho$ | 密度，$g/cm^3$ |
| $\sigma$ | 应力（$\Delta F / \Delta A$），bar（$1bar=1.0197kg/cm^2=10^5Pa=10^6dyn/cm^2$） |
| $\boldsymbol{\sigma}$ | 应力矢量（牵引矢量） |
| $\sigma_1 > \sigma_2 > \sigma_3$ | 主应力 |
| $\bar{\sigma}$ | 有效应力 |
| $\sigma_a$ | 轴向应力 |
| $\sigma_{dev}$ | 偏应力 |
| $\sigma_{diff}$ | 差应力（$\sigma_1 - \sigma_3$） |
| $\sigma_H$ | 最大水平应力 |
| $\sigma_h$ | 最小水平应力 |
| $\sigma_{h*}$ | 岩石圈变薄部分的平均水平应力（常量—水平—应力模型） |
| $\sigma_m$ | 平均应力（$\sigma_1 + \sigma_2 + \sigma_3$）/3 |
| $\sigma_n$ | 正应力 |
| $\sigma_r$ | 远程应力 |
| $\sigma_s$ | 剪切应力 |
| $\sigma_t$ | 构造应力 |
| $\sigma_{tip}$ | 沿着孔隙边缘最大弯曲点或裂缝末端应力 |
| $\sigma_{tot}$ | 总应力（平均应力 + 偏应力） |
| $\sigma_v$ | 垂向应力 |
| $\sigma_n^g$ | 多孔介质中颗粒—颗粒或颗粒—围岩接触面上的正应力 |
| $\sigma_n^w$ | 多孔介质中颗粒作用于围岩的平均正应力 |
| $\phi$ | 内摩擦角（岩石力学性质）； |
| | 孔隙度； |
| | 变形开始时参考线和 $X$ 应变轴的夹角（$R_f/\phi$ 法） |
| $\phi'$ | 变形后参考线和 $X$ 应变轴的夹角（$R_f/\phi$ 法） |
| $\psi$ | 角切变 |
| $\omega$ | 角速度矢量 |

# 第1章

# 构造地质学和构造解析

构造地质学研究岩石圈中的褶皱、断层和其他变形构造——关于它们如何出现、如何形成以及为什么形成。从数百千米到微观尺度，构造特征形成于许多不同的环境中，并经历了有趣的应力和应变变化——如果我们学会如何阅读这些密码，我们就能获得这些信息。岩石中的构造讲述的故事是美丽的、迷人的、有趣的，并且对人类社会非常有用。诸如板岩和片岩（建筑石材）、矿石、地下水和油气等资源的勘探、制图和开发都依赖构造地质学家，构造地质学家了解他们观察到的现象，进而能够提出有充分根据的解释和预测。在第一章中将梳理、讨论构造地质学和构造解析所需的基本概念、一些不同的数据集和理论方法，为接下来的章节奠定基础。读完本书的其他章节后，再回到这一章节可能也会有帮助，这取决于你对构造地质学背景知识的了解。

本章的电子模块，包括入门介绍和球面投影，为以下主题提供支持：

- 应力和应变
- 流变学
- 构造域
- 施密特网
- 投影
- 结构
- 软件
- 惯例

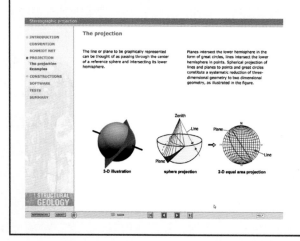

## 1.1　构造地质学研究方法

所谓的现代构造地质学来源于野外观察。现在也可以通过遥测数据（如地震数据和卫星数据）来进行远程观测，但这些观察到的现象，同样能在思想活跃的学生头脑中引发问题。人们可以通过更加仔细和系统的观察来寻求答案，这通常包括实地测量、薄片研究、绘制和分析构造数据，或使用更先进的方法——如放射性年代测定法等。此外，我们可以在实验室中进行物理模拟实验或使用数值模型对我们的假设进行进一步的探索和检验。

构造地质学家在寻找令人满意的答案时，所使用的每一种方法都有其优势和局限性。无论是野外观测还是遥感影像，都是对变形过程的最终结果的描述，而实际的变形历史在大多数情况下未知。构造演化的逐步变形可以在实验室的实验中观察到，但这些数分钟、数小时或可能长达一周的观测，对于自然界中跨越数千年至数百万年的地质历史而言有多大代表性呢？如何使用米级模型很好地再现千米级实例？在数值模拟中，我们在计算机上应用物理和数学方程对变形进行建模，但为了使其能够在当今的代码和计算机中运行，模型均进行了简化，因此再现的程度不总是尽如人意。此外，输入参数可能存在不确定性，如材料性质或先存的非均质性的不确定性。然而，通过整合不同方法，我们能够获得展现构造的形成过程及其含义的逼真模型。野外研究始终至关重要，因为任何建模——无论是数值建模还是物理建模，都必须直接或间接地建立在准确和客观的野外观察和描述的基础之上。野外工作的客观性既重要又极具挑战性，不同形式的野外研究是吸引许多地质学家选择成为地球科学家的主要原因！

## 1.2　构造地质学和构造作用

构造（structure）这个词来源于拉丁语中的 *struere*，我们可以说：

***

地质构造是岩石的一种几何形态，构造地质学研究的是构造的几何形态、分布和形成。

***

应该补充的是，**构造地质学**只研究岩石变形过程中形成的构造，而不研究沉积或岩浆作用形成的原生构造。然而，变形构造可以通过原生构造的改变而形成，例如沉积岩层理的褶皱。

与之密切相关的"tectonics"一词来源于希腊语中的"tektos"，"structural geology"和"tectonics"都与地球岩石圈的构建和由此形成的构造有关，也与改变地球外部形态的运动有关。我们可以说，构造运动与导致构造形成的潜在过程有更密切的联系：

***

构造作用与外部的、通常为区域性的过程有关，指在一定范围或区域内产生一定特征的地质构造的区域作用过程。

***

"外部"是指我们研究的岩石体的外部。在许多情况下，外部运动的过程或成因是板块运动，但也可能是岩浆的强力注入、重力驱动的盐或泥底辟、冰川流动和流星的碰撞。这些"成因"中的每一个都可以创造出一种特征构造，定义一种**构造类型**，相关的构造则可以被赋予特殊的名称。**板块构造**是构造的大尺度部分，与岩石圈板块运动和相互作用直接相关。在板块构造领域中，俯冲构造、碰撞构造、裂谷构造等术语的使用则更为具体。

冰川构造是指在前进的冰盖前端的沉积物和基岩（通常是沉积岩）的变形。在此情况下，变形的原因是冰的推动，尤其是在冰川底部寒冷的地方（冻结在基底上）。

盐构造学研究的是盐穿过上覆地层垂直移动（主要是垂直移动）所引起的变形（见第 20 章）。虽然盐构造也与板块构造密切相关，但是冰川构造和盐构造都主要受重力作用驱动。例如第 20 章所述，构造应变可以产生裂缝，使盐在重力作用下穿透其覆盖层。**重力构造**这一术语通常仅限应用于大块体岩石和沉积物的向下滑动的情况中，尤其是位于软弱盐岩或超压泥岩层上的大陆边缘沉积物。如第 20 章所述，筏构造是形成于该环境中的一种重力构造类型。部分学者也将较小的滑坡及其构造视为重力构造，而另一部分学者则认为该地表过程不属于构造变形。典型的非构造变形是沉积物和沉积岩被更新的沉积层压实，发生简单压实作用。

**新构造学**研究的是最近和正在进行的地壳运动和同生应力场。新构造的断层在地表的形态表现为断层陡坡，并且重要数据集来源于天然地震信息（例如震源机制，见专栏 10.1）和卫星多次探测所得的区域高程变化。

在小尺度上，显微构造描述的是在显微镜下可见的微观变形和变形构造。

**构造地质学**通常与观察、描述和解释野外的构造有关。我们如何识别岩石的变形或**应变**？"应变"是指某一原生或先存的物体在几何形态上发生了改变，无论是交错层理、卵石形状，应变都可以定义为长度或形状的变化，而识别应变和变形构造，实际上需要对未变形岩石及其原生构造有可靠的认识。

---

能否识别出构造变形，取决于我们对原生构造的认识。

---

构造变形的结果也取决于其原始的材质、结构和构造。由于砂岩、泥岩、石灰岩或花岗岩对变形的反应不同，因此其变形会形成明显不同的构造。此外，构造作用与岩石的形成和原生构造往往有着密切的关系。沉积学家在研究同沉积断层上盘（向下滑动的一盘）厚度和矿物颗粒尺寸的变化时就认识到了这一点。如图 1.1 所示，下降断块的逐渐旋转和下沉，使得断层附近相比离断层较远的地方有更大的可容空间能够沉积更厚的地层，导致沉积地层在剖面上形成楔形，并且越向下越陡。此外，在断层附近还形成了沉积相变化，较粗的矿物颗粒沉积于断层附近，这归因于断层活动产生的地形差异，如图 1.1 所示。

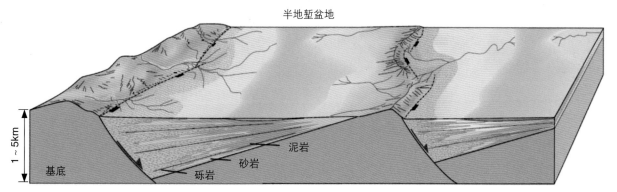

图 1.1　地壳伸展活动区域的沉积相、地层厚度变化和同沉积断层（生长断层）之间的密切关系

构造和岩石形成过程之间的另一种密切关系如图 1.2 所示，图中强烈的抬升和岩浆膨胀（可能存在）使外部和最先形成的深成岩体和围岩发生变形。图 1.2 所示的地层褶皱和剪切，证明岩浆向地壳的强烈侵入在深成岩体外侧产生变形。图 1.2 所示的椭圆显示了包体（包裹体）特征，明显可见沿着接近侵入岩体的边缘方向，这些椭圆变得越来越狭长。因此，在一次强烈的岩浆侵入历史中，侵入岩体的外部被拉伸。

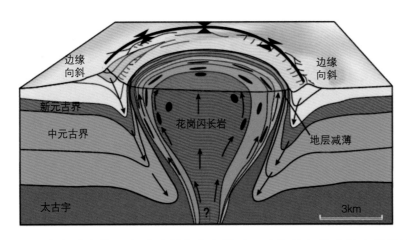

图 1.2　构造地质学也与板块应力之外的其他过程和机制有关。此图为中国北京西南部的一个花岗闪长岩侵入体草图，显示岩浆强烈侵入、围岩的应变和褶皱之间的密切关系。黑色椭圆指示了应变，如第 2 章和第 3 章所述。侵入体内部和周边的应变（变形）模式可以用底辟作用进行解释，在底辟作用下，岩浆侵入上升、挤压和剪切影响侵入体外部区域和四周的围岩，从而制造空间。（据 He 等，2009）

在变形之前、变形过程中和变形后，矿物的变质生长也提供了变形过程中的温度—压力状态的重要信息，并且可能包括层理和构造，反映了运动和变形历史。因此，沉积的、岩浆的和变质的过程可能都与局部或区域性的构造地质情况密切相关。

这些例子与应变相关，但是构造地质学家，尤其是研究上地壳脆性构造的那些人，也关注应力的问题。由于应力不可见，因此大多数人将应力视为某种弥散性的和抽象的概念。然而，如果岩石承受的应力场没有超过岩石抵抗变形的极限，则不会产生变形。我们可以通过在表面施加一个力来创造应力，但是地下某一点受到各个方向的应力，并且对这种应力状态的完整描述需要考虑所有方向的应力，因此受力是三维的。应力和应变之间总有相互关联，这种关系在实验室内可控的实验中建立起来较为容易，但很难在自然界形成的变形构造中对其进行提取。

构造地质学包括地球表面或靠近地球表面的变形构造，在较冷的上地壳中岩石具有破裂趋势，而在温度较高的下地壳和再下部的地幔中岩石趋向于塑性。构造地质学包括不同尺度的构造，上到数百千米，下到显微或原子规模的构造，包括几乎瞬间形成的构造，也包括经历数千万年形成的构造。

因此，构造地质学领域包括大量的子学科、方法和理论。石油勘探地质学家可能正在研究裂谷或盐构造过程中所形成的圈闭构造，而开发地质学家则担心亚地震的封闭断层（在孔隙性储层中阻挡流体流动的断层，见 8.7 小节）。工程地质学家可能对隧道施工项目中岩石破裂的产状和密度进行研究，而大学教授可以用构造图、物理模拟或计算机模拟来理解造山的过程。理论和方法有很多种，它们服务于对构造发展的理解和对构造模式的预测。通常情况下，构造地质学是基于数据以及观察到的现象的分析和解释。因此，构造解析是构造地质学领域的一个重要部分。

对构造数据进行分析，进而得出一个地区的构造模型。我们所说的**构造模型**是一种用于解释构造现象的模型，并且将其置于更大规模的变形过程中（如裂谷或盐运动）。例如，如果我们绘制出一系列正断层，指示出造山带的东西向伸展，我们必须寻找一个模型来解释此类伸展。这可能是裂谷模型，也可能是造山过程中的伸展垮塌，或者造山作用之后的重力驱动垮塌。在寻求最适合解释该数据的模型时，会使用各种有关的数据，例如相对年龄关系、放射性测年、岩浆作用的证据、地层厚度和相的变化。可能一组特定的数据可以用多个模型来解释，因此我们应该寻找不同类型的模型并对其进行评价。总之，简单模型比复杂模型更具有吸引力。

## 1.3　构造数据集

地球表现为一个极其复杂的物理系统，自然变形而形成的构造具有丰富的样式和历史。因此需要简化和识别一个或几个最重要的因素，从而描述和识别出自然界中岩石变形的构造。变形岩石及其构造的**野外观察**是岩石变形信息最为直接和重要的来源，客观观察和仔细描述自然界中的变形岩石，是理解自然界中变形的关键。通过各种遥感方法，包括卫星数据和地震数据，对地质构造进行间接观察，在定位和描述构造变形时变得越来越重要。在实验室中进行的**实验**为我们提供了关于不同物理条件与变形的关系，包括应力场、边界条件、温度和变形材料的物理性质等宝贵知识。使用计算机模拟岩石变形的**数值模型**也很有用，通过模拟使我们能够控制影响变形的不同参数和属性。

物理实验和数值模拟不仅能帮助我们理解外部和内部物理条件如何控制或预测构造变形的形成，而且还能提供有关构造如何变形的相关依据，即它们实现了变形历史的再现。相反，自然中的变形岩石只代表变形的结果，而通过岩石本身很难得知其变形历史。数值模拟和物理模拟可以控制岩石的属性和边界条件，并研究其在变形与变形历史中的影响。然而任何变形的岩石都包含一些变形的历史信息。挑战在于知道寻找什么信息和如何对这些信息进行解释。数值模拟和物理模拟要结合客观而准确的野外观察才有助于完成这项工作。

---

数值模拟、物理模拟和遥测数据很重要，但是应该以野外观测为基础。

---

## 1.4  野外数据

对变形岩石及其结构的传统野外观测是重中之重。岩石包含的信息比我们能够从岩石中提取的信息更多，任何物理模型或数值模型的成功与否都依赖于对真实岩石结构探测的质量好坏。直接接触没有被其他人的大脑或计算机筛选或解释的岩石和构造至关重要（图1.3）。

图 1.3　直接接触岩石很重要。确保你每年有较长时间在野外进行观测，这样你会通过开放性讨论获得新的思路（Donna Whitney 和 Christian Teyssier 在讨论斯堪的纳维亚的加里东山系的片麻构造）

不幸的是，我们进行客观观察的能力有限。我们过去的所学和所见强烈地影响着我们对变形岩石的视觉印象。因此，任何研究岩石变形的学生都应该培养自己去变得客观。只有这样，我们才会有新的设想，并对其做出新的解释，而这可能有助于我们对一个地区的构造演化甚至整个构造地质学领域的理解。某些构造可能会被忽略，直到有一天有人指出它们的存在和意义，之后便可以随处发现它们的身影。强变形韧性岩石（糜棱岩）中的剪切带就是这样一个例子（图 16.25）。之前它们或者被忽视，或者被认为是解理，直到 20 世纪 70 年代末才被正确地描述和解释。此后，世界上几乎每一个主要剪切地带或糜棱岩带中的剪切带都被描述了。

野外实地工作从肉眼观察和描绘草图开始（图 1.3 和图 1.4）。它涉及基本工具的使用，如锤子、测量装置、地形图、放大镜、罗盘和照相机，所收集的数据主要是构造产状和用于薄片研究的样品。全球定位系统（GPS）装置和高分辨率的航空照片和卫星照片都是重要的工具，更先进和详细的工作可能包括便携式激光扫描装置——其激光脉冲到达地球表面并记录返回时间。

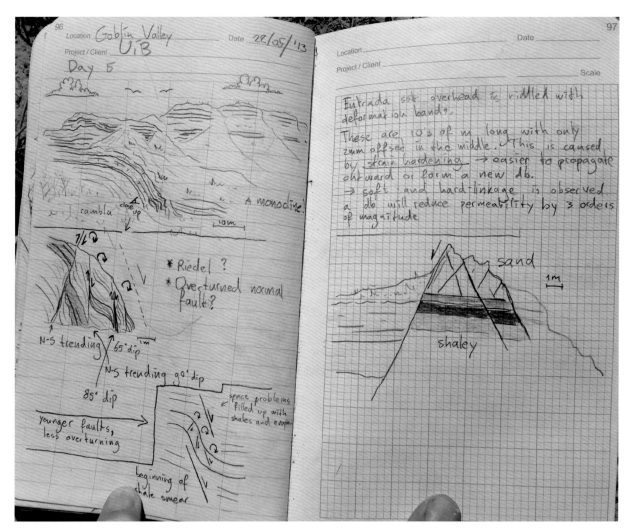

图 1.4　绘制草图是一个重要的野外活动，能达到多重目的。通过绘制草图，可以使你成为更好的观察者，给你创意，并且帮你记住该露头。草图是露头的再现，通过草图可以将无用的特征（如植被）忽略而将地质构造突出显示出来，也可以是说明概念和模型的原理草图。图中的学生草图（Gijs Henstra 绘制）是一个在南犹他州野外实习的结果

**测绘**

对于野外地质学家来说，包含地质接触、定位数据和方位测量数据的地形图必不可少。现代野外

地质学家更可能利用数字地图、高分辨率数字卫星图像和航空照片，通过智能手机、平板电脑和具备 GPS 功能的专业数字设备，绘制构造图并更有效地收集、绘制和评估数据。这有助于准确定位和更高效的数据收集。但是，基本概念仍保持不变。

### 绘制草图与拍照

在许多情况下，记录现场数据最重要的方法还是在照片、方位测量和其他相关测量的辅助下，精心绘制实地草图。草图绘制也促使野外地质学家观察可能被忽略的特征和细节。即使是直接对一张好的野外照片进行描绘，也能揭示出一些原本不被人注意的特征。草图的另一个用途是强调相关信息，淡化或忽略无关的细节。许多人发现，为了概览一个露头，绘制草图尤为重要。同时可以对一些特别有趣的构造或露头的一部分进行更详细的绘制。用图片备份草图是一个好方法，最方便的方法则是使用带有内置或外置 GPS 的相机。通常情况下，野外绘制草图是一个很重要的实践。

### 测量

有各种各样的手动罗盘可用来测量面状和线状构造，这里不再详细介绍如何对其进行使用。此外，还有一些智能手机的应用程序非常有用（更多信息参阅在线资源）。这些应用程序可以方便地测量和绘图，并且直接或间接地在地图或图像上显示测量结果，但是它们也存在精确度和电池电量限制等缺点，必须在应用时加以考虑。可惜的是产状测量中使用了不同的符号。特别是平面的产状可以用它们的走向／倾角表示，也可以用倾角／倾向表示，尽管它们之间的转换较为简单，但是为了避免混淆，明确的野外标注至关重要。

很多地质学家用**走向**和**倾角**来表示面的产状。走向是某个面和水平面的交线，走向值是走向与正北方向的夹角。该值用两个共轭角中的任何一个表示，如图 1.5 所示，这两个角分别为 60°

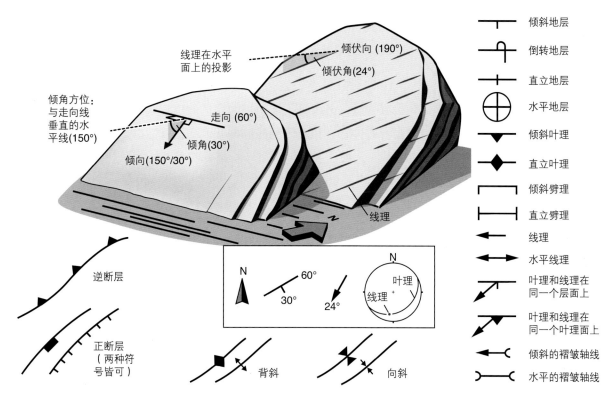

图 1.5  露头中面理和线理的描述，以及一些平面图中常用的符号
方框中为面理和线理在平面图和等面积投影中的图示

和240°。我使用（美国的）是**右手定则**，意思是当你向着正确的走向看时，这个面应该向你的右边倾斜。或者就你的右手而言，如果你的右手拇指指向与走向一致，你的其他手指应该指向倾向。在如图实例中，当向60°方向看时（而不是向240°方向看），该面向右倾斜。因此该面的产状表示为60°/30°。为了防止与倾角混淆，总是使用三位数表示走向。在这种方法中，也可以考虑添加方向因子（如SE）等。因此，该面可表示为060/30SE。增加方向（SE）也使其区别于线状测量。另一种方向的表示方法为N060E/30SW，意思是走向为北偏东60°。面状构造也可以在球面投影中用大圆弧或极点来表示（附录B）。走向有时用玫瑰花图来表示，尤其是裂缝的走向（附录B）。

一个面也可以用**倾向**来描述，倾向值与上述一致，只是走向改成了倾向，即某个面的倾斜水平方向。所以如果面向150°倾斜（东南方向），则其产状用150°/45°或者45°/150°表示。基本上这就是在走向角上加90°，所以很容易在这两种表示方法之间进行切换，但是如果从别的地质学家那里取得数据，也较为容易混淆。由于倾向实际上是一条直线，因此在球面投影中用极点来表示。

**线状构造**用其**轨迹**和**倾伏角**来表示，其中轨迹是线状构造在水平面上的投影，而倾伏角是线状构造与轨迹的夹角。某些情况下可通过测量得到倾角，如附录B所述。在球面投影中，线状构造的产状由极点表示。

**磁偏角**是真北方向和磁北方向的差角，在某些地方可能至关重要，必须加以考虑。可以通过调整手动罗盘（但移动到新的区域需要重新调整）或者调整测量值（在电子表格中或者通过球面投影旋转数据）进行校正。如果你使用的是智能手机的应用程序，它有可能会自动修正，但也有可能不会。

## 球面投影

方位数据被绘制在球面投影（等角度或等面积）和玫瑰花图上，智能手机罗盘程序能自动在屏幕上绘制数据，这样我们就可以立即评价结果，并在需要时添加测量数据。方便的绘图应用程序可以手动输入数据或从手持设备导入数据。然而，为了充分利用球面投影生成的图形，理解球面投影必不可少。因此，需要对在等角和面积图上绘制方位数据的基础知识进行复习，见附录B和电子模块中的球面投影。

## 扫描线

扫描线是切过破裂或变形带等构造的线，记录每条线切过的构造的位置或每米构造的数量。可以通过在目标构造上拉卷尺穿过构造或者通过岩心和成像测井数据获取扫描线数据。这些数据可以用频率图（如图9.13）来表示。应注意的是，一般需要使用垂直于构造的扫描线，如果扫描线不垂直于所选构造，例如选择了一组解理，可以做一个简单的几何校正得到真实的间距。

## 地质图

地质图是构造的重要表现形式，因为它提供了代表各种面状构造和线状构造的符号。符号的用处各不相同，图1.6中展示了一些常用符号。每个地质图有它自己的一系列符号，并且不同作者的图差别也很大。因此，必须在地质图的图例中对符号的意思进行解释。

过去测绘需要纸和铅笔，现在许多地质学家在野外用手持设备，绘制接触点并获取数字测量值。此外，地质现场数据通常用三维（3-D）模型（例如谷歌地球）表示，其中地质接触和方位数据被投影到高程模型上，并辅以遥感成像。

## 横剖面

如果一幅地质图没有一条或者几条横剖面，则该地质图是不完整的（图1.6），横剖面是用野外观测到的地表信息绘制地形图所得。剖面通常沿着重要岩性界面或叶理的倾斜方向选择，或者垂直于主要的断层或褶皱轴线，通常这也是构造变形迁移的方向。地形剖面通常由数字高程数据构成。然后在地球物理数据和井数据的辅助下，把剖面的信息从地表延伸到地下。剖面应该能够合理地恢复至未变形前，如第 21 章所述。

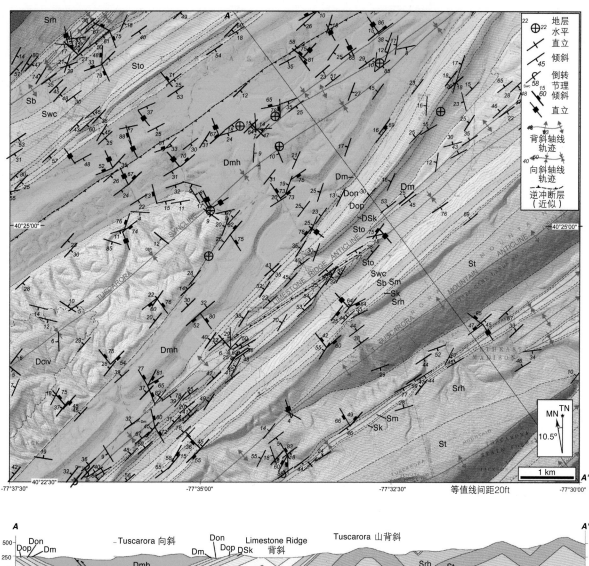

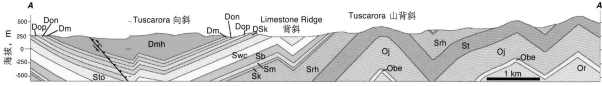

图 1.6 宾夕法尼亚州的岭谷区（阿巴拉契亚山脉）的基岩地质图实例，带有构造数据和横切剖面（A–A′）。这张图上没有显示奥陶系—泥盆系沉积序列的地层柱状图（改编自 McElroy 和 Hoskins，2011）

## 定向取样

知道样品的方向至关重要，例如对于运动学分析或定向薄片的研究。为了采集定向数据，将样品放回原位，当样品在原位时就画好倾斜面上的走向和倾向标志，并在样品上写上走向和倾向数值，如图 1.7 所示。也可以用线条的走向和箭头来对其进行标记，但要注意，线条本身并没有足够的信息来重定向样品。此外，还要添加样品编号和位置信息，并在将样品放入标记的样品袋之前对其进行拍照。

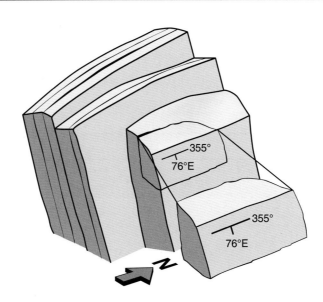

图 1.7　采集定向样品需要测量一个面的产状（走向和倾角），并且在从露头永久挪走样品之前做好标记

## 1.5　遥感测量和大地测量学

如图 1.8（a）和图 1.8（c）所示，卫星照片分辨率越来越高，是绘制地图尺度构造的宝贵工具。在互联网上能够获得越来越多的此类数据，并且可以与数字高程数据结合起来创建三维模型。正射**航空照片**（垂直拍摄照片）可以提供更多细节［图 1.8（b）］，在某些情况下分辨率可以达到几十厘米。无论是褶皱和叶理等塑性构造，还是断层和裂缝等脆性构造，都可以通过卫星图像和航空照片来进行测绘。

在新构造领域，InSAR（干涉合成孔径雷达）是一种通过结合两幅或多幅雷达卫星图像来反映地表变形的有效的遥感技术。雷达波不断地从卫星向地球发射，并根据返回的信息生成图像。反射信号的强度反映了地表的组成，但是波到达地表并反射回来的相位也被记录下来。对比相位，使我们能够监测毫米级的高程和地表形态的变化，这些变化可能反应与地震或者滑动有关的活动构造运动。此外，精确的数字高程模型（见下一节）和地形图可以通过此类数据进行构建。

一般来说，GPS 数据是一个重要的数据来源，可以从 GPS 卫星获取数据来测量板块运动（图 1.9）。这些数据也可以在地面上通过固定的 GPS 装置收集，精确度可达毫米级。

## 1.6　数字高程模型、地理信息系统和谷歌地球

传统的纸质地图仍然适用于许多野外测绘，但是笔记本电脑、平板电脑和手持设备能够直接将数字地图和图像上的构造特征数字化，并且它们的运用变得越来越重要。数字形式的野外数据可以通过地理信息系统（GIS）与高程数据和其他数据结合。通过 GIS，我们可以将野外观测、各种地质图件、航空照片、卫星图像、重力数据、磁力数据与数字高程模型结合在一起，进行一系列数学和统计计算。**数字高程模型（DEM）**是地形或某个面（通常是地球表面）形状的数字形式表示，而且在三维空间上可以用任何地质表面或地质界面制作数字高程模型。从地震数据体映射出的界面现在通常用彩色和带有阴影的数字高程模型表示，并且根据几何形态和方向可以方便地分析。

地理信息能够廉价或免费地获取，并且在 21 世纪的前十年，谷歌地球的发展使这类数据经历了彻底的变革。从谷歌地球和相关的数据来源获取的详细数据，无论在效率还是准确性方面，都将断层、岩性接触、叶理等的制图工作提高到一个新的水平。

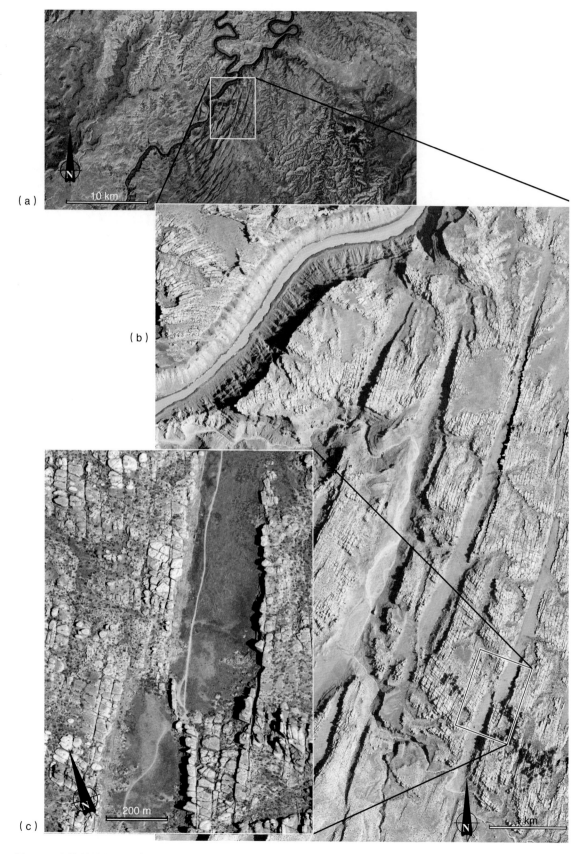

图 1.8 犹他州峡谷地国家公园的卫星图像（a），反映了科罗拉多河东侧的地堑系统。正射摄影图片（b），
反映了地堑与破裂平行。高分辨率卫星图片（c），显示了地堑侧列叠覆构造（来源：犹他州 AGRC）

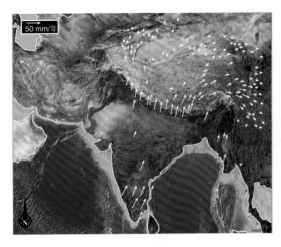
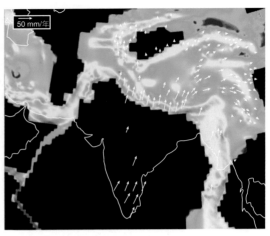

图 1.9 利用全世界固定 GPS 站点测得的 GPS 数据，可以绘制板块相对运动和应变率。左图白色箭头（速度矢量）表示向着欧洲的运动。速度矢量清楚地显示了印度如何向欧亚大陆运动，从而导致了喜马拉雅—青藏高原地区的变形。右图是基于 GPS 数据测得的应变率图。计算出的应变率一般小于 $3 \times 10^{-6}$/a 或 $10^{-13}$/s。暖色调代表高应变率。GPS 数据也可以用于小区域内出现运动差异的情况下，例如断层带的两侧。全球应变率图来自 http://jules.unavco.org。更多信息详见 Kreemer 等人的文章（2003）

## 1.7 地震数据

在地下构造测绘中，地震数据非常宝贵，自 20 世纪 60 年代以来，地震数据彻底改变了我们对断层和褶皱形态的理解。一些地震数据的采集目的纯粹是为了学术研究，但绝大多数地震数据的采集是为了勘探石油和天然气。因此，大多数地震数据来自裂谷盆地和大陆边缘。

地震数据的获取，从本质上说是一种特殊类型的遥感（声学），尽管人们通常认为其与地质科学不同。海洋地震反射数据（图 1.10 和专栏 1.1）用船收集，其中声源（气枪）产生声波穿透海底地壳层。麦克风（水听器）也可以放在海底（OBS，海底地震）。这种方法比较麻烦，但是能够同时记录地震的 S 波和 P 波（S 波不能在水中传播）。如果把声源和麦克风（检波器）放在地面上，也可以在陆地上收集地震数据。陆地上的声源通常是爆炸装置或地震卡车，但是对于非常浅的目标和局部的目标，大锤或者特殊设计的枪都能够有足够效果。

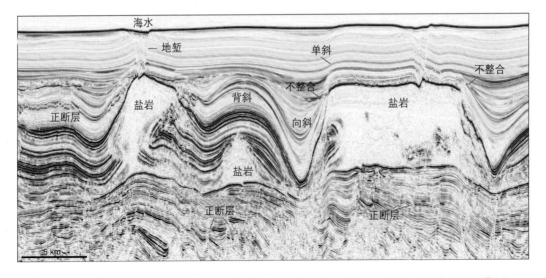

图 1.10 巴西海域桑托斯盆地的二维地震剖面，显示了地震成像对于地下地质研究的重要作用。应注意的是纵坐标是秒。一些基础的构造会在后面的章节详述（地震数据由 CGGVeritas 提供）

---

**专栏 1.1　海洋地震采集**

　　海上的地震数据采集由一艘以每小时 5 海里的速度航行的船来完成，它拖着装有一排气枪和水听器的拖缆（在水下数米处）。尾部浮标帮助船员定位拖缆的末端。气枪周期性地被激发，例如每 25m（大约每 10s）一次，声波传播进入地球后被下部岩层反射回到拖缆上的水听器，然后传送到存储器并进行进一步处理。

　　图中的一些声波轨迹显示声波如何在水和地层 1 之间、地层 1 和地层 2 之间、地层 2 和地层 3 之间的界面进行折射和反射。如果从一个层到下一层的速度、密度沉积增加，则发生反射。这种界面称为反射层。此图为北海盆地上部层位的地质反射图像。应该注意海底附近的水平反射层，第四系的水平反射层、倾斜的古近—新近系反射层。这样的不整合通常代表一个构造事件。应注意的是，大多数地震剖面的纵坐标单位是秒（双程反射时间）。

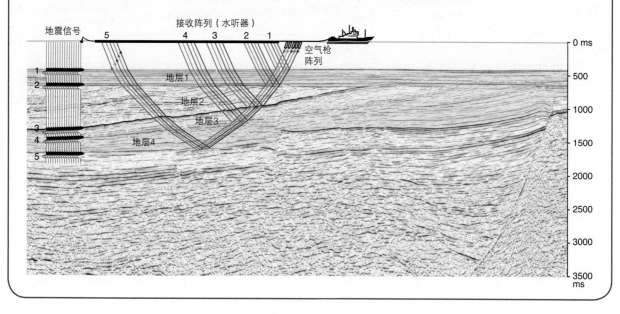

　　声波从波阻抗增加的层边界反射，即在密度和 / 或声波在岩石中传播的速度发生突变的位置发生反射。一长串的麦克风，陆上的称为检波器，海上的称为水听器，记录反射的声音信号和它们到达地表的时间。这些数据以数字形式收集，然后用计算机处理，生成地下的地震图像。

　　根据研究目的的不同，地震数据可以用多种方法处理。标准的地震反射测线在纵轴上显示双程反射时间。因此，需要进行时深转换才能把上述数据转换成标准的地质剖面。时深转换使用基于岩性（声波在砂岩中传播速率比泥岩中快，但在石灰岩中更快）和埋深（成岩作用使波速加快）的速度模型。一般情况下在时深转换的基础上对其进行解释。但是地震数据本身也可能发生深度偏移，在这种情况下，地震剖面的纵轴是深度而不是时间。这提供了更真实的断层和地层显示，并且考虑了岩石速度的横向变化，这可能会为解释时间偏移剖面时带来一些形态上的挑战。无论如何，深度偏移数据的精确度与速度模型有关。

　　如果发射的能量足够高，则可以通过收集深层地震测线对下地壳甚至上地幔成像。这些测线对岩石圈大尺度构造的探索有重要意义。尽管间隔很远的深层地震测线和区域地震测线被称为二维地震数据，但越来越多的商业（石油公司）的数据被采集成一个三维立方体，即如果地震测线间隔足够近（例如 25m），则能够在三维空间中处理地震数据，并且可以在该立方体内部的任何方向上选择剖面。平行于地震数据采集方向的线称为**主测线**，垂直于主测线的线称为**联络测线**，而其他竖直的测线称为任意线。水平切的剖面称为**时间切片**，它们在断层解释过程中至关重要。

三维地震数据提供了特殊的机会，使得人们能够对地表之下的断层和褶皱进行三维测绘。然而，地震数据受限于地震分辨率，也就是说在超过一定距离的情况下才能分辨出层位（高品质石油工业地震数据分辨率通常约为 5 ~ 10m），并且只有断层的视位移量大于特定数值时才能被成像和解释出来。三维地震数据的品质和分辨率通常好于二维地震数据，因为通过三维偏移，反射能量可以被更精确地恢复。高品质三维地震数据的分辨率取决于深度、地层交界面的波阻抗、数据采集和去噪，但是通常都能够识别大约 15 ~ 20m 的断层断距。

复杂的数据分析和可视化方法现在可以用在三维数据集上，有助于识别地下的断层和其他构造。石油勘探与开发通常依赖于地球物理学家和构造地质学家解释的三维地震数据集。地震解释成果可用于绘制构造等值线图和地质剖面，能够通过多种方法进行构造分析，例如构造恢复（第 21 章）。

三维地震数据是理解油气田地质构造的基础。

构造地质学家也对其他类型的地震数据感兴趣，特别是天然地震的地震数据。这种信息提供了现今断层运动和构造状态的重要信息，简单地说就是一个区域是否正在经历收缩、伸展或走滑变形。

## 1.8    实验数据

在构造地质学的早期，褶皱和断层的物理模拟就已经开始了（图 1.11），自 20 世纪中叶以来，物理模拟就以一种更加系统的方式运用于研究中。纵弯褶皱、剪切褶皱、反转断层、正断层和走滑断层、断层组、断层再活动、斑岩体旋转、底辟作用和石香肠构造，这些只是实验室模拟出的过程和构造的一部分。地质构造模拟的传统方法是用一个箱子装入泥、砂、石膏、硅胶、蜂蜜和其他介质，然后进行伸展、挤压、简单剪切或一些其他变形。当需要更大的剪切时，使用环形剪切装置。在此装置中，圆盘外部相对圆盘内部旋转。很多模型可以在变形过程中拍摄或照相，或用计算机进行 CT 扫描。另一个工具是离心机，材料在离心力影响下变形。离心力在实验模型中的作用与地质变形过程中的重力作用一致。

理想情况下，我们希望构建一个**成比例的模型**，在该模型中，不只是自然界的物体或构造尺度在缩小，材料的物理性质也相应成比例地变化。因此需要一个几何学相似的模型，其长度与自然界的实例成比例缩小，且保持角度一致。同时我们还需要运动学上的相似性，形状、位置还有时间都成比例地缩小。动态的相似性需要实验材料具有成比例的内聚力、黏度和相似的内摩擦角。

在实践中，不可能将地壳变形部分的每一个方面或性质都缩小。例如砂子的颗粒如果按比例扩大到自然界的尺寸，可能和巨石一样大，这样就没法实现小规模构造的模拟。黏土的粒度可能更合适，但我们会发现细粒黏土的内聚力过高。石膏在实验过程中性质会发生变化，因此难以准确描述。显然，物理模拟有其局限性，但是在已知边界条件下观察渐进的变形，仍然能够提供重要的信息，帮助我们理解自然界中的构造。

为了建立再现自然界实例的小尺度物理模型，我们必须尽量成比例地降低尺寸和物理性质。

实验中，在外界压力（应力）作用下使岩石和土壤变形，用来研究材料在不同应力场和应变率下

图 1.11　用石膏和简单的木制剪切框架研究拉分（张扭）背景下断层演化的实验
该模型的基底有预设的薄弱带，用来模拟走滑断层的弯曲。像这样简单的实验设计对于启发思路很有价值，
而纯粹的研究需要更复杂的实验室和更有预测性的材料

的反映。样品的尺寸可以是几十立方厘米（图1.12），受到流体控制的与埋深相关的围压作用，并且在单轴（单轴的意思是力只在一个方向上作用）压缩作用或伸展作用下变形。三轴实验变形的结果可能是脆性或塑性变形。对于塑性变形，就遇到了应变率的问题。自然界的塑性应变经历数千年或数百万年，因此必须对实验样品施加更高的温度，在实验室的应变率下形成塑性构造。因此在温度、时间和应变率方面又再次面临了缩放比例问题的挑战。

## 1.9　数值模拟

随着计算机速度的不断变快，地质过程的数值模拟变得越来越简单。可以使用数学工具如电子表格或 Matlab ™完成简单建模。更高级的建模需要更复杂和昂贵的软件，通常建立在有限元和有限差分方法的基础上。这些模型可以涉及从微观尺度（如处理矿物颗粒变形）到

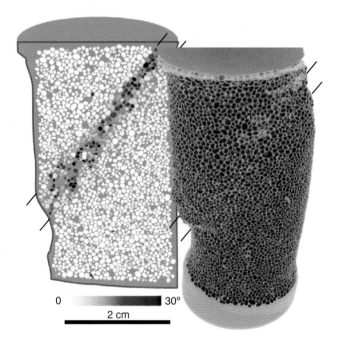

图 1.12　三轴压缩装置中变形砂岩的剖面，保持围压100kPa，沿着垂直方向挤压。倾斜的像鲕粒的彩色砂岩颗粒是剪切带或变形带，类似天然变形砂岩中发现的变形带（第 7 章）。更多信息见 Andò 等人的文章（2011），图片由 Joseph Fourier 大学的 Edward Andò 提供

整个岩石圈的变形。可以通过其模拟断层活动和断层相互作用过程中的应力场变化、岩石中裂缝的形成、各种环境和条件下褶皱的形成，以及塑性变形的显微扩散过程。但是，自然界很复杂，当复杂程度增加时，即使是最快的超级计算机也会在某个时候达到物理极限。如今我们所用的数值理论也无法

对自然界的各个方面进行描述。因此我们必须小心地简化实验，并且在设计实验和评价实验结果时充分考虑野外数据和实验数据。因此，地质学家们需要结合野外研究经验和数值模拟的结果，考虑到所有的优点和局限性。

## 1.10　其他数据来源

还有许多其他数据来源可以用于构造分析。**重力的和磁力的数据**（图1.13）可以用来绘制沉积盆地中大规模断层和断层模式图件，包括地壳和海底洋壳。通过定向手标本测得的地磁的各向异性可能与有限应变相关。薄片研究和电子显微镜揭示了显微构造信息。地震数据和震源机制提供了地壳内应力和新构造运动的宝贵信息，并且可通过应变仪、井眼崩落、水力破裂、过度取心等方法与测得的原地应力联系在一起。放射性数据可以用来给构造事件定年。沉积盆地内的沉积学数据和盆地分析结果都与断层活动性密切相关（图1.1）。岩脉侵入的方向与应力场和先存的薄弱带有关，地貌特征可以揭示地下构造特征。这个清单可以更长一些，说明不同的地质学科如何相互依赖，同时说明以上数据应该结合在一起应用，共同解决地质问题。

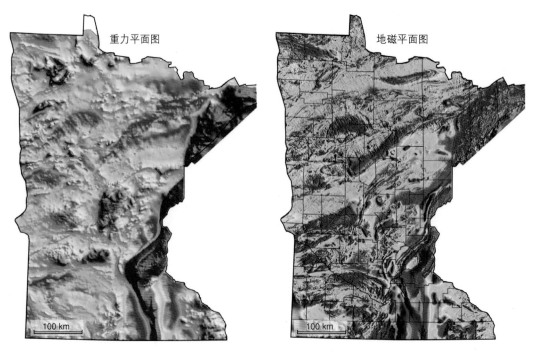

图1.13　明尼苏达州的重力和磁力图

该州的大部分基岩及其构造都被冰川沉积物覆盖。因此在该区域进行现代构造测绘过程中广泛使用了重力和磁力数据。暖色（红色）表示高密度（左图）或高磁强度（右图）（地图来自明尼苏达地质调查局）

## 1.11　组织数据

收集起来的地质资料需要被分析。构造场数据是一种特殊的数据来源，因为它们直接关系到自然界的变形的纯粹性和复杂性。由于野外区域或露头取得信息的广博性，野外地质学家需要整理出能够解决问题的相关信息。收集太多数据会减慢数据的收集和分析。同时，不完整的数据集使地质学家无法得出可靠而具有统计学意义的结论。

在上述所举的例子中，已经为未来未知的目标和需要，绘制了构造图并构建了庞大的数据库。

但是后来的问题和研究通常需要一个或多个关键参数，而现有数据库中缺失这些参数，或者记录并不理想。因此通常必须进行新的且有具体规划的野外工作，来取得每种情况所需的数据，保证数据的类型、质量和一致性。

在取样时一定要有一个清楚的目标。

收集了错误类型的数据，当然不会有很大作用，并且数据的质量必须满足进一步使用的需求。构造分析的质量受限于基础数据的品质。因此在数据收集过程中，必须有一个清晰确定的目标。收集其他类型数据的时候也是如此，例如在收集地震和遥感数据时也需要有明确的目标。

收集到数据之后必须对其进行合理的分组和排序，以便进一步分析。在某些情况下的野外数据在空间上各向同性，它们可以用同一个图来表示［图1.14（a）］。在其他情况下，野外数据显示了某种程度的各向异性［图1.14（b）至图1.14（e）］，在这些情况下将这些数据集进一步细分为子集或**亚群**是很有用的。这种再分割可以基于岩脉上的矿物充填类型、线理类型（拉伸线理、矿物线理、交叉线理等，见第14章）、褶皱样式或地域性变化等特征来进行。在后一种情况下，我们将分区定义为"**构造域**"。将构造图细分构造域，包括划分出具有某些同样特征的地理区域。例如，叶理方向在球面投影中的同一区域，意味着它们具有一个相同的轴。图1.14（b）的综合数据就是一个球面投影叶理的例子，它们共有的轴在球面上就是褶皱的轴。图1.15（a）和图1.15（c）中真实数据的实例，显示了挪威加里东造山带中变形变质岩中的叶理测量。在这个例子中用计算机迭代算法在球面投影上分出了五个区域。如果没有专门设计的计算机程序的强大算力，很难划分出这样的区域，等面积投影［图1.15（d）至图1.15（h）］显示，再分类之后球面投影散点沿赤道形态分布（沿大圆弧的点集中分布）。

在图1.16（d）至图1.16（h）中，绘制了从图1.15中划分出的五个域的线性方向。可明显看出，分区后的点比所有点在一张图上［图1.16（c）］显示出更明显的**极点**（点集中于一个方向），并可以看出轮廓的最大值对应每个区域叶理测量所得球面投影的极点（褶皱轴线），即与图1.14（b）中的情况相似。因此当叶理发生褶皱时，线理的方向代表了局部

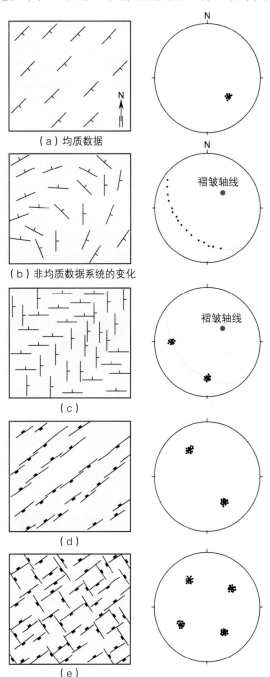

图1.14 展示不同均质程度综合构造数据集

（a）走向和倾角的综合数据；（b）在层面上测得的综合数据；（c）膝折（或V形）褶皱产生的同质性分区；（d），（e）裂缝系统（应注意在这些图中系统性如何反映）

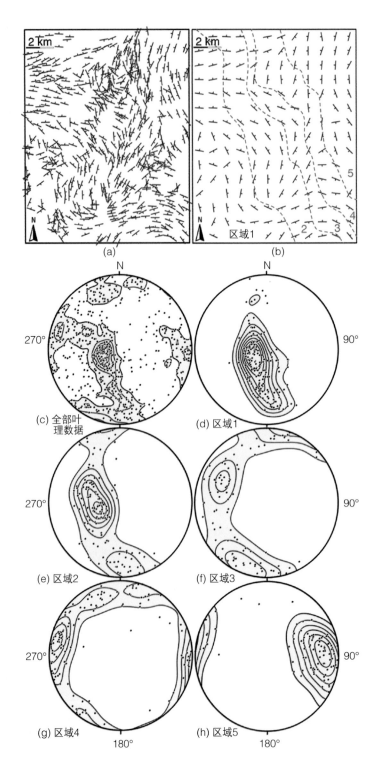

图 1.15　（a）挪威 Dovrefjell 的加里东期叶理产状测量。（b）计算机划分的构造区域（红色虚线）以及 Frederick Vollmer 用软件 Orient 计算出的每平方千米的平均叶理产状。（c）所有叶理数据（每个点代表一个测量值），绘制在下半球等面积球面投影图上。（d）至（h）各区域的叶理产状（区域 1-5）（据 Vollmer，1990）

褶皱的轴部方向，这个特征在图 1.15（a）、图 1.15（c）和图 1.16（a）、图 1.16（c）中并不明显。

　　注意图 1.16 和图 11.17 中球面投影的方向数据等值线。这是一种表示构造数据集中程度或密度的方法，特别是在测量数据的数量多的时候应用。自从等面积球面投影在 1925 年首次用于分析地质产

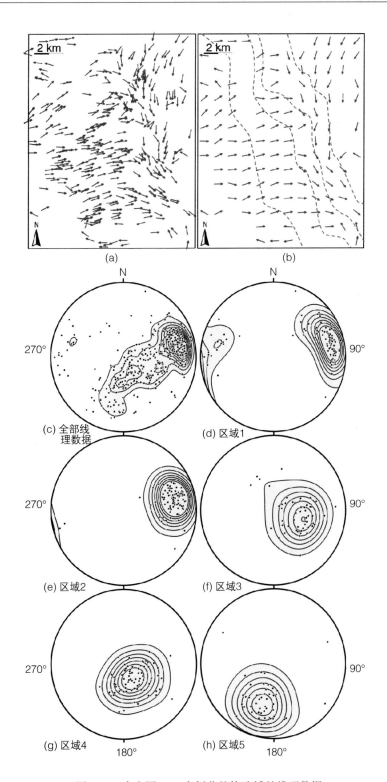

图 1.16   来自图 1.15 中划分的构造域的线理数据

对于单个区域（分图 d 至分图 h）分类效果要好于总的数据集（c），图中每一个环带的极值均与分区域测量的叶理产状一致
［图 1.15（d）至图 1.15（h）］，这与图 1.14（b）相似［更多信息见 Vollmer（1990）的文献］

状，就产生了产状数据等值线图，而现在计算机制图已经代替了人工制图。等值线轮廓区域的数据密度高于该区域其余部分，并且统计出区带和点的极值。等值线与数据的概率密度相关；如果数据来自随机分布，等值线表示密度偏离预期的程度有多大。

　　第二个例子取自北海的石油产区（图1.17）。该图展示了断层群在不同的尺度上的差异，因此必须在适合研究目标的尺度上进行处理。Gullfaks油田［图1.17（b）］以N—S向断层为主，断距为100～300m。这与图1.17（a）所示的区域性NNE—SSW走向存在一些差异。它也不同于Gullfaks油田内大量的小规模断层产状统计。这些小规模断层可以根据产状进一步分组，如图1.17（c）至图1.17（g）所示。根据研究目的，细分的每一组断层可以单独分析其产状（球面投影图）、位移、封闭性或其他特征。

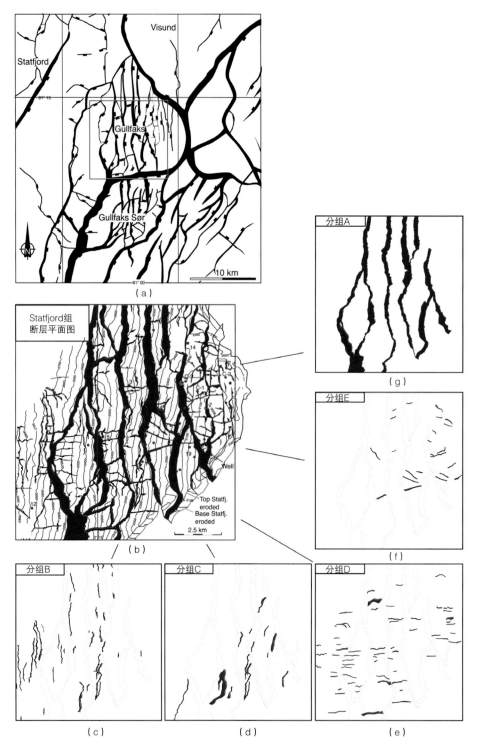

图1.17　这组来自北海Gullfaks油田的数据说明了断层模式如何从一个尺度变化到另一个尺度。请注意主要位于Gullfaks地区的N—S断层与下部图框中小断层（＜100 m断距）的不同走向之间的对比，应将它们分开，以便进一步分析［更多信息详见Fossen和Rørnes（1996）的文献］

## 1.12 构造分析

许多构造变形过程持续数千至数百万年，大多数构造数据描述了长期构造演化变形历史的最终产物。历史本身只能通过对数据的仔细分析才能揭示出来。当观察褶皱时，褶皱的成因（无论是层平行缩短、剪切还是被动弯曲形成）可能较为不明显（见第 12 章）。这一情况同样适用于断层。断层的哪一部分最先形成？它是由单条断层段连接形成，还是从一个点向外生长形成？如果是向外生长形成，这个点是否在断层面的中心部分？回答这些问题并不容易，但一般是通过分析实际信息并与模拟实验或数值模型进行对比的方法对此类问题进行研究。

### 几何学分析

构造的几何学分析称为几何分析。这包括主要构造与（一阶）相关小尺度构造（二阶）之间的形状、地理方位、尺度范围和几何学关系。最后需强调的事实是：大多数构造都是复合构造，并以不同的尺度出现在某些**构造组合**中。因此，需要通过各种方法来测量和描述构造与构造之间的关联。

几何分析是构造地质学的经典描述方法，是大多数次生构造地质学分析方法的基础。

**形状**是对开放或封闭界面（如褶皱界面或断层面）的空间描述。褶皱层的形状可提供褶皱形成过程或褶皱层力学性质的相关信息（见第 12 章），而断层曲率则可影响上盘变形（见图 21.6）或提供滑动方向的相关信息（见图 9.3）。

线性和平面构造的**走向**可能是最常见的构造数据类型。形状和几何特征可以用数学函数（例如矢量函数）来描述。然而，在大多数情况下，自然界的表面过于不规则，无法用简单的矢量函数精确描述，或者可能无法按数学描述的程度绘制断层或褶皱。然而，对部分出露的构造进行几何解释仍十分必要。我们的数据在某种程度上总是存在不完整性，而在分析地质信息时我们的大脑仍倾向于寻找几何模型。例如，当阿尔卑斯山在 20 世纪早期被详细绘制时，其主要褶皱构造通常被认为是圆柱形的，这意味着褶皱轴线被认为是直线。该模型可以将褶皱投影到横截面上，并创建了令人赞叹的截面以及几何模型。但在后来的阶段的研究中发现，褶皱实际上并不是圆柱形，其呈轴线弯曲状，因此需要对早期的模型进行修改。

在几何分析中，通过**球面投影**（见附录 B）表示方向数据（如图 1.14 和图 1.16 所示）的方法至关重要。在研究统计走向和空间分布的构造地质学中，使用立体网（等角度）或更典型的等面积投影来显示或解释构造的走向和几何形状。投影法是一种得到最广泛应用的快速、高效的空间数据显示和解释工具。一般来说，根据实地观测，以来自地球物理数据、卫星信息或激光扫描设备的数据为基础，几何形状可以以地图、剖面图、等面积投影、玫瑰图或三维模型的形式呈现。任何严谨的构造地质学家都需要充分了解球面投影法。

### 应变和运动学分析

几何描述和分析是应变量化或应变分析的基础。这种量化在许多情况下有重要意义，例如通过变形区域恢复地质剖面。应变分析通常包括**有限应变分析**，它涉及从变形的初始状态到最终结果的形态变化。构造地质学家也关注变形历史，并可以通过**应变增量分析**来对其进行探索。在这种情况下，只考虑变形历史的一部分，并且通过一系列增量对变形历史进行描述。

根据定义，应变适用于**韧性变形**，即变形后原始连续构造（如层理或岩脉）变形后仍保持连续。在应力作用下，岩石**流动**（无断裂）时会发生塑性变形。相反，当岩石破裂或**断裂**时，会发生**脆性变**

形。然而，现代地质学家并不将应变的作用局限于塑性变形。如果断裂数量多且规模明显小于每种断裂产生的不连续性，则忽略不连续性，并使用"**脆性应变**"一词。这是一种简化方法，便于我们对脆性结构（如断层组）进行应变分析。

　　几何描述也是**运动学分析**的基础，它涉及岩石颗粒在变形过程中如何移动（希腊语 *kinema* 的意思是运动）。断层面的擦痕（图 1.18）以及沿断层和剪切带内地层的挠曲对运动学分析十分有用。

图 1.18　提供局部运动信息的断层滑动面上的磨痕（擦痕）（科林斯湾活动地震断层）

　　为了说明运动学分析和几何分析之间的联系，我们来观察图 1.19（a）中描述的断层。我们无法将两侧地层进行关联，也不知道其是正断层还是逆断层。然而，如果我们发现沿着断层的地层有一个挠曲，我们可以用这个几何学信息来解释断层上的运动模式。图 1.19（b）和图 1.19（c）显示了我们预期的正断层和逆断层运动的不同几何形状。换句话说，基于现场的运动学分析依赖于几何学分析。第 10 章和第 16 章将对更多运动分析实例进行讲解，而应变分析将在第 3 章和第 21 章中讨论。

### 动力学分析

　　**动力学分析**研究导致粒子运动的力（运动学）。作用在物体上的力产生应力，如果应力级别足够高，岩石就会开始移动。因此，构造地质学中的动力学是关于应力和运动学之间的相互作用。当一些粒子开始相对于其他粒子移动时，我们会得到变形，我们可能会看到形状的变化和新构造的形成。

动力学分析探讨了引起构造形成和应变积累的力或应力。

通常情况下，动态分析试图通过研究一组构造（通常是断层和裂缝）来重建应力场的方向和大小。回到图 1.19 所示的例子，可以假设在情况（b）中，一个强大的力或应力作用于垂直方向，在情况（c）中作用于水平方向。在实际情况中，力和应力轴的精确方向（见第 4 章和第 5 章）很难或不可能从单个断层构造中估算出来，但可以根据在均匀应力场中形成的断层数量进行估算。这一点在第 10 章中讨论过，显然，必须做出几个假设来将应力和运动学联系起来。

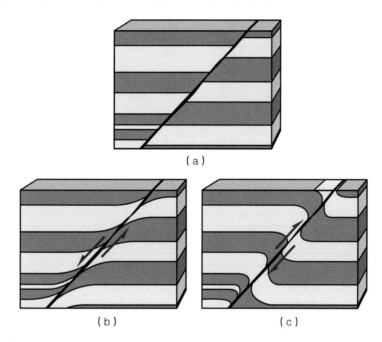

图 1.19　几何分析如何作用于运动模型的示例（为断层上的运动特征的例子）

（a）断层两侧地层不能相互对比的断层；（b），（c）如果可以在断层附近观察到地层旋转，则可以确定相对运动；（b）中所示的几何图形显示正断层运动，而（c）说明沿逆断层运动的几何形状

在糖浆上施加压力和在冷的巧克力条上施加压力，会产生不同的结果：糖浆会流动，而巧克力条会断裂。尽管我们仍在进行动力学分析，但与岩石流动相关的动力学部分称为**流变分析**。同样，研究岩石（或糖）如何形成断裂也属于**力学分析**的领域。一般来说，岩石在温度足够高的时候才能流动，这通常意味着岩石埋得足够深。"足够深"意味着盐岩的温度比地表略高，富含石英的岩石达到 300℃，富含长石的岩石可能达到接近 550℃，而富含橄榄石的岩石的温度甚至更高。压力、含水量和应变速率也从中起着重要作用。重要的是要认识到，不同的岩石在任何给定条件下的变形特征都不同，且同样的岩石在不同的物理条件下对应力的反应也不同。为了了解岩石圈中不同岩石的流动情况，应在实验室进行流变测试。

## 构造分析

构造分析包括盆地或造山带规模的动力学、运动学和几何分析。因此，这种分析可能涉及沉积学、古生物学、岩石学、地球物理学和其他地球科学分支学科的其他元素。参与大地构造研究的构造地质学家有时被称为**大地构造学家**。在尺度范围的另一端，一些构造地质学家分析只能通过显微镜才能研究的构造和结构。该研究主要针对单个矿物颗粒之间和内部如何发生变形进行研究，称为**显微构造分析**或**微观构造**。光学显微镜和扫描电子显微镜（SEM）（图 1.20）都是显微构造分析中的有用工具。

图 1.20    犹他州戈布林山谷国家公园附近的恩特拉达砂岩中 1mm 薄的颗粒变形区
（变形带）的扫描电子显微照片（摄像：Anita·Torabi）

## 1.13    结束语

　　构造地质学已经从描述性学科转变为方法分析性学科，并且物理模拟建模和数值模拟建模变得越来越重要。在过去的几十年中，许多新的数据类型和研究方法被应用，在未来的几年里，该领域的研究可能会出现更多的新方法。然而，即使利用最复杂的数值算法进行运算，或在有最佳三维地震数据采集的区域，我们仍必须意识到实地考察研究的重要性。实地考察和模拟建模必须紧密结合。我们试图了解的是岩石圈及其演化过程。正是岩石本身包含了可以揭示其结构特征或构造演化的历史信息。数值和物理建模能够帮助我们创建简单的模型，捕捉变形区域或构造形态的主要特征。模型还可以帮助我们理解什么解释方案存在一定可能性，什么解释方案很可能是合理的以及什么解释完全不合理。然而，无论是在野外、实验室还是在显微镜下，它们必须与直接从岩石中得到的信息完全一致。

---

**复习题**

　　1. 构造地质学研究的内容是什么？

　　2. 说出四种主要的研究构造地质学和岩石变形的方法，并说明如何分级。

　　3. 如何收集构造数据集？说出可供构造分析的重要数据类型。

　　4. 地震反射数据的优势和劣势是什么？

　　5. 什么是按比例缩小的模型？

　　6. 什么是运动学分析？

## 延伸阅读

### 现代野外方法

Jones，R R，McCaffrey K J W，Clegg P，Wilson R W，Holliman N S，2009. Integration of regional to outcrop digital data：3D visualisation of multi-scale geological models. Computers and Geosciences，35：4–18.

McCaffrey K，Jones R R，Holdsworth R E，Wilson R W，Clegg P，Imber J，Hollinman N，Trinks I，2005. Unlocking the spatial dimension：digital technologies and the future of geoscience fieldwork. Journal of the Geological Society，162：927–938.

### 物理和数值模拟

Hubbert M K，1937. Theory of scale models as applied to the study of geologic structures. Bulletin of the Geological Society of America，48：1459–1520.

Huismans R S，Beaumont C，2003. Symmetric and asymmetric lithospheric extension：relative effects of frictional-plastic and viscous strain softening. Journal of Geophysical Research，108：doi:10.1029/2002JB002026.

Maerten L，Maerten F，2006. Chronologic modeling of faulted and fractured reservoirs using geomechanically based restoration：technique and industry applications. American Association of Petroleum Geologists Bulletin，90：1201–1226.

### 远程效应

Hollenstein M D，Müller A，Geiger H-G K，2008. Crustal motion and deformation in Greece from a decade of GPS measurements，1993–2003. Tectonophysics，449：17–40.

Kreemer C，Holt W E，Haines A J，2003. An integrated global model of present-day plate motions and plate boundary deformation. Geophysical Journal International，154：8–34.

Zhang P-Z，et al.，2004. Continuous deformation of the Tibetan Plateau from global positioning system data. Geology，32：809–812.

### 传统野外方法

Lisle R J，2003. Geological Structures and Maps：A Practical Guide. Amsterdam：Elsevier.

McClay K，1987. The Mapping of Geological Structures. New York：John Wiley and Sons.

# 第2章
# 变　形

变形岩石及其构造、层理可以被学习和描绘，在第1章也介绍了一些相应方法和技术。每种构造反映了岩石形态或在特定参考系内运动特征的变化。通常我们将这些变化称为变形，当调查变形岩石时，要设想岩石开始变形前的形态，以及它所经历的过程。如果想理解这种变形岩石的构造，那么需要学习变形的基本原理，包括一些有用的定义和数学描述，这就是本章的主题。

本章电子模块中，进一步提供了与变形相关主题的支撑：

● 应变
● 变形历史
● 递进剪切
● 三维变形
● 应力 / 应变

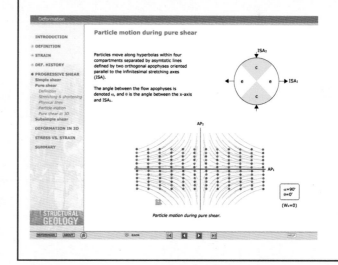

## 2.1    什么是变形?

"变形"这个术语与其他构造地质学的术语一样,不同人在不同环境下使用方式不同。多数情况下,特别是在野外,这个术语被称为**扭变(应变)**,用于(变形的)岩石中。这个词学术上的意思是:形式或形态的变化。然而,岩体在变形过程中可以像刚性体一样能发生平移及旋转,其内部形态没有任何变化。例如,断块在变形过程发生移动,但内部没有累积任何形变。许多地质学家希望变形术语中可以包括这种刚性位移,我们称之为**刚性体变形**,这与**非刚性体变形**(应变或扭变)相对应。

---

变形是通过刚性体平移、刚性体旋转、应变(扭变)/体积变化的方式完成岩石从初始几何形态到最终几何体的转变过程。

---

将岩石或岩石单元理解为一系列连续的颗粒十分有用。变形与变形前后的颗粒位置相关,变形前后颗粒所处的位置与矢量有关,这种矢量称之为**位移矢量**,而这种矢量场称为**位移场**。图 2.1 中间部分所画出的位移矢量,并未告诉我们在变形历史过程中颗粒如何移动——仅仅是把未变形和变形状态联系起来。在变形历史过程中每个颗粒所遵循的实际路径称为**颗粒路径**。在图 2.1 中所示变形中,

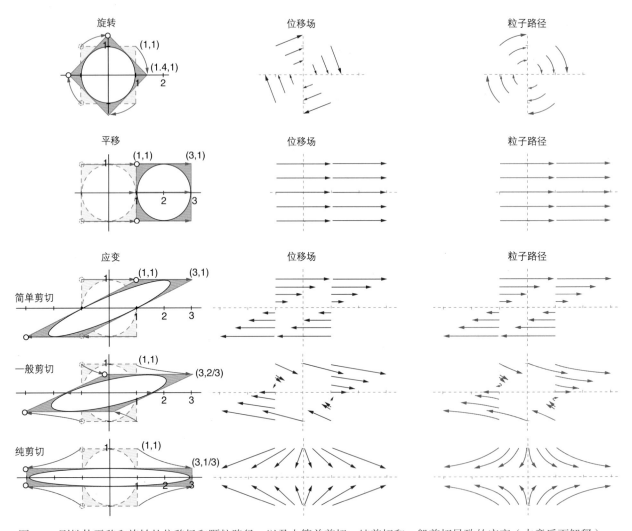

图 2.1    刚性体平移和旋转的位移场和颗粒路径,以及由简单剪切、纯剪切和一般剪切导致的应变(本章后面解释)。颗粒路径追踪了变形岩石中单个颗粒的实际运动,而位移矢量简单连接了颗粒的原始位置和最终位置。因此,位移矢量可以通过颗粒路径建立,而不是通过其他方式

路径如右侧图所示（绿色箭头）。当具体涉及变形过程中渐进变化时，应使用**变形历史**或递进变形等术语。

## 2.2　变形分量

　　根据分解的目的不同，位移场可以分解成不同分量。典型的分解方式是将刚性体变形分解为刚体的平移和旋转，从形态和体积的变化中分离出来。在图 2.2 中，分图（b）所示为平移分量，分图（c）所示为旋转分量，分图（d）所示为其余分量（应变）。接下来让我们详细了解这些变形分量。

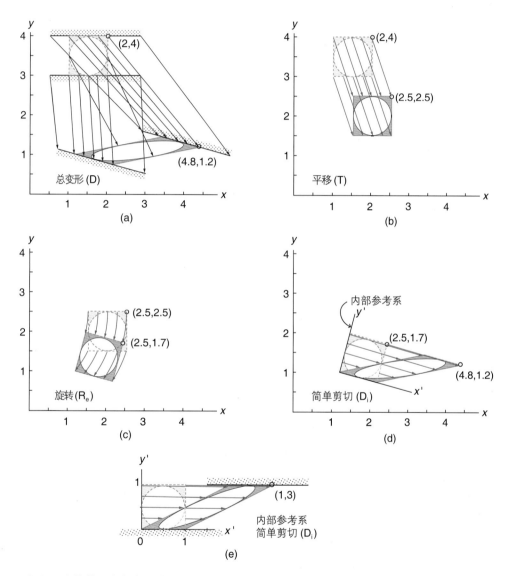

图 2.2　（a）一个物体（内部含一个圆的方形面）的总变形。在分图（a）中的箭头表示连接颗粒始末位置的位移矢量。分图（b）至分图（e）中的箭头表示粒迹。分图（b）、分图（c）分别表示分图（a）中平移分量和旋转分量。分图（d）所示为应变分量。引入了一个新的坐标系统（$x'$，$y'$），本系统内部排除了平移和旋转[（b），（c）]，并且突出显示了应变部分，在该系统中，它是仅由简单剪切产生的应变[分图（e）]

## 平移

　　**平移**是指岩石中每个颗粒以相同方向和相同位移量移动，其位移场由等长的平行矢量组成。平移的距离可以相当大，例如逆冲**推覆体**（岩石的脱离片）能被平移几十甚至上百千米。Jotun 推覆体（图

2.3）是一个来自斯堪的纳维亚加里东山系的实例。在这种情况下，大部分变形是刚性体平移。在开始变形之前，我们不知道这个推覆体确切的方位，因此不能预测刚性体旋转（见下文），但野外现场勘探表明，形态或应变的变化主要局限于下部。因此，总的变形包括较大的平移分量、可能存在的较小的刚性旋转分量和集中于推覆体基底的应变分量。

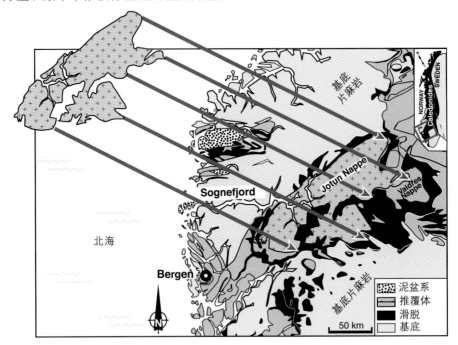

图 2.3  基于线理的方向和恢复，斯堪的纳维亚加里东造山带的 Jotun 推覆似乎已经向东南方向平移了 30km。通过位移矢量可表示其平移，但不能确定绕垂直轴刚性旋转的大小。应变量一般集中在基底处

在较小的尺度上，岩石组成部分（矿物的颗粒、岩层或断块）可以沿着滑动面或断层面做平移，而内部形态没有任何变化。只有平移和刚性体旋转的模型是典型的多米诺断层模型，我们将在第 18 章中对其进行讨论。

### 旋转

**旋转**是指被研究的整个变形岩体的刚性体旋转。不能将其与 2.25 部分中讨论的递进变形过程中的应变椭圆轴（设想中的轴）的旋转相混淆。刚性体旋转包括一个岩石体积（例如一个剪切区域）相对于外部坐标系整体性的物理旋转。

主要逆冲推覆体或整个构造板块典型的大规模旋转通常于垂直轴处发生。另外，在拉伸背景下断块可能绕着水平轴旋转，并且可以围绕任意轴发生小规模旋转。

### 应变

**应变**或扭变是非刚性变形，相对简单的定义：

无论体积是否变化，只要岩石形态上发生变化，则被称为是应变。它意味着岩石中的颗粒相对位置已经发生变化。

岩体能以任何方式或顺序平移和刚性旋转，但我们不能通过观察岩石本身的变化去识别这个过程。我们在野外或样品上只能看到应变或应变积累的方式。以你的午餐袋为例。你可以把它带到学校或单位，这期间涉及大量的平移和旋转，但你并不能直接看到这些变形。在你去学校路上，午餐袋可

能已经被挤压——你能通过比较现在与离开家之前的样子来识别。如果有人为你准备了午餐并把它放进你的包里，你可以利用对午餐包形状的了解去估计所涉及的应变（形态的变化）。

最后一点十分重要，因为除极少数特殊情况外，我们没有见过变形岩石的未变形状态。因此我们必须尝试了解岩石在没有形变时是什么样子。例如，如果我们发现了岩石中的变形的鲕粒或浓缩斑点，那么我们能预想到在岩石未变形状态中其是球状体（在横剖面上有一个圆）。

### 体积变化

即使岩石体积的形状没有变化，它也可能已收缩或膨胀。因此为了完整地描述变形，我们必须增加体积的变化（在二维面积变化）。体积变化也被称为**膨胀**，普遍被认为是一种特殊的应变，称为**体积应变**。然而，如果可能的话，将这种变形类型分离出来研究具有重要意义。

## 2.3 参考系

研究变形必须选择一个参考系或坐标系。站在码头上观望进入码头或离开码头的大船，会给人一种感觉——码头在移动而不是船在移动。这说明不知不觉之中选择了船为固定参考系，而其余的事物都相对于船在运动。虽然这是有趣的现象，但它不是一个有意义的选择参考系的可取事例。岩石变形也应该在一些参考坐标系下研究，并且应该仔细选择参考系，以降低复杂性程度。

当我们处理位移和运动学时，总需要一个参考系。

在重要的地质构造中，确定坐标系，通常具有重要意义。这可能是研究逆冲推覆、板块边界或局部剪切带的基础（见第16章）。在许多情况下，我们希望消除平移和刚性体旋转。对于剪切带，我们通常设定两个轴平行于剪切带，第三个轴垂直于剪切带。如果我们对整个剪切带中的变形感兴趣，那么原点可以被确定于该区域的边缘。如果我们对区域中任何一个给定颗粒周围的行为感兴趣，则可以把原点固定在区域中的一个颗粒上（仍然平行/垂直于剪切带边界）。在这两种情况中，由于坐标系随着剪切带旋转和平移，剪切带的平移和刚性体旋转被消除。坐标轴斜交于剪切带的边界并没有错，但是却在视觉上或数学上使研究变得更复杂。

## 2.4 变形：与历史行迹无关

变形状态和未变形状态的差异就是变形。但实际上变形不能告诉我们在变形历史行迹中发生了何种事件。

一个已知的应变可能通过多种方式累积形成。

想象一个疲惫的学生（或教授）在海上或湖上钓鱼，累了就在船上睡着了。学生知道他（或她）睡觉时所处的地方，不久后醒来时，可以迅速认清醒来时所处的新位置，但却无法知道精确的水流和风带动船行走的路径。学生仅仅知道在睡之前和之后船的位置，能估算出船形态上的变化。该实例可以说明，人们能描绘出应变，但不能知道变形历史。

再考虑一下**颗粒流**：学生从一个课堂走到另一个课堂，可能遵循无数多个路径（不同的路径可能花费较长或较短的时间，但变形本身与时间无关）。所有授课教师都知道，课间时间，学生都忙于从一个课堂移动到另外一个课堂。对于教师来说，他们的历史行迹是未知的（虽然他或她有茶歇）。与之类似，岩石颗粒可能从未变形态到变形状态沿不同路径移动。岩石颗粒和每个学生的一个不同区别当然就是每个学生可以独立自由移动，而岩石的颗粒，例如在岩石中的矿物颗粒，相互胶结在一起成为连接体，不能自由地运动。

## 2.5　均匀变形和非均匀变形

作用于岩石体积的变形每一处都相同，此变形为均匀的。定义上刚性体旋转和平移同源，因此总应变、体积或面积发生不均匀变化。因此，**均匀变形和均匀应变**是相同的表达。

对于均匀变形，初始直的平行线在变形后将还是直的平行线，如图 2.4 所示。此外，应变以及体积、面积变化在考虑整个岩体的前提下是常数。反之，为**非均匀的**。这意味着有相同形态和方位的两个物体在变形后，最终仍有相同的形态和方位。然而需要注意的是，一般情况下初始的形态和方位不同于最后的形态和方位。如果两个物体在变形前，有相同的形态但有不同的方位，那么即使变形均匀，变形后它们一般有不同的形态。在图 2.4 中是一个变形腕足类的例子。这种差别反映了施加在岩石上的应变。

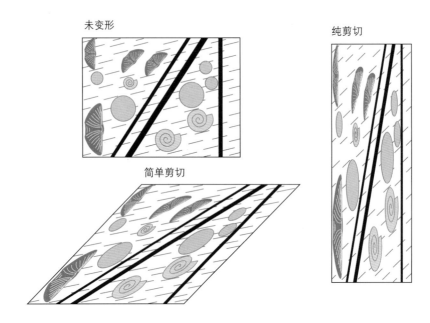

图 2.4　含有腕足类、浓缩斑、菊石和岩脉的岩石的均匀变形

展示了两个不同方式的变形（简单剪切和纯剪切）。注意，在变形之前有着不同方向的腕足类，通过变形成为不同的形状

---

均匀变形：直线仍保持直线，平行线仍保持平行，并且相同形态和方位的物体在变形后将具有相同的形态和方位。

---

在均匀变形过程中，圆将转变成椭圆，其中**离心率**（椭圆长轴与短轴的比值）将取决于变形的类型和强度。在数学上，等同于将均匀变形视为一个线性转换。因此，均匀变形可以通过一组一次方程描述（在三维坐标系中三个参数），或者更简单地通过被称为变形矩阵的转换矩阵描述。

观察变形矩阵之前，必须强调图 2.5 中所表达的观点：

---

在某一个尺度范围内的均匀变形，在另外一个不同尺度可能被认为是非均匀的。

一个经典的例子应变通常由边缘向中心增加。应变在这个尺度规模内为非均匀应变，但是可以细分成更小的应变近似均匀的元素或区域。另外一个例子如图 2.6 所示，其中岩石被断层断穿。在大的尺度上看，由于断层代表的不连续性相对较小，因此可以认为该变形是均匀变形。然而，从较小的尺度上来看，这些不连续变得更加明显，并且这变形应该被视为非均匀变形。

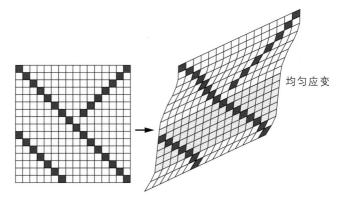

均匀应变

图 2.5　未变形和变形状态下的规则网格

整体应变分布是不均匀的，导致一些直线变为曲线。然而在一个网格范围内，应变均匀。在这种情况下，应变在单元网格的尺度上也为均匀应变

## 2.6　变形的数学描述

变形可以通过线性代数中的方法被简便、准确地描述和建模。让我们利用局部坐标系，例如附到剪切区的坐标系统，观察变形的基本类型。就颗粒的位置（或矢量）而言，想了解颗粒在变形过程如何改变位置。如果点 $(x, y)$ 是颗粒的初始位置，则新位置将记为 $(x', y')$。对于二维系统（即剖面）中的均匀变形，可以得到

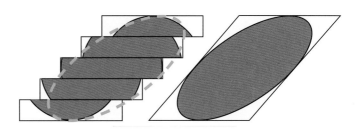

图 2.6　某种情况下，分散或不连续变形可以近似看作为连续，甚至是均匀的变形。在这个意义上，应变概念也能被用于脆性变形（脆性应变）。这样做的可行性主要依赖于观察的范围

$$x' = D_{11}x + D_{12}y$$
$$y' = D_{21}x + D_{22}y \tag{2.1}$$

这些等式可以写成矩阵和位置矢量形式：

$$\begin{bmatrix} x' \\ y' \end{bmatrix} = \begin{bmatrix} D_{22} & D_{12} \\ D_{21} & D_{22} \end{bmatrix} \tag{2.2}$$

可写为

$$x' = \mathbf{D}x \tag{2.3}$$

矩阵 $\mathbf{D}$ 被称为变形矩阵或是**位置梯度张量**，且等式描述一个线性转换或均匀变形。

存在一个对应的逆矩阵 $\mathbf{D}^{-1}$（其中矩阵的乘积 $\mathbf{D}\mathbf{D}^{-1} = \mathbf{I}$ 且 $\mathbf{I}$ 为单位矩阵），表示**倒置**或**逆变形**。$\mathbf{D}^{-1}$ 表示使 $\mathbf{D}$ 矩阵所代表变形的逆变化：

$$x = \mathbf{D}^{-1}x' \tag{2.4}$$

倒置或逆变形使变形岩石恢复到其未变形状态。

如果想利用计算机模拟变形，变形矩阵 $\mathbf{D}$ 有重要意义。一旦变形矩阵被定义，变形本身的任何方面都可以被建立。但值得注意的是，变形矩阵不能告诉我们任何变形历史，也不能揭示该变形方法如

何对这种变形做出响应。对于更多的矩阵代数法的更多信息，请参见专栏 2.1。

---

**专栏 2.1　矩阵代数法**

矩阵包含了表示线性转换方程组的系数。在二维中，这意味着式（2.1）所示的方程组可以用式（2.2）的矩阵表达。一个线性变换意味着一个均匀变形。该矩阵描述了应变椭圆或椭球体的形状和方位，并且该变换来自三维中的一个单位圆或单位球。

矩阵比方程组更易于处理，特别是应用于计算机程序中。构造地质学中最重要的矩阵运算是乘法运算和求特征矢量、特征值（如下）。

矩阵与一个矢量相乘：

$$\begin{bmatrix} D_{11} & D_{12} \\ D_{21} & D_{22} \end{bmatrix}\begin{bmatrix} x \\ y \end{bmatrix} = \begin{bmatrix} D_{11}x + D_{12}y \\ D_{21}x + D_{22}y \end{bmatrix}$$

矩阵与矩阵相乘：

$$\begin{bmatrix} D_{11} & D_{12} \\ D_{21} & D_{22} \end{bmatrix}\begin{bmatrix} d_{11} & d_{12} \\ d_{21} & d_{22} \end{bmatrix} = \begin{bmatrix} D_{11}d_{11} + D_{12}d_{21} & D_{11}d_{12} + D_{12}d_{22} \\ D_{21}d_{11} + D_{22}d_{21} & D_{21}d_{12} + D_{22}d_{22} \end{bmatrix}$$

转置，意思是在矩阵中行和列互换：

$$\begin{bmatrix} D_{11} & D_{12} \\ D_{21} & D_{22} \end{bmatrix}^{T} = \begin{bmatrix} D_{11} & D_{21} \\ D_{12} & D_{22} \end{bmatrix}$$

矩阵 **D** 的逆矩阵表示为 $\mathbf{D}^{-1}$ 并且它与矩阵 **D** 相乘为单位矩阵 **I**：

$$\begin{bmatrix} D_{11} & D_{12} \\ D_{21} & D_{22} \end{bmatrix}^{-1}\begin{bmatrix} D_{11} & D_{12} \\ D_{21} & D_{22} \end{bmatrix} = \begin{bmatrix} 1 & 0 \\ 0 & 1 \end{bmatrix} = \mathbf{I}$$

矩阵乘法不能交换：

$$\mathbf{D}_1\mathbf{D}_2 \neq \mathbf{D}_2\mathbf{D}_1$$

一个矩阵的行列式是：

$$\det\mathbf{D} = \begin{bmatrix} D_{11} & D_{11} \\ D_{21} & D_{22} \end{bmatrix} = D_{11}D_{22} - D_{21}D_{12}$$

行列式描述的变化：如果 det **D**=1，那么对于由矩阵 **D** 涉及的转换变形中，没有面积和体积的变化。

一个矩阵 **A** 的特征矢量 **x** 和特征值 λ 满足：

$$\mathbf{A}\mathbf{x}=\lambda\mathbf{x}$$

如果 **A**=**DD**$^{T}$，那么变形矩阵对于二维有两个特征矢量，对于三维有三个特征矢量。特征矢量描述椭球体（椭球面）的方位，而特征值描述其形状（其主轴的长度）（见附录 **A**）。通过利用电子数据表和计算机软件（如 Matlab™）很容易得到特征矢量和特征值。

## 2.7 一维应变

在一维（一个单一的方向）系统中，应变是关于线性或近似线性（直线）物体的伸长和缩短。人们可能会说一维应变没有意义，因为直线的伸长不能改变形状，改变的仅仅是长度。但从另一方面来说，形状的改变，例如圆改变成椭圆，可以通过不同方向线的长度的变化来描述。因此，将对长度的变化的描述引入应变概念，可以提供很多便利。实际应用中有一些专业术语，例如伸长率、伸长量、延伸、收缩、缩短，同其他任何变量一样，它们是无量纲术语。

线的**伸长率**（$e$ 或 $\varepsilon$）被定义为 $e=(l-l_0)/l_0$，其中 $l_0$，$l$ 分别为变形前后的长度（图 2.7）。该线可以代表横剖面中的水平线或层理轨迹、箭石或其他化石的长轴，以及在岩石力学实验中的垂直方向，或许多其他的线状构造。也可以使用对数或**自然伸长率** $\bar{e}=\ln e$ 来代表这些线状构造的长度。

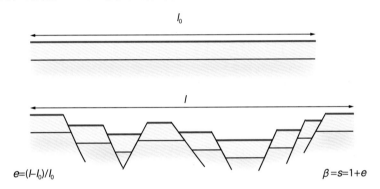

图 2.7　断裂作用导致某层面伸展

红色层面有一个初始长度（$l_0$）和新长度，通过比较这两个长度，可以获得伸展变形的线性应变 $e$。$\beta$ 因子通常用于定量描述整个拉张盆地的伸展变形

线的**伸长量**与伸长率均用于分析伸展盆地。其中在拉伸方向水平线的伸长率表示伸长量。负的伸长量被称为**收缩**（压力与拉力等相关术语在描述应力中被保留）。

线的**延伸**被指定为 $s=1+e$，其中 $s$ 称为延伸量，则 $s=l/l_0$。**延伸量因子**普遍在裂陷和伸展盆地的构造分析中应用。有时候被称为 $\beta$ 因子，但实际上与 $s$ 相同。**二次伸长率** $\lambda=s^2$，与变形矩阵 **D** 的特征值相同。二次延展是一个较科学的命名，因为我们看到的是延展的平方值，而不是伸长率，尽管如此，二次伸长率仍常常作为术语被应用。

自然应变，$\bar{e}$，简单来说与 $\ln s$ 或 $\ln(1+e)$ 等价。

## 2.8 二维应变

平面或剖面上的应变测量通过以下无量纲量描述：

**角度剪切** $\psi$：描述变形介质中两条开始相互垂直的线之间的角度的变化（图 2.8 和图 2.9）。

**剪切应变** $\gamma=\tan\psi$，其中 $\psi$ 是剪切角度（图 2.8）。当已标识位置的初始角度发生变化时，可以算出其剪切应变。当多个这样的标识位置在均匀应变区域内发生变化时，则可以获得应变椭圆。

**应变椭圆**是可以描述在均匀变形平面上任意方向的拉伸率大小的椭圆（专栏 2.2）。它描绘了未变形部分的假想圆发生变形的形状。该应变椭圆可以通过长轴（$X$）和短轴（$Y$）描述。两轴长度分别为 $1+e_1$ 和 $1+e_2$；比率为 $R=X/Y$ 或者 $(1+e_1)/(1+e_2)$，表示椭圆率或者离心率，因此可以描述应变。如果该圆并没有发生应变，则 $R=1$。

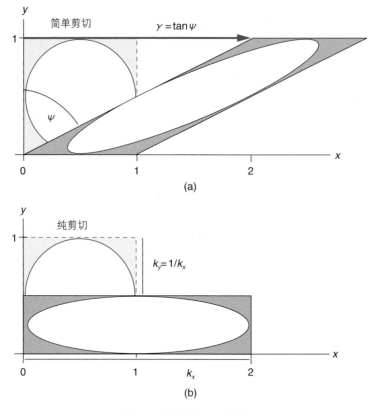

图 2.8 简单剪切和纯剪切

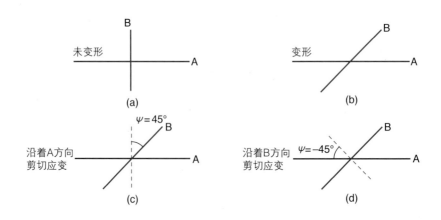

图 2.9 角剪切应变（初始相互垂直的两条线在剪切作用下夹角的改变）

顺时针旋转为正，逆时针为负。该例子中沿线 A 的角剪切应变为 45°，沿着线 B 的角剪切应变为 −45°

---

**专栏 2.2 剖面应变椭圆**

在三维应变分析中，$X$、$Y$ 和 $Z$ 为三个主应力或主应变轴。但考虑一个剖面时，无论剖面相对应变椭球的方位如何，通常使用 $X$、$Y$。最好将其命名为 $X'$ 和 $Y'$ 或类似的名称，并将 $X$、$Y$ 和 $Z$ 保留为三维真实主应变的表示方式。如果通过变形岩石的任意剖面包含了一个应变椭圆，称为 **剖面应变椭圆**。能够明确说明任意时刻我们所描述的剖面非常重要。

**面积变化**：对于无任何应变的面积变化，$R=X/Y=1$。在初始剖面上绘制的圆在经历纯面积变化后仍然是一个圆，只是半径有或大或小的变化。在 $X$–$Y$ 坐标系内，**纯体积变形**将沿主对角线分布（图2.10）。在同一相图中描述不同面积与应变组合下的应变场特征。稍后我们将对这些不同的区域中形成的不同类型的构造进行研究。

可以将变形分解为面积变化和应变的某些组合，即分离应变和面积变化分量，图 2.11 显示了如何将压实变形分解为应变和面积变化。

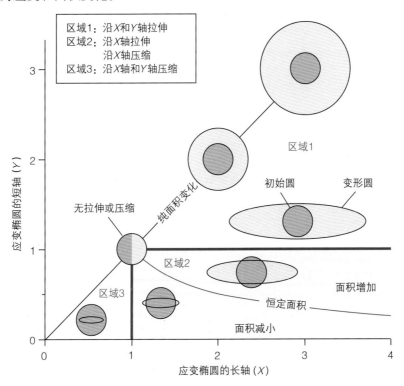

图 2.10　应变椭圆的分类（据 Ramsay 和 Huber，1983）

仅仅在图的下部分中利用（$X > Y$）；注意区域 2 被等面积线分成两部分。这图被称为 $X$—$Y$ 图，
但如果在描述最大主应力和最小主应力时，也可将其称为 $X$—$Z$ 图

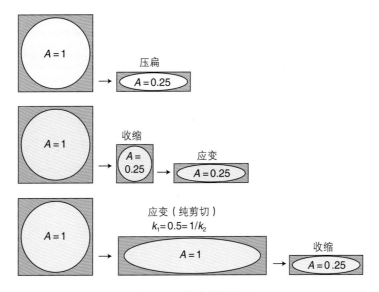

图 2.11　压扁有关的应变

变形可以看作均匀收缩与应变的共同作用的结果（中间的分图）。下方的分图说明最终应变与顺序（应变与膨胀）
无关（仅仅对于共轴变形）：三种情况下最终应变椭圆是相同的

## 2.9 三维应变

如果允许在三维空间内延展或压缩，则应变状态频谱可能显著变宽。经典参考情况为统一拉伸、统一压扁和平面应变，如图 2.12 所示。**统一拉伸**也称为**轴对称拉伸**，是一种应变状态，其中 $X$ 轴方向上的延展通过垂直 $X$ 轴平面的等量压缩来弥补。**统一压扁（轴向对称压扁）**与其相反，$Z$ 轴方向的缩短量通过垂直于 $Z$ 轴方向的平面的相同延展量来弥补。这两个参考状态处于变形类型的连续谱中的边缘状态。**平面应变**位于统一压扁和拉伸之间，其中在一个方向的延展量完全通过垂直于该方向上的缩短量来弥补。由于没有第三主应力方向上的延展和缩短，即沿 $Y$ 轴没有拉伸或缩短，因此应变被认为是"平面"或是二维的。

当沿 $Y$ 轴没有长度变化时，应变被称为是平面（二维）的，而三维应变意味着沿 $X$、$Y$ 和 $Z$ 都发生长度变化。

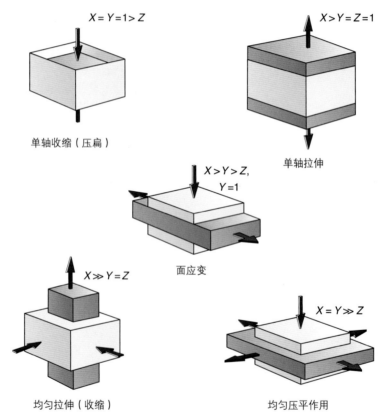

图 2.12　一些应变参考状态

包括单轴（上部）、平面（中部）和三维（下部）条件

## 2.10 应变椭圆

与变形有关的形态在有限空间的变化可以完全通过**应变椭圆**描述。应变椭圆表征着岩石体积变化引起具有单位半径假想球体的变形形态。

应变椭圆有三个相互正交的对称平面，即**应变的主平面**，三个主平面沿三个正交轴相交，这些正交轴被称为是**主应变轴**。它们的长度值被称为**主延展**，这些轴普遍被设为 $X$，$Y$，和 $Z$，但也可命名为 $\sqrt{\lambda_1}$、$\sqrt{\lambda_2}$ 和 $\sqrt{\lambda_3}$，$S_1$、$S_2$ 和 $S_3$ 以及 $\varepsilon_1$、$\varepsilon_2$ 和 $\varepsilon_3$。在这本书中我们利用 $X$、$Y$ 和 $Z$ 为其命名，其中 $X$ 表示长

轴，$Z$ 是短轴，$Y$ 表示中间轴，即

$$X > Y > Z$$

当椭圆被固定在空间中时，轴可以被认为是已知长度和方向的矢量。因此，这些矢量代表了椭球体的形状和方向。这些矢量被命名为 $e_1$，$e_2$ 和 $e_3$，其中 $e_2$ 最长，$e_3$ 最短，如图 2.13 所示。

如果沿主应变轴 $X$，$Y$ 和 $Z$ 设置一个含 $x$，$y$，$z$ 的坐标系，则应变椭球体可以表示为：

$$\frac{x^2}{\lambda_1} + \frac{y^2}{\lambda_2} + \frac{z^2}{\lambda_3} = 1 \tag{2.5}$$

矩阵积 $\mathbf{DD}^\mathrm{T}$ 的特征值可以表示为 $\lambda_1$，$\lambda_2$ 和 $\lambda_3$，对应特征矢量为 $e_1$，$e_2$ 和 $e_3$（见附录 A）。因此如果 $\mathbf{D}$ 为已知，则可以较容易地计算出应变椭圆球体的方向和形状，反之亦然。变形矩阵根据选取的坐标系的不同，其形式不同。然而，对于任意给定的应变状态，特征向量和特征值是一致的，或者说它们是**应变常量**。剪切应变、体积应变和运动学涡度（$W_k$）是其他应变常量的例子。以下是另外一个与应变椭球体相关的特征：

与主应变轴平行的线是正交的，并且在未变形状态中也正交。

这意味着它们未经历过有限的剪切应变，其他的线没有此类性质。因此，评估初始设置的正交线的剪切应变，可以得到关于 $X$，$Y$，$Z$ 方向的信息（见第 3 章）。这也适用于考虑两维或三维应变。

## 2.11  关于应变椭圆的更多信息

任何应变椭球包含**两个无限应变表面**。对于等体积变形，即**等容变形**，通过连接沿椭球体和其变形前的单元球交叉线的点可以找到无限应变表面。对于平面应变，其中间主应变轴有单位长度，无限应变表面为平面［图 2.13（b）］。一般来说，当应变为三维时，无限应变表面为非平面。对于恒定体积变形，这些表面中包含的线与未变形的状态下的线长度相等，或者如果发生体积变化，则线的延伸长度相等。这就意味着：

一个平面应变变形产生两个面，这两个面中岩石似乎没有发生应变。

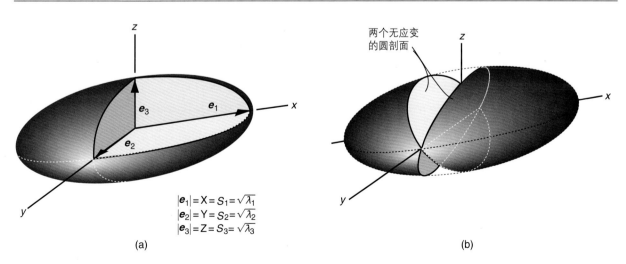

$$|e_1| = X = S_1 = \sqrt{\lambda_1}$$
$$|e_2| = Y = S_2 = \sqrt{\lambda_2}$$
$$|e_3| = Z = S_3 = \sqrt{\lambda_3}$$

(a)                     (b)

图 2.13　（a）应变椭球为一个随岩石一起变形的假象球体。它主要依赖于均匀变形，且由三维矢量 $e_1$，$e_2$，$e_3$ 来描述，定义了主应变轴（$X$，$Y$，$Z$）以及椭球的方向。因此，矢量的长度描述了椭球的形态，而与坐标轴的选择无关。（b）对于平面应变椭球，显示两个无应变的椭球剖面

同样，这也意味着在递进变形中，物理线和点在递进变形过程中穿这些理论平面。

通过对坐标轴比 $X/Y$ 和 $X/Y$ 作为坐标轴绘图，应变椭球体的形态被可视化。如图 2.14（a）所示，对数坐标普遍应用于该类图件。1962 年英国地质学家 Flinn 首次发表该图后，该图被称为 Flinn **相图**并得到广泛应用。相图的对角线描述了 $X/Y = Y/Z$ 时的应变，即平面应变。它把位于上半部分的**扁长的**几何体（或雪茄形态）与底部**扁圆的**几何体（或者煎饼形态）分离。椭球体的实际形态是通过 Flinn 相图的 $k$ 值表征：$k=(R_{XY}-1)/(R_{YZ}-1)$，其中 $R_{XY}=X/Y$，$R_{YZ}=Y/Z$。

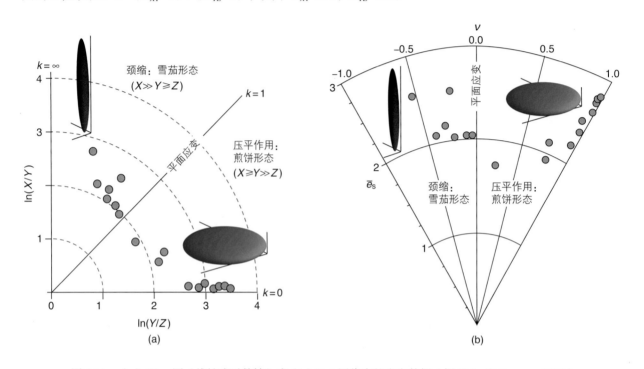

图 2.14　（a）Flinn 图（线性或对数轴）或（b）Hsü 图代表的应变数据（据 Holst 和 Fossen，1987）
对比了两图中相同数据的投点

Flinn 相图中，水平轴和垂直轴分别表示轴对称压扁和拉伸。图中任何一点表示一个唯一的应变大小和三维形态或**应变几何体**的组合，即含有唯一 Flinn 相图 $k$ 值的应变椭球体。然而不同类型的变形在一些情况下可能产生含有同样的 Flinn 相图 $k$ 值的椭球体，在这种情况下，需要其他的判别标准对此进行区分。例如纯剪切和简单剪切（见下文），它们都沿 Flinn 相图对角线（$k=1$）绘制。纯剪切和简单剪切应变椭球体的方向不同，但在 Flinn 相图中不能反映。因此该相图在应用时有其局限性。

在 Flinn 图中，应变的大小一般随远离原点而增加。但是在图的不同部位直接比较应变的大小并不重要。人们如何比较煎饼形态的椭球体和雪茄形态的椭球体？哪一种应变更大？尽管没有合理的数学和物理的理由，但可以利用半径（离原点的距离，图 2.14 中虚线）准确的测量应变大小。下列公式给出了一个可供选择的参数：

$$\bar{e}_s = \frac{\sqrt{3}}{2}\bar{\gamma}_{oct} \tag{2.6}$$

这个变量 $\bar{e}_s$ 被称为自然八面体单元剪切，且

$$\bar{\gamma}_{oct} = \frac{2}{3}\sqrt{\left(\bar{e}_1-\bar{e}_2\right)^2+\left(\bar{e}_2-\bar{e}_3\right)^2+\left(\bar{e}_3-\bar{e}_1\right)^2} \tag{2.7}$$

其中 $\bar{e}_i$（$i=1$，2，3）为自然主应变，这单位剪切直接与在变形历史过程中的机械功相关。然而由于没有考虑对于非共轴变形发生的应变椭球体的旋转（见第 2 章第 12 节），因此研究共轴变形较为适合。

另外一个应变图通过 $\bar{\gamma}_{\mathrm{oct}}$ 定义。其中自然的八面体单元剪切对应一个参数 $v$，即 Lode 参数，有

$$v = \frac{2\bar{e}_2 - \bar{e}_1 - \bar{e}_3}{\bar{e}_1 - \bar{e}_2} \tag{2.8}$$

参见图 2.14（b），此图被称为 Hsü 图，图中辐射线基于自然八面体单元剪切，指示相等的应变量。

## 2.12 体积变化

物体纯体积变化或**体积应变**通过下试给出：$\Delta = (V - V_0)/V_0$，其中 $V_0$ 和 $V$ 分别是物体变形前后的体积。体积减小，体积因子 $\Delta$ 为负，体积增大，体积因子 $\Delta$ 为正。一般描述体积变化的变形矩阵为：

$$\begin{bmatrix} D_{11} & 0 & 0 \\ 0 & D_{22} & 0 \\ 0 & 0 & D_{33} \end{bmatrix} = \begin{bmatrix} 1+\Delta_1 & 0 & 0 \\ 0 & 1+\Delta_2 & 0 \\ 0 & 0 & 1+\Delta_3 \end{bmatrix} \tag{2.9}$$

$D_{11}D_{22}D_{33}$ 的乘积是式（2.9）的中矩阵的行列式（见专栏 2.3），恒不等于 1。这适用于涉及体积变化的任何变形（或二维的面）。$\det \mathbf{D}$ 越接近 1，体积（面积）变化越小。体积和面积变化不与任何内部旋转有关，这意味着平行于主应变轴的线，与未变形状态下的线方向相同。这种变形称为**同轴变形**。

各向同性和各向异性的体积变化之间有时存在差别。**各向同性体积变化**（图 2.15）是纯体积变化，物体在各个方向均匀地伸缩，即式（2.9）中的对角元素相等，且 $\det \mathbf{D} \neq 1$。这就意味着物体的任何部位在尺寸上减小或增加，但物体的形状保持不变。因此，严格地讲，各向同性体积变化中不涉及形状的变化，仅仅涉及体积应变。对于二维平面，尽管半径不同，各向同性的面积大小改变，但初始是圆，变形后仍然是圆。

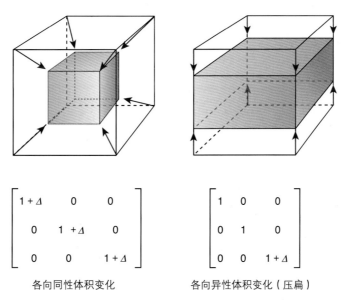

$$\begin{bmatrix} 1+\Delta & 0 & 0 \\ 0 & 1+\Delta & 0 \\ 0 & 0 & 1+\Delta \end{bmatrix} \qquad \begin{bmatrix} 1 & 0 & 0 \\ 0 & 1 & 0 \\ 0 & 0 & 1+\Delta \end{bmatrix}$$

各向同性体积变化　　　　　各向异性体积变化（压扁）

图 2.15　各向同性体积变化（不包括应变）和单轴缩短（压缩）表示的各向异性体积变化之间的差异

各向同性体积增大：$X=Y=Z > 1$

各向同性体积缩小：$X=Y=Z < 1$

**各向异性体积变化**不仅涉及体积（面）的变化，也涉及形态的变化，因为其对岩石的影响在各个方面不同。最明显的例子就是**压缩**或单轴伸缩实验，如图 2.11 所示，该问题将在下一节中讨论。

---

**专栏 2.3　变形矩阵 D 的行列式**

变形矩阵 **D** 的行列式由下列公式给出：

$$\det \begin{bmatrix} D_{11} & D_{12} & D_{13} \\ D_{21} & D_{22} & D_{23} \\ D_{31} & D_{32} & D_{33} \end{bmatrix} = D_{11}(D_{22}D_{33}-D_{23}D_{32})$$

$$-D_{12}(D_{21}D_{33}-D_{23}D_{31})+D_{13}(D_{21}D_{32}-D_{22}D_{31})$$

如果变形矩阵是对角矩阵，那就意味着仅仅沿对角线有非零值，然后 detD 为 **D** 的对角线元素的积。幸运的是，这一情况也对应三角矩阵，即矩阵的对角线下方（上方）都是零。

$$\det \begin{bmatrix} D_{11} & D_{12} & D_{13} \\ 0 & D_{22} & D_{23} \\ 0 & 0 & D_{33} \end{bmatrix} = D_{11}D_{22}D_{33}$$

体积变化和纯剪切的变形矩阵都是对角矩阵的实例，同时，简单或一般剪切对应是三角矩阵。当 det**D**=1，由矩阵表示的变形为等体积变形，即它不涉及体积变化。

---

人们可能认为各向异性的体积变化是一个多余的术语，因为任何一个各向异性的应变都可以分成（各向同性）体积变化和形态变化的组合。事实上，变形与变形历史无关，意味着在数学上将变形做任意分解都是正确的，即使它们与实际的变形过程无关。然而，如果我们考虑沉积物和沉积岩的压缩如何形成，那就意味着需要把它作为各向异性体积变化而不是各向同性体积变化和应变的结合，该观点至关重要。沉积物是通过垂直缩短而压实（图 2.11，顶部），而不是通过直接收缩，然后发生应变变形（图 2.11，中部）。作为地质学家，我们更关心的是事实，因此沿用各向异性体积变化这个有重要意义的术语。

---

各向异性体积增大：$XYZ \neq 1$，其中 $X$，$Y$ 和 $Z$ 中的两者或三者的方向是不同的。

---

## 2.13　单轴应变（压缩）

单轴应变为沿主应变坐标轴中一个主应变方向发生伸缩，而在另外两个方向没有发生任何长度变化。这种应变需要岩体的空间重新调整——增大或缩小。如果岩体空间被减少，则可能发生**单轴收缩**或体积缩小。例如地表附近多孔沉积物和凝灰岩在物理压缩过程中，颗粒发生重组，导致颗粒更加密集的堆积。只有水、油或气填充于孔隙空间内，而不是岩石矿物质本身的填充，才能使岩石的体积空间被保留。

对于钙质岩和深埋的硅质碎屑岩，单轴应变可以通过溶解（压溶）作用来调节，这种作用也称为化学压实。在这种情况下，矿物被溶解并以流体的形式从岩体中迁移出去。在中、下地壳变质条件下，也可发生矿物质的扩散遗失。这可能导致裂解形成，或者形成剪切压实带。**单轴拉伸**指在一个方向伸展，可能发生在拉伸断裂或纹理构造或变质反应中。

---

单轴压缩：$X=Y > Z$, $X=1$

单轴拉伸：$X > Y=Z$, $Z=1$

---

单轴应变可以发生在孤立系统中，如沉积物压实期间，或者与简单剪切变形等其他变形类型一起发生。经证实，将许多剪切带作为在整个区域中的简单剪切和单轴缩短的组合大有用处。

单轴缩短或压缩是重要且常见的变形，需要更加深入的关注。单轴应变的变形矩阵为：

$$\begin{bmatrix} 1 & 0 & 0 \\ 0 & 1 & 0 \\ 0 & 0 & 1+\Delta \end{bmatrix} \tag{2.10}$$

其中 $\Delta$ 是垂直方向的伸长量为（压实为负），$1+\Delta$ 是垂直方向拉伸后长度（图 2.16）。事实上，只有第三个对角元素不同于其他的对角元素，这意味着伸长或缩短只发生在一个方向。矩阵给出了扁圆的或煎饼形状的应变椭球。该矩阵也可以被用来计算断层和层理等平面特征受压实作用影响的程度（图 2.16）。

例如，考虑一个埋藏浅的沉积物，其中在埋藏深度为 2.5km 后垂直高度降低到 80%。这意味着 1m 的垂直沉积物减少到 0.8m。在这种情况下，体积减小 20%，$\Delta=-0.2$，因此 $1+\Delta=0.8$。那么对于在早期阶段（浅层）形成的具有 60° 倾角（图 2.16 中 $\alpha$）的断层，随着沉积倾角的变化为多少？在图 2.16 中，考虑一个具有单位基底且高度为 $z$ 的方框，使断层沿对角线穿过方框。如果断层偏离初始倾角 60°，即 $z_A = \tan 60° \approx 1.73$，那么经过 20% 压实之后，新的断层倾角 $\alpha' = \arctan z_B$，其中新的高

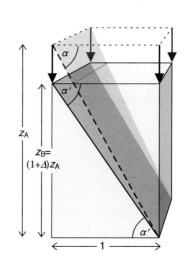

图 2.16 压实作用导致断层倾角减小，这种影响取决于断裂后孔隙度的压缩或缩减程度，并且可以通过压实变形矩阵对其进行估算[式（2.10）]，或者通过式（2.11）表示其关系

度 $z_B = \tan(0.8 z_A)$。在上例中，$\alpha = 54°$。因此，在埋深至 2km 时，断层倾角减少了 6°。这与逐渐被埋藏的**生长断层**有关。埋深过程中，压实作用会导致角度随深度增加而减小，或形成一个铲状断层几何体（见第 9 章）。

这可能与孔隙率变化有关，可以由下式证明

$$\frac{\tan\alpha'}{\tan\alpha'} = \frac{(1-\phi_0)}{(1-\phi)} \tag{2.11}$$

式中，$\phi$ 为现今的孔隙率，$\phi_0$ 为初始孔隙率。也可应用下列等式

$$\phi = \phi_0 e^{-cz} \tag{2.12}$$

式中，$Z$ 为埋藏深度；$C$ 为常数，在模拟断层倾角变化过程中，沙子通常约为 0.29，泥沙为 0.38，页岩为 0.42（$e$ 在这里是指数函数，而非扩展因子）。

在变质岩中，可以通过比较岩石受影响和未受影响的部分来评估单轴缩短或压实作用。例如一个剪切带或劈理中，通过估计剪切带或劈理外部和内部中固定矿物（如云母或不透明相）的密度，以评估相关压实作用。正如我们将于第 16 章中看到的关于剪切带的描述中所示，理想剪切带除了简单剪切外，压实作用明显。

## 2.14　纯剪切和同轴变形

纯剪切 [ 图 2.8（b）] 是一个完美的**同轴变形**。这意味着平行于一个主应力轴方向的标号在旋转过程中没有偏离其初始位置。其中岩石单轴应变（在一个方向上发生缩短或延伸）是同轴变形的另一个例子。

同轴变形意味着沿主应变轴的线的方向与没有变形时的方向相同。

在这里纯剪切只考虑平面（二维）应变而不考虑体积变化，尽管一些地质学家也将这个术语应用于三维共轴变形。纯剪切是在一个方向均匀的缩短量与在另一个方向的伸展量相同，通过变形矩阵可表示：

$$\begin{bmatrix} k_x & 0 \\ 0 & k_y \end{bmatrix} \tag{2.13}$$

其中 $k_x$ 和 $k_y$ 分别为沿 $X$ 和 $Y$ 轴方向伸展和缩短长度。因为纯剪切保持面积（体积）不变，因此有 $k_y = 1/k_x$。

## 2.15　简单剪切

简单剪切 [ 图 2.8（a）] 是一种特殊变形类型，即体积恒定的平面应变变形。简单剪切中没有延伸或缩短的线条或向第三方向运动的点。与纯剪切不同，它是一个**非共轴变形**，这意味着平行于主应变轴的线条在旋转过程中偏离其初始位置。**应变分量**的这种内部旋转导致了一些地质学家将简单剪切和其他非共轴变形称为**旋转变形**。这里所说的内部旋转，是指沿着最长有限应变轴的线条与未变形之前线条的取向存在差异。而纯剪切没有内部旋转分量，简单剪切的内部旋转应变分量取决于应变的大小。

另外，非共轴变形特征与应变椭球的方向和应变的大小有关：

对于非共轴变形，主应变轴的方向随着应变的大小的改变而不同，而对于共轴变形，它们总是指向同一方向（同方向，不同长度）。

对于任何平面应变变形类型，由简单剪切所产生的应变椭球里有两个圆形剖面（图 2.13b）。其中一个平行于剪切面，与应变大小无关。**剪切面**是指发生剪切作用的平面，如图 2.17 所示。剪切面类似于断层的滑动面，对于简单剪切，它是一个没有应变的平面。

对同轴和内部旋转变形进行综合分析更容易讨论递进变形（见下文）。现在，我们看一下简单剪切的变形矩阵：

$$\begin{bmatrix} 1 & \gamma \\ 0 & 1 \end{bmatrix}$$ （2.14）

因子 $\gamma$ 称为剪切应变，$\gamma=\tan\psi$，$\psi$ 为线旋转角（垂直于未变形状态的剪切面的线条在变形过程中旋转过的角度）（图 2.8）。在简单剪切过程中，位于（或平行于）剪切面的线条和平面不改变方向或长度。沿其他方向的线条和平面也为同样情况。值得注意的是描述同轴变形的矩阵是对称矩阵，而描述非共轴变形的是非对称矩阵。

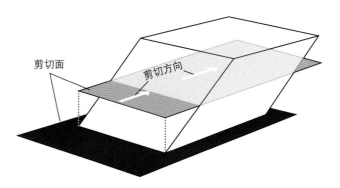

剪切面

剪切方向

图 2.17　通过变形的立方体说明剪切平面和剪切方向的定义，该术语与简单剪切和一般变形类型的剪切部分相关，如一般剪切

## 2.16　一般剪切

纯剪切和简单剪切之间一系列的平面变形，通常称为**次简单剪切**（也称为**一般剪切**，这些变形只是平面变形的中的一部分，因此它不能表示所有平面）。由于涉及的内部旋转少于简单剪切，因此一般剪切可以看作一种纯剪切和简单剪切的叠加。从数学来讲，必须将简单剪切和纯剪切变形矩阵结合起来进而分析一般剪切变形，这并不像听起来那么简单。事实证明，一般剪切变形矩阵可以写为

$$\begin{bmatrix} k_x & \Gamma \\ 0 & k_y \end{bmatrix}$$ （2.15）

其中 $\Gamma=\gamma[(k_x-k_y)]/[\ln(k_x-k_y)]$。如果除了纯剪切和简单剪切的分量，没有面积变化，那么 $k_y=1/k_x$ 且 $\Gamma=\gamma(k_x-1/k_x)/(2\ln k_x)$，图 2.1 中展示了一个一般剪切及其位移场和粒迹的实例。

## 2.17　递进变形和流动参数

简单剪切、纯剪切、体积变化以及其他变形类型仅仅是将变形后状态和未变形状态联系起来，但两种状态之间发生的变形历史互不相同，而这种变形历史是研究岩石**流动**和**递进变形**的重点。

当讨论递进变形时，考虑在岩石或沉积物中的单个粒子至关重要。如果在变形历史中对单个粒子轨迹进行追踪，可以得到一个单个**粒子路径**的图像。如果能对大量的粒子运动进行绘制，则可以得到一个颗粒流动模式。

流动模式是变形介质中粒迹的集合。

在实验中可以直接记录粒迹，并且可以在整个变形历史中追踪单个粒子或（彩色）颗粒。图 2.18 所示的粒迹并不完整，因为只在断层和标号之间的交叉处有粒迹分布。流动模式也受到断层的影响，因此其位移变得不连续（见第 9 章），但整体模式可以视为近似纯剪切。在实验期间，即时拍摄粒迹使科学家能够重建流动模式。在流动模式中，每个颗粒变形过程不同，但我们只能看到最后阶段的变形，即最后胶卷的照片。

我们可以设想，对变形开始到结束的过程进行拍照。那么任何两个相邻图片的差别代表一个小间隔内的总变形量。基于两幅图之间的差异我们可以发现在此间隔内**增量应变椭球**的大小和方向，并描

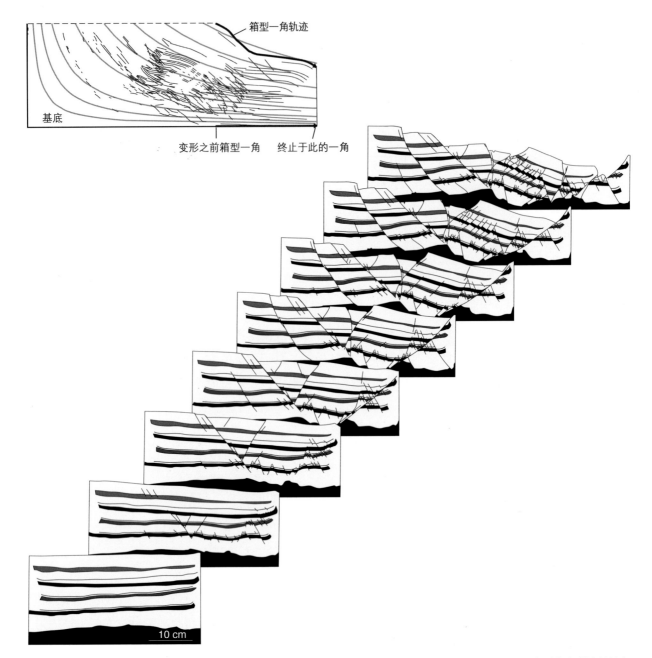

图 2.18　为了与理论纯剪切模式（红色）进行比较，该图展示了石膏实验的粒迹，同时也展示了在实验期间拍摄的图片。粒迹通过连接断穿基底的断层的角点获得。这种情况下变形不均匀且为脆性变形，但由于不连续性多处出现或分散性分布，因此此种情况可以与均匀流变（纯剪切）相比较。该实验来自 Fossen 和 Gabrielsen（1996）

述这个变形历史的增量。当这种间隔变得非常小，可以得到**无穷小的**或**瞬时的**变形参数。在变形过程中瞬间的变形参数被称为**流动参数**。如图 2.19 所示，流动参数包括无穷小或瞬时拉伸坐标轴、流脊、涡度和速度场，所有这些参数都值得额外关注。

　　**瞬时拉伸轴**（ISA）为用来描述在变形过程中某一时刻最大的和最小的延伸的方向的三个相互垂直的坐标轴（平面变形为两个坐标轴）。虽然最小拉伸轴（$ISA_3$）是最大收缩或负延伸的方向，但也被称为瞬时拉伸轴。沿最长轴（$ISA_1$）方向的延伸速度比其他任何方向都快。同样，没有一个方向延伸（收缩）的速度比沿着最短的瞬时拉伸轴（$ISA_3$）还慢（或缩短更快）。

　　**流脊**将不同区域的粒子路径分开（图 2.19 中 AP）。位于流脊的粒子静止或沿着隆起直线运动。其他粒子路径为弯曲型。如果在变形历史间不改变条件，则没有粒子可以穿过流脊。

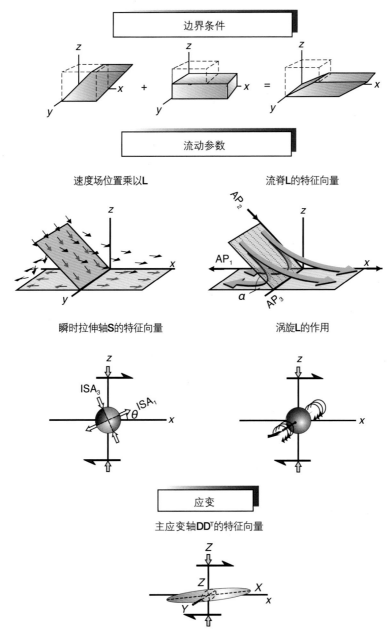

图 2.19　最主要的变形参数（据 Fossen 和 Tikoff，1997，有修改）

边界条件控制流体参数，随时间推移产生应变

**涡度**描述在软介质变形中粒子旋转快慢的程度（第 2 章第 20 节）。相关的量级为运动学涡度量值（$W_k$），对于简单剪切，其值为 1，纯剪切为 0，一般剪切介于两值之间。

**速度场**描述粒子在变形历史中任意时刻的速度。下文将对该定义进行详细描述。

## 2.18　速度场

速度（梯度）矩阵（或张量）L 描述在变形过程中任意时刻粒子的速度。三维空间中，速度场对应的几个方程为

$$v_1 = L_{11}x + L_{12}y + L_{13}z$$

$$v_2 = L_{21}x + L_{22}y + L_{23}z$$

$$v_3 = L_{31}x + L_{32}y + L_{33}z$$

用矩阵符号可表示为

$$
\begin{bmatrix} v_1 \\ v_2 \\ v_3 \end{bmatrix} = \begin{bmatrix} L_{11} & L_{12} & L_{13} \\ L_{21} & L_{22} & L_{23} \\ L_{31} & L_{32} & L_{33} \end{bmatrix} \begin{bmatrix} x \\ y \\ z \end{bmatrix}
$$

（2.16）

或
$$
v = Lx
$$

式中，向量 $v$ 描述速度场，向量 $x$ 表示粒子位置。

如果我们考虑三维共轴流动系统，如结合递进简单剪切（剪切面是 $x$—$y$ 平面）的轴向对称压扁或扩展（图 2.12），则可以得到以下速度矩阵：

$$
L = \begin{bmatrix} \dot{e}_x & \dot{\gamma} & 0 \\ 0 & \dot{e}_y & 0 \\ 0 & 0 & \dot{e}_z \end{bmatrix}
$$

（2.17）

在这个矩阵中，$\dot{e}_x$，$\dot{e}_y$，和 $\dot{e}_z$，分别为在 $x$，$y$ 和 $z$ 方向的延伸率，$\dot{\gamma}$ 是剪切应变率（所有量纲为 $s^{-1}$）。这些应变率与粒子速度相关，从而与速度场有关。将式 2.17 代入式 2.16，得到速度场：

$$
v_1 = \dot{e}_x x + \dot{\gamma} y
$$
$$
v_2 = \dot{e}_y y
$$
$$
v_3 = \dot{e}_y z
$$

（2.18）

矩阵 $L$ 由与时间相关的变形率分量组成，而变形矩阵具有不涉及时间或历史的空间分量。对于递进一般剪切，矩阵 $L$ 变为：

$$
L = \begin{bmatrix} \dot{e}_x & 0 \\ 0 & \dot{e}_y \end{bmatrix} + \begin{bmatrix} 0 & \dot{\gamma} \\ 0 & 0 \end{bmatrix} = \begin{bmatrix} 0 & \dot{\gamma} \\ 0 & 0 \end{bmatrix} + \begin{bmatrix} \dot{e}_x & 0 \\ 0 & \dot{e}_y \end{bmatrix} = \begin{bmatrix} \dot{e}_x & \dot{\gamma} \\ 0 & \dot{e}_y \end{bmatrix}
$$

（2.19）

这个方程说明了变形率矩阵和普通变形矩阵之间的显著差异：当变形矩阵为非交换矩阵时，应变率矩阵可以按任意顺序相加而不改变结果。而缺点在于此后需要对所讨论区间的时间进行积分，因此从变形率矩阵中提取关于应变椭圆的信息比较复杂。

$L$ 能被分解为一个对称矩阵 $\dot{S}$ 和一个斜对称矩阵 $W$：

$$
L = \dot{S} + W
$$

（2.20）

$\dot{S}$ 是伸展矩阵（张量）且描述随时间变形产生应变的部分。$W$ 被称为涡度或旋转矩阵（张量），且包括了变形过程中内部旋转的信息。对于递进一般变形，$L$ 可分解为：

$$
L = S + W = \begin{bmatrix} \dot{\varepsilon}_x & \dfrac{1}{2}\dot{\gamma} \\ \dfrac{1}{2}\dot{\gamma} & \dot{\varepsilon}_y \end{bmatrix} + \begin{bmatrix} 0 & \dfrac{1}{2}\dot{\gamma} \\ -\dfrac{1}{2}\dot{\gamma} & 0 \end{bmatrix}
$$

（2.21）

$S$ 的特征矢量和特征值给出了 ISA（瞬时拉伸轴）的方向和长度。$L$ 的特征矢量描述了流脊，将在下一部分被讨论。在许多情况下，是否利用例如 $k$ 和 $g$ 等的应变率或剪切变形参数，由个人习惯决定。这两种方式的应用各有其优缺点。

## 2.19 流脊

图 2.20 中蓝色线为流脊，周围伴随着描述粒迹的绿色线，它是分离不同流场的理论线（意味着它们是不可见的"幽灵线"，可以独立于物质线自由旋转）。颗粒不能穿越隆起，但它们可以沿着隆起移动或停留在隆起上。对于简单剪切（递进简单剪切），颗粒总是沿着剪切方向直线移动。这是因为垂直于剪切面方向没有压缩或拉伸，由此可知，其中一个流脊平行于剪切方向（图 2.20 中，简单剪切）。正如图中所示，简单剪切只有一个流脊。纯剪切有两个正交流脊，粒子沿着流脊向原点作远离或趋近的直线运动。一般剪切有两个斜交流脊：一个平行于剪切方向，一个与第一个方向成 $\alpha$ 角。两个流脊之间的夹角 $\alpha$ 从纯剪切的 90° 到简单剪切的 0° 之间变化。

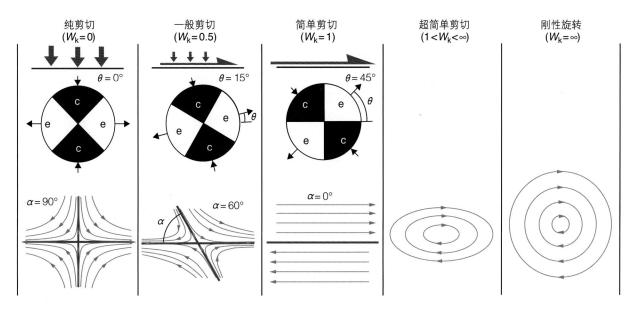

图 2.20 平面变形中粒迹（绿色）和流脊（蓝色）。描述流型的两种流脊，对于纯剪切为正交，对于一般剪切为斜交，对于简单剪切为重合。对于内部具有更多的旋转变形，粒迹沿椭圆轨迹移动。端元为刚性体旋转，其中颗粒移动路径为完整的圆。刚性体旋转包含无应变完全旋转，而纯剪切为一个简单的无旋转应变。注意对于 $W_k > 0$ 时，ISA 一般与流脊方向呈斜向模式

对于简单剪切、纯剪切和一般剪切，流脊出现在垂直于剪切面的平面和平行于剪切方向的平面上，这意味着我们可以在二维上用向量描述流脊：

$$\begin{bmatrix} 1 \\ 0 \end{bmatrix}, \begin{bmatrix} \dfrac{-\gamma}{\ln(k_x/k_y)} \\ 1 \end{bmatrix} \tag{2.22}$$

第一个向量或流脊平行于剪切方向（选择沿坐标轴 $x$ 方向），而另一个向量或流脊倾斜于剪切方向。流脊之间的夹角直接与变形接近简单剪切或纯剪切的程度相关。简单剪切角度 $\alpha$ 为零，纯剪切为 90°，因此 $W_k$ 取决于 $\alpha$，有

$$W_k = \cos\alpha \tag{2.23}$$

为了说明流脊在构造中的作用，应考虑一个构造板块相对于另一个板块的收敛运动。事实证明，斜向流脊平行于收敛向量，通过对粒子直线运动只发生在流脊的方向进行回顾，则这种现象更加易于理解。换句话说，对于斜向板块收敛运动（转换挤压，见第 19 章），$\alpha$ 描述了收敛角的大小：若为

正面碰撞运动，则收敛角为90°，而理想走滑运动为0°。因此，正面碰撞是大规模的纯剪切运动，而走滑或者守恒板块交界处发生变形是由于整体简单剪切所导致。图2.21展示了一个斜向收敛的理论实例，如果我们知道一个板块相对于另外一个板块的相对运动矢量，由于斜向流脊与其平行，因此至少我们在原理上可以估计出斜流脊的平均方向。一旦得到流脊，便可以通过式（2.25）得到 $W_k$，我们可以通过此信息对沿板块边界的变形结构进行模拟或对其变形构造进行评价。或者也可以分析沿着板块边界（较早的）的古结构，并对古收敛角进行讨论。因此，矩阵计算法和野外地质学满足板块边界以及其他方面的应用。

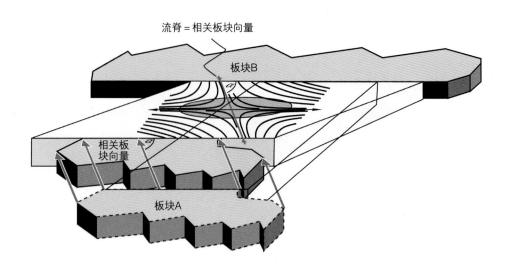

图2.21　两个刚性板块（A和B），且在中间有变形区域（黄色）（据 Fossen 和 Tikoff，1998，有修改）

站在 B 板块上，可以观察到 A 板块相对我们斜向运动。如果通过侧向伸展来对缩短进行弥补，则斜交流脊与板块的运动方向平行，同时可以得到粒子运动的路径。$W_k$ 可以由图2.24中得出

## 2.20　涡度和 $W_k$

我们单独分析**非共轴变形历史**，其中物质线（在变形岩石剖面上的假想线）在一个变形历史的实例中，平行于 ISA，在另一个实例中由于旋转而远离 ISA。同时，单独分析**同轴变形历史**，在整个变形历史中，平行于 ISA 的物质线一直平行于这些轴。（内部）旋转度或共轴度可以用运动学涡度数值 $W_k$ 表示。对于完美的同轴变形历史，该数值为0，对于递进简单剪切，该值为1，而对于一般剪切，该值位于0和1之间。1和∞之间的值代表了变形历史中主应变轴不停地连续旋转。因此 $W_k > 1$ 的变形有时称为旋转变形，该种变形的结果为应变椭球记录先后发生应变和未应变的循环变形历史过程。

为了更好地从实质上理解 $W_k$ 的含义，需要对涡度的概念进行研究。**涡度**是衡量内部旋转变形的物理量。该词来源于流体动力学领域。最经典的类比是设想一个桨轮沿着流体流动而移动，如图2.22所示。如果桨轮不转，那么没有涡度。然而，如果它确实旋转，则存在涡度，且这个矢量描述了旋转速度，角速度向量 $\omega$，同时与涡度向量 $w$ 密切相关：

$$w = 2w = \mathrm{curl}\,v \qquad (2.24)$$

其中 $v$ 是速度场。

另一个例子可以帮助我们理解涡度，即一个球形体积的流体冻结，如图2.23所示。如果球体无限小，那么涡度矢量 $w$ 方向代表球的旋转轴，其长度与旋转的速度成正比。涡度矢量可以解释为：

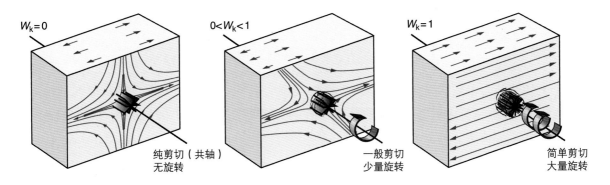

图 2.22　水流的桨轮说明

桨叶轴线与涡量矢量平行，对于同轴变形（$W_k$=0）不旋转，且随 $W_k$ 的增加而旋转的趋势增大

（1）相对于 ISA，垂直于 $w$ 的平面上所有线条的平均旋转速度；（2）一组平行 ISA 的物理线条的旋转速度；（3）垂直于 $w$ 的平面上的两个正交物理线条的平均旋转速度；或（4）韧性基体中的刚性球形包裹体的一半的旋转速度，旋转过程沿着球的边缘没有滑动，且黏度对比无限大。

例如让我们把一个刚性球体放入一个装满柔软材料的变形盒子中，其中薄弱材料具有应变标志。如果通过沿一个方向挤压盒子，使其在另一方向延伸的方式来实现同轴变形，则球

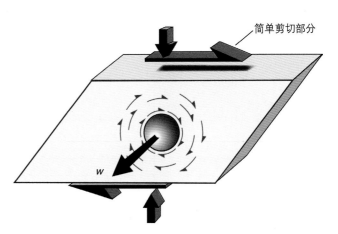

图 2.23　递进一般简单剪切中的旋涡矢量（$w$）

体不旋转，其涡度为 0。然而，如果我们在盒子里添加一个简单剪切，球体将旋转，无论我们实验执行的速度多么快，能观察到应变和转速之间存在一定的关系：应变越大，旋转转速越快。这种应变与（内部）旋转之间的关系就是运动学涡度数值 $W_k$。对于一定的应变积累，纯剪切和简单剪切的结合（即一般剪切），球体旋转转速比简单剪切小。因此 $W_k$ 小于 1，且此值取决于简单剪切与纯剪相对量值的比。

---

$W_k$ 是在变形过程中对涡度（内部旋转）和应变积累速度之间关系的一种衡量。

---

数学上，运动学涡度大小被定义为：

$$W_k = \frac{w}{\sqrt{2\left(S_x^2 + S_y^2 + S_z^2\right)}} \tag{2.25}$$

其中 $S_n$ 为主应变率，即沿 ISA 的应变率。如果我们假设在变形过程中有稳定流（见下一节），那么这个方程依照纯剪切和简单剪切分量可以改写为：

$$W_k = \frac{\gamma}{\sqrt{2\left[\left(\ln k_x\right)^2 + \left(\ln k_y\right)^2\right] + \gamma^2}} \tag{2.26}$$

对于恒定的面，上式可写为：

$$W_k = \cos[\arctan（2\ln k/\gamma）]　\qquad（2.27）$$

这个表达式与简单等式 $W_k = \cos\alpha$[ 式（2.23）] 等价，其中 $\alpha$ 和 $\alpha'$ 分别是两个流脊间的锐角和钝角，$k$ 和 $\gamma$ 是上述中纯剪切和简单剪切的分量。$W_k$ 与 $\alpha$ 之间的关系如图2.24所示，同时也显示了 $W_k$ 和 $ISA_1$ 之间的对应关系。

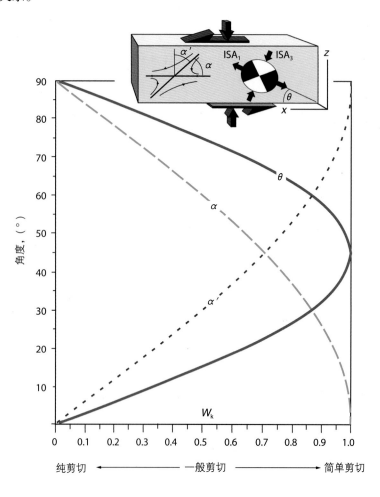

图 2.24　$W_k$，$\alpha$，$\alpha'$ 和 $\theta$ 的关系

## 2.21　稳态变形

如果在整个变形历史中，流动模式和流动参数保持不变，则称其为**稳态流**、稳态蠕动或稳态变形。另一方面，如果在变形过程中，ISA旋转，$W_k$ 的值改变，或粒子路径变化，则称其为非稳态流。

在稳态变形期间，ISA和流脊在整个变形历史中保持其初始方向，且 $W_k$ 为常数。

一般剪切就是非稳态变形的一个实例，其变形从接近简单剪切向以流动占主导的纯剪切变形转变。在实际情况下，由于**非稳态变形**在许多情况下难以识别，因此在实际研究中假定为稳态流变形。但是在自然界中，非稳态变形可能十分普遍。

## 2.22  增量变形

变形矩阵理论可用于建立离散式的递进变形模型。**有限变形**（有限应变）与**增量变形**（增量应变）的区别在于，前者是整个变形历史的结果，而后者只关注变形历史。当使用增量法时，每个变形增量由**增量变形矩阵**表示，所有增量变形矩阵的乘积等于有限变形矩阵。

矩阵乘法中，有一点至关重要：两个相乘的矩阵不能任意颠倒次序。例如，一个纯剪切乘以一个简单剪切与简单剪切乘以一个纯剪切的所表示的变形不是相同变形

$$\begin{bmatrix} k_x & 0 \\ 0 & k_y \end{bmatrix}\begin{bmatrix} 1 & \gamma \\ 0 & 1 \end{bmatrix} \neq \begin{bmatrix} 1 & \gamma \\ 0 & 1 \end{bmatrix}\begin{bmatrix} k_x & 0 \\ 0 & k_y \end{bmatrix} \tag{2.28}$$

值得注意的是，表示第一个变形或变形增量的矩阵是相乘矩阵中最后的一个矩阵。例如，如果一个变形是由三个增量来表示，$\mathbf{D}_1$ 表示变形历史的第一部分，$\mathbf{D}_3$ 表示变形历史的最后一部分，那么表示总变形的矩阵为三个的乘积：

$$\mathbf{D}_{tot}=\mathbf{D}_3\mathbf{D}_2\mathbf{D}_1$$

另一点需要注意的是，因为我们在这里只考虑运动学物理量（没有考虑时间），因此对于相同的递进历史，不能区分 $\mathbf{D}_1$、$\mathbf{D}_2$ 和 $\mathbf{D}_3$ 是否表示不同的变形阶段或增量。

根据递进变形模型的需要，人们可以尽可能多地定义增量。当增量矩阵表示非常小的应变增量时，矩阵主应变轴近似为 ISA，且可以计算其他流动参数并对其进行比较。建立递进变形的数值模型能够提供关于变形历史的有用信息。然而，从自然变形岩石中提取能够来揭示实际变形历史的信息可能较为困难。因此，尽管自然变形不受稳态流动局限性的限制，但稳态变形用于变形参考较为实用。

## 2.23  应变相容性和边界条件

如果用我们手捏着一块软黏土使其发生变形，那么黏土将产生一个被挤压的自由表面。对于在地壳中发生自然变形的岩石体来说，经历的情况完全不同。大部分变形发生在深处，变形岩石被其他岩石包围，并受到相当大的压力。由此产生的应变将取决于岩石的各向异性，如薄弱层或叶理，各向异性可能能够像应力场一样控制变形。

让我们用具有平直且平行边缘的变形带和未变形的围岩来说明各向异性对变形现象的影响，如图 2.25（a）、图 2.25（b）所示。从原理上讲，在这个区域中简单剪切可以持续到"永久"并不引发任何围岩相关问题（在剪切带末端处可能很难会出现这种现象，但在这里我们将其忽略）。

由于各向异性体积变化在剪切带中添加缩短变形也是很容易实现的。然而，添加一个纯剪切意味着剪切带将从外侧挤出，而围岩仍未变形［图 2.25（c）、图 2.25（d）］。由于整个剪切带边界失去了连续性，因而这将引起一个典型的应变相容性问题。剪切带中的应变不再与未变形的围岩相容。

---

为了相容相邻两个层面间的应变状态，平行于两岩层界面的各自的应变椭圆剖面一定相同。

---

在剪切带实例中，岩石一侧未变形，应变椭圆的剖面一定为圆形，对于简单剪切变形，剪切带可以垂直于或不垂直于压实带变形（图 2.26）。然而，如果涉及纯剪切，则变形和未变形的岩体之间的相容性不能被维持。

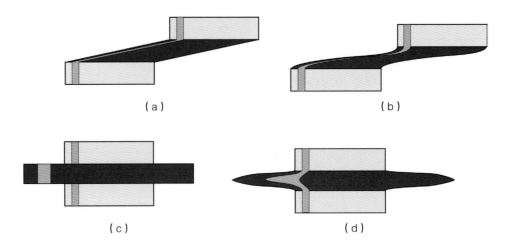

图 2.25　均匀（a）和非均匀（b）简单剪切在变形岩石和非变形岩石不产生相容性问题。均匀纯剪切（c）由于材料的横向推挤产生不连续性。对于非均匀纯剪切（d）空间问题也比较明显，但不存在不连续性

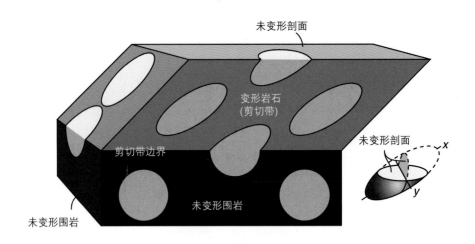

图 2.26　未变形围岩和简单剪切区的相容性
任意平行于剪切区的围岩将出现在未变形区域

解决此问题的一个可行性方法是引入变形区域与每个围岩之间的突变面（滑动面或断层）。剪切带的材料可以被挤压在剪切带方向的一侧。问题是它已无处可去，因为邻近的平行于剪切带一侧材料也将受到挤压。因此，可以得出结论，具有平行边界的剪切带与纯剪切不相容。此外，应变相容性作为一个概念，要求变形的岩体均匀分布，没有突变面，没有叠重区或洞穴。而据了解，突变面和非平行剪切带在许多变形岩石中普遍存在。因此应变相容性对连续性的要求值得商榷。

## 2.24　变形岩石的变形历史

有时我们可以从自然变形岩石中提取关于变形历史的信息。从总变形历史中的部分变形中发现构造的发展是关键。在某些情况下，变形已经从变形岩石体积的一部分移动至另一部分，留下的变形岩石记录了早期变形增量的条件。例如，应变可能在一段时间后集中在剪切带的中心部分。因此，边缘具有第一个变形增量的记录。但是初始阶段剪切带可能较为狭窄，并随着时间的推移而变宽。在这种情况下，剪切带的外部记录最后一个增量变形。由此可知，回顾变形历史确实不是一件容易的事！

在某些情况下，有证据表明矿物纤维生长于不同阶段或在静脉变形过程中连续形成。纤维和矿脉

的方向反映了 ISA 的方向，从而给出流动参数的相关信息。

如果在变形过程中变质条件改变，携带增量变形信息的构造可以通过变质矿物学方法从中分离出来。

## 2.25　同轴和递进简单剪切

在之前的章节中，我们定义一定的参考变形类型，例如简单剪切、纯剪切、一般剪切和体积变化。如果在总的变形中，每个变形增量，无论大小，都表示与总变形类型相同的变形类型，那么把相同的变形定义为递进变形。因此，变形并不仅仅以简单剪切变形为结束，而且变形历史中任意时间间隔内也是简单剪切，这种变形就是一个递进简单剪切或**简单剪切变形**。同样，递进纯剪切或**纯剪切变形**，递进一般剪切或**一般剪切变形**，递进体积变化或**膨胀变形**也是如此。

递进变形可作为同轴变形和非同轴变形的合成。一个**非同轴变形历史**意味着在变形过程中任意两点的递进应变椭圆的方向不同。图 2.27（a）中清楚地描述了此种情况，其中 X 轴逐渐旋转。另一个特征是，平行于 ISA 或主应变轴的线在变形过程中旋转。这些旋转特性被称为旋转变形历史。在**同轴变形历史**中，应变椭球的方向在变形过程中恒定，且平行于 ISA 的线条不发生旋转。因此，如图 2.27（b）所示的纯剪切同轴变形历史称为非旋转变形。

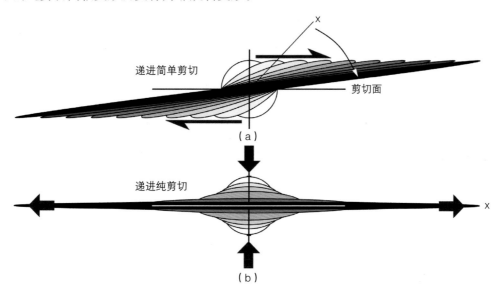

图 2.27　递进简单剪切和纯剪切间应变演化过程

简单剪切变形不涉及伸展、压缩以及绕着线或平行于剪切面的平面结构的旋转。随着其他线长度的改变，它们将向剪切方向旋转，且所在的平面向剪切面旋转。尽管应变椭圆的长轴在剪切历史中也向剪切方向旋转，但它永远不会与剪切方向相同。

为了提高对简单剪切变形的理解，我们将研究一个包含 6 个物理线的圆，其编号从 1 到 6（图 2.28）。在剪切变形过程中，我们将对三对相互正交的线进行研究，即编号 1 和 4、2 和 5、3 和 6 处于不同阶段时的变形情况。剪切开始之初，岩石（圆）沿 $ISA_1$ 方向伸展的最快，沿 $ISA_3$ 方向最慢（负伸展，实际上意味沿 $ISA_3$ 方向缩短）。ISA 在整个变形的历史中是常量，因此将其看作稳态变形。图 2.28（a）中出现了两个重要区域。在这两个白色的区域中，线不断地被拉伸，因此将其称为**瞬时拉伸区域**。同样地，在两个黄色区域中的线不断经历缩短，因而将其称为**瞬时缩短区域**。这些区域之间的界线为**未拉伸或缩短线**。对于三维空间，这些区域成为体积，边界成为没有拉伸或缩短的表面。这些区域在变形历史中保持不变，而线可以从一个区域向另一个旋转。

线 1 和线 4 开始时平行于主动拉伸和缩短之间的边界。线 1 位于剪切面并保持原来的方向和长度，即仍未发生变形。线 4 向 $ISA_1$ 的拉伸领域迅速旋转 [ 图 2.28（b）]。在图 2.28（c）中，线 4 已经旋转通过 $ISA_1$，且如果变形继续，还将通过应变椭圆的长轴 $X$。

线 2 和线 5 分别位于缩短区域和拉伸区域。在图 2.28（b）中，线 2 被缩短，线 5 被拉伸，但此时两线正交于一点。在变形开始之前它们也是正交，这意味着沿着这两个方向的剪切角现在是零。同时这也意味着线 2 和线 5 此时平行于应变轴。然而，它们旋转的速度要比变形椭圆快，且在图 2.28（c）中线 5 已通过 $X$ 轴，线 2 已通过应变椭圆的最短轴。事实上，线 2 现在与 $ISA_1$ 平行，且已通过瞬时缩短和拉伸两区域的边界。这意味着这条线已经从一个缩短变形历史发展到拉伸变形历史。总缩短仍然超过总拉伸，这就是这条线仍在累积应变椭圆的收缩区域中的原因。在最后阶段 [ 图 2.28（d）]，线 2 经过 $ISA_1$ 以及总拉伸和缩短的边界。

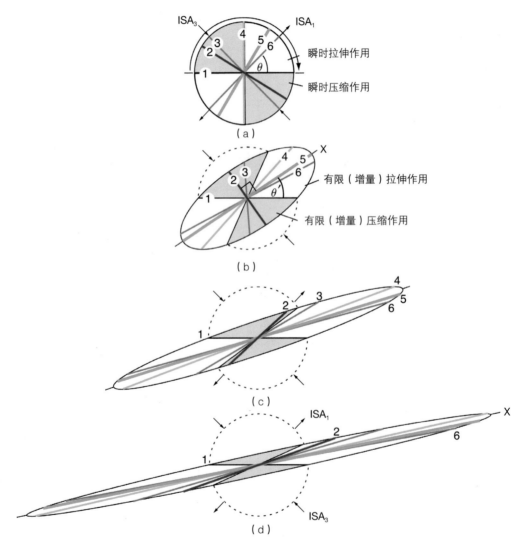

图 2.28　一个圆的简单剪切作用和三套正交线（1 至 6）

图（a）中沿着圆的箭头表示在变形过程中线的旋转方向

最后一对线（线 3 和线 6）开始分别平行于 $ISA_3$ 和 $ISA_1$。由于简单剪切的旋转或非共轴性质，两线向远离主拉伸方向旋转。线 3 一直处于缩短状态。自阶段（b）后，其被拉伸，当它通过瞬时拉伸和缩短区域的边界线时 [ 在阶段（b）和阶段（c）之间 ]，恢复其初始长度。当线 3 向剪切方向旋转时，它保持拉伸。线 6 在整个变形历史过程中经历拉伸，但随着其向剪切方向旋转并远离 ISA$_1$ 的过程中，延伸量越来越少。显然，在初始变形时平行于 $X$ 轴的线 6 要比 $X$ 轴旋转速度快。

变形历史也可以用几个变形领域来表示，在变形领域中各线共享压缩、拉伸或收缩随后拉伸的变形历史（图 2.29）。如果我们随机选取一组线，很快就会看到一个区域中这些线首先经历了缩短，然后再拉伸（图 2.29 中的黄色区域）。这个区域规模增加，将覆盖越来越多的瞬时拉伸的区域。应注意的是，对于简单剪切和其他非共轴变形，区域非对称，然而，对于同轴对称变形，则区域对称，例如纯剪切变形等（在图 2.29 的左列）。

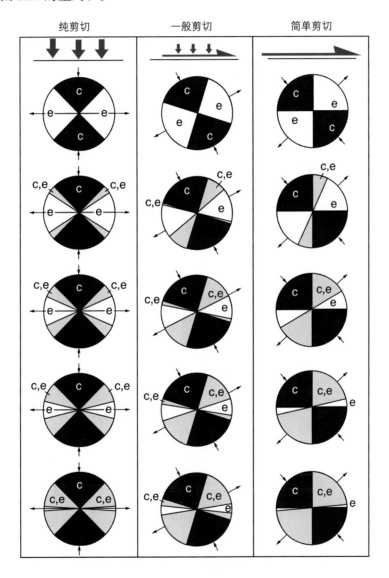

图 2.29 经历一个定性的共同历史的线的领域发展：c 为收缩场；e 为伸展场。c、e 表示该场中线首先被缩短，然后被拉伸。应注意的是，纯剪切产生对称的图，且由非共轴变形历史产生非对称性的图。变形的放射性岩脉和纹理的野外观察有时也能用于构建扇形图以及了解共轴程度

尽管这里讨论的线旋转是处在一个垂直于剪切面的平面里，但简单剪切变形可能导致线和平面沿着许多其他的路径旋转。图 2.30 显示了当线（或粒子）接触简单剪切时如何沿着大圆移动。这是简单剪切的另一个特征，有助于区分它与其他变形。

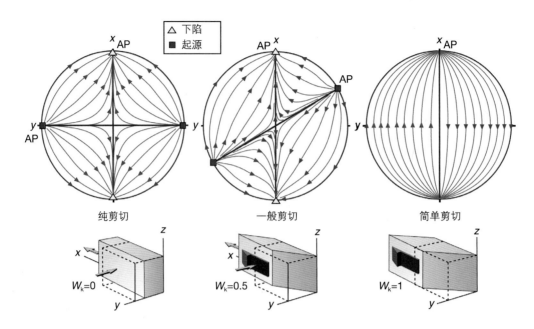

图 2.30 纯剪切、一般剪切以及简单剪切的线旋转球面示意图

AP 是流脊，其中一个是吸引子（槽）；另一个是反射极（源）

基于观察现象，可以列出简单剪切变形的以下特点：

● 沿剪切面的线不变形或不旋转。

● 物理（材料）线旋转速度比应变椭圆轴快（通常如此）。

● 线（平面）旋转的意义对于任一个线方向相同。

● 平行于 ISA 的线旋转（通常适用于非共轴递进变形）。

● 线可以从瞬时缩短区域到瞬时拉伸区域旋转（产生香肠构造褶皱），但决不会以相反的方式进行于稳态简单剪切（不产生褶皱香肠构造）。

● 在施密特网格中，线沿着大圆向剪切方向旋转。

## 2.26 递进纯剪切

递进纯剪切或纯剪切变形是一个二维共轴变形，即在整个变形过程中应变椭球不旋转，且相对于 ISA 固定 [ 图 2.27（b）和图 2.29]。同轴变形历史导致同轴（有限）变形，通过对称矩阵表征其变形特点。

对于纯剪切变形，ISA、瞬时拉伸和缩短区域相对于主应变轴（应变椭圆轴）对称性排列。通过对图 2.31 所示的不同阶段进行研究，可以发现纯剪切的以下特点：

● 最大主应变轴（$X$）不旋转，且总是与 $ISA_1$ 平行。

● 平行于 ISA 的线在变形过程中不旋转，其他线向 $X$ 轴和 $ISA_1$ 旋转。

● 在关于 ISA 的对称模式中，线以顺时针和逆时针方向旋转。

● 线可以从缩短区域向拉伸区域旋转，但不能反向旋转。

## 2.27 递进一般剪切

递进一般剪切或者**次简单剪切变形**可以被描述为简单剪切和纯剪切的复合作用，且简单剪切部分使其具有非共轴性质。

在一般剪切条件下，也可以做一组正交线（曾用来讨论简单和纯剪切），选择图 2.32 中 $W_k=0.82$ 的一般剪切，这意味着它有简单剪切的分量。与简单剪切的重要区别是，该区域中线 1 和线 2 之间的线逆着剪切方向旋转。这个区域的大小与流脊（$\alpha$）之间的夹角相同，主要取决于 $W_k$ 和 $\theta$（见图 2.24）。纯剪切分量越大，逆向旋转的区域就越大。对于纯剪切（$W_k=0$）而言，相反旋转线的两个区域具有相等的尺寸 [图 2.31（a）]，而对简单剪切变形而言，其中一个已经消失。

线 1 平行于剪切面而不旋转，但与简单剪切变形形成鲜明的对比，它在剪切方向拉伸。线 4 顺时针旋转，证实了简单剪切变形的非共轴性。线 4 从瞬时缩短区域旋转到延伸区域，在阶段（b）它保留着原始长度。从这个位置开始，线 4 开始变长，同时它和其他线向水平流脊旋转，这是简单剪切分量的剪切方向。

线 2 随着长度的压缩，沿逆时针方向旋转，而线 5 和 6 沿水平隆起方向伸展。在阶段（e），线 6 旋转通过理论 $X$ 轴，而线 5 尚未完全达到该位置。

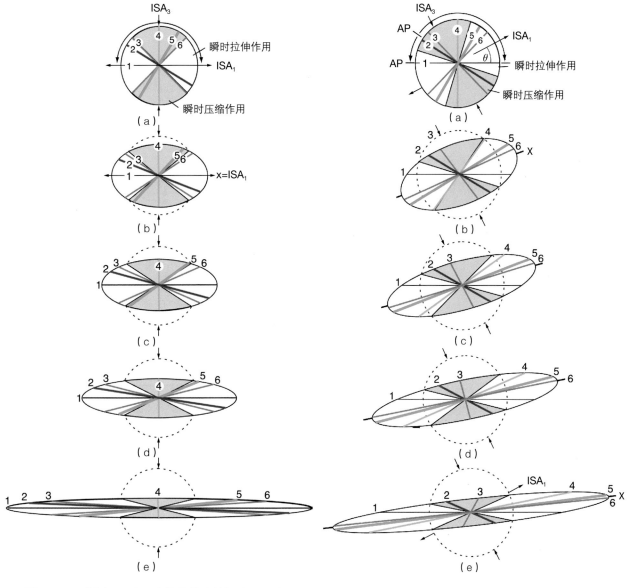

图 2.31 一个圆和三个正交的线的纯剪切（1 至 6）

分图（a）中沿着圆的箭头表示在变形中线旋转的方向

图 2.32 一个圆和三个正交的线的一般剪切（1 至 6）

分图（a）中沿着圆的箭头表示在变形中线旋转的方向（AP 为流脊）

线 3 位于瞬时缩短区域。在阶段（c），它平行于 ISA$_3$，并且由于变形的非共轴性而旋转通过该轴。从这一位置开始，它遵循的路径已经被线 4 取代。

下面这些都是一般剪切变形的特征：

● 任何方向的线都向流脊（剪切方向）旋转。

● 有两个区域中线的旋转方向相反。区域的规模和非对称性由流脊控制，显示了 $W_k$ 和一个流脊（剪切方向）。

● 任何方向的线在一般剪切变形过程中都被拉长或缩短。

● 平行于 ISA 的线发生旋转。只有平行于剪切面的那些线不旋转。

● 应变椭球的长轴 $X$ 旋转，但转速低于简单剪切的应变椭球长轴 $X$ 的转速。

● 线从瞬时缩短区域向瞬时拉伸区域旋转，但不会反向旋转。

## 2.28　简单剪切、纯剪切及与尺度的关系

本章准确解释了简单剪切和纯剪切。这些术语的实际运用取决于坐标系和尺度大小的选择。举一个例子，考虑在地壳中厚 50m、长 5km 的简单剪切带，如果我们想研究这一区域，应该建立坐标系，其中剪切方向沿 $x$ 轴，其他轴垂直于这个区域。我们可以研究或模拟简单剪切对该区域的作用。现在，如果在较大规模尺度上有几十个这样的倾向相反的剪切带，那么最好是 $x$ 轴位于水平方向，即平行于地壳的表面（或基底）。在这种情况下，变形更接近纯剪切，尽管它包含了简单剪切带，或者在更小的规模尺度上存在离散的断层。这可以应用于横跨整个裂陷的剖面，如图 2.33 中所示的北海裂陷，断层和剪切带的集合形成一个整体接近纯剪切的总应变。

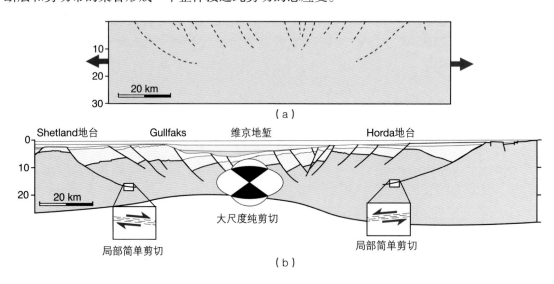

图 2.33　横跨北部北海裂谷的剖面（恢复和现今）

虽局部变形存在简单剪切，但从大的尺度上被看作为纯剪切

这个例子说明了如何将变形在一个规模尺度上视为简单剪切变形，而在更大规模尺度上视为纯剪切变形。也可能存在相反的情况，在较小规模尺度上有一个简单剪切的分隔区。一些剪切带内包含不同变形类型的小规模区域，它们一起构成一个整体的简单剪切变形。因此，纯剪切和简单剪切的概念依赖于尺度规模的大小。

## 2.29 一般的三维变形

在变形岩石中，应变测量通常表明应变是三维的，即在 Flinn 相图中画出对角线（图 2.14）。三维变形理论往往比平面变形更复杂。纯剪切是一种二维共轴变形，可以由大量共轴变形替代，最终岩体均匀拉伸和均匀压扁（图 2.34）。此外，不同方向存在多个简单剪切分量，它们都可以与共轴应变相结合。

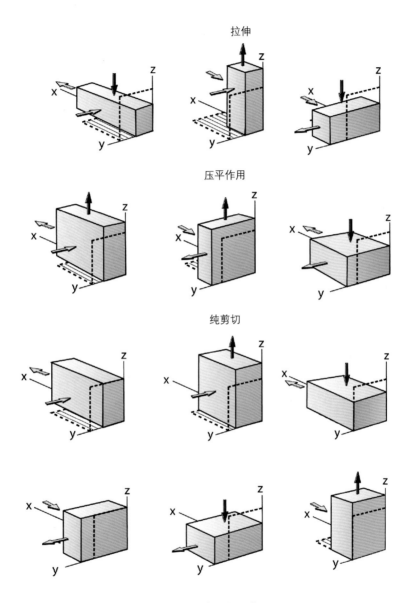

图 2.34　共轴应变的类型

因此，有必要定义几个简单的三维变形类型，其中同轴应变的两个主应变轴与所涉及的剪切面（多个）重合。图 2.35 展示了由图 2.34 中同轴变形与简单剪切组合产生的三维变形图谱。压剪和张扭是在此图谱中发现的一些变形，将在本书后面的章节（第 19 章）讨论。还要注意的是，一般剪切在图 2.35 中分离出不同类型的三维变形。

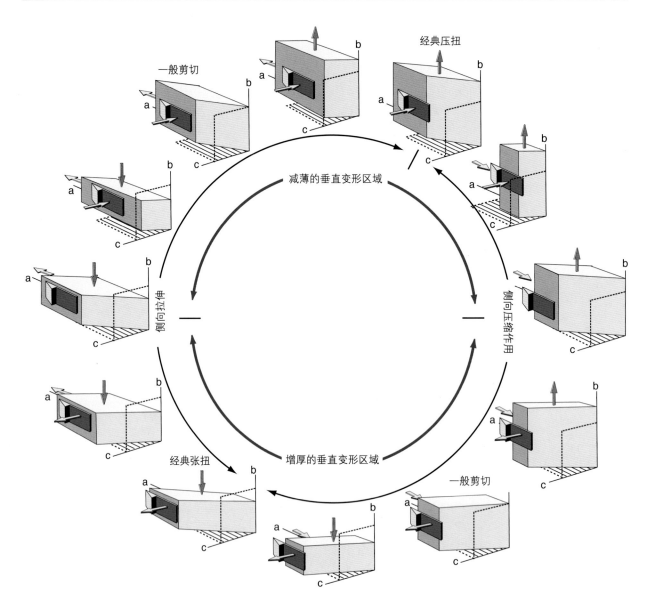

图 2.35　基于单个简单剪切（紫色箭头）和正交共轴变形（黄色）结合的变形谱（据 Tikoff 和 Fossen，1999）

薄剪切区位于圆的上半部，增厚区位于圆的下部

## 2.30　应力—应变

人们或许会认为当三个主应力的大小和方向已知时，变形类型（纯剪切、简单剪切、一般压扁作用等）则为已知。但事实并非如此。在变形岩石中，应变信息与可观察到的变形岩石构造相结合，通常能得到除应力信息外的更多的变形类型信息。

举一个例子，考虑在均匀媒介中发生线性黏性（牛顿）变形（第6章）。在这种理想化介质中，应力和应变之间存在简单关系，并且 ISA 将平行于主应力。

对于任一个各向同性的天然岩石很少有均质性出现，其线性黏性变形在岩石中是自然流动的理想化状态。因此，即使将考虑范围限制于平面变形，主应力的方向也不能预测非均质岩石中由应力引起的平面应变的类型。对于给定的应力状态，变形可以是纯剪切、简单剪切或次简单剪切，变形类型取决于变形材料的边界条件或非均质性。图 2.36 显示了刚性围岩的引入如何完全改变岩石变形方式。在这种情况下，刚性岩石与弱区域变形岩石之间的边界至关重要。一个相关的例子就是沿板块边界发生

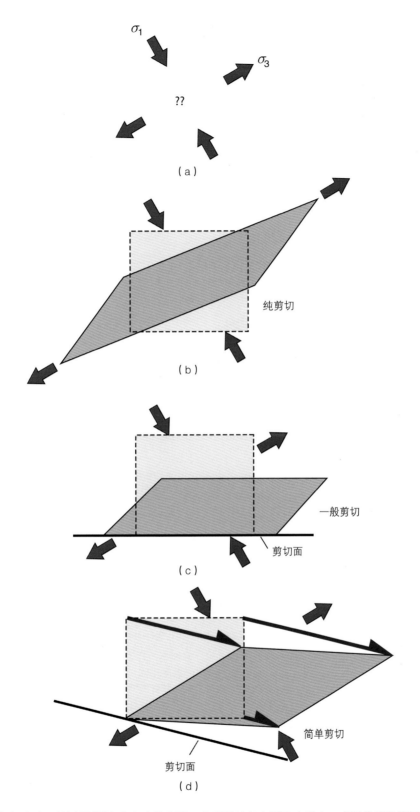

图 2.36　主应力方向（a）不足以预测由此产生的变形。在理想的各向同性介质中，变形将是纯剪切变形，如（b）所示。然而，如果边界条件涉及一个软弱面（潜在剪切平面），则可能有一般剪切（c）。在软弱面与 $\sigma_1$ 的夹角为 45° 的特殊情况下，可以产生简单剪切（d）

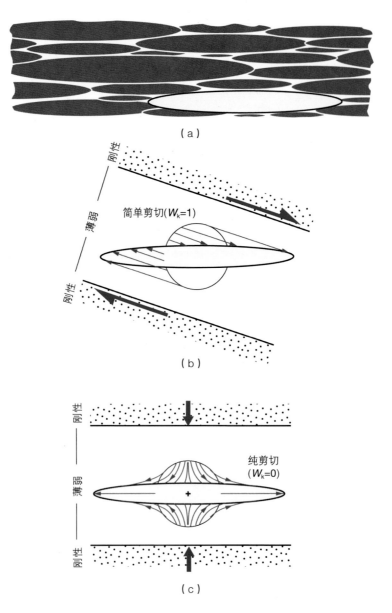

图 2.37　变形标记（a）（例如应变的鹅卵石或鲕状石）没有给出变形类型的信息。这可能表示简单剪切（b）、纯剪切（c）或任何其他类型的变形。然而有关剪切区边界方向或岩性分层的知识将会给予我们必要的信息。这三个说明中的黄色椭圆相同

的变形。通常两个板块之间存在一个软弱区域，大部分应变沿着这个区域分布。除了两板块相对运动外，它们的边界的方向也是重要的。此外，软弱区域的变形带可以包含断层、软弱层或其他非均质性岩层，这些软弱层可能导致变形，从而分割成由同轴和非同轴应变主导的分割区域。

　　如果仅仅从应力来预测应变是困难的或不可能的，我们能更容易地将应变转变为应力吗？如果仅知道应变椭圆（三维椭球）的形状和方向，那么图 2.37 揭示出我们甚至不知道变形的类型。然而，如果能把应变和剪切带边界联系起来，那么就可以确定 ISA 的方向（假设稳定状态的变形）。然而，问题是 ISA 是否与主应力有关，古应力分析依赖于两者相等的假设，但这并不完全正确。我们将在第 10 章讨论这一主题。

## 本章小结

在本章中，我们介绍了变形和应变的基本理论。确保能正确认识应变是未变形和变形状态之间的差值，且流动参数能描述变形历史中的任何时刻，且当被描述的流动在指定的时间内被考虑时，变形状态仅仅与应变有关。本章的变形理论为后文的大部分章节奠定了基础，这些章节中研究由应变形成的构造。例如简单剪切、纯剪切，ISA 和同轴变形等概念将在全书中重复出现，下一章提供了一些如何从变形岩石获取关于应变信息的观点。在此之前，我们回顾本章的一些要点：

- 变形严格来说是应变、刚性旋转和平移的总和。
- 每种变形都导致变形体中颗粒位置的变化。
- 数学上，均匀变形是线性变换，并且可以通过连接变形和非变形状态的变形（或变换）矩阵来表示。
- 变形历史研究从未变形状态到变形状态的演变。
- 应变本身不能告诉我们变形历史（应变在整个变形时间内累积的方式）。
- 流动参数描述在变形历史中任一时刻的状态或流动。如果这些参数变形过程中保持固定，则可以得到稳态变形。
- 流脊将流动分成不同区域，或将颗粒路径分成不同区域。它们正交于同轴应变，平行于简单剪切，斜交于一般剪切。
- 对于递进简单剪切，最快和最慢的拉伸方向（$ISA_1$ 及 $ISA_3$）被固定在与剪切面成 45° 的方向。它们将瞬时拉伸和缩短变形平分为两个区域。
- 瞬时拉伸轴（ISA）不一定等于主应力轴，但描述了变形历史期间一个给定实例中应变如何累积的过程。
- 变形历史可以通过每个时间间隔内自身的增量变形矩阵和应变椭球来描述。
- 流动参数描述瞬间的变形，而应变随时间积累，并且仅当流动参数在变形历史中保持恒定时才与流动参数直接相关。

---

### 复习题

1. 列出并解释这一章中讨论的流动参数。
2. 如果在整个变形历史中流动参数是常数，这种变形被称为什么？
3. ISA 等于应力轴吗？
4. 角剪切与剪应变之间的区别是什么？
5. 什么是平面应变？在 Flinn 相图中，它被画在哪里？
6. 给出平面应变的例子。
7. 颗粒路径是什么意思？
8. 在纯剪切变形中，主应变轴有什么变化？
9. 非同轴变形历史是什么意思？
10. 运动学涡度是什么？
11. 在简单剪切变形中，什么种类的物质线不旋转或长度不变？
12. 在 Flinn 相图中（图 2.12），什么地方展示了不同应变状态？

## 电子模块

本章推荐了变形的电子模块，更多有关变形矩阵的信息见附录 A。

## 延伸阅读

### 一般变形理论

Means W D，1976. Stress and Strain：Basic Concepts of Continuum Mechanics for Geologists. New York：Springer-Verlag.

Means W D，1990. Kinematics，stress，deformation and material behavior. Journal of Structural Geology，12：953-971.

Ramsay J G，1980. Shear zone geometry：a review. Journal of Structural Geology，2：83-99.

Tikoff B，Fossen H，1999. Three-dimensional reference deformations and strain facies. Journal of Structural Geology，21：1497-1512.

### 变形矩阵

Flinn D，1979. The deformation matrix and the deformation ellipsoid. Journal of Structural Geology，1：299-307.

Fossen H，Tikoff B，1993. The deformation matrix for simultaneous simple shearing，pure shearing，and volume change，and its application to transpression/transtension tectonics. Journal of Structural Geology，15：413-422.

Ramberg H，1975. Particle paths，displacement and progressive strain applicable to rocks. Tectonophysics，28：1-37.

Sanderson D J，1976. The superposition of compaction and plane strain. Tectonophysics，30：35-54.

Sanderson D J，1982. Models of strain variations in nappes and thrust sheets：a review. Tectonophysics，88：201-233.

### 应变莫尔圆

Passchier C W，1988. The use of Mohr circles to describe non-coaxial progressive deformation. Tectonophysics，149：323-338.

### 应变椭圆

Flinn D，1963. On the symmetry principle and the deformation ellipsoid. Geological Magazine，102：36-45.

Treagus S H，Lisle R J，1997. Do principal surfaces of stress and strain always exist? Journal of Structural Geology，19：997-1010.

### 应力应变关系

Tikoff B，Wojtal S F，1999. Displacement control of geologic structures. Journal of Structural Geology，21：959-967.

### 体积应变

Passchier C W，1991. The classification of dilatant flow types. Journal of Structural Geology，13：101-104.

Xiao H B，Suppe J，1989. Role of compaction in listric shape of growth normal faults. American Association of Petroleum Geologists Bulletin，73：777-786.

## 涡度和变形历史

Elliott D，1972. Deformation paths in structural geology. Geological Society of America Bulletin，83：2621-2638.

Ghosh S K，1987. Measure of non-coaxiality. Journal of Structural Geology，9：111-113.

Jiang D，1994. Vorticity determination，distribution，partitioning and the heterogeneity and non-steadiness of natural deformations. Journal of Structural Geology，16：121-130.

Passchier C W，1990. Reconstruction of deformation and flow parameters from deformed vein sets. Tectonophysics，180：185-199.

Talbot C J，1970. The minimum strain ellipsoid using deformed quartz veins. Tectonophysics，9：47-76.

Tikoff B，Fossen H，1995. The limitations of three-dimensional kinematic vorticity analysis. Journal of Structural Geology，17：1771-1784.

Truesdell C，1953. Two measures of vorticity. Journal of Rational Mechanics and Analysis，2：173-217.

Wallis S R，1992. Vorticity analysis in a metachert from the Sanbagawa Belt，SW Japan. Journal of Structural Geology，12：271-280.

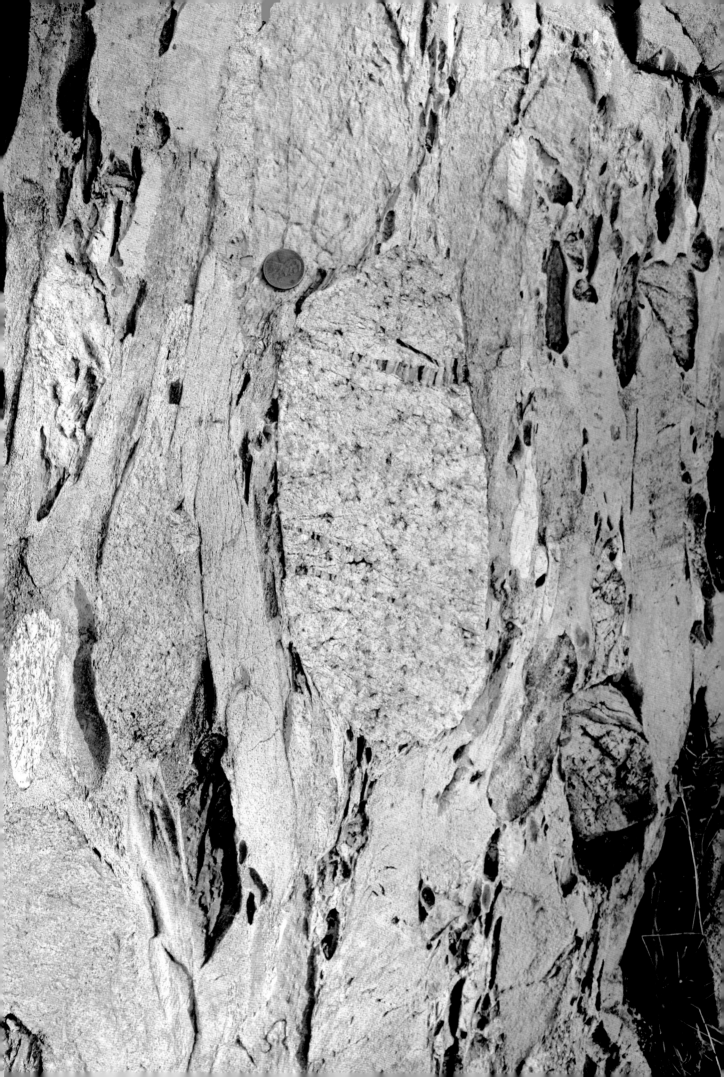

# 第3章

# 岩石应变

岩石的应变量可通过多种不同的方法或手段获取。韧性变形岩石的一维、二维和三维应变分析一直是学界研究的热点，特别是在 20 世纪下半叶，构造地质学研究团队大多数集中于韧性变形的研究。对于应变数据进行收集或计算，其目的是阐明造山带的逆冲作用和岩层褶皱过程中的力学机制等。在过去的几十年中，构造地质学研究的重点已经发生变化，研究领域也已经拓宽。目前，应变分析至少在断裂区域和裂陷盆地中同在造山带中一样常见。本章重点阐述如何测量及定量研究韧性应变，而关于脆性应变的研究将在第 21 章详述。

本章电子模块中，进一步提供了与应变相关主题的支撑：

● 应变
● Breddin 图解
● Wellman 法
● $R_f/\phi$ 法
● Fry 法
● 三维应变

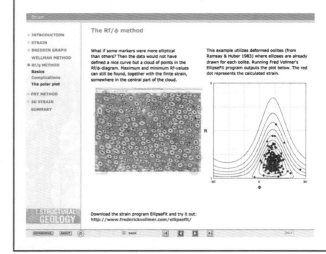

## 3.1 为什么进行应变分析?

从变形岩石中提取应变信息至关重要。首先,应变分析有助于确定岩石应变状态和绘制样品、野外露头或区域的应变变化。应变数据对造山带中剪切带的绘图和解剖具有重要意义。应变测量也可被用于预测剪切带的偏移量。如第 16 章所述,如果已知应变特征,则可以从剪切带中获取相关重要信息。

许多情况下,明确应变是平面分布或是三维分布具有重要意义。如果应变平面分布,则它是在造山带或伸展盆地之间实现剖面平衡的一个重要标准。应变椭球体的形状也可能包含岩石如何变形的相关信息。例如,造山带中扁圆形(饼状)应变可能表明与重力驱动塌陷相关的压扁应变。然而,压扁作用也是压扭变形样式的典型特征(第 19 章),因此,需要注意一个给定的应变可能形成于多种方式。

应变椭球体的方位也非常重要,特别是在岩石构造分析中。在剪切带环境下,应变椭圆可以有效指示岩石变形是否为简单剪切机制(第 16 章)。褶皱岩层中的应变有助于理解褶皱的形成机制(第 12 章)。对板岩上变形还原点的研究有利于预测这类岩石过叶理的缩短量(第 13 章),且沉积岩中的应变标记在一定情况下可以用于沉积物原始厚度的恢复。应变在本书中应用广泛。

## 3.2 一维应变

一维应变分析与岩石长度的变化有关,因此,它是最简单的应变分析形式。如果能重建一个物体或线性构造的原始长度,就可以计算其这个方向上的伸展或缩短量。岩石变形过程中,反映应变状态的物体被称为**应变标记**。指示长度变化的应变标记主要有:石香肠型岩墙或岩层,以及矿物或线状化石,如被拉长的箭石或笔石(图 3.1 所示为拉伸的瑞士箭石)。其他实例可能是通过褶皱作用缩短的岩层,它甚至可能是地质或地震剖面上错断的标准同相轴,这将在第 21 章中进行探讨。地层可能以正断层发生拉伸(图 2.7)或以逆断层发生缩短,整个应变过程则称之为**断层应变**或**脆性应变**。当地层、化石、矿物或岩脉恢复到变形前的状态时,即可确定一维应变。

图 3.1 瑞士阿尔卑斯山侏罗纪石灰岩两个细长的箭石

二者拉伸方式差异指示了应变场二维信息:上面箭石经历左旋剪切应变,下面箭石走向与最大拉伸方向相近

## 3.3　二维应变

　　二维应变分析中，寻找不同方位的已知原始形态或包含线性标记的剖面（图 3.1）。应变还原点（专栏 3.1）是常用的例子，因为未变形还原点在未变形的沉积岩中往往呈球形。也有许多其他类型可使用的对象，如砾岩、角砾岩、珊瑚、鲕粒、气孔、柱状玄武岩和奥根片麻岩（图 3.2）。二维应变也可通过代表同一剖面上不同方位的一维应变数据计算获得。典型实例：不同方位岩墙具有不同的伸展量。

　　最常见获取应变数据的方式是基于剖面提取应变，且结合剖面数据可以预测三维应变椭球体。

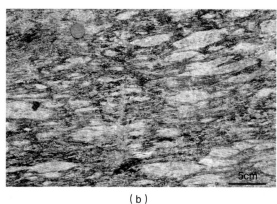

（a）　　　　　　　　　　　　　　　　（b）

图 3.2　两个花岗岩奥根片麻岩剖面挪威卡尔多尼德斯西部片麻岩区

分图（a）所示非片状基质中，钾长石斑岩在所有方向都是相等的，无优先方向。分图（b）所示岩石是拉长的，且平行于基质内叶理。两个剖面选自相同变形岩石，但分图（a）中发生面积减小，即只发生收缩，而形状不变

---

### 专栏 3.1　还原点和应变

　　红色沉积岩中，当矿物或有机质颗粒氧化和还原周围母岩时，围绕这些颗粒形成还原点。在这个过程中，红色赤铁矿色素减少，岩石变为淡绿色或淡黄色。当在均质沉积岩中形成还原点时，还原反应自核部开始向所有方向等距离延伸，从而形成球形的还原点。在岩石发生变形时若还原点被保留下来，它们即为完美的应变标记，因为还原点和母岩间没有能干性差异。因此，当在低阶板岩（如经典的威尔士板岩或福蒙特州的类似板岩）中发现还原点时，通常认为这些还原点形成于岩石未变形之前，即它们能够反映板岩形成过程中应变的变化（一般表现为扁平化，缩短量在劈理处超过 60%）。

　　另一种解释是，$CO_2$ 等还原液渗入后，变形后发生还原作用，形成椭圆形状的原因是解理代表各向异性，平行于解理的扩散速度快于垂直于解理的扩散速度。磁性研究表明，在某些板岩中可能是这样的情况，这表明我们必须注意如何解释变形板岩上的椭圆标记。

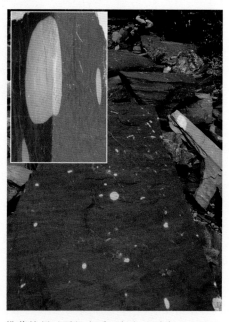

佛蒙特州（雪松点采石场）和威尔士（左上角嵌入图）的托肯石板带中板岩的还原点

### 角度变化

如果知道两组线状构造的原始角度，即可得到应变。有时，岩墙、解理等构造和岩层间的原始角度关系在未变形和变形岩石中（即变形带内部和外部）均可见。因此，可以明确应变如何影响角度变化，并应用这些信息来预测应变。在其他情况下，未变形化石 [ 如腕足类和蠕虫洞穴（与岩层的角度）] 中对称的正交线用于确定一些变形沉积岩的剪切角（图 3.3）。一般来说，我们研究的内容限于线状构造间夹角的变化，并且要明确：能干性的差异不会导致应变量的变化。

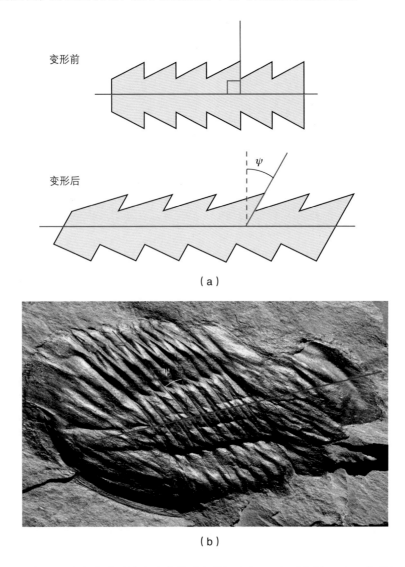

变形前

变形后

$\psi$

（a）

（b）

图 3.3　根据变形石墨（a）和三叶虫（b）确定角度变化（角剪切应变，$\varPsi$）（见图 2.9）。角剪切应变可以根据未变形物种样品原始对称性来确定。更多关于变形葡萄石的信息，参见 Goldstein（1998）的文献。三叶虫照片来自 Marli Miller（来自威尔士的 Asaphellus Murchisoni）

如果线状构造间的夹角在未变形条件下为 90°，那么局部剪切角 $\psi$ 即代表了应变造成的夹角变化（第 2 章第 8 节）。回顾第 2 章，若两组原始正交线在变形后仍是正交的，它们必然代表了主应变，即应变椭球的方位。因此，通过观测不同方位的线状构造可获得应变椭圆或椭球的信息。在此，我们需要能够切实实现以上描述的方法。根据初始正交线确定应变的最常见的方法有两种：一是 Wellman 法，另一是 Breddin 图解法，现分别进行详细介绍。

## Wellman 法

该方法可追溯到 1962 年，它是一种在二维空间中（在某剖面上）寻找应变的几何方法。它通常显示在未变形状态下具有对称正交线的化石上。在图 3.4（a）中，使用了枢纽线和腕足类化石对称线作为展示。首先，需要画一对参考线（任意方向），并确定在非应变状态下正交的直线对。其次，参考线必须定义两个端点，命名为 A 和 B[图 3.4（b）]。然后，绘制平行于每个化石对称线和枢纽线的一组线，使它们相交于参考线的端点；相继标记其他交叉点[（编号为 1 至 6，见图 3.4（b），图 3.4（c）]。如果岩石未受力的作用，这些线将表现为矩形。如果受到应变作用，则表现为平行四边形。为了确定应变椭球，只需将平行四边形编号端点连接成一个椭球[图 3.4（c）]。如果无法应用平行四边形确定出椭球，则应变是非均质的，或者初始正交性的测量或假设是错误的。当然，该方法所面临的挑战是找到足够多的具有原始正交线的化石或其他构造，通常需要 6 ~ 10 个。

## Breddin 图解

我们已经指出，剪切角取决于主应变的方位：变形的正交线越靠近主应变，剪切角越小。这一事实最早应用于德国 Hans Breddin（1956）第一次出版的一种方法中（该方法存在一定误差）。从图 3.5 中可以看出，剪切角随方位和应变大小（$R$）变化而改变。应用该方法前，需得到与主应变有关的一组剪切线的剪切角和方位。将这些数据投在 Breddin 图版上，可以确定 $R$ 值（应变椭圆的椭圆率）（图 3.5）。该方法所需数据较少，甚至仅需 1 或 2 个观察数据即可确定应变。

在多数情况下，主轴的方位是未知的。因此，可在任意的参考线上进行投点。水平移动图上的数据，直到它们与其中一条曲线吻合，然后根据该曲线与水平轴交点即可确定应变轴的方位（图 3.5）。在这种情况下，数据量越大，结果越精确。

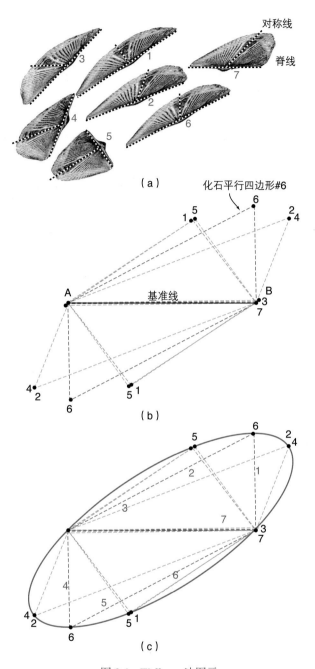

图 3.4　Wellman 法图示

基于一组原始正交线的方位绘制平行四边形，从而确定应变椭球。变形通过电脑控制，属于均质简单剪切（$\gamma=1$）。然而，应变椭球本身并未告诉我们共轴度的大小。相同的结果通过纯剪切可以获得

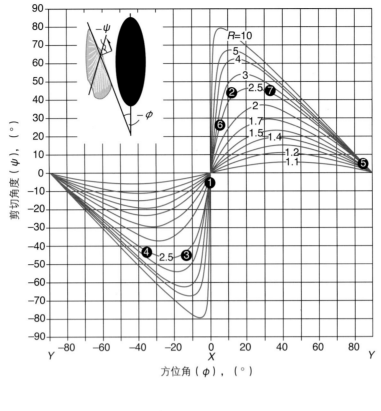

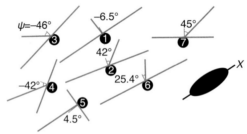

图 3.5　来自图 3.4 的数据投在 Breddin 图版，数据点临近 $R$=2.5 的曲线

## 椭球体和 $R_f/\phi$ 法

具有初始圆形（剖面）或球形（三维）几何形状的物体相对少见，但确实存在。还原点和鲕粒可能是沉积岩中最完美的球形形状。当发生均匀变形时，它们转变为反映局部有限应变的椭圆和椭球体。砾岩也许更常见，包含了反映有限应变的碎屑。与鲕粒和还原点相比，砾岩中中粒或粗粒的鹅卵石在未变形条件下不是椭球型。这当然会影响变形过程中椭球的形态，从而给应变分析带来一些挑战。然而，碎屑在未变形条件下倾向于光谱的长轴方向，在这种情况下，诸如 $R_f/\phi$ 法等可以考虑初始形态因素。

$R_f/\phi$ 法首次出现在 1967 年 John Ramsay 的著名教科书中，后来逐渐改进（图 3.6）。标记被假定在变形（或未变形）状态下具有近似椭圆的形态，应用该方法，椭圆表现出明显的方位变化。

---

$R_f/\phi$ 法控制着原始非椭球型标记，但该方法要求长轴方位发生明显变化。

---

未变形（初始）状态下的椭圆率长轴与短轴之比称为 $R_i$。在示例中（图 3.6），$R_i$=2。经历一定应变 $R_s$ 后，标记表现出新的形态。新的形态各有不同，并取决于椭圆形应变标志的原始方位。每种新的

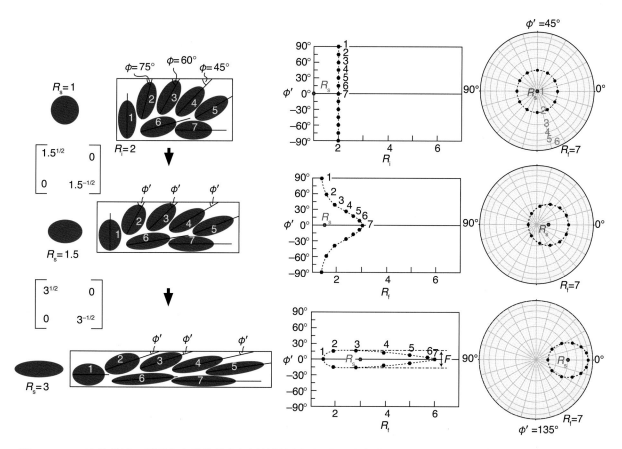

图 3.6　$R_f/\phi$ 法的描述，椭圆在变形前具有相同的椭圆率（$R_i$）。右侧的 $R_f—\phi$ 图显示 $R_i=2$；纯剪切增加 $R_s=1.5$ 的变形，伴随着 $R_s=3$ 的纯剪切应变。图中展示了这两种变形的变形矩阵。注意右图中点分布的变化。图中 $R_s$ 是增加的实际应变；右侧为极性 Elliot 图中的数据。使用了 FrederikW. Vollmer 设计的软件"EllipseFit"。左侧部分据 Ramsay 和 Huber（1983）

（最终）椭圆变形标记的椭圆率称为 $R_f$。将 $R_f$ 值和其方位投到图版上，或者更确切地说，方位是指椭圆长轴与参考线的夹角 $\phi'$（图 3.6）。在研究实例中，将两个纯剪切增量应用到一系列不同方位的椭圆中。所有椭圆具有相同的初始形态（$R_i=2$），且沿着图 3.6 中右上角所示沿一条直线排列。椭圆 1 以最小主应变轴作为长轴方向，且转换为具有比真实应变椭圆（$R_s$）应变更小（低 $R_f$ 值）的椭圆。而椭圆 7 的长轴平行于应变椭圆的长轴方向。这将导致形成高于实际应变的应变椭圆。当 $R_s=3$ 时，实际应变（$R_s$）位于椭圆 1 和椭圆 7 代表的椭圆形态之间，如图 3.6 所示（图右下）。

当 $R_s=1.5$ 时，应变椭圆具有全谱方位（$-90° \sim 90°$，如图 3.6 的中间图所示），当 $R_s=3$ 时，仅具有有限的方位频谱（图 3.6 下部）。方位的分散称为波动函数（$F$）。椭圆 1 以应变椭球的 $Z$ 轴作为长轴方位，当椭圆 1 经过圆形（$R_s=R_i$）阶段时，应变椭圆方位发生重要改变，其长轴方位平行于 $X$ 轴。当 $R_s=2$ 且具有较大应变时，也会发生上述现象，最终数据点形成一个圆形。这个圆形内的应变（$R_s$）是我们需要重点关注的。但究竟如何确定 $R_s$？即使初始方位分布是随机的，平均 $R$ 值也太高，导致高值往往过多（图 3.6 下部）。

为了确定 $R_s$，必须分成两种情况：$R_s > R_i$ 和 $R_s < R_i$。图 3.6 中间部分代表了后一种情况，$R_f$ 最大和最小值表达式为

$$R_{fmax}=R_sR_i$$

$$R_{fmin}=R_i/R_s$$

从而可以获得 $R_i$ 和 $R_s$ 的表达式

$$R_s = \left( R_{fmax}/R_{fmin} \right)^{1/2}$$

$$R_i = \left( R_{fmax} R_{fmin} \right)^{1/2}$$

这指示了与变形相关应变和初始应变椭圆率。

对于更高应变情况，当 $R_s < R_i$ 时，可以得到

$$R_{fmax} = R_s R_i$$

$$R_{fmin} = R_s/R_i$$

从而可以获得 $R_s$ 的表达式

$$R_s = \left( R_{fmax}/R_{fmin} \right)^{1/2}$$

$$R_i = \left( R_{fmax}/R_{fmin} \right)^{1/2}$$

在这两种情况下，应变椭圆长轴（$X$）方位是由最大 $R_f$ 值的位置确定。应变也可将数据拟合至预计算曲线上，通过得到不同 $R_i$ 和 $R_s$ 值获得。实际上，通过计算机程序完成这些操作是最高效的。图 3.7（a）至图 3.7（c）展示了一个真实数据示例（薄片中的鲕粒）。应变（$R_s$ 值）为 2，方位是相对于图片的框架而定义的。为了应用这一方向，薄片需要被定向化处理。

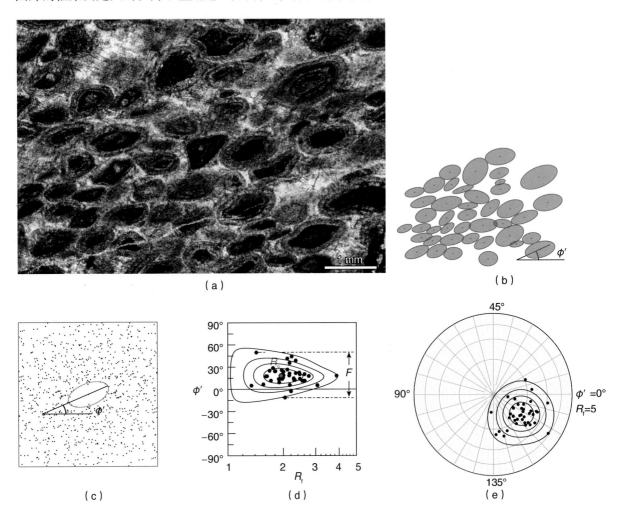

图 3.7 基于 Frederick W.Vollmer 的 "EllipseFit" 软件分析的 Sardinia 地区天然变形鲕状岩
（剖面照片拍摄者为 Alessandro Da Mommio）

（a）鲕粒镜下照片；（b）鲕粒剖面椭圆图；（c）Fry 投点图；（d）$R_f/\phi$ 图；（e）极地 Elliott 投点图

另一种 $R_f/\phi$ 数据图版方式：可以使用 David Elliott（1970）提出的极性 Elliott 图，径向上 $R_f$ 是 $\phi$ 的 2 倍（从中心 $R_f=1$ 到沿着原始圆的指定值）。极性 Elliott 图明显降低了规则 $R_f/\phi$ 投点图产生的失真，在低应变区尤为明显。

图 3.6 及上文中讨论的实例是理想化的情况，即所有未变形椭圆具有相同的椭圆率。若不是这种情况，即一些椭圆比其他椭圆具有更高的椭圆率时，会怎样呢？在此情况下，数据将无法拟合出一个较好的曲线，而是在 $R_f/\phi$ 图上出现点云。使用上述公式，仍可以获得最大和最小 $R_f$ 值，并计算出应变大小。方程的唯一变化是 $R_i$ 在这种情况下代表未变形状态下的最大椭圆率。

另一个可能出现的困难是初始应变椭圆具有有限范围的方位。理想情况下，$R_f/\phi$ 法要求椭圆在变形前或多或少具有随机方位。由于砾岩往往具有择优取向的碎屑，这种方法经常被应用。这可能导致在 $R_f/\phi$ 图上只呈现出曲线或点云的一部分。在这种情况下，最大和最小 $R_f$ 值可能不具有代表性，且上述公式不能给出正确的解释，必须更换为基于计算机的迭代逆变法，其中需要输入 $X$。然而，许多砾岩具有一些原始异常方位的碎屑，仍然允许应用 $R_f/\phi$ 法分析。

## 中心—中心法

图 3.8 所描述的该方法假定圆形物体或多或少具有统计均匀分布规律。这意味着相邻颗粒中心之间的距离在变形前是恒定不变的。上述颗粒一般为分选较好的砂岩、鹅卵石、鲕粒、泥裂中心、枕状熔岩或绳状熔岩中心、深成岩体中心或其他大小相似且其中心容易确定的物体中。如果不确定剖面与这一标准的符合程度，先应用该方法试一试。如果该方法能够确定出一个合理的椭圆，则它是可行的。

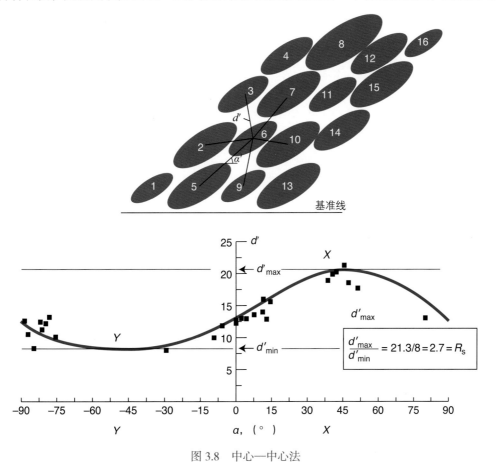

图 3.8　中心—中心法

相邻椭圆中心间画直线，统计每条线的长度（$d'$）和中心连接线与参考线夹角（$\alpha'$），投射到图中。将数据拟合曲线，在应变椭圆 $X$ 轴上具有最大值，在 $Y$ 轴上具有最小值，其中 $R_s=X/Y$

该方法很简单，如图 3.8 所示。测量椭圆中心到相邻椭圆中心的距离和方向。对所有椭圆重复该步骤，并将中心间距离（$d'$）和中心连接线与参考线夹角（$α'$）成图。如果剖面未变形，则表现为直线；而变形剖面则会出现一条具有最大值（$d'_{max}$）和最小值（$d'_{min}$）的曲线。应变椭圆的椭圆率通过以下比率确定：$R_s=d'_{max}/d'_{min}$。

### 弗莱法

诺曼·弗莱于 1979 年发表了一种更快速、更直观且更具有吸引力的二维应变表征方法。该方法以中心—中心法为基础，并通过数个现有的计算机程序来处理，应用相对简单（图 3.9）。它可以通过在草图或剖面照片上放置一个带有坐标原点和一对参考轴的描图纸来手动完成。首先将原点放置在某一颗粒中心，并将所有其他颗粒中心（不仅仅是相邻颗粒）在描图纸上进行标记。然后，移动且不旋转描图纸，使原点覆盖第二个颗粒中心，所有其他颗粒中心再次标记在描图纸上。重复这一过程，直到覆盖了全部目标区域。对于大体上均匀分布的对象，其结果将是一个可视化的应变椭圆。椭圆中心是空白区，而其周围的大量数据点则确定了椭圆的范围 [图 3.9（c）]。实例如图 3.7（d）所示变形的鲕粒岩。

弗莱法和这一节提出的其他方法一样，可以确定二维应变。结合变形岩体两个或两个以上剖面的应变预测，可以确定三维应变。如果每个剖面包含两个主应变轴，那么两个剖面就足够了。在其他情况下，需要三个或更多的剖面，且三维应变必须通过计算机计算。

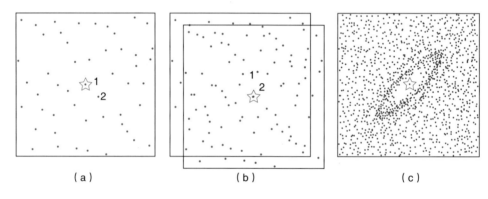

（a）　　　　　　　　　　（b）　　　　　　　　　　（c）

图 3.9　手动操作的弗莱法（据 Ramsay 和 Huber，1983）

（a）变形物体中心点转换到透明纸，以图中 1 为中心点；（b）透明纸从点 1 移动到点 2，其他中心点再次投到描图纸（不能旋转移动），所有点重复这一过程；（c）结果为应变椭圆化（形状和方位）

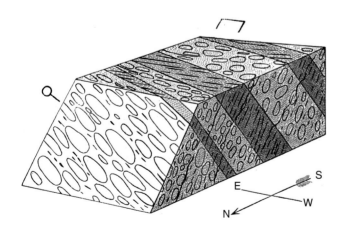

图 3.10　砾岩中不同剖面应变椭圆解释的三维应变

叶理（$XY$ 面）和线理（$X$ 轴）被注释；这幅插图发表于 1888 年，但现有的常规应变方法直到 20 世纪 60 年代才被开发出来

## 3.4　三维应变

完整的应变分析是三维的。弗林图解或类似图解中提供的三维应变数据，可以描述应变椭圆的形态，也称之为应变几何学。此外，主应变的方位可以通过赤平投影网获得。三维应变的直接野外观察极其少见。在几乎所有情况下，应变分析是基于相同位置两个或更多剖面的二维应变观测（图 3.10）。著名的变形砾岩三维应变分析实例如专栏 3.2 所示。

## 专栏 3.2　变形的石英砾岩

　　具有石英基质的石英或石英砾岩常用于应变分析。基质和鹅卵石的矿物和颗粒尺寸越相近，变形分区越少，应变预测结果就越好。Jake Hossack（1968）发表的关于挪威 Bygdin 砾岩的研究是变形石英砾岩的一项经典实例。Hossack 非常幸运地发现了每个位置沿应变椭圆主轴面的天然剖面，并将剖面数据整合在一起，确定出每个位置的三维应变状态（应变椭球）。Hossack 发现：应变几何学特征和强度在观察领域内是变化的，这种应变样式与上覆加里东期 Jotun Nappe 推覆体重力作用下的静态压扁有关。尽管该解释的细节可能被质疑，但 Hossack 的研究表明：砾岩可能揭示复杂的应变样式，否则是不可能成图的。Hossack 指出了以下的误差来源：

- 数据收集不准确（部分数据不完全平行于应变主轴面和测量误差）。
- 砾石成分的变化。
- 砾石变形前形态和方位。
- 碎屑和基质的黏度差异。
- 变形相关的体积变化（压溶）。
- 多期变形事件的可能性。

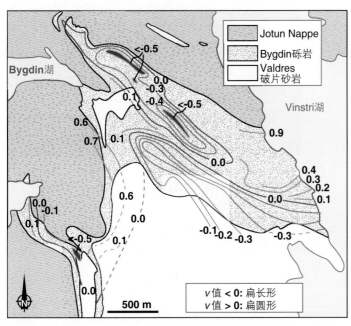

挪威Bygdin地区的Hossack应变图（v是式（2.8）中的Lode系数）　　　　　Bygdin砾岩

　　为了量化二维或三维空间中的塑性应变，需要满足以下条件：

　　应变在观察范围内必须是均质的，物体力学性质必须与变形过程中母岩性质相似，且一定要充分了解应变标记的原始形态。

　　第一点是显而易见的。如果应变是非均质的，则需要转换至其他观察范围或者更大范围，直到非均质应变消失，或者应变被认为是基本均质的。后者如专栏 3.3 的实例，图中画出的应变样式可能与更大的结构有关。这个实例表明：应变状态有助于理解大规模构造的形成，例如这种情况下褶皱的历史。

---

**专栏 3.3　褶皱附近的应变**

　　变形砾岩是变形岩石中应变数据的重要来源，因为砾岩相对较常见，且包含大量物质（碎屑）。典型实例：在绿片岩相变形条件下，预测褶皱砾岩层附近不同位置应变。研究发现：褶皱长翼总体以压扁的应变（扁圆形应变几何学特征）为主，而褶皱短翼和枢纽带通常表现为压缩应变特征。没有介观的应变标记，这一信息很难实现；因为岩石发生重结晶作用，导致原始砂粒边界消失。

　　上述应变的分布规律需要得到合理解释。研究表明，它可以通过一种模型来表征：在剪切过程中，已经压扁砾岩层转变到压缩应力场。右旋剪切作用会旋转叶理和扁碎屑，将其转变为压缩应力场，导致 $Y$ 轴收缩。这将使应变椭球越过 Flinn 图的平面应变对角线进入收缩场（$k > 1$）。此时，应变集中于褶皱倒转翼或枢纽下部。地质过程持续作用，应变椭圆再次被压扁。这个模型根据颗粒变形历史解释了应变数据，定义了一个特定的应变路径，在这种路径中，应变椭圆先从扁平变为压缩，然后重新变回扁平状态。

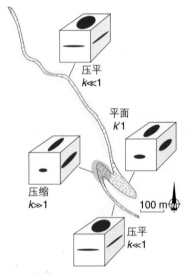

砾岩层图—标出增厚的短褶皱翼部

应变压缩状态下的砾岩

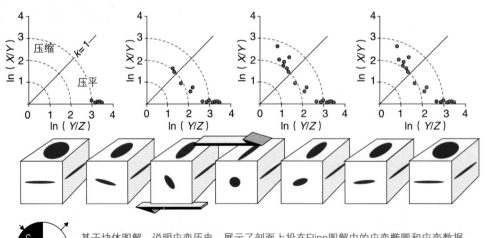

基于块体图解，说明应变历史，展示了剖面上投在 Flinn 图解中的应变椭圆和应变数据。弗林图解的位置与下面块体图解大致对应。同时展示了右旋简单剪切作用下瞬时拉伸轴的方向和瞬时压缩和伸展应力场。

第二点是非常重要的。对于塑性岩石，这意味着变形岩体与其围岩必须具有相同能干性或黏度（见第 5 章）；否则，物体记录的应变将与其周围应变不同。这种效应是多种类型的**应变分区**之一，依据岩体的强度和 / 或几何学特征，认为整体应变分布不均匀。例如，在黏土块上标记一个完美的圆，随后将黏土块压平。如果变形是均匀的，圆转变为椭圆，即揭示了二维应变。如果在其中嵌入相同黏土的彩色球，它将再次伴随周围黏土发生变形，并揭示岩石三维应变。然而，如果在黏土中放入硬大理石，其结果是完全不同的。大理石保持不变形，而周围的黏土比之前变形更紧密，非均质性更强。实际上，它形成了一个更强的**非均质性应变**模式。与周围环境具有相同力学性质的应变标记称为**被动标记**，因为它们伴随周围环境发生被动变形作用。具有异常力学性质的材料对整体变形的响应与周围介质不同，这类标记被称为**主动标记**。

主动应变标记数据的实例如图 3.11 所示。这些数据从变形的杂砂岩的砾石中收集获得，其中，三维应变是根据在相同岩石和相同位置中不同的碎屑类型预测的。显然，不同的碎屑类型记录不同程度的应变。高能干性（硬）花岗岩碎屑比低能干性绿岩碎屑应变小的多。在 Flinn 空间中，伴随着离原点距离的增加，应变强度逐渐增大。但是，从这张图中可以注意到另一个有趣的事情：在 Flinn 图中（图 3.11），能干性碎屑投点普遍比非能干性（"软"）碎屑高，这意味着能干性碎屑可以承受更扁长的形态。因此，根据应变标记的力学性质，应变强度和几何学特征均可能发生变化。

不同标记物再变形时的表现方式取决于多个因素：矿物学、先存组构、颗粒粒径、含水量和变形时的温压条件。图 3.11 反映了低—中等变质的绿色片岩相的温压状态。在更高温度条件下，富石英岩石更易表现为"软"物体，且在 Flinn 图中碎屑类型的相对位置也将发生变化。

上述的最后一点也需要注意：变形物体的初始形态明显影响它的变形后的形态。如果考虑二维对象（如过鲕粒岩、砂岩或砾岩的剖面），上述讨论的 $R_f/\phi$ 法可以处理这种不确定性。与其挖出一个对象测量其三维形态，更好的是使用该方法测量两个或更多变形岩石的剖面。单一对象可能具有意想不到的初始形态（砾岩碎屑很少是完美的球形或椭圆形），但是通过不同剖面的综合测量，仍可获得统计学变量，从而解决或减少这个问题。

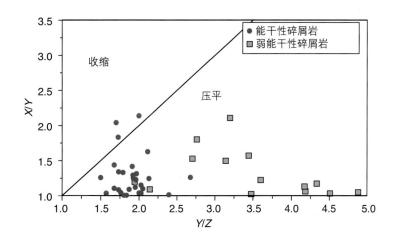

图 3.11 　根据变形砾岩获得的应变，投点在 Flinn 图版上（数据收集自 D. Kirschner，R. Malt 及本书作者）

不同卵石类型表现出不同的形态和有限应变，数据自挪威西南部斯托德岛 Utslettefjell 组杂砂岩砾石

三维应变是通过结合多个不同方位剖面的二维数据得到的。

现在，计算机程序可以根据剖面数据获得三维应变。如果每个剖面包含两个主应变轴，一切将变得容易，且严格来说只需要两个剖面（尽管三个剖面仍是好的）。否则，至少需要三个剖面的应变数据。

## 本章小结

变形岩石中，应变标记揭示了岩石应变的大小，且可以明确岩石变形本质的相关信息（例如，压扁与收缩和应变轴的方向）。这对于尝试理解变形区发生了什么和探寻变形模型非常有用。岩石累积应变的方式取决于应力场、边界条件、岩石的物性以及外部因素（如温度、压力和应力状态）。在接下来的几章，我们将会探讨其中的一些关系。以下为一些需要重点理解及复习的知识点及问题：

- 应变仅通过新的变形结构（解理、剪切带、裂缝）或变形过程中已经发生变形的先存标记来揭示。
- 应变分析要求了解变形发生前初始的应变标记的形态或几何学特征。
- 理想条件下，物体变形前应是圆形或球形的，但具有原始定向扩展的非球形物体也可以使用。
- 可以借助多种技术和计算机代码来获得变形岩石的应变。
- 尽力寻找可以揭示变形岩石应变的对象、岩层或线状特征。

---

### 复习题

1. 什么是"应变标记"？请举例说明。
2. 根据线状或面状应变标记，可以获得什么信息？
3. 什么是应变标记和基质间的黏度（能干性）差效应？
4. 如何处理变形前构造，比如砾岩卵石？
5. 确定岩石剪切应变需要什么？
6. 给出应变分析相关的一些重要关注点（陷阱）？
7. 图 3.3 中的三叶虫经历了多少平行于轴线的剪切应变？
8. 如何从变形砾岩中确定三维应变？
9. 剪切带是非均质应变的产物，如何开展剪切带中的应变分析？
10. 文中的应变分区是什么意思？

---

## 电子模块

推荐在本章使用应变电子模块。

## 延伸阅读

### 数模计算

Mookerjee M，Nickleach S，2011. Three-dimensional strain analysis using Mathematica. Journal of Structural Geology，33：1467-1476.

Mulchrone K F，Chowdhury K R，2004. Fitting an ellipse to an arbitrary shape：implications for strain analysis. Journal of Structural Geology，26：143-153.

Shan Y，2008. An analytical approach for determining strain ellipsoids from measurements on planar surfaces. Journal of Structural Geology，30：539-546.

Shimamoto T，Ikeda Y，1976. A simple algebraic method for strain estimation from ellipsoidal objects. Tectonophysics，36：315-337.

### 与解理有关的应变

Goldstein A，Knight J，Kimball K，1999. Deformed graptolites，finite strain and volume loss during cleavage formation in rocks of the taconic slate belt，New York and Vermont，U.S.A. Journal of Structural Geology，20：1769-1782.

### 根据剖面数据获得应变椭圆

De Paor DG，1990. Determination of the strain ellipsoid from sectional data. Journal of Structural Geology，12：131-137.

### 更详细的应变技术

Erslev E A，1988. Normalized center-to-center strain analysis of packed aggregates. Journal of Structural Geology，10：201-209.

Lisle R，1985. Geological Strain Analysis. Amsterdam：Elsevier.

Ramsay J G，Huber M I，1983. The Techniques of Modern Structural Geology：Vol. 1 Strain Analysis. London：Academic Press.

### 三维应变

Bhattacharyya P，Hudleston P，2001. Strain in ductile shear zones in the Caledonides of northern Sweden：a three-dimensional puzzle. Journal of Structural Geology，23：1549-1565.

Holst T B，Fossen H，1987. Strain distribution in a fold in the West Norwegian Caledonides. Journal of Structural Geology，9：915-924.

Hossack，J，1968，Pebble deformation and thrusting in the Bygdin area（Southern Norway）. Tectonophysics 5：315-339.

Strine M，Wojtal S F，2004，Evidence for non-plane strain flattening along the Moine thrust，Loch Srath nan Aisinnin，North-West Scotland. Journal of Structural Geology，26：1755-1772.

# 第4章

# 应　力

第3章重点描述了如何观测岩石变形应变。应力与应变密切相关，是一个非常抽象的概念，它不能被直接观察到。因此，必须使用应变（非常小的应变优先）反映应力。换句话说，变形构造可以反映经历变形的岩石的相关应力场信息。这个关系是并不是直接的，即使是最精确的应力状态解释也无法预测由此产生的变形结构。除非增加额外的信息，如岩石力学或物理性质、温度、压力和物理边界条件等相关的额外信息，在后续两章讨论岩石圈应力、应力—应变和物理性质的关系之前，本章先提出最基本的应力概念。

本章电子模块中，进一步提供了与应力相关主题的支撑：

● 界面上的应力
● 一点上的应力
● 应力状态
● 莫尔圆
● 参考状态

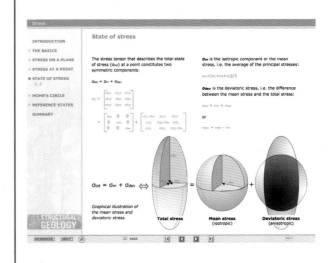

## 4.1 定义、量度和单位

压力和应力是两个可以经常交替使用的术语，但对于构造地质学家而言，应该更加慎重使用这些术语。在地质学中，**压力**（$p$）一般限定在没有或非常低剪切强度（流体）的介质中使用，而**应力**（$\sigma$）用于剪切强度（岩石）最小的介质中。为了测试介质是否具有**抗剪力**，将其放在手间并平行反方向移动，感受到的阻力即反映抗剪力。水不具有抗剪力（在游泳池重复以上练习，手间只有水），而黏土和松散的砂具有抗剪力。

在地下的孔隙性砂岩层中，可以同时讨论压力和应力：它有一定的**孔隙压力**，也处于一定的**应力**状态。它们都与影响岩石体积的外力有关。

存在两种不同类型的力，一种影响岩石的整体体积，包括内部和外部，称为**体力**（body forces）。体力定义三维空间。在构造地质学中最重要的一种体力是重力，另一种体力是磁力。

另一种力仅对界面表面起作用，称为**面力**（surface forces）。当一个物体推或者拉另一个物体时，面力产生。作用于两个物体接触界面的力就是面力。面力是岩石变形过程中至关重要的力。用类似方式可以讨论一个面上的应力和一个点上的应力状态。平面应力是矢量，而在一个点上的应力是一个二阶张量。

---

表面的应力是一个矢量（一阶张量），在一个点上的应力是二阶张量。

---

工程师和岩石力学地质学家通常称界面上的应力为**牵引力**（traction），而以应力（stress）表示岩体上某一点的应力状态。同时，作为地质学者，需要了解这两种不同力的应用，并且避免混淆两种意义的应力。

## 4.2 界面上的应力

在一个面上（例如破碎物质或颗粒的接触）的应力，是一个矢量（$\sigma$），它是力（$F$）和受力面积（$A$）的比值。作用于表面某一点上的应力可以由下式计算

$$\sigma = \lim_{\Delta A \to 0} (\Delta F / \Delta A) \tag{4.1}$$

这个公式表示应力值在一个面上的不同地方可能会发生变化。力（$F$）的标准单位是**牛顿**（N，$1\text{N}=\text{m}\cdot\text{kg/s}^2$）。一些地质学家使用"达因"这个单位，1 达因（$\text{g}\cdot\text{cm/s}^2$）$=10^{-5}\text{N}$。不同的应力或压力用**压强**（MPa）来表示，公式如下：

$$1\text{Pa}=1\text{N/m}^2=1\text{kg/}(\text{m}\cdot\text{s}^2)$$

$$1\text{MPa}=10\text{bar}=10.197\text{kg/cm}^2=145\text{ lb/in}^2$$

$$100\text{MPa}=1\text{kbar}$$

在地质学中，压应力通常被视为正，张应力通常被视为负（见专栏 4.1）。而在材料力学中它们的定义正好相反，压应力视为负，张应力视为正。这是因为材料的抗张强度小于抗压强度。因此在桥梁等建筑的结构中抗张强度变得尤为重要。另一方面，地壳是受挤压作用控制的。记住压应力和张应力的区别：即使所有主应力轴都是压应力，拉张和挤压现象都是同时存在的。

---

岩石圈中的应力几乎到处都是压缩的，即使在裂缝和其他正在拉张的区域也是如此。

---

> **专栏 4.1 符号规定**
>
> 在地质上，挤压力一直规定为正，而拉张力规定为负（工程地质符号规定恰恰相反）。地质工作者更倾向于这种规定，因为应力在地壳中是挤压状态。然而，剪切应力至少受两种因素约束。对于构建摩尔圆，应遵循以下规定：顺时针旋转的剪切应力为负。对于张性符号，符号规定与剪切应力明显不同（绝对值是相同的）：如果图中立方体隐藏面剪切部分位于坐标轴正方向上，则符号为正，反之亦然。这可能使人困惑，因此，需要一直注意核查计算输出的符号是否有意义。
>
>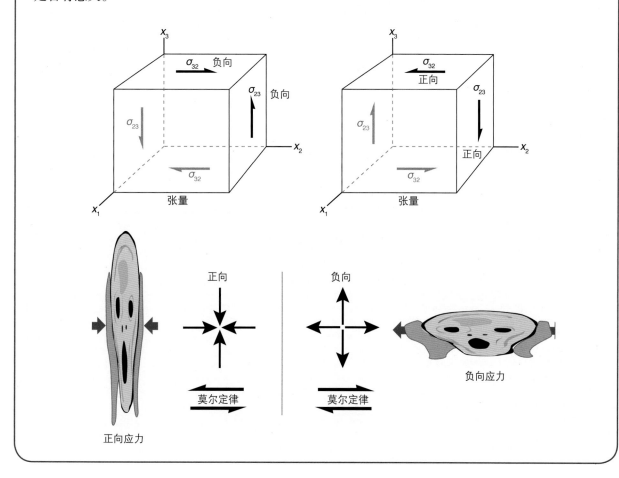

## 正应力和剪应力

矢量垂直于一个面的应力称为这个面上的**正应力**（$\sigma_n$），而矢量平行于一个面的应力称为这个面上的**剪应力**（$\sigma_s$ 或 $\tau$）。一般来说，应力的矢量是倾斜于平面的。这个应力可以被分解为正应力和剪应力两个分量。要强调的是，只有与特定表面相关时，正应力和剪应力的概念才有意义。

力的分解很简单，而应力矢量的分解相对较复杂。困难之处在于，应力与它作用的面有关，而力不是如此。因此，简单的矢量相加不能用于处理应力矢量，依图 4.1 所示，可以得出

$$\sigma_n = \sigma\cos^2\theta \ , \quad \sigma_s = (\sigma\sin2\theta)/2 \tag{4.2}$$

式中，$\theta$ 为应力矢量和面的夹角，或者应力矢量垂直时的倾角。经比较，应力矢量可以分解为正应力和剪切应力（图 4.1），有

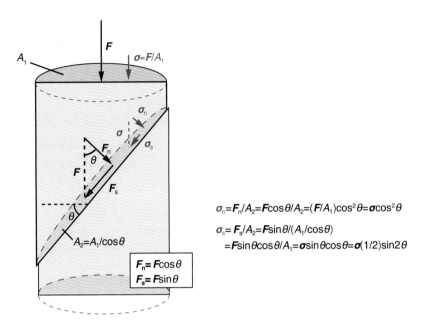

图 4.1　界面上力矢量 F 可以分解为正应力（$F_n$）和剪切应力（$F_s$）。应力矢量不可以按照这种方式分解，因为应力取决于力作用的面积；$\sigma_n$ 和 $\sigma_s$ 可以由三角函数关系得到

$$F_n = F \cos \theta \ , \ F_s = F \sin \theta \tag{4.3}$$

在只考虑单轴应力情况下，图 4.2 图形化解释了这四个函数式。当存在两个应力分量（$\sigma_1$ 和 $\sigma_3$，双轴压缩）作用时（图 4.3），$\sigma_1$ 和 $\sigma_3$ 都有贡献，因此，特定面上正应力和剪应力的方程为

$$\sigma_n = \frac{\sigma_1 + \sigma_3}{2} + \frac{\sigma_1 - \sigma_3}{2} \cos 2\theta \tag{4.4}$$

$$\sigma_s = \frac{\sigma_1 + \sigma_2}{2} \sin 2\theta \tag{4.5}$$

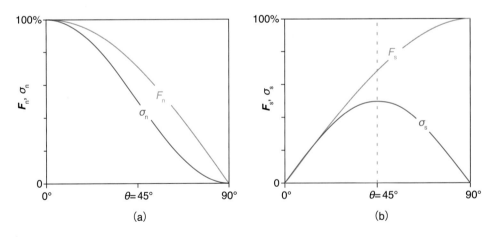

图 4.2　（a）力的垂直部分（$F_n$）和作用于界面上的正应力（$\sigma_n$）与界面和作用矢量方向间夹角（$\theta$ 见图 4.1）投点在直角坐标系，二者明显不同。（b）剪切部分与上述部分相同，剪应力与最大主应力呈 45°，而最大剪切力出现在平行于界面时

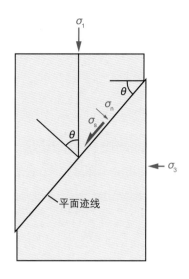

图 4.3  双轴压缩

这种情况存在两个主应力，它们都对特定平面上的
正应力和剪应力有贡献，正应力与 $\sigma_1$ 的夹角为 $\theta$

## 4.3  一点上的应力

我们建立了在一个面上的应力的概念，以此来考虑岩石中某一点的应力，例如一个矿物颗粒中的一点。我们可以假想有无穷多个方向的面过这一点。垂直于每一个面都有两个方向相反大小相等的牵引或应力向量。它们在不同方位面上具有不同的长度和方位。我们可以假想这样一个平面一边的物质通过单位面积力作用在另一边的物质上，这个力可以用向量表示。这个应力是由一个相同大小但方向相反的应力向量来平衡，作用在平面的相反边的物质上。

当代表性的一类向量围绕一点绘制时，即可在二维上出现一个椭圆（图 4.4），三维上可以确定出一个椭球体（图 4.5）。使用椭圆或者椭球体解释应力的明显要求是不能有正反方向牵引的结合。这个椭圆称为**应力椭圆**，其对应的椭球体称为**应力椭球体**。注意：定义应力椭圆或椭球的向量一般不会垂直于它们所作用的平面。

应力椭球体和它的方向告诉我们岩石中某一点或者均匀应力作用下的岩石体的所有应力状况。

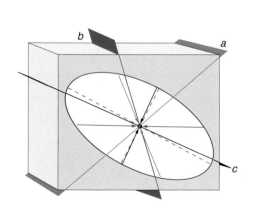

图 4.4  一点应力二维描述

三个面（$a$，$b$ 和 $c$）垂直于讨论的剖面，而正应
力以矢量形式表示（相应的颜色）。应力矢量确
定椭圆，其椭圆率取决于应力状态

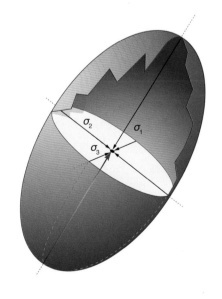

图 4.5  应力椭球

　　应力椭球体有三个轴，即 $\sigma_1$、$\sigma_2$、$\sigma_3$，最长的（$\sigma_1$）是最大应力方向，而最短的垂直于假想的平面，他的牵引力比任何其他平面的牵引力都小。这些轴称为**主应力轴**，是应力主平面的极轴。只有这些平面的剪应力为零。

## 4.4　应力分量

　　在某一点的应力状况也可由作用在极微小的立方体中三个正交面上的应力分量定义。每个面都有一个正应力向量（$\sigma_n$）和沿着它的两个边缘的剪切应力向量（$\sigma_s$）（图 4.6）。总的来说，可以给出 3 个正应力矢量和 6 个剪切应力矢量。如果这个立方体处于静止稳定状态，这些力的方向相反大小相等，互相抵消。这意味着

$$\sigma_{xy}=^-\sigma_{yx},\ \ \sigma_{yz}=^-\sigma_{zy},\ \ \sigma_{xz}=^-\sigma_{zx} \tag{4.6}$$

且存在六个独立的应力分量。

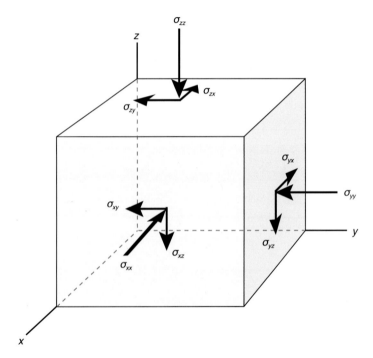

图 4.6　应力分量作用于小立方体面上

正应力矢量是指存在于立方体负向和隐藏面的应力矢量。$\sigma_{xx}$、$\sigma_{yy}$ 和 $\sigma_{zz}$ 是正应力，其他为剪切应力且平行于立方体各个边缘

　　这个立方体可以被定在一个所有剪切应力都为零的状态，这个状态下，唯一的非零分量是三个正应力矢量。在这种情况下，这些矢量代表了主应力方向，称为**应力椭圆的主应力**或**主应力轴**。确定这个立方体的三个面称为主应力面，主应力面将应力椭圆分成了三部分。

## 4.5　应力矢量（矩阵）

　　将应力的九个组分放到一个矩阵里（二维的），称为应力张量或应力矩阵（专栏 4.2）。

$$\begin{bmatrix} \sigma_{11} & \sigma_{12} & \sigma_{13} \\ \sigma_{21} & \sigma_{22} & \sigma_{23} \\ \sigma_{31} & \sigma_{32} & \sigma_{33} \end{bmatrix} \tag{4.7}$$

正应力 $\sigma_{11}$，$\sigma_{22}$ 和 $\sigma_{33}$ 在对角线的位置，而非对角线的数表示剪切应力。我们得出 $|\sigma_{11}|=|\sigma_{xx}|$，$|\sigma_{12}|=|\sigma_{xy}|$，$|\sigma_{13}|=|\sigma_{xz}|$ 等式子，但是由于张量分量使用约定的不同，他们可能有不同的标志。在稳定状态下力是平衡的，有等式 $\sigma_{12}=\sigma_{21}$，$\sigma_{31}=\sigma_{13}$，$\sigma_{23}=\sigma_{32}$，应力张量可以写成

$$\begin{bmatrix} \sigma_{11} & \sigma_{12} & \sigma_{13} \\ \sigma_{12} & \sigma_{22} & \sigma_{23} \\ \sigma_{13} & \sigma_{23} & \sigma_{33} \end{bmatrix} \tag{4.8}$$

现在得到了一个对称的矩阵（一个把行和列对换而完全没有任何改变的矩阵），但是数值会随着坐标系的选择或者如何从图 4.6 中确定小立方体的方向而改变。如果我们很幸运或者很小心地调整小立方体（坐标系）的方向，我们就能将主要应力放在矩阵的边缘，这样这个矩阵就会变成

$$\begin{bmatrix} \sigma_{11} & 0 & 0 \\ 0 & \sigma_{22} & 0 \\ 0 & 0 & \sigma_{33} \end{bmatrix} = \begin{bmatrix} \sigma_1 & 0 & 0 \\ 0 & \sigma_2 & 0 \\ 0 & 0 & \sigma_3 \end{bmatrix} \tag{4.9}$$

作为唯一的非零分量，主应力可以轻易地从矩阵中提取出来。这三个主应力为矩阵中的三列，即 $(\sigma_{11}, 0, 0)$、$(0, \sigma_{22}, 0)$、$(0, 0, \sigma_{33})$，换句话说：

应力张量由三个主应力矢量组成。

---

**专栏 4.2　向量、矩阵和张量**

**标量**是一个实际数值，反映温度、质量、密度、速度或没有方向的其他物理量。**矢量**既具有大小（长度）也有方向，如力、牵引力（应力矢量）或速度。**矩阵**是一个二维排列数组（在大多数地质应用中为 $3 \times 3$ 矩阵或 $2 \times 2$ 矩阵，意味着它们有 9 个或 4 个部分）。矩阵代表着介质中的应力或应变状态。

在岩石力学中，术语**张量**应用于矢量，特别是矩阵中。我们可将标量作为零阶张量，矢量作为一阶张量且矩阵为二阶张量。因此，对于我们来说，矩阵和二阶张量是相同的。然而，仍存在其他情况，例如在经济学领域中数字排列矩阵不是张量。

一个重要的张量特征是它们与选择的参考系无关，这意味着不论选择何种坐标系，以张量为代表的"数量"（如岩体内任意一点的应变或应力状态），都始终保持不变。因此，向量在两个不同坐标系中仍是保持相同长度和大小的，即使它由不同数值代表。

张量可以定义在一个点或孤立点的集合上，或者定义在一系列点上，从而形成一个场（标量场、矢量场等）。在后一种情况下，张量元素是位置的函数，所形成的张量称为**张量场**。这意味着张量定义在为空间区域内任意点，而非仅仅一点或孤立集合点。

---

在其他的情况中，我们必须找到矩阵的特征向量和特征值，分别是主应力矢量和主应力。依靠现成的计算机程序很容易计算出这些主应力矢量和主应力。重要的是：即使这些应力元素处在不同的坐标系中变化，这些张量的特征向量和特征值仍保持不变——它们是不变量。

应力矢量代表相同的应力状态（相同的应力椭圆形状和方向），与选择的坐标系无关。

因为岩石圈上每一点的应力状态都不同，所以应力椭圆和应力矢量也随点的变化而不同。这就引入了张量场的概念。因此用张量场来完整地岩石体中的应力状态。

## 4.6　偏应力和平均应力

任何应力张量都可以分为两个对称矩阵，第一部分称为平均应力，第二部分称为偏应力。这并不仅仅是一个枯燥的数学计算，也是一个有用的应力分解，它使我们可以区分两种不同的应力分量，也可以表示为各向同性的和各向异性的分量。分解式为：

$$\begin{bmatrix} \sigma_{11} & \sigma_{12} & \sigma_{13} \\ \sigma_{12} & \sigma_{22} & \sigma_{23} \\ \sigma_{13} & \sigma_{23} & \sigma_{33} \end{bmatrix} = 总应力张量$$

$$\begin{bmatrix} \sigma_m & 0 & 0 \\ 0 & \sigma_m & 0 \\ 0 & 0 & \sigma_m \end{bmatrix} + \begin{bmatrix} \sigma_{11} - \sigma_m & \sigma_{12} & \sigma_{13} \\ \sigma_{12} & \sigma_{22} - \sigma_m & \sigma_{23} \\ \sigma_{13} & \sigma_{23} & \sigma_{33} - \sigma_m \end{bmatrix}$$

各向同性分量 + 各向异性分量

（平均应力张量）（偏应力张量） （4.10）

在这个分解式中 $\sigma_m$ 称为**平均应力**，是三个主应力的算数平均值。因此 $\sigma_m = (\sigma_1 + \sigma_2 + \sigma_3)/3$，即可得出平均应力，也被认为是"压强"。

如果没有偏应力，那么该点各向异性应力分量为零（这种情况下，偏应力张量变成单位矩阵），因此通过该点的任何平面上的应力或牵引力都是相同的。此外，应力椭球体是个完美的球体，即 $\sigma_1 = \sigma_2 = \sigma_3$，在任何位置都没有剪切应力，并且在总应力矢量中没有"**非对角线的**"应力。这种应力状态通常被称为"**静水应力**"或"**静水压力**"，代表各向同性的应力状态。在岩石圈中，平均应力与静岩压力密切相关，静岩压力受埋藏深度和上覆岩层密度控制，我们将在第 5 章继续对此进行讨论。

**偏应力**不同于平均应力（$\sigma_{dev}$）和总应力（$\sigma_{tot}$）：$\sigma_{dev} = \sigma_{tot} - \sigma_m$，$\sigma_{tot} = \sigma_m + \sigma_{dev}$。偏应力张量代表总应力中的各向异性应力分量，它通常远小于各向同性应力，但是在大多数情况下，它对于很多地质构造的形成有重要意义。各向同性应力导致扩张（压缩或者膨胀），只有各向异性应力形成压力。主应力之间的关系影响着形成的构造类型。

## 4.7　莫尔圆和图解

在研究第 5 章地壳应力状态之前，我们考虑用一个实际图解的方法来代表和处理应力的状况，这种基于图解的方法称之为莫尔圆。在 19 世纪，德国工程师 Otto Mohr 发现了一个十分有效的表征应力的方法。他构造了一个图解，如图 4.7 所示，现在称为莫尔图，其中水平轴和垂直轴代表作用在一个点的面上的正应力（$\sigma_n$）和剪应力（$\sigma_s$）。最大主应力和最小主应力标在横轴上（$\sigma_1$ 和 $\sigma_3$，也包括二维空间的 $\sigma_1$ 和 $\sigma_2$），$\sigma_1$ 和 $\sigma_3$ 的距离确定了一个以（$(\sigma_1 + \sigma_3)/2$，0）为中心的圆的直径。这个圆称为**莫尔圆**。

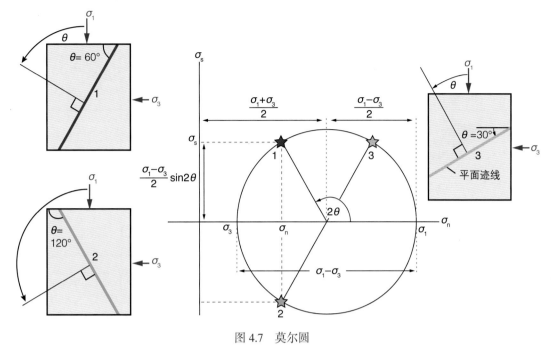

图 4.7 莫尔圆

$\theta$ 是最大应力（$\sigma_1$）与特定面极点的夹角（如果 $\sigma_1$ 是垂直时面的倾向）。注意双角的使用。物理空间形态如三个平面图所示

莫尔圆确定了过岩石上一点所有可能方向的面上的正应力和剪应力。

更特别的是，莫尔圆上任一给定点的正应力和剪应力都可以在坐标轴上读出来。这些就是作用在这一点所代表面上的正应力和剪应力。

我们如何才能知道莫尔圆上一个特定点所代表的面的方位呢？二维图中横轴上有 $\sigma_1$ 和 $\sigma_3$ 时，所代表的平面过 $\sigma_2$，如果 $\theta$ 是平面与 $\sigma_1$ 之间的夹角，如图 4.1 所示，那么作用在莫尔圆上这一点的半径与水平轴的夹角就是 $2\theta$。

最大主应力与最小主应力的差值（$\sigma_1-\sigma_3$）是莫尔圆的直径。这个差值称为**差应力**，它对破裂机制研究很重要。一般来说，较大的差应力促进岩石破裂。

角 $\theta$ 和其他角同样可以在莫尔图上计算出来，但是这一角度在莫尔空间中增加了一倍。在莫尔图上分开 180° 的两个点代表互相垂直的面。这就是两个主应力轴都绘制在横轴的原因。另一个原因是主应力面在莫尔圆上没有剪切应力，只沿水平轴分布。这说明莫尔空间与物理空间的不同，理解二者之间的联系至关重要。让我们来进一步探索。莫尔空间上的双倍的角代表任意平面，比如图 4.7 中的点 1 所示平面，有一个互补的面（图 4.7 中的点 3），他们有相同的剪切应力和不同的正应力。图 4.7 中的点 1 有另一个互补面（点 2），其有相同的正应力和大小相等方向相反的剪应力。最大剪切应力在 $2\theta=\pm90°$ 的面上，或者与 $\sigma_1$ 的夹角为 45°［图 4.2（b）］。莫尔圆经常用于地质构造研究，所以挤压应力为正值，拉张应力为负值，而在工程学中的惯例符号时常相反。大多数情况下，岩石圈的所有主应力都为正，但并不总是如此。对于拉张应力，莫尔圆移动至远点左侧进入拉伸场。如果所有主应力都为拉伸应力（地质学上极少见），则整个莫尔圆都位于原点左侧。

莫尔圆也可以在三维上应用，三个主应力轴都沿水平轴绘制。用这个方式可以在一个摩尔图上画出三个莫尔圆。很多重要的三轴应力状态都可以用三维莫尔圆来表示，如图 4.8 所示。

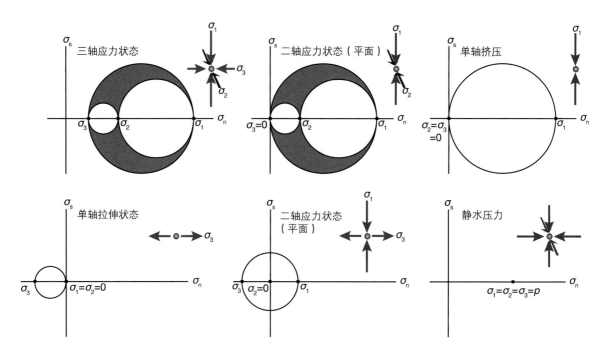

图 4.8 三维应力摩尔图

描述了应力特征和状态，通过三个圆和三个主应力描述三维应力状态；最大的圆包含 $\sigma_1$ 和 $\sigma_3$，三个圆减少为两个或一个应力状态。箭头指示实际空间应力状态。注意，主应力方位（箭头）是随机的：莫尔圆并不能反映方位，仅表示绝对或相对大小

## 本章小结

本章了解应力的基本情况。理解界面上力和应力（二者均为矢量）以及一点上的应力（二阶矢量）的差异至关重要。一点应力和应力椭圆很大程度上类似于应变和应变椭圆。主应力与主应变类似。但是，尽管有相似性，但理解应力可能导致或不能导致应变尤为重要，而如果应力导致了应变，将不能产生类似形态和方位的应变椭圆。

从这一点出发，应该理解和回答以下情况和问题：

● 术语应力用于面上应力或某一点上的应力（局部应力状态）。

● 作用于面上的应力是矢量，由施加的力和作用的面积决定。一个斜向的矢量可以分解为正应力和剪切应力。

● 一点上应力（应力状态）描述了一点的总应力状态，且为二阶张量（三维 $3 \times 3$ 矩阵）。

● 岩体应力状态通过应力矢量场描述，描述了岩体三维应力状态的变化规律。

● 应力不能通过分解力的方式进行分解，因为应力也取决于面积。

---

### 复习题

1. 地质学上，什么时候适合使用压力这一术语？

2. 如何实现图形可视化二维应力状态和三维应力状态？

3. 在地壳中，哪里能发现张性应力？

4. 如果定义不同坐标系，应变椭圆的形态和方向如何变化？

5. 如果选择不同坐标系，应力矢量（矩阵）是否会有差异？

6. 对角张量从左上角到右下角的对角线上具有很多数字，其他元素都为零。对角应力张量意味着什么？

7. 如果在对角应力矩阵中对角部位是相等的，应力椭球体是什么形态？这种应力状态叫什么？

8. 如果对特定界面以不同角度施加应力，最大剪切应力的角度是多少？与对同一表面施加一个力（也是一个矢量）相比如何？最大剪切力的方位是什么？

## 延伸阅读

Means W D, 1976. Stress and Strain：Basic Concepts of Continuum Mechanics for Geologists. New York：Springer-Verlag.

Oertel G F, 1996. Stress and Deformation：A Handbook on Tensors in Geology. Oxford：Oxford University Press.

Price N J, Cosgrove J W, 1990. Analysis of Geological Structures. Cambridge：Cambridge University Press.

Turcotte D L, Schubert G, 2002. Geodynamics. Cambridge：Cambridge University Press.

Twiss R J, Moores E M, 2007. Structural Geology, 2nd ed. New York：H.W. Freeman and Company.

# 第5章

# 岩石圈应力

　　基于对应力本质的基本理解，本章来学习如何获得和理解地壳中的应力信息。过去几十年中，全球范围内进行了大量的应力测量。这些测量结果表明，地壳内的应力条件较为复杂，部分原因是地质非均质性（断层、裂缝带和组成的差异）的存在，另一部分原因是该区域经历过不同的变形阶段，每个阶段相关的应力场不同。后者非常重要，因为地壳能够"冻结"应力状态，并且在地质历史时期中保存残余的应力状态。局部和区域应力场的知识有一系列实际应用，包括评价隧道施工，油井和水井的钻井和增产等。此外，现今和过去的应力状态知识提供了关于古构造和现今构造过程的重要信息。

　　本章（应力）的电子模块，为以下主题提供支持：

- 在某个面上的应力
- 在某一点的应力
- 应力状态
- 摩尔圆
- 基准状态

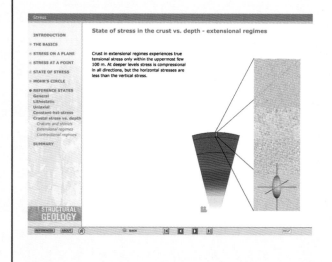

## 5.1    应力测量的重要性

对于很多工作来说，比如在高应力岩石的地下施工、开挖隧道、采石、采矿的钻探或爆破过程中，应力的知识都有重要意义。以上这些实例中，高应力可能会导致岩石碎片从墙上或者顶部脱落，这显然是一个严重的安全问题。正如我们即将看到的，地下的孔洞总是有与之相关的应力集中。这些应力集中可能会导致顶部脱落、侧面移动和底部塌陷。如果内部压力超过周围岩石的主应力的最小值，则用于水力发电和供水系统的没有衬套的管道和隧道可能会破裂（水力压裂作用）。较高的岩石应力抵消水压，并且有助于保持裂缝封闭。此时高应力为有利条件。

举例来说，在油田较大深度钻井时，原始应力场帮助钻头沿预定方向钻进，阻止产砂以及保持井眼的稳定。生产过程中必须监视井周围的应力，因为孔隙压力的减小会减小水平应力，变化足够大的时候会导致地层坍塌和海底下陷。在生产井周围水力压裂储层以增大渗透率，也需要应力场的相关信息。

在地壳的任何平面上，应力都与地层和地质构造的方向有关，即应变的累加。任何变形都可能与"偏离正常应力状态"的应力场有关。在岩石圈深部，除非从聚焦机械装置获取信息，否则无法测量或者估算应力。但是有一些方法可以将岩石挖掘出来取到地表，估算岩石中的古应力。

## 5.2    应力的测量

应力研究的困难之处在于它不能直接观察。只能通过某些可能存在的弹性或者永久的变形来观察应力的作用。显然，不同的材料对应力的反应不同（第 6 章），并且如果材料性质具有各向异性，则应力的反应会趋于复杂。但是，由于较小的典型应变即可度量现今的应力场，这两者的联系很密切，可以由此获得有效的应力模拟。

根据收集到的应力数据，建立了一些不同的方法。有些应用于井眼（井眼崩落和压裂），有些普遍应用于隧道的内部或表面（抓取岩心），有些和断层破裂过程中的应力释放产生的第一运动有关（震源机制）。而且一个地区新构造或者最近的地质构造影响的地表可以得出现在的应力状态的相关信息。

**井眼崩落**是指井壁破裂区，使井眼呈不规则和典型细长形状，如图 5.1（a）所示。假设测井壁发生剥落优先发生于平行最小主应力（$\sigma_h$）方向且垂直于最大主应力（$\sigma_H$）方向。

钻孔的椭圆率指示钻孔中局部的水平应力轴方向。

井孔的形状可以通过**地层倾角测量仪**和**井成像工具**获得。当这些工具沿井筒移动时，其臂可以压在井壁上并沿井孔移动。该工具由此可以记录井孔的几何形状，同时也可以记录测量仪器的方位。因此，除了测量与井孔相交的平面构造（倾角测量仪的首要目的）之外，该工具还能记录井孔的形状，从而收集水平应力信息。

钻孔崩落资料主要在石油勘探和开发的已钻井中进行收集。公路和隧道爆破的钻孔形状也可以用于应力分析，即使该方法的可靠性并不被所有人认可。甚至在管状隧道中，破碎的优选方向有时也能指示应力场的方向（图 5.2）。以上所有情况都遵循同一原理：如果假定井眼的延长方向平行于 $\sigma_h$，则钻孔为椭圆形。

**套钻岩心** [图 5.1（b）] 的原理为：用应变松弛的方法缓慢地在岩石单元中取出岩心或岩块进行测

量，然后释放，这样就可以使之自由伸展。其形状的改变反映了释放出的压缩应力，但是这种方法也与岩石的弹性有关。一般来说最大伸展方向产生于 $\sigma_h$ 的方向。

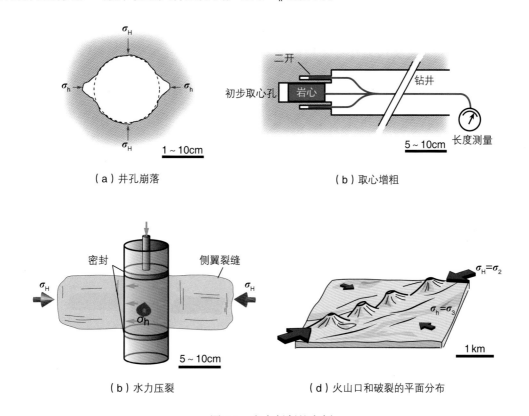

图 5.1　应力判断的实例

（a）竖直钻井的水平剖面显示井眼崩落，最大水平主应力（$\sigma_H$）和最小水平主应力（$\sigma_h$）通常等于或接近主应力轴；
　　（b）套钻。在主钻孔末端钻导向孔进行取心，取出岩心比取心孔宽，应变即可通过对比钻孔前后的测量得出。
依靠弹性理论计算得出应变量，并且得出应力状态；（c）水力压裂；（d）与现今应力场相关、近期形成的地表构造

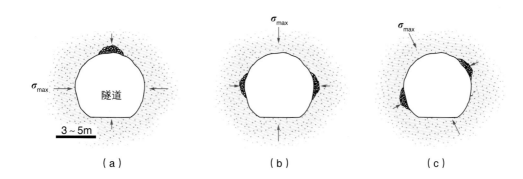

图 5.2　隧道中岩石在特定方向上破碎，指示出主应力的方向和差应力的信息

抓取岩心用于做地表应力状态图。该实验通过将样品从地下的井孔中取样到地表，测量取样在不受应力限制条件下的三轴膨胀状态而得到。通过向岩石中钻孔（一般直径为 76mm）并且在主钻孔的末端钻一个小的导向孔（36mm）来完成地表或者接近地表的岩石取心。用取心钻头套钻之前，在导向孔中放置一个应力计或者应变计，以产生应力的释放。该应力释放会导致塑性变形，从而被应力计或应变计记录下来。微应变的单位（$\mu e = 10^{-6} e$）的应用表示应变的规模较小。钻孔中至少需要六个应力仪才能完全记录三轴应力场。根据弹性理论可以计算应力的拉张量。弹性是有关岩石对低于产生永久应

变的极限的应力的反映，同时运用弹性理论计算主应力的方向和大小。因此，需要在实验室中测量杨氏模量（$E$）和泊松比（$v$）这两种弹性性质。

简而言之，杨氏模量描述应力和应变的关系（$E=\sigma/e$），而泊松比表示一个物体在垂直于缩短方向上的伸长量（或垂直于伸长方向方向上的缩短量）。我们将在下一章节中进一步讨论弹性物体和弹性。

在地表，必须考虑地形产生的局部应力。山谷在地表产生的应力会影响局部应力模式，如图 5.3 所示。在隧道和岩室中，必须考虑岩石中的空的区域对应力场的影响，或者钻孔必须离隧道足够远使得影响小到可以忽略不计。甚至钻孔本身对于应力场的微小影响也必须加以修正，即使用现代的设备做这样的修正较为容易。小断层和破碎带，天气作用和互相接触的岩石的物理性质差异都是很可能扭曲局部应力场的地质构造的实例。该影响如图 5.4 所示：$\sigma_3$ 的方向将会趋向平行于较弱的构造。

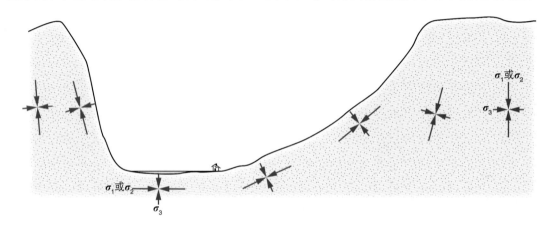

图 5.3　山谷或峡湾的应力状态

一个主应力轴总是平行于地表，因为沿着任何自由表面的剪切应力都为 0，因此不平直的地表造成了应力状态的旋转，如图中所示。注意这种应力轴的偏转只出现在靠近地表的区域，但必须在测量近地表应力状态时列入考虑（如建筑隧道墙壁时）

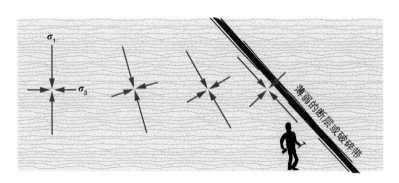

图 5.4　靠近断层面或破碎带的应力场偏移

断层或破碎带强度低于围岩，能承受的剪切应力比围岩低。这种情况与开放的自由表面相似，例如地表（图 5.3）

**水力压裂** [hydrofracturing，"hydrofracking" 或 "fracking"，图 5.1（c）] 的意思是增加流体压力直到岩石破裂。这个技术常用于油田以增加井附近的岩石渗透率。井眼之间的岩石封闭，要对岩石加压直到张裂缝产生，$\sigma_H$ 是可以计算的。进一步讲，假设垂向应力是主应力且等于 $\rho g z$。石油工程师用应力场的知识做储集单元的水力压裂计划，以利用预测的裂缝传播方向。

**地震聚焦装置**显示了地球对沿着新的或原有的裂缝的应力释放迅速的反应。它显示了应力体系和与其相关的应力大小。这个理论的主要问题是 P 轴和 T 轴不需要平行于主应力轴。结合断层不同方向的联合地震聚焦有助于减少该问题对准确度的影响。

活动的构造过程形成的**地质构造**也给现有应力场提供了可靠的信息。断层斜坡、褶皱痕迹、拉张裂缝（图 5.5）和火山口直线排布 [ 图 5.1（d）] 的方向和样式都表明了主应力的方向。

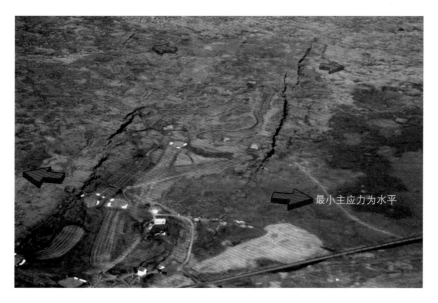

图 5.5　冰岛东南部的全新世火山岩在垂直的地表活动破裂中流动，指示出最小水平主应力 $\sigma_h$ 的方向，因为破裂出现在地表，$\sigma_h = \sigma_3$，而 $\sigma_1$ 必然是垂直的。背景中的玄武岩流动受到破裂影响较少

我们已经看到如何在原位置测量上地壳岩石的应力，也就是说无须取样后到实验室中进行应力测试。至今为止最深的可靠应力测量是在 9km 深度的德国大陆的深钻井项目（水力压裂）。地壳中更深的位置的应力状况只能通过聚焦装置、相关理论以及古应力方法来测量（将于第 10 章提到）。

4 ~ 5km 深度以下的现今应力场信息是间接的、不准确和不完整的。

## 5.3　基准应力状态

有很多理论模型描述地壳中的应力场的改变模式，下面介绍其中的三种。该模型被认为是基准模型或**基准应力状态**。他们假设一个行星只有一个岩石外壳，没有复杂的板块构造。实际上，无板块作用力包括在基准状态应力中。因此，为了寻找板块作用力，需要观察其与基准模型的偏差。

基准状态应力定义了理想化的地壳应力状态，就像地壳是一个没有板块运动的稳定行星。

### 静岩压力的 / 静水压力的应力状态

**静岩应力状态**是地球内部最简单的应力模型。它基于一个理想化的状态，即岩石没有剪切强度（$\sigma_s = 0$）。在此情况下，地质历史时期内岩石体不能提供差应力（$\sigma_1 - \sigma_3 = 0$），即这种应力状态相当于莫尔图中水平轴上的一点（图 4.7，静水压力的 / 静岩压力的）。也就是说应力与方向无关：

$$\sigma_1 = \sigma_2 = \sigma_3 = \rho g z \tag{5.1}$$

静岩应力状态是各向同性的应力状态，即水平应力和垂直应力相等。

　　根据该模型，应力完全受上覆岩石的深度和密度控制。对于平均密度约 2.7g/cm³ 的大陆岩石来说，垂直应力梯度为 26.5MPa/km，其与图 5.6 显示的数据（蓝色标志）非常吻合。高渗透性的岩石密度（2.1 ~ 2.5g/cm³）随孔隙度和岩石中的矿物成分的不同而降低，同时沉积盆地中的梯度有所降低。

---

　　其中有一些较为相似的数字，地应力梯度约为 27MPa/km；地温梯度约为 27℃ /km；岩石密度约为 2.7g/cm³。

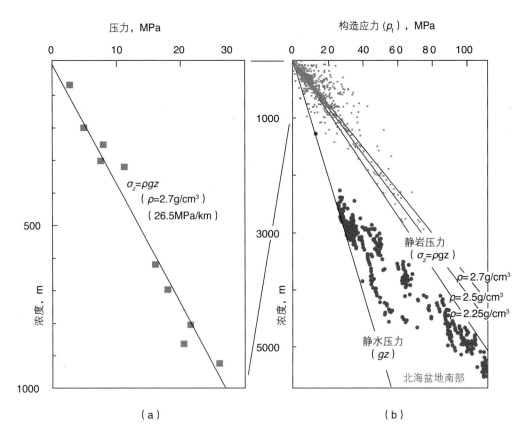

图 5.6 　（a）挪威结晶岩矿深至 1km 的垂向应力测量结果与理论曲线（ρgz）对比。
（b）世界范围内的结晶岩和北海沉积岩的实测压力数据。北海的数据点位于静水压力和静岩压力之间，图中压力数据点排列成多条线，证明存在多个超压系统。注意这些压力数据都为流体压力数据。
分图（a）数据来源于 Myrvang（2001），分图（b）数据来源于 Darby 等（1996），以及许多其他来源

　　真实情况下，没有固态岩石经历过完美的静岩基准状态。只有岩浆和其他流体经历过，在这种情况下，静水压力这个名称更准确一些（专栏 5.1）。这也与沉积盆地中形成的流体都是水有关。水和岩石的密度差异迫使我们必须处理两种不同的应力状态。一个是静水压力 $p_{H_2O}=\rho gz=gz$，水的密度为 1g/cm³）。另一个是静岩压力，公式的因数大约为 2.7（$p=\rho gz=2.7gz$，岩石密度为 2.7g/cm³）。如果岩石含油或者含气，则需要考虑有机物的密度。

　　在渗透性的岩石体中，岩石的应力分布于颗粒接触的表面区域，该应力称为**有效应力** $\bar{\sigma}$。进一步可以得到孔隙中水的孔隙压力 $p_f$（也可能是有机物的孔隙压力）。因此在有孔隙的岩石中必须使用两套不同的应力系统，而两者之和是任意给定深度的垂向应力：

$$\sigma_v=\bar{\sigma}+p_f \tag{5.2}$$

## 专栏 5.1 压力，构造超压和变质作用

在研究岩石变质作用和估计相关压力时（地压力测定方法），我们倾向于讨论压力而不是应力，例如在大陆俯冲过程中可能发生的高压和超高压变质作用。对于各种相变，例如 $Al_2SiO_5$ 系统、柯石英—石英的转换或者石墨向金刚石的转换，已编制了一系列压力—温度图。压力这个术语的使用，假设了一个静岩压力的基准状态，因此压力可以通过式（5.1）转换为深度。实际上任何深度的固态岩石都有一个确定的剪切强度，因此其能够承担差应力持续数百万年（$\sigma_1 > \sigma_3$），但正如本章节末尾所述，随着深度增加，地壳强度降低，因此习惯上并不认为静岩压力的偏差很大，但在某些情况下应该考虑正确地解释地质压力测量数据。

偏离静岩压力基准状态的偏差基本可认为是构造引起的超压，此偏差通常被假定为直接或间接与板块构造运动相关。构造超压（$\delta p$）可以用平均应力（动态的或总的压力 $p$）和静岩压力 $p_L$ 的差值表示：

$$\delta P = p - p_L = \frac{\sigma_1 + \sigma_2 + \sigma_3}{3} - \rho g z$$

现在我们可以建立模型并且对构造超压进行数值化评价。例如在陆—陆碰撞带存在水平挤压构造应力，且该区域存在正、负构造超压。图中显示最高的超压出现在上地幔[图（b）和图（c）中红色]，因为上地幔强度大于地壳。而在造山楔区域（见第17章），该作用的影响较小，这取决于模型中不同区域的流变学特征和聚敛运动的速率。

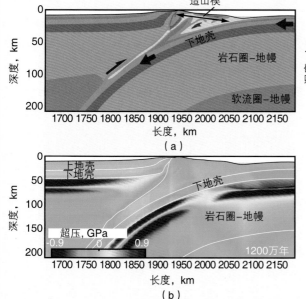

（a）

（b）

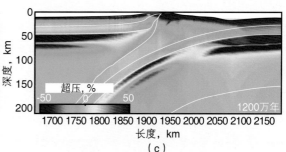

（c）

数值模拟模型的结果。暖色代表超压，蓝色代表压力降低（负超压）。注意超压的影响作用取决于时间和聚敛速率：在5cm/年的变形速率下发生1200万年的变形，得到上述结果。更多细节参考Li等的文献（2010）。

孔隙流体压力降低了有效应力，即孔隙性岩石中颗粒互相接触的应力。

如果流体压力 $p_f$（通常称为地层压力）等于静水压力 $\rho g z$，则称流体压力处于常压或静水压力状态。在此情况下孔隙与表面互相连接，孔隙流体形成了连通的柱体。但并不总是这种情况，偏离静水压力较为常见。在油田和探井中经常测量孔隙流体压力 $p_f$，并发现许多储层中存在超压现象。

当渗透层中的流体被封闭于非渗透层中，则形成孔隙流体**超压**。具有代表性的就是夹在泥岩中的砂岩在埋藏的过程中变得超压，这是由于砂岩受到更重的负载，孔隙流体未被排出。埋藏越深，孔隙流体压力与静水压力的差距就越大。这个差距可以用图5.6（b）中的红色数据点来解释（北海的数据）。该图显示了北海盆地储层中几种不同的压力系统，每一个压力系统都有它们各自的流体压力和静岩压力梯度趋势。

孔隙流体超压与静水孔隙压力之间的偏差很重要。一个很高的偏差（超压）可能指示砂岩为欠压实状态，这可能意味着出砂（随着石油的生产，地层中的砂流入井里）和井的不稳定状态。出现此种情况的原因可能是：随着超压式（5.2）中的$p_f$增加，而颗粒间的有效应力减小。如果孔隙压力接近静岩压力，那么即使是在几千米深的地方也可能会有较为松散的砂。

异常高孔隙压力可能导致变形。超压层强度较弱，在变形中可能产生拆离层。前陆的逆冲断层和增生楔优先形成于超压构造中，同时伸展拆离沿这些区域发育。就较小的尺度而言，砂岩和其他孔隙性岩石的变形促进了颗粒的重排列而不是碎裂。

可以通过增加井孔中选定井段内的钻井液重量（静水压力）来得到地层中的人造超压。到达一定临界压力，岩石就会发生破裂，该过程称为水力压裂［图5.1（c）］。

## 单轴基准应力状态

静岩压力的应力状态简单而且实用，但不完全可行。一个相关模型称为**单轴基准应力状态**。该基准状态基于在水平方向上没有应变（正向或负向）的边界条件（图5.7）。应变只发生在垂向上（应变是单轴的），同时应力必须遵从该条件。确定不要把单轴应变和单轴应力混淆，见图4.7中的定义。在此讨论的单轴拉张模型导致了三轴应力。在这种情况下，应力由应变决定，注意到这一点很有趣，但我们通常倾向于认为应变由应力引起。现实情况真的是这样吗？

答案是肯定的。这与任何岩石体都有一个自由的表面有关，比如说地球的表面。至关重要的条件是地表位于地壳的上部，因为自由表面可以上升和下降，下降可能比上升容易，并且压缩符合这种单轴应变场。因此一块岩石或者一个岩石体可以在垂向上缩短（压缩），但不能在水平方向上缩短（压缩）。

单轴压缩是无构造应力或构造应力微小的沉积岩压实的特征。在埋藏过程中，水平应力相等（$\sigma_H=\sigma_h$）且随着埋藏深度或$\sigma_v$的增加水平应力也增加，但是如章节6.3所述，如果将地壳当作线性弹性介质，则垂向应力将比水平应力增长得更快。

垂向应力与静岩压力基准模型相等，即$\sigma_v=\rho gz=\sigma_1$，水平应力$\sigma_H=\sigma_h=\sigma_2=\sigma_3$，其值为

$$\sigma_H = \frac{v}{1-v}\sigma_v = \frac{v}{1-v}\rho gz \qquad (5.3)$$

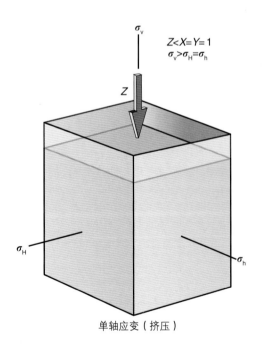

图5.7 静岩压力的单轴应变

注意主应力轴（$\sigma_v$，$\sigma_H$和$\sigma_h$）和主应变方向（$X$，$Y$和$Z$）之间的差异。应变是单轴的（只有一个应变分量不为0），而应力不是单轴的。图中模型的垂向应力来源于上覆压力，而水平应力受单轴应变的边界影响。本模型适用于沉积盆地的压实作用

式中，$\nu$ 为泊松比（推导见第 6 章第 3 节）。与静岩模型中的水平应力相比，这里的水平应力取决于岩石的物理性质。

现对式（5.3）进行更深的研究讨论。典型的岩石的 $\nu$ 值为 0.25 ~ 0.33。$\nu =0.25$ 时，由等式得出 $\sigma_H=$（1/3）$\sigma_v$。$\nu =0.33$ 时，由等式得出 $\sigma_H=$（1/2）$\sigma_v$。换句话说，预测水平应力为垂直应力的一半到三分之一，即比静岩压力基准模型预测的水平应力小很多。我们可以用 $p—q$ 图（图 5.8）表示埋藏过程中用单轴应变预测的应力演化，其中 $p$ 为平均应力，$q$ 为差应力。$q—p$ 图的轨迹将取决于我们选取的泊松比 $\nu$，图 5.8 中两条曲线分别为 $\nu$ 值取 1/3 和 1/2 时作图。

以上两个模型在岩石圈完全不能压缩的时候相同（$\sigma_H=\sigma_h=\sigma_v$），即 $\nu =0.5$。如第 6 章所述，岩石几乎不可能不可压缩，但对于逐渐变得胶结和成岩化的沉积层来说，其塑性改变（$\nu$ 增加），且其单轴应变模型接近静岩压力模型。

---

单轴应变基准模型预测垂向应力远远大于水平应力。

---

这个事实预测了一种伸展环境中特有的应力状态（$\sigma_v > \sigma_H \geqslant \sigma_h$）。但是，即使在上地壳中，$\sigma_H > \sigma_h > \sigma_v$ 的应力状态也很常见，因此很多情况下单轴应变基准模型不能对应力状态进行充分的解释。同时，它预测在岩石圈热变化和抬升事件的过程中 $\sigma_h$ 存在大幅度的改变。因此有人提出了一个第三种模型，称为恒定水平应力基准模型。

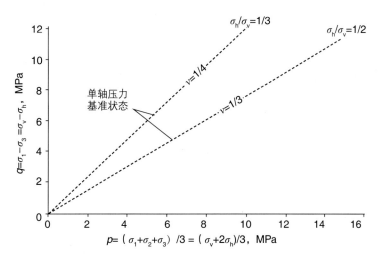

图 5.8 $p—q$ 应力图

横坐标为平均应力，纵坐标为差应力。单轴变基准状态有两个泊松比取值，用于表示岩石或沉积体在埋藏过程中的演化。在埋藏过程中，差应力和平均应力都增加

## 恒定水平应力基准模型

**恒定水平应力基准模型**基于一个假设：岩石圈中每一处的平均应力都与最厚的岩石圈下部的均衡补偿的深度处相同（图 5.9 中的 $z_1$）。假定 $z_1$ 之下的地球表现为流体，其中静岩压力 $\sigma_m$ 由上覆沉积产生（在图 5.9 中的 $\sigma_H=\sigma_h=\sigma_v=\sigma_m$）。这是一个平面模型，应力只存在于垂向和水平方向。一般情况下，该模型最适合模拟不受构造力影响的岩石圈。

恒定的水平应力需要重力均衡补偿来维持。地层被剥蚀后但还未重力均衡补偿时，如果水平力平衡，则较薄岩石圈中的平均水平应力（$\sigma_h^*$）一定高于较厚岩石圈中的平均水平应力。均衡补偿深度为

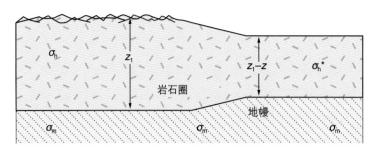

图 5.9 恒定水平应力模型中，剥蚀作用、均衡作用和应力的关系模式图 [ 如式（5.4）中计算，据 Engelder，1993]
右边的剥蚀导致岩石圈基底向上移动，直到达到均衡点。地幔作为流体考虑，$\sigma_H=\sigma_h=\sigma_v=\sigma_m$

$z_1$，同时假设下部的地幔在地质历史时期没有剪切强度。因此 $z_1$ 深度以下的压力状态为静岩压力。则平均水平应力 $\sigma_h^*$ 可以用以下等式表示：

$$\sigma_h^*=\sigma_h z_1/\ (z_1-z)\ -p_1gz\ (p_1/p_m)\ [\ (z_1-z/2)\ /\ (z_1-z)\ ] \tag{5.4}$$

式中，$\sigma_h z_1/\ (z_1-z)$ 表示岩石圈减薄（水平应力必须平衡，并且应力集中在一个较小区域内增加）引起水平应力增加；$p_1gz\ (p_1/p_m)\ [\ (z_1-z/2)\ /\ (z_1-z)\ ]$ 表示均衡作用引起的应力减少。可以认为 $z_1 > z$ 引起岩石圈增厚。

通过计算可以得到，在岩石圈减薄引起的岩石圈上升过程中，运用恒定水平应力模型比单轴应力模型预测出的应力变化小。

## 5.4 水平应力中的热效应

岩石埋藏过程中，上升或者暴露于局部热源（侵入岩和喷出岩）时，温度的改变必须要加入以上讨论的三种基准状态应力中。温度改变对水平应力的影响较为重要，在单轴应力状态中可以通过以下等式计算：

$$\Delta\sigma_h^T=E\alpha_T\ (\Delta T)\ /\ (1-v) \tag{5.5}$$

式中，$E$ 为杨氏模量；$\alpha_T$ 为线性热膨胀系数；$\Delta T$ 为温度的变化；$v$ 为泊松比。举例来说，一个 $v=0.25$，$E=100$，$\alpha_T=7\times10^{-6}℃^{-1}$ 的岩石，100℃的温度变化导致水平应力减少93MPa。因此，岩石抬升期的温度降低可能导致张性裂缝，这可能从一定程度上解释了为什么很多抬升的岩石中都有张性裂缝。抬升沉积层序中的能干性地层中裂缝较为常见，比如科罗拉多高原的砂岩（图 5.10）。让我们在研究构造应力之前，先对非构造应力变化的特征进行研究。

### 埋藏和抬升过程中的应力变化

经历了埋藏和抬升的岩石应力史可以通过热效应、泊松效应（水平应力与上覆地层有关，见第 6 章第 3 节）和上覆地层的影响来研究。通过修改式（5.3）中的水平应力并加入式（5.5）中的热效应，得出应力随深度的改变（随深度改变垂向应力和温度）：

$$\sigma_H=\sigma_h=[\ v/\ (1-v)\ ]\Delta\sigma_v+[E/\ (1-v)\ ]\alpha\Delta T \tag{5.6}$$

式中，$\Delta\sigma_v$ 为垂向应力的变化值。

式（5.6）可以用于估计岩石从一个地壳深度移动到另一个地壳深度时水平应力的改变。该结果与岩石的机械性质有关（$E$ 和 $v$），这意味着邻近的砂岩和泥岩层将会在埋藏和抬升的过程中经历不同

图 5.10 暴露在科罗拉多河两岸的科罗拉多高原二叠系砂岩发育密集的节理

这种节理只会出现在砂岩埋藏后抬升并充分冷却的环境中

的应力历史。为了简化该计算过程，假设成岩作用发生于埋藏曲线的最低点，在埋藏过程中使用一套力学性质，而在抬升中使用另一套。换句话说，砂和泥埋藏进入更深部地层，砂岩层和泥岩层抬升至上部地层。结果如图 5.11 所示，由图可见泥岩总是处于压缩状态，而砂岩在抬升过程中进入拉伸状态。具体路径取决于弹性性能，而并不考虑孔隙流体压力的影响。此外，张应力在岩石圈中较为少见，尽管该模型较为简单，但它阐述了相邻岩层在抬升过程中如何发育不同的应力状态，从而形成不同的断裂模式。

张性破裂或裂缝更容易发育在高杨氏模量低泊松比的岩石中，简而言之，即坚硬的高能干性地层（例如砂岩和石灰岩）产生比周围的岩层更多的差应力。

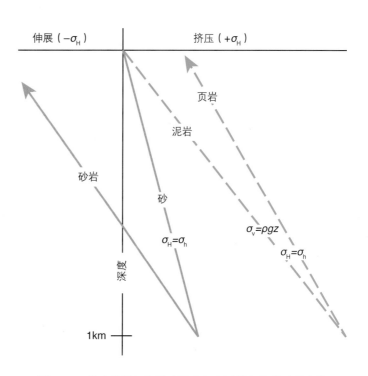

图 5.11 砂（砂岩）和泥（页岩）在埋藏和抬升过程中的应力变化简图（据 Engelder，1985）

图中假设成岩作用发生在达到最大埋藏深度的瞬间

碎屑岩抬升过程中，砂岩比页岩中更容易产生裂缝。

这对于在抬升区域寻找石油储层的地质学家来说至关重要，因为垂直拉张裂缝更可能导致油气圈闭的破坏。这也意味着在砂岩中产生裂缝所需的超压比泥岩小（图 5.12），因此砂岩比其附近的泥岩或页岩中更容易产生水力裂缝。

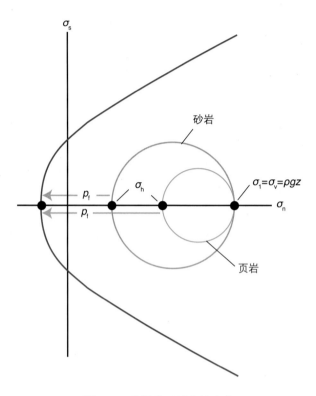

图 5.12　砂泥岩互层中的应力

砂岩强度较大，能够承受比页岩更高的差应力。砂岩中产生张性破裂所需的临界孔隙流体压力比页岩中的小。红色曲线为破裂极限，描述了岩石发生破裂时的应力状态。孔隙流体压力的增加（见下一章节）或抬升作用会导致砂岩或页岩的应力圆接触到红色曲线，此时岩石发生破裂。任一情况下，砂岩先于页岩接触到红线，接触点位于张性域，表明形成了张破裂。破裂准则在第 7 章论述（第 7 章第 3 节）

## 5.5　残余应力

外力或应力场被改变或移除后，应力可以被锁住和保存，即为**残余应力**。原则上，如果拉张应力场移除之后还有弹性应变残留，则任何种类的应力都可以锁定于岩石中。外部应力的成因可能是上覆岩石、构造应力或者热效应。

下面对砂岩压实、固结和抬升过程中残余应力如何形成进行讨论。埋藏和物理负载过程中，颗粒接触位置产生应力。假设胶结作用形成于外部应力场或上覆载荷移除之前。如果抬升和后期剥蚀将砂岩暴露在地表并且引起应力减小，那么上覆岩石（现在已经移除）导致的颗粒间的弹性形变将会开始松弛。然而，部分松弛会被胶结作用阻止，因此部分应力传递至胶结物中，剩余部分应力留在砂岩颗粒中，成为被锁住的应力。这样，砂岩埋藏过程中产生的应力被锁住成为残余应力。

残余应力也可能由变质作用导致，该变质作用与体积变化、侵入岩浆的冷却、温度和 / 或压力的改变和过去的构造运动有关。因此，残余应力和热应力、构造应力之间存在紧密联系，下文中将详细讨论。

## 5.6 构造应力

上述基准状态应力与例如岩石密度、边界条件（单轴和平面应变）、热效应和岩石的物理性质等的自然因素有关。自然条件与基准状态应力的差异一般由**构造应力**导致。在较大的规模中，构造应力在很多情况下与板块运动和板块构造有关。但局部的构造应力可能被断层端部的地层的弯曲程度、断层干扰和其他局部因素影响。因此，局部构造应力可能随方向变化，而局部构造应力的模式经常与大区域的构造保持一致。

> 构造应力是构造过程中局部应力状态偏离基准状态应力的分量。

简单来说，构造应力是与基准状态应力之间存在的差异。也有其他我们可能想与现有构造应力区别开的应力分量，包括热应力和残余应力。

虽然单个分量可能很难区分，但岩石圈中的任何给定点的总应力状态可以分为基准应力、残余应力、热应力、构造应力和地面应力（季节、每天温度改变和潮汐等导致的应力）：

> 现今构造应力 = 总应力 −（基准状态应力 + 非构造残余应力 + 热应力 + 地面应力）。

如果离地表很近，也可以消除地形的影响，如图 5.3 所示。

将构造应力部分和其他部分进行区分并不容易。因此我们转而使用理想模型，在研究实际数据之前，先对安德森的经典构造应力分类方法进行讨论。

### 安德森构造应力分类

1951 年安德森发表了著名理论，将构造应力状态分为正断层、逆冲断层和走滑断层。安德森假设地球表面没有剪切应力（流体中不能存在剪切应力），主应力轴之一必须垂直，则另外两个主应力轴水平。根据三个主应力轴中哪个主应力轴垂直，安德森定义了三种状态，如图 5.13 所示。

| | |
|---|---|
| $\sigma_v = \sigma_1$ | （正断层域） |
| $\sigma_v = \sigma_2$ | （走滑断层域） |
| $\sigma_v = \sigma_3$ | （逆冲断层域） |

安德森的分类方法只在同轴变形状态中严格有效，即线平行于 ISA，且主应力轴不旋转。此外，变形的岩石必须各向同性。垂向应力与上覆岩石体的重量和密度相关，有

$$\sigma_v = \rho g z \qquad (5.7)$$

主应力轴的其中之一必须对应水平应力。以逆断层为例，该体系中有一个水平构造应力，即 $\sigma_t^*$，该应力加到基准状态应力 [式（5.7）] 中。因此静止岩石的水平应力 $\sigma_H$ 变为

$$\sigma_H = \rho g z + \sigma_t^* \qquad (5.8)$$

相反，如果考虑应力的单轴应变状态，那么假设应力状态也与岩石的物理性质有关。在这种情况下（排除热效应的影响），用 $\alpha_t$ 作为水平构造应力，将该构造应力加入至单轴基准应力 [式（5.3）]中，则有

$$\sigma_H = [\nu / (1-\nu)] \rho g z + \sigma_t \qquad (5.9)$$

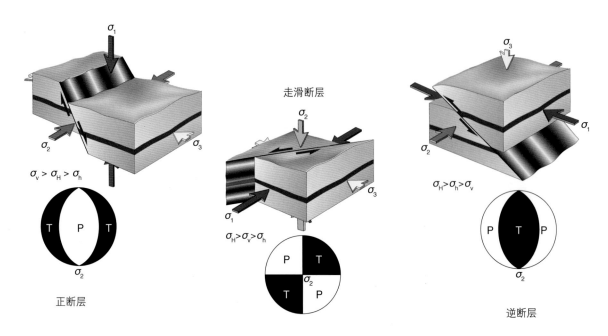

图 5.13　各主应力轴方向之间的关系（应力域）和构造域（据 Anderson，1951）

立体网格显示挤压区（P）和伸展区（T）；$\sigma_v$- 垂直应力；$\sigma_H$- 最大水平应力；$\sigma_h$- 最小水平应力

通过比较两个等式，可以得到 $[v/(1-v)]<0$，$\sigma_t<\sigma_t^*$。这意味着构造应力的大小取决于基准状态应力的选择。值得注意的是，当 $v$ 接近 0.5 时，式（5.8）接近式（5.9），即 $\sigma_t$ 接近 $\sigma_t^*$。这也适用于正断层，除了 $\sigma_t^*$ 在拉张状态时变为负值（$\sigma_t$ 只在强烈活动的正断层的某些区域才表现为拉张和负值）。

作为构造应力建模的实例，图 5.8 的 $p$—$q$ 图根据单轴应变基准模型显示了埋藏过程中的应力演化。如果在一定程度的埋存之后（点 1），增加一个负向的水平构造应力，增大了伸展变形的风险，那么应力轨迹就会发生显著变化（蓝色箭头表示可能的轨迹）（图 5.14）。一个水平主应力减小，导致差应力快速增大，但是平均主应力在一定程度上减小。

如果逐渐增加水平挤压应力（图 5.14 中的红色轨迹），则一个水平主应力增大，直到它大于垂直主应力。这就进入了安德森模式的走滑构造域（图 5.13），直至任何水平方向的应力大于垂直应力时方脱离该走滑构造域。此后进入逆冲断层域，并形成收缩构造。值得注意的是，只有在岩石或沉积物承受变形达到**屈服点**之后，才发生永久性变形。

该实例说明构造应力状态的定义取决于基准应力状态的选择。因此构造应力的绝对值并不总是容易估计的。

以上实例说明，构造应力与基准状态应力的选择有关。因此构造应力的绝对数值总是很难计算。

## 5.7　全球应力模式

在世界范围内，矿场，建筑和挖掘作业，陆上和海洋钻井作业，地震监控这些工作中，都需要计算应力。这些数据都被评估并编制入**世界应力分布图项目**中，并且可以通过互联网获取（图 5.15）。

为绘制世界范围的应力分布图，使用了多种不同来源的资料，它们被分类为：（1）地震震源机制；（2）井眼崩塌和钻井引起的裂缝；（3）原地应力状态（取心和水力裂缝）；（4）新构造地质数据（来自断层滑动分析和火山口分布）。数据依可靠性分级，并假设一个主应力轴垂直，另外两个主

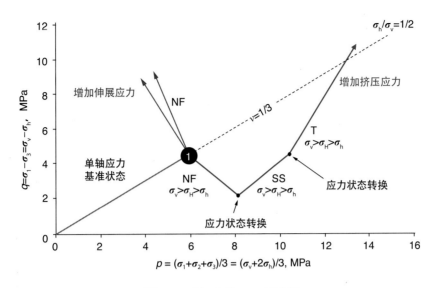

图 5.14　图 5.8 的 $p$—$q$ 应力图

图中加入了水平伸展（蓝色箭头）和水平挤压（红色箭头），水平挤压构造应力逐渐增加，
导致在进入逆冲断层域之前先进入走滑断层域

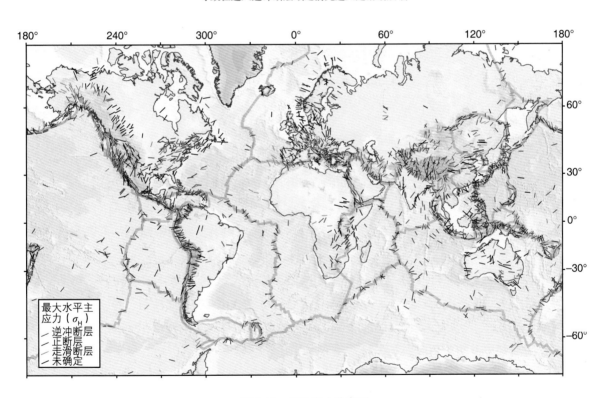

图 5.15　世界应力分布图

线段指示最大水平主应力的方向，线段的颜色对应构造域（正断层，走滑断层，逆断层构造域，如图 5.13）。
数据来源：www.world-stress-map.org

应力轴水平。地震聚焦数据完全主导了这些数据，尤其是较深区域（4 ~ 20km），并且在例如板块边缘的地震频繁的区域较为常见。在浅层，主导数据来自钻孔崩塌、水力裂缝和取心。

如图 5.15 所示，无论是陆地还是海洋，都存在很多没有应力信息的区域。很多地方的 $\sigma_H$ 方向与板块运动的方向有明显的相关性，但也存在的偏差，这说明现今应力场受很多不同机制和来源的应力影响。无论如何，板块边缘的构造运动过程对局部应力模式有重要影响，主要来源为**俯冲牵引**（slab pull）、洋中脊推动（ridge push）、碰撞阻力和基底滑脱（沿岩石圈基底的摩擦滑动）（图5.16）。俯冲牵引作用是下沉板块对板块其余部分施加的重力牵引作用。年龄老、温度低、密度大的洋壳俯冲时的俯冲牵引作用最大，而在密度小的陆壳俯冲时最小。**洋中脊推动**是来自标志着离散板块边界的洋中脊构造高部位的推动。洋中脊较洋壳升高几千米，因此产生了较大的侧面推力。受洋中脊推动影响引起的有关应力是升高的洋中脊区域的正断层和较远位置的逆断层受到的应力之一。这可能是板块构造力的两个最重要来源，因此也是全球应力模式形成的最重要的因素。摩擦阻力和剪切力在岩石圈基底发生作用，即**基底滑脱**的影响存在不确定性。该力可以推动也可以阻止板块运动，取决于与局部地幔对流单元相关的板块运动行为。一个类似的力作用于俯冲板块的顶端。**碰撞阻力**的影响取决于两个碰撞板块的耦合强度关系，但对于陆—陆碰撞带影响最大。

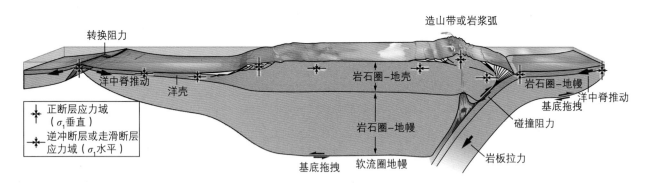

图5.16　板块构造相关的力（蓝色箭头）和这些力形成的应力域

除了裂谷区的上部（图中未显示大陆裂谷）、被动大陆边缘和造山带上部，大陆板块的最大主应力轴都是水平的。

**板块构造过程导致全球应力模式，全球应力模式也受局部重力控制的二级应力来源的影响。**

所谓的二级应力来源，是被沉积负载、冰川回升区域、地壳薄弱区域和热地幔上升、洋—陆转换、造山带和薄弱断层（例如圣安德列斯断层这样可以偏转应力场，图5.4）影响的大陆边缘。很多应力来源可能与现有的世界应力数据库中的不同，但是结合新应力数据和模拟结果，可以改善对未来岩石圈应力的理解和认识。

图5.15中所示应力数据的典型特征为在很大的区域内 $\sigma_H$ 的方向一致。该模式也存在于在远离板块边缘的大陆。例如落基山脉以东的北美大陆，主要受北东—南西向的 $\sigma_H$ 控制。另一个例子是北欧和斯堪的纳维亚半岛，其 $\sigma_H$ 为北西—南东向。后者的方向可能是因为北大西洋洋中脊的推动，而更倾斜（与洋中脊的轴相比）的北美应力场可能是受例如基底滑脱等其他因素影响。尽管还不能完全解释板块内部的应力模式，但是在较大区域内一致的 $\sigma_H$ 方向说明板块构造力起到了至关重要的作用。

如果靠近板块边界，至少可以看到板块边界和 $\sigma_H$ 方向的一些一致性，例如沿着南美西海岸的收敛板块边界，$\sigma_H$ 的方向与板块边界呈较大角度（图5.15）。相比之下，在加利福尼亚州的右旋走滑的圣安德列斯断层 $\sigma_H$ 更加倾斜，这个倾斜度与右旋剪切相吻合。在印度板块向北碰撞亚欧板块产生的喜马拉雅山脉也是如此，板块运动方向与 $\sigma_H$ 有很好的对应（图5.17）。

三种不同断层状态（正断层、逆冲断层和走滑断层）在全球的分布看起来相当复杂，在一个区域可能同时存在两种甚至是三种断层机制。但是一些大体的特征可以解释这个模式中重要的方面。一个重要的观察结论为：最大主应力轴是水平的（$\sigma_H=\sigma_1$），说明了大块的大陆（例如北美东部、南美和斯堪的纳维亚半岛/北欧）中的逆断层或走滑断层状态。如果不是完整的脆性上地壳，大体上可以说在

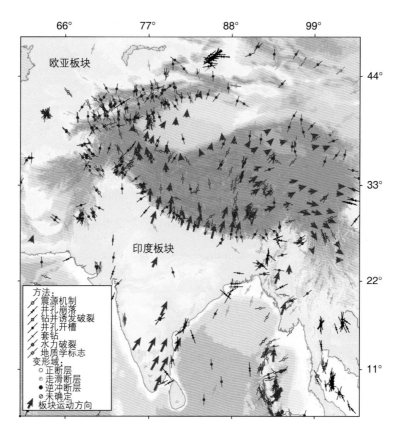

图 5.17　欧亚板块和印度板块的碰撞带——喜马拉雅山区域的应力数据以及 GPS 测量所得的板块运动方向和距离

注意板块运动和 $\sigma_H$ 的关系，以及碰撞带中三种构造域的分布

（数据来源：www.world-stress-map.org 和 http://jules.unavco.org/Voyager/ILP_GSRM）

大块的大陆中 $\sigma_H=\sigma_1$。如上文所说，这种情况可以归结为是板块构造和伴随的力引起的。在这种模式之内，我们发现走滑应力状态代表了几个区域，但是首先在发育重要走滑断层的区域，例如加利福尼亚州的圣安德列斯断层和中东死海的转换断层。

**逆冲断层应力域**常见于收敛板块边缘和主要活动造山带。例如喜马拉雅造山带和安第斯山脉，逆冲构造的地质证据较为广泛。这些区域也有明显的走滑断层机制甚至是正断层机制，对此有几个基本的解释。其中一个观点称为应变（或应力）分区，简单地说就是与边界垂直的分量进入逆冲断层活动和其他收缩变形，与边界平行的分量被走滑运动和相关的应力状态吸收（第 19 章）。另一个观点是，地壳的上升区域，例如安第斯山脉或者青藏高原，发育垂直的 $\sigma_1$ 并且有重力引起的横向拉张。因此，造山带的较深部位挤压，较高部位拉张，与第 16 章中的结论一致。

喜马拉雅造山带作为一个实例，其内部和周边的应力状态存在三种应力机制（图 5.15）。沿板块边界的较低部位（南部前陆）以逆断层机制为主，而青藏高原主要是正断层机制主导。在东部，由于印度板块向欧亚板块碰撞，地壳被侧面挤压，因而走滑机制相当普遍（见第 19 章）。因此，相关的板块运动（印度板块向欧亚板块碰撞），过度增厚的岩石圈的重力势能（青藏高原）和边界条件（在印度板块的北部和欧亚板块边界处，坚硬的印度板块受力升温而软化）这三种因素有助于解释不同应力机制在喜马拉雅造山带的存在和分布。

在离散板块边界发现了与**安德森正断层域**一致的应力场，但是这种应力场在主动大陆裂谷区和伸展区域更为显著。东非大裂谷、爱琴海和美国西部盆岭省都是该类型的典型实例，但在聚敛区域，如青藏高原、安第斯山脉和美国科迪勒拉山脉西部，该类型更倾向伸展作用。这些区域最流行的伸展模型之一与构造高部位重力垮塌有关，该内容将于 18 章中再次进行介绍。

## 5.8 差应力、偏应力和一些相关含义

由地表向下进入岩石圈，应力增加。在变形之前，岩石可以承受多大的应力呢？基准状态预测，从地表到地心，应力一直增加。随着应力的增加，成岩的矿物发生相变和变质反应，这与岩石的破裂或剪切变形的基准状态产生了偏离。安德森给出了一个方法来判断构造应力的有关方向如何影响断层形态（近地表）。我们也想知道在岩石圈中断层如何形成。这不是绝对的应力值，而是最大主应力和最小主应力的差值，该差值导致了岩石的破裂和移动。该差值称为**差应力**，有

$$\sigma_{diff} = \sigma_1 - \sigma_3 \tag{5.10}$$

对于**静岩应力**（图 5.7）而言主应力都相等，因此

$$\sigma_{diff} = 0 \tag{5.11}$$

因此无论埋藏深度如何，对于岩石圈而言，静岩模型都没有差应力。

对于单轴应变，基准模型的应力状态为

$$\sigma_H = \sigma_h < \sigma_v \tag{5.12}$$

差应力变为

$$\sigma_{diff} = \sigma_1 - \sigma_3 = \sigma_v - \sigma_h = \sigma_v [ (1-2\nu) / (1-\nu) ] \tag{5.13}$$

对于陆壳中的岩石体而言，$\nu = 0.3$，$\sigma_{diff} = 0.57\sigma_v$，随着深度的增加，$\sigma_{diff}$ 的增加速率大约为 13MPa/km。虽然单轴应变基准模型可能在沉积盆地中较为合理，但在岩石圈更深的位置可能并不适用。由此可再次证明，对于基准模型的选择至关重要。

不管如何选择应力基准模型，构造应力都会使岩石体内部的总的差应力增加。但存在于岩石圈中的总的差应力受到岩石本身的强度限制。当岩石发生脆性破裂变形，其强度改变同时 $\sigma_{diff}$ 降低。因此，岩石圈中垂向应力受上覆岩层重力影响，水平应力受局部岩石强度的限制。

---

地球上任意一点的差应力都受岩石本身的强度限制。任何增加至超过岩石强度的差应力都将导致岩石变形。

---

这并不意味着差应力与上覆岩石压力无关。实际上，在上地壳任意给定的岩石中，差应力和上覆岩石压力呈较为密切的正相关，如图 5.18 的实验数据所示。因此，从地表开始向下，岩石强度增加并且向塑性转变。对于花岗岩来说，这个深度通常是中地壳的深度（10 ~ 15km）。该过渡受温度而不是 $\sigma_v$ 控制，并且与地壳脆—塑性转变有关（章节 6.9）。

在实验中，地壳中岩的强度受岩石各向异性特征控制，特别是弱断裂和剪切带控制。第 6 章的末尾将会重新讨论地壳强度，本章接下来对偏应力进行介绍。

**偏应力**（$\sigma_{dev}$）于第四章中定义为总应力张量与平均应力张量之间的差值：

$$\sigma_{dev} = \sigma_{tot} - \sigma_m \tag{5.14}$$

$$\sigma_m = (\sigma_1 + \sigma_2 + \sigma_3) / 3 \tag{5.15}$$

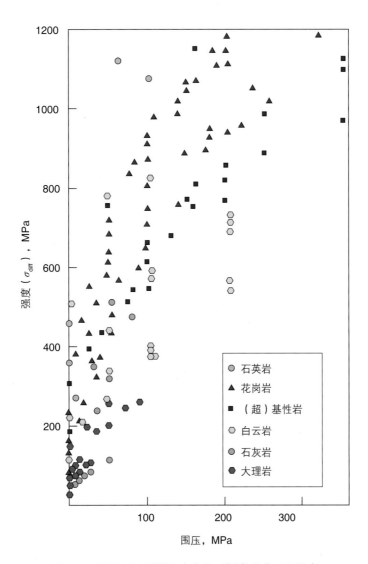

图 5.18 随围压（埋深）变化的不同类型岩石的强度

数据显示脆性地壳的强度随深度增加而增加，而绝对强度取决于岩性（矿物）。图中数据综合了多个来源

因此三维的偏应力定义为：

$$\begin{bmatrix} \sigma_{11\text{dev}} & \sigma_{12\text{dev}} & \sigma_{13\text{dev}} \\ \sigma_{21\text{dev}} & \sigma_{22\text{dev}} & \sigma_{23\text{dev}} \\ \sigma_{31\text{dev}} & \sigma_{32\text{dev}} & \sigma_{33\text{dev}} \end{bmatrix} = \begin{bmatrix} \sigma_{11} & \sigma_{12} & \sigma_{13} \\ \sigma_{21} & \sigma_{22} & \sigma_{23} \\ \sigma_{31} & \sigma_{32} & \sigma_{33} \end{bmatrix} - \begin{bmatrix} \sigma_m & 0 & 0 \\ 0 & \sigma_m & 0 \\ 0 & 0 & \sigma_m \end{bmatrix} = \begin{bmatrix} \sigma_{11} - \sigma_m & \sigma_{12} & \sigma_{13} \\ \sigma_{21} & \sigma_{22} - \sigma_m & \sigma_{23} \\ \sigma_{31} & \sigma_{32} & \sigma_{33} - \sigma_m \end{bmatrix} \quad (5.16)$$

如果主应力与选取的参考系统的轴方向相同，则

$$\begin{bmatrix} \sigma_{1\text{dev}} & 0 & 0 \\ 0 & \sigma_{2\text{dev}} & 0 \\ 0 & 0 & \sigma_{3\text{dev}} \end{bmatrix} = \begin{bmatrix} \sigma_1 & 0 & 0 \\ 0 & \sigma_2 & 0 \\ 0 & 0 & \sigma_3 \end{bmatrix} - \begin{bmatrix} \sigma_m & 0 & 0 \\ 0 & \sigma_m & 0 \\ 0 & 0 & \sigma_m \end{bmatrix} = \begin{bmatrix} \sigma_{11} - \sigma_m & 0 & 0 \\ 0 & \sigma_{22} - \sigma_m & 0 \\ 0 & 0 & \sigma_{33} - \sigma_m \end{bmatrix} \quad (5.17)$$

定义中的平均应力为总应力中的*各向同性*分量，而差应力是同一点的*各向异性*分量。通过等式变化，可以得到 [ 也可参见式（4.8）]：

$$\begin{bmatrix} \sigma_1 & 0 & 0 \\ 0 & \sigma_2 & 0 \\ 0 & 0 & \sigma_3 \end{bmatrix} = \begin{bmatrix} \sigma_m & 0 & 0 \\ 0 & \sigma_m & 0 \\ 0 & 0 & \sigma_m \end{bmatrix} + \begin{bmatrix} \sigma_{1dev} & 0 & 0 \\ 0 & \sigma_{2dev} & 0 \\ 0 & 0 & \sigma_{3dev} \end{bmatrix} \qquad (5.18)$$

总应力 = 各向同性分量 + 各向异性分量

二维偏应力可以用应力莫尔圆来形象化表示，如图 5.19 所示，莫尔圆的圆心到原点的距离对应平均应力。两个偏应力分量分别为正的（$\sigma_1-\sigma_m$）和负的（$\sigma_3-\sigma_m$），它们的方向指示了构造状态（正断层、逆冲断层或走滑断层）。注意，即使各向异性应力之一为负应力或者拉应力（$\sigma_3-\sigma_m < 0$），那么各向同性分量在岩石圈中也足以大到保证所有主应力在整体应力状态中都是正值（压缩性质）。

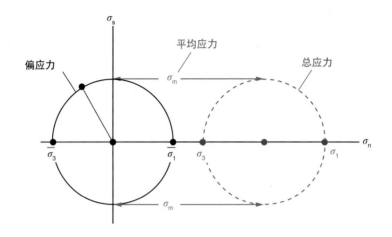

图 5.19　总的应力状态可以分解为各向同性的分量（平均应力）和各向异性的分量（偏应力）
莫尔圆的中心随平均应力的减小向初始点移动

## 本章小结

测量和研究现今地壳中的应力模式是一项既有挑战性又有趣味性的工作。显而易见，我们需要对岩石中的应力如何产生和积累有更多的测量和更好的理解。然而，现有的模型和概念应该为处理应力提供一个有用的基础。以下是一些需要记住的重点：

● 应力不能直接观察到，但是可以用应变或者其他形式显现出来。

● 岩石圈中的基准应力状态是可以用来探测异常现象的普遍性模型。

● 异常现象可能与局部情况有关，例如超压岩层（在沉积盆地中）、热效应、薄弱带（例如断裂带）附近的应力折射、残余应力或近地表的地势影响。

● 当考虑这些因素时，实际与基准应力状态的差异可能是构造应力。

● 理想的构造应力分为三类状态或域：正断层（$\sigma_1$ 垂直），走滑断层（$\sigma_2$ 垂直），逆断层域（$\sigma_3$ 垂直）。

● 任何岩石中产生变形的必需条件是差应力超过岩石强度。

● 脆性上地壳中差应力的数值可能随着深度的增加而增加。

## 复习题

1. 怎样能够获知近地表的应力场信息？数千米以下如何获知？更深的应力场信息如何获知？

2. 自然界中的三种应力基准状态，哪种为各向同性？

3. 单轴应变基准状态为应力状态还是应变状态？在此模型中，应力与应变如何关联？

4. 当上地壳岩石被抬升时，岩石中什么物理因素控制应力状态？

5. 为什么在遭受抬升时，砂岩比泥岩更容易形成破裂？

6. 怎样定义构造应力？

7. 安德森构造应力分类严格适用于什么条件？

8. 在理想的静岩应力下，陆壳在 5km 深度的差应力是多大？

9. 板块构造的什么力能够导致构造应力？

10. 在活动造山带，例如喜马拉雅山或安第斯山，为什么除了逆断层域之外，还存在走滑断层域和正断层域的相关证明？

11. 在走滑断层附近，例如圣安德列斯断层，发育什么类型的应力域？

12. 为什么脆性地壳中随深度增加，差应力增大？

13. 如果增加砂岩中的流体压力，有效应力会增加还是降低？

## 延伸阅读

Amadei B，Stephansson O，1997. Rock Stress and its Measurement. London：Chapman & Hall.

Engelder J T，1993. Stress Regimes in the Lithosphere. Princeton：Princeton University Press.

Fjær E，Holt R M，Horsrud P，Raaen A M，Risnes R，1992. Petroleum Related Rock Mechanics. Amsterdam：Elsevier.

Turcotte D L，Schubert G，2002. Geodynamics. Cambridge：Cambridge University Press.

# 第6章

# 流变学

应力和应变是相互关联的，二者关系由岩石变形的性质决定，而岩石本身的变形又取决于如应力状态、温度和应变率等的物理条件。在低温条件下发生破裂的岩石，在高温条件下却可能像糖浆一样流动；被撞击发生破裂的岩石，在应变率较小时也可能发生流动。当讨论岩石性质时，查看材料学知识十分有用，这样可以确定理想的性能或材料（如弹性及完全塑性材料，或符合牛顿力学的材料等）。这些材料是模拟自然变形时的常用参考材料。本章主要基于岩石变形实验室平台，探讨相关岩石变形。不同样品实验会极大增强对岩石变形和流变学的认识。

本章电子模块中，进一步提供了与流变学相关的以下主题的支撑：

● 变形模式

● 常见效应

● 模拟

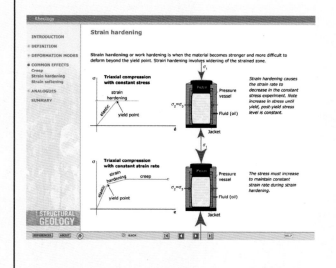

## 6.1　流变学和连续力学

**流变学**是研究固体材料、流体和气体力学性质的学科。这一名词源自希腊词汇"*rheo*"，意为"流动"。但是流体、流动与固态岩石之间的关系是什么？希腊哲学家 Heraclitus 的引人入胜的格言"*Panta Rhei*"（意为"任何物质都是流动的"）回答了这一问题。他认为任何事物都是不断变化的，这一观点如果从地质年代角度出发，则更容易接受。

不仅水可以流动，油、糖浆、沥青、冰、玻璃和岩石同样可以流动。油和糖浆的流动性质几分钟就可以研究出来，而冰川（图 6.1）和盐川的流动可能需要几天、几个月甚至几年；即使如此，二者仍然比玻璃流动更快。玻璃流动太缓慢甚至几个世纪无法观察其形态变化，但经玻璃制造商加热后会明显快速流动。温度能够影响大多数固态物质，包括岩石。

当热岩石流动时，岩石逐渐累积应变，像非常缓慢流动的冰川或糖浆块一样，不会形成断裂或其他不连续构造。

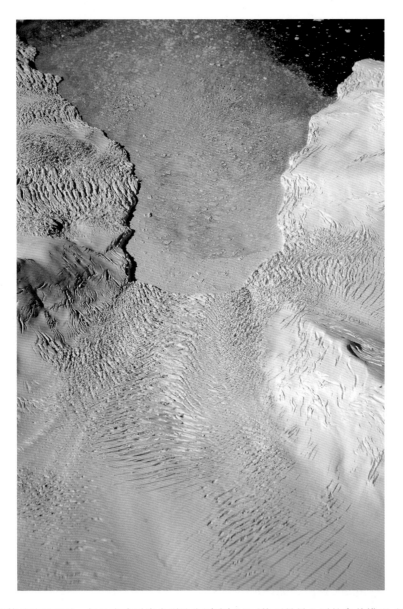

图 6.1　类似黏性流体的冰川流动，但地表冰川许多裂缝告诉我们这可能不是最上层的完美模型（格陵兰岛东南部）

温度是导致流动现象大多发生于中下地壳而不是上部冷地壳的主要原因。上地壳趋向于破裂，严格来讲，这种变形不属于流变学领域，但仍属于**岩石力学**范畴。除了如应力、温度、压力和流体的存在等外部因素，岩石的本身性质至关重要。岩石和矿物种类繁多，上地壳岩石发生破裂，仅仅是因为这是如石英和长石等常见上地壳矿物在上地壳条件下对应力的反映方式。然而，在一定深度，厚层盐岩会流动，而不形成裂缝，这在第 20 章会看到。即使是泥岩或砂岩层也可以流动，特别是当孔隙压力较高时，因此，流动不完全局限于地壳下部。然而，深部地震和野外证据表明：在一定条件下，干燥的下地壳岩石也可能破裂，特别是或多或少缺少流体作用的"干"岩石。

如果我们将岩石视为连续性介质，忽略诸如微破裂、矿物颗粒边界和孔隙空间等非均质性，而认为岩石的物理性质是恒定的或均匀变化的，则简单的数学和物理学可以用来描述和分析**连续体力学**框架中的岩石变形。本章中，使用数学方法描述应力与应变或应变率关系的方程是很重要的。这个方程称为**本构定律**或**本构方程**。"本构"这一术语强调了材料的组成或成分的重要性。

---

流变学和连续力学与岩石流动性密切相关，而岩石力学主要与岩石的变形方式有关，包括脆性断裂或破裂。

---

## 6.2　理想条件

在简单且理想化的连续力学背景下，应力作用可以使物质发生三种基本变形：弹性变形、塑性变形和黏性变形。此外还有脆性变形和碎裂流，但这些不属于连续力学领域。随着不同变形历史过程中物理条件的变化，既定材料会遵从各自流动规律的不同而发生变形，最终进入脆性变形领域。

通常情况下，通过绘制应力—应变曲线交会图或应力—应变率曲线交会图分析变形作用，其中应变或应变率为横坐标，应力为纵坐标（图 6.2）。与时间有关的变形可以通过应力—时间交会图和应变—时间交会图来表示，其中时间为横坐标。针对不同外界条件或不同材料可绘制若干曲线。每条曲线又可细分为不同阶段，且每个阶段具有自身的斜率。因此，首先从研究应力的弹性响应开始，然后逐渐探讨恒定的非脆性变形或流动变形阶段的应力响应特征。

简单的开始总是有用的，因此，让我们考虑一个完全各向同性的介质（岩石）。各向同性介质是指各个方向上具有相同力学性质的介质，因此，它与应力的作用关系是一致的，而与其方向无关。本章中我们将考虑的许多应变是小的，不足弹性变形的百分之几。这与我们在野外研究岩石时经常遇到的应变形成对比。其优点是：在这种理想介质中，低应变条件下应力和应变存在简单的关系。特别是瞬时拉伸轴将与主应力重合，这一假设贯穿本章。

## 6.3　弹性材料

**弹性材料**可以阻止材料形态发生变化，但随着应力增加，应变产生。理想条件下，一旦驱动应力卸载，岩石会恢复初始形状。

---

弹性应变是可恢复的，因为岩石发生拉伸而非原子键的破坏。

---

大多数橡皮筋完美满足这一定义：拉伸幅度越大，需要施加应力越大，一旦驱动应力移除，橡皮筋会恢复原来的形状。然而橡胶并不是线性弹性材料。

**线性弹性和胡克定律**

线性弹性材料表现出应力和应变呈线性关系。这意味着如果加载 2t 的压力，应变是原来的两倍，倘若加载 4t 应力，则应变为四倍。通常模拟是由一个简单的弹簧组成（图 6.2a）：如果弹簧加载二倍应力，其长度也增加二倍，以此类推。换句话说，弹簧的伸长量与加载的应力具有一定的比例关系，一旦应力卸载，弹簧将恢复到原始长度。类似实例如图 6.3 所示：一些弹性材料制作的棒子处于拉伸条件下。应力和应变的这种线性关系被称为**胡克定律**，有

$$\sigma = Ee \tag{6.1}$$

式中，$\sigma$ 为应力；$e$ 为拉伸量（即一维应变）；$E$ 为**杨氏模量**或**弹性模量**（也可记为 $Y$），其在某种意义上代表了材料的**坚硬程度**。对于弹性材料而言，胡克定律为本构方程。

杨氏模量也可表示为应力 / 应变，有

$$E = \sigma/e \tag{6.2}$$

同时，杨氏模量与**剪切模量** $\mu$ 关系密切（也用 $G$ 表示，称之为刚性模量，以避免和第 2 章介绍的摩擦系数混淆）。单轴应变下，杨氏模量的获得更为简化，有

$$E = 2\mu \tag{6.3}$$

剪切模量 $\mu$ 与剪切应变 $\gamma$ 有关，因此，胡克定律可写为

$$\sigma_s = \mu\gamma \tag{6.4}$$

或

$$\sigma = 2\mu e \tag{6.5}$$

杨氏模量（$E$）是指正应力与同方向相关弹性拉伸量或压缩量的比值，同时描述了一些弹性材料或岩石变形的难易程度。类似的，剪切模量（$\mu$）定量表征了简单剪切作用（对于非常小的有限应变）下岩石发生弹性变形的难易程度。

低杨氏模量的岩石力学性质较弱，抵抗岩石变形的能力很小。由于应变是无量纲的，因此杨氏模量与应力的量纲相同，通常单位为 GPa（$10^9$Pa）。钻石的杨氏模量超过 1000 GPa（很难发生应变），铁的杨氏模量为 196GPa（在轴向拉伸条件下）。铝发生变形需要更小的应力（$E$=69GPa），而橡胶很容易弹性拉伸，其杨氏模量为 0.01 ~ 0.1GPa。表 6.1 给出了一些试验样品的杨氏模量强度和特性值。

表 6.1　一些岩石、矿物和类似介质具有代表性的杨氏模量（$E$）和泊松比（$v$）值

| 介质 | 弹性模量 $E$，GPa | 泊松比 $v$ |
|---|---|---|
| 铁 | 196 | 0.29 |
| 橡胶 | 0.01 ~ 0.1 | 约 0.5 |
| 石英 | 72 | 0.16 |
| 盐 | 40 | 约为 0.38 |
| 金刚石 | 1050 ~ 1200 | 0.2 |
| 石灰岩 | 80 | 0.15 ~ 0.3 |
| 砂岩 | 10 ~ 20 | 0.21 ~ 0.38 |
| 页岩 | 5 ~ 70 | 0.03 ~ 0.4 |
| 辉长岩 | 50 ~ 100 | 0.2 ~ 0.4 |
| 花岗岩 | 约为 50 | 0.1 ~ 0.25 |
| 角闪岩 | 50 ~ 100 | 0.1 ~ 0.33 |
| 大理石 | 50 ~ 70 | 0.06 ~ 0.25 |

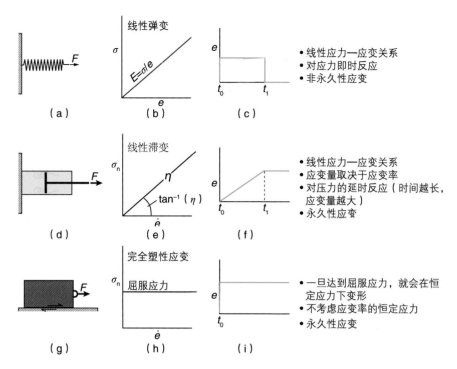

图 6.2　通过力学模拟描述的弹性、黏性和塑性变形，应力—应变（速率）曲线（中）和应变历史曲线（右）

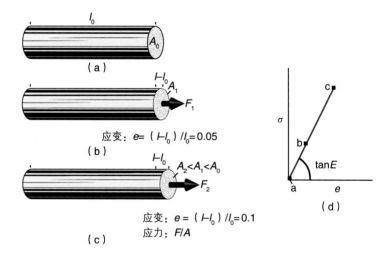

图 6.3　圆棒单轴拉伸的弹性变形（分图 a 至分图 c）

作用在顶端截面 $A$ 上的驱动力（$F$）越大，圆棒长度越长（$l$）。如果是线弹性材料，拉伸量（$e$）和应力（$\sigma$）为变形关系，形成 $e$—$\sigma$ 关系图（d），其梯度即为杨氏模量（$E$）。当应力释放时，材料恢复到原始长度

## 非线性弹性变形

　　一些矿物遵循线性弹性变形，由图 6.4 可以看出石英和白云岩都是线性弹性物质。即使一些花岗岩和白云岩在低应变条件下遵循胡克弹性变形，但大部分弹性材料不符合胡克定律，这意味着应力—应变图中的线并不是直线。同时，也表明没有固定的应力—应变关系，没有单一固定的杨氏模量。材料施加载荷和卸载载荷两个过程中，应力—应变曲线可能仍然是一致的，这种物质称为**完全弹性**物质 [图 6.5（b）]。这种情况下，术语"完全"是指材料在卸载载荷后能够完全恢复到初始形状。很多岩石的变形实验中，加载和卸载过程中应力—应变曲线不同，这样的材料称为**具有滞后作用的弹性物质**（图 6.5c）。

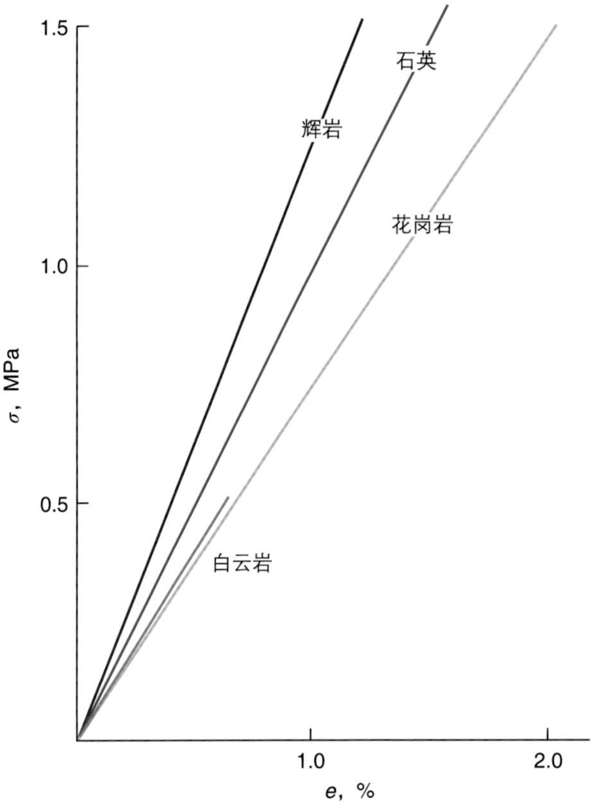

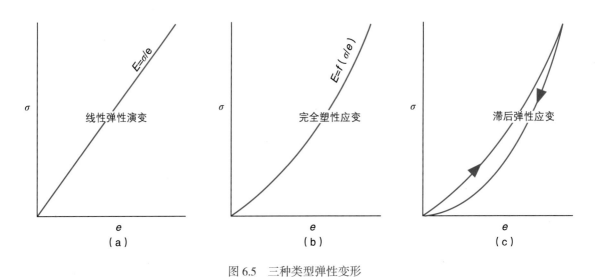

图 6.4　一些矿物和岩石表现为线性弹性，这意味着他们在应力加载和应变卸载过程中应力—应变曲线具有相同的
线性路径（据 Griggs 和 Handin，1960；Hobbs 等，1972）

图 6.5　三种类型弹性变形

（a）线性弹性变形：应变加载和卸载过程中，变形路径为直线并且完全一致，梯度用杨氏模量来表述。
（b）完全弹性变形：应变加载和卸载过程中，变形遵循相同的非线性路径。（c）具有滞后作用的弹性变形：
应变加载和卸载过程中，变形路径是非线性且不同

## 弹性变形和泊松比

　　研究永久变形之前，先重温弹性拉伸圆棒的实例（图 6.3）。轴向拉伸伴随圆棒减薄。因此，当圆棒扩展时，其面积 $A_0$ 缩减（图 6.3）。同样，当拉伸一个橡皮筋时：拉得越长，橡皮筋越细。这一作用称为**泊松效应**。

如果我们研究均质矿物，垂直于拉伸方向（圆木的长轴）的任一方向的收缩作用都是相同的。如果将圆棒放在将 $z$ 轴作为圆棒的拉伸方向的坐标系中，且假定矿物体积恒定不变，则沿 $z$ 轴拉伸通过 $x$ 轴和 $y$ 轴方向拉伸调节（负拉伸代表收缩）：

$$e_z=-(e_x+e_y) \tag{6.6}$$

式中，$e_z$ 为平行于圆棒长轴方向的拉伸率；$e_x$ 为垂直于圆棒长轴方向的拉伸率。因为 $e_x=e_y$（假定各向同性），因此，公式可写成：

$$e_z=-2e_x \tag{6.7}$$

或 $$0.5e_z=-e_x \tag{6.8}$$

研究实例中，$e_x$ 为负值，因为拉伸过程中，圆棒逐渐变薄。同时，我们也可以压缩圆棒（图 6.3）。缩短过程会导致垂直于样品缩短方向的样品扩展。

式（6.8）表明，任一方向的收缩将完全通过垂直于缩短方向的拉伸率来调节。这只适用于完全**不可压缩材料**，即材料变形过程中体积不变。橡胶是一种常见的几乎是不可压缩的类似材料。低应变岩石变形中，总会有一些体积变化，式（6.8）中的 0.5 总会由常数 $\nu$ 所代替，它与轴向和垂向拉伸相关。该常数称为**泊松比**，它是垂直应力矢量（$\sigma_z$）的拉伸率与平行于应力矢量的拉伸率之比（图 6.6）：

$$\nu=-e_x/e_z \tag{6.9}$$

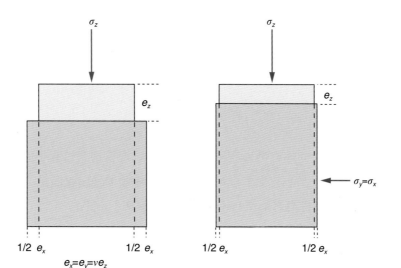

图 6.6　（a）垂向应力加载到无限制圆棒上（单轴压缩），矩形虚线代表单轴变形前矿物的形状。水平拉伸 $e_x$ 与通过泊松比计算的垂向压缩直接相关。（b）加载围压将使水平应力抵消垂直应力的作用，使圆棒变形更符合理想情况，水平应力增加会抵消垂直应力的作用

当涉及岩石泊松比时，通常省略负号。泊松比越接近 0.5，则材料的可收缩性越小。即使是钢铁，在弹性变形过程中体积也会发生变化，且大多数钢铁的泊松比为 0.3 左右，这意味着某一方向的收缩并没有完全被与该方向垂直的拉伸补偿。大多数岩石的泊松比介于 0.2 与 0.33 之间。相较之下，软木的泊松比接近于 0，这意味着它很难发生垂直于加载应力方向的拉伸或收缩。有趣的是，一些材料具有负泊松比，如聚合物泡沫，如果这些材料沿某一方向拉伸，它们在垂直于施加应力的方向上将变得越厚。在岩石中很少观察到此类现象。一些岩石和类似介质的泊松比如表 6.1 所示。

地壳中，岩石所占的空间是有限的，即岩石伸展或收缩变形的体积变化量是有限的，尤其是水平方向的变形很有限。例如，深埋过程中，沉积物或沉积岩经历垂向收缩，其体积变化仅很小程度受水平伸展调节。在实验室，我们可以通过围压限制样品模拟这种情况，且发现水平应力增加抵消了轴向收缩（$e_z$）。垂向应力导致的垂向应变分量的表达式为

$$e_z' = \sigma_z/E \tag{6.10}$$

水平方向应力产生垂向应变，垂向应变抵消式（6.10）的作用，有

$$e_z'' = v\,\sigma_x/E \tag{6.11}$$

和

$$e_z''' = v\,\sigma_y/E \tag{6.12}$$

因此，总轴向应变为

$$e_z = e_z' - e_z'' - e_z''' \tag{6.13}$$

通过将式（6.10）、式（6.11）和式（6.12）代入式（6.13），得到轴向应变表达式

$$e_z = (\sigma_z/E) - (v\sigma_x/E) - (v\sigma_y/E) = \frac{1}{E}[\sigma_z - v(\sigma_x + \sigma_y)] \tag{6.14}$$

类似的水平应力表达式为

$$e_y = \frac{1}{E}[\sigma_y - v(\sigma_z + \sigma_x)] \tag{6.15}$$

和

$$e_x = \frac{1}{E}[\sigma_x - v(\sigma_z + \sigma_y)] \tag{6.16}$$

垂直加载方向的应力的形成与地壳中岩石密切相关，影响岩石埋藏过程中的应力状态。围压限制的结果是：岩石没有或几乎没有水平应变（$e_x = e_y \approx 0$），这降低了垂向收缩量。实际上，$e_z$ 取决于 $v$ 和 $\sigma_z$。为了确定垂向应力，我们将边界条件 $e_x = 0$ 应用到式（6.16）中得到

$$\frac{1}{E}[\sigma_x - v(\sigma_z + \sigma_y)] = 0 \tag{6.17}$$

两边同时乘以 $E$，得到

$$\sigma_x - v(\sigma_z + \sigma_y) = 0 \tag{6.18}$$

重新组合并使用 $e_x = e_y$，得到

$$\sigma_x = \sigma_y = \frac{v}{1-v}\sigma_z \tag{6.19}$$

注意：在前面章节讨论单轴应变参考状态过程中，我们已经列出了这个等式（式5.3）。同时要注意也可以通过声波预测泊松比，如专栏6.1所述。

"泊松比"以法国数学家 Simeon Poisson（1781—1840）命名，是指垂直于应力加载方向的介质可压缩性的测量，可以用纵波波速（$V_P$）和横波波速（$V_S$）表示。纵波是弹性变形能量，颗粒在波形传播方向上振动。常规地震剖面基于纵波。横波是弹性体波，颗粒垂直于波形传播方向振动。这些是不同方式弹性变形，其与泊松比的关系为

$$v = (V_P - 2V_S) / 2(V_P^2 - V_S^2)$$

因此，如果可以测量得到纵波和横波，则可以计算泊松比。在石油储层中，可运用泊松比预测岩石和流体的性质。例如，当 $V_S=0$ 时，若 $v =0.5$，则它或者为流体（横波不穿越流体），或者它为不可压缩矿物（已证实地壳中不存在）。横波波速趋近于 0 是气藏的典型特征。

如果压力变化引起弹性变形而不是定向驱动力，那么**体积模量** $K$ 与压力变化和体积变化（体应变）有关，有

$$K = \frac{\Delta p}{\Delta V / V_0} \tag{6.20}$$

体积模量与介质可压缩性成反比，是指流体或固体随压力或平均应力变化的体积相对变化量，是对压力或平均压力变化的响应。体积模量越大，材料压缩所需压力越大。式 6.20 是胡克定律的特殊形式，体积模量与杨氏模量（$E$）和剪切模量（$m$）有关：

$$K = \frac{E}{3(1-2v)} = \frac{2(1+v)}{3(1-2v)} \mu \tag{6.21}$$

尽管许多低应变或早期变形构造实际上代表超出弹性变形阶段的永久或非弹性应变（见下一部分），但弹性变形理论仍然普遍应用于构造分析。例如，模拟破裂开始和生长时，常应用弹性变形理论。当应变很小（几个百分点或更少）时，这在某种程度上是合理的，在这种情况下，偏离弹性变形的偏差通常足够小，可以应用弹性理论。**线弹性破裂力学**常作为探讨和模拟破裂附近应力状态的一种简单方法。基于几何学特征（裂缝）和整体（远程）应力状态，可以描述应力方位和应力中心。然而，本书尚未深入这一领域，而是继续对弹性变形外的变形加以探究。

## 6.4　塑性和流动：永久变形

在上地壳中，较低应变条件下岩石变形非常符合弹性理论，热岩石趋向于流动且积累永久变形，且有时会经历大规模永久应变。在这种背景下，考虑流体与应力的响应关系具有重要意义。岩石只有在熔融状态下才能完全变成流体，但是根据流变学，岩石在较高的温度和较长的地质时期才可能接近流体状态。

### 黏性材料（流体）

人们根据**流体黏度**（$\eta$）描述流体流动的难易程度。艾萨克·牛顿爵士首次对黏度和层流流体进行

研究，他认识到剪切应力与剪切应变率密切相关，有

$$\sigma_s = \eta \dot{\gamma} \tag{6.22}$$

式中，$\eta$ 为黏度常量，$\dot{\gamma}$ 为剪切应变率，如图 6.7 所示。基于这一方程变形的材料是一种牛顿流体、线性或完全黏性材料。根据正应力和拉伸率，黏性材料的基本应变方程可以表示为

$$\sigma_n = \eta \dot{e} \tag{6.23}$$

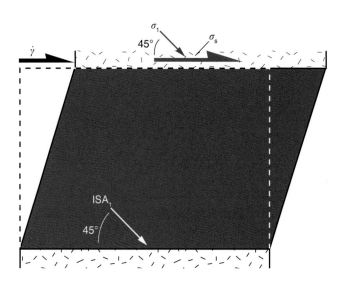

图 6.7　介质（流体）剪切意味着最大主应力与剪切面呈 45°。较小应变条件下，最大主应力与 $ISA_1$ 方向相同。应力增加导致黏性矿物剪切加快。二者受控于矿物的黏度

> 黏性变形表示应力与应变率有关：应力越高意味着流体流动越快或应变累积更快。

上述公式表示：应力和应变率（不是应变）具有简单的线性关系：应力越高，流体流动越快。因此，弹性变形过程中应力与应变呈正比关系，而黏性介质应力与应变率呈正比。即黏性变形是**与时间相关的变形**；应变不是瞬时的，而随着时间逐渐累积，专栏 6.2 讨论了其应变率。

---

### 专栏 6.2　岩石如何快速变形？

应变率反映了岩石长度或形态变化的快慢程度。因为应变是无量纲的，所以应变率在某种程度上具有特殊的量度（$s^{-1}$）。一般来说，必须考虑 2 种不同类型的应变率。最简单的是**拉伸率**（符号为 $\dot{\varepsilon}$ 或 $\dot{e}$）。单位时间（s）内的拉伸量即是拉伸率，有

$$\dot{e} = \frac{e}{t} = \frac{(l - l_0)}{t l_0}$$

我们也称之为伸展率或压缩率。实验过程中，它与挤压（或拉伸）样品的速度密切相关。对于一个三轴压缩试验，持续加载 1h，样品缩短 10%，拉伸率为

$$\dot{e} = \frac{-0.1}{3600s} = -2.778 \times 10^{-5} (s^{-1})$$

在特定地质条件下，**剪切应变率**可能更适用。这里需要考虑剪切应变随时间变化的规律（应变率，$\gamma$）。其单位（$s^{-1}$）与拉伸率一致，二者密切相关，因为剪切变形也会导致拉伸的形成。然而，二者不是线性关系，这对有效识别二者（拉伸和剪切）具有重要的意义。

一般而言，地质应变率介于 $10^{-14}s^{-1}$ 至 $10^{-15}s^{-1}$ 之间，且低于岩石变形实验室的应变率（$10^{-7}s^{-1}$ 或更快）。很明显，如何将实验结果应用到实际地下变形岩石是一个挑战。许多情况下，实验室通过增加温度加快塑性变形机制，但这同时也会增加应变率。因此，在将实验样品变形与天然岩石变形进行对比之前，实验应变率必须与温度同时放大。因此，这个过程应该在更小尺度的样品上进行。

在外力的驱动下，完全黏性矿物像流体一样流动。这意味着它不发育弹性变形。因此，当外力移除后，黏性矿物无法恢复到原始形态。因此，黏性变形被认为是**不可逆**的变形过程，且产生**永久应变**。

完全黏性矿物物理模拟是一个原油充注的圆柱体，圆柱体连接一个有孔活塞［图 6.2（d）］。当活塞被拉出时，它以与压力成正比的恒定速度在原油中运动［图 6.2（e）］。当驱动力移除时，活塞停止且保持在原来位置。如果原油被如糖浆或柔软的沥青等的一种黏性更强的流体替代，为了维持一定应变率，驱动力必须要增强。反之，活塞将以更低的速率移动。如果原油被加热，黏度下降，为了保证应变率不变，需降低驱动力。因此，当考虑黏度时，温度是一个重要的变量。

在岩层中，最大黏性（刚性）层在平行层理伸展或压缩作用下容易发生断裂或弯曲，**相对黏度**也具有重要意义。相对黏度与**能干性**有关，能干性岩层比其周围岩层黏度或硬度更大。

能干性是指抵抗岩层或物体流动的能力。这个术语是定性的，且是相对于相邻岩层或基岩而言的。

只有流体是纯黏性的，因此，在地质学中仅有岩浆、盐和超压（流动的）泥岩在模拟过程中被认为是纯黏性介质（其中超压泥岩仍存在争议）。然而，当研究塑性变形的特定方面时，黏度是一个有用的参考标准。因此，后续章节探讨褶皱和石香肠构造时将会涉及黏度的应用。值得注意的是，**非线性—黏性变形行为**已被实验记录用于热岩石变形，但也许非线性—黏性变形比线性—黏性变形更适用于岩石变形。在这种条件下，非线性变形仅仅意味着黏度随应变率变化，如图 6.8 所示。对于褶皱的数值模拟，可以采用线性和非线性—黏性理论；而石香肠构造理论建模需要应用非线性—黏性理论。

黏度是指应力除以应变率，因此其测量单位为时间乘以应力，在 SI 系统中，其

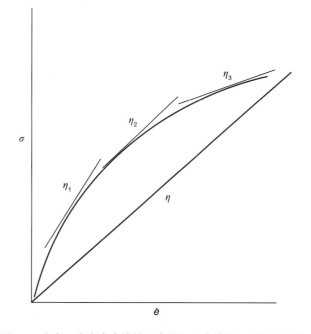

图 6.8　应力—应变率中线性（直线）和非线性—黏性流变学直线斜率即为黏度（应力／应变）。非线性曲线具有逐渐变化的梯度，称为有效黏度。最陡梯度代表最高黏度，意味着在特定应力条件下岩石相对缓慢变形

单位为 Pa·s 或 kg·m⁻¹·s⁻¹。过去常用泊（P，poise）做单位，其中，1P=0.1Pa·s。而水的黏度大约是 10⁻³Pa·s，冰川（冰）的黏度大约为 1011 ~ 1012Pa·s。玻璃在室温条件下流动非常缓慢，黏度为 1014Pa·s。岩石黏度是多变的，而且通常比以上数据大几个数量级。即使黏度为 10¹⁷Pa·s（与粒径大小有关）的盐，当它流动形成盐底辟和其他盐构造（在第 20 章讨论）时，它的黏度仍是玻璃的 1000 倍。在很多理论计算中，岩石圈之下的地幔被认为是流体，而据估计它的黏度平均值为 10²¹Pa·s，越往地幔深部，黏度越大。

## 塑性变形（固体岩石的流动性）

理想情况下，根据式（6.22）和式（6.23），无论多小的应力，黏性矿物（流体）均会对应力有反应。在大多数实际情况下，永久应变需要一定的应力累积。实际上，流体和固体最明显的差异在于固体可以承受剪切应力作用，而流体不能承受剪切应力作用。对于岩石和其他固体，只有达到一定应变时，才会发生弹性变形。

当超过**弹性极限**或**屈服应力**，永久应变将被增加到弹性应变上（图 6.9）。如果永久应变保持以恒定压为状态持续累积，则会形成**完全的塑性变形**[图 6.2（g）至图 6.2（i）]。岩石经历弹性—塑性变形后，如果施加的外力移除，只有塑性应变会维持永久变形（弹性部分属于非永久变形）。塑性变形的另一个要求是具有连续性或内聚力，即宏观上材料不会发生破裂。

---

塑性应变是指当材料累积的应力超过弹性极限（屈服点）时，不发生破裂的岩体的形状或大小的永久变化。

---

塑性应变与微观变形机制有关，如位错蠕动、扩散或双晶（第十章）。因为涉及原子力领域多种机制，塑性流变并不是类似弹性和黏性变形方式的简单物理参数变化。相反地，不同塑性流动机制遵循不同的公式或**流变法则**。通用幂律公式可表示为：

$$\dot{e}=A\sigma^n \exp(-Q/RT) \tag{6.24}$$

式中，$A$ 为常数，$R$ 为气体常量，$T$ 为绝对温度，$Q$ 为活化能。当 $n=1$ 时，材料表现为完全黏性流体，而塑性流动表现为线性。当岩石处于高温条件时，遵循此流动规律和第 11 章中相应的变形机制。

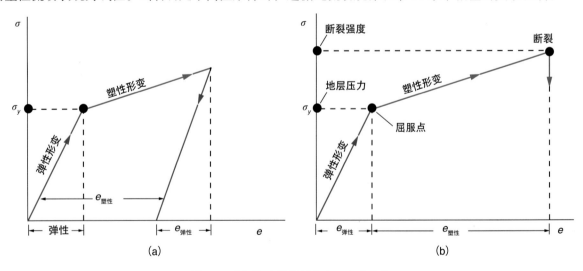

图 6.9　弹塑性变形材料应力—应变曲线

（a）当达到屈服应力（$\sigma_y$）时，弹性应变转变为塑性应变。当应力作用被移除时，弹性应变释放，塑性应变或永久应变保持。

（b）在这种情况下，应力可以增加到发生脆性破裂的位置

## 完全塑性材料

**完全塑性材料**，也称为**圣维南（Saint Venant）材料**，是指应力不会超过屈服应力且在应力大小保持不变的条件下应变可以持续累积的材料 [图 6.2（h）]。材料强度与应变率无关：无论材料以多大速率流动，应力—应变曲线始终不变。完全塑性材料也是不可压缩的。如果材料存在部分弹性变形，将其称为弹性—塑性材料（如图 6.10 中的蓝色曲线）。理想塑性变形的模型是一个静止在摩擦面上的刚性物体。只有应力大小超过刚性物体和接触面间的摩擦力时，物体才会发生变形 [图 6.2（g）]。从这点来看，除了加速过程之外，驱动力不能超过摩擦力，其与速度无关。

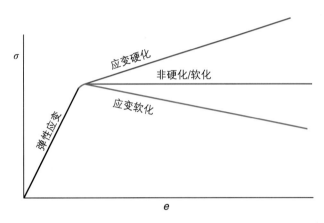

图 6.10 具有应变硬化、软化和无硬化—软化性质的弹—塑性材料应力—应变曲线

## 应变硬化和应变软化

在塑性变形过程中，岩石并不是理想的塑性材料。岩石的应变率可能对形变产生影响，并且应力大小也可能发生变化。如果累积额外应变，需要持续增加应力（图 6.10，红线），这种材料变形现象称之为**加工硬化**或**应变硬化**。

---

应变硬化是指随着岩石的变形，维持变形所需的应力越来越大的现象。这是因为随着应变增加，岩石的强度逐渐变大，变形逐渐变得更困难。

---

在金属材料中，应变硬化现象尤为显著，金属发生塑性变形后硬化强度增大且耐性增强。就像弯曲一个金属线后，尝试使其恢复到原始形态。这十分困难，因为金属的弯曲部分硬化；因此恢复到原来的形态需要比相邻区域更大的应力。如果持续反复弯曲金属线，在金属线最终折断之前，应变硬化现象越来越显著；如果应力持续增加，应变硬化可以导致材料由塑性变形向脆性变形转化。在地质学中，应变会逐渐分散到相邻的区域，这解释了为何随着应变累积，许多剪切带变得越来越宽（见第 16 章）。

应变硬化（塑性变形过程中）与原子力学领域变形有关。在变形过程中，原子尺度的形变称为**位错运动**（见第 11 章）。这些位错相互作用，使得它难以积累应变。因此，需要更大应力来驱动已经硬化的材料的变形。温度升高有助于发生位错运动，因此降低了应变硬化的影响。换句话说，加热能够使金属线更容易重新弯曲。

如果材料没有发生应变硬化，且保持施加外力或应力不变，材料持续变形，这个过程称为**蠕变**。此外，如果应变率 $\dot{e}$ 是恒定的（式 6.25），则称岩石变形达到**稳态流动**。稳态流动可能意味着位错运动速度足够快，以至于在特定应力条件下应变以恒定速率累积。在晶体中，位错速度取决于差应力、

温度和破坏原子键的活化能。因此，遵循流体流动法则，与应变有关的位错和这些变量的关系如式
6.24 所示（相关内容见第 11 章）。

$$\dot{e} = \frac{\mathrm{d}e}{\mathrm{d}t} \tag{6.25}$$

**加工软化**或**应变软化**是指需较小应力保持岩石持续变形的现象。在地质界，一个以借鉴的实例
为塑性变形（**糜棱岩化作用**）过程中粒径减小对岩石变形的影响：由于颗粒表面积增加，颗粒尺寸减
小，使得颗粒边界滑动等变形机制更加有效。其他导致应变软化的因素有：重结晶形成新的硬度更弱
的矿物、流体（水、气、熔体）的引入和温度的升高（如前所述）。

尽管最初，术语应变硬化 / 软化主要用于塑性变形的定义，但其也与脆性变形构造（如变形带）
的生长有关。例如，在未固结砂岩或黏土的变形过程中，颗粒相互作用可能导致应变硬化。

## 6.5　复合模型

岩石和其他自然界材料的流变学性质很复杂，且通常不能作为纯粹的弹性、黏性或塑性材料。因
此，将这三种变形机制结合起来描述天然岩石变形是有效的。这种复合通常以弹簧（弹性变形）、缓冲
器（黏性变形）和超过临界应力才会发生滑动的刚性块体（塑性变形）来表示 [ 图 6.2（a），图 6.2（d），
图 6.2（g）]。

我们已经建立了简单的弹性—塑性变形复合模型。达到屈服点之前，应力和弹性应变持续增加，
超过屈服点则转变为塑性变形；这种变形材料称为**弹塑性**或 Prandtl 材料。典型力学模型如图 6.11
（a）所示。弹塑性模型通常应用到地幔和整个地壳大规模变形中。

**黏塑性**或 Bingham 材料是指只有超过屈服应力（塑性变形特征）才能作为完全黏性流体的材料。
在屈服应力之下，不存在任何变形。对于岩浆的流变学实验及实际观察表明：在相当大的温度范围
内，（液态）酸性熔岩变形类似于黏塑性流体；即由于自身结晶矿物含量较高，熔岩具有一定屈服应
力。油漆是比较常见的流体，表现为黏塑性特征；只有达到一定屈服应力条件下才能发生流动，该
特点足以防止其从新粉刷的墙壁上脱落。经典力学模型是一系列缓冲器（充满流体的带孔的圆柱形活
塞）和固定在摩擦面上刚性物体的组合 [ 图 6.11（d）]。

**黏弹性**模型是指黏性和弹性的复合变形。**Kelvin 黏弹性变形**过程是可逆的，但应变的累积和恢复
都会滞后。黏弹性材料被认为是介于流体和固体之间的中间状态，其中流体的流动性和固体的弹性性
质同时存在。Kelvin 黏弹性材料的物理模型是弹簧和缓冲器的平行排列 [ 图 6.11（g）]。两个系统在应
力的作用下同时运动，但是缓冲器延缓了弹簧的拉伸。当应力释放，弹簧将恢复到原始位置，而缓冲
器会阻碍弹簧恢复。因此，这种变形具有**时间相关性**。

Kelvin 黏弹性变形的基本方程反映了黏性和弹性的复合：

$$\sigma = Ee + \eta\dot{e} \tag{6.26}$$

其相关黏弹性模型为 Maxwell 模型。当施加应力作用时，Maxwell 黏弹性材料累积应变，开始为弹
性变形，然后逐渐转变为黏性变形。换句话说，在受到应力作用时，其在短时间内表现为弹性变形，
而随着时间的累积逐步表现为黏性变形，即发生永久应变。这个模型非常适用于地幔物质：地震波传
播过程中为弹性变形，而在由于岩石圈负载作用（例如：冰川负载）导致的对流过程中则发生黏性变

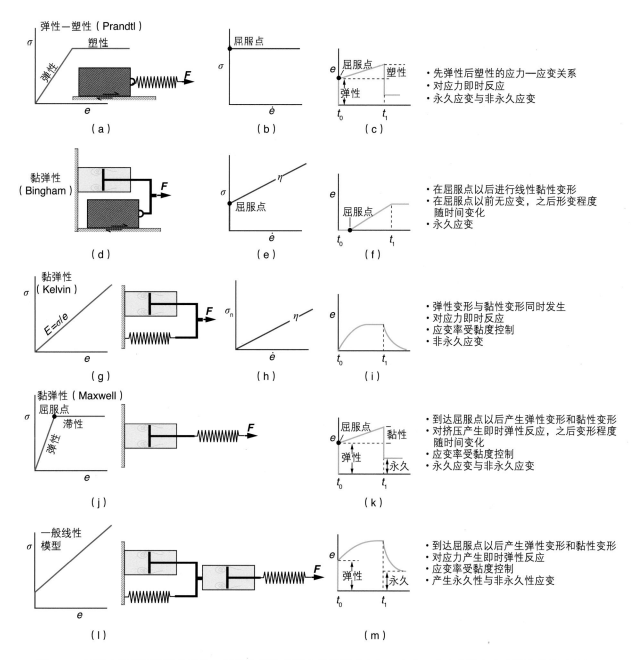

图 6.11 基于力学模拟描述的弹性、黏性和塑性变形力学模型（左）、应力—应变曲线和应变历史曲线（右）
完全弹性变形通过一个弹簧代表，而具有基底摩擦的箱体代表完全塑性变形，
完全黏性变形通过一个阻尼器代表。$t_1$ 代表移除应力时间

形。其力学模型由一系列缓冲器和弹簧组成 [ 图 6.11（j）]。一个熟悉的实例是面包团的搅拌。只是稍微推动时，会产生弹性变形，而大幅度搅拌时将发生永久变形。当搅拌停止时，由于弹性应变释放，面团反方向轻微旋转之后逐渐停止变形。Maxwell 黏弹性变形本构方程为

$$\dot{e} = \sigma / E + \sigma / \eta \tag{6.27}$$

黏弹性模型对于地壳大尺度具有重要意义，其中，弹性变形为短期形变，而黏性变形为长期流动变形。

**一般线性变形**模型更接近天然岩石在受应力状态下的变形过程，其力学模型如图 6.11（l）所示，两个黏弹性模型叠加排列。首先，应力累积作用在 Maxwell 模型的弹性变形部分；持续的应力作用被

模型的其他部分调节。当应力移除后，弹性应变首先恢复，随后为黏弹性应变部分。然而，部分应变（来自 Maxwell 模型）是永久性的。

虽然大多数理想复合模型可以预测线性应力—应变（率）关系，但无法假定在自然界中岩石塑性变形遵循这种简单的规律。实际上，实验结果表明：应力—应变并不遵循线性规律，而是表现为幂率关系，如式（6.24）所示，其中 $n > 1$（曲线如图 6.8）。这种关系揭示了**非线性材料变形**。然而，就像简单剪切和纯剪切变形普遍应用在应变分析中一样，理想模型仍可以作为重要的参考模型。

## 6.6　实验

实验是理解岩石流动变形的基础。在实验室中，可以选择介质且控制如温度、压力、应力条件和应变率等物理变量。目前，实验手段的明显不足在于没有足够的时间来契合真实的地质应变率，因此实验结果难以用于分析自然变形的岩石。

实验室有许多不同的实验装置，可针对想要探索的材料性质和物理条件来选择适当的装置。最常用的装置是三轴变形台，可以对圆柱形样品施加围压和主轴向应力 [$p_c$ 和 $\sigma_a$，图 6.12（a）]。施加的所有应力均为压应力，当围压低于轴向压应力时，样品压缩变形；如果围压大于轴向应力，样品发生轴向伸展变形。

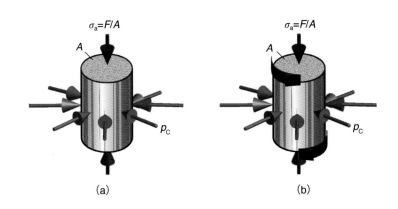

图 6.12　（a）三轴变形台标准加载图，轴向负载 $\sigma_a$ 和围压（$p_c$）独立控制；
（b）扭动作用、轴向挤压和围压共同作用图，允许大规模剪切应变累积

因此，实验设备中包含两部分应力：一是轴向或正应力（各向异性），等于施加的力除以圆柱样品的横截面积；另一是围压（各向同性），它是在样品周围注入流体或软材料产生的压力。一般而言，围压最大可达 1Gpa，而温度上限为 1400℃，应变率介于 $10^{-3}\text{s}^{-1}$ 及 $10^{-8}\text{s}^{-1}$ 之间。前面提到的应力通常是指差应力（第 5 章第 8 节）。样品室周围的反应炉用于控制实验过程中样品的温度。

除了单轴或纯剪切变形外，一些变形装置可以在样品上施加旋转剪切作用（剪切应变）[图 6.12（b）]。变形实验的大多数样品为单矿物，如石英或方解石。通常假设单矿物的性质控制着各部分岩石圈的流变学性质，这些单矿物包括但不限于石英（上地壳）、长石（地壳）或橄榄石（地幔）等。因此，需要更多多晶样品的变形数据来完善实验结论。

### 恒定应力（蠕变）实验

实验分为两类，一类是应变率保持恒定不变，一类是实验过程中保持恒定的应力场。后者也称为蠕变实验，这一现象称为**蠕变**。蠕变是一个非常普遍的术语，常用于低应变率变形中。因此，这一术

语在地质学中广泛用于黏土沿下坡方向的缓慢运动、沿断层位移缓慢累积（脆性蠕变）和应力作用下固体的缓慢屈服（韧性或塑性蠕变）等。塑性蠕变是本书研究的重点，定义如下：

蠕变是指在均质温度（高温）条件下，经历持续恒定应力的材料发生塑性变形的过程。

**均质温度** $T_H$ 是材料温度 $T$ 与其熔融温度 $T_m$ 的比值，可用 Kelvin 公式表示：

$$T_H = T/T_m \tag{6.28}$$

对于水，$T_m=273K$，在 0K 时均质温度为 0/273=0，在 273K（0℃）时，均质温度为 273/273=1，而在 137K（-100℃）时，均质温度为 137/273=0.5。蠕变过程中，均质温度普遍大于 0.5，当 $T_H$ 趋近于 1 时，蠕变过程越来越活跃。这解释了冰川可以流动的原因：自然界中冰川在高均质温度下发生蠕变变形。均质温度可以用于对比不同熔点的固体。例如，冰和橄榄石在几乎相同的均质温度 0.95 下发生变形，而冰的熔点为 -14℃，橄榄石的熔点为 1744℃。

蠕变实验的广义应变—时间曲线如图 6.13 所示。应力迅速增加到一固定值，弹性应变累积后，以逐渐降低的应变率引发蠕变作用。蠕变的第一阶段被称为**初始蠕变或瞬态蠕变**。经历一段时间后，应变累积逐渐平稳，将到达**次级蠕变**或**稳态蠕变**区。进入**三级蠕变**阶段后，微破裂或**重结晶**作用导致应变率增加，当宏观破裂发育时，三级蠕变阶段终止。

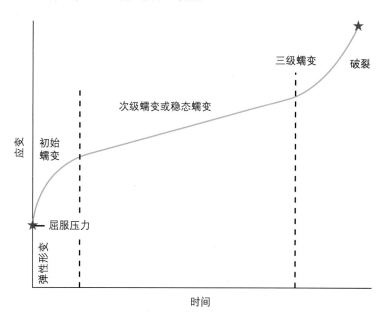

图 6.13 蠕变实验的应变—时间曲线

初始弹性变形后，可划分出 3 种类型蠕变对于构造地质学家而言，稳态蠕变也许是最有意义的阶段，因为岩石或多或少会经历较长时间的稳定变形阶段。稳态蠕变本构方程遵循幂率规律，见式 6.24

## 恒定应变率的实验

实验过程中，应变率是固定不变的，样品累积应变达到永久变形之前，首先发生弹性变形，即破裂前岩石的变形方式。为了保持恒定应变率，需要在低温条件下增加应力，这与应变硬化的定义一致。较高温度或低应变条件下，样品不发生应变硬化，而趋近于稳态变形，然后该过程就会遵循式 6.24 所表达的本构定律。

## 6.7 温度、水等因素的作用

**温度**升高相当于降低屈服应力，使岩石变弱。从图 6.14（a）、图 6.14（b）中的暖色曲线可以看出，伴随温度的升高，大理岩维持变形所需差应力逐渐减小。这与图 6.2（a）所示的弹簧作用一致，在室温条件下，拉伸弹簧是非常难的；但是如果升高温度，在发生塑性变形（永久变形）之前，弹簧不难拉伸。在这两个试验中，温度升高促进微晶塑性变形作用，如位错滑移和扩散（第 11 章）。这也降低了岩石的极限强度，即岩石破裂所需差应力降低。

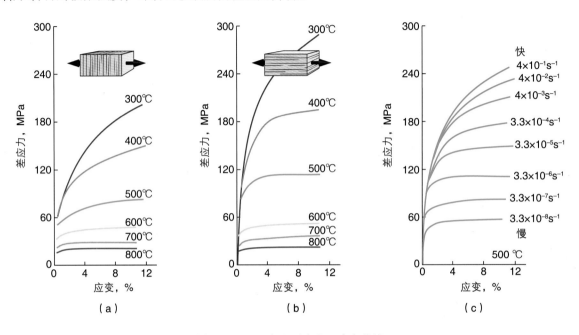

图 6.14　Yule 大理石应力—应变曲线

（a）垂直和（b）平行于线理（据 Heard 和 Raleigh，1972）；

（c）500℃、不同应变率下 Yule 大理石应力—应变曲线（据 Heard，1960）

从图 6.14（c）应力—应变曲线可以明显看出，增加**应变率**意味着流动变形的应力条件的增加。在大多数情况下，实验室岩石变形应变率明显高于自然界应变率，这意味着即使实验室的温度与实际地质条件温度相同，实验室中岩石变形仍需施加更高的应力。从图 6.14（a）、图 6.14（b）可知，升高温度降低岩石强度，可以抵消这种影响。应变率增加也可能意味着更少的塑性应变累积，因为岩石可能在早期阶段就发生破裂。想象一下，锤子迅速撞击缓慢流动的冰组成的冰川，可以使其破碎。地球部分岩体由于应变率较低表现为黏性变形。增加应变率也会使岩石强度变大。相反地，低应变条件下岩石强度变小，这是由于晶体塑性变形过程更容易保持施加的应力。

**流体的注入**可能导致岩石强度降低、屈服应力减小和结晶塑性变形增强。流体成分也可能影响岩石的流变性质。

**围压**增加使岩石破裂前累积较大的有限应变，从而有利于产生晶体塑性变形机制。简而言之，这与高围压条件下裂缝开启的难易程度有关。孔隙流体压力（孔隙性岩石）增加可抵消增加的围压，这种作用降低了有效应力。

晶格间**流体**（水）的存在可能明显降低岩石的强度或屈服点。由于许多硅酸盐矿物的溶解度随着压力的增加而增加，因此，流体对岩石强度的影响与压力有关。

在讨论岩石强度时，必须考虑岩石的非均质性特征（专栏 6.3），如先存的片理构造等。图 6.14

（a）、图 6.14（b）说明了大理岩薄弱的面理如何使平行于片理方向的伸展更加困难（获得相同的应变需要更高的差应力）。需要注意的是这种影响随着温度的升高而降低。

即使是单矿物岩石，**粒径**和**结晶结构**（矿物晶体择优取向）不同也可能导致不同的性质，这取决于施加应力的方向。橄榄石晶体各向异性如图 6.15 所示，其对应力的反应取决于所施加的应力方向与在橄榄石占主导地位的滑移系的相对方向的关系。渗透性结晶物可能发育于地幔中，这可能造成地幔明显的力学非均质性，从而影响裂谷、走滑带和造山带发育的位置。颗粒粒径的影响取决于岩石变形过程中微观变形机制，但塑性域中常形成位错蠕变（见第 11 章），因此粒径减小往往意味着应变弱化。相反地，由于颗粒相互作用，在脆性摩擦域，粒径减小几乎总是意味着应变硬化。

---

温度增加、流体流量增加、应变率降低以及塑性变形岩石中颗粒粒径减小都可能导致应变弱化。

---

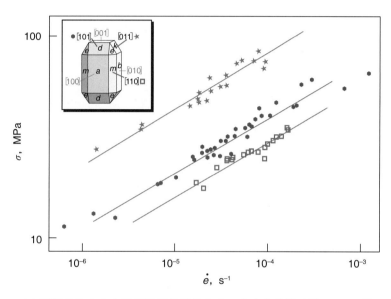

图 6.15　三个不同晶体方向上干橄榄岩单晶体应力—应变率曲线（据 Durham 等，1977）

---

## 专栏 6.3　各向同性或均质性

各向同性或均质性是密切相关但含义相差较大的两个术语。**均质性**意味着岩石性质在不同部位相似或一致，而**各向同性**是指岩石性质在各个方向上具有一致性。两个术语应用于构造地质学的许多方面，例如应变。**均质应变**是指任一区域或体积范围内应变状态是一致的，该定义明显与主应变大小无关。而**各向异性应变**意味着每个方向上的体积收缩或伸展量是相同的，只发生体积变化，形状不变，即**各向同性体积变化**或体应变（见第 3 章）。体应变有两种类型，或为各个方向相等长度变化（各向同性），或为沿某一优势方向变化（各向异性）。

**各向同性应力**是指三个主应力大小相等的状态。即使三个主应力大小不等，如果岩石在任意方向应力状态是一致的，那么应力仍具有均质性。

某一**组构**（如渗透性线理或线性结构）可以是均质的，只要其在样品不同部位的性质一致即可。然而，岩石的组构一定代表了各向异性，因为构造导致岩石在不同的方向具有不同性质。可以想见，岩石会优先沿线理发生滑动，这即是各向异性的体现；或当平行及垂直于线理加载应力时，应力—应变曲线是不同的［图 6.14（a）、图 6.14（b）］。即使单个完全晶体代表一个各向同性物质，它也可能是非均质的。例如，橄榄岩沿不同结晶轴方向具有不同的力学性质。

## 6.8 塑性、韧性及脆性变形的定义

韧性和脆性是构造地质学、流变学和岩石力学领域中最常用的两个术语。同样，在不同环境下，不同地质学家对这些术语给出不同的定义。

在流变学和岩石力学领域，**韧性材料**是指累积恒定应变的过程中，在超过其极限强度点之前，宏观上无明显破裂的材料。反之，**脆性材料**是指当岩石所受应力超过屈服强度后发生破裂变形的材料。对于一个岩石力学方面的地质学家而言，韧性材料展示了典型的应力—应变曲线（图6.9）。

变质岩中**韧性构造**较普遍，例如，发育于地壳中—下部的岩石韧性变形。韧性变形也出现在土壤和未固结—弱固结沉积物中，一般发生分散变形而不是不连续破裂；在这些情况下，**塑性变形机制**是明显不同的。因此，韧性变形（如图6.16所示）是一种与规模相关的构造样式，在微尺度变形过程中较为少见：

韧性变形保存原始连续构造和岩层的连续性，且描述了不同变形机制控制的相关的变形样式。

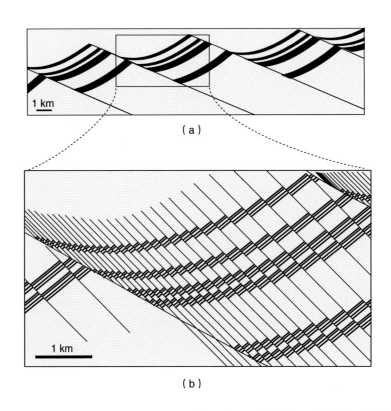

（a）

（b）

图6.16 基于区域剖面，描述了韧性变形的尺度相关的性质（上图），其中岩层看起来是连续的（韧性变形样式），而特写（下图）很明显呈现为许多小断层变形；这个实例直接与地震和亚地震变形相关

因此，岩体变形与规模有关，在地震或介观尺度上，岩体表现为韧性变形；而在亚地震或微观尺度上，则为脆性变形（图6.16）。

在研究过程中，中—下地壳中发育的韧性变形，可以用**塑性**这一术语来表征。这一术语的物理意义如下：

塑性变形通常被定义为没有破裂的岩体在形状或大小上的永久性变形，为由于位错运动导致维持的应力超过材料的弹性极限而形成的变形。

　　塑性这一术语可以用位错理论（第 11 章）解释，该理论提出于 20 世纪 30 年代：当矿物以位错运动方式发生变形时，意味着塑性变形的开始，其埋深普遍介于 10 ~ 15km。术语**晶体塑性**或**晶体塑性变形**用于区别富水黏土力学和岩石力学塑性变形。本书中将术语塑性限定为晶内变形机制，而不是脆性破裂、粒间滚动或摩擦滑动。

　　上述后者微观变形机制属于脆性变形机制，表明术语脆性既可应用于变形样式，也可应用于微观变形机制研究。因此，探讨脆性变形机制，包括微观摩擦变形和**脆性域**力学变形。如果不使用关于构造样式的变形术语，可以使用**摩擦变形**或**摩擦域**这一术语。

　　塑性或晶体塑性变形发生于原子尺度，其中，原子键一次性被蠕变作用（如位错迁移）破坏。本文使用的术语塑性是广义的。严格意义来讲，应该区分蠕变和扩散—溶解作用，后者也属于非脆性（非摩擦的）变形机制。因此，具体来说，既存在脆性或摩擦变形机制，也存在塑性、扩散和溶解机制。

　　图 6.17 总结出：术语韧性适用于变形样式；术语脆性适用于变形样式和微观机制；可塑性和微观机制的直接关系。

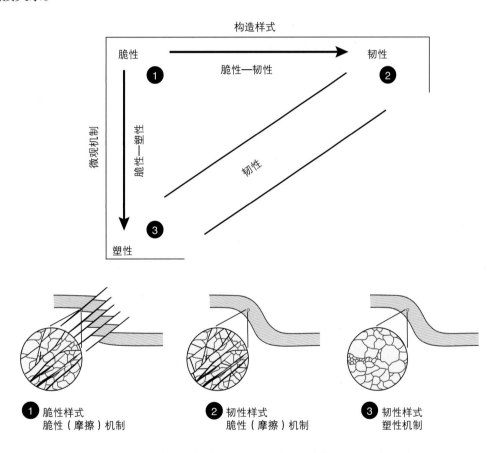

图 6.17　韧性—脆性变形样式和塑性—脆性（摩擦）微观机制的关系

由于不能以 100% 的塑性机制形成脆性变形样式，所以图中的右下角所示情况是不存在的

## 6.9　岩石圈流变学

　　岩石和矿物对应力的反应不同，这取决于晶体的各向异性、温度、流体、应变率和压力。岩石圈中存在三种特别常见的矿物：石英、长石和橄榄石。前两者主要为地壳组分，后者为上地幔主要成分，控制着上地幔的流变性。

在高达 300 ~ 500℃时，石英以脆性变形机制为主，根据大陆地温梯度换算，相当于地壳埋深 10 ~ 12km。随着埋深进一步增大，逐渐转变为以晶体塑性变形机制（**蠕变机制**）和扩散机制为主导。由于长石发育解理，平行于解理方向已发生破裂，很难发生位错滑动和蠕变（晶体塑性变形机制），这与石英明显不同。因此，长石在高达 500℃和埋深 20 ~ 30km 时以脆性变形为主。而橄榄石在埋深达到 50km 时，仍表现为脆性变形。

地壳分为以脆性变形机制为主的上部和以塑性流动机制为主的下部，中间过渡区称为**脆塑性过渡带**（有时称为脆韧性过渡）。理论上而言，均质单岩性地壳在沉降过程中温度逐渐升高，当到达深部脆塑性过渡带之后，温度将对流变起主导作用。下地壳强度遵循式 6.24 的本构方程，而脆性（摩擦）的上地壳遵循 Byerlee 定律。由于地壳脆性或摩擦强度受控于先存断层和裂缝，难以观察到纯粹的脆性变形，因此 Byerlee 定律是基于实验室摩擦滑动实验建立起来的。基于实验数据，Byerlee 定律描述了两条不同的强度曲线（脆性准则和塑性准则）。这为第 7 章的分析奠定了基础。

塑性变形曲线是基于石英的实验建立的（图 6.18），而脆性强度基本与矿物成分无关（黏土矿物除外）。然而，逆断层所需应力明显比正断层大，因此，在安德森应力场中，三种类型断层应力曲线明显不同（图 6.18）。这些曲线也与孔隙流体压力有关，因为孔隙流体压力能够减小摩擦力。

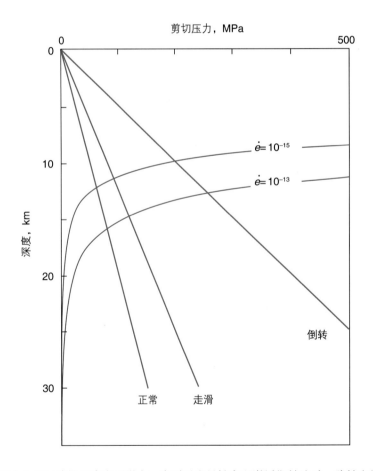

图 6.18　强度（剪切阻力）通过脆性地壳向下增大，直到温度足够高以激活塑性流动。脆性和塑性变形具有不同的强度曲线，二者交点即为脆 - 塑性转变的位置。塑性强度遵循方程 6.24 所示的流动定律，它取决于应变率。塑性流动定律源于石英岩的实验变形（Gleason 和 Tullis，1995）；展示了三种不同应力域下剪切阻力。

地壳并不是由单一矿物组成，但通常认为陆壳中大量石英控制着岩石的流变性。这意味着，尽管长石在 15 ～ 20km 深度时仍表现为脆性变形，但由于石英的大量发育和分布，地壳整体以塑性变形为主，甚至在 10 ～ 12km 埋深时依然如此。然而，随着埋深的增加，如果强度更大的长石以塑性流变变形为主，那么长石的流动规律将起主导作用 [ 图 6.19（a）]。在橄榄石起主导作用的地幔中，其强度更大，在脆性强度曲线上界定出一个新的截距。因此，岩石圈中矿物成分的变化可能导致多套层系脆性和塑性流变的相互转变，称为流变分层 [ 图 6.19（b）、图 6.19（c）]。

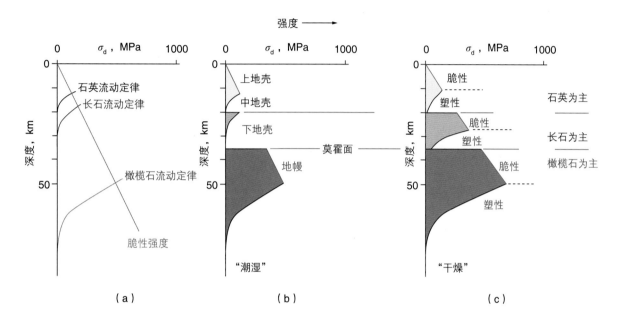

图 6.19　基于脆性摩擦定律和塑性流变定律（来自石英、长石和橄榄石的实验数据）的大陆岩石圈的流变层；脆塑性过渡带出现于脆性和塑性流动定律交切部位；强度曲线与矿物和岩石层有关。通过选择石英—长石—橄榄石流变定量，可以确定三个脆塑性域。结果表明：与湿岩石相比，干岩石具有更大强度（可以保持更高的差应力）

陆壳中脆塑性过渡带通常厚度较大，在一个深度段力学性质发生渐变或者反复变化。

脆塑性过渡带也受流体作用的影响，实际上，"干燥"岩石更能抵抗岩石变形，如图 6.19 所示。此外，应变率垂直向上改变塑性流变规律（即脆性—塑性转变），如图 6.18 所示。

由于地壳具有成层性，因此，为了预测地壳的强度剖面或流变地层，获取尽可能多的成分组成信息显得尤为重要。这些信息可以应用到如裂谷和造山带等的地壳变形模拟中。

## 本章小结

研究天然变形岩石变形构造时，理解岩石变形流变学及其意义至关重要。必须明确弹性、弹性相关定律及弹性模量与永久变形和塑性的根本区别。运用日常生活中的经验（如使用橡胶、塑料、造型腻子、黏土、弹簧和石膏等）来探讨本章提出的相关概念非常有用且有趣。例如通过了解本章概念，厨房中不同类型的食物（糖、蜂蜜、巧克力、面团、布丁、果冻等）可以在不同温度条件下选择很多材料。在探索和吃之前，应熟悉一些重要的观点和需要复习的问题：

● 弹性理论应用于相对较小应变条件下，从毫米级到岩石圈尺度普遍适用。应用于岩石圈的实例是岩石圈发生的弹性沉降，它是由在区域冰川中厚达几公里的冰层引起。冰融化时岩石圈反弹的事实说明它可以作为一个弹性板块，其反弹速率反映出一些有关地幔黏度和岩石圈的弹性性质的信息。

● 应力和弹性应变与杨氏模量有关，杨氏模量越低意味着变形阻力越小。

● 泊松比描述了材料在一个方向上的缩短量和另外两个方向上的扩张量，或者一个方向的拉伸量在垂直拉伸方向的面上的收缩程度。

● 岩石弹性变形达到临界应力或应变（屈服点）时，永久变形开始累积。

● 从力学机制来看，当在恒定应力条件下保持永久应变累积，则发生塑性变形。更普遍的是，塑性变形是由晶内（非碎裂作用）流动引起的岩石变形。

● 对于塑性变形，应变率与应力呈非线性（幂律）关系，称为流动定律。

● 应变硬化和软化意味着岩石性质在变形过程中发生变化。

● 一个以塑性流动的下地壳下伏在强的脆性上地壳之下且上覆在更强的上地幔之上的简单模型，是一个简单且有用的模型，与地壳大规模流变分层非常相似。

● 在自然界中，模拟和实验过程中的理想条件很少得到满足，因此，线弹性模型、黏性模型等需慎重使用。

## 复习题

1. 流变学和岩石力学的差异是什么？

2. 什么是本构定律或本构方程？

3. 什么是各向同性？

4. 什么是弹性材料？

5. 什么是不可压缩介质，什么是泊松比？

6. 相比于其他介质，一些介质较易发生弹性弯曲、拉伸或压缩，即两者之间存在刚度差异。描述弹性材料刚度或抗弹性变形的常量是什么？

7. 什么是屈服应力？如果应力超过屈服点会发生什么？

8. 线弹性与线黏性的差异是什么？

9. 什么类型材料是纯黏性的？地球什么部分被认为是黏性的？

10. 某一岩层比其相邻岩层能干性强意味着什么？

11. 岩石变形过程中，导致应变软化和应变硬化的原因是什么？

12. 塑性变形和蠕变的差异是什么？

13. 岩石圈中控制脆塑性过渡带位置的因素是什么？

## 延伸阅读

### 综合

Jaeger C, 2009. Rock Mechanics and Engineering. Cambridge: Cambridge University Press.

Jaeger J C, Cook N G W, 1976. Fundamentals of Rock Mechanics. London: Chapman & Hall.

Karato S, Toriumi M, 1989. Rheology of Solids and of the Earth. New York: Oxford University Press.

Ranalli G, 1987. Rheology of the Earth. Boston: Allen & Unwin.

Turcotte D L, Schubert G, 2002. Geodynamics. Cambridge: Cambridge University Press.

### 应变率

Pfiffner O A, Ramsay J G, 1982. Constraints on geological strain rates: arguments from finite strain states of naturally deformed rocks. Journal of Geophysical Research, 87: 311-321.

# 第 7 章

# 破裂和脆性变形

在固态地球表面，几乎到处都能发现诸如节理和断层等脆性构造。事实上，脆性变形形成于应力累积到超过地壳局部破裂强度的区域，是上地壳变形的标志。脆性构造可以缓慢地形成于经历剥蚀和冷却的岩石中，也可以伴随着更加强烈的地震形成。不论哪种情况，通过破裂方式发生的脆性变形都意味着晶格在原子尺度上的瞬时破裂，这种类型的变形不仅速度快，而且比塑性变形更加局部化。在实验室中能够相对容易地研究脆性变形，野外露头和薄片观察的相结合为现有脆性变形的理解提供基础。本章中，我们会讨论不同小尺度脆性构造及其形成条件。

该章的电子模块"脆性变形"在以下几个方面提供了进一步的支持：

● 破裂准则
● 流体压力
● 破裂
● 节理
● 剪切裂缝
● 变形带

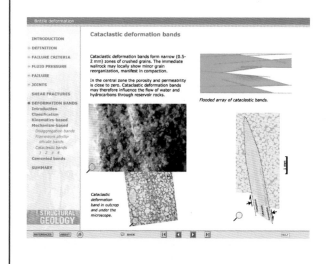

## 7.1 脆性变形机理

如第 6 章所述，一旦未破裂岩石中的差应力超过了一定的限度，岩石就可以通过塑性流动来积聚永久应变。然而，在**摩擦域**或脆性域，一旦达到了破裂强度，岩石就会以破裂的形式变形。在脆性破裂过程中，颗粒被压碎、重组，应变（位移）变得更加集中。

---

脆性域是指物理条件促进脆性变形机理制（如沿颗粒接触面的摩擦滑动、颗粒旋转和颗粒破裂等）的区域。

---

在某些情况下，重要的是表征变形岩石的破裂程度，并区分脆性变形是否涉及破裂。破裂不发育的摩擦变形主要形成于相对弱固结孔隙性岩石和沉积物（土壤）中。在这些岩石和沉积物中，摩擦滑动沿先存的颗粒边界发生变形，并且孔隙空间能够使得颗粒相对于它们相邻的颗粒移动，如图 7.1a 所示。因此，颗粒通过平移和旋转来调节摩擦颗粒边界滑动，这整个过程称为**微粒流或颗粒流**。在脆性域，颗粒边界滑动受摩擦力的影响，因此，这个机制被称为**摩擦滑动**。这意味着发生摩擦滑动必须克服摩擦控制的阻力。不要和塑性域（第 11 章）的非摩擦颗粒边界滑动混淆。

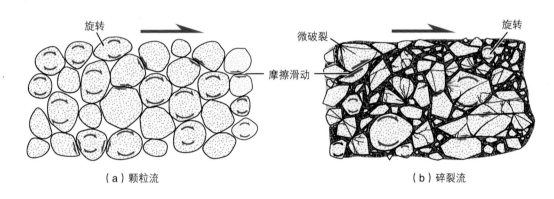

（a）颗粒流　　　　　　　　　　　　　　　（b）碎裂流

图 7.1　脆性变形机理

颗粒流在孔隙性岩石和沉积物的浅变形中是比较普遍的，而碎裂流主要发生在压实程度较高的沉积岩和非孔隙性岩石中

松散沙子的休止角受沙子颗粒间的摩擦控制。颗粒间的摩擦力越大，休止角就越大。在这种情况下，如第 4 章所讨论，重力表现为作用在颗粒接触面上的垂向力，剪应力取决于接触面的方位。

颗粒的摩擦滑动可以广泛分布在整个岩体中，也可以局限于毫米—分米级的区或带。颗粒流会导致形成韧性剪切带，可以从剪切带的一端连续追踪到另一端。这是一种受控于脆性变形机制的典型韧性剪切带。

在其他情况下，在变形过程中会有新的裂缝形成。这经常发生在非孔隙性岩石的脆性永久变形中，但是如果作用在颗粒接触面上的应力足够大的话，上述情形也可以发生在孔隙性岩石中。在孔隙性岩石中，经常可以看到**粒内缝**，这些裂缝被限制在单个颗粒以内（图 7.2a）。**粒间缝**是指切穿多个颗粒的裂缝（图 7.2b），它们主要发育在脆性变形的低孔或非孔隙性岩石中。沿颗粒发生破裂和破碎，并伴随着沿颗粒接触处发生的摩擦滑动和颗粒的旋转，称为**碎裂作用**。强烈的碎裂作用出现在沿滑动或断层面的薄的剪切带内，且带内颗粒尺寸急速降低。在某些更宽的脆性或者碎裂剪切带中可发生相对弱的碎裂变形。在上述情况下，剪切过程中颗粒压碎产生的碎片会发生流动。这个过程被称为**碎裂流**（图 7.1b）。

颗粒流包含颗粒旋转和颗粒间的摩擦滑动，而碎裂流也包括颗粒破裂或碎裂作用。二者均可在介观尺度上产生具有韧性的构造。

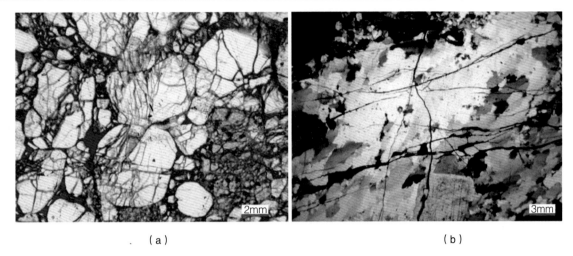

（a）                                    （b）

图 7.2 （a）孔隙性砂岩中碎裂变形形成的粒内缝（美国犹他州萨利纳市，Mesa Verde 群），
图中深蓝色为环氧基树脂充填在孔隙中。（b）变质岩中的粒间缝

还可以观察到没有明显剪切位移的颗粒强烈压碎现象，称为研碎作用。研碎作用的过程还没有完全弄清，但是它似乎和非常高的应变率（$> 100s^{-1}$）有关，并且可能和大地震事件产生的非常高的破裂速率有关。

## 7.2 裂缝类型

### 什么是裂缝？

严格来说，裂缝是指任何面状或正面状的不连续性，与其他两维度相比，它在一维上是非常窄的，且由于外部（例如构造作用）或内部（热的或残留的）应力作用形成的。与另外两个方向相比在某一方向很窄的面状或亚面状不连续。裂缝是位移和岩石或矿物发生破碎的力学性质的不连续性。内聚力的减少或损失是大多数裂缝的特征。裂缝经常被描述为平面，但是在某些尺度上，对裂缝的描述包括其厚度。裂缝可以分为剪切裂缝（滑动面）、张开型裂缝或扩张裂缝（节理、裂隙、矿脉），如图 7.3 和图 7.4 所示。此外，还发育闭合或收缩"裂缝"。

裂缝是一个很窄的带，通常被认为是一个面，它与位移和岩石力学性质（强度或硬度）的不连续有关。

**剪切裂缝**或**滑动面**是指相对运动方向与裂缝面平行的裂缝。剪切裂缝一般用来描述小位移（毫米—分米尺度）的裂缝，而**断层**则更多用于描述具有大位移量的不连续构造。滑动面这个术语用来描述各种与裂缝方向平行滑动的剪切裂缝，但最常见的是断层和断层带中的磨光面。在材料科学和岩石力学方向的文献中，裂缝通常被称为**裂纹**。

**张裂缝**是指垂直于裂缝面发生扩张的裂缝。**节理**的位移通常很小，甚至在宏观无法识别，但经仔细检测表明，大多数节理沿节理面具有微小的伸展位移，因此它们被划分为张裂缝（狭窄）。张裂缝经常会被流体（水、烃类、气体或岩浆）或矿物所充填。当宽的张裂缝被气体、烃类或水充填时，则使用**裂隙**这个术语。被矿物充填的张裂缝称为**矿脉**，而被岩浆充填的张裂缝被称为**岩墙**和**岩床**。节理、矿脉和裂隙都被称为张裂缝。

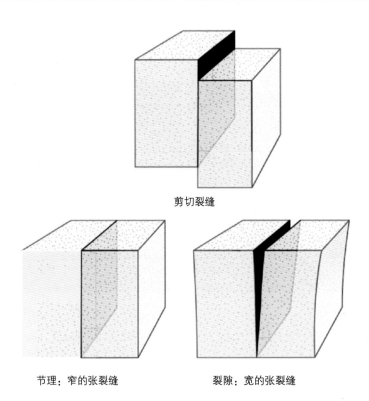

剪切裂缝

节理：窄的张裂缝          裂隙：宽的张裂缝

图 7.3　裂缝的三种类型

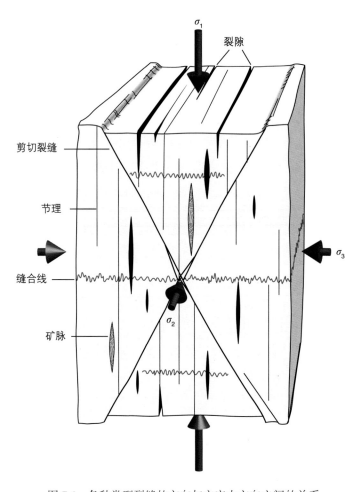

图 7.4　各种类型裂缝的方向与主应力方向之间的关系

收缩面状构造（**反裂纹**）具有收缩位移并且被来自母岩的固定残留物所充填。**缝合线**是以不规则面状而非平直状为特征的压实构造（图7.5）。其表面看起来呈锯齿状，在横截面上与头骨缝合线十分相似。不规则的界面是富含残余矿物的接缝，在石灰岩中，典型的黏土矿物是碳酸盐沿表面溶解并被运走后留下的。一些地质学家将缝合线视为**收缩裂缝**或**闭合裂缝**，因为它们很好地定义了完整的运动学裂缝类型内的三个端元之一，另外两个是剪切裂缝和张裂缝（图7.6）。然而，缝合线失去了裂缝的一些特性，即内聚力的丧失以及孔隙度和渗透性的增加。事实上，缝合线对流体流动具有阻碍作用，例如在油藏中，缝合线可减少油的流动。在工程类文献中，通过垂直压实或缩短形成的构造被称为**反裂纹**。

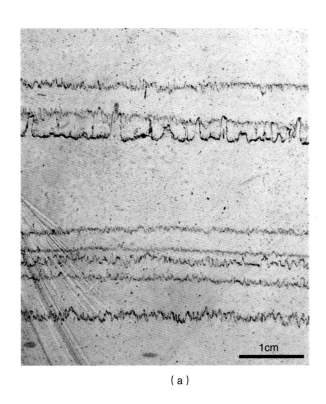

（a）

（b）

图7.5　（a）石灰岩中的缝合线，来自北海埃科菲斯克油田的一块岩心，采自海平面3km以下。这些缝合线产状水平，且平行于层理，并具有在埋藏过程中通过垂向上的压实作用形成的竖直的"牙齿"。（b）犹他州南部侏罗纪石灰岩中的缝合线。黄色箭头指示与层理面平行（压实相关）的缝合线（$S_0$表示层理）。红色箭头指示拉腊米造山运动中形成的构造缝合线。由于褶皱作用，地层发生了旋转

在不同差应力和围压条件下进行的岩石力学实验为研究裂缝变形提供了一种方便的平台（图7.7）。在本章中，我们将多次涉及实验岩石变形（参见专栏7.1）。同样地，数值模拟极大地促进了我们对裂缝生长的理解，尤其是在**线弹性断裂力学领域**。在断裂力学领域，一般将裂缝或裂纹的位移场划分为三种不同的模式（图7.6）。**模式 I**是张开（扩张）模式，其位移垂直于裂纹壁。**模式 II**（滑动模式）代表滑动（剪切）垂直于裂纹边缘。**模式 III**（撕裂模式）代表滑动平行于裂纹边缘。模式 II和模式 III是沿同一剪切裂缝的不同部位发生的滑动，因此，将模式 II和模式 III作为单独的裂缝谈论时，可能会产生混淆。剪切裂缝（模式 II或模式 III）和张裂缝（模式 I）的组合称为**混合裂纹**或**混合裂缝**。此外，**模式 IV**（闭合模式）有时被用于诸如缝合线等收缩裂缝。例如，当研究流体在岩石中流动的问题时，裂缝的位移模式是一个很重要的参数。

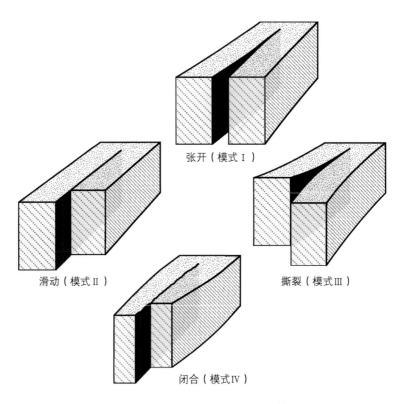

图 7.6　模式 I 、 II 、 III 和 IV 型裂缝

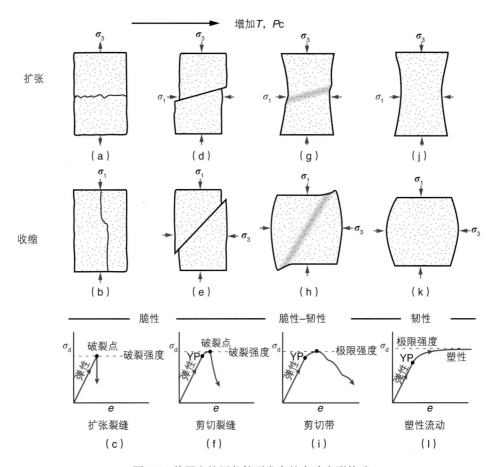

图 7.7　伸展和挤压条件下发育的实验变形构造

所有情况下，均可观测到初始弹性变形，且随着温度（$T$）和围压（$p_c$）的升高，延展性逐渐增强（YP 为屈服点）

## 专栏 7.1 实验室中的变形岩石

通常在岩石力学实验室探索岩石力学性质，样品可被施加与地壳不同深度和不同应力状态有关的各种应力场。单轴实验机可用来测试岩石的单轴抗压强度或抗拉强度。三轴测试（$\sigma_1 > \sigma_2 = \sigma_3$）更为常见，岩石圆柱体被施加轴向加载应力，同时被加载了围压，通过泵入流体来达到特定的围压。一个典型的三轴实验机可以建立一个 2 ~ 300MPa 的轴向应力和 50 ~ 100MPa 围压（或更高）的应力环境。样品和流体通常由一层膜隔开，以避免流体进入样品并改变其力学性质。对于孔隙性岩石或沉积物，可以控制其孔隙压力（如可达到 50MPa）。活塞之间的距离与轴向载荷和围压一起被监测。利用**环形剪切仪**可以探索在垂向压应力最高达 25 MPa 的情况下，较大剪切应变对岩石破裂的影响。

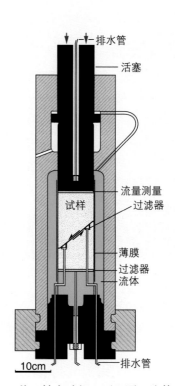

一种三轴实验机，可以泵入流体（油或水），并影响先存裂缝的变形行为

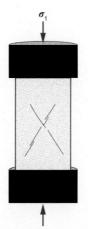

单轴变形实验机，用于确定岩石的单轴强度。实验表明，一般来说，细粒岩石比粗粒岩石强度更大，层状硅酸盐的存在降低了岩石强度

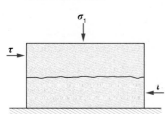

剪切箱实验，探索抗剪能力。正应力越高，激活破裂所需的剪应力越高。裂缝的粗糙度也很重要

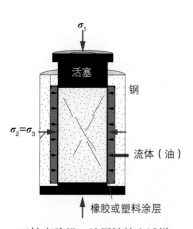

三轴实验机。油压被抽入试样周围的密闭室内以增加围压

环形剪切仪，其可在试样上施加无限变量的剪切应变。加入松散的沉积物，可以研究泥岩涂抹和碎裂作用等过程

## 张裂缝和拉张裂缝

理论上，张裂缝垂直于 $\sigma_3$，因此它包含中间主应力和最大主应力（$2\theta=0°$，见图4.7）。就应变而言，它们在伸展条件下垂直于拉伸方向发育（如图 7.7a 所示）；在挤压条件下，平行于压应力方向发育（如图 7.7b 所示）。由于大多数张裂缝具有较小的应变，应力和应变轴或多或少会重合。

节理是地球表面或接近地球表面处最常见的一种张裂缝类型，并且具有非常小的应变。裂隙是一种比节理张开度更大的张裂缝类型，它们以分布在固体地壳最上部几百米范围内为特征，可以达到数千米长（图7.8）。

张裂缝是低围压和低差应力条件下的典型变形构造。如果张裂缝形成于至少一个应力轴是张应力的条件下，那么这种裂缝就是**真拉张裂缝**。这种条件一般发现于近地表，其 $\sigma_3$ 更有可能为负值。它们也可以发育于岩石圈的深部，因为异常高压的存在可以降低有效应力（第7章第6节）。第8章更详细地讨论了节理和矿脉。

图 7.8　沿欧亚板块和劳伦板块的裂谷轴发育的裂隙（冰岛，Thingvellir）
在玄武岩中，这条裂隙是张开型扩张裂缝，但是垂向位移（右手边下降）指示了与潜在断层的连接

## 剪切裂缝

剪切裂缝显示出平行于裂缝面的滑动，并且与 $\sigma_1$ 呈 20° ~ 30°，正如很多有限围压的压缩实验所观察到的那样 [图7.7（d），图7.7（e）和专栏7.2]。这些实验还表明，剪切裂缝通常以共轭剪切裂缝的形式，对称分布在最大主应力 $\sigma_1$ 两侧。剪切裂缝发育在与上地壳相当的温度和围压条件下。它们也可以形成于脆—塑性过渡带附近，这时它们趋向于形成更宽的碎裂流条带或区域。否则，这些剪切裂缝导致以塑性变形为典型特征的应变样式 [图7.7（g），图7.7（h）]。

扩张裂缝垂直于 $\sigma_3$ 张开，剪切裂缝与 $\sigma_3$ 呈一个角度斜交，这个角度主要取决于岩石性质和应力状态。

正如第6章所述和图7.9所示，脆性和塑性变形具有不同的应力—应变曲线（图7.9中蓝色和红色曲线）：变形韧性越强，破裂之前塑性变形量越大。围压（深度）和应变域（挤压或伸展）的关系也十分重要，如图7.10所示。实验数据表明，伸展环境下脆—塑性转换所需围压比挤压环境下更大，而不是挤压环境。正如前面章节讨论，温度（图7.10）和应变率是另外两个重要的因素。

## 专栏 7.2　为什么剪切裂缝与最大主应力的夹角不是 45°？

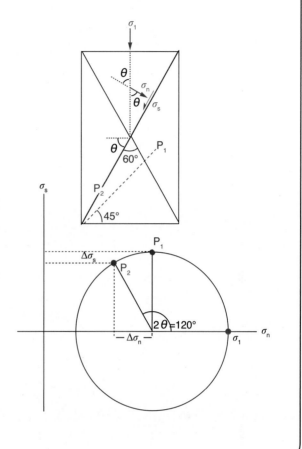

　　纳维叶准则和库仑破裂准则均表明，剪切裂缝不是简单地沿最大剪应力理论面形成。当剪切面与最大主应力呈 45° 角时（$\theta=45°$），获得剪切面上最大分解剪切应力。从摩尔图中可以看出，当 $2\theta=90°$ 时，剪切应力值最大。然而，在这种情况下正应力 $\sigma_n$ 在这个面上相对较大。尽管 $\sigma_s$ 和 $\sigma_n$ 都随着 $\theta$ 增加而减小，但相较之下，$\sigma_n$ 比 $\sigma_s$ 减少得更快。$\sigma_s$ 和 $\sigma_n$ 之间的最优平衡取决于内摩擦角 $\phi$，对于许多岩石类型而言，库仑准则预测的内摩擦角约为 60°。在这个角度时（$\theta=60°$），$\sigma_s$ 仍然很大，而 $\sigma_n$ 则相对小很多。这个角度还取决于围压（变形的深度）、温度和孔隙流体，实验数据表明即使是相同的岩石类型和条件，这个角度的变化范围也很大。

　　$P_1$ 是最大分解剪切应力的面（$2\theta=90°$），且与最大主应力 $\sigma_1$ 呈 45°。面 $P_2$ 与最大主应力 $\sigma_1$ 呈 30°，具有略低的剪切应力（差值是 $\Delta\sigma_s$），但是其正应力却低很多（差值为 $\Delta\sigma_n$），因此剪切破裂更容易沿 $P_2$ 发生，而不是 $P_1$。

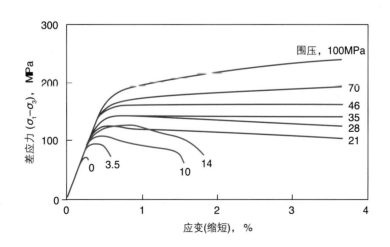

图 7.9　一系列围压条件下大理岩在三轴挤压条件下的应力—应变曲线（据 Paterson，1958）
增加围压可以增大岩石破裂时需要的差应力（蓝线）。超过一个临界围压后，岩石就会像塑性变形一样保持它的强度（红线）

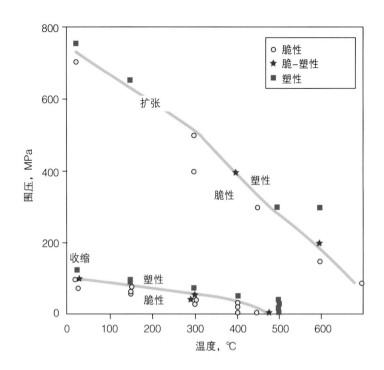

图 7.10 脆—塑性转变的变化与围压和温度呈函数关系（Solenhofen 石灰岩）（据 Heard，1960）

## 7.3 破裂准则

在第 6 章中讲到，岩石对应力的响应取决于应力大小或累积应变，以及各向异性、温度、应变率、孔隙流体和围压等因素。在脆性域，变形岩石在达到临界应力破裂之前累积弹性应变。在脆—塑性过渡阶段，脆性破裂之前，往往会出现一个塑性变形的间歇阶段，并且，破裂不一定会产生一个瞬时贯穿的裂缝，而是形成以碎裂流为主的剪切带或剪切区域。这与塑性域［图 7.7（j）至图 7.7（1）］形成鲜明的对比。在塑性域，应变分布更广并且以塑性变形机制为主。

第六章主要讨论了弹—塑性变形，而本章将主要探讨脆性变形部分。关键问题是何时、如何发生岩石破裂。首先让我们来看一下第一个问题。对于一个给定的岩石样品，在恒温和恒定正围压条件下，破裂取决于差应力（$\sigma_1-\sigma_3$）和平均应力 [（$\sigma_1+\sigma_3$）/2]。如果没有差应力，应力状态就是静岩压力，那么在任何方向都没有拉动或推动岩体的作用力。唯一的例外是高孔隙性砂岩内孔隙结构的坍塌的可能性。但是为了形成明显裂缝，通常需要差应力条件。

破裂的形成需要一个超过岩石强度的差应力。

岩石的强度取决于围压或埋深。在上地壳脆性域，接近地表的岩石强度是最小的，随着深度增加，岩石强度增加。这可以根据诸如图 7.9 中的实验来得到证实，在这些实验中，围压和定向轴向应力都是变化的。从图中我们可以看到：

随着围压增加，为了使岩石发生破裂，必须增加差应力。

下一节我们将会通过描述临界正应力和剪应力的简单关系来阐述围压（埋深）和差应力的相关性。这种关系被称为压缩条件下的库仑破裂准则。

## 库仑破裂准则

17世纪末，法国物理学家查尔斯·奥古斯丁·德·库仑发现了一个能够预测岩石在挤压条件下应力状态是否达到破裂边缘的准则，该应力通常被描述为**临界应力**。该准则考虑了在破裂时作用在一个潜在破裂面上的临界剪应力（$\sigma_s$ 或 $\tau$）和正应力（$\sigma_n$），二者通过常数 $\tan\phi$ 相关联，这里 $\phi$ 称为内摩擦角，有

$$\sigma_s = \sigma_n \tan\phi \qquad (7.1)$$

库仑破裂准则表明剪破裂形成所需的剪应力还与作用在潜在剪切面上的正应力有关：正应力越大，产生剪切破裂所需的剪应力越大。$\tan\phi$ 通常被称为**内摩擦系数** $\mu$。对于疏松的沙子来说，内摩擦系数与沙子之间的摩擦力和临界坡角（休止角，30° 左右）有关。对于固结的岩石来说，内摩擦系数是一个常数，一般分布在 0.47 ~ 0.7，一般来说，通常取 $\mu$=0.6。

---

破裂准则描述了岩石破裂的临界条件。

---

在库仑准则出现的三个世纪之后，德国工程师奥托·莫尔引进了非常著名的在 $\sigma_s$-$\sigma_n$ 空间（莫尔空间）的莫尔圆，在莫尔空间，库仑准则可以很方便地被解释为一条直线，$\mu$ 代表直线的斜率，$\phi$ 为坡角（需要注意的是，还有另外一条直线，它代表共轭剪切裂缝，这两组直线代表的剪切应力大小相同，符号相反）。

库仑认识到，只有超过了岩石的内在强度或内聚力才能形成破裂。因此，完整的库仑破裂准则（又称为维纳叶—库仑破裂准则，莫尔—库仑破裂准则或库仑—莫尔破裂准则）可表示为：

$$\sigma_s = C + \sigma_n \tan\phi = C + \sigma_n \mu \qquad (7.2)$$

常数 $C$ 代表沿 $\sigma_n$=0 的界面的临界剪应力（图7.11）。$C$ 也被称为**内聚强度**，还有一个与之相对应的岩石**临界抗张强度** $T$。

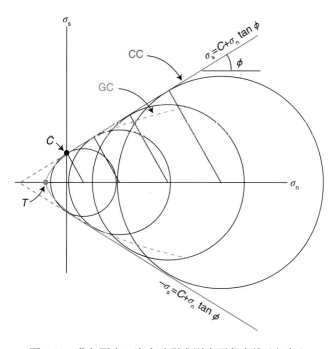

图 7.11　莫尔图中，库仑破裂准则为两条直线（红色）

圆代表处于临界应力状态。蓝色的线代表格里菲斯准则，为了进行对比，有时二者结合一起用（GC用于拉伸域，CC用于挤压域）。
CC—库仑准则；GC—格里菲斯准则；C—岩石的内聚强度；T—岩石的抗张强度

莫尔图提供了一种解释这些常数意义的方便方式（图 7.11）。因为式 7.2 是表征一条直线的方程式，$C$ 代表与垂直轴（$\sigma_s$）的交点，$T$ 表示与水平轴（$\sigma_n$）的交点。在 $C$ 点，可以明显看出 $\sigma_n = 0$，而在 $T$ 点 $\sigma_s = 0$。例如，松散的沙子没有抗压或抗张强度，这就意味着 $T = C = 0$，这时库仑破裂准则就可以简写为式 7.1。沙子的成岩程度越强，$C$ 值就越大。然而，成岩不仅改变了 $C$ 值，也改变了 $\phi$ 值和 $T$ 值。一般情况下，岩石类型不同，$C$、$T$ 和 $\phi$ 值都是不同的。对于砂（岩）来说，它们都随着成岩程度的增加而增大。

为了确定岩石是否遵循库仑破裂准则，并进一步测定一块岩石或沉积物的 $C$、$T$ 和 $\mu$ 值，需要在实验室进行实验。通常需要一台变形设备，设备围压和轴向载荷可以调节。记录破裂时的应力状态并将它绘制在莫尔图中。可以测定很多这样的临界应力状态（图 7.11 和图 7.12），对于所谓的库仑材料，与莫尔圆相切的直线代表库仑破裂准则（式 7.2），这条直线称为岩石的**库仑破裂包络线**。

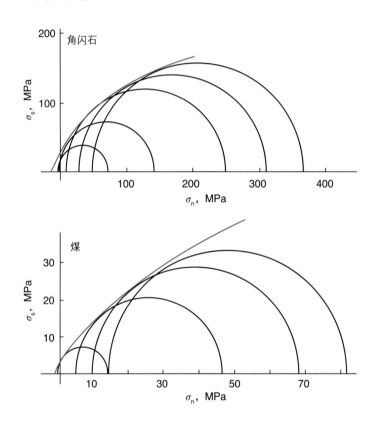

图 7.12　基于三轴应力实验的角闪岩和煤层的莫尔破裂包络线（据 Myrvang，2001）
当围压增大时，岩石强度增大，就可以在图中画一个新的莫尔圆。需要注意的是包络线偏离了库仑准则定义的线性趋势

理想条件下，莫尔圆与破裂包络线的交点代表破裂面的方位（莫尔图中的 $2\theta$），以及破裂时剪切面上的剪应力和正应力。任何一个不与破裂包络线相交的莫尔圆代表稳定的应力状态 [不会发生破裂；图 7.13（a）]。对于脆性破裂来说，库仑破裂包络线总是正的。这就意味着，平均应力（围压）越大，破裂时需要的差应力就越大。换句话说：

---

　　地壳脆性部分埋藏越深，岩石强度越大，要想使之破裂，就需要更大的差应力。

---

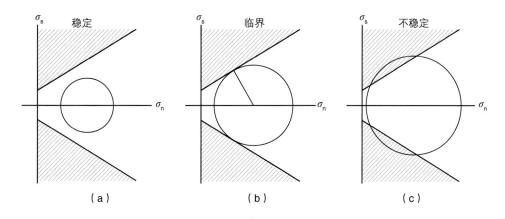

图 7.13　（a）应力稳定状态；（b）临界情况，莫尔圆与包络线相切。
这时岩石处于破裂的边缘，又称为临界施压；（c）不稳定状态，应力状态已经高于破裂需要的应力

还需注意，这里忽略了中间主应力（$\sigma_2$）的影响，并且认为破裂面总是包含 $\sigma_2$，与安德森断层理论相一致（图 5.13）。

剪切破裂的方位可以用内摩擦角（$\phi$）和裂缝的方位（$\theta$）来表示：

$$2\theta = 90° + \phi \tag{7.3}$$

或

$$\theta = 45° + \frac{\phi}{2} \tag{7.4}$$

大多数岩石的内摩擦角 $\phi$ 约为 30°（$\mu$ 约为 0.6），这就意味着 $\sigma_1$ 和破裂面（$90° - \theta$）之间的夹角为 30° 左右（图 4.1）。因此，安德森正断层和安德森逆断层的倾角分别为 60° 和 30°（图 7.14）。

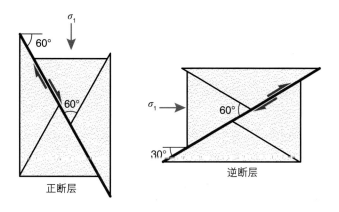

图 7.14　一般发现最大主应力和剪破裂面间的夹角位于 30° 附近
（这意味着正断层（60°）比逆断层（30°）倾角更陡）

## 莫尔破裂包络线

**莫尔破裂包络线**是莫尔图中描述在一系列差应力条件下临界应力状态的包络线或曲线，而不考虑它是否遵循库仑准则。图 7.15 中红色线所表示的包络线将稳定区域（在这个区域，岩石没有发生破裂）和不稳定区域区分开来，不稳定区域在理论上不可能存在，因为破裂阻止这种应力状态的出现。

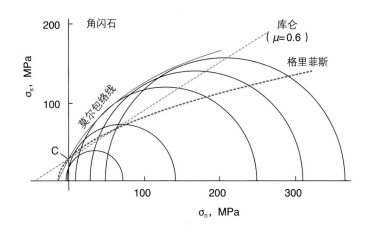

图 7.15　叠合在图 7.12a 实验数据上的格里菲斯破裂准则和库仑破裂准则

将两个准则放置于此，以便使它们与莫尔包络线（在 C 点）一起与纵轴相交。这两个准则均不与数据吻合。格里菲斯准则在拉张应力条件下（原点左侧）较为适用，但是在整个挤压域，其值是明显偏小的。库仑准则在高围压条件下接近包络线（图中右侧）

每一种岩石都具有自己的破裂包络线。破裂包络线可通过不同围压和差应力条件下岩石样品的破裂实验获得。在某些情况下，库仑破裂准则在一定的应力区间内与破裂包络线是相当接近的，在其他情况下，包络线是呈明显的非线性（图 7.15）。达到韧性域的时候，包络线一般趋近于水平。事实上，韧性域接近一个恒定的剪切应力准则（水平包络线），即**冯·米塞斯准则**（$\sigma$= 常数，图 7.16）。包络线呈非线性形状的一个结果就是：随着最小主应力值（$\sigma_3$）的增加，最大主应力（$\sigma_1$）和破裂面之间的夹角（$\theta$）减小。

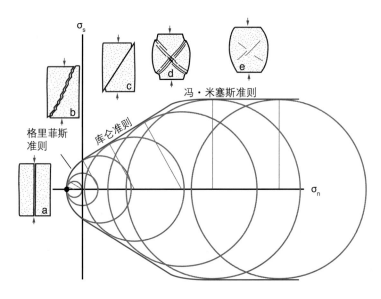

图 7.16　莫尔空间中的三种不同的破裂准则

与围压有关的不同破裂类型：（a）拉张裂缝；（b）混合型裂缝；（c）剪切裂缝；（d）半韧性剪切带；（e）塑性变形

## 拉伸域

库仑准则可以预测形成剪切裂缝的临界应力状态。实验数据显示，库仑准则不能成功地预测拉张裂缝。另外，库仑准则依赖内摩擦角，而这对于拉张正应力来说是没有物理意义的，表明库仑准则不适合伸展域（莫尔图中原点左侧）。实验表明，在拉伸域，莫尔包络线为抛物线形。因此，为了能够覆盖地壳中所有的应力状态，必须结合不同的破裂准则，比如适用于拉伸域的抛物线破裂准则、适用于挤压域脆性破裂的库仑准则以及适用于塑性域的冯米塞斯准则（图7.16）。

莫尔图中莫尔包络线与横轴的交点代表拉张裂缝开始形成的临界应力，即**临界拉张应力** $T$（**抗张强度**）。实验证实，不同岩石的 $T$ 值是变化的，它小于内聚力强度 C。为什么 $T$ 值变化这么大？格里菲斯认为，这与变形样品微观缺陷的形状、大小和分布有关。

## 格里菲斯的破裂理论

20世纪20年代左右，英国航空工程师艾伦·阿诺德·格里菲思将他的破裂研究延伸到了原子水平（Griffith，1924）。他指出，完全各向同性材料的理论强度和实验所测得的天然岩石样品的真实强度之间的差别很大。格里菲斯将打破原子键所需要的能量作为理论上脆性抗张强度的基础。理论计算显示，无缺陷的岩石的单轴抗张强度大约是杨氏模量的1/10。强硬岩石的 $E$ 可达约100GPa（表6.1），这就意味着抗张强度为10GPa（10000MPa）。实验揭示，抗张强度接近10MPa。为什么理论和实际之间有这么大差异呢？

格里菲斯的答案是：天然岩石和晶体是很不完美的。岩石包含有大量的微观瑕疵。本节中将微观裂隙、孔洞、孔隙空间和颗粒边界都认为是微观破裂。为了简便起见，格里菲斯用椭圆形的微观破裂来模拟这些缺陷，现在称其为**格里菲斯（微观）裂纹**。他考虑了与这些微观破裂相关的应力集中和促使它们生长和连通的能量。然后，更理想地预测了抗张强度（尽管不是很完美）。

微观裂纹、孔隙和其他缺陷使岩石变弱。

与库仑不同，格里菲斯发现了岩石处于临界应力状态时（濒临破裂）的一个主应力间存在非线性关系。这个关系被称为格里菲斯破裂准则（Griffith fracture criterion），其方程式为

$$\sigma_s^2 + 4T\sigma_n - 4T^2 = 0 \tag{7.5}$$

这个方程式也可以在莫尔图中描绘出来，它在莫尔图中定义了一个抛物线，它与横轴的交点代表抗张强度 $T$。格里菲斯抛物线与纵轴的交点代表上式中正应力 $\sigma_n=0$ 的点，那么此时 $\sigma_s=2T$。这个数值与莫尔准则中的 C 相一致。换句话说，岩石的**内聚力**是其抗张强度的二倍（$C=2T$），这与实验数据十分吻合。我们可以利用这一新信息，将库仑破裂准则重新表示为：

$$\sigma_s = 2T + \sigma_n\mu \tag{7.6}$$

根据这个公式，就可以轻松地将挤压应力域的库仑准则和拉伸域的格里菲斯准则进行合并。

格里菲斯的重要贡献：提出岩石的脆性强度是受控于岩石中随机方向和随机分布的粒内微观裂缝的。与最大剪应力方向近平行的微观裂缝比其他方向的微观裂缝生长更快，相互连接并最终形成岩石中的贯穿裂缝。

对于非孔隙性岩石，格里菲斯破裂准则在挤压域也是很适用的。然而，格里菲斯准则预测的单**轴抗压强度**是单轴抗张强度的8倍以上（图7.17），但实验数据表明，单轴抗压强度是单轴抗张强度的10 ~ 50倍以上。这种矛盾导致了若干种替代性的破裂准则。然而，对于孔隙性介质，比如砂岩和沙，库仑准则是很实用的，并且可以和格里菲斯准则很好地结合（图7.18）。

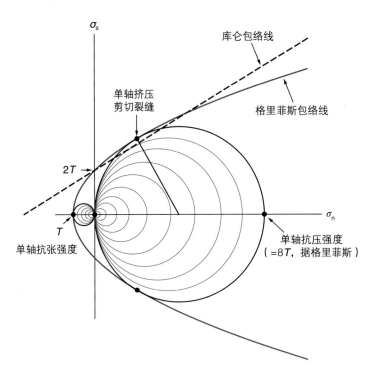

图 7.17　莫尔图中抗张强度和抗剪强度的意义

单轴意味着只有 $\sigma_1 \neq 0$，可以从围压为 0 的单轴变形仪器上获得。通过逐渐对岩石样品施加压力，当第一次形成剪切破裂的时候就达到了单轴抗压强度。通过拉伸样品，直到形成张裂缝，就达到了单轴抗张强度。需要注意的是，对于相同条件下的同一样品，其单轴抗压强度要远远大于其抗张强度

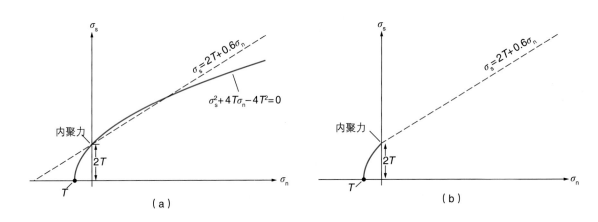

图 7.18　（a）格里菲斯破裂准则和库仑破裂准则的对比（选择的内摩擦系数为 0.6）；
（b）格里菲斯—库仑准则的结合

## 7.4　微缺陷和破裂

　　格里菲斯假设张裂缝是从面状微缺陷或微裂缝发育而来的。在格里菲斯的模型中，破裂经历一个过程，外部应力场作用下优先形成微裂缝，且逐渐连接形成贯穿宏观裂缝。如图 7.19 所示，拉伸裂缝（张裂缝）和剪切裂缝（断层）都可以以这种形式形成。

　　观察结果表明，微裂缝以高频率出现在宏观裂缝附近。这个信息揭示在宏观裂缝传播之前的**过程带**内形成微裂缝。在过程带中，微缺陷扩展并连通，才使得宏观裂缝能够生长。在某种程度上，过程

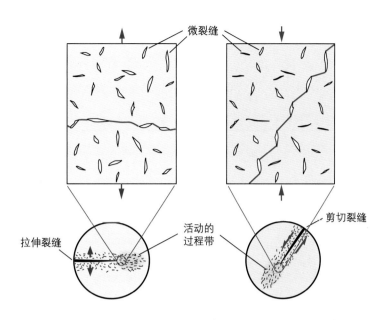

图 7.19　张裂缝（左）和剪切裂缝（右）的生长和扩展 [ 通过微观拉伸裂缝（缺陷）的扩展和连接 ] 简图
扩展发生在裂缝端部前端的一个过程带。圆形图为厘米级别视图，矩形视图描绘了毫米级别构造

带类似于围绕宏观断层破碎带的前面部分，见第 9 章第 5 节。过程带中存在很多有趣的事情，比如由于微裂缝生长造成的岩石体积增加，从而降低了局部孔隙压力，同时，增加了岩石的强度。但是，微裂缝最为重要的方面是应力集中发育在微裂缝端部。这解释了为什么微裂缝能够生长为宏观裂缝。

格里菲斯破裂准则是基于这样一个事实：在非孔隙性介质中，应力集中在张开微裂缝的边缘。这具有直观的意义，既然应力要通过张开微裂缝传递，就必须在微裂缝边缘来寻找路径。如果微裂缝是一个圆形的孔隙，孔隙边缘的应力集中是远处应力的 3 倍，如图 7.20、图 7.21 所示。

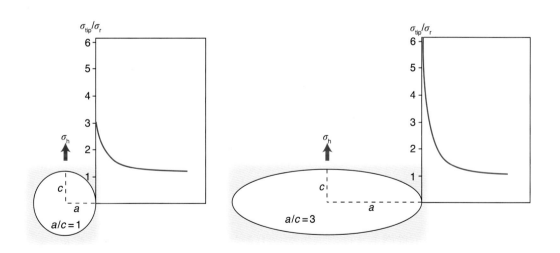

图 7.20　弹性介质中圆形或椭圆形几何形态的孔隙或微裂缝附近的应力集中（据 Engelder，1993）
随着椭圆率 $a/c$ 的增加，应力集中现象更加明显，如式（7.8）所示。远场应力 $\sigma_h$ 为拉张应力（负值）。
$\sigma_{tip}$ 为圆的圆周上的应力和椭圆上最大曲率点（裂缝端部）

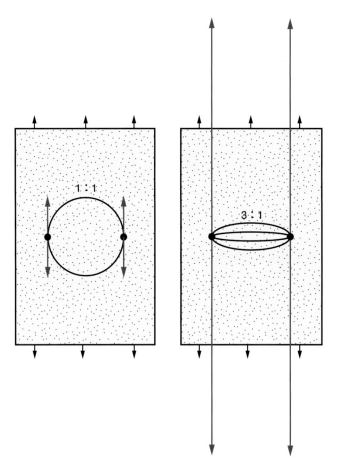

图 7.21 材料中有圆形和椭圆洞时的局部应力集中

如果材料为一页纸，那就意味着具有椭圆形洞的纸更容易撕开。图中黑箭头指示远程应力

如果孔隙是椭圆形，应力集中增加，并且在椭圆的端部达到最高值。对于一个纵横比为 1∶3 的椭圆形微裂缝，端部**局部应力**是远程应力的 7 倍。**远程应力**，也称为**远场应力**，是指远离局部异常应力存在的应力，或如果异常应力不存在时的应力状态。如果椭圆率为 1∶100，这更逼近格里菲斯微裂纹，端部的局部应力是远程应力的 200 倍。这样的应力集中程度足以破坏局部原子键并引起微裂纹的生长。这也意味着，一旦微裂纹开始生长，就使它的长宽比增长，进一步增强了端部的应力集中，促进了裂纹的继续扩展。

岩石中张开微裂缝的端部是应力集中区，应力集中随着微裂缝开度 / 长度比值的降低而增加。

如果将微裂纹模拟为椭圆形孔隙，那么孔隙端部的应力 $-\sigma_{tip}$ 可以用以下数学式来表达：

$$-\sigma_{tip}=-\sigma_r\left[1+\left(2a/c\right)\right] \tag{7.7}$$

式中，$\sigma_r$ 为远程应力，$a/c$ 为椭圆率（椭圆的纵横比）。对于一个圆形孔隙来说，其 $a/c=1$，$\sigma_r > 0$，那么其端部的应力 $\sigma_{tip}=3\sigma_r$。将微裂缝视为椭圆模型是一种近似法，实际上，裂缝的端部是一个十分尖锐的带状构造，其远程应力集中现象更为明显，这样就更增加了微裂缝生长的可能性（图 7.22）。

综上所述，岩石中的裂缝很可能是从微缺陷发展而来的。这也解释了为什么建筑、船舶和宇宙航空工程师十分关心微缺陷及其形状：微裂缝端部的应力集中是否足以引起微裂缝扩展，对于是否会形成裂缝至关重要。

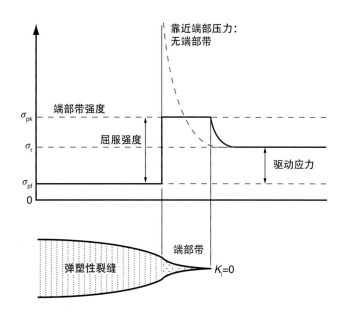

图 7.22 弹性—塑性裂缝端部附近的应力分布（破裂面上的应力分布）（据 Schultz 和 Fossen，2002）
由于裂缝壁位移（虚红曲线）造成的应力放大随着距裂缝端部的距离增大而逐渐降低至远程应力 $\sigma_r$。端部带的长度 $s$ 是由屈服应力（峰值应力）$\sigma_{pk}$ 这个常量来确定。驱动应力（或者叫剩余摩擦强度 $\sigma_{pf}$）是远程应力和孔隙流体压力的差值。屈服强度是屈服应力（峰值应力）与内边界值 $\sigma_i$ 的差值

岩石力学地质学家有时会讨论驱动力或**驱动应力**。对于用线弹性理论模拟的拉张裂缝来说，驱动应力是在裂缝面上发生分解的远程应力与内部孔隙压力之差。因此，拉张裂缝要想扩展，驱动力必须超过分解的远程应力。类似地，对于闭合的剪切裂缝，要想产生滑动位移，其驱动应力（剪切应力）必须超过抵抗力，例如摩擦阻力。应力强度因子 $K_i$ 既考虑了远程应力，又考虑了微裂缝的形状和长度，其临界值 $K_{ic}$ 称为**裂缝粗糙度**。因此，裂缝粗糙度可以被认为是材料抵抗一个先存裂缝生长的能力。自然界中，沉积岩的 $K_{ic}$ 值比火山岩低。本书中并没有详细讨论线弹性破裂理论，但是讨论了温度、组构和样品尺寸如何影响强度。

## 组构、温度、应力几何形态和样品尺寸对强度的影响

现在我们已经认识了以微裂缝形式存在的微观非均质性如何降低岩石强度。理论上，微裂缝是可以是分散式分布的，从而使岩石在宏观上呈现各向均质的特征，例如，在各个方向均具有相同的强度。由于纹层、层理、构造面理、线理和结晶组构（先存裂缝将在后面考虑）等沉积或构造组构的存在，大多数岩石具有非均质性，临界差应力的差异可以达到百分之几百，这取决于应力方位。具有平面非均质性的岩石，会沿着或切穿薄弱的劈理发生破裂，比如流劈理，这取决于劈理面相对于主应力的方位。因此，在莫尔空间中，就会有两条破裂包络线，如图 7.23 所示。沿哪一条包络线发生破裂取决于面理的方位。

如果面理垂直于或平行于 $\sigma_1$，那么在面理上就没有分解的剪切应力，此时适用于上部（蓝色）包络线 [ 图 7.23（a）]，形成的剪切裂缝与 $\sigma_1$ 之间的夹角为 30° 左右。即使是在低围压条件下，也可以沿劈理面（纵向裂开）形成与面理平行的张裂缝。在各向同性岩石中，当面理方向与剪切裂缝方向逐渐接近时，剪切裂缝沿面理面发育需要更低的差应力 [ 图 7.23（b），图 7.23（c）]。此时，剪切裂缝的方位和强度就受控于面理的方控。最小强度可以从图 7.23（d）中"沿面理破裂包络线"与莫尔圆相切的点所代表的的面理方向来获得。精确的角度取决于面理的软弱点，这决定了图 7.23 中的最低破裂

曲线的斜率。

---

岩石是否沿先存薄弱结构或裂缝发生破裂，取决于裂缝相对于应力场的方位。

上面所讨论的莫尔图和破裂包络线只考虑了围压和差应力，没有考虑 $\sigma_2$。实验结果表明，$\sigma_2$ 的影响比较小，并且大多数情况下只有在两个应力轴大小相等的条件下，其影响才可以较为显著。对于垂向主应力 $\sigma_1$，当 $\sigma_2=\sigma_1$ 时，剪切裂缝的倾角是最小的，当 $\sigma_2=\sigma_3$ 时，剪切裂缝的倾角是最大的。对于发育面理的岩石，如果面理不包含中间主应力轴，$\sigma_2$ 的影响就会很大。在这种情况下，分解在面理面上的正应力和剪应力取决于所有 3 个主应力。

在塑性域，温度是影响流变学的主要因素，但是在脆性域，对于大多数普通矿物来说，温度的影响相对较小。虽然它确实控制了脆性域的范围：温度的升高会降低冯·米塞斯屈服应力（降低了屈服点或使岩石发生塑性流动的应力）。

一个与样品尺寸有关的有趣的实验观察表明：随着样品尺寸的增加，其强度降低。产生这种结果的原因是由于大样品比小样品具有更多的微裂缝。因为微裂缝的长度和形状不同，大样品比小样品包含可更容易引起更大应力集中的微裂缝。

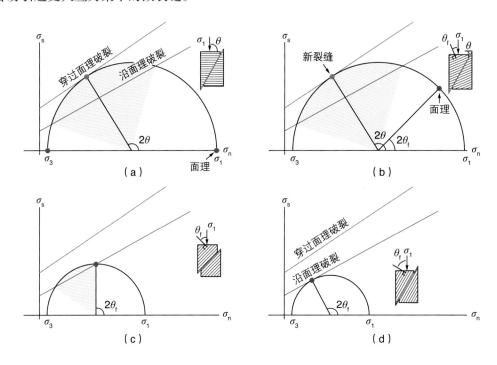

图 7.23　恒定 $\sigma_3$ 条件下，先存面理对裂缝形成影响示意图

（a）$\sigma_1$ 垂直于面理，在这种条件下应力积累，直到莫尔圆触到了上部（蓝色）破裂包络线，才能形成裂缝，裂缝切穿面理（涂色扇形的部分表示沿面理破裂的方向范围）；（b）$\sigma_1$ 与面理呈高角度相交，此时破裂仍然不会沿面理形成（面理仍然在涂色扇形之外）；（c）$\sigma_1$ 与面理呈 45°，引起平行于面理的破裂（涂色扇形表示在这种特殊应力状态下，平行于面理的破裂发生时的方向范围）；（d）发生破裂的最小差应力时 $\sigma_1$ 与面理的夹角（这是面理岩石最脆弱的方向）

---

在岩石实验过程中，大样品一般在小样品之前发生破裂。

在大尺度下，实验对样品尺寸的依赖性更加显著。想象一下地壳中所有的节理、断层以及其他薄弱构造，它们将会在岩石达到其强度之前发生活动。这些薄弱构造控制了脆性地壳的强度，这就意味着，上地壳的强度要远远小于实验室测得的未破裂样品的强度。

## 7.5 裂缝终止与相互作用

剪切裂缝终止的研究表明，它们有时劈开成为具有新方向的两个或更多的裂缝，如图7.24所示，并形成具有一系列不同几何形态的裂缝。其中一种类型的构造是**翼裂纹**，即为剪切裂缝端部的张裂缝[（图7.24（a）]。翼裂纹表现为主裂缝每一个端部的一个或几个拉张裂缝，并伴随着末端位移迅速减小。在其他情况下，裂缝末端会形成一群小的典型的张裂缝，这些裂缝不对称地分布在主裂缝端部，称为马尾状裂缝[图7.24（b）和图7.25]。如果主裂缝端点部位的次级裂缝为扇状，一般称为八字形断层[图7.24（c）]。八字形断层可以与主断层倾向相同，也可以在破裂末端形成反向裂缝[图7.24（d）]。

大多数情况下，端部带裂缝暗示了主裂缝的能量分散在了一定数量的裂缝面上。这意味着作用于每一个裂缝面的能量降低了，这就阻止了裂缝的连续生长。因此，明显的马尾状裂缝或八字形断层的演化可能会"抑制"主裂缝的生长，且阻止或至少是暂停了裂缝末端的进一步传播。

---

### 专栏7.3 裂缝生长与翼裂纹

岩石力学特性之一：即使一个变形样品发育与 $\sigma_1$ 的夹角为锐角（大约30°）的贯穿性剪切裂缝，它不能沿着预设的裂缝面生长。相反，模式 I 型裂缝平行于 $\sigma_1$ 形成。这些裂缝称为翼裂纹或边缘裂纹。在三维空间中，翼裂纹（模式 I）沿模式 II 或模式 III 主裂缝的边缘形成。

这种裂缝发育模式与理论应力状态是一致的。但是剪切裂缝在这个阶段是如何扩展的？一般的答案是：模式 I 型翼裂纹被新生剪切裂缝破坏，这个过程随着主裂缝的生长而不断重复发生。其结果是，沿主剪切裂缝和主剪切裂缝周围形成了一个小裂缝带，一种类似于第9章定义的断层破碎带。

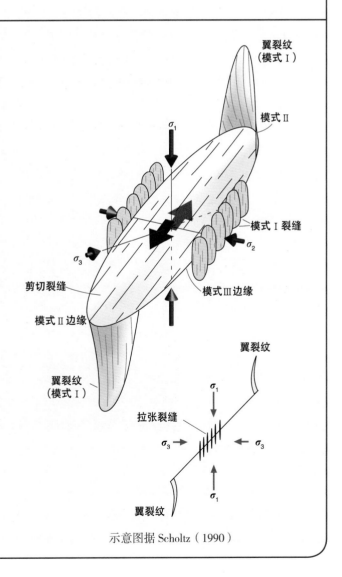

示意图据 Scholtz（1990）

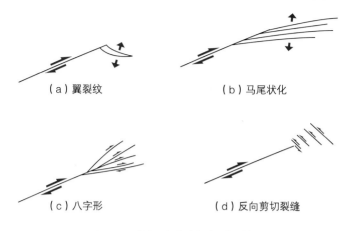

（a）翼裂纹　　　　　（b）马尾状化

（c）八字形　　　　　（d）反向剪切裂缝

图 7.24　剪切破裂端部微裂缝特征

图 7.25　片麻岩中剪切裂缝端部的马尾状裂缝

　　一般情况下，应力场在裂缝附近发生扰动，尤其是裂缝末端。因此，当两条裂缝附近的弹性应变场发生重叠时，每一条裂缝附近的局部应力场会发生相互作用，并发育特殊的几何形态。如果一条裂缝朝着另一条已经存在的裂缝生长，由于受到这条先存裂缝形成的应力扰动作用的影响，新裂缝就会发生弯曲。图 7.26 显示，新裂缝的几何形态取决于老裂缝附近的应力状态。如果两条裂缝同时彼此趋近生长，它们就会相互影响，正如第 8 章所示（图 8.21 和图 8.22）。

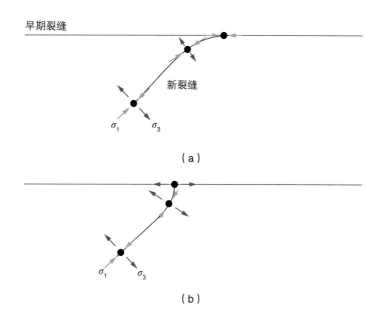

图 7.26  先存裂缝附近新裂缝扩展方向的局部改变（据 Dyer，1998，有修改）

新裂缝朝着先存裂缝生长，保持与 $\sigma_3$ 方向呈 90° 的路径。图 7.26（a）的几何形态显示，沿先存裂缝方向，$\sigma_1$ 是挤压的。如果新裂缝弯曲方向背离先存裂缝，如图 7.26（b）所示，那么沿先存裂缝的 $\sigma_1$ 和 $\sigma_3$ 具有相似的大小，且张力方向沿着先前存在的断裂

## 7.6  再活动与摩擦滑动

前面阐述的库仑—格里菲斯破裂准则在岩石发生破裂之前是适用的。它们的一个重要应用是安德森断层模式，它建立在库仑理论之上，但是只有在破裂位移很小时才是有效的。一旦破裂形成，它就代表一个薄弱面。新的应力累积很可能会在较低的应力条件上使先存破裂再活动，而不是通过岩石中微观缺陷的生长和连接的耗能的过程来形成一个新的裂缝。裂缝再活动是形成主断层的先决条件。如果没有裂缝再活动，整个地壳就充满了小位移的短裂缝。

除了应力场本身以外，先存裂缝的方位和摩擦力是最重要的参数。新应力场相关的方位决定了裂缝面上分解剪应力和正应力。当 $\sigma_n$ 垂直于裂缝面时，裂缝面上没有剪应力，裂缝是稳定的。在一般情况下，在裂缝面上会有一个分解剪应力，但是摩擦力限制了裂缝再活动的可能性。这个裂缝面上的局部摩擦力通常被称为**滑动摩擦系数**（$\mu_f$）。

滑动摩擦系数是使破裂面发生滑动所需的剪应力与作用于破裂面上的正应力的比值：

$$\mu_f = \frac{\sigma_s}{\sigma_n} \tag{7.8}$$

在莫尔图中，这是一条直线（图 7.27 中摩擦滑动的判据），如果假设先存破裂没有内聚力，则这条直线是通过原点的。如果裂缝的内聚力为 $C_f$，那么上式可写为

$$\mu_f = \frac{\sigma_s - C_f}{\sigma_n} \tag{7.9}$$

$C_f$ 一般比较小，而且对于大多数岩石来说，在中高围压条件下它们的 $\mu_f$ 的大小是相似的。对于低围压情况，破裂面的表面粗糙度就会很重要。在浅埋条件下，断层粗糙阻止断层滑动，从而可能导致黏滑变形（图 9.38）。在深埋条件下，粗糙对于摩擦所起的作用就较小。根据大量实验，Byerlee 定义

了低围压条件下临界剪应力的经验公式:

$$\sigma_s=0.85\sigma_n（\sigma_s < 200MPa）\tag{7.10}$$

高围压条件下:

$$\sigma_s=50+0.6\sigma_n（\sigma_s < 200MPa）\tag{7.11}$$

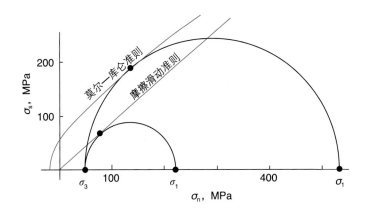

图 7.27　摩尔图中所示的先存裂缝（薄弱面）的影响

破裂面再活动（摩擦滑动）准则与同一种类未破裂岩石的准则是不一样的，破裂面再活动所需的差应力小于岩石中
形成一个新裂缝所需要的差应力。该例子是围压 50MPa（约为 2km 深的地层压力）条件下结晶岩的实验结果

这些公式被称为**贝尔利定律**（如图 7.28 所示），它们适用于除高含水的黏土矿物之外的大部分岩石。

贝尔利定律描述了上地壳中临界剪应力（断层发生滑动所需的应力）的垂向增长。

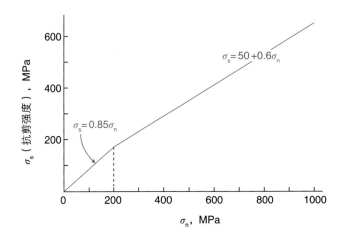

图 7.28　贝尔利定律是一个反映临界剪应力与正应力关系的经验定律。
水平比例尺与地壳深度有关（向右深度增加）

## 7.7　流体压力、有效应力和多孔弹性理论

20 世纪构造地质学领域最大的挑战之一是解释巨型逆冲推覆体是如何在不被压碎的情况下被搬运数百千米的（专栏 17.4）。解释该问题的一个重要部分与超压逆冲带有关，即逆冲断层包含异常高压流体。

这是流体压力发挥重要作用的众多例子之一。我们已经在第 5 章讨论了沉积层序（石油储层）中的超压地层，如果孔隙性和渗透性地层中孔隙水被非渗透性地层所限制，则可能发生超压。当上覆载荷的重量作用于孔隙压力时，形成超压。由于受热时水的膨张比岩石矿物更快，这样就带来了一个附加效应。如果水不能逃逸，其热膨胀将会进一步增加渗透性单元中的流体压力。

在更深处，变质作用释放水分和二氧化碳。如果流体不能沿非渗透性变质岩的裂缝系统逃逸，就会导致超压。在很多低变质程度变质岩中形成的矿物充填扩张裂缝（矿脉）很可能与变质流体释放造成的流体压力升高有关。岩浆侵入也是流体（岩浆）压力平衡垂向应力的一种情况。最后，流体压力的升高能引起断层和裂缝的再活动。

---

流体压力抵消了作用在裂缝面上分解的正应力，因此，分解的剪切应力可足以导致裂缝再活动。

---

一条新裂缝是否能够形成或一条先存裂缝是否能够再活动，这受控于裂缝与主应力的方位关系和有效应力。**有效应力**（$\bar{\sigma}$）是施加应力或远程应力与流体压力的差值：

$$\bar{\sigma} = \sigma - p_f \tag{7.12}$$

在三维空间，有效应力可以表示为

$$\begin{bmatrix} \bar{\sigma}_{11} & \bar{\sigma}_{12} & \bar{\sigma}_{13} \\ \bar{\sigma}_{21} & \bar{\sigma}_{22} & \bar{\sigma}_{23} \\ \bar{\sigma}_{31} & \bar{\sigma}_{32} & \bar{\sigma}_{33} \end{bmatrix} = \begin{bmatrix} \sigma_{11} & \sigma_{12} & \sigma_{13} \\ \sigma_{21} & \sigma_{22} & \sigma_{23} \\ \sigma_{31} & \sigma_{32} & \sigma_{33} \end{bmatrix} - \begin{bmatrix} p_f & 0 & 0 \\ 0 & p_f & 0 \\ 0 & 0 & p_f \end{bmatrix} = \begin{bmatrix} \sigma_{11} - p_f & \sigma_{12} & \sigma_{13} \\ \sigma_{21} & \sigma_{22} - p_f & \sigma_{23} \\ \sigma_{31} & \sigma_{32} & \sigma_{33} - p_f \end{bmatrix} \tag{7.13}$$

或者，如果主应力与坐标轴一致，那么

$$\begin{bmatrix} \bar{\sigma}_1 & 0 & 0 \\ 0 & \bar{\sigma}_2 & 0 \\ 0 & 0 & \bar{\sigma}_3 \end{bmatrix} = \begin{bmatrix} \sigma_1 - p_f & 0 & 0 \\ 0 & \sigma_2 - p_f & 0 \\ 0 & 0 & \sigma_3 - p_f \end{bmatrix} \tag{7.14}$$

流体压力会降低岩石强度，从而使得岩石在较低差应力下就可以变形（在无流体压力时，该差应力不足以使岩石破裂）。对于孔隙性砂岩来说，孔隙（流体）压力对库仑破裂准则具有以下效果：

$$\sigma_s = C + \mu (\sigma_n - p_f) \tag{7.15}$$

当差应力（$\sigma_1 - \sigma_3$）不变时，孔隙压力的增加降低了平均应力（从 $\sigma_m$ 到 $\sigma_m - p_f$）（图 7.29）。如果有效应力为拉张应力（$\sigma_3$ 为负值），即如果：

$$\bar{\sigma}_3 = \sigma_3 - p_f < 0 \tag{7.16}$$

就会形成张裂缝。在不含水或静岩压力条件下，拉张裂缝一般只发育在地壳浅部（小于几百米）。但是流体超压使得即使是在数千米深处也能形成局部的拉张应力。

为了能够清楚地表示有效应力和孔隙流体压力的和，即总应力，可以将式（7.13）改写成：

$$\sigma = \bar{\sigma} + p_f \tag{7.17}$$

或

$$\begin{bmatrix} \sigma_{11} & \sigma_{12} & \sigma_{13} \\ \sigma_{21} & \sigma_{22} & \sigma_{23} \\ \sigma_{31} & \sigma_{32} & \sigma_{33} \end{bmatrix} = \begin{bmatrix} \bar{\sigma}_{11} & \bar{\sigma}_{12} & \bar{\sigma}_{13} \\ \bar{\sigma}_{21} & \bar{\sigma}_{22} & \bar{\sigma}_{23} \\ \bar{\sigma}_{31} & \bar{\sigma}_{32} & \bar{\sigma}_{33} \end{bmatrix} + \begin{bmatrix} p_f & 0 & 0 \\ 0 & p_f & 0 \\ 0 & 0 & p_f \end{bmatrix} \tag{7.18}$$

为了描述这种关系，假想一个多孔渗透性的砂岩（图7.30）暴露在一个容器内的应力单轴应变参考状态。首先假设岩石为干燥的，颗粒施加给容器壁的平均应力为 $\sigma_n^w$。这个应力不是沿容器壁分布，而是集中在颗粒与容器壁的接触点（图7.31）。颗粒和容器壁的接触应力 $\sigma_n^g$ 取决于接触面积，可以以孔隙度 $\phi$ 的形式来表达：

$$\sigma_n^g = \left(\frac{1}{1-\phi}\right)\sigma_n^w \qquad (7.19)$$

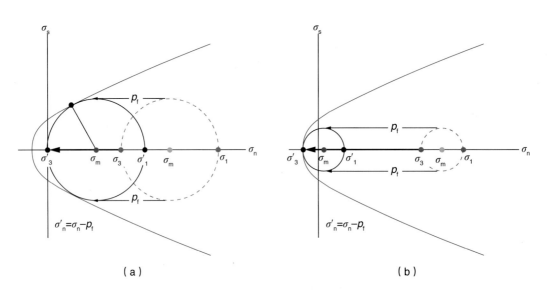

图 7.29　增加岩石中孔隙流体压力 $p_f$ 的影响

莫尔圆向左移动（平均应力减小），如果莫尔圆与破裂包络线相切时，$\sigma_3$ 仍然为正值，就会形成剪切裂缝。
如果在拉张域与包络线相遇，就形成拉张裂缝，如分图（b）所示（低差应力）

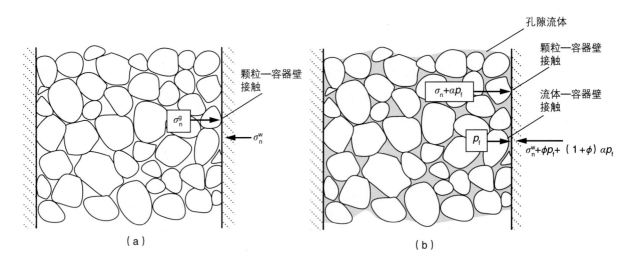

图 7.30　不断增加的孔隙压力 $p_f$ 对孔隙性岩石总应力状态的影响（封闭的单轴应变应力模型）
（据 Engelder，1993，有修改）

在干燥岩石中（a），应力只通过颗粒—颗粒或颗粒—容器壁接触面传递。如果加入低孔隙压力 $p_f$ 的孔隙流体（b），
由于颗粒的弹性变形会吸收应力，因此，颗粒—裂缝壁上的正应力增加小于孔隙压力增加。这就是多孔弹性效应

现在，在一些中等孔隙压力（$p_f$）条件下，流体充填孔隙会导致抵抗颗粒壁的压力增加。容器壁部分与流体接触直接受到流体压力作用。在颗粒和容器壁接触点上，作用在容器壁的正应力会以流体压力增加部分，即增加了一个因子（$\alpha p_f$），即乘以一个系数 $\alpha$，其中 $\alpha < 1$。作用于容器壁上的应力增加记为 $\Delta\sigma_n$，不等于孔隙流体压力 $p_f$，而是小于孔隙流体压力，其值取决于砂岩孔隙度，有

$$\Delta\sigma_n = \phi p_f + (1-\phi)\,\alpha p_f \tag{7.20}$$

因子 $\alpha$ 为多孔弹性的毕渥数，表征多孔弹性效应。但是为什么应力增长小于孔隙流体压力 $p_f$ 的增长？因为胶结颗粒主要为弹性接触。因此，一些孔隙流体压力 $p_f$ 被弹性变形吸收。

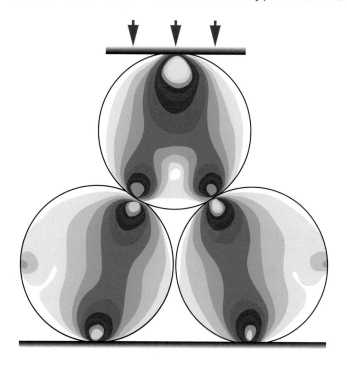

图 7.31　孔隙性岩石或沉积物中颗粒—颗粒接触区域的应力集中（应力桥）图解（据 Gallagher 等，1974）

暖色为高应力值

考虑沉积盆地应力状态时，多孔弹性效应是很重要的。它还可能影响孔隙性岩石的变形和裂缝扩展（图 7.32）。与格里菲斯理论相一致，某种缺陷代表一个可能形成张裂缝的成核点。由于岩石是渗透性的，因此，增加一定量孔隙流体压力（$\Delta p_f$）会产生新的孔隙流体压力（$p_f$），它在缺陷内和缺陷外是一致的。然而，在缺陷和岩石之间的壁上，多孔弹性效应[式（7.20）]开始起作用。这告诉我们，孔隙压力的增长引起缺陷岩石边缘的平均正应力的增长速率小于缺陷内平均正应力的增长速率。随着孔隙压力的增长，在某些点，缺陷内的孔隙流体压力将会超过颗粒施加在缺陷壁上的平均正应力。此时，缺陷壁经历拉伸背景，可能会随着缺陷生长为更大规模扩张裂缝而进一步分离。张应力在端部应力集中，其大小取决于缺陷或裂纹的形状[式（7.8）]。一旦扩张裂缝开始生长，裂缝体积就会增加，孔隙压力降低，裂缝扩展就会停止或停顿，直到孔隙压力重新恢复。这种裂缝传播历史通过停止线的形成记录下来（图 8.17）。

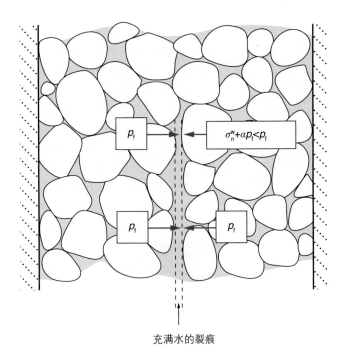

图 7.32 渗透性多孔岩石缺陷中的应力状态

多孔弹性效应引起缺陷壁上穿过颗粒—缺陷接触面的应力小于孔隙流体压力。如果孔隙压力足够大，就会形成拉张应力

## 7.8 孔隙性岩石中的变形带和裂缝

在脆性域，岩石受到应力作用形成张裂缝和剪裂缝（滑动面）。这些裂缝是突变的、力学薄弱不连续构造，因此，在新的应力场建造形成时，这些裂缝易于发生再活动。至少非孔隙性岩石和低孔隙度岩石如此响应。在高孔隙度岩石和沉积物中，脆性变形呈现为与之相关，但又明显不同的变形构造，称为**变形带**（图 7.33）。

图 7.33 多孔性阿兹特克砂岩中的变形带群

注意颜色变化，这表明变形带影响了大气水的流动，这些大气水溶解、携带和沉淀铁的氧化物。图片拍摄于内华达州火谷

变形带是变形的孔隙性岩石中毫米到厘米级厚的局部压实带、剪切带和/或膨胀带。图 7.34 展示了变形带在动力学上与非孔隙性岩石或低孔隙度岩石中裂缝的关系，但是，将变形带与平常所说的裂缝进行区别十分重要。其一，变形带是比相同长度下规则滑动面的厚度更大，同时表现出更小的剪切位移。这就引出了**板状不连续**的概念，它与描述裂缝的**突变不连续**相对应。其二，普通裂缝的内聚力相对降低甚至消失，而大多数变形带保持了原岩内聚力，甚至是有所升高。此外，还有一个明显的特征，就是变形带表现为高渗透率岩石中的低渗透率板状物。这种渗透率的降低与孔隙空间的崩塌有关，如图 7.35 中描绘的西奈的变形带。与之相反，大多数裂缝是提高渗透率的，尤其是在低渗透和非渗透性岩石中。这种区别对于探究储集岩中流体流动至关重要。很多变形带变形过程中发生的应变硬化也是变形带区别于裂缝的重要标志，而裂缝一般伴随应变软化。

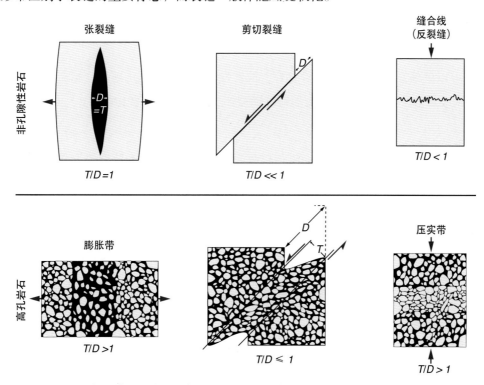

图 7.34　变形带的运动学分类以及它们与低孔隙度或非孔隙性岩石中裂缝的关系

$T$—厚度；$D$—位移

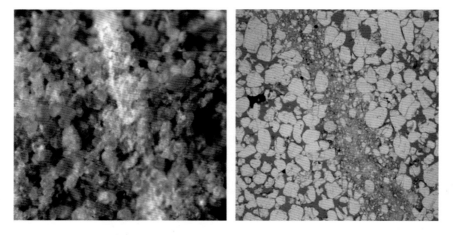

图 7.35　西奈努比亚砂岩中的碎裂变形带的露头（左）和薄片（右）

注意颗粒的大量压碎和孔隙度降低（薄片中蓝色为孔隙空间）。变形带宽度约为 1mm

非孔隙性岩石和孔隙性岩石脆性破裂的区别在于，孔隙性岩石具有用于颗粒重组过程的孔隙体积。这些孔隙空间允许颗粒的有效旋转和滑动。即使是颗粒被压碎，颗粒碎片也能够进入附近的孔隙空间。

与孔隙空间相关的运动自由允许形成一类特殊的构造，称为变形带。

### 什么是变形带？

如何区别变形带与非孔隙性岩石中的普通裂缝？下面是变形带的一些特征：

- 变形带只发育在高孔隙度的颗粒状介质中，尤其是孔隙性砂岩。

- 相同位移条件下，剪切变形带的变形区域比普通剪切裂缝更宽。

- 变形带的视位移不会太大。即使是 100m 长的变形带，其视位移也很少超过几厘米。而具有相同长度的剪切裂缝表现为米级位移。

- 变形带可以单条发育，也可以成群发育，或者发生在与滑动面（断层变形带）相关的区域。这与孔隙性岩石中断层的形成方式（通过变形带的断裂作用）相关（见第 9 章）。

### 变形带的类型

与裂缝类似，根据运动学特征，变形带可以分为**剪切（变形）带**、**膨胀带**和**压实带**三个端元（图 7.34）。识别变形带变形机制确定也有重要意义。变形机制取决于内部和外部条件，如矿物学特征、颗粒大小、颗粒形状、分选、胶结程度、孔隙度、应力状态等。不同的变形机制产生具有不同岩石物理性质的变形带。因此，如果渗透率和流体流动是一个问题的话，基于变形带形成过程的分类方案特别有意义。最重要的变形机制有：

- 颗粒流（颗粒边界滑动和颗粒旋转）

- 碎裂作用（颗粒破裂）

- 层状硅酸盐涂抹

- 溶蚀作用和胶结作用

变形带是根据它们的特征变形机制命名，如图 7.36 所示。

**解聚带**通过与剪切相关的颗粒解聚作用（以颗粒旋转、颗粒边界滑动和颗粒间胶结物破坏的形式）形成。这个过程我们在初始称为微粒流或颗粒流 [图 7.1（a）]。解聚带主要发育在砂和弱固结的砂岩中，或伴生在大多数沙箱物理模拟实验中的产生的"断层"处。在纯净的砂岩中，解聚带几乎是肉眼不可见的，但是在其切过或使标志层发生偏移的时候检测可观察到它（图 7.37）。它们真正的位移一般为几厘米，厚度随颗粒大小变化。细砂（岩）发育约 1mm 厚的变形带，而粗砂（岩）可发育厚度至少为 5mm 的单条变形带。

宏观上，解聚带是韧性剪切带，沿解聚带，可以追踪到连续的砂质薄层。大多数纯净、分选好的石英砂沉积已经压实到一定的程度，尽管后续剪切相关的颗粒重组会降低孔隙度，但剪切的起始阶段依然会导致一些膨胀（膨胀带）。

**层状硅酸盐变形带**（也叫层状框架硅酸盐变形带）形成于片状矿物超过 10% ~ 15% 的砂（岩）中。可以将它们视为解聚带的一种特殊类型，其中片状矿物的存在促进了颗粒滑动。变形带中的黏土矿物与其他矿物颗粒混合在一起，由于剪切作用诱导的颗粒旋转，粗的层状硅酸盐颗粒排成一行，形成局部结构。层状硅酸盐带很容易被观察到，因为定向排列的层状硅酸盐使变形带具有一种明显不同的颜色或结构，类似于母岩中富含层状硅酸盐的薄层。

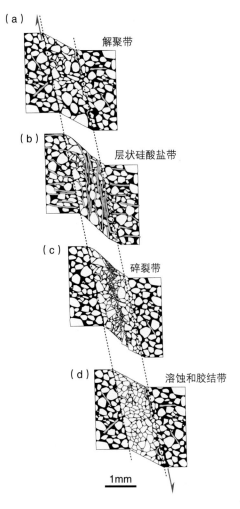

图 7.36 变形带的不同类型（从主要的变形机制角度区分）

图 7.37 右倾的压实带叠加在左倾的软沉积解聚带（几乎是看不到的）

除薄层外，砂岩孔隙度是很大的，压实带只发育在砂岩中，薄层中压实带不发育。因此，压实带只形成于孔隙度非常高的砂岩。薄片照片显示，压实作用有助于溶蚀作用和颗粒破裂。犹他州南部，Navajo 砂岩

如果岩石的层状硅酸盐含量在穿过层理面或薄层界面时发生变化，变形带可以从一个几乎不可见的解聚带变为层状硅酸盐带。在主要片状矿物为黏土时，变形带为细粒颗粒组成的低孔隙度区域，并可以累积超过其他类型变形带所表现出的几厘米的位移。这种现象与片状矿物沿层状硅酸盐带发生涂抹作用有关，这明显抵消了由于颗粒联结导致的应变硬化。

如果黏土岩中的黏土含量足够高（大于 40%），变形带则变为**泥岩涂抹**。泥岩涂抹一般表现为擦痕，并且可以划分为滑动面，而不是变形带。变形带在离开砂岩层时变为泥岩涂抹的例子是很常见的。

**碎裂带**形成于颗粒机械破碎十分显著的地方（图 7.35）。这种变形带就是由来自 Atilla Aydin 最先描述的美国西部科罗拉多高原的经典变形带。他指出，很多碎裂带由一个中央碎裂核组成，该核包含一定量的压实或轻微碎裂的颗粒中。碎裂核是最明显的，其以颗粒尺寸变小、颗粒形状不规则和明显的孔隙空间坍塌为特征（图 7.35）。颗粒的破碎导致大量颗粒堆积在一起，促进了应变硬化。应变硬化可能会解释观察到的**碎裂变形带**较小的剪切位移（≤ 3 ~ 4cm）。在挤压区形成的一些碎裂带是纯压实带（图 7.37），而大部分是伴有压实作用的剪切带。

尽管在浅部地壳的变形带中也有关于碎裂作用证据的报道，但是碎裂带主要形成于埋深 1.5 ~ 3km 时发生变形的砂岩中。浅部形成的碎裂变形带比发生在 1.5 ~ 3km 的碎裂变形带显示出较弱的碎裂作用。

石英等矿物的胶结作用和溶蚀作用一般优先发生在变形带中，在这里成岩矿物会沿由于颗粒破碎或颗粒边界滑动而形成的新鲜面生长。这种石英的优先生长一般见于埋深超过 2 ~ 3km（> 90℃）的砂岩变形带中，而且能在变形带变形之后的很长时间发生。

## 对流体流动的影响

变形带是孔隙性油、气和水储层的一个普遍的成分，它们可以以单条带、簇状带或者断裂带的形式出现（见第 9 章）。尽管它们不太可能形成能够在地质历史时期对油气具有重要控制作用的封堵，但是它们可以在某些情况下影响流体流动。它们影响流体流动的能力取决于它们的内部渗透率结构、厚度以及它们的频率、分布和方向。图 7.33 中的铁质胶结物和条带之间的联系表明它们可能于近期影响了通过这块岩石的水流。通常，较厚的变形带区域（如图 7.38 所示）对流体流动的影响大于单个或几个变形带。

碎裂变形带的渗透率降低程度十分显著。

变形带渗透率受变形过程中的变形机制控制，这取决于岩性和物理因素。一般来说，解聚带表现出较小的孔隙度和渗透率降低程度，而层状硅酸盐，尤其是碎裂带表现出几个数量级的渗透率降低程度。由于变形带较薄，因此在评价它们对石油储层作用的时候，变形带的数量（它们的累积厚度）十分重要。

同样重要的是它们的连续性、方向以及孔隙度 / 渗透率的变化。由于碎裂作用、压实作用或层状硅酸盐涂抹的程度的变化，引起渗透率沿走向和倾向显示出重要的变化。变形带趋向定义具有优势方向的组合，例如平行（图 7.33）或共轭集（图 7.39），而且在破碎带中这种非均质性能影响石油储层中的流体流动，例如在注水过程中，非均质性起到了十分重要的作用。所有这些因素使得评价储层中变形带的作用十分困难，而且每一个储层都要根据局部的参数（比如变形的时间和深度、埋藏史和胶结史、矿物学和沉积相等）单独进行评价。

图 7.38 非常密集的簇状碎裂变形带（犹他州 Entrada 砂岩）

图 7.39 法国普罗旺斯弱固结和浅埋砂岩中的共轭变形带组合

注意由于颗粒碎裂和胶结作用造成的变形带呈正风化地形特征。图中人物为 Rich Schultz 和 Roger Soliva

变形带对石油或地下水产能的影响取决于渗透率降低程度、累积厚度、方向、连续性和连通性。

### 形成什么类型的构造？在哪里形成？何时形成？

考虑到变形带的各种类型以及它们对流体流动的不同影响，了解控制何时、在哪形成变形带的潜在条件至关重要。很多因素对此具有影响，包括埋深、构造环境（应力状态）和母岩性质，如固结程度、矿物学、颗粒大小、分选和颗粒形状等。这些因素中的部分因素，尤其是矿物学特征、颗粒大小、磨圆度、颗粒形状和分选，对于给定的沉积岩层来说，几乎不变。它们可能在不同的层之间有变化，这是为什么在层与层结合处会看见变形带发育快速变化的原因。

其他因素，比如孔隙度、渗透率、围压、应力状态和胶结作用等，都可能会随时间发生改变。其结果是，在同一个孔隙性岩层中，早期变形带和晚期变形带是不同的，例如在深埋藏情况下。因此，对于一个给定的岩层，变形构造的序次反映了沉积物在整个埋藏历史、固结和抬升过程中经历的物理变化。

为了说明沉积岩从埋藏到抬升过程中的典型构造发展过程，我们绘制了图 5.11 中的图表，并增加了典型构造（图 7.40）。砂岩中最早形成的变形带是解聚带或层状硅酸盐带。这些构造在低围压（浅埋藏）条件下形成，此时穿过颗粒接触面的力比较低，颗粒黏合比较弱，因此是图 7.40 和图 7.41 中指示的埋藏比较浅的地方。很多早期的解聚带与局部重力控制的变形有关，如局部页岩底辟作用、下伏盐运动、重力滑动和冰川构造作用。

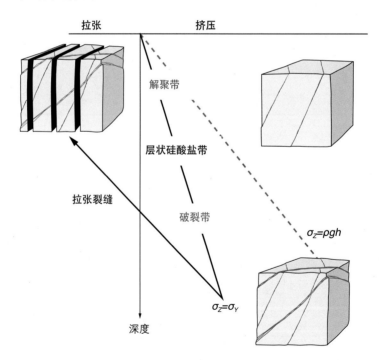

图 7.40　不同埋藏阶段的不同变形带类型

扩张裂缝最有可能在抬升期形成，见图 5.1

碎裂变形带可以形成于浅埋条件下的弱固结岩层中，特别是在逆冲构造中，但是，其主要还是在埋深 1 ~ 3km 发生变形的砂岩中形成。促进浅埋藏碎裂作用发生的因素包括小的颗粒接触面积（比如分选好和磨圆好的颗粒）、长石或其他非片状并具有解理和低硬度（相对于石英）的矿物，以及软弱的岩屑碎片。比如，石英在低围压条件下很少发育粒内缝，但是可以通过剥落或裂开导致发生破裂。

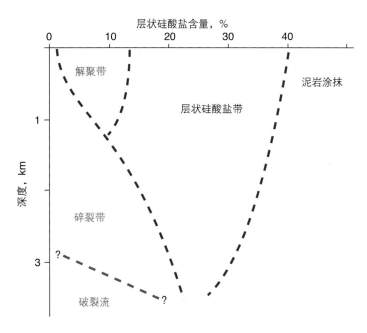

图 7.41　不同变形带类型与层状硅酸盐含量和埋深关系的实验性描述

很多其他因素影响边界条件，图中没有标出，并且边界应该视为不确定

在深埋条件下，高的颗粒接触应力促使大量的碎裂作用发生。在科罗拉多高原的侏罗系砂岩中有大量的碎裂带的例子，其早期解聚带和后期碎裂带之间世代关系十分一致。

当砂岩固结程度增大和孔隙度降低后，变形以裂纹扩展而不是孔隙坍塌的方式发生，并且直接影响滑动面、节理和矿物充填裂缝形成，不再有任何变形带的前兆变形。这就是为什么后期叠加构造几乎总是滑动面、节理和矿物充填裂缝。根据下一章（第 9 章第 5 节）描述的模型，滑动面还可以通过低孔隙度变形带在任何埋深下的断裂形成。

在砂岩中，节理和矿脉一般发生在解聚带和碎裂带之后。从变形带向节理的转变是随着孔隙度的降低发生的，尤其是通过石英的溶解作用和沉淀作用。既然这种成岩作用控制的硬化可以是局部变化的，变形带和节理可以在同一砂岩层的不同位置同时发生。但是，一般的模式是变形带先发生，然后是断层型变形带（滑动面形成），最后是节理（图 7.40 中的拉张裂缝），还有可能为断层型节理。

抬升的砂岩中最晚期破裂趋向于形成大量区域性的、在地图上可以表示的节理系，它们是由区域性抬升造成的载荷卸载和冷却作用形成的，或者至少是这些作用对它们的形成产生了影响。这些节理在被抬升和暴露的砂岩中十分明显，比如科罗拉多高原砂岩（图 1.8）。但是在没有发生明显抬升作用的地下石油储层中，这种节理可能不发育。因此，在考虑砂岩储层构造类型时，明确盆地的埋藏 / 抬升史和变形事件时间的序次关系十分重要。反之，观察现今变形构造类型同样能够为变形时的变形深度和其他条件提供信息。

## 本章小结

脆性变形具有非常局部化的特征，它们形成的构造使上地壳发生弱化。区分不同的脆性构造类型十分重要，因为它们反映了变形时期应力和应变状态。而且，不同类型的裂缝也以不同的方式改变着岩石性质，如力学性质、构造的再活动和渗透率等。这对工程地质科学家、地震学家、水文地质学家和石油地质工作者都具有很重要的指示意义。在第 9 章中，主要讲述裂缝和变形带的形成对断层形成和生长的重要作用。本章具有以下要点：

● 裂缝主要形成于脆性域（脆性机制占主导）。

● 脆性变形机制包括碎裂作用（颗粒破裂）、刚性颗粒旋转和通过颗粒边界摩擦滑动的颗粒平移（颗粒重组）。

● 张裂缝，如节理，可以发展为伸展构造，而剪切裂缝不能发展为伸展构造，除非在剪切裂缝端部的前面形成小的伸展构造并弱化岩石。剪切裂缝可以通过张性微裂缝合并而扩展。

● 小裂缝和大裂缝的端部都会发生应力集中，并有助于它们进一步扩展。

● 裂纹和孔隙中的异常高压同样促进破裂和裂缝扩展。

● 张性裂缝垂直于 $\sigma_3$。

● 剪切裂缝与 $\sigma_1$ 呈 20° ~ 30°。

● 破裂准则将岩石破裂所需的剪应力和正应力联系起来，即临界正应力和剪应力。库仑准则是线性的，这就意味着临界剪应力和正应力有一个恒定的比值，因此在莫尔空间用一条直线表示。

● 实验室中所测得的未变形岩石的强度不能代表脆性地壳的强度，因为它含有很多弱的断层和裂缝。

● 裂缝的再活动潜力取决于阻止再活动的摩擦阻力、裂缝内部流体压力和它的活动方向与主应力的关系。后者同时决定了再活动的型式（拉张或剪切）。

● 裂缝和变形带对变形岩石的渗透率都具有重要影响，但是二者具有相反的作用：裂缝增加渗透率，而变形带降低渗透率。

---

## 复习题

1. 碎裂流和颗粒流的区别是什么？

2. 什么是摩擦滑动？

3. 位于剪切裂缝端部的过程带是什么？

4. 裂缝与变形带的区别是什么？

5. 为什么剪裂缝与 $\sigma_1$ 不是呈 45°？什么部位的剪应力最大？

6. 翼裂纹是什么？它们是如何形成的？

7. 岩石处于临界应力是什么意思？

8. 什么是破裂包络线？对于一块岩石来说，它是如何建立的？

9. 格里菲斯裂纹意味着什么？它们是如何影响岩石强度和裂缝扩展的？

10. 为什么大岩石样品要弱于小样品？

11. 什么是滑动系数？对于脆性地壳来说，这个系数的代表值是多少？

---

## 延伸阅读

### 闭合裂缝

Fletcher R C，Pollard D D，1981. Anticrack model for pressure solution surfaces. Geology，9: 419-424.

Mollema P N，Antonellini M A，1996. Compaction bands: a structural analog for anti-mode I cracks in aeolian sandstone. Tectonophysics，267: 209-228.

变形带

Antonellini M，Aydin A，1994. Effect of faulting on fluid flow in porous sandstones: petrophysical properties. American Association of Petroleum Geologists，78: 355-377.

Aydin A，Johnson A M，1978. Development of faults as zones of deformation bands and as slip surfaces in sandstones. Pure and Applied Geophysics，116: 931-942.

Davis G H，1999. Structural geology of the Colorado Plateau Region of southern Utah. Geological Society of America Special Paper，342: 1-157.

Fossen H，Schultz R，Shipton Z，Mair K，2007. Deformation bands in sandstone: a review. Journal of the Geological Society，London，164:755-769.

Jamison W R，1989. Fault-fracture strain in Wingate Sandstone. Journal of Structural Geology，11: 959-974.

Rawling G C，Goodwin L B，2003. Cataclasis and particulate flow in faulted，poorly lithified sediments. Journal of Structural Geology，25: 317-331.

Underhill J R，Woodcock N H，1987. Faulting mechanisms in high-porosity sandstones: New Red Sandstone，Arran，Scotland//Deformation of Sediments and Sedimentary Rocks. Special Publication 29，London: Geological Society，pp. 91-105.

裂缝和破裂作用

Reches Z，Lockner D A，1994. Nucleation and growth of faults in brittle rocks. Journal of Geophysical Research，99: 18159-18172.

Scholz C H，2002. The Mechanics of Earthquakes and Faulting. Cambridge: Cambridge University Press.

Schultz R A，1996. Relative scale and the strength and deformability of rock masses. Journal of Structural Geology，18: 1139-1149.

Segall P，Pollard D D，1983. Nucleation and growth of strike slip faults in granite. Journal of Geophysical Research，88: 555-568.

节理

Narr W，Suppe J，1991. Joint spacing in sedimentary rocks. Journal of Structural Geology，13: 1037-1048.

Pollard D D，Aydin A，1988. Progress in understand- ing jointing over the past century. Geological Society of America Bulletin. 100: 1181-1204.

流体作用

Hubbert M K，Rubey W W，1959. Role of pore fluid pressure in the mechanics of overthrust faulting. I: Mechanics of fluid-filled porous solids and its application to overthrust faulting. Geological Society of America Bulletin，70: 115-205.

# 第8章

# 节理和矿脉

　　几乎所有的岩石露头都发育节理（即穿透在岩石中没有任何明显剪切位移的薄的张裂缝），且许多出露良好的地区表明节理系是由一系列平行节理和平面节理组成。因为它们的数量太多，而且它们会使岩石变弱并输导流体，所以它们是地壳最上部极为重要的构造。所有试图了解侵入机制的隧道建造者、油藏工程师、固体岩石水文地质学家和岩浆地质学家们都不得不以这样或那样的方式来处理节理，仅仅是因为它们是薄弱的横向伸展构造，很容易影响地质过程。例如，石油地质学家和工程师都关心节理。地质学家不希望它们出现在油气盖层中，但是生产工程师却特意在油藏地层中制造它们，以提高流体流入生产井的能力。作为构造地质学家，我们也研究节理，因为它们告诉我们岩层在节理形成时的应力状态，并且通过研究它们与其他构造的相对形成时间，它们提供了关于某一地区构造或大地构造演化方面的重要信息。张裂缝也可以发生矿化形成矿脉，有时会形成具有经济意义的矿物。此外，在矿脉中发现的矿物充填可能保存了矿脉形成的历史记录，从而为我们了解一个地区的脆性变形历史提供了重要的信息。

　　该章的电子模块"节理和矿脉"在以下几个方面提供了进一步的支持：

- 形成
- 节理分布
- 形态学和扩展
- 节理和流体流动
- 矿脉

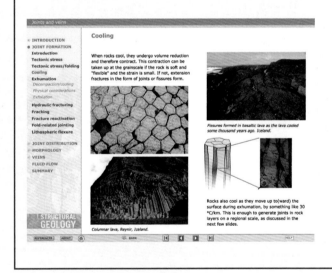

## 8.1 定义及特点

节理是一种垂直于缝壁、张开度很小（在很多情况下几乎不可见）而没有或具有可以忽略不计的剪切位移的裂缝。大多数节理是张裂缝（模式 I 型或张开模式），它们调节少量的伸展应变（张开），尽管通常涉及的位移很小，但使得评价位移变得非常困难。在混合模式或**合成裂缝**情况下（第7章），可以有平行于缝壁的少量剪切位移。然而，如果平行于缝壁的位移超过垂直于缝壁的伸展量，则以剪切裂缝为主，这与节理的定义不同。因此，根据该术语的现代使用，运动学是节理定义的重要组成部分。

---

节理是一种具有微小张开模式位移、沿缝壁没有或具有极小位移的裂缝。

---

单个节理是具有平面或曲面几何形状的连续裂缝，其中平面节理被认为是**规则**的，而非平面节理是**不规则节理**。不规则节理的例子是图 8.1（b）中规则突变的长节理之间的非系统节理组以及图 8.1（c）中的多边形节理。那些笔直的、相互平行的并且或多或少等间距重复出现的节理称为**系统节理**[图 8.1（a）和图 8.1（b）中的第一组，图 8.1（d）中的两组]。图 8.2 中的两组都是规则和系统节理。在几何形状、方向和间距方面不规则的节理不能定义为节理组，应称为**非系统节理**。图 8.1（a）和图 8.1（b）中的横向节理是非系统节理的例子。具有相似方向和形态的节理定义为一个**节理组**，两个或更多节理组构成**节理系**。图 8.1（a）、图 8.1（b）和图 8.1（d）各自为由两个节理组组成的系统。

节理有时被称为**突变不连续**。这意味着这些构造在显微镜下、手标本和露头上都有清晰的边界（图 8.3），而且它们明显地改变了岩石的力学性质，尤其是内聚力。内聚力的损失是节理化岩石的一个重要性质。因此，节理在许多地方控制着地形特征。它们还使许多岩石分裂成块状，使采石变得容易得多。同时，节理使许多斜坡不稳定，这可能导致严重的岩石坠落和崩塌。

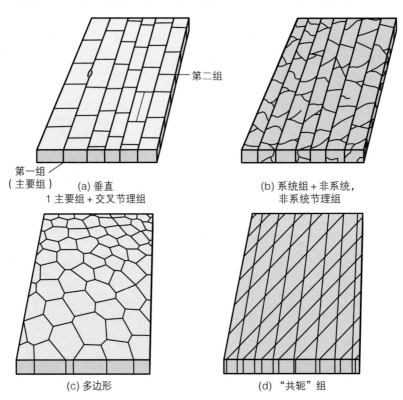

图 8.1 一些常见的节理模式

注意，"共轭"节理组并不是真正的共轭，因为这两个组一定是在不同的时间、不同的应力场中形成的

图 8.2　犹他州峡谷地国家公园二叠系 Cedar Mesa 砂岩中发育的两组高角度节理

图 8.3　被基性岩脉侵入的密集节理化沉积岩（钙质页岩）

在侵入过程中，由于岩层扭曲，一些节理发生了轻微的剪切作用。挪威奥斯陆 Hovedøya

一条节理由两个缝壁组成，一些长节理的两壁之间的距离可达几厘米，但通常小于几毫米。尽管对于节理和裂隙之间的界限没有明确的定义，一般认为具有更大张开度的张裂缝称为**裂隙**，当被次生矿物充填时，称为**矿脉**。

矿脉是被次生矿物（胶结物）充填的张裂缝，这些次生矿物（胶结物）是**流体**沿裂缝流动时带来的。

事实上，节理的一个特征是：相对于它们的长度而言，它们调节很小量的伸展位移。裂缝的垂直于缝壁的位移或张开度称为**开度**。剪切裂缝和断层具有比节理大得多的位移（与其长度相比）；一条100m长的节理的最大位移（开度）可能不会超过几毫米，而一条100m长的断层通常会有大约1m的（剪切）位移。

单条节理的长度可以从毫米级到数百米。

节理的开度—长度方面的数据并不多，这可能是因为在野外节理的开度往往很小而且变化很快，很难测量。此外，许多节理在形成后闭合，因此其初始开度就不得而知了。更具体地说，当驱动节理扩展的内部流体压力下降时，节理很可能会闭合，这种情况往往立刻发生在一个脉冲式节理生长之后。

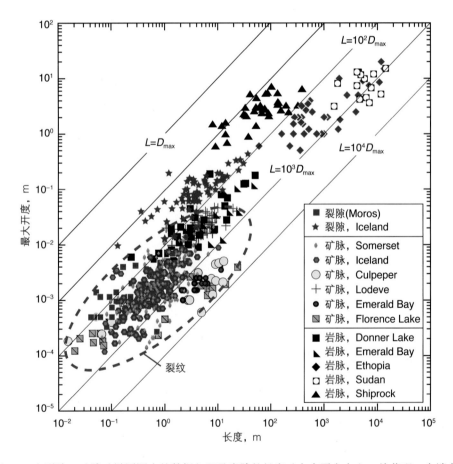

图8.4 在裂隙、矿脉（椭圆圈出的数据）以及岩脉的长度（在水平方向上，从节理一个端点到另一个端点的距离）和开度（垂直于缝壁方向上的最大位移）之间可以看到一个系统的关系。

数据据 Gudmundsson（2000）、Philipp（2012）和 Schultz 等（2013）

图 8.4 展示了矿脉、裂隙（在地表测量）和岩脉的开度—长度数据，从图中可以看到一个与断层（图 9.14）显示出的相似的关系：长的矿脉、裂隙和岩脉通常比短的更厚。同时也可以看出：不同的群体在图中占据了不同的部位，这说明岩性和局部因素影响了开度—长度关系。节理的开度数据将会出现在图 8.4 中所示数据偏下的大部分区域。从图中还可以看到，没有一条矿脉的长度超过 1m，而裂隙和岩脉长度的跨度则要大得多。

---

**专栏 8.1　为什么节理很重要？**

- 它们揭示了古应力（垂直于 $\sigma_3$）。
- 它们提高了渗透率（水、石油和天然气）。
- 它们是岩浆（岩脉）的管道。
- 它们弱化岩石。
- 它们像断层一样，可以再活动。
- 它们降低天然边坡稳定性并控制岩石坠落。
- 它们破坏隧道和爆破岩石区域的稳定性。
- 它们控制剥蚀和地表形貌。
- 它们控制洞穴模式。

---

倘若节理中充填的矿物是在节理形成期间（或在节理闭合之前）生长，那么至少一些矿物充填的节理（矿脉）可能保存了节理的原始开度。同时，岩脉也可以反映一些节理的原始开度。然而，需要注意的是，如果应力条件发生变化，节理也可以在后期重新张开。因此，研究节理开度比研究矿脉开度和断层位移更加复杂。

当涉及与流体流动相关的实际问题时，例如含水或石油的储层及地热能源的生产问题，节理开度测量具有重要意义。

## 8.2　运动学和应力

如果我们将节理视为伸展构造或者模式 I 型裂缝，它们垂直于最小主应力 $\sigma_3$ 形成，那么问题就简单了许多。然后我们就可以利用节理来定向古应力场。类似地，我们可以预测任何已知的或模拟的应力场下的潜在节理的方向。在大多数情况下，这种假设似乎非常有效。

---

节理垂直于最小主应力轴（$\sigma_3$）形成。

---

那么为什么一些节理显示出剪切位移分量？这可以通过不同方向的应力场下发生剪切再活动来解释，这时 $\sigma_3$ 不再垂直于节理。这种次生剪切节理十分有意义，因为节理一旦形成，它就是一个薄弱构造，这种薄弱构造很容易发生再活动，这种再活动受当时的应力状态控制。许多研究表明节理会发生剪切再活动。然而，在某些情况下可能难以区分剪切节理（剪切节理意味着发生了两个阶段的变形：先张后剪）和具有小位移的真正剪切裂缝。剪切节理的一个特征是：相对于它们的长度，它们往往显示出较小的剪切位移，这意味着它们可能出现在图 9.54 所示断层位移—长度数据的下部。

节理是张开型裂缝，主要形成在正应力是负值的莫尔包络线部分，即图 8.5 中垂向剪切应力轴的左侧。该图的负值一侧也存在一些既具有张开分量又具有剪切分量的张开型裂缝。因此，显示出微小剪切位移分量的节理可能是以这种混合裂缝的形式形成的，并不一定是通过由于应力场旋转发生的再活动而形成。如果岩石深埋且位于莫尔图的右侧，需要在初始节理中建立一个内部流体压力来抵消并超过母岩中的压应力 $\sigma_3$，如第 7 章第 7 节所述。

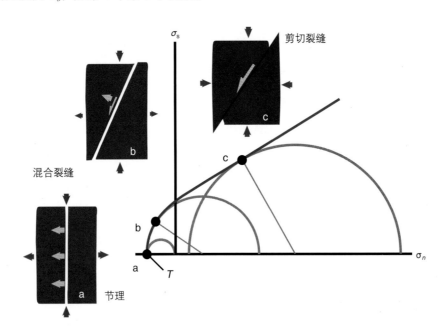

图 8.5　理想情况下，节理是拉张裂缝，无剪切应力或几乎不涉及剪切应力，即在莫尔图中它们由破裂包络线和水平轴的交点表示。$T=$ 抗张强度

从第 7 章可知，在莫尔图的拉张应力场（左侧）时，剪切裂缝容易形成具有约 60° 或小于 60° 锐夹角的共轭剪切裂缝（图 8.5）。因此，如果发现两个节理组具有这种角度关系，就需要考虑它们可能是剪切或者混合裂缝。我们需要寻找位移的证据、两组裂缝之间的相对年龄关系以及方位的区域解释。如果发现沿两组节理的剪切证据，且仍然确信它们初为纯粹的张裂缝，我们就需要三个变形阶段：（1）一个 $\sigma_3$ 垂直于第一组节理的应力场；（2）$\sigma_3$ 垂直于第二组节理的新变形（可能沿第一组节理产生一些剪切作用）；（3）$\sigma_H$（最大水平压应力）与两组节理斜交使得剪切裂缝再活动。另一种解释是：两组裂缝是以剪切或者混合模式裂缝的形式同时形成的，这样只需要一个变形阶段（一个应力场）。模型的选择对于理解该地区的应力或变形历史具有非常重要的意义。因此，即使节理的定义代表张裂缝，我们在解释野外观察到的节理型裂缝的时候也应该特别小心。

## 8.3　节理如何、为什么、在哪里形成

一般来说，节理和张裂缝是在构造过程、上覆岩层、上覆岩层的移除或温度变化引起的应力作用下形成的（图 8.6）。由于上覆岩层产生一个向下增加的挤压应力状态，并且由于它们的形成需要拉张应力，因此节理和张裂缝更容易在地壳的上部形成。真实的拉张应力只在非常浅的部分发生，一般在地表下小于几百米的范围。在地表或接近地表处，拉张应力可在脆性层中产生节理和裂隙，例如图 5.5 和图 7.8 中所示的玄武岩熔岩。由负（拉张）的最小应力 $\sigma_3$ 形成的张裂缝有时被称为**拉张裂缝**。

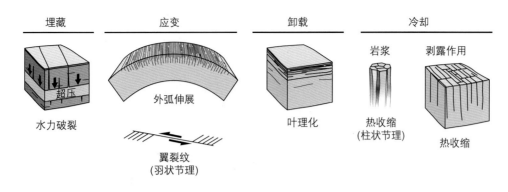

图 8.6　地壳中可能出现节理的一些重要方式

　　张裂缝也在地壳深部形成，但必须借助裂缝中的流体压力。换句话说，一定的流体压力可以使岩石内缺陷（节理可能成核的地方）或先存裂纹（微裂纹）端部有效应力转变为拉伸应力。由于升高的流体压力暂时超过远程最小压应力（$\sigma_3$）和岩石抗张强度而形成的裂缝称为**水力裂缝**。

　　在力学上，有两种类型的张裂缝：拉张裂缝（浅层）和水力裂缝（任何深度）。

　　孔隙压力升高对破裂作用的影响如图 7.29 所示：孔隙流体可以将莫尔圆向左推移（取决于其半径和破裂包络线），并在图中包络线的左侧相接，因此引起拉张裂缝（节理）的形成。我们可以用下式来表达岩石抗张强度 $T$、远程最小主应力 $\sigma_3$ 和流体压力 $p_f$ 的这种关系：

$$p_f > \sigma_3 + T \qquad (8.1)$$

因此，孔隙流体压力不仅必须超过岩石中的一般应力，还必须超过使岩石破裂所需的拉应力。在沉积岩中，$p_f$ 代表占据孔隙空间的水、油或天然气的压力。对于岩浆岩脉的情况，$p_f$ 是岩浆压力。

　　节理形成的另一个要求是低或中等的差应力。如果差应力太高，莫尔圆将接触破裂包络线而不是抗张强度点（图 8.5 中的点 c），且将形成剪切裂缝而不是节理。

　　节理的形成需要拉张有效应力和低差应力。

　　这并不意味着区域或远场应力需要的是拉伸应力：这与节理成核点位置、传播的节理和节理末端的局部条件有关。大多数节理易于形成平行的节理组，这一事实告诉我们在节理形成期间存在一定程度的差应力。与之相反，柱状节理（图 8.7）形成于各个方向水平应力值几乎相等的应力场。火成岩、变质岩和沉积岩都发育节理，但由于沉积岩具有规律的分层、确定的地质年代以及成岩和埋藏史的记录，发育在沉积岩序列中的节理更容易解释。

## 沉积岩层埋藏过程中的节理作用

　　沉积物在埋藏过程中孔隙度发生了迅速变化，占据孔隙空间的流体（主要是水）被排出。如果这些流体无法排出，它就会圈闭（暂时或永久）在岩石中。因此，地层将会形成超压和欠压实现象，且它将保留比正常情况下更高的孔隙度。例如，夹在非渗透性页岩层之间的砂层在埋藏过程中就会出现超压，超压是通过水力破裂机制的节理作用（矿脉作用）的主要驱动力。在超压砂孔隙中形成的过剩压力会产生水力裂缝，水和流化砂可以沿着这些裂缝喷出。砂岩侵入体是一种广泛分布的软沉积物岩石构造，与节理和矿脉最接近的构造是一种称为**砂岩脉**或**碎屑岩脉**的板状伸展构造（图 8.8）。

图 8.7　玄武岩中的柱状节理，由冷却过程中熔岩收缩形成（雷尼尔，冰岛）

图 8.8　南达科他州的荒地国家纪念碑渐新统沉积岩层中的 4 个碎屑（砂岩）岩脉
露头的高度大约是 10m

　　这种类似节理的软沉积物构造形成于浅埋藏深度，通常靠近地表。然而，为了形成合适的节理，我们需要一种更具内聚力的岩石和一些以胶结作用和溶解作用形式发生的成岩作用。沉积地层埋藏过程中是否形成节理取决于应力状态、岩石性质（在埋藏过程中会发生变化）、流体压力和差应力，但如果形成节理，它们首先会在最强能干性（坚硬）的岩层中形成，典型的是石灰岩层或砂岩层。夹在能干性岩层内的非能干层（如页岩）太软或太薄弱而不足以支撑在较硬层中发育的差应力。虽然不是像流体那样弱，不能承受任何差应力，但是比砂岩或石灰岩弱。强能干性岩层首先受到来自上覆地层的垂向压应力，而页岩在更大程度上屈服于垂直负荷。这意味着，随着埋藏过程中孔隙压力的增加，拉张应力首先会作用在能干性地层中，对于页岩—砂岩层序，优先作用于砂岩层中。然后，一旦孔隙流体压力升高到足以使页岩在张力作用下破裂时，节理就会扩展到页岩中。该模型预测，至少砂层中的一些裂缝比相邻的页岩层中的裂缝更早。

除非有明显的构造应力作用在岩石上，否则在超过几千米的埋深条件下，只有超压促使水力破裂作用才能形成节理组，有时称之为水力节理。此外，要想产生平行的节理，需要一个 $\sigma_3 < \sigma_2$（意味着一个三轴向应力场，因为 $\sigma_2$ 在沉积盆地中总是垂直）的应力场。对于三轴应力场最明显的解释是，沉积盆地中存在一个外部差应力的组成部分，它与上覆岩层产生的外部差应力相叠加。因此，既然上覆岩层可以产生形成节理的应力，附加的差应力控制了节理的方向。因此，简单地说，在裂谷盆地中，我们认为节理与裂谷轴平行，而在张扭背景下，节理与盆地边缘斜交。

### 响应构造应力的节理作用

构造应力是节理作用的直接原因，不仅在伸展过程中，在收缩域中也是如此。在阿巴拉契亚高原省，陡峭的节理近似垂直于 Alleghanian 褶皱枢纽，被认为是在构造挤压作用下形成的[图 8.9（a），节理组 I（b）]。构造挤压和相关的缩短作用使沉积岩内超压增加到能够形成节理的程度。这种节理称为横向褶皱节理，意味着平行于褶皱轴的伸展较小。该地区褶皱枢纽表现为宽的弧形特征（图 8.9），与平行于枢纽的伸展相一致。Terry Engelder 和同事对阿巴拉契亚高原的节理和节理模式进行了详细的研究，他们也发现了第二组横向褶皱节理与缩短方向微弱斜交的证据[图 8.9（a），节理组 I（a）]。两个次级节理组[节理组 I（a）和 I（b）]在年代上重叠，如果我们假设节理记录了最大水平应力的方向，这意味着应力方向一定随着节理作用历史的变化而变化。很有趣的是，这种变化导致了与缩短方向呈 < 18° ~ 30° 的新节理的形成，而其他任何一组节理都没有发生剪切再活动。实际上，在节理化沉积岩中，两组以低角度相交的节理（没有剪切迹象）并不少见。相比之下，两组正断层通常不会形成如此微小的方向差异；形成新的节理比形成新的断层或剪切裂缝更容易（因为岩石的抗张强度低于其抗剪强度）。

造山带褶皱相关节理的方位以及它们与劈理的年代关系（露头观测表明部分节理早于劈理，部分节理晚于劈理）揭示了图 8.9（a）所示的 Alleghanian 节理的构造成因。然而，重要的是要记住，构造节理也需要由垂直载荷（上覆地层）产生的高流体压力。因此，埋藏引起的孔隙流体压力增大、水平缩短引起的超压增大以及构造应力分量共同作用导致了阿巴拉契亚高原的节理作用，而构造应力控制着节理的方向。

### 应变和位移控制的节理作用

应变场可以产生节理群，并控制它们的分布和方向。一个经典的实例是在收缩域平行于地层的缩短过程中的节理作用。在其最简单的形式中，节理一般平行于褶皱枢纽，且垂直于枢纽带内的地层。正如将在第 12 章中所述，因为弯曲的能干性强的地层的外弧经历了伸展作用。

一般来说，褶皱相关的变形与界面曲率相关，尤其是节理作用，这种观点认为地层的方位变化越明显，节理密度就越高，如图 8.10（c）所示。这是一个简单的模型，在某些情况下效果很好，但在另一些情况下，曲率和节理密度之间的相关性不是很好。

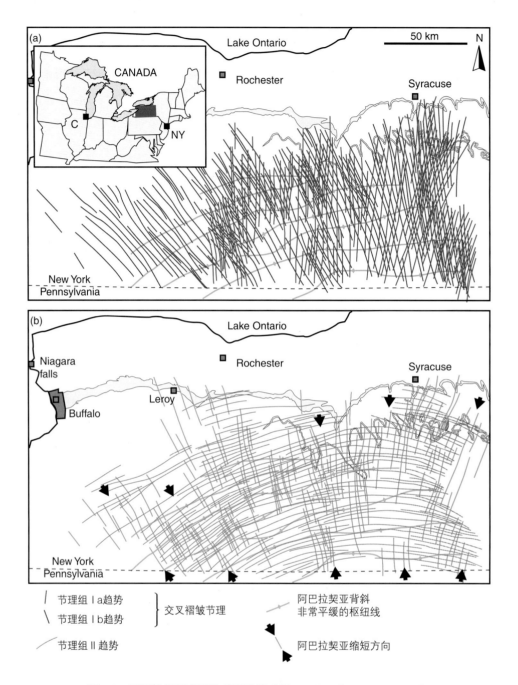

图 8.9　阿巴拉契亚高原的节理迹线（据 Engelder 和 Geiser，1980）

Terry Engelder 根据节理的不同成因将它们绘制并分成组系。
一组节理（节理组 II）或多或少平行于褶皱枢纽并垂直于阿巴拉契亚缩短方向

　　褶皱作用过程中外弧作用形成了节理群，它们受控于褶皱的尺寸和形状。这可能与地壳尺度或岩石圈尺度的上升或隆起有关，与均衡驱动作用（表生运动）有关，如冰川消融或碰撞—构造事件，或与软流圈的对流／热过程有关。即使与这些构造相关的应变可能太小而不能产生节理组，结合剥蚀、冷却或其他应力来源，它们可能会产生影响。

　　在较小的尺度上，剪切节理或断层的再活动导致在其中一端产生局部伸展，另一端产生局部收缩。伸展作用通常发育被称为翼裂纹的高角度节理（图 8.11）。

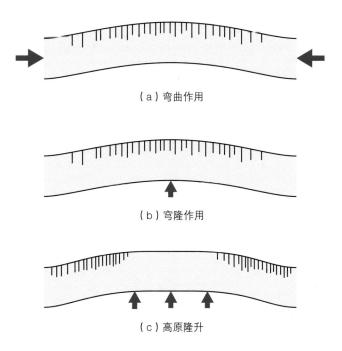

图 8.10　弯曲作用和隆升（穹隆作用和高原隆升）过程中应变透发的节理作用的实例

这三个模型可以代表整个地壳，但穹隆作用和弯曲作用也发生于较小的尺度。
除了外弧拉伸外，隆起也会产生与冷却有关的节理（此处未展示）

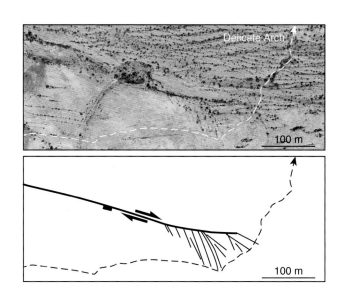

图 8.11　砂岩内与正断层终止有关的节理

这些马尾状或翼裂纹状的节理可以用先存正断层的轻微右旋剪切再活动来解释
（美国犹他州拱门国家公园，通往 Delicate Arch 的路）

## 剥蚀期间的节理作用

沉积岩序列以及暴露在地球表面的任何其他岩石单元总是节理化。相比之下，井数据显示，许多只经历了埋藏的沉积层序在一定程度上没有发生节理化，很多甚至根本没有节理化。在剥蚀过程中，上覆地层的移除降低了垂向应力，从而也降低了水平应力（在较小程度上）。如第 5 章第 4 节所述，在冷却过程中有一个额外的热成分引起的岩石收缩。这种节理通常称为**卸载节理**。与许多其他节理不同，它们不是通过水力破裂形成的。

由于非常接近地表，除了事实上几乎没有上覆地层和温度不是很高，自由界面的存在变得很重要。减薄作用或剥落作用结果表明：通常形成节理的方向与 $\sigma_3$ 密切相关。图 5.3 表明 $\sigma_3$ 通常是垂直于地表，近地表减薄作用或**剥落作用节理**将优先近平行于地球表面形成，即在平坦地区是近水平的，而在山区则平行于山坡。剥落节理在均质岩石中特别发育，如花岗岩。

在叶理化岩石的卸载过程中，也可能沿先存面状构造（劈理、层理等）发生应力释放形成节理。在 Alleghanian 高原 [图 8.9（b）]，一组与褶皱枢纽走向和劈理近平行的释放型节理可能与卸载作用有关。

剥蚀作用的另一个结果是冷却和热收缩。这并没有形成多边形节理样式，如冷凝更快的玄武岩中的柱状节理等，而是形成规模节理组。在剥蚀过程中形成的区域节理的方向可能受以下因素控制：（1）先存薄弱构造；（2）节理作用时的构造应力；（3）岩石在深埋过程中受到变形和应力作用时锁定的残余应力。

无论其中哪一个因素更重要，一旦形成具有优势方位的节理，这些节理的张应力就会降低，其他水平主应力就会成为最小应力。因此，可能会出现一组垂直的节理。这种通过 $\sigma_3$ 交换的方式发生的节理作用更可能发生在近地表，如果两个水平主应力是张应力，这种节理形成可能性更大。此外，构造应力在剥蚀过程中也有可能改变方向，从而形成具有新方向的节理。

## 节理作用和力学地层学

许多岩石，特别是沉积岩，是由不同力学性质的地层组成的，大致分为能干性地层和非能干性地层。关于破裂作用，通常讨论岩石强度和刚度的差异。应力作用下，刚度与地层抵抗变形的能力有关，使用弹性或杨氏模量 $E$ [式（6.2）] 描述。根据定义，一个**坚硬**的地层比它的相邻层具有更大的杨氏模量。**强度**与差应力有关：强度大的岩石可以承受更大的差应力（$\sigma_1$ 和 $\sigma_3$ 差异大）。不同地层的不同性质意味着它们在变形历史过程中一般在不同时间发生破裂。

考虑夹在两个页岩层之间的一套石灰岩层。如果这些地层都经历微弱拉伸作用，则石灰岩层会表现出比页岩层更大的抵抗变形能力，且形成更高的内部应力大小。根据胡克定律 [式（6.1）]，由于这些地层的应变相同（它们经历相同的拉伸作用），那么应力大小取决于杨氏模量 $E$。因此，石灰岩可能首先破裂，尽管这也取决于两套地层的相对抗张强度。在页岩破裂之前，石灰岩可能已经发生了多次破裂，形成限制在石灰岩层内的裂缝。最终，裂缝会切穿地层界面继续发育，但是坚硬而强能干性的石灰岩层仍然比页岩层发育更多的裂缝，如图 8.12 所示。

图 8.12 能干层中的节理

一个规则间隔的节理组延伸到图片中。具有更宽间距的第二组节理与第一组呈高角度相交（英国 Somerset）

一个类似的实例是砂岩—页岩层的埋藏过程。砂岩比页岩能干性更强，这意味着它可以承受更大的差应力。最大应力 $\sigma_1$ 受控于上覆地层，且对于所有地层来说都是相同的。但是，砂岩层中的 $\sigma_3$ 可以更小，如图 5.11 所示。由于埋藏导致孔隙压力增大，砂岩和页岩的莫尔圆会向左侧移动，但砂岩先接触到包络线，因此优先破裂。换句话说，砂岩在较小的孔隙压力下破裂，并在页岩开始破裂之前形成裂缝。在某一时刻，孔隙压力大到足以使页岩和砂岩破裂，贯穿节理开始形成。当尝试预测层状岩石中节理形态和分布时，这些关系十分重要，下一节将进一步探讨。

## 8.4 节理分布

在大多数情况下，节理成群出现，限定着局部或区域范围的节理组。裂缝的间距或频数可沿平行于地层的测线测量。在实践中，测线是一种长卷尺，垂直于某一特定节理组放置，以此记录节理与卷尺相交的位置或连续出现的两条节理之间的距离。这可以在地层中的每套节理组重复测量。在出露良好的岩层面的地表，测线很容易布置，但如果测线沿一个垂直层面布置且节理系与地表不是垂直的，那么需要进行几何学校正。对于图 8.1（d）所示的实例，这个节理系由两组明显的节理组构成，我们需要区分两组共轭节理，并单独处理和表征节理组。除测线外，节理方向可以用玫瑰花图或赤平投影图表示。玫瑰图在视觉上很有吸引力，因为它们很好地显示了趋势。

### 特征节理间距

如上所述，力学上最强或最硬的地层可以发育最多的节理（图 8.12）。但强度和刚度并非决定一切：间距也取决于地层厚度，野外观察表明：薄层通常比较厚的地层发育更高的裂缝频数，即使它们的力学性质相似（图 8.13）。

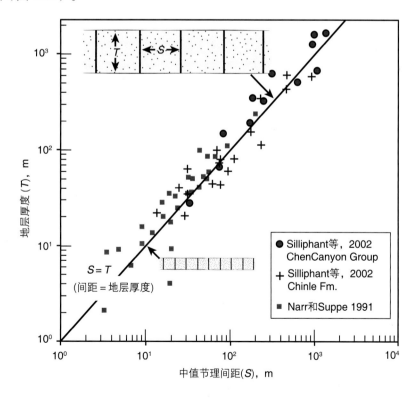

图 8.13　某些数据集的中值节理间距与节理化地层厚度之间的关系

该图显示了一种非常简单的关系：间距近似等于地层厚度，与尺度无关节理组倾向于在层状岩石单元中的强硬层内均匀地分布。这种空间展布趋势与剪切裂缝不同，剪切裂缝在断裂带附近簇状分布，因此代表一种应变局部化。

---

节理通常在岩石中分散分布，而剪切裂缝倾向于簇状分布。

---

实验工作和野外观察表明，在相对较强的地层中，通过先存节理间新的节理的相继形成而增加节理数量。这意味着，随着时间的推移，节理之间的平均距离（间距）逐渐变小，但在某些时候，某些节理似乎达到了不容易超过的一个临界密度。这样的节理组揭示节理间距频率会偏向于一些特征间距值。图 8.14（a）是这种分布的众多实例之一，实验表明，当它们接近饱和水平 [ 图 8.14（a）中约35cm] 时，它们更倾向于低间距值（负倾斜）。通过先存节理的持续张开或交叉节理的形成可以调节更多的应变，更有效的调节方式是先存节理的剪切作用和断层的形成。

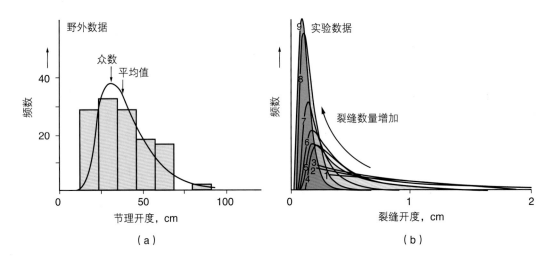

图 8.14    （a）英国南威尔士 Nash Point 地区一个米级厚度的能干性地层中一组平行分布的节理的间距分布，该地区以其节理模式而闻名。拟合曲线的最大值（对数—正态）显示间距约为 30 ~ 35cm。（b）物理实验（弯曲聚苯乙烯板）不同阶段记录的裂缝间距，直到达到最小间距（红色曲线的峰值）。曲线 1 和 9 分别是最早阶段和最终阶段的节理群。（据 Rives 等，1992）

对于许多自然界中变形的能干性岩层，其主要的或中值节理间距 $S$ 似乎接近其厚度 $B$。因此，

$$S = \alpha B$$

其中 $\alpha$ 在统计学上接近于 1（图 8.13）。真实的关系取决于岩性，更具体地说，取决于节理化地层与其相邻地层之间的力学差异：地层刚性越强，节理越密集，常数 $\alpha$ 越小。这些因素是导致图 8.13 中节理分散的部分原因。由于地层层厚与节理间距的这种关系，在对比不同厚度节理化地层的节理密度时，裂缝间距比（fracture spacing ratio，FSR），即地层厚度除以中值节理间距，常被用作一种有用的标准化方法。

## 节理为何分散分布

为什么节理在坚硬和强能干性的地层中一般是近于均匀的分散分布（图 8.12），而不是集中在带内？目前已有学者提出了几个力学模型来解释这种特性，我们将简要介绍一些。大多数模型关注的是当节理在地层中形成时应力和应变的变化。

**接触力模型**关注的是在刚性层和软弱层之间建立的接触力，也被用来解释形成于地壳深层的石香

肠长度的规律性（第 15 章）。当刚性地层发生破裂且节理张开时，其上覆和下伏软弱地层不会破裂，而是趋向于新生裂缝流动。因此，它们对刚性层施加拉力，如果拉力（刚性层的拉力）足够强，能干层就会破裂。伴随相邻两条节理之间的距离增加，拉力在中间达到最大（图 8.15），因此，这个位置是最可能形成新节理的地方。这个过程不断重复，直到完整的地层段长度太短，不足以形成足够的应力。对于较厚的层，这个临界长度（间距）$S$ 会更大，因为先存节理周围的应力降区域会更宽，而且在较厚的层中需要更高的接触力来建立足够的应力。

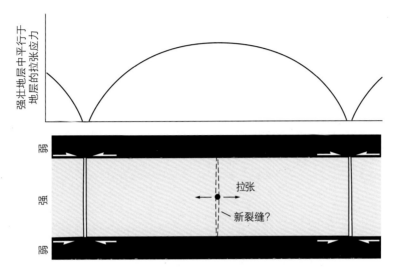

图 8.15　较弱地层之间的能干（强而硬）地层优先破裂，而较弱地层则不会破裂，因此会向强能干性地层施加拉力（白色剪切箭头）。拉力在两个先存节理之间产生张应力，如果拉张应力超过地层的抗张强度，则在该段的中间形成新的节理

节理分散分布是因为新节理通常形成于远离先存节理周围的应力降区域。

即使我们不考虑不同的应变和接触力对界面的影响，节理周围的应力也会降低（应力影），我们可以称之为**应力影模型**。对于无内聚力节理而言，节理处的拉张应力为零，在远离节理的各个方向上拉张应力增加。模拟表明，这种裂缝两侧的应力降的影响在大约五倍地层厚度范围内，随着远离节理呈非线性下降，并且在一倍地层厚度范围内应力降最为显著（应力小于远程应力的 70%）[ 图 8.16（a）]。因此，新的节理更有可能形成在应力降区域以外或边缘部分 [ 图 8.16（b）]。较厚的地层产生高度大的节理，这些节理具有更宽的应力降区，因此具有更大的节理间距。

第三种模型特别适用于砂岩和石灰岩等多孔岩石，它考虑了节理作用过程中孔隙压力的变化。一旦节理形成，就会产生额外的孔隙空间，其附近的孔隙压力就会下降。因此有效的莫尔圆向右移动（与图 7.33 所示相反），防止在先存节理附近形成额外的节理。因此，一个新的节理更有可能形成在距先存节理一定距离的地方，而这个距离随着母岩渗透率的增加而增加。这种孔隙压力效应取决于随时间变化如何有效维持孔隙压力差。

所有这些模型，以及我们没有讨论的其他一些模型，都可以解释在大多数节理化地层中看到的规则的节理间距，尽管它们的相对重要性可能取决于岩石性质和应力场的局部条件。这些模型预测的特征间距高于自然界中节理化岩石中观察到的节理间距。这可以部分或完全地用未变形岩石中的**缺陷**或**不完美**来解释。如第 7 章所述，应力集中在缺陷上，使得它们成为张裂缝的潜在成核点。因此，岩石中这种缺陷的频率、几何形状和分布都会影响节理的间距。它们降低了地层的强度，如果一个重要的

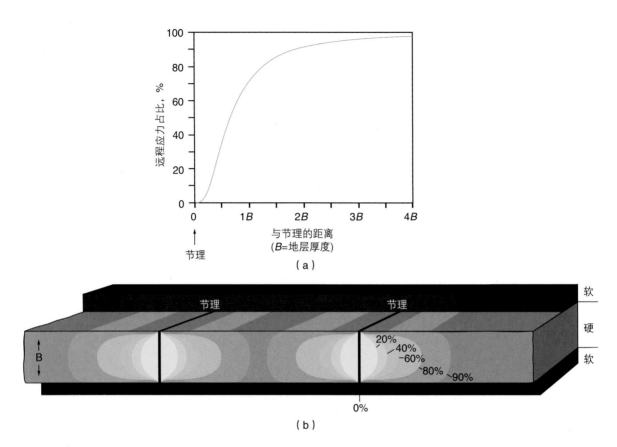

图 8.16 （a）远程应力向孤立节理方向下降示意图（据 Pollard 和 Segall，1987）。距离用层厚表示，说明应力降与尺度无关。（b）节理周围应力降三维可视化，据 Fischer 和 Polansky（2006）数值模拟。图（a）表示从最右侧节理中间开始向右延伸的水平线

缺陷位于"太接近"先存节理的位置，这个缺陷仍然会导致一个新的节理的形成。因此，一些节理可能发育在上述模型预测的"最小"距离下面。这已经被数值模拟证实，参考文献见本章末的"延伸阅读"。有趣的是，目前的模型预测的特征节理间距比在自然变形岩石中观察到的要大得多，这告诉我们这样的模型并没有捕捉到母岩的所有特征或节理形成过程的所有要素。

缺陷的高密度分布可能导致节理间距更近。

上面描述的关系（如图 8.13 所示）适用于层状岩层序列，层状岩层表现出强烈的力学差异，其厚度可达数米。在较厚的地层和力学地层学特征不太规则的岩石中，例如许多片麻岩，其节理间距可能不太规则。在一些地方，会出现节理密集带，其中有些节理密集带的中心部位有滑动面或断层。虽然它们并不总是容易理解，但其中一些可能受到外部构造应变或边界条件的控制。

## 8.5 节理的生长和形态

根据格里菲斯理论（图 7.24 和专栏 7.3），与剪切裂缝不同，张裂缝不能在自身平面内扩展，而是会产生新的拉张裂缝（翼裂纹），且更容易扩展为长的构造。理想情况下，张裂缝会从一个成核点呈放射状增长，因此在任何一点上，扩展前缘（图 8.18 和图 8.19 中的橙色端线）都是椭圆形的。在成核后，扩展速率增加，可以达到声速的一半，并且节理表面变得粗糙，直到它扩展得如此之快，以至

于应力调整或裂纹尖端的应力振荡导致它弯曲。具体来说，由于端部区域的高应力和／或局部非均质性，端部发生分叉，并形成偏离平面的微裂纹。其结果就是形成长而窄的不规则面，即**羽饰构造**（图8.17中的蓝线）。羽饰构造反映了沿羽状轴的传播方向，如图8.18和图8.19（a）所示。一般来说，羽状模式在远离成核点处定义更准确。

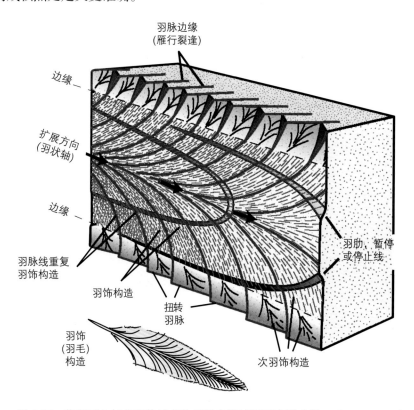

图 8.17　节理面上与节理传播有关的形态学特征示意图（据 Hodgson，1961）

羽肋可以被认为是时间线，而由羽脉构成的羽饰构造勾勒出传播方向

图 8.18　节理面上羽饰构造的解释（英国，Somerset）

橙色线代表不同阶段的节理端线，垂直于白色的羽饰线。红色箭头表示局部传播方向

图 8.19 （a）变质杂砂岩（挪威，Telemark）中的微弱发育停止线（用橙色线表示）和羽饰构造（白线）。
（b）纳瓦霍砂岩（犹他州）50m 高的悬崖上椭圆形排列的发育停止线（橙色线），揭示了椭圆形生长模式。
（a）和（b）中红色箭头表示局部传播方向。白色圆圈代表成核点。（c）变质流纹岩（挪威西部，Stord）中
沿裂缝发育的雁列式羽脉边缘带（扭转羽脉）

在局部，主裂缝可能进入一个不同应力方向的区域。这通常是两种不同力学性质的岩石之间的层理界面或其他边界，在这种情况下，就会在所谓的**边缘带**中形成一系列的扭转节理或**扭转羽脉** [ 图 8.19（c）]。由于具有新方向的 $\sigma_3$ 局部地施加在主裂缝面上产生的剪切分量，扭转羽脉往往呈**雁列式排列**（平行叠覆段形成的一个带，如图 8.20 所示）。扭转羽脉试图垂直于 $\sigma_3$，因此发生扭转作用（图 8.20）。

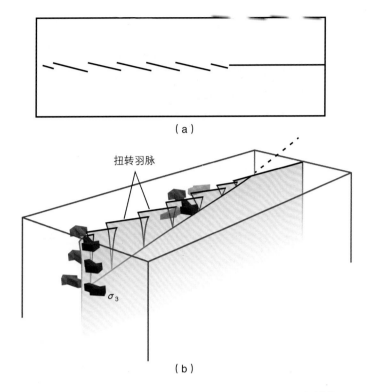

图 8.20　张裂缝达到具有力学差异的岩层界面时发生的扭转作用

（a）平面视图；（b）三维视图；扭转作用平行于 $\sigma_3$，因此裂缝（羽脉）也平行于 $\sigma_3$；与图 8.19（c）所示的羽脉进行比较

　　张裂缝倾向于脉冲式生长。每一个扩展脉冲都趋向于以一个向平面外传播减速或完全停止来结束，直到足够的能量或流体压力累积起来开始下一个脉冲。抛物线（块状岩石中的椭圆形）不规则的最小传播速度的位置称为**羽肋**或**停止线**（图 8.17）。羽肋将主裂缝面分解为羽脉带，并垂直于羽饰羽脉线 [ 图 8.19（a），图 8.19（b）]，这些构造共同提供了关于张裂缝生长历史的独特信息。羽饰构造是细粒岩石（如粉砂岩）节理的特征，而在粗粒岩体（如砂岩和花岗岩）中还可以看到停止线。

## 8.6　节理的相互作用及相对年代

　　岩石中通常不仅只存在一组节理，在这种情况下，我们感兴趣的是它们的年代关系。由于节理的位移非常小，评价节理的相对年代可能是一个困难的任务。换句话说，交切关系可能一点也不明显。然而，节理的交切方式常提供一些重要的线索。

　　图 8.1（a）显示了一个常见的模式，其中一组是永久性的，第二组且正交的节理受第一组限制，这通常被称为**T 型相互作用**。在这种情况下，第二组节理终止于第一组节理限制是合理的，因此第二组节理更年轻。从技术上讲，邻接节理在先存裂缝上施加了一个微观的剪切作用，在交点的右侧是右旋的，另一侧是左旋的。然而，这种偏移量是非常小的，以至于几乎无法检测到。

　　在两个节理组斜交的情况下，当它们与早一期节理组交互作用时，我们会期望第二组节理发生偏转。如图 7.26 几何图形所示，这取决于沿最早裂缝的远程应力是拉伸还是压缩。应力发生偏转，第二组节理同样发生弯曲，这显示出第二组节理更年轻。

　　数值模拟的一个有趣发现是，一旦一个地层达到其节理饱和水平，$\sigma_3$ 的方向可以从垂直于节理重新定向到平行于节理。这可能导致垂直于第一组节理的新节理的生长，在两组节理交汇的地方形成典型的 T 型相互作用。最有趣的是，在不改变远场应力方向的情况下，可以形成两组相互垂直的节理组，如图 8.1a 所示。

---

两组相互垂直的节理可以在相同的区域应力场中有序形成。

---

**多边形模式** [图 8.1（c）] 代表了一种非常特殊的情况，在这种情况下，所谓的 **Y 型相互作用**十分发育。它们都是在有限的，通常是很短的时间内形成的。在熔岩和浅层岩体中，随着熔岩或岩浆冷却和收缩（热收缩）（图 8.7），**柱状节理**迅速形成。随着冷却，岩浆岩在水平面上各个方向发生收缩，结果是从熔岩流的顶部和底部（冷却快的地方）开始形成近六边形节理，并向冷却较慢的中部偏下的位置扩展。连续的生长阶段可能形成节理柱的带状构造，其中每个带的裂缝面具有其各自的形态特征，这些不同的形态特征有时会解释节理扩展方向。

**X 型相互作用**由两组不同年龄的节理组成，两组节理斜交。与图 8.1（d）所示不同，最老的一组通常由横向稳定的节理组成，而第二组则更多地被第一组限制。这种节理组可能看上去像共轭裂缝组，但是如果它们是的话，它们将被解释为剪切或混合模式裂缝，而不是真正的节理。"共轭节理"一词应谨慎使用，因为"共轭节理"通常意味着裂缝同时形成。

横向上分离的**平行节理**在足够近的情况下也能相互作用。如图 8.21 所示，先存的节理端部会使远程应力场发生偏转，第二条节理端部就会根据产生的局部应力场扩展。更具体地说，在理想状态下它是沿着 $\sigma_1$ 而垂直于 $\sigma_3$。确切的路径或几何形状将取决于远程应力场，但对于较年轻的节理，在其端部可能会形成钩形的几何形状 [图 8.21 和 8.22（a）]。现在，如果两个节理同时彼此趋近传播，就会产生一个双钩形状的构造 [图 8.22（b）]。例外是差应力高的情况，在这种情况下，两者将保持直线，并且两个节理端部相距太远，以致它们的应力场无法相互作用。

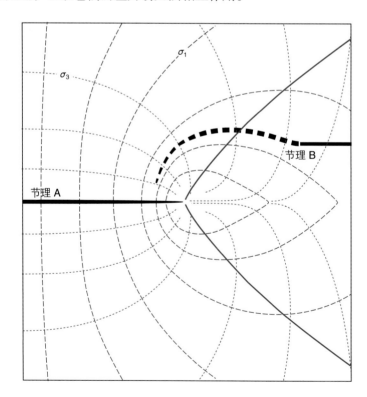

图 8.21　节理 A 端部周围的主应力方向（其中 $\sigma_3$ 为张应力并一直垂直于 $\sigma_1$）（据 Olson 和 Pollard，1989）
如果第二条节理（节理 B）端部从右侧扩展，它将被这个应力场引导形成一个钩形的几何形状（虚线）。在现实中，第二条节理端部也会在其生长过程中动态地扰动应力场，而要想对由此产生的钩形几何形状进行更精确的预测，则需要随时间逐步模拟

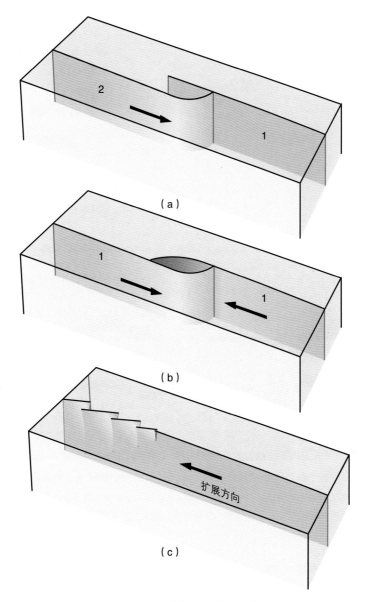

图 8.22　节理端部相互作用示意图

（a）只有节理 2 扩展，并向节理 1 弯曲；（b）两条节理同时扩展，同时发生偏转；（c）节理在其端部发育一个扭动羽脉边缘带，
在表面看是一个雁列式排列的裂缝带（它们的排列方式告诉我们其扩展方向）

## 8.7　节理、渗透率及流体流动

　　一般来说，节理和裂缝是岩石中流体的潜在管道（图 8.23），特别是在低渗透率或没有初始渗透率的岩石中，或由于胶结和溶解而降低了渗透率的岩石中。它们在许多石灰岩储层中非常重要，与页岩气也有关系。节理和微裂缝可以连接孔隙并增加渗透率，产生一种称为**裂缝渗透率**的次生渗透率。在没有基质孔隙度的岩石中，节理（和断层）同时提供孔隙度和渗透率。在基底油藏中常见此类情况，那里的油气通过断层和节理运移到基底高点。在变质岩和火成岩中，节理和断层也提供了渗透率和孔隙度，这在钻探此类岩石中的地下水时非常重要。

　　裂隙岩石中的流体流动是一个庞大而复杂的问题，我们在此只讨论一些适用于节理化岩石的基本参数和关系。有几个非常明显的关键参数控制裂缝性岩石孔隙度和渗透率，其中开度和影响连通性的因素（节理的长度和高度、频率、分布和方向）是最明显的。

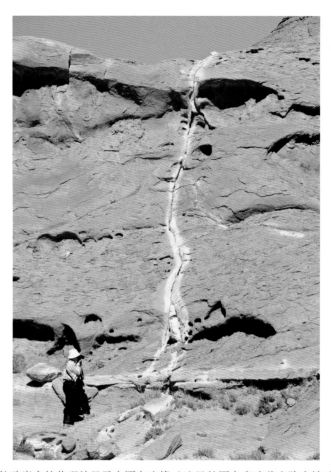

图 8.23　细粒砂岩中的节理处显示出漂白边缘（这里的漂白意味着去除赤铁矿颗粒外膜）

这种漂白是由具有降低化学性质的流体（例如 $CO_2$）引起的，表明流体在某一定程度上沿着该节理流动，并且它们与围岩相互作用。
这些流体来自犹他州南部下伏 Navajo 砂岩储层，并穿过盖层逃逸出来（图中人物为 Luisa Zuluaga，以示比例）

## 开度

对于节理化岩石中的流体流动来说，开度或者缝壁间距可能是最基本的参数。要发生流动，节理就必须张开，而且张开性越大，流动就越快。假设一个具有光滑缝壁和开度 $b$ 的完美面状节理。对于一个给定的水力梯度 $\Delta p$（两端的压强差），有多少流体能够沿这条节理发生流动呢？立方定律给出一个答案：

$$Q = -\rho g \frac{b^3}{12\mu} H \Delta p$$

式中，$Q$ 为体积流量；$\mu$ 为流体粘度；$\rho$ 为流体密度；$g$ 为重力加速度；$H$ 为节理的高度。虽然这个公式忽略了缝壁永远不会完全平滑或平行的事实，因此在某种程度上高估了流量，但是立方开度公式强调了开度的重要性。

那么对于节理来说，高开度值是否很常见呢？我们可以在地表测量节理的开度，例如用卡钳等工具。这种测量和与近地表节理网络和地下水相关的研究有直接关系，但在更深的地方，由于围压随深度（静岩压力）迅速增加，预计节理会闭合或接近闭合。当内部孔隙压力高于与其垂直的主应力时，深部节理会张开，但这种张开是暂时的。一旦节理扩展，孔隙压力下降，节理就会闭合。天然节理缝壁的不规则或粗糙可能有助于节理保持一定的开度，但大多数天然节理的低开度值使节理相关的裂缝孔隙度和渗透率下降。

## 连通性

一般情况下，节理和裂缝需要连接起来才能在单个节理尺度以外发生流动（图 8.24 和图 8.25）。连通性可以以不同的方式建模，输出依赖于输入数据的质量和相关性，这些数据可能来自于现场测绘、岩心数据和 / 或钻井动态数据。例如，节理是否被限制在具有一定力学性质的地层，或是否穿透厚层部分就变得很重要。在三维空间中，这种模型很快变得复杂和不确定，主要是因为裂缝网络的三维几何形态天生难以绘制。由于这个原因，渗透率通常是基于实际数据并在不同程度上进行一系列假设后再进行数值模拟。

图 8.24　胶结的 Aztec 砂岩（内华达州 Muddy Mountains）中连通良好的节理网络

由于流体通过节理网络流动，节理被含铁胶结物很好地勾勒出来

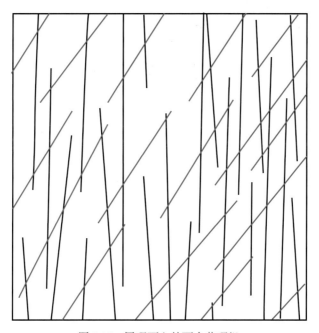

图 8.25　层理面上的两个节理组

单独黑色节理组在任何方向都只能提供很小的渗透率，但可以与红色节理组共同形成良好的连通性。试着看看你是否可以沿着连通的节理从图框的一边移动到另一边。记住，在三维环境中有更多的移动机会，这取决于节理化单元的厚度

节理产生的渗透率足以使圈闭中的盖层发生泄漏。这与构造圈闭密切相关，这些圈闭在充满油气后曾经历过剥蚀，在此过程中上覆地层的移除和相关的冷却收缩可以产生或张开节理。

由于石油工程师通过水力压裂技术人为地使储层破裂，裂缝渗透率也变得非常重要（见第 5 章第 2 节）。在这个过程中，人造节理可以延伸到离钻井几百米的地方。水力压裂被用来增加页岩的渗透率，以生产页岩气，并恢复油井周围的渗透率（由于开采过程中油藏损坏，造成油井周围的渗透率下降）。对于天然节理，一旦压力下降，这些节理将闭合到开度几乎为零的节理，因此应注入支撑剂以保持其打开。

## 8.8 矿脉

一般来说，矿脉是一个被次生矿物充填的裂缝或细长的空腔，这些次生矿物是富水流体进入裂缝时沉淀而成。作为构造地质学家，我们对脉壁（边缘）张开期间形成的矿脉类型较为感兴趣，即同步填充膨胀或扩张的矿脉。由于各种原因，位于地壳最上层的另外一些矿脉充填了孔洞和裂隙。虽然这类矿脉可能含有有趣的矿石或宝石矿物，但它们没有任何关于张开历史的记录（有些甚至是在溶蚀形成的空隙中生长），因此我们在此不再赘述这类矿脉。

矿脉这一术语也被用来描述被熔化物充填的裂缝，例如小岩脉和岩床，以及混合岩中的浅色体。此外，一些构造地质学家探究了不同类型的矿脉中的压力或应变影。在目前对矿脉的研究中，我们主要关注**张性矿脉**，我们将其定义为在裂缝张开时母岩裂缝中的次生矿物的伸长体，当裂隙打开时，次生矿物被引入母岩的裂隙中，因此与相关变形的运动学特征有关（图 8.26）。

图 8.26　页岩中的方解石脉

这些矿脉射向离开右倾的母矿脉方向，母矿脉发生右旋剪切再活化，在上盘（上脉壁）的左上部形成扩张矿脉（翼裂纹）

矿脉形成的构造与节理相似，并填充了一种或多种次生矿物，如石英、碳酸盐矿物、绿帘石或绿泥石，尽管通常比节理更短、更厚，但其形状表现得更丰富。矿脉也能在更高的围压条件下（岩石圈深处，包括上地幔）形成，作为对流体超压的响应，这与岩脉类似，尽管它们通常与上地壳条件有关。

**矿脉充填和生长机制**

　　流体提供了矿脉充填矿物，而充填物的形态提供了有关矿脉形成的线索。在矿物近于等轴和随机方向生长时，常用**块状**（或亮晶）**结构**这一术语来描述[图 8.27（a）]。这种结构类型是生长在孔洞和张开型裂缝中次生晶体的典型结构。矿物也可能是细长的块状，长轴垂直于缝壁[图 8.27（b）]。当晶体沿两侧脉壁向中间开放空间生长时，就可以得到细长的晶体形状，允许晶体生长到裂缝中。在胶结物充填过程中，如果矿物反复开裂（通常每次在不同的地方）并不断延伸，也会发生这种情况。最后，矿物可以形成真正的**纤维状**[图 8.27（d）]，其长度与厚度比非常高（比如 100 : 1）。纤维沿矿脉的厚度相对恒定，在纤维生长过程中没有新晶粒的成核。

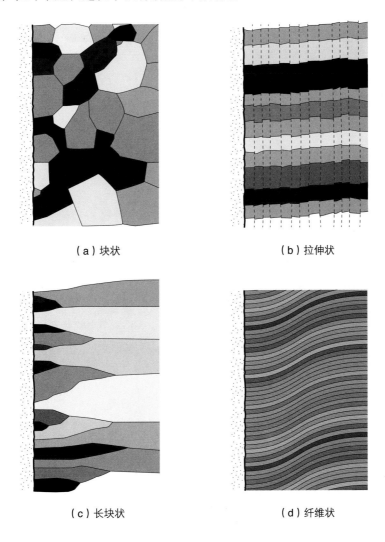

（a）块状　　　　　　　　　　　　　（b）拉伸状

（c）长块状　　　　　　　　　　　　（d）纤维状

图 8.27　矿脉充填晶体的形态

**共轴矿脉**

　　当细长的颗粒从脉壁向岩脉中心生长时，矿物最年老的部分始终是最接近脉壁的那一部分，由此形成的矿脉称为**共轴矿脉**[图 8.28（a）]。一旦这个过程开始，从能量角度来说，扩展先存晶体比形成新晶体更有利，因此晶粒不断向中心生长。如果裂缝是张开的（充满了流体），则会形成一个晶面前锋，这种情况可能只见于地壳浅部。然而，从两个缝壁生长的晶体接触的地方定义了反映原始裂缝几何形状的中线。

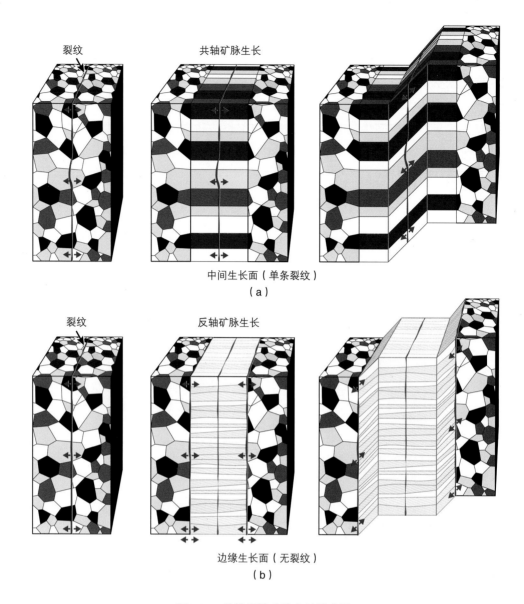

图 8.28 共轴反轴矿脉生长示意图

红线表示生长位置

共轴矿脉通过中线（裂纹）矿物生长形成。

具体来说，我们可能会发现由于矿脉两部分的生长速度不均匀，共轴矿脉中间有一条偏离中心的中线。在极端的情况下，矿脉只生长在其中一侧，没有中间线。

共轴矿脉含有与脉壁上发现的相同矿物。此外，新的拉长的矿物颗粒显示出与其成核脉壁矿物相同的光性方位。因此，对于石英砂岩或石英岩，矿脉矿物将是石英；而对于石灰岩或大理岩，矿脉矿物将是方解石。在大多数情况下，形成共轴矿脉的矿物含有少量包裹体。

共轴矿脉可以是单次破裂或裂纹事件的结果：裂缝形成并张开，晶体从两侧生长到部分或完全充填裂缝。当晶体并排生长时，它们在生长方向上变长（变长的块状），但是个体生长速率（生长竞争）的差异导致一些晶粒变宽，而另一些晶粒在长度方向变窄，如图 8.28（b）所示。由于晶体生长速率在不同的生长方向上是不同的，因此晶体倾向于显示出一种优势生长方向。石英生长速度最快的方向是光学 $c$ 轴，它会与缝壁高角度相交。这可以在显微镜下通过插入石膏板（正交偏光镜）来观察。

共轴矿脉可以由单一或重复的破裂事件形成。在后一种情况下，在破裂或裂纹事件期间，随着晶体的继续生长，新形成的空间被部分或完全充填。这个过程被称为愈合，当愈合不完全（包含小的空洞或杂质）且中线不明显时，额外的变形将导致沿着中线产生新的裂缝。反复开裂和间歇封闭的过程被广泛地称为裂纹—封闭机理。

## 拉伸矿脉

裂纹—封闭机理并不会导致裂缝总沿着相同的（中间）线重复开裂，即裂缝不会沿着晶体从缝壁开始生长在一起的线重复发育。如果每次裂纹事件之间的充填较为完全，则可能会形成新的裂纹位置。如果在以前形成的矿脉晶体中形成新的裂纹，这些晶体就会变长或伸长，因此将其命名为伸矿脉。这些矿物的一个特征是锯齿状（不规则的）边缘，这是由于晶体中胶结和破碎部分的厚度不同造成的。图 8.27（c）描述了这种类型的矿脉充填，其中垂直虚线反映了多个裂纹事件，分隔了单个生长事件的区域和主控因素。

在其他情况下，新的裂纹形成在矿脉外面的围岩中。在这种情况下，小块围岩被卷入矿脉。同时也要注意，随着矿脉向其端部逐渐变窄，一些矿脉可能会从拉伸模式变为共轴模式。

拉伸矿脉通过在矿脉内部或外部的新位置反复开裂形成。

注意，裂纹—封闭机制形成的矿物在这个过程中可以非常长，有时也被称为纤维。然而，正如下面所描述的那样，真正的纤维更"纤维化"，并形成反轴矿脉充填。

## 反轴矿脉

有些矿脉是由具有真正的纤维状构造的矿物组成，其矿物与脉壁中的矿物不同。因此，它们与确定脉壁的晶体没有结晶关系。这类矿脉通常由一个特征中位带向两侧脉壁生长来解释 [ 图 8.28（b）]，即与同轴矿脉相反，因此被称为反轴矿脉。中位带位于矿脉的中间，而矿脉沿着两个生长表面加宽，两个脉壁（矿脉边缘）上都有一个生长面。如果两边以不同的速度增长，中位带可能偏离中心，但对称的反轴矿脉构造是很普遍的。

反轴矿脉在其脉壁上生长纤维。

由于中位带是由矿脉形成初始阶段的物质组成，因此其具有一定的特征性 [ 图 8.29（b）]。这个带通常是由非纤维物质组成的薄裂纹—封闭矿脉。在初始矿脉的外壁纤维开始生长，纤维的大小在一定程度上受初始矿脉晶粒大小的控制。纤维在两壁的生长不是裂纹—封闭机制，因为纤维在生长表面没有进一步的破裂。这些是真正的纤维，有光滑的（不是锯齿的）边缘，所有的纤维几乎呈现相同的形状。因此，与细长块状矿物相反，纤维在生长过程中几乎没有显示出生长竞争或新颗粒成核的迹象。

纤维形成于变质作用的开始（近地表变质作用）到 350℃左右的中变质绿片岩相。在更高的条件下，结晶—塑性变形机制（第 11 章）变得活跃，以前形成的纤维可能重新结晶。

## 矿脉排列方式

在不同背景下，矿脉以各种排列方式出现，但作为张开型或混合型构造，它们总是暗示了垂直于矿脉的的伸展作用，也是非常有价值的应变指示器。矿脉呈带状分布并不罕见，单条矿脉相互平行并同时与矿脉带包络线斜交 [ 图 8.30 和图 8.31（b）]。

(a)　　　　　　　　　　　　　　　　　　　(b)

图 8.29　（a）共轴矿脉，张开速率大于矿物生长速率，细长块状结构；（b）反轴石膏矿脉，具有略微倾斜的中位线（在指甲的端部），中位线指示原始裂缝的位置，纤维从中位线向矿脉边缘生长（英国，Somerset）

图 8.30　极低级别粉砂岩中雁行式排列的石英脉阵列（葡萄牙）

注意劈理（白色虚线）垂直于矿脉。矿脉和劈理均显示出一些旋转（S 形），与右侧剪切一致 [ 见图 8.31（b）]。矿脉由细长的石英晶体组成

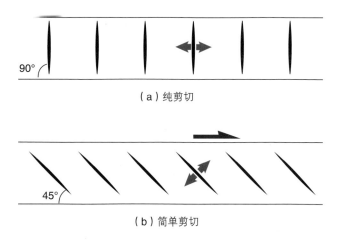

图 8.31　纯剪切和单剪切下矿脉的开始形成（强调了它们相对于它们定义的带的方向差异）

雁行式矿脉阵列这一术语经常用到，雁行式是一个古老的法语术语，用来表示梯子的脚蹬横木（阶梯）。这样的阵列定义了相应的剪切带，为了核查这个剪切带实际上是简单剪切还是一些其他非共轴变形，需要检查端部是否与剪切带的角度关系约为 45°［图 8.31（b）］，而这正是我们对于简单剪切的定义。这涉及最大瞬时拉伸方向（$ISA_1$）总是与剪切带呈 45°（图 2.24）这一事实，并建立在矿脉端部记录了最后应变增量的假设之上。

雁行式矿脉阵列通常定义了共轭矿脉组，两组矿脉沿 $\sigma_1$ 迹线镜像对称，如图 8.32 所示。可能的排列和运动学范围与共轭断层相似，只是断层或剪切裂缝被矿脉阵列所取代。因此，它们可以一起调节纯剪切或更一般的三维共轴应变。

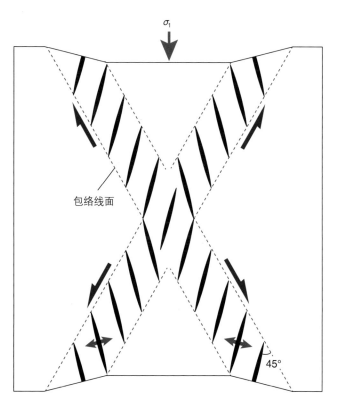

图 8.32　大多数同轴应变场中共轭矿脉组示意图

矿脉阵列作为应变累积的演化，其形态如图 8.33 所示。对于纯剪切，演化较简单，矿脉长度和开度（厚度）逐渐发生非旋转生长。然而，对于简单剪切，矿脉的中心部分将旋转，而扩展端部将始终与剪切带呈接近 45° 角。其结果是形成弯曲的矿脉，在某些点可能被第二代甚至第三代矿脉横切。

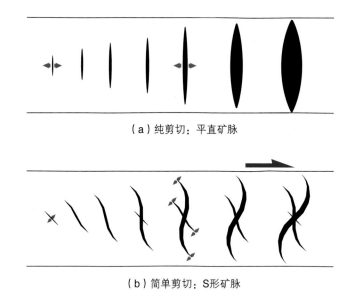

（a）纯剪切：平直矿脉

（b）简单剪切：S形矿脉

图 8.33　右旋简单剪切（a）和纯剪切（b）中矿脉的渐进演化（向右应变增加）

## 本章小结

节理和矿脉是地壳上部非常常见的脆性构造，对岩石强度、岩脉侵入、流体流动、隧道和地下工程都有影响。尽管复杂的节理模式可能很难被理解，但它们承载着关于许多地区最后一部分构造史的重要信息。以下是节理和矿脉特征的一些关键点：

- 节理和矿脉是张开模式（扩张）构造。
- 许多节理和矿脉是流体压力超过远场挤压应力时形成的水力裂缝。
- 因此节理和矿脉是张性裂缝。
- 节理往往是均匀分布在很大范围内，而不是集中在指定的区域。
- 节理和矿脉优先形成于能干性的（坚硬和强的）地层。
- 在能干性地层中，随着节理的发育，它们往往会形成一个特征间距。
- 节理间距与层厚呈正相关关系，其比值接近于 1。

---

### 复习题

1. 节理、裂隙和矿脉的区别是什么？

2. 在一个层状序列中，我们会认为在最硬的地层中含有更多还是更少节理？

3. 假设性质相似，与薄层相比，厚层中将会含有更多还是更少的节理？

4. 为什么节理是均匀分布而不是成群的？

5. 节理方向和应力之间的关系是什么？

6. 几何学上，节理是如何扩展的？

7. 为什么节理首先在最硬地层中形成？

8. 共轴和反轴矿脉的区别是什么？

9. 节理通常在岩石剥蚀过程中形成，为什么？

10. 在伸展过程中，为什么有时形成节理（或矿脉），而有时却形成剪切裂缝和断层？

11. 在节理中，哪些构造能够揭示它们的生长历史？

12. 在石油地质领域，节理是好的还是不好的构造，为什么？

## 延伸阅读

### 节理

Bai T, Pollard D, 2000. Fracture spacing in layered rocks: a new explanation based on the stress transition. Journal of Structural Geology, 22: 43−57.

Bai T, Maerten L, Gross M R, Aydin A, 2002. Orthogonal cross joints: do they imply a regional stress rotation? Journal of Structural Geology, 24: 77−88.

Engelder T, 1985. Loading paths to joint propagation during a tectonic cycle: an example from the Appala chian Plateau, USA. Journal of Structural Geology, 7: 459−476.

Engelder T, Geiser P, 1980. On the uses of regional joint sets as trajectories of paleostress fields during the development of the Appalachian Plateau, New York. Journal of Geophysical Research, 85 (B11): 6319−6341.

Fischer M P, Polansky A, 2006. Influence of flaws on joint spacing and saturation: results of one-dimensional mechanical modeling. Journal of Geophysical Research, 111 (B7): 14.

Narr W, Suppe J, 1991. Joint spacing in sedimentary rocks. Journal of Structural Geology, 13: 1037−1048.

Pollard D D, Aydin A, 1988. Progress in understanding jointing over the past century. Geological Society of America Bulletin, 100: 1181−1204.

Rawnsley K D, Rives T, Petit J P, 1992. Joint development in perturbed stress fields near faults. Journal of Structural Geology, 14: 939−951.

Schöpfer M P J, Arslan A, Walsh J J, Childs C, 2011. Reconciliation of contrasting theories for fracture spacing in layered rocks. Journal of Structural Geology, 33: 551−565.

### 矿脉

Bons P D, Elburg M A, Gomez-Rivas E, 2012. A review of the formation of tectonic veins and their micro-structures. Journal of Structural Geology, 43: 33−62.

Philipp S L, Afşar F, Gudmundsson A, 2013. Effects of mechanical layering on hydrofracture emplacement and fluid transport in reservoirs. Frontiers in Earth Science 1, doi: 10.3389/feart.2013.00004.

Vermilye J M, Scholz C H, 1995. Relation between vein length and aperture. Journal of Structural Geology, 17: 423−43.

# 第9章
# 断　层

　　断层会影响岩石层状序列，并使原生层序格架产生"断层"或"缺陷"。在区域地质图或构造图编绘过程中，断层的解释及成图是地质学家面临的一个挑战，但其结果尤为关键，不仅影响地层格架的整体构建，同时制约着地质学家对层序和构造形态的整体认识。断层的发育对油气和固体矿的形成有着重要的控制作用，因此成为现代矿产勘探和开发工作中重要的研究对象。随着对断层重要性的认识程度的逐渐提升，国际上对断层的研究也逐渐加深，同时断层与废弃物地质埋存、地下隧道运行以及地震灾害研究等相关工作也有着密切的联系。因此在本章中，我们将结合石油工业中的研究实例和应用情况探讨断层的几何形学特征、基本结构，断层和断层群的演化过程。

　　本章电子（演示）模型——断层，对以下三个过程提供了演示说明。
- 断层结构
- 断层生长
- 断层分段

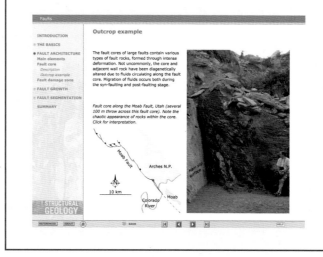

## 9.1　断层的相关术语

由第 7 章及第 8 章中的讨论得知，裂缝和一些小尺度不连续构造的特征相对简单，但断层中涉及的岩石变形尺度更大，包含大量的上地壳岩石应变产物及特征，内部结构较为复杂。依据研究领域和学者认识的差异性，**断层**的定义不同，简单的传统定义如下：

断层是具有明显剪切位移的滑动面或滑动带。

该定义和剪切裂缝的定义几基本相同，部分地质学家把这两个词作为同义词。有时地质学家会将具有毫米至厘米级剪切位移的构造称为微断层。但是，大多数地质学家会将剪切裂缝的定义限定至小尺度构造，而把错断位移大于 1m 的构造定义为断层。

除断层的断距以外，断层带的厚度也是断层的基本要素之一。断层通常以二维平面或曲面形式表示，但仔细观察会发现，断层由断层岩和次级的脆性破裂构成，因此断层具有一定厚度。然而，断层的厚度通常比滑距小很多，并且比断层的长度小几个数量级。依据观察尺度、研究的目标及所需精度的不同，地质学家会依据断层带厚度在研究中的重要性有所取舍。

断层是一个复杂的变形单元，包括多重滑动面、次级裂缝和可能发育的变形带。当断距达到上千公里时，断层的结构复杂性更为明显。例如，在大比例尺的地图和地震测线上，此类断层可视为单一的断层，但通过现场勘探可以发现它由多条小断层构成。因此，断层的规模制约了地质学家对断层的认知程度，这一问题成为描述地质构造的难题。这使得很多地质学家将断层看作是一维空间中具有一定厚度的、由脆性变形形成的岩体：

断层是一个"扁平"状的三维地质岩体，中心部位包括由强烈剪切作用形成的滑动面或断层核，周围由断层变形所伴生的次级脆性变形构成。

断层这一概念与变形机制（脆性和塑性）相关。通俗来讲，断层既包括脆性变形形成的不连续构造，也包括塑性变形形成的韧性剪切带。以上两种机制通常会在断穿整个或大部分地壳的断层（地震或地质剖面）研究中提及。在变形机制研究中，**脆性断层**（与之相对应的韧性变形称为韧性剪切带）的概念只有在谈及变形机制的特殊情况下才会用到。大多数情况下，地质学家将断层定义为在脆性变形机制下由滑动或剪切作用形成的不连续构造，因此，断层不需要用"脆性"描述。

断层是由脆性变形机制形成的与围岩位移方向平行的不连续构造。

这种不连续构造的说法是相对地层而言，即断层切断了层状岩石而造成不连续。同时，断层也包含了机制（或者力学的）和位移的不连续性。图 9.1 说明了在平面和剖面图上断层两侧的位移场突变特征。因此，对于活动断层的 GPS 检测和实地考察工作，断层的运动学定义同样非常重要：

断层是由变形形成的速度场或位移场的不连续的构造。

正如第 7 章中所述，断层不同于剪切裂缝，原因在于剪切裂缝难以在其所在的平面上进一步扩展或生长。相比而言，断层能够通过一个发育多个小裂缝的复杂过程带的形成而生长，其中的一些小的裂缝发生相互连接，从而形成断层滑动面，其他的裂缝则停止了连接生长。

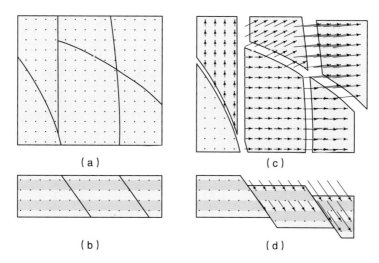

图 9.1　断层在速度或位移的野外草图和剖面图上显示出不连续性

在未变形图（a）和剖面图（b）中左侧断块在变形过程中被固定。其结果为断层两侧位移场（矢量）的突变

## 断层的几何学特征

非垂直断层将**上盘**和**下盘**（图 9.2）分开。若断层上盘下降，下盘上升，则该断层为**正断层**。与此相反，则为逆断层。如果两盘的位移方向水平，则断层为**走滑断层**。走滑断层可分为左旋和右旋两种走滑机制（来自拉丁文词汇 *sinister* 和 *dexter*，分别意为左和右）。

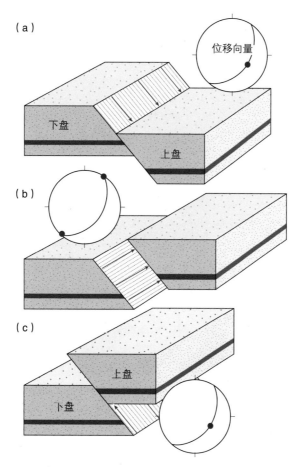

图 9.2　正断层（a）、走滑断层（左侧）（b）和逆断层（c）

这些是倾斜断层光谱的端员。赤平投影显示了断层面（大圆弧）和位移向量（红点）

虽然有些断层的倾角更为常见，例如，近直立的走滑断层、高角度的正断层和低角度的逆断层，但自然界中真正断层的倾角在 0 ~ 90° 范围内均有发现。一般将倾角小于 30° 的断层称为**低角度断层**，而倾角大于 60° 的断层称为**高角度断层**，低角度的逆断层称为**逆冲断层**，特别是一些具有几十至几百千米位移的断层。

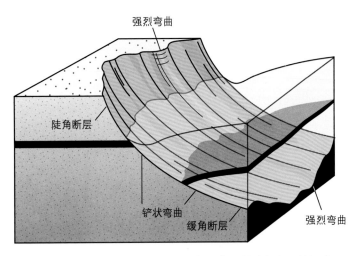

图 9.3　铲状正断层显示了在剖面中垂直于滑动方向上的极为不规则的弯曲

这些不规则弯曲可以被认为是上盘可以沿之滑动的大凹槽或褶皱

向下变平缓的断层称为**铲式断层**（图 9.3），而向下变陡峭的断层可称为反铲式断层。**断坡**和**断坪**的概念最初来源于逆冲断层，分别用于表征断层的高倾角段和近水平的低倾角段。例如，断层从陡坡变化为断坪，再变化为陡坡就形成了**断坡—断坪—断坡**的几何形态。

垂直于断层滑动方向的剖面上，不规则变化较为常见。对于正断层和逆断层来说，这意味着在构造图中可以看到弯曲的**断层痕迹**（由图 9.4 伸展油田中的断层可见）。在本节中，不规则变化没有在断层滑动与不规则变化在同断层向量一致的方向削减的位移相等的时候引起冲突。如果滑动方向也出现不规则变化，则上盘和（或）下盘必须发生变形，会使断层滑动方向上出现不规则现象。例如，铲式正断层通常造成正断层的逆牵引（见第 21 章）。

图 9.4　北海 Gullfaks 油田中的主要断层在平面图中呈高度弯曲，而在垂直剖面（主要滑动方向）中断层轨迹呈直线。红线代表了这个油田中的一些井轨迹（据 Fossen 和 Hesthammer，2000）

断层在垂直于滑动方向上可以有任意形状，但在非线性滑动方向上形成的空间导致了上盘或下盘的地层产生相应应变。

**断层带**一词习惯上指一系列近紧密且平行的断层或滑动面集中的区域。该区域的宽度取决于观察的规模尺度——在研究同圣安德列斯断层类似的大规模断层时，研究的区域范围可以从野外露头的厘米级、米级甚至达到千米级。断层带一词的含义并没有明确的定义，它可以指所有参与变形的岩石范围，也可以指有断层变形所产生的核部和周围变形的部分。这种普遍存在于目前与石油有关的文献中的概念混淆会造成一定的困惑，因此在每次使用断层带一词时都需要对其进行说明。

对倾的两条独立正断层之间产生的下落断块称为**地堑**（图9.5）。背倾的两条正断层之间产生的上升断块称为**地垒**。断层群中规模最大的断层称为**主断层**，与小断层可以呈对倾关系也可以呈背倾关系。对倾断层倾向朝向主断层方向，背倾断层倾向与主断层方向相反（图9.5）。以上说法都是相对的，只有当小断层与大规模断层相关时才有意义。

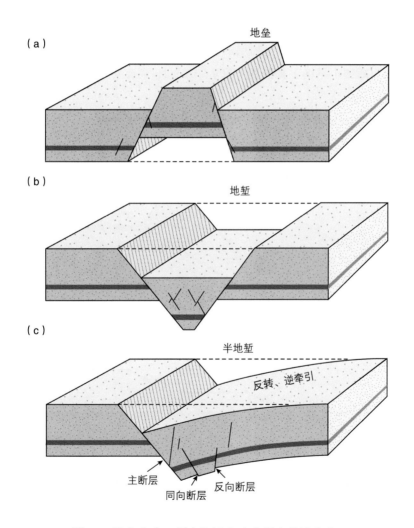

图9.5　地垒（a），同向地堑（b）和反向地堑（c）
反向地堑也被称为半地堑（图中可见同向断层和反向断层）

## 位移，滑距和离距
连接在断层错断前原本相邻两点的矢量（如图9.6中的P和P′）表示局部的**位移矢量**或**净滑动**。

图 9.7 即是从野外所见的线性构造（图中凹槽）中识别出的此类点，此类情况较为罕见。理想条件下，走滑断层具有水平方向滑动，而正断层或逆断层的位移矢量则指向倾向方向。一般情况下，所观察到大部分断层的总滑距都是几次增量（地震）形成的累计滑距，其每个增量都有其独立的位移矢量或滑动矢量。现在，让我们回到狭义的变形（仅关于变形和未变形状态）和变形史的差异中来。正如第 10 章中所述，在野外可以通过寻找一些类似于记录多次滑动事件的类似擦痕的证据，从而找到有关滑动史的蛛丝马迹。

滑动面上的一系列位移矢量构建出了滑动面上的**位移场**或**滑动场**。擦痕、运动学标志（第 10 章）以及层位错断可以为野外地质学家提供断层的倾向、滑动方向和滑动次数。对于多数断层来说，在其纯滑移矢量倾斜的前提下，滑动位移与走滑或倾滑位移存在偏差。这种断层称为**斜滑断层**（图 9.6 和图 9.8），其倾斜角度是由**倾斜度**定义的，具体指滑动面走向与滑动矢量的夹角（图 9.6）。

在无法明确真实断层位移矢量的情况下，不论是地震剖面或是野外露头剖面，断层在任意剖面上的错断量都会干扰对断层真实位移的认知，见图 9.7。在某一剖面或平面上可见到的断层的视错断量视为离距。水平面或图件上断层的视错断量称为**水平离距**，同理，垂直剖面的视错断量称为**倾向离距**[图 9.6（b）]。离距取决于地层的方向与断层的滑动性质。垂直剖面中，倾向离距可被分为水平离距和垂直离距，分别称为**断错（平错）**和**断距**[图 9.6（b）]。只有包含真实位移矢量的剖面能够显示断层的真实位移或总滑距。

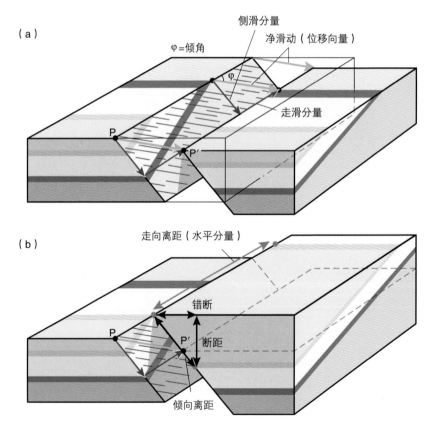

图 9.6 影响倾斜地层的倾滑断层

该断层为带有右旋走滑的正断层，蓝色箭头包含倾滑分量和走滑分量，显示真实位移或净滑动（a）。净滑动矢量连接了断层两侧错断前原本相邻的点（如图中的 P 和 P'）。在（b）中，上盘地层被恢复到与下盘相同水平。地层走向离距和地层倾向离距取决于地层的方向与断层的位移特征，此时这两种离距在分图（b）中易于观察。断距和错断分别为倾向离距的垂直分量和水平分量

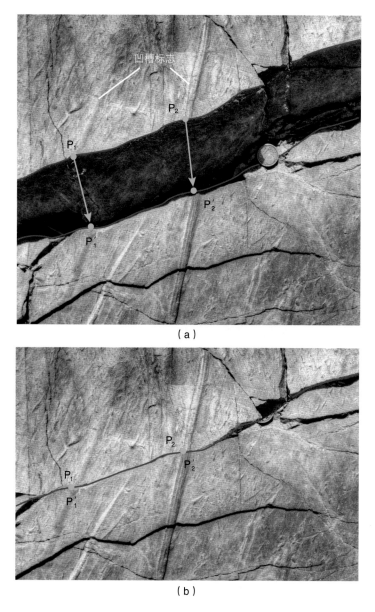

（a）

（b）

图 9.7 （a）切割了石炭系浊流沉积物（葡萄牙 Sagres 地区）中侵入的砂岩层的一个小断层（滑动面）的野外实例，可见在该断层面两侧均存在的凹槽，以及连接原本相接触的两个点的真实位移矢量。（b）复原图像。硬币直径 16mm

　　三维空间内，断层会影响地层的连续性，其将地层错断并在层界面上形成两条分离的边界线（图 9.9）。如果断层倾角不为 90°，且位移矢量与水平夹角大于 0°，那么断层平面图上，两条边界线中间会出现一个开放的空间。该不具等高线的空间宽度与断层倾角和断距有关。此外，开放空间的大小反映了在垂直剖面上所显示的水平断距（图 9.9）。

## 地层离距

　　钻井穿越断层会导致在**断层截断**（fault cut，井筒与断层的交点）处发生**地层重复**或**地层缺失**。直井的情况相对简单：正断层会导致井中地层缺失 [图 9.10（a）]，而逆断层会导致井中地层重复。对于井筒倾角小于断层倾角的斜井，如图 9.10（b）中的井 G，可见正断层两侧的地层重复。钻井钻遇到的缺失或重复的这部分地层（的位移），其术语为**地层离距**。地层离距是通过测量地下油井中可获得的断层位移而得。对于水平地层，地层离距即为断层断距。然而多数被错断的地层不水平，因此需要通过计算或构建得到断距。

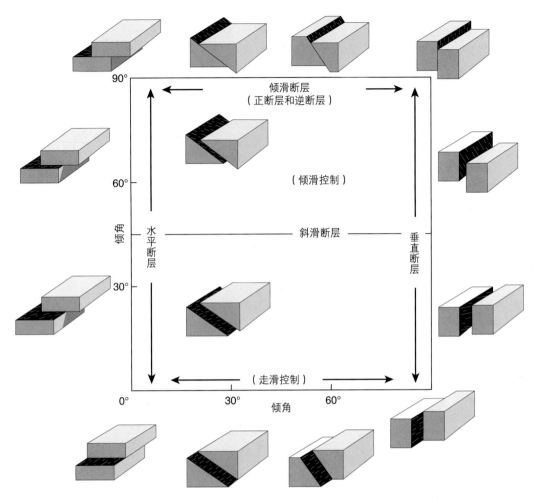

图 9.8　断层的分类基于断层面的倾角 ［即断层滑动方向（位移矢量）与走向之间的夹角］（据 Angelier，1994）

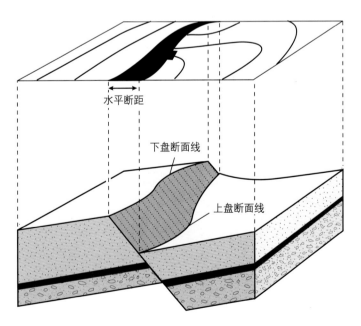

图 9.9　单一断层，地图平面以及两条断层边界线之间的关系

这种主要基于地震波反射数据的构造等高线图在石油工业中广泛使用

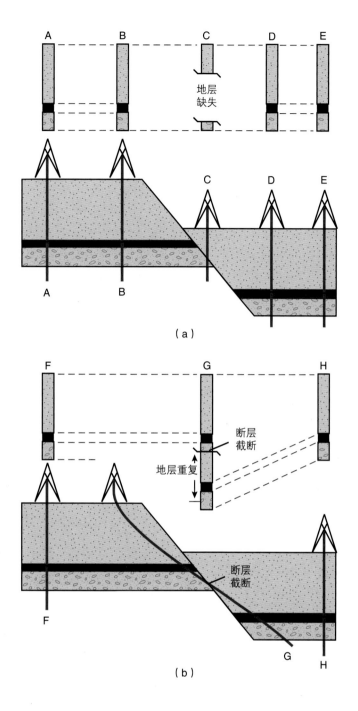

图 9.10 （a）直井（井 C）中地层缺失总是指示正断层（假设地层恒定）；（b）地层重复（通常与逆断层相关）出现在比相交井筒（井 G）陡的正断层

## 同沉积断层

断层断穿地表，则影响沉积物的同沉积模式。如果沉积物在整个断层构造之上沉积（而不仅仅在上盘），那么地层在上盘一侧增厚。不同的同沉积断层中会有不同的现象，反映断层不同时期活动性的不同。通过**生长指数**可以定量表征这一现象（图 9.11）。该指数是一种对断层两侧任一地层单元不同厚度的一种简单计量方法，有

$$生长指数 = t_{HW}/t_{FW} \tag{9.1}$$

图 9.11 中所构建的正断层模型中，为便于与上盘进行对比，下盘所有地层均设为单位厚度。断层活动期间，生长指数大于 1，且在断层最活跃时生长指数最大 [图 9.11（a）中的地层 f]。位移图也反映同一现象——在断层的最活跃时期，地层梯度最大 [图 9.11（c）]。断层的沉积后阶段，生长指数为 1。而同沉积逆断层，则在下盘生长，此时生长指数小于 1。

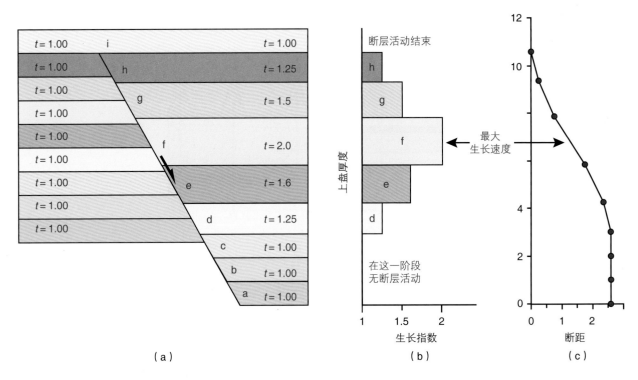

图 9.11　构建出的同沉积断层模型（在同沉积过程中上盘的地层增厚）

（a）正断层的理论横截面；（b）生长指数图；（c）位移图

## 9.2　断层解剖

在地震或地质剖面上，断层通常被描绘为一条厚度均匀的单一线条。然而，具体来说，一般情况下，断层都不是简单的面或厚度均匀的带。实际上，大多数断层都是由一些难以预测的构造单元组成的复杂构造。但由于断层这一定义的表述一直在变化，因而很难总结出一种简单而通行的概念。如图 9.12 所示，在大多数情况下，区分中部**断层核**或滑动面与被称作**断层破坏带**的脆性变形围岩，具有至关重要的意义。

断层核的范围极广，可以包含从通过几个滑动面带的小于毫米厚碎裂带的简单的滑动面到只有残余原生岩结构而被保留下来的多达数米宽的强剪切带。结晶岩中，断层核可以由实际无内聚力**断层泥**构成，其中长石和其他原生矿物转变为黏土矿物。其他情况下，硬质和燧石状**碎裂岩**组成断层核，尤其是在脆性上部地壳较低处的断层。在断层核中，也发现了不同类型的有内聚力或无内聚力的**角砾岩**。在极端情况下，摩擦引起结晶岩的局部和临时熔化，生成玻璃质断层岩，称为**假玄武玻璃**。断层岩的分类见专栏 9.1。

在软沉积岩中，断层核通常由松散的涂抹层构成。在某些情况下，例如，黏土和粉砂的软质层可能涂抹形成一个连续的膜，如果在三维空间中连续，则可能大幅度减少流体穿过断层的能力。一般情况下，断层核的厚度随着断距的变化显示正增长，尽管在同一岩性中沿单一断层变化很大。

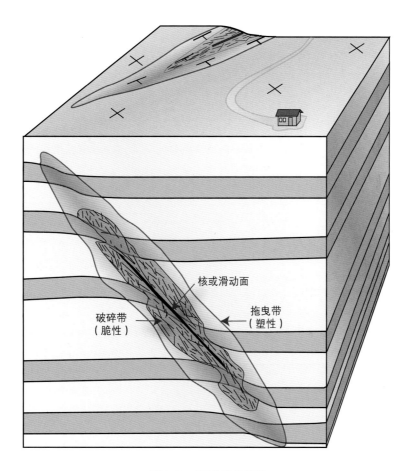

图 9.12 断层简单解剖

破碎带的特征在于脆性变形构造强度高于背景水平。其围绕断层核，这意味着它能在核的端部和核两侧找到。在破碎带发现的构造包括变形带、剪切破裂、张性破裂和缝合线，图 9.13 展示了这样的小规模构造（通常是变形带）只在接近断层核存在的例子，在这种情况下界定出下盘破碎带宽度大约为 15m。

---

### 专栏 9.1  断层岩

当断层活动充分改变原岩，原岩就会转变为脆性断层岩。根据发生断层作用的岩性、围压（深度）、温度、流体压力、运动学特征等，可将断层岩分为多种类型。区分不同类型的断层岩，并将他们与在塑形状态下形成的糜棱岩区分开具有一定意义。Sibson（1977）基于他的观察提出了分类，即脆性断层岩一般不发育页理，而糜棱岩发育页理。他进一步区分了有内聚力和无内聚力的断层岩。更细致的分类则基于大的碎屑和细粒的基质之间的相对含量关系。我们将碎裂断层岩在一些情况下也呈现页理这一事实补充进 Sibson 的分类描述和定义中，以使其更为完善。分类表中，还纳入了与微观变形机制的关系，在图表的下部，将由于塑性变形机制而形成的糜棱岩和碎屑岩明显区分开来。

| | | 无层状 | 层状 | |
|---|---|---|---|---|
| **无内聚力** | | 断层角砾岩<br>（含量 > 30%，可见碎块） | | |
| | | 断层泥<br>（含量 < 30%，可见碎块） | 层状断层泥 | |
| **有内聚力** | | 假玄武玻璃 | | |
| | | 压碎角砾岩<br>（碎块直径 > 5mm） | | < 10% |
| | | 细压碎角砾岩<br>（碎块直径 1 ~ 5mm） | | |
| | | 显微压碎角砾岩<br>（碎块直径 < 1mm） | | |
| | 碎裂岩<br>粒度通过碎裂机制缩小 | 初碎裂岩 | 糜棱岩系列 / 初糜棱岩<br>粒度通过塑性机制缩小 | 10% ~ 50%　基质 |
| | | 碎裂岩 | 糜棱岩 | 50% ~ 90% |
| | | 超碎裂岩 | 超糜棱岩 | > 90% |
| | | | 粒度通过重结晶增长　变晶糜棱岩 | |

**断层角砾岩**为基质含量小于 70% 的未固结断层岩。如果岩石中基质与岩屑之比相较断层角砾岩更高，则该类岩石被称作**断层泥**。因此，断层泥是源岩被严重磨碎后的产物。但是断层泥这一术语有时也用来指沉积层序中断层核部受强烈改造的黏土或页岩。这些未固结断层岩在脆性地壳的上部形成。他们在非孔隙性岩石中可作为流体运移的通道，但同时在被错断的孔隙性岩石中也可起到断层封闭作用。

**假玄武玻璃**由深色玻璃质或微晶、致密物质组成。它是围岩在摩擦滑动过程中局部熔融形成的。假玄武玻璃可以以侵入岩脉或冷凝边的形式出现，包括围岩和玻璃构造两部分。它通常为呈毫米至厘米宽的条带，使围岩出现尖锐边界。假玄武玻璃一般在地壳的上部形成，但也可在深至下地壳固态部位地层中发现。

**压碎角砾岩**以大块岩屑为特征，其基质少于 10%，是有内聚力的坚硬岩石。岩屑通过胶结物（一般为石英或方解石）和 / 或通过在断层活动中已被压碎的微岩屑矿物胶结在一起。

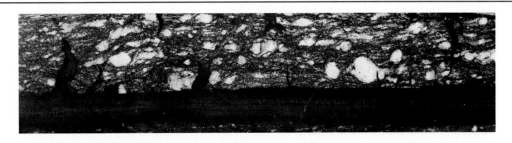

假玄武玻璃岩脉注入原生糜棱片麻岩（Heimefrontfjella，南极洲）

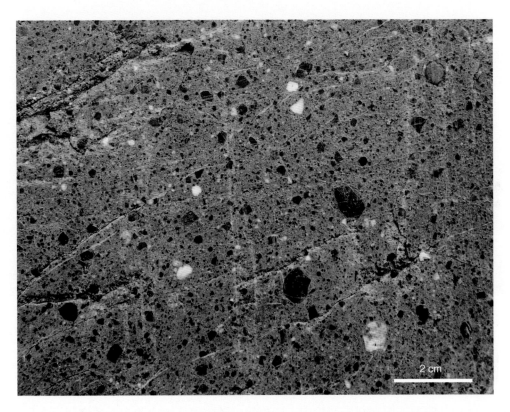

犹他州 Provo 的 Wasatch 伸展断层主滑动面下盘石灰岩压碎而成的碎裂岩

不同于压碎角砾岩，**碎裂岩**的岩屑—基质比例较低。基质包括压碎的和严重磨碎的微岩屑，从而形成有内聚力的、通常是燧石状的岩石。基质最终成为燧石状需要一定的温度，并且通常认为大部分碎裂岩在 5km 深或更深的地方形成。

**糜棱岩**，尽管在 Sibson 的分类中被粗略地归为断层岩，但这种岩石实际上并非断层岩。糜棱岩可以基于颗粒较大的原始晶粒和重结晶基质的比例进行细分。糜棱岩有良好发育的页理，并且通常有线理，这些足以为糜棱岩是由塑性变形机制而非摩擦滑动和颗粒压碎形成提供大量证据。相比碎裂岩和其他断层岩，糜棱岩在深度更深、温度更高处形成；对于富石英岩石，糜棱岩形成温度在 300℃以上。糜棱岩系列的端元之一，变晶糜棱岩，是一种在变形停止后重结晶（构造后重结晶）而成的糜棱岩。因此在显微镜下它显示了粒径近为均一的、等轴且无应变的颗粒，而在手标本中依然可见糜棱岩页理。在第 11 章和第 16 章中，将介绍更多塑性变形和糜棱岩的相关信息。

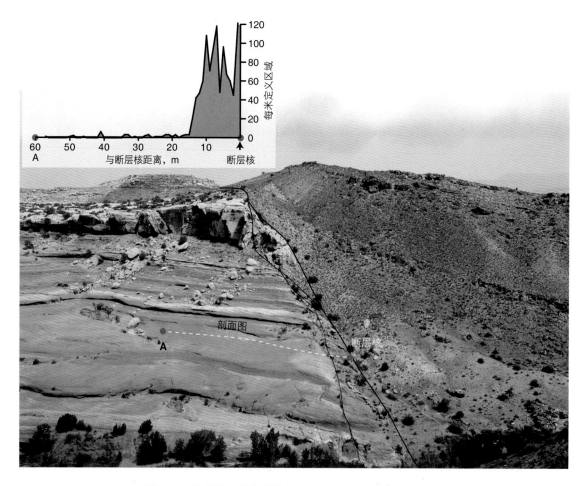

图 9.13 破碎带在垂直断距为 150 ~ 200m 的正断层的下盘

下盘的破碎带在沿着地形剖面收集到的数据可画出具有周期性的图表。在断层的上部可以看见断层透镜体

（犹他州 Moab 附近 Bartlett Wash 的 Entrada 砂岩）

　　破碎带的宽度因层而异，但是，与断层核一样，断层的位移与破碎带的厚度存在正相关 [ 图 9.14（a）]。图 9.14 中的单对数图在断层解析中广泛应用，图中直线表示两个参数之间存在恒定关系。值得注意的是，图中沿着其中一条直线绘制的数据，断层位移 $D$ 与破碎带厚度 $D_T$ 之间的比例和其他任何规模的断层都相同，并且图中相邻直线的间距表示一个数量级。图 9.14（a）中的大部分数据都绘在 $D=D_T$ 线的周围或之上，这意味着断层位移接近或稍微大于破碎带的厚度，至少对于断层位移高达 100m 的断层成立。我们可以用这张图来预测破碎带宽度的距离，反之亦然，但是大量分散的数据（超过两个数量级）显示了高度显著的不稳定性。

　　断层核厚度（$C_T$）与断层位移存在一种相关关系 [ 图 9.14（b）]。这种关系受到 $D=1000C_T$ 和 $D=10C_T$ 直线的限制，这意味着，经统计，对于位移高达 100m 的断层，断层核约为断层位移的 1/100。

　　地层通常在断层附近偏斜（褶皱），特别是在被错断的沉积岩中。这种现象的经典术语为**拖曳**，它应当被作为一个纯粹的描述或几何术语。拖曳带可以比破碎带更宽或更窄，甚至完全不存在。破碎带和拖曳带之间的区别在于拖曳是对塑性受断层影响变形的一种表述，而破碎带仅限于脆性变形内。他们都是与断层相关的总应变区域的一部分。一般情况下，软岩石比硬岩石产生更多的拖曳。

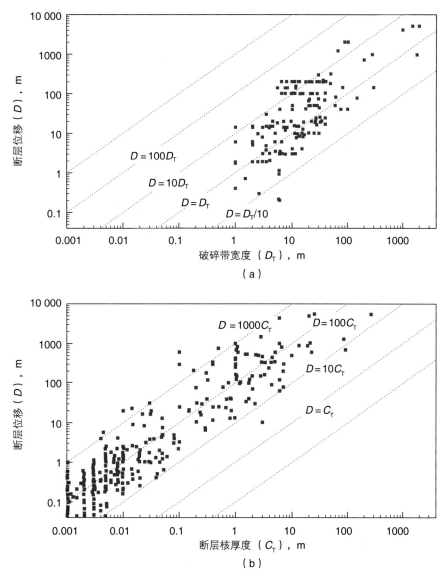

图 9.14　（a）为在硅质碎屑沉积岩中破碎带厚度（$D_T$）（断层一侧）与断层位移（$D$）的对比图，（b）为对于断层核的厚度（$C_T$）的类似描述。注意对数坐标轴，数据有多个来源

## 9.3　位移分布

　　一条断层在水平或垂直方向上的位移有时可能变化。在断层延伸的两个方向，断层中心部分位移最大，并且向端部逐步减小，如图 9.13 所示。断层位移分布的形状可能会有所不同，可以是线形、钟形或椭圆形。

　　位移剖面一般分为两种类型，一是尖峰型，即剖面中间位置的位移最大，二是钟型（又称高原型），剖面中间位置的最大值相对平缓。

　　一般而言，孤立断层从两端向中心位移逐渐增加。

　　在单一断层中，可能会由于难以收集足够的位移数据而无法在断层面作出精确的位移分布图。然而，从高质量三维地震数据体中可以获得大量断层的位移等值线。图 9.15 及图 9.16 中的简单模型与此

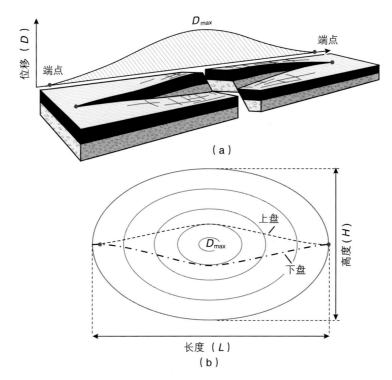

图 9.15 （a）一个孤立断层的理想示意图。位移分布表明在中心附近位移最大。（b）断层面的位移等值线。点画线是上盘和下盘的明暗截止线，它们之间的距离表示倾向断距

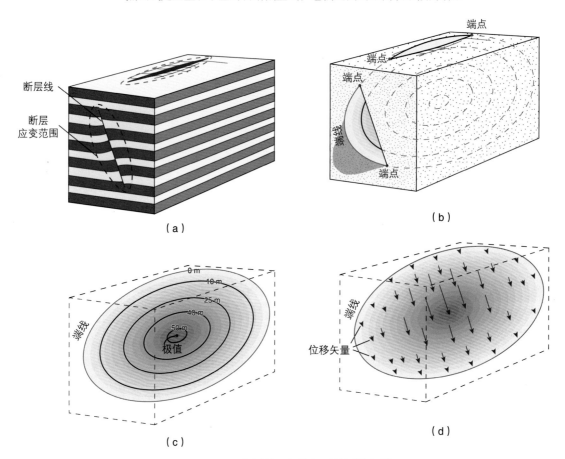

图 9.16 孤立断层的几何特征（椭圆特征模型）

（a）断层线是断层面和任意面（露头，地震测线）的交集。断层线的端点成为尖点（b）。端线为断层的零位移线（c）。向着断层中心位移增大。该位移变化可以用位移等值线（c）或位移矢量（d）表达

相符，即通常情况下，断层的位移在其中心部位最大，并向端部逐渐减小——该结论与上段提到的野外观察结果相一致。然而需要注意的是，图 9.16 中所示的模型，其端线和位移等值线均为高度理想化的椭圆形，没有考虑力学地层学（具有不同力学性质的多个地层）以及断层相互作用导致的复杂现象的影响。自然界中的许多断层呈现更为复杂的位移模式，如图 9.17（d）所示。因此，对应的横向位移图有两个峰值 [图 9.17（e）]，这种模式通常解释为**断层连接**，即两条独立断层连接而形成一条单一连续断层。断层的相互作用有时比较复杂，并形成同样复杂的位移模式。如果我们想要推断断层的生长史，那么作出位移图至关重要。

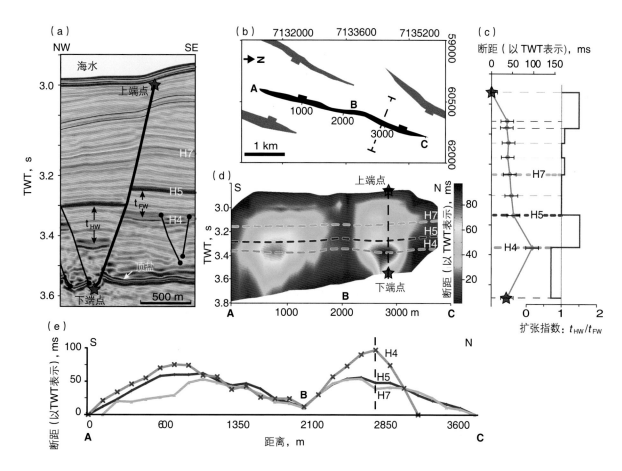

图 9.17　（a）从地震数据中所成的正断层图。（b）作为单一构造（自由断层端）的断层图。（c）位移方向上递减的断距图。（d）断层面断距分布图。出现两个最大值，说明由于断层生长，两条独立断层连接成为一条连续断层。（e）三个不同断层的横向断距图

## 9.4　在油田中识别断层

在石油勘探和开发过程中，收集和正确解释有关断层的信息至关重要。因此，需要对提供了拉张背景下野外断层重要信息的数据源进行回顾；该原理同样适用于挤压和走滑背景下。

### 地震数据

地震数据解释是识别和测绘地下断层最常见的方法。断层的识别通过用图表示的地震反射层来实现。不连续的反射层指示断层位置，倾向通过对比穿过断层的地震反射层来实现，如图 9.18 所示。

　　地震数据中不同数据体的分辨率有一定的限制，但通常很难或不可能确定断距小于 15 ～ 20m 的断层，即使是高品质的三维地震数据体也不能达到如此高的分辨率。低于地震分辨率的断层一般称为**次级地震断层**，见专栏 9.2 和专栏 9.3。沿断层会有如断层透镜体和断层分支等复杂情况的出现，这些情况很难单独通过地震资料解决。井信息用于有效地约束和限制地震解释。

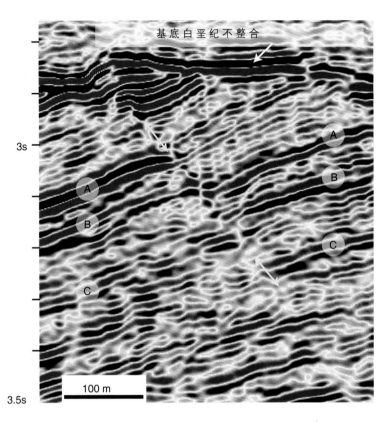

图 9.18　地震数据中呈现的断层（箭头处），但图像并没有直接反映断层本身。根据反射层的不连续点（截断点）来判断断层位置（三维数据来自北海 Visund Field）

---

### 专栏 9.2　亚地震断层

　　断层性质为塑性还是脆性？这一切取决于观察的规模。思考一下大型正断层上盘的大规模牵引构造。从地震剖面（或从较远的地方）来看，地层似乎是连续的且变形机制应为塑性变形。在此情况下仍可能有许多亚地震断层，因为连续地层的出现可能是因为在数据处理的过程中信号被抹去了，形成了连续的反射结果。下面介绍两种不同的情况。其一，一系列反向次级地震断层影响地层；其二，其他断层与主断层是同方向的。由于断层太小以至于不能在地震上成像，因此这两个情况下的地震图像相同，但在两种情况中亚地震断层的真倾角不同。岩心和倾角测井数据可以反映真倾角。如果从岩心和倾角测井数据所计算的倾角差异较大，则说明可能有亚地震断层发育。如果从岩心中得出的倾角和地震中倾角相同，那么多是由于颗粒流的作用导致发生微小变形（大多形成于在变形期间尚未固结成岩的沉积物中）。

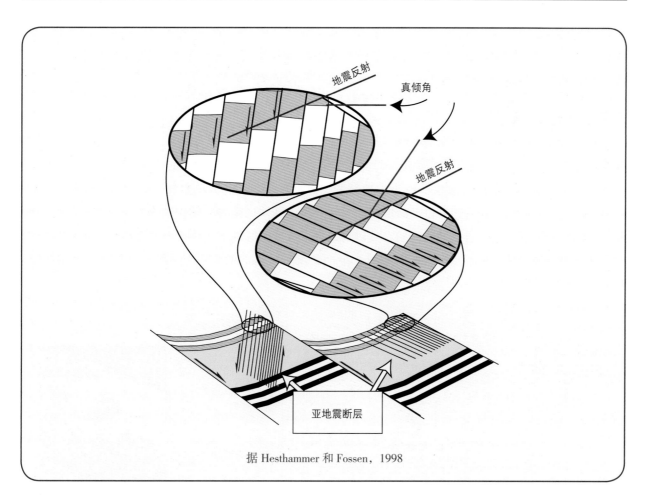

真倾角

地震反射

地震反射

亚地震断层

据 Hesthammer 和 Fossen，1998

如图 9.19 所示，三维数据体是一个立方体型的数据，代表在任何方向都可以对断层和反射层进行研究和解释，包括横向剖面（时间切片）。同时该方法也支持对断层和断层群三维几何形态进行解释。

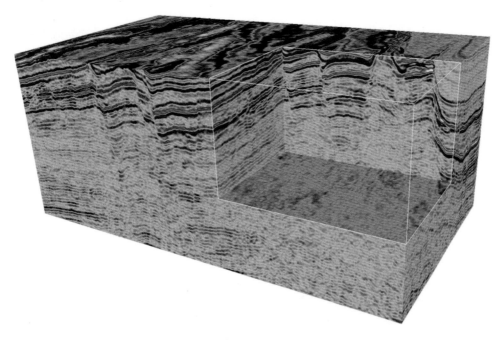

图 9.19　三维地震数据体中可能出现的断层形态（资料来源于 Barents Sea）

盆地规模的断层和区域型的断层排列通常通过区域性二维线的方法进行绘图。一些二维线是深地震测线，是地壳深部和上地幔的成像（图1.6）。深地震测线显示，当大断层进入深部剪切带时，有时贯穿上部地壳，有时贯穿整个地壳。

## 断层位置的测井识别

测定沿井筒断层常用的方法是利用地层间的对比。如图9.9所示，正逆断层分别引起地层剖面的缺失和反复。该地区其他井的层序地层学认知是了解此类断层识别的基础。

利用该方法确定断层的大小取决于多种参数，例如，标志层、井的数量、该地区内与其他井的距离、沉积相的变化以及井的方位。**断层截断**（在井筒中断层的位置）的识别也取决于测井曲线的特征。岩心通常不可用，标准测井曲线如自然伽马曲线、密度测井曲线、中子测井曲线、电阻率测井曲线，都可用于地层井的对比。如图9.20所示，在北海Brent Group的高密度井地区，小至6m的断层断距可测。该实例中，断层由岩心确定。

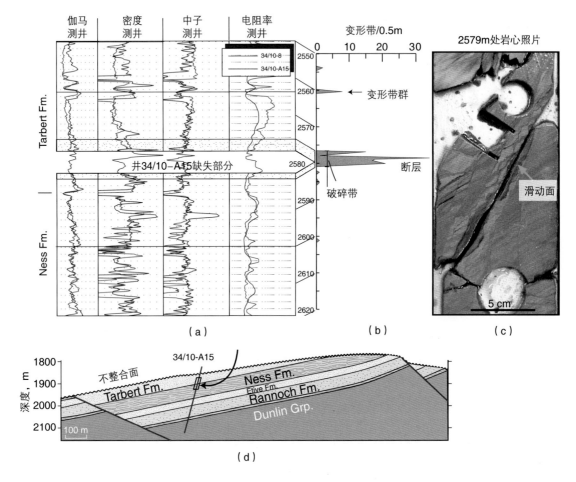

图9.20 通过测井曲线的对比探测断距（据Fossen和Hestshammer，2000）

井8中完成的测井曲线为红色，对比出井A15内存在约6m的地层缺失。从岩心观察可估测破碎带（橙色）有几米宽

## 倾角测量仪数据和井眼成像

微电阻率是通过沿井筒的倾角测量仪的三个或更多（通常为16个）电极连续测量得到。在小深度间隔内，井筒周围不同电极的反应相关并可以拟合成一个面。这些面一般为层状或纹理状，但也可能代表变形带或裂缝。

方位（通常由倾向和倾角提供）可用倾角测量仪在图中标绘。将倾向和倾角分离成图表并减小垂向比例尺，有利于构造分析，如图 9.21 所示。识别断层至少有三种方法。

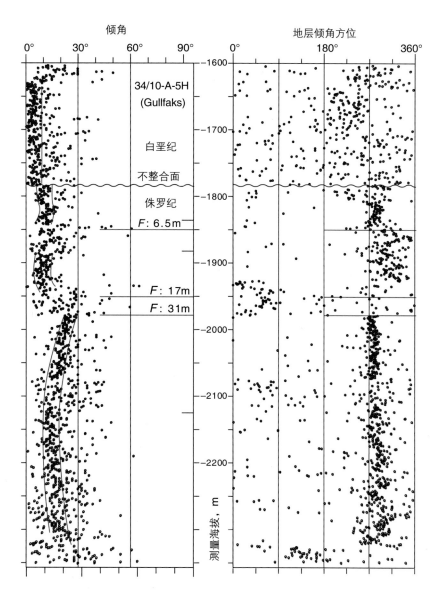

图 9.21　来自北海 Gullfaks Field 的倾角测量仪数据
该处倾向和倾角与沿井筒测量的深度相反。通过地层对比（缺失部分）识别断层

第一种，倾向或倾角发生突变。此类情况多发生于断层分割两个断块的位置，且该处地层方向不同——此类情况较为普遍。如图 9.21 所示，31m 处的断层即为上述情况的示例。

第二种，倾向和倾角，存在迅速但逐渐发生变化的局部间隔。此类异常称为**尖状**（图 9.22）。许多情况下，尖状倾向表明存在与断层相关的牵引构造。如图 9.22 所示，地层测井曲线对比表明示例中有 9m 的地层缺失。

第三种，在破碎带内或主滑动面上，由于裂缝或变形带出现的方向异常。图 9.21 中出现的高倾角断层即为此类型实例。

目前常见的是基于从更精密的工具得到的电阻率数据，创建更为连续的微电阻率井眼图像，如 FMI（Formation Micro Imager）。这个工具通过几百个电极测量微电阻率。其结果是上下盘的连续图

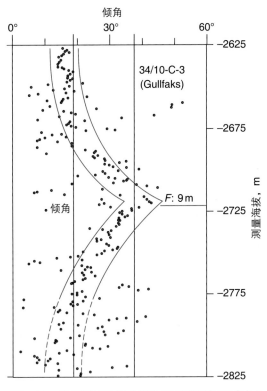

图 9.22　倾角测量数据（倾角随深度增加而减小）

表明小断层周围，与传统的尖状形态相关的牵引力。

数据来自北海的 Gullfaks Field

像，令人感觉这就是岩石的实际图片。在用来解释地层和构造特征的工作站中对以上图像进行分析。

　　图 9.23（a）来自澳大利亚近海同一口井中的两个微电阻率图像，图像中采用两种不同的方式，在相同井间距下给出略有不同的图像。图像中的正弦模式代表以一定角度与井筒相交的平面 [图 9.23（b）]，即如果井是直井，则采用倾斜平面。垂直于井筒的平面是一条水平线。因此，可以根据平面的形状（振幅）决定平面的倾角，并根据平面的性质决定层理或断层的倾向。一般来说，一系列走向相似的平面代表沉积层理或纹层，而断层和破裂更倾向于呈现不规则的形态。图 9.23（a）是断层解释的一个实例，此处构造周围层理的偏移支撑了这一解释。这种偏移可以用施密特网（Schmidt net）来表示 [图 9.23（c）]，并通过与构造褶皱轴相垂直的剖面进行解释，最终解释结果为牵引褶皱 [图 9.23（d）]。在此实例中，下盘牵引褶皱大于上盘褶皱要，且均与正向滑动保持一致。

---

### 专栏9.3　小规模断层的地质力学模型

　　有多种方法可以通过从地震解释中得到的数据来建造次级断层或亚地震断层模型。首先，如果可以基于地震上可分辨的断层来得到小断层与大断层之间的数量关系，我们就可以将一关系推到亚地震域，并预测研究区的亚地震断层数量（见第 18 章第 9 节）。但这并不能得出这些亚地震断层的位置和走向。

　　地质力学模型可以一定程度地解决问题。当我们把可识别的断层组放入给定真实力学性质（杨氏模量和泊松比）的地层模型之中，然后再在远处施加应力场或应变场（在例子中，边界条件是近东西向的伸展），我们就能创造出一个弹性应力场，通过摩尔破裂准则，即可得到预测的断层走向和（此处未显示的）断层密度。这种方法用来推测在主断层形成之后形成的小断层。在 $\sigma$ 竖直的情况下（见图 5.12，正断层背景），断层走向平行于 $\sigma_2$。因此主断层之间的所计算出的断层趋势近似指示了 $\sigma_2$ 的方向。

　　在北海实例中，我们运用大断层来进行小断层建模，并且可以用推测出的小断层进行对比。图（b）显示计算得出的小断层走向的明显变化，表示在大断层之间存在 $\sigma_2$ 的方向变化。（b）中通过计算得到的断层走向与（a）中通过地震数据得出的大部分小断层之间匹配程度较高（尽管不是完全匹配），表明小断层的方向受控于主断层所带来的应力扰动。这一例子也表明，我们可以仅通过单一的伸展相就可得到一系列不同方向的断层。

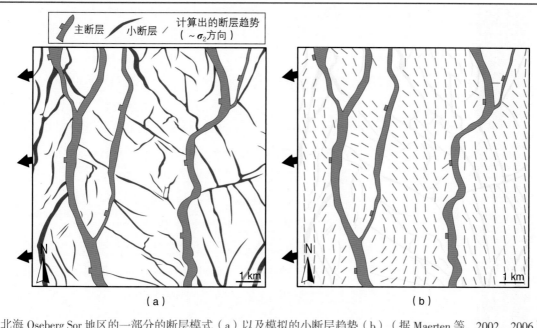

北海 Oseberg Sor 地区的一部分的断层模式（a）以及模拟的小断层趋势（b）（据 Maerten 等，2002，2006）
（如需更多信息，可见以上出版物）

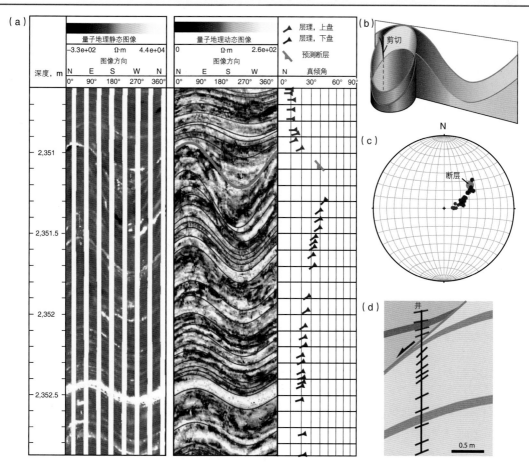

图 9.23  （a）澳大利亚西北大陆架的一口井中的一部分所对应的两种微电阻率图像。可见厘米级的构造特征，但必须基于地区的和普遍的地质认识进行解释。左边的柱状图中可见指示平面特征倾角和倾向的标志，这些平面特征可被解释为层理和小断层。（b）将倾斜地层（黄色层）展开，其轨迹会在圆周图像中呈现正弦波形。（c）在（a）中得到的方位数据可在施密特网（从两极到平面）中进行标示。（d）基于微电阻率数据解释，可以建立一个通过井的横截面，该横截面需要最先从断层倾向方向开始制图。分图（a）中的图片和图片解释由 QuantaGeo Photorealistic Reservoir Geology Service 提供。

图9.20

10 cm

图 9.24 Gullfaks Field 内一个 1m 长的
岩心剖面上的小断层（6m 地层缺失）
孔来自取样中用于渗透率分析的筛子。
断层细节可见图 9.20

### 岩心信息

只对储层中一小部分的钻井剖面取心，且其中断层存在的情况较为少见。由于一些干扰和潜在的压力问题，切割横穿断层的岩心对于钻井工程师来说并不是较好的选择。此外，一些已取心的断层岩也可能没有内聚力以致形成**角砾带**。但是，好的已取心的断层和破碎带包含有价值的信息。采用显微研究和渗透率测量方法对这些样品进行分析。另外，通过对样品进行分析可以判断出破碎带的宽度和性质，甚至可以评估断层核。图 9.24 所示为一个岩心存在 6m 地层缺失的断层的实例。通过观察可以发现破碎带中存在滑动面（非常薄的核部）和变形带。

如果岩心定向，则可以测量岩心上断层和裂缝的方向。但由于一般岩心都不定向，因此岩心的方向必须根据倾角测量仪数据或地震数据的地层方向为基础进行重建。而只有在层理不为水平时，才能进行这一过程。

## 9.5 断层的形成和生长

### 非孔隙性岩石内断层的形成

低孔隙性或无孔隙度岩石内的断层一般由小的剪切裂缝逐渐发育而成。但是，不能直接从单一的剪切裂缝产生，因为剪切裂缝不能在它们自己的平面上延伸。相反，它们会弯曲延伸，形成羽状破裂或由于拉张产生相关破裂（专栏 7.3）。实验结果表明，在裂缝开始和传播之前，存在强烈的微裂缝阶段。一旦微裂缝的密度达到临界水平，主断裂通过有利的定向微裂缝的连接发生延展。位于裂缝尖端带前的微裂缝带（中生代裂缝）称为**摩擦破碎带或过渡带**。

断层的生长，需要有一些小剪切缝、拉张缝、复合缝的形成和连接。早期的断层面为不规则状，因而导致断层两盘产生微裂缝，并会形成由角砾岩或破裂岩石形成的厚度较薄的核部。在断层生长过程中，靠近断层核的部位形成新的裂缝。因此，大部分断层都有强烈碎裂变形的清晰的断层核，且在**破碎带**周围都有低强度的裂缝。

断层的形成和生长是一个复杂的过程，涉及前端过程带处的微破裂的形成和最终的连接。

天然岩石为非均质，通常情况下，断层沿岩石中的薄弱带形成。这些薄弱带可以是地层界面或岩墙，但最有可能形成断层的薄弱带是节理（当然，还有先存断层）。节理通常是没有内聚力的薄弱平面构造。节理在长度或高度上达几十米，因为它们可在平面上自由延伸。由节理形成的断层继承了原始节理的一些特征。如果断层是通过在单一、广泛的拉张节理上摩擦滑动形成，那么原始断层往往是尖状的滑动面，并且几乎没有断层核与破碎带。但如果滑动累积，则断层从节理处向外延伸，并在其尖端带附近与其他节理连接。然后破碎带变厚，断层核可能产生。

通过节理再活动形成断层只需较小的应力，引起远离断层处仅发生较小的破碎（狭窄的破碎带）并且导致沿断层方向较低的位移梯度。

## 孔隙岩石内断层的形成

高孔隙度的岩石和沉积物中，断层生长遵循不同的路径。孔隙空间为颗粒提供了独特的重组机会。如果砂岩中的颗粒胶结能力较弱，那么在重组过程中颗粒将发生旋转和摩擦滑动。在其他情况下，颗粒也可发生内部破裂。以上两种情况下，发生于狭窄带或区域内的变形形成的构造称为**变形带**。第7章第8节中已对不同类型的变形带进行了讨论。

野外观察以及实验和数值计算表明，变形是通过在初始变形带附近连续形成的新的变形而生成（图9.25）。这意味着，在现有剪切带附近形成新的剪切带比继续对原始剪切带进行剪切容易。其结果是形成一个**变形带区**，这种演化通常解释为应变硬化。应变硬化通常认为与带内孔隙度的降低有关，尤其是在颗粒破碎部位（碎裂岩带）较为明显。应注意非孔隙性岩石过渡带和高孔隙度岩石的差异：非孔隙性岩石内的过渡带使母岩变弱，同时通过形成裂缝增加孔隙度。多数情况下，高孔隙度岩石中过渡带内的变形带使岩石变硬并降低孔隙度。

一旦在变形带区内积累了一定量的变形带，孔隙度便会充分地降低，从而导致滑动面的形成和生长。滑动面核在小范围里传播、连接，最终形成连续的滑动面。从力学性质的角度分析，滑动面是弱结构，能够相对快地累积数米甚至更多的滑动。连续的滑动面通常与薄的（毫米厚）超碎裂岩带相关，可被视为局部断层核。

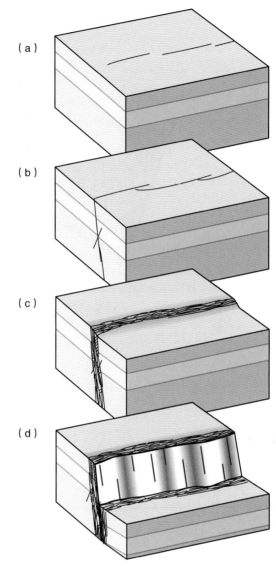

图9.25 多孔砂岩中断层形成的普遍模型（据Aydin和Johnson，1978）
（a）单一变形带；（b）带的连接；（c）变形带的形成；（d）带的断裂作用

高孔隙砂岩中的断层形成簇状变形带。

## 破碎带

变形带的生长和/或先于连续滑动面形成的普通裂缝，对理解破碎带都有重要意义。滑动面（断层）形成时，已经存在的结构封闭带将变为破碎带。一旦断层被确定，断层尖端的过渡带，随着断层的延伸，移动到断层端点的前面，形成一个带，为初期断层破碎带（图9.26）。对于孔隙性岩石，该破碎带可能由变形带组成。由于孔隙性岩石中断层是由于变形带区的断裂作用而形成，如图9.25所示，因此变形带过渡带的长度比许多非孔隙性岩石内的过渡带长。如果变形带碎裂，上述结论较为突出，在此情况下，过渡带可长达几百米。

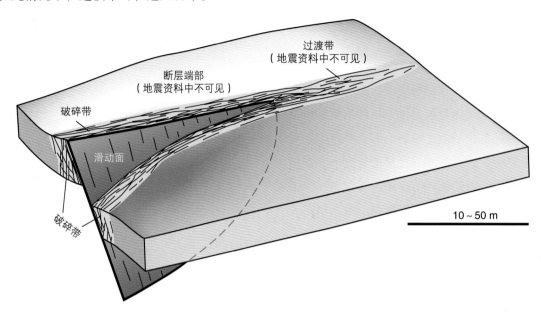

图 9.26 断层包含在破碎带内，意味着端点前有一个（过渡）带，该处岩石先于断层传播，为"过渡"。
该过渡区可能有助于油气藏的划分（据 Fossen 等，2007）。

如果破碎带结构的形成先于延伸的断层端点，那么破碎带比伴生的滑动面稍老。该假设的结论可能是，破碎带的宽度和应变与断层断距无关。经验数据 [ 图 9.14（a）] 表明，情况并非如此。因为断层（滑动面）代表岩石最薄弱的部分，即使没有断层盘边部更多破碎的产生，断层也可能会重新开启。原因很简单，断层不是完全的平面构造，也不会在一个完整的平面上延伸。在许多规模上断层都呈不规则状，因为岩石都为非均质各向异性。例如，当断层遇到不同岩性的地层或与其他断层相连时，可能会发生弯曲（图 9.27）。图 9.28 表明的是破碎带如何在断层弯曲的附近产生，在这种情况下伴随着一个平缓的断层弯曲褶皱。

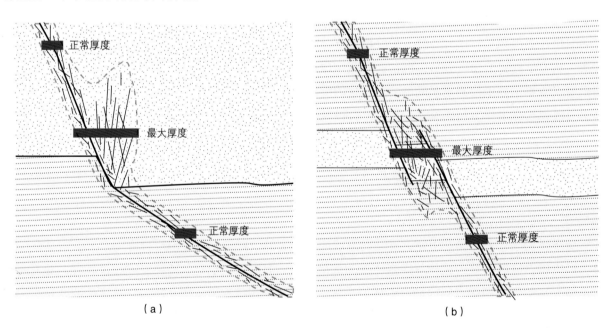

图 9.27 与倾向的变化（a）和连接（b）相关的破碎带厚度的变化

在这些情况中，直至断层切过复杂带，小构造逐渐形成破碎带

图 9.28 与主断层内弯曲相关的上盘逆牵引（断层弯曲褶皱）

断层弯曲伴随的相关构造导致破碎带异常宽。用颜色区分同向和反向剪切带

（Matulla Formation，Wadi Matulla，Sinai，断层断距超过 4m）

破碎带中的结构在局部滑动面（断层）形成前、形成过程中、形成后均可形成。

如果断层为暂时或局部面状或光滑，则在断距累积期间可能呈周期性，而不存在两盘岩石的变形，即破碎带没有任何变宽的迹象。但是，在断层连接或弯曲处，断层生长期间也许会发生围岩破碎，导致破碎带局部变宽。最终，断层上也许会发现穿过复杂带的更多的平面痕迹，且破碎带活动再一次停止。因此破碎带的生长可能有暂时性和局部性的特点（图 9.29），这也佐证了图 9.14（a）中的散点图。

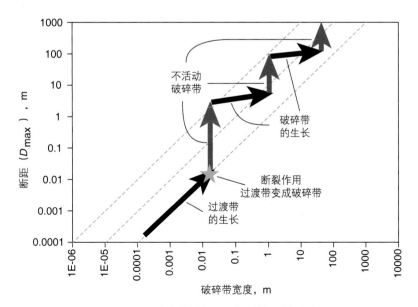

图 9.29 破碎带周期性生长的简要说明图

第一阶段是过渡带的生长。一旦断层形成，过渡带就变成了破碎带，随即发生滑动（红色箭头）直到伴随的构造导致断层活动停止，则破碎带开始重新生长。断层的生长就这样重复发生。在断层断距—破碎带宽度的表中，会出现一些散点

图 9.30 图中左侧边缘发育一垂向断层，粉砂岩和砂岩层间出现牵引（Colorado National Monument，USA）

## 塑性牵引带

牵引最好的定义是断层或断层标志层方向的变化，即挠曲与断层有关。通常情况下，术语牵引指的是几米或几十米宽的带。但是，大陆裂谷盆地上，向斜的正断层上盘能延伸数百米。同样，上盘边界可达几千米长的大型逆牵引（**反向牵引**），与大型铲式断层有关。

在地层中见到的牵引是足够软的，且在地壳的上部脆性部分可发生塑性变形，普遍发生在断裂的沉积层序上。虽然通常沿断层的牵引只有几米宽（图 9.30），但它也可以大到足够能在地震资料上成像，在图 9.31 中，记录了倾角数据。图 9.23 是在钻井过程中通过井中的微电阻率成像探测到的牵引带。

在任何构造背景下都可以形成牵引，但断层滑动方向和地层间的角度较大时会更为明显。由于沉积岩中地层近于水平，因此与正逆断层相关的牵引最为普遍，而走滑断层中的牵引构造比较少见。在近于水平的地层中，走滑断层也有褶皱发育（图 19.10），但这些不是牵引褶皱。因此，我们在这里引出牵引褶皱的另一个特点：

牵引褶皱的轴向与断层的位移方向呈高角度相交。

对于**倾滑断层**和近水平的地层，此处提到的"轴"意味着近水平的褶皱中心轴。

根据几何形态将牵引分为两种类型：**正牵引**和逆牵引。**正牵引**是剪切带状的地层，并向断层平行方向弯曲，见图 9.30 及图 9.33。正牵引构造存在断距，总断距是塑性正牵引和不连续断层断距的和。逆牵引通常规模较大，发生在铲式正断层的上盘一侧。在此情况下，滑动方向上地层呈凹陷状。根据局部断层几何结构，沿断层发生正牵引和逆牵引。

以前普遍认为牵引是在断层生长期间沿断层摩擦的结果，但是现在这一名词还包括先于断层形成前的地层弯曲。许多牵引的例子似乎更符合后者。该模式与破碎带的演化相似：这两种情况都是在断层端点处发生变形。区别在于，牵引褶皱作用可以延展至一定尺度，通常来说就是手标本尺度。

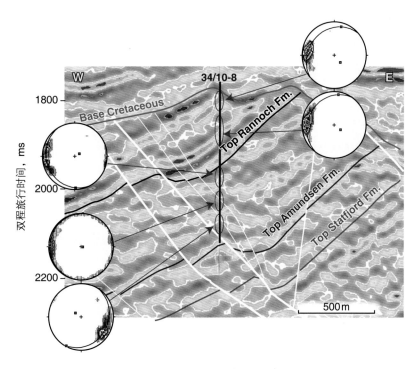

图 9.31 北海的一个垂直井的倾角数据

赤平投影图展现了所选间隔地层的倾角。由西到东倾向的地层与地震反射层中描绘的正牵引一致。牵引带向上变宽并与三角剪切模型保持一致

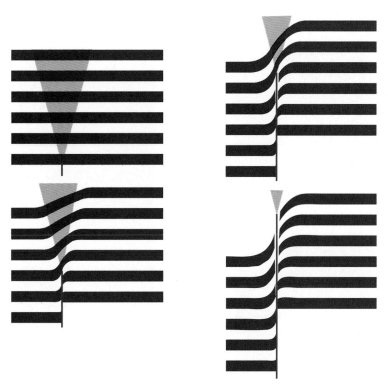

图 9.32 正牵引演化的三角剪切模型

在该断层传播褶皱模型中，牵引带向上变宽

　　牵引褶皱的几何形态能够说明其如何形成。地层内牵引褶皱与牵引带倾向等值线（见第 12 章）平行于断层轨迹，符合简单的剪切模式。在此情况下，形成了中心不连续的简单剪切带。

其他情况下，牵引带向上变宽，这就应用到另一种不同的运动学模型。较为流行的模型称为三角剪切。对于三角剪切（具体参照专栏9.4），应变分布在断层端点前的三角形或扇形的活动变形带内（图9.32）。该带的移动如同断层的传播，一旦断层切割地层就不会继续发生褶皱作用。每种情况下的三角变形带的宽度都不一样，但是在所有情况中都是牵引带向上变宽。在再活化基底断层处该模式较为准确。在怀俄明和科罗拉多州的科罗拉多高原隆起处和落基山脉前陆发现许多此类构造的实例，在这里褶皱构造通常被称为**强制褶皱**。

---

**专栏9.4 三角剪切**

　　1991年Eric Erslev发表了三角剪切分析方法，模拟出传播断层端点前的三角形断层传播褶皱地区内的塑性变形。三角形的下盘稳定不动，上盘以恒定速率移动。三角形以断层面为对称轴，沿从断层顶点处出发的射线上，所有点的速度矢量都是相同的。在纵向上，向上盘的方向速度逐渐增加，同时，速度矢量的方向从上盘到下盘逐渐发生变化，如图所示。我们在图中展示了三角剪切带的顶角、断层倾角和滑动量，以及传播—滑动比（P/S）。P/S决定了与滑动速度相关的断层顶点传播的速率。P/S=0意味着我们固定了下盘的三角带，而P/S=1则意味着我们固定了上盘的三角带。大部分情况下P/S > 1是理想的，反复实验能够得到与露头观测及地震成像结构匹配较好的几何图形。利用三角剪切分析，我们可以模拟出传播的断层端部的韧性变形，沿断层产生极其理想的牵引构造。Rich Allmendinger的免费项目FaultFoldForward可以帮助我们理解三角剪切及其参数。

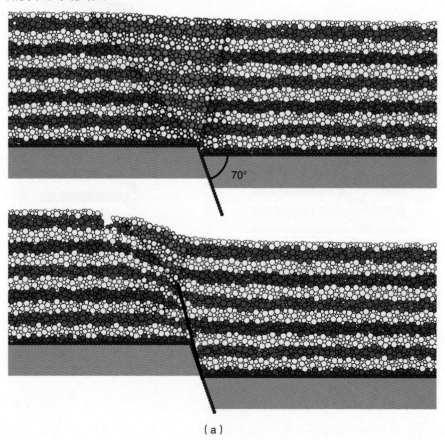

（a）

三角剪切模型（黄色透明区域）的断层传播褶皱数值模拟（据Finch等，2004，有修改）

反向断层的三角剪切模型，影响了上覆沉积层序。P/S=1.5。星号代表每一阶段的断层末端点

延伸的断层端点前形成的褶皱称为**断层传播褶皱**。因此，许多牵引褶皱都是断陷断层传播褶皱。但是，在任何断层的上下盘也可形成牵引。与破碎带相同，断层弯曲处断层的堵塞、断层的连接和其他复杂因素下沿断层摩擦的增加，都导致断层牵引。第21章讨论了非平面断层几何形态的影响，图9.33可见两个叠覆断层间的正牵引。后者导致了通常含有泥岩或黏土岩的地层在牵引点形成拖曳，并导致**泥岩涂抹**。

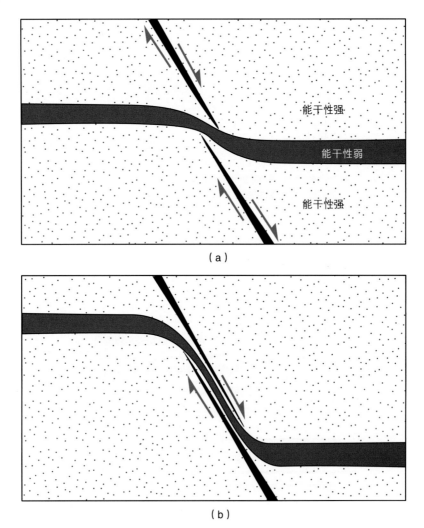

图 9.33　两个叠覆断层段之间力学性质薄弱地层（如黏土）的正牵引作用

牵引既可形成于断层端部之前，又可形成于活动断层的围岩中。

值得注意的是，对于端部无断距而中部断距最大的断层，导致了断层附近围岩地层发生弯曲（且厚度也发生变化），此时在被断层错断的地层中形成的是**位移诱导牵引**。这种几何学影响可以在三种主要断层的任意一种的围岩地层中发生，在图9.34中显示为逆断层和正断层。这种褶皱的宽度和紧闭程度取决于位移梯度以及地层的力学性质（控制图9.34中椭圆的宽度）。因此有以下几种牵引形成模式：位移诱导牵引（图9.34）；断层传播褶皱作用相关的牵引（图9.32）；由于沿断层方向的（变化的）摩擦引起的牵引；与非平面断层几何形态相关的牵引（图21.6及图21.7）。此外，牵引的成因也可以是差异压实（图21.11）；对于非常大的断层，成因还可能是在断层作用过程中，由于正断层导致地壳减薄或逆断层导致地壳增厚之后所发生的地壳均衡回弹（图9.35）。

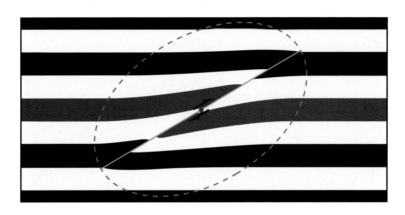

图 9.34  沿断层方向有位移变化的几何学序列中形成的牵引

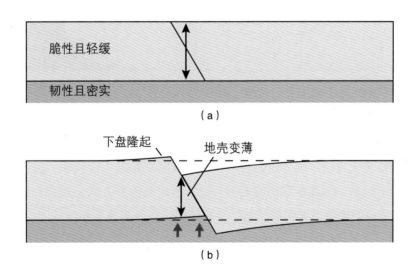

图 9.35  由于大型正断层导致地壳减薄，地壳均衡调整而形成的下盘抬升

注意，其最终的形态也受到图中所示的位移诱导牵引影响

## 牵引、变形机制和破碎带

颗粒流动会产生牵引，特别是在弱岩化的沉积物中。除地层旋转或沉积构造的调整外，颗粒流几乎没有变形痕迹。固结的沉积岩中，颗粒可能开始破裂，其形成机制为碎裂流。这些机制与第 7 章中提到过的不同变形带机制相同，但是牵引褶皱作用期间的变形特点为局部化较差且应变一般较低。但是向断层方向存在着一个应变梯度，如图 9.36 所示。

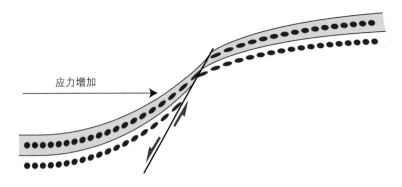

图 9.36 应变椭圆代表地层方向和应力间的关系（通过断层褶皱的三角剪切模型产生）（据 R. Almendinger，2003）

牵引带中可能发育裂缝或变形带。在此情况下，裂缝或变形带密度向断层方向增加，如图 9.37 所示。中型裂缝或变形带的出现表明其位于破碎带中。牵引褶皱发育好的地方，通常情况下牵引带比破碎带宽，但相反的情况也可能发生。

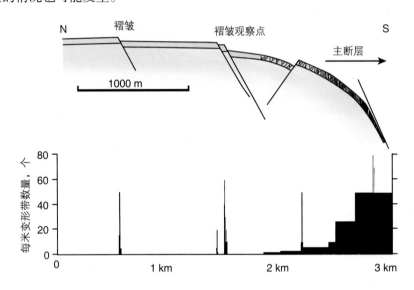

图 9.37 变形带的形成可以调节与主断层（未画出）相邻的地层褶皱作用（逆牵引）（据 Antonellini 和 Aydin，1994）
注意地层旋转和变形带密度间的关系（实例来源于 Arches National Park）

一些断层，特别是变质岩中，都有地层的牵引褶皱作用，如图 9.30 所示。通过研究发现，许多这种牵引褶皱为塑性变形机制，因此断层周围的剪切带的形成有多种方式，通常为脆—塑性转换带。我们一般不认为这种塑性褶皱构造是牵引褶皱，尽管它与牵引褶皱有显著相似性。

## 断层生长与地震

一旦建立断层面，其将代表一种力学薄弱构造，在应力的重建过程中很可能再一次发生变形。断层的生长有两种机制，最普遍的称为**走滑断层**，在此情况下，滑动于突然的地震滑动事件中累积，并被无滑动的周期分离（图 9.38）。应力在滑动事件期间建立，直到其超出断层摩擦阻力为止。这是用于解释地震的模型，该处的每一次滑动事件都会引起一次地震，地震的数量级与压力下降期间能量的释放量有关。就应变而言，其与断层移动时释放的弹性应变有关。

断层累积滑动的另一种方式是**稳定滑动**或**抗震滑动**。理想情况下，在稳定滑动过程期间，断距以恒定的速率累积 [图 9.38（c）]。一些实验表明滑动需要力的持续增加，该效应称为**滑动硬化** [图 9.38（d）]，其与变形期间滑动面的破碎有关。

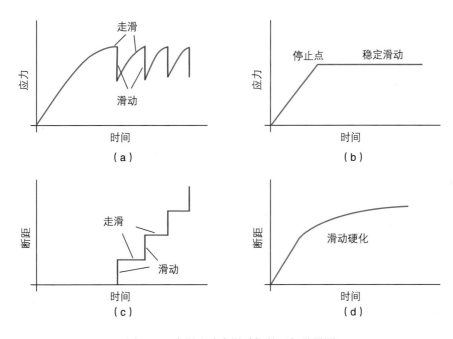

图 9.38 走滑和稳定滑动间的理想差异图

（a）和（b）为走滑图；（c）为理想的稳定滑动；（d）为滑动硬化的稳定滑动

　　有几个因素决定了断层断距是逐渐累积还是突然滑动。岩石实验表明，当穿过断层的正应力较小时，发生稳定滑动的可能性更大，这意味着稳定滑动更常见于脆性地壳的上部。在沉积层序中，即使在几千米深的地方，超压地层中的低角度断层也可能发生稳定滑动，因为超压减小了穿过断层的有效正应力（第 7 章第 7 节）。

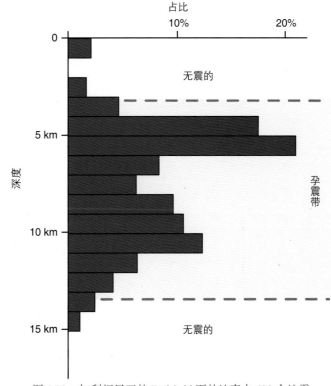

　　岩性是另一个重要因素：与低孔隙度结晶岩相比，孔隙性沉积物和沉积岩更可能通过稳定的滑动发生变形。走滑更容易发生在低孔隙度富含石英的硅质岩中，而泥岩则更容易发生稳定滑动。断层核处泥涂抹的无内聚力断层泥与泥岩有同样的效果：厚且连续的断层泥促进稳定滑动。事实上，断层泥（或沿断层泥带的滑动面）通常代表流体流动的轨迹，更确定了其稳定滑动的模式。

　　在接近脆—塑性转变阶段，高温导致塑性变形，也促进稳定滑动。在塑性地区，走滑变形次要发生，对于花岗岩来说，走滑变形温度在 300℃以上。

　　总而言之，我们可以认为在地壳的最顶端（上方 1~2km），由于正应力较小、低强度的未固结断层核以及在沉积盆地的孔隙性岩石中，地震较少。除非脆—塑性转化达到极限，否则在这个深度以下人们会认为有

图 9.39 加利福尼亚的 Parkfield 下的地壳内 630 个地震的分布情况（其特点是远离俯冲带的大陆地壳）

（据 Marone 和 Scholz，1988）

大量的地震或走滑断层活动发生。地震数据也准确表明的这个带称为**孕震带**（图 9.39）。

通常情况下，孕震区内一条单独的断层是走滑和稳定滑动的证据。虽然地震可能引起整个断距随时间的累积，但在**地震**间仍发现缓慢的、**抗震的**"蠕变"。此外，还需要一个小的、并不确定是由地震引起的**震后**调节。地震意味着能量的突然释放，并通过地震造成断距累积。抗震是指在没有地震发生的情况下逐渐累积断距。

就地震活动性及地震滑动行为而言，总会讨论到断层滑动和断距积累问题。重要的是要认识到一次单独的地震不可能增加超过几米的断距。6.5 ~ 6.9 级的地震激活了长达 15 ~ 20km 的断层，但断距最大不会增加超过 1m。只有最大的地震才能产生 10 ~ 15m 的断距。这包含一个至关重要的含义，即：

---

一个 1km 断距的断层一定是几百次地震的产物。

---

值得注意的是，这种断距的累积将经历上千或上百万年，这主要取决于移动速率。断层的移动速率可以通过沉积地层的年代和测量出的断距来确定。在构造活动区内，主断层平均断距速率达 1 ~ 10mm/ 年。

大断层的滑动通常只发生于全部断层面的有限部分上。因此，大断层整个断距分布即为每次滑动（地震）的累积（图 9.40）。虽然单滑事件会产生或多或少的椭圆形的断距等值线，如图 9.15 所示，但许多滑动（地震）产生的有限断距分布更难预测或解释。**地震特征模型**假定每个滑动事件在滑动分布和破裂长度上相等。但是，对于每个滑动时间，断距最大的位置存在变化。**多变滑动模型**预测滑动

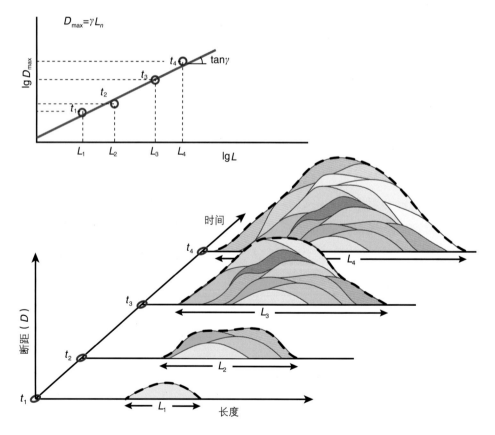

图 9.40 由重复的滑动（即地震）导致的断距累积示意图

每次滑动会增加几米断距。该模型中，出现类似单个滑动时间的铃形断距累积剖面。该模型在长度—断距的对数表中表现为直线形

的数量和破裂长度随事件不同而变化，而**均一滑动模型**则认为给定点的每一次滑动事件相同（因地区而异）。我们在此并不细述以上这些模型，只是简单地陈述位移积累导致断层中部附近处断距最大，向端点逐渐减小，如图 9.15 所示。

## 9.6　断层群的生长

断层是由微裂缝或变形带演化而来的，变形过程中断距不断累积。并且，在应力特别大的区域（如裂谷区等），断层在许多不同的地方集中发育，我们将这组断层称为**断层群**。一般来说，群中的许多断层不久就不活动了，因此规模很小。但其余断层在不活动之前有一部分会达到中等规模，而少数断层会发育至较大规模。因此，断层群总是受小断层控制，并随着应变累积形成长断层。

长期来看，断层不可能做为单一的结构生长。随着他们不断发育，很可能会涉及附近的断层。因此两个断层就会形成一个独立的更长的断层。通过连接生长是一种非常普遍的断层发育机制，并在断裂区产生了一些重要结构（图 9.41 和图 9.42）。

图 9.41　路面边缘发育张性裂缝群

每一个裂缝都是从微裂缝发育而来的，而后形成不同规模的裂缝。路面中这么多的裂缝说明额外的应力用来先存裂缝的连接，而不是单个裂缝的成核

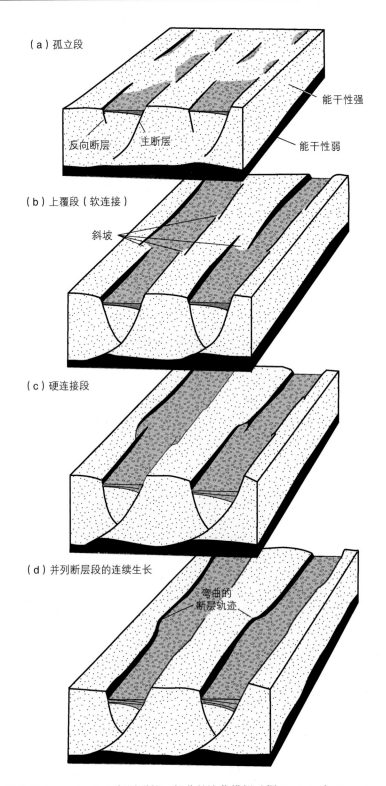

（a）孤立段

能干性强

反向断层 主断层

能干性弱

（b）上覆段（软连接）

斜坡

（c）硬连接段

（d）并列断层段的连续生长

弯曲的
断层轨迹

图 9.42　犹他州 Canyonlands 上断层群的一部分的演化模拟（据 Trudgill 和 Cartwright，1994）

通过转换斜坡的形成和破坏，单个裂缝演化为断层

## 断层连接和转换构造

　　在断层群中，随着断层变长变宽，不同断层及其周围的应力场和应变场均会在局部相互影响。现在我们谈论一下两个断层在生长过程中端点的连接。在端点连接前（但在应变场开始互相影响后）为**未叠覆断层**［图 9.43（a）］。一旦端点相互穿过，断层就发生**叠覆**［图 9.43（b）、图 9.43（c）］。只要

未叠覆和叠覆断层没有直接的接触，就认为未叠覆和叠覆断层是**软连接**。最终，断层可能会连接从而形成**硬连接**[图 9.43（d）]。

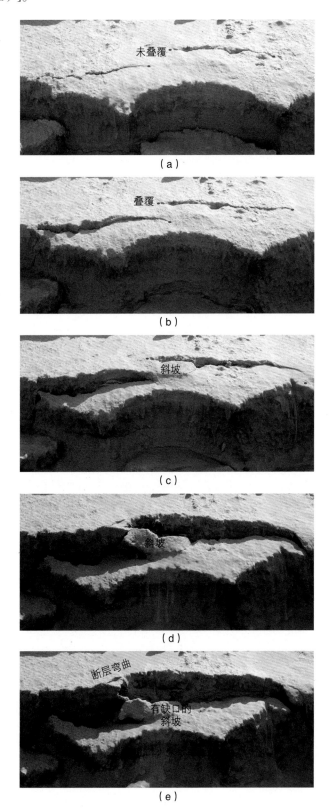

（a）

（b）

（c）

（d）

（e）

图 9.43　未固结砂岩内断层系的演化

两个单一的裂缝（a）叠覆（b，c）而形成转换斜坡，最终形成有缺口的斜坡（d，e）（Colorado 湖的湖滨砂岩上由于水的喷溅形成断层，每个图中的砂岩宽度均为 50 ~ 60cm）

在潜在叠覆区，保持变形所需的能量增加。在此种意义上，未叠覆断层"感觉"到邻边断层端点的存在。因此未叠覆区断层端点的传播速率的减小，引起局部断距梯度增加，并导致断距剖面中的不对称；断距最大值向叠覆端点转移（图9.44；$t_1$）。

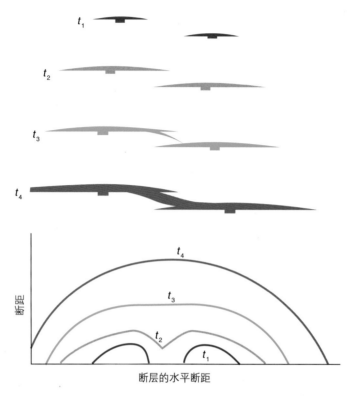

图 9.44　断距通过两断层的叠覆和连接发生的变化

上半部分说明了图中两部分生长的 4 个不同阶段（$t_1$—$t_4$）。下半部分说明的是 4 个不同阶段的断距剖面

当断层叠覆且在**叠覆带**地层形成褶皱时，不对称断距的分布变得更为显著。褶皱作用是断距从一个断层向另一个断层塑性位移传递（转换）的结果，与叠覆端点带内的高断距梯度有直接关系。如果断层在垂直于滑动的方向（对于正断层和逆断层而言即水平方向）上相互影响，并且地层是近于水平的，则褶皱作用一般表现为斜坡式的褶皱。这种褶皱本身又叫转换斜坡，整个构造叫转换构造 [图 9.43（c）和图 9.45]，专栏 9.5 中解释了为什么这种构造尤其令石油地质学家们感兴趣。

图 9.45　在犹他州 Arches National Park 处两个叠覆断层间形成的转换斜坡

斜坡内变形带的密度比斜坡外的高

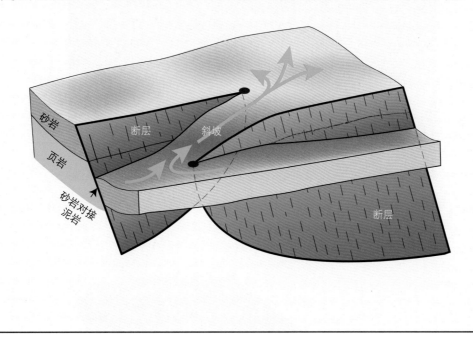

专栏 9.5　石油储层中的转换构造

　　在油藏中转换斜坡是很重要的构造，在勘探领域，斜坡可以在其他处封闭的断层中引起沟通（石油运移）。在生产过程中，转换斜坡可以代表水、石油和天然气的路径并导致孤立断块压力沟通。依据其成熟阶段，转换斜坡可以包含大量的亚地震构造。它们一般和破坏作用相联系，可以导致转换构造内或附近的井出现问题。破损的或完整的斜坡很容易解释为断层迹线的弯曲。这个弯曲可能代表了一个完整的斜坡或低于地震分辨率，或为一个破损的斜坡的平滑解释。未破坏的或破坏较轻的斜坡也可表示在斜坡区域地震数据可检测的位移最小值。

砂岩

页岩

断层　斜坡

砂岩对接
泥岩

断层

　　斜坡构造是一个褶皱，其中可能包含拉张裂缝、剪切裂缝、变形带或小断层，具体发育何种构造取决于岩石力学性质。最终斜坡构造将变成一个有缺口的**转换斜坡**。这两个断层直接连接在一起，并可能导致异常宽的破碎带。

　　在转换构造的位置处，缺口上断距最小。断层的整个断距曲线将有两个最大值，在转换构造的两边一边一个。在变形过程中断层断距累积，在断距剖面中心断距达最大值（图 9.44；$t_4$）。但连接处的特点是宽破碎带和水平断层轨迹上的阶状。如果制图的基础是较少的露头资料或地震数据（它总是有一个分辨率问题），走向突然的改变也许是有缺口的斜坡的唯一证据。如图 9.46 所示，这些阶状在地震解释资料的许多位置都可见，无论是显示在有缺口的还是完整的转换斜坡处，都非常重要。

　　断层会发育许多不同规模的弯曲和割阶。图 9.43 显示了砂岩中非平面状断层的发育。可见断层最终的几何形态是穿过转换斜坡的断层间相互作用的结果。图中见到的弯曲断层模型和大断层很相似，例如图 9.47 所示北海北部断层和犹他州 Wasatch 断层（图 9.48），所以这很可能是通过断层连接形成的大断层，如图 9.43 所示。我们假设这种观点成立，那么我们就可以从不活动断层系的几何形态来解释变形历史。

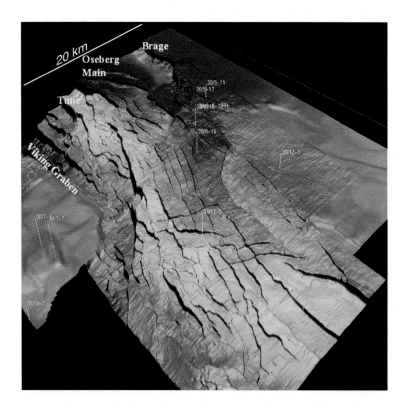

图 9.46　北海北部 Viking Graben 的东部边缘上正断层群（暖色表明浅深度）
断层群说明断层连接的不同阶段

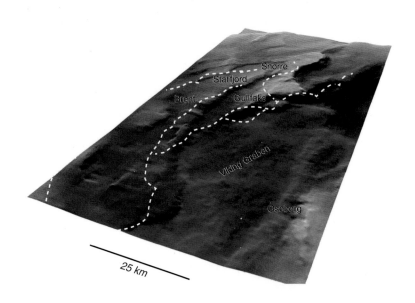

图 9.47　北海盆地北部（白垩纪基准面）内的弯曲断层系（白色虚线）（与图 9.43 和图 9.48 相似）

　　斜坡可以以任何大小和程度发育。断层群的生长期间，理解转换斜坡和叠覆带持续的形成和被破坏也是很重要的。

---

　　断层连接生长涉及转换构造的形成和破坏，偏离理想椭球体的位移分布，并在连接处产生宽的破碎带和断层弯曲。

图 9.48 犹他州盐湖城附近的 Wasatch 断裂带（白色虚线）

注意弯曲的断层形态，这说明了段间的连接过程。熟石膏延伸实验的不同阶段的简要图展示了这种断裂带是如何形成的

## 滑动方向上断层的连接

断层在沿平行及垂直滑动方向上不断生长，因此在垂向和水平方向均会受到影响（图 9.49）。在上一节中，我们已经看到了正断层端点在水平方向上的相互作用。现在我们要讨论正断层端点在垂向上的作用，即平行于滑动向量的方向。在图中我们能很容易地识别出断层的连接，但这仅仅是因为它们在图中更容易被查看。较大规模的垂直剖面没有较长的水平露头常见；与垂向相比，水平方向上地震反射连续性较好，因此在水平向上更容易识别叠覆带。而在垂向上识别和绘制叠覆带则需要好的反射层。因此，在地震解释中垂向转换带的识别较难。

应变达到一定数值后便开始产生断层（取决于岩石力学性质，如弹性模量等）。当能干性较强的岩石地层开始发生裂缝时，能干性较弱的岩石持续累积弹性和塑性变形。当这些裂缝逐渐发育成断层时，它们逐渐相互连接在一起。在许多情况下，相对于泥岩，断层在砂岩中先形成。除了断距向量和地层向量间的角度是不同的，这一过程与在图中看到的类似。在图 9.45 中我们没有看到斜坡构造，但我们在图 9.50 中可以看到地层的旋转。旋转取决于断层的几何形态和断层是如何介入的。

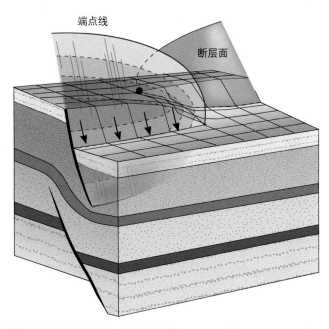

图 9.49　断层在水平向和垂向上的生长（据 Rykkelid 和 Fossen，1992）

这两种情况下断层从一个断层转换到另一个断层上，叠覆顶点间的地层从褶皱发育成斜坡或牵引褶皱

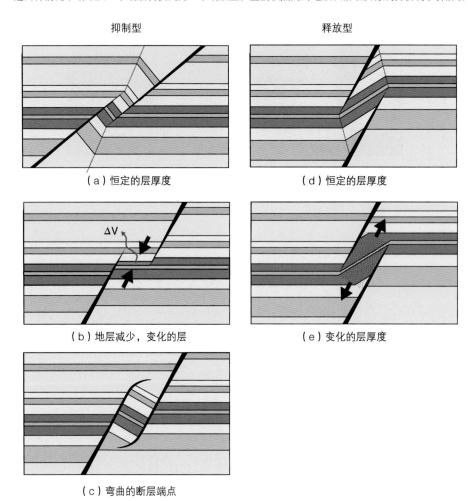

抑制型　　　　　　　　　　　　　　释放型

（a）恒定的层厚度　　　　　　　　　　（d）恒定的层厚度

（b）地层减少，变化的层　　　　　　　（e）变化的层厚度

（c）弯曲的断层端点

图 9.50　垂向叠覆带的不同类型（地层水平）（据 Rykkelid 和 Fossen，2002）

（a）为收缩型，该处恒定的地层厚度说明了标记逆牵引；（b）为集中扩容以平衡收缩；（c）为压缩带处断层顶点互相弯曲；
拉张带恒定的（d）和变化的（e）层厚度出现正牵引

　　**抑制型叠覆带** [图 9.50（a）至图 9.50（c）] 是在断距方向上缩短的带。原则上，体积减小会中和带内的变形。但是更常见的是叠覆带地层的旋转，见图 8.46（c）。

　　**释放型叠覆带** [图 9.50（d），图 9.50（e）] 是由于断层的排列和断距而引起叠覆带内延伸的带。能干性弱的地层如泥岩层或黏土层，在释放叠覆带内旋转。如果叠覆带比较窄，这种能干性弱的地层会沿断裂带发生涂抹（图 9.33 和图 9.51）。根据野外观察，可以研究出沉积序列中泥岩涂抹形成的机制，但通常由于其规模太小，在地震资料中不能被有效检测到。这种构造可能会引起与流体流动有关的断层封闭，这对油藏或地下水藏有重要意义。

图 9.51　叠覆带内的泥岩涂抹（Moab，犹他州）

## 岩性的作用

　　层状岩石中，层状地层或力学层对研究断层群的发育有重要意义。在不同地层中，断层的形成时间是一方面，而断层形成的方式（普通裂缝对比变形带的断裂作用）又是另一方面。力学层的组成单位是力学性质如能干性和杨氏模量等相同的岩层。简单来说，一些地层，如泥岩或黏土岩，能承受一定的塑性应变，然而其他地层，如石灰岩或胶结砂岩，在应变较小的条件下就产生了裂缝。结果在地层层序中，在某些地层产生裂缝或变形带，然而相邻的地层并没有或较低幅度地被脆性构造所影响（图 9.52）。

　　只要均质地层中发育变形带或裂缝，那么在最大断距、长度、宽度间就存在一个比值。如图 9.53（a）所示，裂缝（或变形带）还没有（或仅是勉强）到达地层的上下边界处。一旦裂缝接触到地层的边界 [图 9.53（b）]，它就被称为**垂向限制裂缝**，则裂缝将只在水平方向上延伸。这意味着裂缝会越来越长，而它的垂向延展则保持不变，即偏心距增加。事实上，它的形状更可能是矩形，而不是椭圆形。

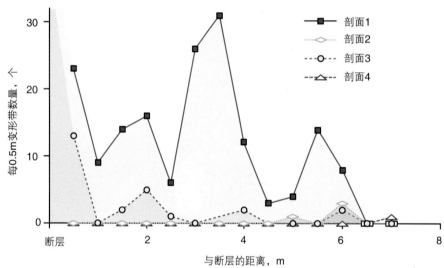

图 9.52　6m 断距的断层下盘内变形带的分布

在纯净高孔隙度砂岩中（剖面 1）比细粒地层中（剖面 2 和剖面 3）的频率要高。比薄砂岩层（剖面 4）要低
（San Rafael Desert，Utah）

　　当裂缝被垂向延展时，它仅仅通过平行于地层的生长使得它的面积增加，且它的断距与长度的比值（$D/L$）在非限制条件下的要小。简单来说，这是因为裂缝的规模仅在长度方面增加，于是相对于断距，长度增加的速率就比断距快了。

　　最终，如果裂缝断距持续累积，它将冲破力学地层界面并延伸到上覆 / 下伏的地层 [ 图 9.53（c）]。$D/L$ 将回到初值 [ 图 9.53（d）]。在砂泥岩层序中，变形带也是这样发育的。当达到临界点时，砂岩中变形带内将形成一个延伸至上覆 / 下伏地层的滑动面（断层）。

## 断层生长期间 $D$—$L$ 关系

　　断层的最大断距（$D_{max}$）是断层偏心率（椭圆率：长度 / 高度的或者 $L/H$ 的值）和岩石强度（驱动应力）的函数。$L$ 常与 $D_{max}$ 做交会图，如图 9.54 所示。在该对数图表中，直线表示 $D$ 和 $L$ 的幂指数关系：

$$D_{max} = \gamma L^n$$

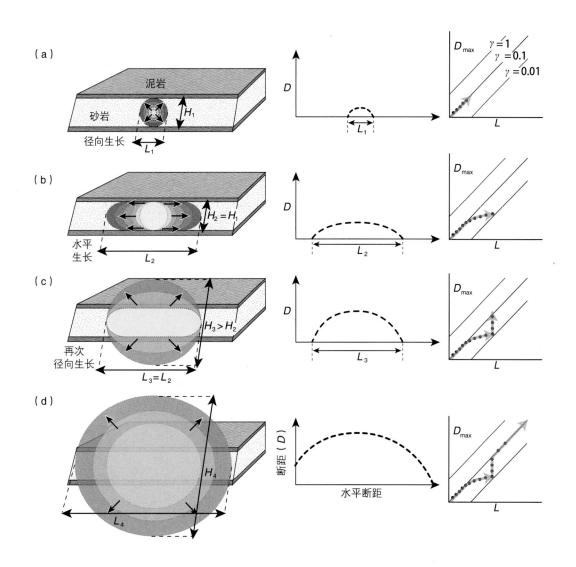

图 9.53  层状层序中断层生长的断距剖面和右侧的断距—长度（对数轴）演化图

如分图（a）所示，断层在砂岩层中成核生长，当断层生长的边界接触到上下地层界限时，发生水平扩展，对应正常的位移剖面。如分图（b）所示，当断层穿过下部或上覆地层生长时，会形成相对长的或平顶形的位移剖面，此后会开始垂向继续生长[分图（c）]，断距剖面又恢复成正规形状。这种岩性对断层生长的影响导致 $D$—$L$ 投点图中出现散点

　　断层或其他不连续地层的生长中 $D$ 和 $L$ 都符合该模式，即 $D_{max}=\gamma L$，定义在对数图表中直线状的对角线为斜率 $\gamma$（$n=1$）。野外数据也符合该对角线，虽然有相当多的散点（图 9.54）。一些构造，包括节理，岩脉，火成岩墙，碎裂变形带和压实带斜率较低（约为 0.5）。在上一节中我们介绍过，这可能与其力学地层学性质有关。力学层可以以米级层至整个塑性层等不同的规模出现。因此，认为在不同规模中力学地层学性质对于变形都有一定程度的影响，并导致图 9.54 中产生相应散点。散点产生的另一个原因是断层的连接生长，如上一节中的讨论。在很多情况下都需要得到 $D$ 和 $L$ 间的关系，例如从井信息或地震资料中得到断距后需要顾及断层总长度时，但是散点会使这种估测产生不确定性。

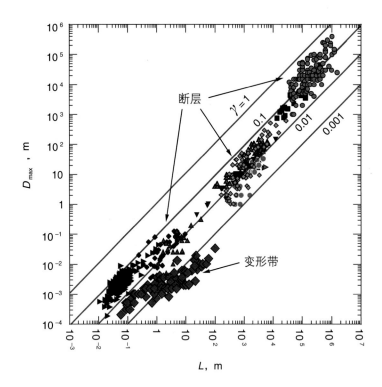

图 9.54 断层和碎裂变形带的断距—长度对数表（据 Schultz 和 Fossen，2002）

变形带的 D—L 投点位置明显偏离了整体，相同位移情况下，其对应的实际长度要比趋势对应的长度长

## 9.7 断层、连通性和封闭性

断层以不同的方式影响着流体的流动。非孔隙性岩石中，断层通常是流体的管道。尤其是当向岩石中注水时，人们通常选择这种填充裂缝的破碎带。由于断层核含有次生黏土矿物（断层泥），所以断层核渗透性通常较低。

在高孔隙度岩石中，断层通常阻碍流体的流动。在油藏中，区别断层在地质时期以及生产过程中的作用至关重要。一些断层在一段地质时期（数百万年）处于封闭状态，可以对可观的油气起到圈闭的作用。还有一些断层在地质时期并不具有封闭性，但其在油气田生产过程中，仍然可能阻碍流体的流动。断层影响流体流动的能力通常称为**断层渗透率**或者**断层渗透系数**。断层渗透率受破碎带的影响，但同时主要是由断层核的厚度和性质控制。

通常情况下，断层使非孔隙性岩石渗透率增加，而使孔隙性岩石渗透率降低。

### 岩性对接

在高孔隙性储层中，断层处岩性对接关系对流体流动有一定的影响作用，图 9.55 中列出了几个实例。砂泥岩完全对接处，无论断层本身性质如何，断层起到封闭作用。该封闭类型称为**岩性对接封闭**（图 9.55 中的①）。然而，没有泥岩涂抹的砂砂对接处，则断层渗透率受断层核和破碎带的物理性质影响。而这些性质又受控于细粒物质沿断层的涂抹量、断层核厚度、断层核和破碎带内的变形机制以及断层核周围的其他构造。当断距小于砂岩层厚度时，则产生砂砂对接。在此情况下，由于脆性变形或沿断层的胶结和溶解作用引起的任何封闭作用都称作**自我岩性对接封闭**（图 9.55 中的②）。当断距大于砂岩层厚度时，则两种不同的砂岩层产生对接。如果砂岩层间存在泥岩，则泥岩可能会产生涂抹作用，形成一个无渗透性的薄膜，从而形成**泥岩涂抹封闭**（图 9.55 中的③）。

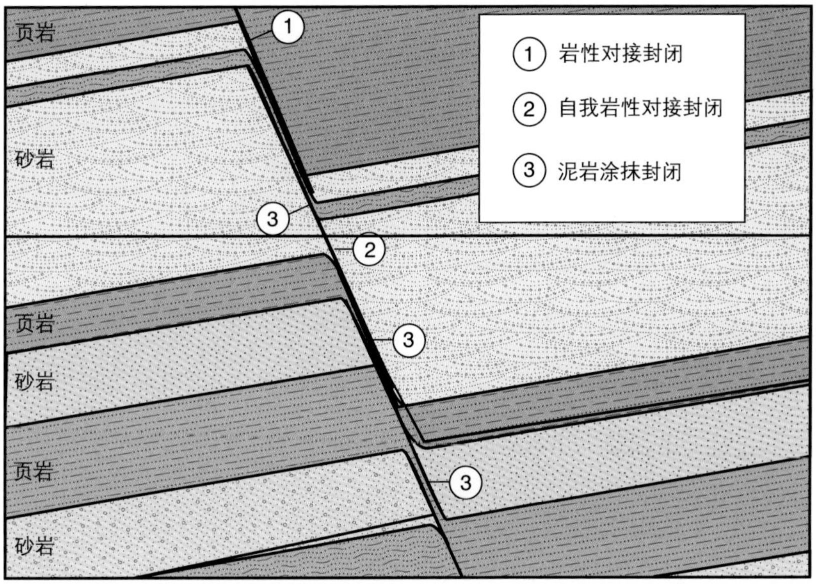

图 9.55　沿断层的不同对接关系

浅黄色层代表砂岩储层，绿色层代表非渗透泥岩层。该图描绘了三种主要类型的封闭。注意断层的封闭，
断层面必须在第三方向上连续直至两个砂层对接

断层对接有效性的判断取决于我们对断层几何学特征的观察与解释。在石油地质学中，通常通过地震数据进行断层成图（图 9.18），此时由于地震分辨率的局限性，可能会掩盖一些完全改变断层两侧连通关系的复杂结构。最简单的例子就是图 9.56（a）中被认为是单一断层结构的断层，但其实该断层是由两个或更多个相隔几米或数十米的断层线所共同组成 [图 9.56（b）]。正如图 9.56 所示，这一复杂结构可以使断层由封闭变为完全不封闭，因为此时储层可能会跨断层而与同层相接触（自对接）。进一步讲，断层分为两个断层线这种现象只要在断层总长度中的一小段出现就会导致断层渗漏。值得注意的是，在断层岩被胶结或发生涂抹时，抑或是被压碎成连续的非渗透断层泥（自对接封闭）时，断层也会保持封闭，这一点将在本章的余下部分进行简要讨论。

## 碎裂作用

断层核内的碎裂作用使颗粒变小，因此降低了孔隙度和渗透率。在埋深较深（＞1km）、层状硅酸盐含量较低、分选较好、低孔隙流体压力的条件下，更易发生碎裂作用。碎裂作用会产生高密度碎裂岩或超碎裂岩，即使断层两盘是高渗透性的砂岩也会阻碍穿过断层流体的流动。碎裂作用也会发生在破碎带内的变形带上，变形越严重，对断层的渗透性影响越大。通常情况下，破碎带内的碎裂变形带的封闭作用几乎可以忽略不计。

## 成岩作用的影响

在某些情况下，断裂过程中或断裂作用后发生的成岩作用的变化，会显著改变断层岩的力学性质和岩石的物理性质。最重要的变化可能在于石英的溶解和沉淀作用，其可以使断层岩变成非渗透性的"石英岩"。90℃（3 千米深）以上的温度下，石英发生溶解和胶结作用。在大部分盆地中，如北海，由于沉积物在裂谷后沉降期埋藏，因此石英胶结作用发生的时间较断裂晚得多。由于在断层中存在颗粒的刮擦和断裂形成的表面反应物，因此石英和其他矿物质优先沉积于断裂中。此外，在某些情

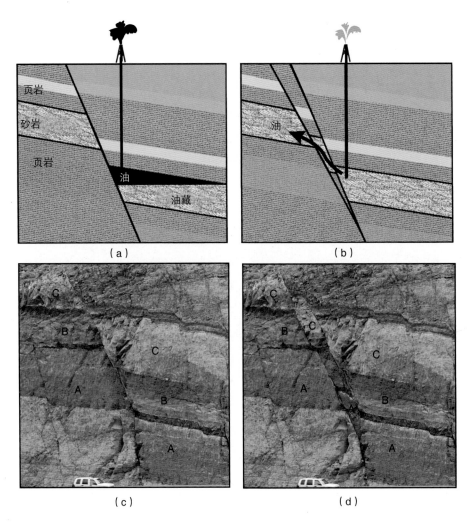

图 9.56 单一断层与双断层在储层连通上的区别

（a），（b）为概念图，展示额外的断层线将断层由对接封闭变为自对接 [ 储层跨越断层构造与自身同层对接，（b）]。（c）、（d）为露头尺度的野外实例，A、B、C 各层均从非对接变为自对接。（d）为真实照片，而（c）为复原图像（犹他州 Moab 断层）

况下，流体更易沿断层流动，硅质胶结流体的流动加强。断层中的方解石胶结也相当普遍，但一般被认为在不连续构造中形成。

## 泥岩和黏土岩涂抹

泥岩和黏土岩都具有非常小的孔隙空间和孔喉（孔隙间的连接处），因此能够有效地阻止流体在其中的流动。黏土矿物几乎可以沿任何岩石内的断层形成，但是大部分沉积岩中泥岩和黏土的主要来源是其自身沉积序列中的泥岩层。在断层移动过程中，泥岩层逐渐与断层核结合（图 9.51 及图 9.55），并形成或多或少的连续的涂抹薄膜的过程称为**涂抹作用**。

野外观测和实验结果表明，断裂作用过程中，断层核形成，将上下盘分开，泥岩和黏土岩发生涂抹作用。图 9.57 所示即为高孔隙度砂岩储层内发育的厘米厚泥岩涂抹。如果该泥岩涂抹对流体流动产生一种物理屏障的作用，则被称为**封闭**，那么断层是一个**封闭的断层**。泥岩涂抹必须在某个区域内连续，才能有效地起到封闭作用。断裂的沉积层中所含泥岩或黏土岩越多，那么泥岩涂抹作用和封闭作用的概率就越大。一个普遍机制是两个**垂向叠覆断层段**间的泥岩或黏土涂抹，如图 9.51 所示。一种不太常见的机制是注入型，泥岩层异常高压引起沿断层核发生**泥注入**。**研磨型**是泥岩涂抹的第三种类型，即沿富含黏土矿物的断层发生构造侵蚀，并卷入断层核处。

图 9.57　Utah 处砂泥岩互层中的小断层（白垩纪 Castlegate Formation， Salina）
厘米级的泥岩涂抹厚度，其丰富的黏土矿物来源于上盘涂抹的泥岩。注意在断层的最上部无泥岩涂抹，
这可能是因为该水平层位上没有泥岩

泥岩或黏土岩沿断层形成的涂抹可导致流体储层形成断层封闭。

黏土含量越高，即随着黏土含量及累积厚度的增加，则越易发生泥岩涂抹。随着断层断距的增加，黏土含量及其累积厚度减小。断距越大，则封闭性越差和断层的渗透能力越强。如果封闭的不连续性较小且局部存在，则它仍会减小流体穿过断层的流动速率。

对泥岩涂抹进行定量评价有重要意义。现有一单独的泥岩或黏土层和一单独的断层［图 9.58（a）］，则泥岩涂抹系数（SSF）为断距（T）与泥岩层厚度（$\Delta z$）的比：

$$SSF=T/\Delta z \tag{9.2}$$

该比值可描述局部涂抹的可能性，且随断距和泥岩层厚度发生变化而变化。对于断距大于或等于几十米的断层，SSF 不大于 4 则为连续的涂抹，因此断层具有良好的封闭性，而较小断层难以预测。显然，还有其他因素影响断层封闭的能力，因此这种方法只适用于部分情况。

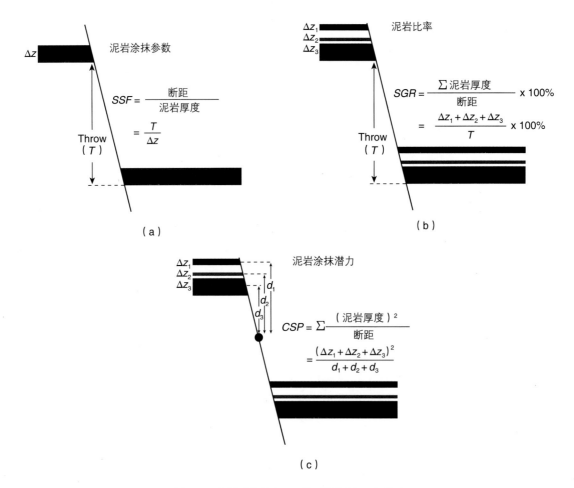

图 9.58 评价断层泥岩涂抹可能性的三种算法

当泥岩或黏土岩来源不唯一时，其分布必须予以考虑。这可以通过计算断层任意点上，穿过该点地层的泥岩或黏土岩厚度总和以及计算滑动层段中泥岩或黏土岩的百分比获得。除以断距（$T$），则可以得到**泥岩比率**（$SGR$），有

$$SGR= \sum \Delta z/T \times 100\% \tag{9.3}$$

如果该层序中黏土矿物分布广泛，则我们应该用碎片总体积代替泥岩层总厚度。$SGR$ 值越高表明封闭性越好。当 $SGR > 20\%$ 时断层封闭，且 $SGR$ 越大则断层封闭性越好。该封闭性还取决于变形过程中泥岩或黏土岩层的力学性质。一般来说，埋藏越浅涂抹越易发生，然而深部断裂的渗透性较好。

也可以通过**涂抹潜力**（$CSP$）表示泥岩涂抹。$CSP$ 为泥岩或黏土岩层在其断裂或不连续前可以涂抹的长度，有

$$CSP = \sum \frac{\Delta z^2}{d} \tag{9.4}$$

其中，$d$ 为距源岩层（黏土岩）的长度；$\Delta z$ 为每个泥岩层或黏土层的厚度。

当煤层内存在黏土时，发育的断层也会有黏土岩涂抹作用。但是纯净的煤层通常情况下发生脆性断裂。在弱固结的条件下，砂岩也可发生涂抹作用。浅部的砂岩涂抹改善了断层的连通性，但是与泥岩涂抹相比，砂岩涂抹较为罕见。

泥岩涂抹系数和相似的算法可以帮助我们估计断层的封闭潜能，但没有考虑到断层内或沿断层所存在的所有复杂性和多变性。

## 对接和三角图

如上所述，岩性和断距对断层封闭性的研究颇为重要。由于断层的岩性和断距都不相同，则断层的不同部分具有不同的封闭性和不同的封闭潜力。多孔砂岩油藏储层与泥岩互层的断层中同时有对接封闭、泥岩涂抹封闭及自我对接封闭，它们在整个地层的周围和纵向上都发生变化（图 9.55）。

对接作为地层学和断距的函数，可以利用一个**三角图**将其直观地表示出来（图 9.59）。局部地层沿纵轴绘制，且与其他两边平行延伸，直至逐渐分离。这实际与沿断层发生的情况类似，即断层的层间距随着断距的增加而增加。图中水平的地层代表上盘，而倾斜的地层代表下盘。从图 9.59 的右图中，可以看到地层分离且断距增加，因此给定一个断距，就可以知道其接触关系。

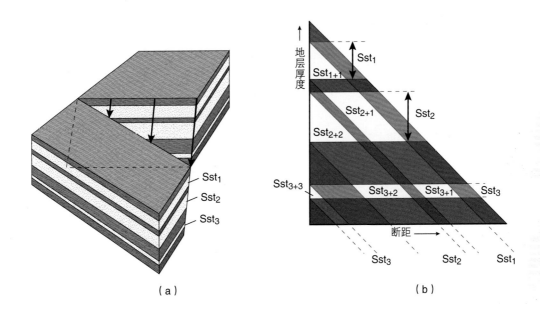

图 9.59　三角图建立过程的概念图

（a）为断块图，可见上升盘的地层水平，而下降盘地层倾斜，并由此形成断层。（b）为对应的三角图，左侧断距从零开始增加，图中不同部分有不同的岩性接触关系。砂—砂对接和砂—泥对接较为明显。Sst 代表砂岩。

图 9.60 中不同岩性（地层）有不同的颜色。砂泥序列中不同的颜色表示砂—砂对接，砂—泥对接和泥—泥对接。此外，图中每一个点都可以计算一个或多个 *SGR*、*SSF* 和 *CSP* 参数，并且可以绘制解释例如 *SGR* 等参数的三角图（图 9.60）。

## 本章小结

虽然在用线描绘出的地质图或地震解释剖面上，断层看起来很简单，而当仔细研究时可发现，断层很复杂，并由许多构造组成。尽管在过去的几十年里，对于断层的理解已经有了显著的提高，但在我们达到能够通过输入例如构造条件、岩性、埋深等条件就可预测或模拟其几何形态和性质之前，仍需要做大量的研究。以下是本章的一些关键点和复习问题：

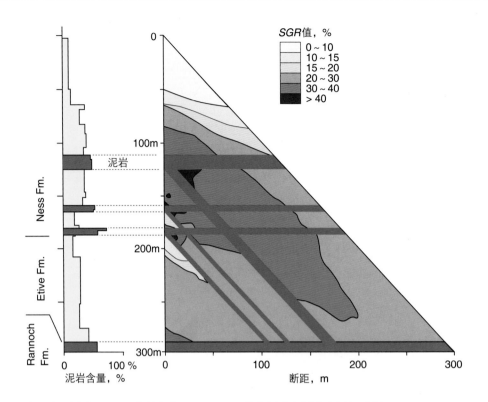

图 9.60　在三角图中加入 SGR 值的北海 Brent Group 的实例（左侧为地层）（据 Høyland Kleppe，2003）

计算图中不同点的 SGR 值，并绘制曲线。高 SGR 值代表有高封闭性

● 断层由一个中心断层核组成，它是由断层岩和滑动面组成的高应变带。

● 破碎带是在断层形成和演化过程中形成的位于断层核周围的低应变带。

● 破碎带和断层核的厚度随着断层位移的增加而增加，但两者之间的关系较为复杂，并且在逐步扩大过程中不存在相关性。

● 通过连续的地震累积位移，断层从小的破裂成长为大规模的构造。

● 随着断层长度和高度的增加，其位移累积。

● 理想情况下，断层位移从端部向中部增加。

● 生长过程中，断层间相互影响和连接。

● 断层的连接是一个分段断层由下部到上部逐步发生硬链接的过程。

● 断层转换构造是一个复杂的区域，并包含很多小规模的变形（破碎带）。

● 断层相关褶皱可以形成牵引。

● 牵引褶皱的几何特征可用来确定断层的位移。

● 沿断层的泥岩或黏土岩涂抹作用可使断层具有封闭性。

● 封闭断层可阻止流体从上盘流进下盘，反之亦然。

---

## 复习题

1. 剪破裂和断层之间的差异是什么？

2. 为什么正断层的倾角较逆断层陡？

3. 糜棱岩与碎裂岩的主要差异是什么？

4. 一口垂直井两次通过同一段地层（地层重复），可推断出是哪种类型的断层？为何不能用褶皱解释？

5. 为什么在断裂过程中破碎带会扩大？

6. 破碎带在三维地震数据中可见吗？

7. 如何用地震倾角测井资料识别断层？

8. 就石油勘探和生产而言，断层封闭是好还是坏？

## 延伸阅读

### 破碎带

Kim Y S，Peacock，D C P，Sanderson，D J，2004. Fault damage zones. Journal of Structural Geology，26：503-517.

Shipton Z K，Cowie P，2003. A conceptual model for the origin of fault damage zone structures in high-porosity sandstone. Journal of Structural Geology，25：333-344.

Wibberley C A J，Yielding G，Di Toro G，2008. Recent advances in the understanding of fault zone internal structure：a review// Wibberley C A J，Kurz W，Imber J，Holdsworth R E，Collettini C，The Internal Structure of Fault Zones：Implications for Mechanical and Fluid-Flow Properties. Special Publication 299，London：Geological Society，pp. 5-33.

### 井数据、牵引和断层传播褶皱

Bengtson C A，1981. Statistical curvature analysis techniques for structural interpretation of dipmeter data. American Association of Petroleum Geologists，65：312-332.

Erslev E A，1991. Trishear fault-propagation folding. Geology，19：617-620.

Grasemann B，Martel S，Passchier C W，2005. Reverse and normal drag along a fault. Journal of Structural Geology，27：999-1010.

### 位移和生长速率

Barnett J A M，Mortimer J，Rippon J H，Walsh J J，Watterson J，1987. Displacement geometry in the volume containing a single normal fault. American Association of Petroleum Geologists Bulletin，71：925-937.

Ferill D A，Morris A P，2001. Displacement gradient and deformation in normal fault systems. Journal of Structural Geology，23：619-638.

Hull J，1988. Thickness-displacement relationships for deformation zones. Journal of Structural Geology，4：431-435.

Morewood N C，Roberts G P，2002. Surface observations of active normal fault propagation：implications for growth. Journal of the Geological Society，159：263-272.

Roberts G P，Michetti A M，2004. Spatial and temporal variations in growth rates along active normal fault systems：an example from the Lazio-Abruzzo Apennines，central Italy. Journal of Structural Geology，26：339-376.

Walsh J J，Watterson J，1989，Displacement gradients on fault surfaces. Journal of Structural Geology，11：

307-316.

Walsh J J, Watterson J, 1991. Geometric and kinematic coherence and scale effects in normal fault systems//Roberts A M, Yielding G, Freeman B, The Geometry of Normal Faults. Special Publication 56, London: Geological Society, pp. 193-203.

Yielding G, Walsh J, Watterson J, 1992. The prediction of small-scale faulting in reservoirs. First Break, 10: 449-460.

### 断层几何学和连接

Benedicto A, Schultz R A, and Soliva R, 2003. Layer thickness and the shape of faults. Geophysical Research Letters, 30: 2076.

Caine J S, Evans J P, Forster C B, 1996. Fault zone architecture and permeability structure. Geology, 24: 1025-1028.

Childs C, Watterson J, Walsh J J, 1995. Fault overlap zones within developing normal fault systems. Journal of the Geological Society, 152: 535-549.

Childs C, Manzocchi T, Walsh J J, Bonson C G, Nicol A, Schöpfer P L, 2009. A geometric model of fault zone and fault rock thickness variations. Journal of Structural Geology, 31: 117-127.

Peacock D C P, Sanderson D J, 1994. Geometry and development of relay ramps in normal fault systems. American Association of Petroleum Geologists Bulletin, 78: 147-165.

### 断层岩

Sibson R, 1977. Fault rocks and fault mechanisms. Journal of the Geological Society, 133: 191-213.

Snoke A W, Tullis J, Todd V R, 1998. Fault-Related Rocks: A Photographic Atlas. Princeton: Princeton University Press.

### 断层封闭性和涂抹

Færseth R B, Johnsen E, Sperrevik S, 2007. Methodology for risking fault seal capacity: implications of fault zone architecture. American Association of Petroleum Geologists Bulletin, 91: 1231-1246.

Hesthammer J, Bjørkum P A, Watts L I, 2002. The effect of temperature on sealing capacity of faults in sandstone reservoirs. American Association of Petroleum Geologists Bulletin, 86: 1733-1751.

Knipe R J, 1992. Faulting processes and fault seal//Larsen R M, Brekke H, Larsen B T, Talleraas E (Eds.), Structural and Tectonic Modelling and its Application to Petroleum Geology. NPF Special Publication, Amsterdam: Elsevier, pp. 325-342.

Manzocchi T, Walsh J J, Yielding G, 1999. Fault transmissibility multipliers for flow simulation models. Petroleum Geoscience, 5: 53-63.

### 断层应变

King G, Cisternas A, 1991. Do little things matter? Nature, 351: 350.

Marrett R, Allmendinger R W, 1992. Amount of extension on "small" faults: an example from the Viking Graben. Geology, 20: 47-50.

Reches Z, 1978. Analysis of faulting in three-dimensional strain field. Tectonophysics, 47: 109-129.

### 石油相关

Aydin A, 2000. Fractures, faults, and hydrocarbon entrapment, migration, and flow. Marine and Petroleum

Geology, 17: 797-814.

Cerveny K, Davies R, Dudley G, Kaufman P, Knipe R J, Krantz B, 2004. Reducing uncertainty with fault seal analysis. Oilfield Review, 16, 38-51.

Yielding G, Walsh J, Watterson J, 1992. The prediction of small-scale faulting in reservoirs. First Break, 10: 449-460.

### 术语

Peacock D C P, Knipe R J, Sanderson D J, 2000. Glossary of normal faults. Journal of Structural Geology, 22: 291-305.

# 第10章

# 脆性域中的运动学和古应力学

在前几章我们推断出应力和断裂作用之间存在很密切的关系，例如安德森构造应力体系。因此，根据断层和裂缝的方位和性质，应该可以推断出断裂作用和破裂作用形成时期应力场的情况。这一方法也称为古应力分析，但却是一个被很多假设所限制的领域。不过，许多古应力分析得到的合理结果，也从其他的独立信息中得到了证实。在该领域内对断层构造的动力学观察是古应力分析的基本来源。本章将简要介绍脆性域中相关的构造及古应力分析的基本原理。

本章的电子模块"脆性域中的运动学和古应力学"，在以下几个方面提供了进一步的支持：

● 运动学
● 断层排列
● 滑动方向
● 古应力
● 岩脉
● 断层拖曳
● 区域模式

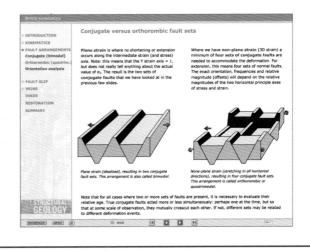

## 10.1 运动学标准

位于断层面上的最终位移矢量可以在上盘上的某一点直接找到，该点与断层下盘的某个临近点相连接。这种点可位于断裂褶皱枢纽或者其他可识别的与断层表面相交的线性构造之上。

但很遗憾，现实中很少能找到这种点。如果我们能将两边的地层或地震反射层关联对比起来，那将是很值得高兴的一件事情。假如这些断层面暴露在野外，我们就能利用断层面上的线理来推断位移矢量的方向和长度。人们通常假设断层面上的线理代表位移方向。然而，线理也可能仅仅反映了变形史的最后阶段，例如最后一次滑动事件等，而与早期滑动事件相关的线理可能已经被掩盖或磨损。因此，在野外测量断层滑动数据时，一定要仔细地寻找多期叠加线理。

---

滑动面上的线理可能仅仅代表若干次滑动事件中的最后一次，并且不一定与最终的（总的）位移矢量平行。

---

在某些情况下，我们无法将断层两边的地层或标志层比对起来。我们没有关于断层规模的其他信息（破碎带的宽度和断层核可能会给我们一些提示），我们甚至不知道这个断层是正断层还是逆断层，是左旋的还是右旋的。断层面上的线理很重要，但是我们仍需借助动力学条件来确定断层的滑动方向。尽管动力学条件是存在的，但是许多条件都模糊不清。因此，断层动力学分析必须和尽可能多的动力学条件相结合。

### 矿物学生长和缝合线

断层面不会是一个很完美的面状构造，一些有用的构造也可能恰恰出现在不规则构造发生的地方。不规则运动会引起一些收缩构造，如图 10.1 中的收缩弯曲以及图 10.2 中的缝合线构造，同时还可能会出现"劈理构造"。如图 10.1 所示，图左侧的弯曲，这种不同方向的不规则面就会引起拉张作用和空隙的张开，从而发生矿物生长作用。对断层面几何形态、收缩构造和伸展构造产状对比的相关研究可以在很大程度上揭示断层的滑动方向。

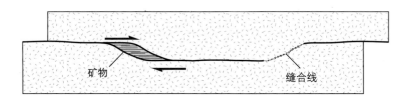

图 10.1　沿着断层发生的不规则构造会出现阶步，阶步中会发生矿物生长或者发育收缩构造（缝合线）。对于这种与断层局部几何形态紧密相关的构造的探测，为断层滑动方向提供了可靠的信息

### 次级裂缝

沿着断层或者滑动面发育的小裂缝能够显示出一些几何学特征，这些特征中可能包含与断层滑动有关的信息。我们根据这些小裂缝的方位和动力学特征为它们分别命名。图 10.3 显示了垂直于主滑动面（M）、平行于滑动方向的某剖面中裂缝的不同类型。**T 破裂**经常用于这一组中小的伸展构造的定名。它们可能是张开的，但是大多数情况下是被石英和碳酸盐岩矿物矿化的，并且没有擦痕。T 破裂的方位与**主滑面**或平均滑动面（M-surface）的相对关系，更能代表滑动方向的特征。就水平方位的主滑面表面来说，T 破裂通常沿着滑动方向倾斜 45° 左右［图 10.3（a），图 10.3（c）］。

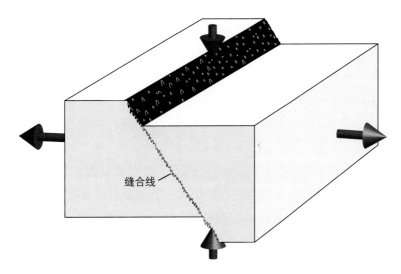

图 10.2 在石灰岩和大理石中，断层面上存在收缩力的断层可以导致压溶作用并产生缝合线。有时可以形成线性缝合构造，称为擦痕（第 14 章第 3 节）。擦痕形成的构造线完全平行于断层两盘相对运动方向

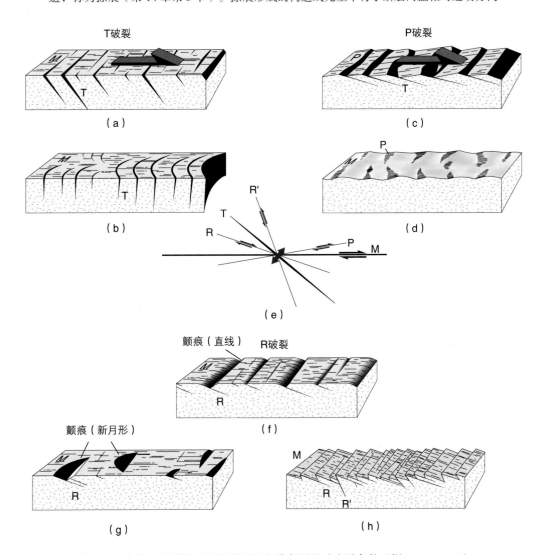

图 10.3 带有次级裂缝或不规则面的右旋断层的动力学条件（据 Petit，1987）

剪切体系中裂缝的常用命名（R，R′，P，T 和 M 破裂）。R 为 Riedel 剪切裂缝；P 为剪切裂缝；T 为拉张裂缝；M 为平均滑动面（断层）。对次级裂缝的鉴定有助于我们对断层运动进行解释

**P 破裂**，即成因相关的一组剪切裂缝，有时会向相反的方向倾斜。若此时主滑面仍保持水平，则 P 破裂缝会与主滑面低角度斜交，并且在运动学上与低角度的逆冲断层或逆掩断层相关。在这种情况下，Riedel 剪切裂缝或 **R 破裂**代表低角度正"断层"，而 R′ **破裂**对应于与主滑面形成高角度的对立反向断层。Riedel 裂缝往往比 R′ 破裂和 P 破裂更常见，但它们都客观存在，它们的局部运动学特征以及它们相对于主滑面的方位揭示了主体结构的运动情况。T 结构可能是其中最可靠的结构，因为它们很容易与各种剪切断裂区分开来。

法国地质学家 Jean-Pierre Petit 根据 T、P 和 R 破裂，将沿断层面常见的各种构造区分开来，而字母 T、P 和 R 分别表示构造中的各主控次级裂缝单元。**T 破裂**包括在横向上将有擦痕的断层滑动面（M）截断的延伸裂缝（T）。在横断面中，延伸裂缝和断层滑动面之间一般以指向滑动方向的锐角相交，如图 10.3（a）所示。交叉点也可能为指向滑动方向的弯曲结构［图 10.3（b）］。这种构造类似于当流冰剥蚀下大量基岩（石英岩或花岗岩）碎片时留下的冰川颤动擦痕。

P 破裂是以 P 裂缝为主，可与 T 破裂一起出现［图 10.3（c）］。P 破裂表面可能是抛光的，也可能有擦痕，而且与主滑面呈低角度也是它的特征之一。当主滑面波状起伏，出现收缩面（面向对立盘活动的一面）有擦痕而延伸面（背面）无擦痕的系统模式时［图 10.3（d）］，也可以认为其为 P 破裂。

最常用的动力学准则 R 破裂，是根据 R 破裂与主滑面之间的锐角来判断的［图 10.3（f）、图 10.3（g）］。R 破裂与主滑面的交点连线与主滑面上的擦痕近乎垂直，而这种位于主滑面的直的［图 10.3（f）］或弯曲的线性构造［图 10.3（g）］即为**颤动擦痕**。偏移较小的断裂中一般不发育贯穿滑动面或主滑面，这时我们称这种断裂为雁列式 R 破裂［图 10.3（h）］，有时也可能是 R′ 型裂缝。这时，R 破裂一般紧密排列且不发育擦痕。

## 刻划、矿物生长和擦痕面

断层面上的表面微凸和相对坚硬的物体（如岩石碎片、卵石或较硬的矿物颗粒）都可以机械地对另一盘产生刻划，形成凹槽或**擦痕**。而硬物前面的矿物会被推挤到旁边，在硬物后面形成新月状的孔洞，并且被对盘的矿物充填。在物体的前面有时能发现凸起（或者凹槽，取决于从哪个角度观察）（图 10.4），这种线理被称为**凸凹线理**。

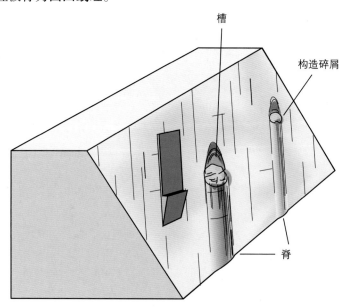

槽

构造碎屑

脊

图 10.4　位于断层面上的凸起体或构造碎屑会在背风面产生挤压变形并在其表面形成微凸起，这种线理即为凸凹线理

相对于其他部位，新月状的裂缝会迅速发展成为凹槽，且理想状态下凹槽的长度会与坚硬物质的移动距离一致。至少这是我们最想看到的情况。然而厘米级的偏移却产生了分米级甚至几米长的擦痕的例子也有很多。因此，除了物理刻槽之外肯定还有其他的机制在起作用。有一种解释是有些擦痕是**波形纹**，并非纯粹的摩擦凹槽。有些擦痕是形成于裂缝发育初期的线理构造，所以可能会随着滑动的累积逐渐抛光或产生擦痕。这样，即便很小的偏移（厘米甚至毫米级的）仍可能在滑动面上产生较长的发育良好的擦痕。因此，小规模断层波纹构造不一定能反映出断层面的偏移量。擦痕一般（但不仅限于）在光滑的滑动面上发育，这种滑动面被称为**滑擦面**，而这种擦痕则被称为**滑擦**。

除了摩擦擦痕，由于矿物一般在微凸（不规则面）的背风面结晶，因此也可将其用于判断断层滑动的方向。当矿物结晶呈纤维状时，纤维状的方向是最接近断层滑动方向的。在野外通常会发现在断层滑动面沉积的矿物，会被随后的新的滑动扰动。因此，沿着断层面经常会发现被变形矿物充填的擦痕。在第14章会进一步探讨和断裂相关的线理。

## 10.2　断层压力

在古应力分析中使用的断层观察数据包括断层表面的局部走向和倾向、线理方位（通常通过线理的倾伏角和侧伏角得出）和运动方向。当收集到一个断层组的这些数据时，原则上就有可能获得更多的信息，不仅仅是拉张应力，还包括各个主应力的方位（$\sigma_1$，$\sigma_2$ 和 $\sigma_3$）和相对大小（比如应力椭球体的形状）。古应力分析方法建立于一些科学的先决假设条件。最基本的设想就是假定所研究的断层都是在同一应力场中形成。其他的假定包括岩石的均质性、相对较低的拉张力以及构造自初始形成以来未发生较大的旋转。

---

可以通过分析来自有限区域（一个露头或一个采石场）的一组小断层组来重建局部古应力场。

---

### 共轭断层组

关于变形的一个简单实例就是在**平面应力**的作用下产生的**共轭断层体系**。如图10.5中所示，有三个主要的构造型式，一个共轭体系有两组倾向相反的断层，其中擦痕垂直于断层的横断面。断层面两组滑动的方向是互补的，并且两组之间的角度是定值。根据库伦破裂准则，断层或者是剪切断裂与 $\sigma_1$ 之间的角度是受岩石内部摩擦力控制的，岩石变形阶段中两组断层间角度的大小应与岩石的力学性能（及孔隙流体压力）相一致。更重要的是，无论是正断层、逆断层还是走滑断层（图10.5），其共轭组均相对于各个主应力对称发育。根据安德森的断层理论（第5章第6节），滑动方向或线理应与倾向（正断层或逆断层）或走向（走滑断层）一致。因此，共轭断层和断层面上的擦痕都揭示了主应力的方向。

---

最大主应力的轴线平分共轭断层的锐角。

---

某些情况下会出现主应力方向稍微偏离安德森所预测的水平或垂直方向，这可能是因为这一区域在变形阶段开始就已经发生倾斜或是当应力场穿过大量岩石体时发生了旋转或折射。正如第6章所述，这种偏离容易出现在大型的软弱断层或节理区域附近。

两组共轭断层组可用于预测平面应变 [ 图10.6（a），图10.6（b）]，而应变轴可以通过在赤平投影网上测绘断层组来确定 [ 图10.6（c）]。根据假定的流体流变学特征各向同性、方位不变的应力场以

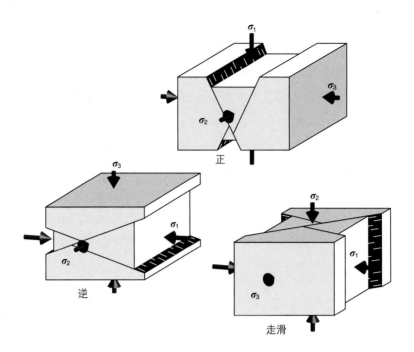

图 10.5 根据安德森对平面应力的理论得出的共轭剪切断层和他们与主应力的关系
（锐角被 $\sigma_1$ 平分，并且两个断层沿 $\sigma_2$ 相交）

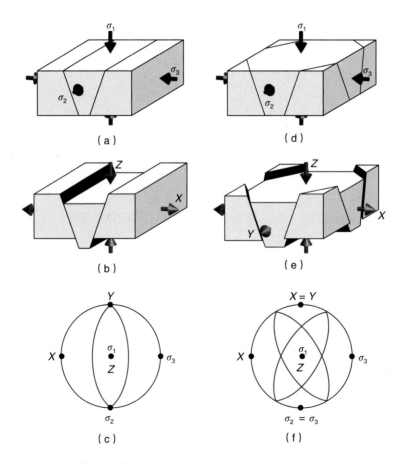

图 10.6 在平面应力下只有一对倾滑共轭断层组产生 [（a）、（b）、（c）]，这就意味着如果有多组倾滑共轭断层存在，则必定是受到了三维应变 [（d）、（e）、（f）]。分图（e）中的断层模式由于其高程度的对称被称为正交模式。在这些理想化的模型中，主应力（红线）和应变是平行的

及断块旋转角度可忽略等先决假设，可以预测主应力轴的方向。事实上，我们可以在岩石力学实验中观察到的共轭组和它们与主应力所呈的角度之间画出一组平行线。

在其他情况下断层系统也许包括两组以上的共轭组。图 10.6 中的（d）、（e）两个分图就是一个例子，两个成因相关的断层组共存。根据它们的对称要素，我们可以把这种组合称为**正交**。同样的，在赤平投影网上可以很容易地找到应变轴，进而推断出应力轴［图 10.6（f）］。

### 复断层群

共轭断层组一般出现在经历过单期次脆性变形阶段的岩石中。大多数情况下，断层模式可以证明在变应力环境中产生的多期次的运动，而且他们一般都比简单的共轭断层模式更为复杂。假如有一组方向很复杂的裂缝或断层群，它们所包含的要素的方位十分宽泛，那么这个断层群将会对新的应力如何反应呢？

很明显，有些断层会滑动而有些断层则不会。在图 7.22 中有一个类似的例子，其中一个很薄的叶理在一定范围内被重新激活。现在我们正在寻找一组弱因素群，同时也想要搞清楚断层滑动的方向和位置。这种预测并非毫无价值，一些重要的论断就出自于此。

最显而易见的设想就是垂直于三组主应力中的一组的断层或断裂不会滑动，因为在这种情况下（$\sigma_s$=0），没有剪切因素的存在。但如果其他方位的 $\sigma_s$=0 且 $\sigma_s$ 超过了抗滑动的摩擦阻力时，就会发生摩擦滑动（滑动）。

因此，断层面会沿着最大分解切应力方向发生滑动这个推断似乎也是合理的。如果最大剪应力与下倾方向相同，那么就会产生正断层或逆断层。如果最大剪应力矢量是水平的，就会产生走滑断层。其他类型的断层均由斜向滑动所致，这个假设被称为**华莱士—博特假说**：

---

平面裂缝上的滑动，可以假设为与最大分解切应力平行所致。

---

这种假设中暗含着断层是平面的，断块是刚性的，断层体的旋转是可以忽略不计的等先决假设，而且断层只在均匀应力场中的一次单一变形阶段中活动。很明显，这些都是理想化的条件。比如说，交叉断层就有可能破坏局部应力场。但另一方面，经验观察和数学模型表明在大多数情况下误差是相对较小的，也就说明了华莱士—博特假说的合理性。基于这些简单的假设，我们可以测量一个断层组在断层方位、线理方位和滑动方向上的数据，然后利用这些数据计算应力轴的方位和相对大小。用于此目的的方法被称作**应力反演技术**或**断层滑动反演技术**。

### 断层滑动反演古应力

大多数情况下不可能得到主应力的绝对值，而只能得到一个相对值。也就是说，可以根据断层组的数据估计应变椭球体的形状。为此我们使用应力比：

$$\phi = (\sigma_2 - \sigma_3) / (\sigma_1 - \sigma_3) \tag{10.1}$$

式中 $0 \leq \phi \leq 1$。应力比 $\phi$ 也被称为 $R$（注意，$R$ 也被一些作者定义为 $1-\phi$）。当 $\phi$=0 时，应变椭球体呈扁长状，此时 $\sigma_2=\sigma_3$（单轴压缩）。当 $\phi$=1 时，应变椭球体呈扁平状，此时 $\sigma_1=\sigma_2$（单轴拉伸）。在主应力定义的坐标系中，我们用应力比 $\phi$ 来表示应力张量，有

$$\begin{bmatrix} \sigma_1 & 0 & 0 \\ 0 & \sigma_2 & 0 \\ 0 & 0 & \sigma_3 \end{bmatrix} \tag{10.2}$$

一个各向同性的应力因素可以添加至应力张量中，而且这个要素可以乘以一个常数而不会改变应变椭球体方位和形状。这个应力张量包含与应变椭球体的形状和方位有关的信息，但不是该应力的绝对量级，这就是**降低应力张量**。这里我们用 $k$ 和 $l$ 两个常数来表示这个张量，其中 $k=1/(\sigma_1-\sigma_3)$ 且 $l=-\sigma_3$。

$$\begin{bmatrix} \sigma_1+l & 0 & 0 \\ 0 & \sigma_2+l & 0 \\ 0 & 0 & \sigma_3+l \end{bmatrix} \begin{bmatrix} k & 0 & 0 \\ 0 & k & 0 \\ 0 & 0 & k \end{bmatrix} = \begin{bmatrix} 1 & 0 & 0 \\ 0 & \phi & 0 \\ 0 & 0 & 0 \end{bmatrix} \quad (10.3)$$

将常量 $l$ 加到每个主应力上，就相当于加了一个各向同性应力。此外，如果将应力轴的值乘以常数 $k$，就意味着在保持变椭球体的形状的同时收缩或膨胀应变椭球体。

虽然完整的应力张量中含六个未知数，但简化的应力张量中只含四个未知数，并且通过主应力的方位及 $\phi$ 表示。换句话说，我们可以通过简化的应力张量直接得到应变椭球体的形状和方位。虽然我们已经就应力是如何影响裂缝中滑动的形成进行了讨论（通过在最大分解切应力的方向引起滑动），但它的逆问题即通过滑动数据来计算（简化的）应力张量才与古应力分析联系地更为紧密。

所谓倒转断层滑动数据就是根据测量的断层滑动数据重新描绘应力椭圆的方位和形状。

因为简化的应力张量有四个未知数，因此我们需要从至少四个不同的断层面中提取数据来确定应力张量。和所有数据符合的应力张量就是我们想得到的张量。然而，因为测量错误、局部应力反射和旋转等因素的影响，我们只能寻找最符合断层滑动数据的应力张量。因此我们要从至少四个断层滑动面中提取数据，通常为 10 ~ 20 个甚至更多。这样就会得到比未知数多的方程，同时应用一个统计学模型来减少误差。

计算通过应力反转程序来完成，且其中部分计算结果有效。赤平投影网上显示主应力轴方位，无量纲莫尔应力圆反映主应力的相对大小（图 10.7）。在计算简化的应力张量的过程中，仍有无意义的数据存在。因此这些数据可能会被分开对待从而判断他们作为整体是否又可代表可能与不同构造事件有关的第二张量。用来区分亚断层群组的另一个常用的更安全的方式就是利用交叉剪接关系和滑动面上的特征成矿时期等区域标准来判断。

从断层滑动数据中应用几何学方法提取应力数据就是构建**切线—线理图**。正如图 10.8 所示，通过绘制每个断层面和线理，以及包括断层面和线理极点的 M 面，再绘制一个箭头切主滑面于极点上，即完成该图的绘制。箭头的方向表示下盘相对上盘的运动方向。如图 10.9 中的例子所示，当绘出不同方向的滑动面，得到的模式不仅能显示出主应力轴线的方向，并且可表明其相对大小（$\phi$）（图 10.10）。像 FaultKin 这样的软件就可以用来绘制该区域中收集到的数据，但更重要的是我们必须理解程序如何处理我们的资料。

很明显，需要许多不同方位的断层数据来获得更加明确的解释。从图 10.9 所示案例就可以很清楚地看出所绘制的数据的分布极不连续，无法限定相对应力的量级——而这就是在处理真实数据集时遇到的常见情况，尤其是从多期变形岩石中提取的数据集。

出于很多原因，我们需要对古应力分析进行谨慎处理。其中一个事实就是古应力分析在很大程度上依赖于我们识别在应力场中形成的断层群的能力，这个应力场在断层历史上是恒定的。众所周知，断层的相互关系会像任意的力学分层一样扰乱应力场，所以所有推断都只是一个近似结果。古应力分析的结果仍需要根据这些事实和其他的具体细节做出进一步的解释。

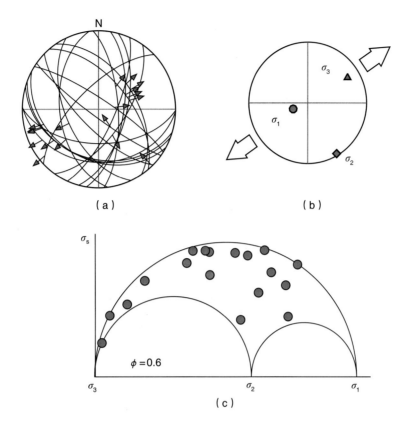

图 10.7 （a）真实的断层数据是通过在等面积的下半球中的一个大圆（断层面）和箭头（线理）来表示的。（b）主应力由应力反转得出。（c）应力莫尔圆中绘出的数据，表明了主应力的相对大小

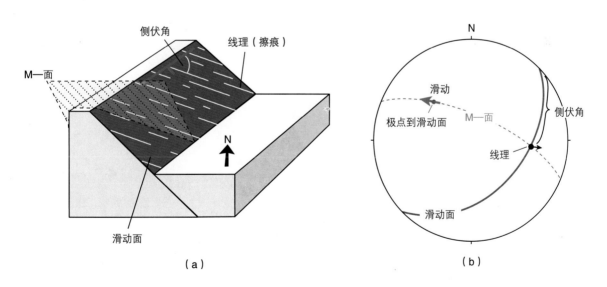

图 10.8 （a）展示了断层面上侧伏角的测量方法。（b）等面积球面投影网上绘出的侧伏角（这个球面投影网也展示了切线—线理是如何从一个已知的滑动面 [ 如（a）中所示 ] 和他的线理（擦痕）中找到的：通过绘制一个包括线理和滑动面极点的平面（沿运动方向或者主滑面）。切线—线理（红箭头）即为沿着滑动面切主滑面于极点的箭头。它的方向即为下盘相对于上盘的运动方向，在图中所示的例子中为正断层的方向，其中下盘向西运动

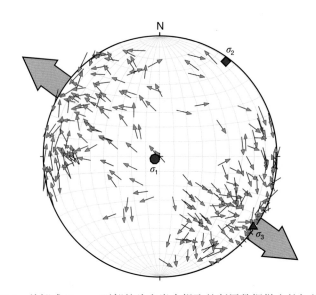

图 10.9　从挪威 Bergen 西部的片麻岩中提取的断层数据做出的切线—线理图

$\sigma_1$ 可以确定，但是原则上通过和图 10.10 对比得出的 $\phi$ 值在这种情况下更难确定。这种情况十分普遍，并且在一定程度上是由于断层方位的有界变化

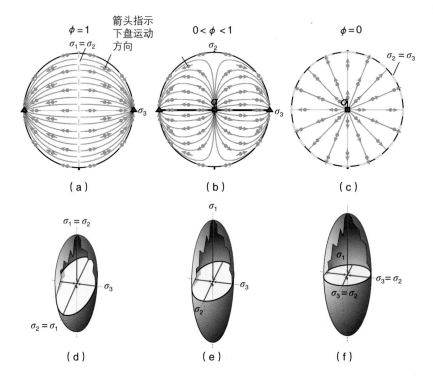

图 10.10　分图（a）至分图（c）是断层极点的立体投影图。箭头代表下盘相对上盘的运动方向。这个模式考虑了不同方位的断层，并且假定运动方向和每个面的最大剪应力方向平行。此模式受主应力间的比值 $\phi$ 影响。通过在这些图中绘入野外数据，我们就能估计出主应力的方位和 $\phi$ 值。分图（d）至分图（f）是拉张应变椭球体的几何立体图。（据 Twiss 和 Moores，2007）

## 10.3　处理断层滑动数据的一种动力学方法

　　古应力分析法是基于断层滑动数据的反演，根据华莱士—博特假说将应力与滑动联系起来，而且根据这个假说的内容，无疑依赖过度简化的在地壳中的真实情况。基于这个原因，我们中的一些人就更愿意选择一个单纯的动力学方法来处理应变或应变率，而不是应力本身。比较形象地说，动力学方

法就是在赤平投影仪上绘制断层平面及相应的与滑动有关的线理，如图 10.11 所示。根据滑动的方位及方向，找到每个断层面上的 P 型和 T 型轴线，这有点类似于专栏 10.1 中的震源机制解。这些轴线是在拉张和收缩象限中的对称轴。他们相互垂直且其所在平面与断层面相垂直。断层面还包含线理（滑动方向）。此外，P 型和 T 型轴线在断层面上呈 45° 角（图 10.11）。P 型和 T 型轴线的位置取决于断层运动的方向（正断层、逆断层、左旋或右旋）。

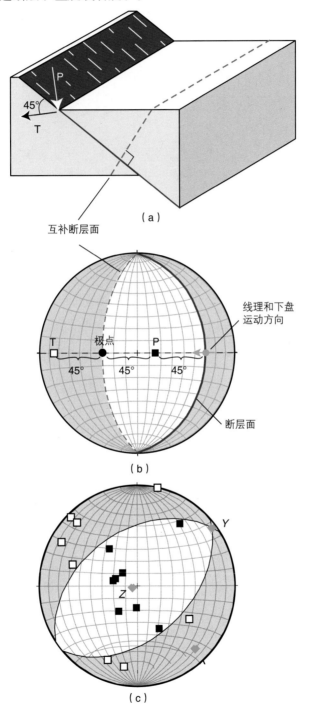

图 10.11　断层数据的动力学分析

（a）为一个简单的正断层。（b）为断层、线理和运动方向的说明图。如图所示共轭剪切面与断层呈 90 度角，P 型和 T 型轴线平分这两个平面。（c）为来自 16 个不同方位的断层的数据点图，每个断层都在图（b）中标出。理想状态下，P 型和 T 型轴线会分别标注在被两个相互正交平面分开的两个部分上。如果他们没有，那么说明条件并未满足；P 型和 T 型轴线可能在不同的应力场形成。虽然数据量较小，但仍表明存在北东—南西向的伸展和垂向收缩，即拉张状态

**专栏 10.1　震源机制和应力**

　　通过绘制地震震源附近的纵波或横波的分布，可以得到所谓的**断层面解析**。依据断层滑动方向（正，逆等）控制地震波分布的原理，将实际的断层面及其共轭的正交理论剪切面（组合在一起称为节面），绘制成等面积球面投影。节面是通过对各个地震台站第一纵波运动方式的观察得到的，并用于判断这些纵波是被压缩还是拉伸。节面可被绘制成球面投影图，得到的就是广为人知的"沙滩球"——绘制出的形式见左图。根据众多地震观察得到的初至波（压缩纵波或张性横波）信息可用于判断节面方位及其运动的方向，我们称之为震源机制。象限被断层面及共轭节面分开，而 P 型和 T 型轴线就标注在象限中央。如左侧所示，不同的"沙滩球"表示不同的**震源机制**或断层运动方向。

　　但仅从地震资料无法判断哪两个节面真正代表断层面，除非再结合余震分析。只有 P 型和 T 型轴线为已知轴线。P 与 T 并不表示 $\sigma_1$ 和 $\sigma_3$，尽管这个假说在之前很普遍。由于地壳充满了各种微弱构造，很多地震实际上都是先存裂缝的再活化所致。因此裂缝方位与应力场之间并不存在精密的联系。但是，我们都知道 $\sigma_1$ 一定存在于 P 区域中，$\sigma_3$ 存在于 T 区域中。因此，对多期次地震中不同方位的断层的观察为我们提供了数据的分布情况，更有利于我们估计应力轴的方位。原则上，我们还可根据这些数据利用应力倒转来确定主应力的方向。

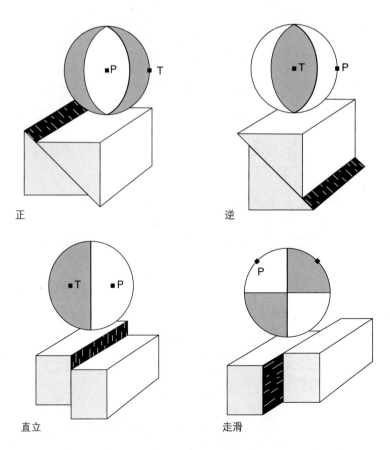

四种类型断层赤平投影图

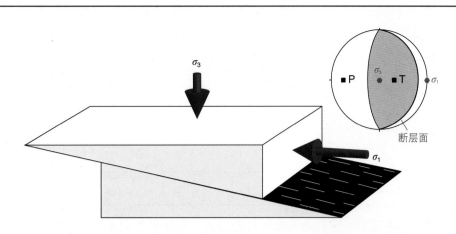

主应力与 P 轴和 T 轴不重合的实例。$\sigma_3$ 垂直和 $\sigma_1$ 水平时，低角度逆断层被激活。由于 P 轴和 T 轴总是平分节点平面，主应力与 P 轴和 T 轴只有在断层与 $\sigma_1$ 呈 45° 时才会重合。

P 型和 T 型轴线在断层组中的每个断层中都是成对出现。当我们分析断层组的方位分布时我们得到了 P 型和 T 型轴线的分布。理想状态下，P 型和 T 型轴线可以通过两个正交面分开，这也和图片相符合。Y 轴（中间应变轴）通过平面间的交线表示，而 Z 轴与 X 轴则分别位于 P 型区域和 T 型区域的中间 [ 图 9.11（c）]。通过这些就可以得到古应力轴的方向，而其量级的大小只能通过其他与断层位移及断层区域有关的额外信息才能判断。运动学方法可以通过计算机程序快速得出，而且大多数情况下通过这个方法得到的应变轴与通过之前所述的倒转滑动数据的方法得到的应力轴十分相似。动力学方法不仅需要以均匀的应力场为基础，还需要对不同变形阶段产生的滑动信息进行正确分组。

## 10.4 收缩构造和伸展构造

分析断层滑动数据关心的是剪切裂缝和断层，但收缩和拉张构造也有助于理解应力或应变率。收缩构造，又名反向断层，常以溶蚀线或缝合线的形式存在于一些（大多数）脆性变形的岩石中。一般来说，这种构造代表了微旋转或无旋转的微小应变。因此，可以假定应力轴和应变轴之间存在紧密联系。这种情况与类似岩脉和节理的低应变延伸构造相同。

古应力参数必须记录下每一次不涉及大量旋转的微小应力，以确保应变和应力轴可以相互关联。

当收缩构造趋于与 $\sigma_1$ 相垂直，拉张构造也垂直于 $\sigma_3$ 或者至少与 $\sigma_3$ 高角度相交。这就使得岩脉或者节理成为应力和应变之间最快、最简单的相关构造。收缩和拉张构造的组合是非常有价值的，当断裂岩石中出现这些构造时，可以用在应力—倒转方法中或者与其结果进行比较。

未旋转的节理、裂缝和岩脉是可以快速确定初始时期 $\sigma_3$ 方位的构造。

一个相关的动力学方法包括重建在岩脉侵入期间产生的断层。岩浆侵入时产生的超压会导致围岩的破裂，围岩破裂后岩浆侵入形成岩脉。在重要构造应力的作用下，断裂和岩脉的方位都垂直于 $\sigma_3$。然而，大多数情况都是岩石中先存的裂缝被岩浆充填。

方位垂直于 $\sigma_3$ 的断裂会以垂直断盘的方位优先开启，但如果我们想确定 $\sigma_3$ 的方位，还需在每边岩脉上寻找曾经彼此相邻的点。这样的点可能处于岩脉侧面充入的拐角处（图 10.12），这时如果连接分开的拐角点就能绘制出位移矢量，如图 10.13 所示。如裂缝、古岩脉、褶皱脊线和陡倾地层等被岩脉分离的构造也可以用于确定 $\sigma_3$ 的方位。在这些情况下，我们观察应变（局部延伸方向），但是由于经常涉及微小位移，因此将水平伸展方向与 $\sigma_H$ 相关联是合理的，假设应力通常呈一个主应力轴，我们就可以进一步假设 $\sigma_H=\sigma_3$。这时就能找到局部应力，而且我们会发现，图 10.14 中所示岩脉旋转到垂直方向成为边缘化的几何体的情况也比较普遍。这样的几何体说明 $\sigma_H$ 的方向会在垂直方向有所变化，这与断层边缘区域相似（图 7.26）。

## 本章小结

我们已经简单了解了确定断层滑动方向的几种方法，并且知道了如何利用断层滑动及其他脆性构造获取关于古应力的信息。不论在什么情况下，我们都要清楚一个事实：应力只能在应变模式中分析推导得出，永远不会通过直接观察得到。而且从应变推导出应力的过程中必须做出一些假设。因此，当我们从变形岩石中提取古应力的信息时，应十分小心。

在本章中，对古应力和古应力方法并未进行详细的讲解，因此鼓励有兴趣的读者在阅读以下关键点和复习题之后阅读更多的相关方面书籍：

- 许多动力学标准都可帮助判断滑动面上位移的方向。我们应该能对最重要的位移绘制草图。
- 节理和岩脉是最初就与最小应力轴垂直的拉伸构造，因此也是很有用的古应力指示参数。
- 共轭断层是另一组十分有用的构造，可用于快速估计应力场。
- 滑动数据的倒转可用于确定主应力的方位和应力椭球体的形状。
- 复断层滑动数据可能包含在两个或多个应力场下形成的滑动面，而这些滑动面必须分开分析，从而获得有用的结果。

---

### 复习题

1. 当我们将线理解释为古应力指示构造时，为什么要十分小心？
2. 古应力分析成功的前提是什么？
3. 什么是"滑动倒转"？
4. 什么是共轭断层？共轭断层中的应力信息是什么？
5. 华莱士—博特假说的基本条件是什么？
6. 简化的应力张量是什么？

---

## 电子模块

推荐"脆性域中的运动学和古应力学"这一章的电子模块。

## 延伸阅读

### 综合

Anderson E M，1951. The Dynamics of Faulting. Edinburgh：Oliver & Boyd.

### 滑动方向

Petit J-P, 1987. Criteria for the sense of movement on fault surfaces in brittle rocks. Journal of Structural Geology, 9: 597-608.

### 来自断层群组的应力和应变

Angelier J, 1994. Fault slip analysis and palaeostress reconstruction//Hancock P L, Continental Deformation. Oxford: Pergamon Press, pp. 53-100.

Cashman P H, Ellis M A, 1994. Fault interaction may generate multiple slip vectors on a single fault surface. Geology, 22: 1123-1126.

Etchecopar A, Vasseur G, Daignieres M, 1981. An inverse problem in microtectonics for the determination of stress tensors from fault striation analysis. Journal of Structural Geology, 3: 51-65.

Lisle R J, Orfie T O, Arlegui L, Liesa C, Srivastava D C, 2006. Favoured states of palaeostress in the Earth's crust: evidence from fault-slip data. Journal of Structural Geology, 28: 1051-1066.

Marrett R, Allmendinger R W, 1990. Kinematic analysis of fault-slip data. Journal of Structural Geology, 12: 973-986.

### 来自伸展和挤压构造的应力

Dunne W M, Hancock P L, 1994. Paleostress analysis of small-scale brittle structures//Hancock P L, Continental Deformation. Oxford: Pergamon Press, pp. 101-120.

Fry N, 2001. Stress space: striated faults, deformation twins, and their constraints on paleostress. Journal of Structural Geology, 23: 1-9.

Jolly R J H, Sanderson D J, 1995. Variation in the form and distribution of dykes in the Mull swarm, Scotland. Journal of Structural Geology, 17: 1543-1557.

### 应力和应变的关系

Marrett R, Peacock D C P, 1999. Strain and stress. Journal of Structural Geology, 21: 1057-1063.

Twiss R J, Unruh J R, 1998. Analysis of fault slip inversions: do they constrain stress or strain rate? Journal of Geophysical Research, 103 (B6): 12, 205-12, 222.

Watterson J, 1999. The future of failure: stress or strain? Journal of Structural Geology, 21: 939-948.

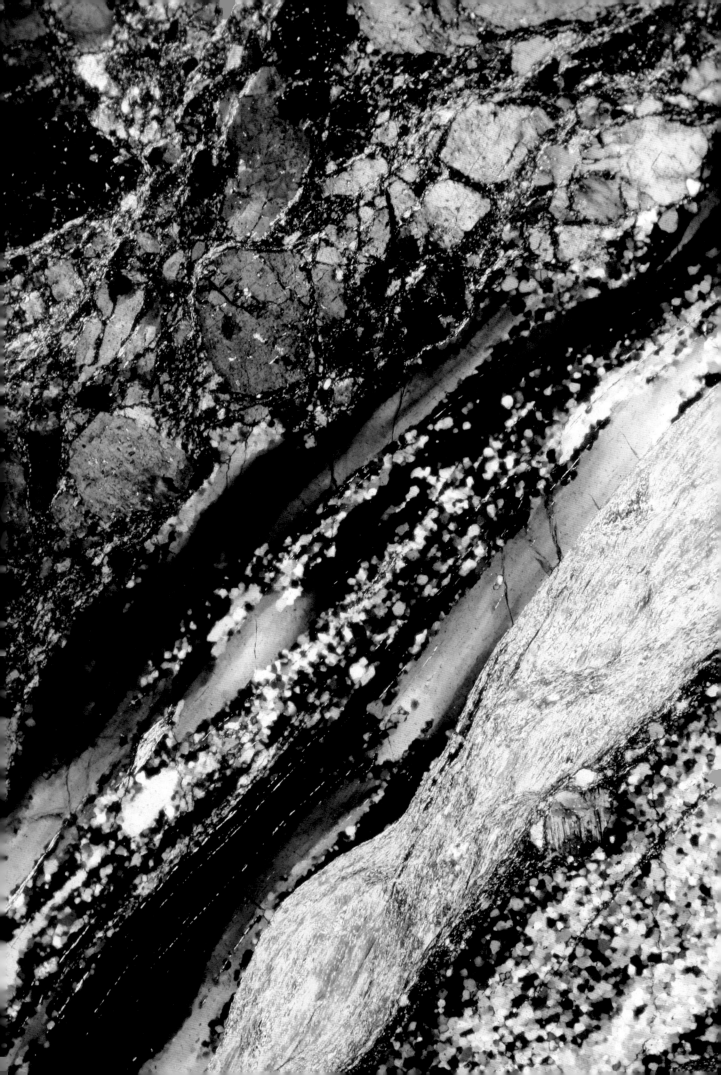

# 第 11 章
# 微观变形

本书中讨论的大部分情况都是在薄片、露头地图及卫星图片上观察到的构造现象。然而，更近距离的、对应从颗粒到原子尺度内所发生的过程和机制的观察和研究也颇有趣味。这一尺度的研究相对较难，尤其是原子规模的研究，但基础理解至关重要，并且为理解微观尺度构造奠定了基础。脆性和塑性变形机制之间最重要的区别为：脆性变形是瞬间且强烈的，原子晶格被强行破坏并且发生永久的构造变形；而塑性变形机制更复杂缓慢。多种因素影响晶体变形，但温度是最重要的影响因素：高温促进塑性变形机制及微观构造的形成。本章将对脆性变形机制进行简要回顾，之后重点研究岩石和晶体的微观塑性变形机制的基本原理。

本章电子模块中，进一步提供了与塑性变形相关主题的支撑：

- 晶体缺陷
- 变形机制
- 微观尺度

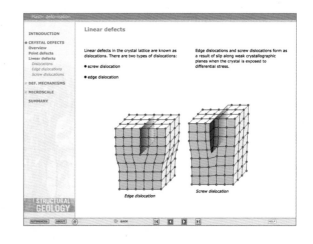

## 11.1 变形机制及微观结构

当应变在变形岩石中积聚时，微观尺度上会发生相应的**变形过程**，导致岩石的内部结构、形状或体积改变。所涉及的过程可能有所区别——我们已经在第七章讨论了脆性变形过程，而在塑性变形机制中存在其他不同的过程（表11.1）。导致岩石形状或体积改变的微观过程称为**变形机制**:

通过一个或多个微观变形机制的激活导致应变累积。

多数构造揭示了发生作用的机制类型为微观的，因此称为**微观结构**。其大小的变化范围从原子级到颗粒。**晶内**变形发生在单个颗粒内部。这种最小的变形构造实际发生于原子尺度，因此仅能借助电子显微镜进行观察研究。更大规模的晶内微观构造可以在光学显微镜下观察到，包括颗粒破裂、变形双晶及波状消光模式等特征。

当某种变形机制产生的微构造影响多个颗粒，如产生了颗粒边界滑动或矿物集合体破裂等，则产生晶间变形。晶间变形在脆性变形中尤其常见。

变形机制和变形过程密不可分，通常可以互换使用。然而，有时对两者进行区分至关重要。有些人将变形机制定义为导致应变的过程。而其他微观变化的存在，尽管其仍与变形有关，但并不产生应变。这些仍是变形过程，包括颗粒的旋转重结晶、颗粒边界迁移（本章的后面将对其进行解释）以及在某些情况下的硬旋转。此外，两种或两种以上的过程可组合起来形成一种（组合）变形机制。需要注意的是变形过程这一术语也用于构造地质的其他领域。

表 11.1 脆性和塑性变形过程概观

| 脆性变形 | 破裂 | | |
| | 摩擦滑动 | | |
| 脆性流动 | 颗粒流 | { | 摩擦滑动 |
| | | | 滚动 |
| | 碎裂流 | | 颗粒破碎 |
| 塑性流动 | 扩散 | 体积扩散 | |
| | | 颗粒边界扩散 | |
| | | 体积扩散 | |
| | 晶体塑性 | 旋转 | |
| | | 位错蠕变 | |

## 11.2 脆性及塑性变形机制

脆性变形机制在上地壳中占主导地位，而随着压力和温度的增加而逐渐过渡为塑性变形机制。然而，某些情况下，岩石圈的深部也会发生脆性变形，表面或近地表也会发生塑性变形。其原因在于不仅温度压力控制变形机制，同时变形矿物的流变性及流体的可用性和应变率也控制变形机制。虽然脆性变形为上地壳中花岗岩的主要变形机制，但由完全脆性到完全塑性的转变是渐进的过程。在很广的物理条件及地壳深度范围内脆性变形和塑性变形是共存的。例如，对于花岗岩来说，石英及长石对应力的反应不同，特别是对于 300 ~ 500℃的温度窗应力反应不同。由于大多数岩石由多种矿物组成，不同的矿物有不同的脆性—塑性转变界限，因此即使对于同一种类型的岩石，脆性—塑性转变也可能具有千米厚的转换带。因此，我们可以发现在岩石变形的过程中，脆性变形机制和塑性变形机制常常同时存在。典型的例子是石英—长石岩在 400℃左右时，石英塑性流动，而长石中发育脆性微破裂（图 11.1）。

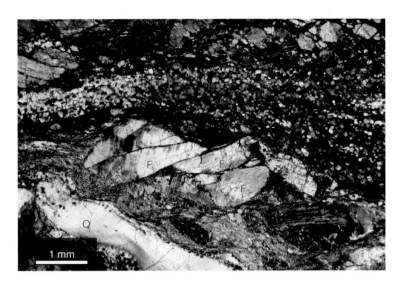

图 11.1　长石颗粒破裂为四大块而石英发生塑性变形（西班牙，Cap de Creus。Alessandro Da Mommio 摄）

F—长石；Q—石英

主要变形机制决定了变形是脆性变形还是塑性变形。

整体塑性背景下的脆性变形大多局限于晶间破裂。而这又与不同矿物对应力反应的不同方式有关。对于硬矿物的破裂，石英基质中的石榴石或长石就是一个典型的例子。该实例中，破裂仅限于石榴石或长石颗粒，而塑性变形机制使石英发生塑性流动。

## 11.3　脆性变形机制

脆性变形机制的特征是摩擦滑动及破裂。第 7 章第 1 节中已对**晶间破裂**、**晶内破裂**、裂缝及颗粒边界的**摩擦滑动及颗粒旋转**进行了区分。这些变形机制的结合称为**碎裂流**。注意，粒内和晶内这两个词意义基本相同，但其中的细微区别在于：粒内用于颗粒介质，如砂和粉砂；而晶内用于孔隙度（几乎）为零的结晶岩。

埋深浅部位的多孔隙沉积岩、（超低孔隙）非孔隙及结晶岩的变形机制是不同的。埋深在 1km 以内的未固结砂岩及弱固结砂岩的变形有两种机制：**颗粒旋转及颗粒边界摩擦滑动**，包含这些机制的过程被称为**微粒流或颗粒流**。这种粒间变形中没有在颗粒内部发生永久的变形。

剪切模式或垂向负载（压实）下的高孔隙沉积物的变形以颗粒流为特征。这一研究领域为**土壤力学**，与斜坡稳定性问题及其他的土壤定向工程相关。如果颗粒接触处的应力足够大，高孔隙沉积物或沉积岩中的颗粒将会破裂。这种破裂局限于单一的颗粒，因此属于晶内微观结构。在某些情况下（低孔隙压力和较小的颗粒接触区域）微破裂通常会从颗粒上削掉小的鳞片，并在靠近颗粒表面处形成。这种类型的微破裂被称为**脱落或剥落**（图 11.2）。在较高的围压下，对应的深度超过 1km 时，破裂作用导致颗粒破裂而使粒径更加均匀，这种机制称为**穿晶破裂**。一些人用术语"穿晶（transgranular）"替代术语"粒间（inter-granular）"，即横穿若干颗粒的破裂，所以当使用这几个术语的时候应特别注意。一旦发生破裂，颗粒将通过摩擦滑动及旋转发生重排，导致孔隙度降低。

非孔隙或低孔隙岩石中的颗粒形成裂缝时，可能在变形初期就已发生晶内破裂。随着越来越多破裂的形成，沿着这些破裂发生的摩擦滑动连同颗粒旋转分布的足够广泛时，我们用"碎裂流"这一术语来描述此类变形。从这一角度出发，岩石被压碎成为泥、角砾岩或碎裂岩（专栏 9.1）。一般情况下，低孔隙岩石中发生的碎裂作用包括膨胀及随着破裂的形成和张开而导致的渗透率的增加。地壳上部的几千米深度内以无内聚力的泥及角砾岩为主，而在约 3 ~ 5km 到 10 ~ 12km 的深度内有内聚力的角砾岩和碎裂岩更加常见。我们将在本章的剩余部分对晶体塑性变形机制进行讨论。

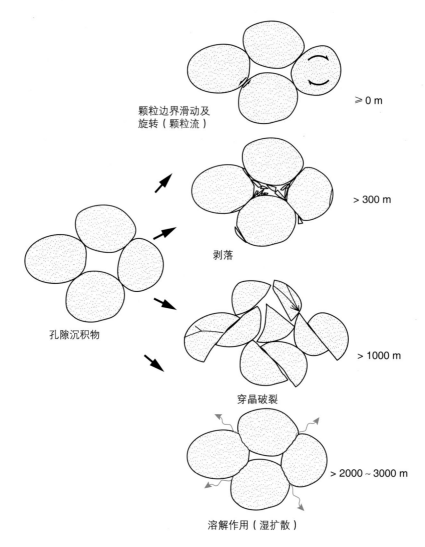

图 11.2　浅埋深部位的变形机制（图中所示埋深非常接近实际埋深）

## 11.4　机械双晶作用

即使在低温条件下，应力也会导致一些矿物的晶格发生弯曲。斜长石和方解石（图 11.3）是此类情况最为常见的实例。晶内弯曲结构是应变的表现，也称为**变形双晶**，而这一过程称为**机械双晶作用**。机械双晶作用不包括晶格的破坏，因此被认为是一种塑性变形机制。这一结构一定要与晶体生长（生长双晶）及冷却（转换双晶）过程中形成的双晶区分开来。由于变形双晶通常仅在一些常见的矿物中出现，因此较容易区分。一个易于区分的准则就是机械双晶趋向于逐渐尖灭，形成楔形夹层 [ 图 11.3（b）]。

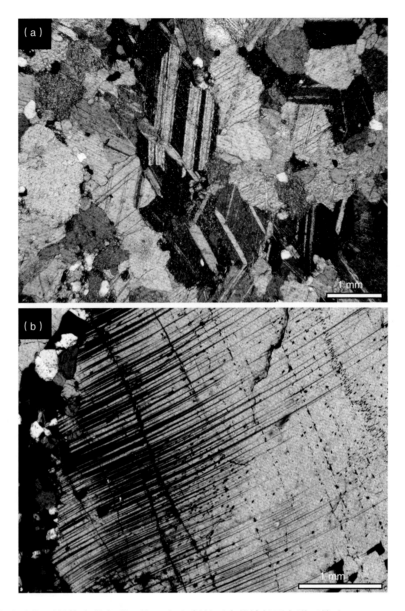

图 11.3 （a）方解石晶体中的变形双晶。（b）斜长石中的钠长石变形双晶（Carolina Cavalcante 摄）

方解石是由**双晶滑动**形成的变形双晶的一个类型。双晶滑动包括沿结晶面的简单剪切滑动，如图 11.4 所示。弯曲的部分和未弯曲的部分对于双晶面呈互为镜像关系。方解石双晶滑动发生在剪切压力值略高于临界值约 10MPa 的条件下，即所谓的 e-twins（最常见的几个方解石双晶系统之一）——该值与正应力、温度及应变率无关。这表明只要达到临界压力，方解石就可在地壳的任何深度下发生双晶变形，甚至可发生在地壳表面（为了达到实验目的可以人为干涉）。在低温（< 200℃）条件下形成的方解石双晶比在高温条件下形成的方解石双晶更薄并且更加的平直。在高温条件下，双晶的边界可以在**双晶边界迁移**作用下穿过未形成双晶的部分，最终可见略微不同的光学定向。

变形双晶面理想的取向是所受剪切应力最大的方向，从第 2 章可知是与 $\sigma_1$ 成 45° 的方向。利用发育良好双晶的滑移面取向和 $\sigma_1$ 之间的关系可以估计应力大小。方解石晶体中双晶部分的光学 $c$ 轴可以使用万用旋转台（U-stage）得到，或是用一种更精确的方式，即具有电子背散射衍射（EBSD）探测器的扫描电子显微镜（SEM）得到。这样，利用统计学，可以从对相同薄片的多次观察中，确定出 $\sigma_1$ 的大致方向。图 11.5 展示了这样一种简单的方法。

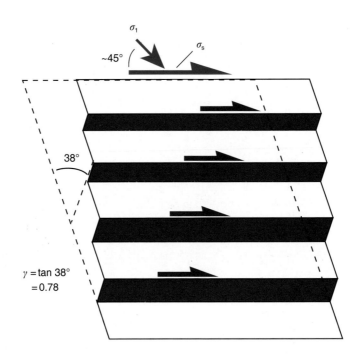

图 11.4　方解石晶体中的变形（滑动）双晶，在理想情况下应力与剪切（滑动）面成 45° 角，图中暗色层表示已经发生剪切（简单剪切）

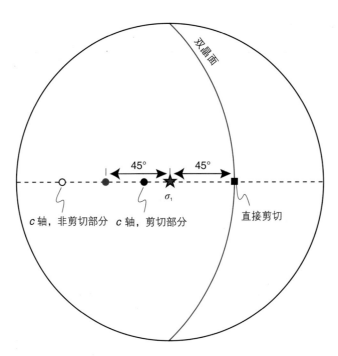

图 11.5　根据测出的双晶面、双晶的 $c$ 轴及未形成双晶面的方向找到 $\sigma_1$ 的方向

两个 $c$ 轴位于一个大圆上，同时该圆上还包括 $\sigma_1$ 和双晶面的极点（红色）。理想情况下其夹角是 45°。
当标上几个颗粒点后，$\sigma_1$ 的方向便可以通过统计得到

机械双晶只累积少量的剪切应变和较小的伸长百分比。剪切应变的大小与晶格中具有固定角度（方解石是 38°）的单一弯曲具有相关性，正是这个角度将双晶面转变成镜面。晶体中双晶部分的剪切应变为 tan38°，即 0.78。颗粒所累积的全部应变大约是晶体中双晶化值的一半。

方解石的机械双晶属于低应变低温下的塑性变形机制，并且存储了变形时期应力场的相关信息。

当双晶形成后，进一步的应变通过新的双晶的形成而累积。在方解石颗粒双晶聚集体中，不同的颗粒将会沿着晶体的晶体取向发生剪切。这些在与应变椭球体 $X$ 轴相关的优势方向形成的颗粒较其他颗粒更易发生剪切。据此，可以确定应变椭球体的方向。John Craddock 和 Ben van der Pluijm 在 1989 年所发表的研究报告，也许是在大范围内作出应力或小应变模式图的最典型的案例，其研究对象是阿巴拉契亚前陆地区碳酸盐岩的方解石双晶。阿巴拉契亚造山运动产生的应力分布可以从北美东海岸阿巴拉契亚逆冲带前缘直到北美大陆内部约 800km，或从活跃的早期古生界板块边缘直至大于 1200km 外。然而，方解石双晶在小尺度下也有应用，例如可用于应力和应变与褶皱层的映射关系的研究。

## 11.5　晶体缺陷

任何矿物的原子晶格，不论是否发生变形都包含大量晶体缺陷。也就是说晶体的能量储存在晶格中，缺陷越大，储存的能量越大。

存在两种主要类型的晶体缺陷。一种被称为是**点缺陷**（图 11.6），它代表了原子的空缺，或者杂质以外来原子的形式充填于晶体格子中。点缺陷令我们感兴趣的是它代表了原子的缺失。空缺的运动称为**扩散**（图 11.7 和图 11.8）。

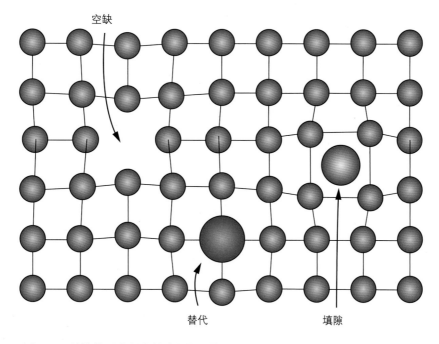

图 11.6　晶体格子中的点缺陷包括空缺（洞穴）、杂质的替代以及杂质的填隙

空缺代表了晶体塑性流动过程中最重要的点缺陷

---

### 专栏 11.1　位错的数量?

未变形的天然晶体中位错的密度大约是 $10^6/cm^2$。变形颗粒中位错的密度较未变形颗粒高几个数量级（增加一个数量级意味着增加 10 倍）。

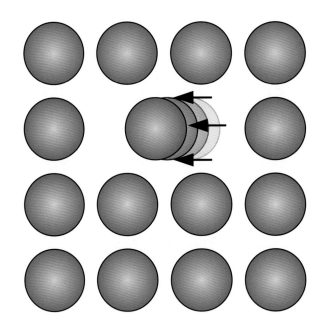

图 11.7    空缺通过原子晶格的运动称为扩散（空缺通过被相邻的原子填充而发生空缺移动）

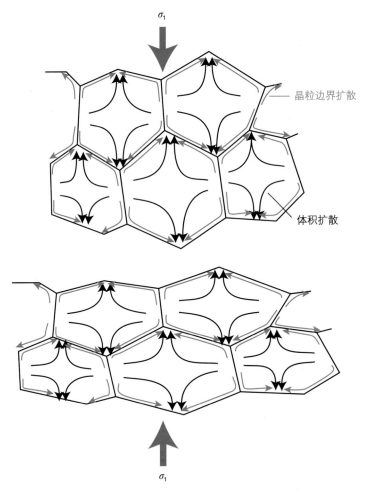

图 11.8    矿物内的扩散可借助体积扩散发生在晶粒中，或者可沿着晶粒边界借助晶粒边界扩散。这两种情况下空缺都向高应力部位移动以便矿物可随时间累积应变。注意，其中的原子以相反方向运动

**专栏 11.2　变形机制图**

　　各种物理条件下，变形矿物的变形机制可以借助变形机制图表达。下图为压力—温度图，其中虚线代表了不同的应变率下温压的关系。变形机制图反映了每种变形机制控制的范围。这类图一部分依据于外推至地质真实应变率和温度的实验数据，一定程度上也依据于理论解释。下图（Rutter，1976）展示的实例对应的是石英，真实的自然应变率为黄色区域所示（$10^{-12} \sim 10^{-15} s^{-1}$）。请注意这张图和类似的图都受限于许多不确定因素和有限的数据。

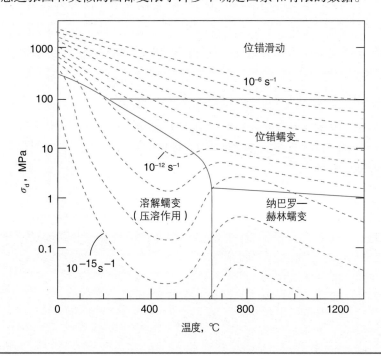

　　另一种类型为**线缺陷**，通常称为**位错**。位错是一种流动的线缺陷，通过**滑动**机制可导致晶内变形。滑动反映了位错在平面内的移动。滑移面通常是晶体中具原子密度最高的平面。还存在一些被称为**面缺陷**的构造，包括晶粒边界、亚晶粒边界和双晶面等构造。这种类型将在第 11 章第 5 节作详细介绍。

　　当晶体发生塑性变形时，位错密度增加。变形增加了晶体的能量，高密度的缺陷说明晶体处于高能量状态，而低能量状态更加稳定，因此热力驱使可导致晶体缺陷数量的降低。位错这类晶体缺陷的发育和减少是由原子晶格内缺陷的运动而产生。此运动并非"不痛不痒"，移动位错需要能量，该运动发生在晶体面上或沿着位错运动所需能量最低的方向进行。

**扩散蠕变**

　　晶格内空缺的移动（图 11.7）称为**扩散传递**，通常简称为**扩散**或**扩散蠕变**。通过整个晶体的空缺扩散称为**体积扩散**或**纳巴罗—赫林蠕变**（图 11.8）。这一运动的速率较低，可能为每百万年几厘米。然而，在一些时刻，空缺可能到达晶界并消失。由于空缺向着最大应力处移动，导致晶体发生结构重置或应变。这一过程晶体将规律化并且变成更完美的晶体。体积扩散需要大量的能量，因此空缺移动速率主要取决于温度：高温使原子产生强烈的震动以增加速率。因此，体积扩散主要发生在地壳深部、地幔处以及地壳中部温度足够高的部位。

其他情况下，空缺移动优先沿着晶粒边界移动。这种类型的扩散称为**晶粒边界扩散**或**科布尔蠕变**。科布尔蠕变比纳巴罗—赫林蠕变（体积扩散）所需能量要小，因而在塑性地壳变形过程中，科布尔蠕变更加重要。在这两种扩散类型中，矿物颗粒的形状都发生了变化，随着时间的推移，这一变化可以增加在野外露头或者手样本中可观测的介观应变。很有趣的是，晶粒尺寸的大小至关重要，尤其对于纳巴罗—赫林蠕变（体积扩散）较为重要：晶粒越小，应变率越高。

**压溶作用**（或溶解作用）是另一种重要的扩散过程。无论在几何学或是数学上都与科布尔蠕变相似。然而，压溶作用条件下，扩散沿着颗粒边界的流体薄膜发生。因此，比压溶作用更好的术语是**湿扩散**。湿扩散在很低的温度（甚至成岩作用）条件下就可以发生。这种扩散条件下，矿物发生溶解，离子随着流体一起被带至其他地方沉淀。这一机制主要受化学作用控制，同时也受应力的影响。应力高的部位尤其是垂直于最大主应力 $\sigma_1$ 的面，溶解速度更快，而沉淀更容易发生在与最小主应力 $\sigma_3$ 高角度相交的面。在多孔隙砂岩中，应力集中促进了颗粒接触处的湿扩散（图7.33）。

沉淀也可以发生在岩石的不同部分，还可以发生在不同的岩层或单元中。发生湿扩散的岩石经历了体积的减小，湿扩散是**化学压实**的主要机制，例如正在经历岩化作用的砂岩。石英砂岩湿溶解发生的温度在约90℃以上（图11.9）。这一机制减小了砂岩的孔隙空间，不仅增加了砂岩的强度和内聚力，同时也降低了碎屑储集砂岩的孔隙度和渗透率。灰岩中湿扩散也较为普遍，压溶作用缝合处称为**构造缝合线**。

图 11.9　努比亚砂岩（Sinai）中颗粒接触处发生的压溶作用（需同时注意晶内破裂）

体积扩散：空缺通过整个晶体发生移动（温度和应力控制）；

晶界扩散：空缺沿着晶粒边界移动（温度和应力控制）；

压溶作用：离子在流体薄膜和孔隙流体中移动（化学和应力控制）。

当扩散的速度足够快直至可以通过颗粒间的相互滑动调节颗粒的形状时，**晶界滑动**就可以通过干或湿扩散在高温条件下发生。与脆性机制中的摩擦滑动相比，沿着晶界的扩散滑动在变形过程中无摩擦且没有空隙。该变形机制以低差异应力下的快速应变为特征，发生于地幔及地壳深部的细粒岩石中，典型的前一阶段是通过动态重结晶颗粒粒度减小（位错蠕变）。

由于距离晶界近（扩散路径短），因此粒度小的颗粒更易发生扩散。

通过扩散驱使晶界滑动变形的岩石通常是细粒的，并且在没有形成任何适应性的颗粒边界结构情况下可以吸收较大的应变。这种类型的变形有时也被称作**超塑性蠕变**或**超塑性**，它主要受控于晶界滑动和细粒颗粒。

## 位错和位错蠕变

位错是一种流动性线缺陷，它通过**滑动**机制导致晶内变形。滑动是指位错前缘在**滑移面**内的运动，如图 11.10 所示，不能与脆性变形和断层滑动有关的摩擦滑动相混淆。滑移面是受原子结构控制的相对较弱的晶体取向，通常是晶体内原子密度最大的面。滑动矢量（Burgers 矢量）与一个特定滑移面一起构成一个滑移系。矿物存在一个或多个（通常情况下）这样的容易发生滑动的面，且可以随温度及应力状态的变化而被激活。例如，云母只有一个滑移面，而石英有四个。差应力的大小及应力场相对于滑移面的方向决定滑移系的活动与否，并且任何一个滑移系所受的临界剪切应力必须足够大才能被激活。

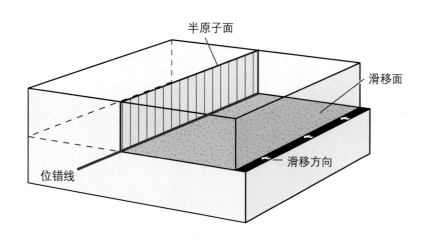

图 11.10　方框图解展示位错线、滑移面、半原子面和滑移方向（据 Hobbs 等，1976）

可与图 11.11 和图 11.12 对比

大多数矿物有多个在某个临界剪应力下会被激发的滑移系，临界应力值与温度高度相关。

温度是最重要的一项外界影响因素，它决定滑移系被激发时的临界剪应力大小。石英的滑移面之一是基准面（垂直于晶体的 $c$ 轴），活跃于低的变质级别（300 ～ 400℃）。石英基准面的滑动形成了石英 $c$ 轴的明显优势方向，通过在垂直于 $c$ 轴方向进行光性测量（$c$ 轴方向与石英的光轴相吻合）可以反映变形机制与变形的运动学格架。而对于高剪切应变，石英的 $c$ 轴与页理方向呈高角度相交。

位错运动太小而导致无法在微光显微镜下观察到的情况下，可以根据透射电子显微镜（TEM）（图 11.11）识别。研究观察发现存在两种不同类型的位错。最简单的是**刃位错**，它是晶格中半原子面的边缘 [图 11.12（a）]。图 11.12（a）所画的线就是刃位错，它在水平面（即滑移面）上移动。位错线或者额外半空间的端部垂直于其滑移方向。

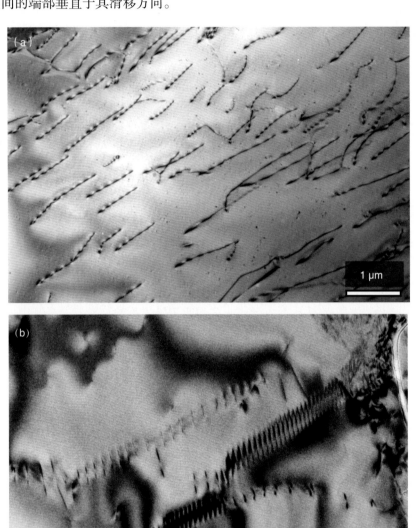

图 11.11　糜棱岩化（剪切）石英岩脉的电子显微镜（TEM）位错照片

在（a）中，可见到体现位错（DL）的近平行线状构造，这反映了只在石英中出现的沿晶体滑移面滑动的特殊情况，更多信息见 Morales 等（2011）的文献。（b）变形的 Carrara 大理石的电子显微镜（TEM）照片，位错汇合到一起形成位错墙，定义了亚晶界（SB）。图片由 Luiz Morales 拍摄

　　另一种类型是**螺位错**，位错线平行于滑移方向。在图 11.12（b）中滑移面是垂直的面。螺位错就像撕开的纸。因此，两种类型的位错穿过晶体的运动有一些不同，它们可以联合起来形成包含两种位错类型的复合位错。

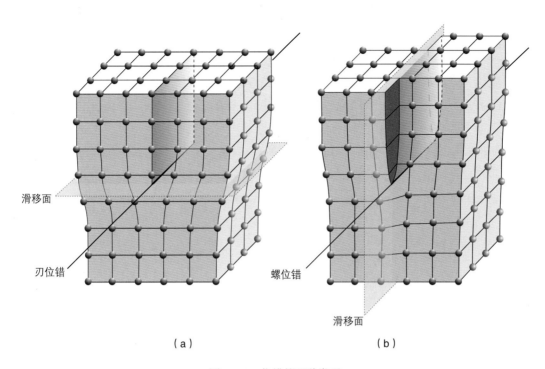

图 11.12　位错的两种类型

刃位错（左）发生在半原子面错断晶体格子处，而螺位错（右）则与晶体格子的扭曲有关

位错蠕变包括晶体中位错的形成、运动和破坏过程。在位错蠕变过程中只有线缺陷周围一小部分在任何情况下都会发生变形。刃位错移动的过程称为位错滑动，如图 11.13 所示。最终位错滑动穿过晶体，破裂形成。这与整个颗粒被瞬间切开形成脆性微破裂不同。

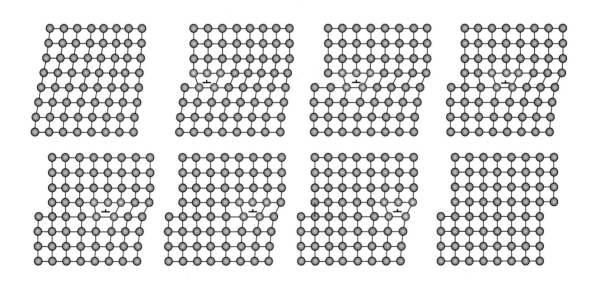

图 11.13　穿过晶格的刃位错的形成和运动

当沿着位错线（与页面垂直）的键同时被破坏时，该运动和履带运动相类似。因此，位错移动所消耗的能量可以保持在很低的水平。而整个晶体瞬间的破裂则需要更高的能量

位错蠕变可使变形发生所需的差异应力大大低于发生脆性变形所需的差异应力。这就是为什么位错蠕变活跃时岩石不发生破裂，同时也是当进入脆塑性转变阶段地壳强度降低的原因（见专栏 11.3）。

## 专栏 11.3　流体公式

应用流体公式可以估算岩石圈的强度。流体公式和实验数据表明在塑性变形机制内随着温度和压力的升高地壳强度变弱。同时，我们已知塑性变形有温度限制。在更低的温度下，摩擦滑动控制了地壳的强度，这意味着上部地壳的强度受控于形成破裂或使破裂再活动所需应力的大小。这个机制可以由第7章的贝尔利准则所描述。因此我们可以结合贝尔利准则和流体公式获取整个地壳强度的真实模型。贝尔利准则和适合的塑性流体公式的交点表示脆塑性过渡（又见图6.18）。实际上，交点不是尖锐的，而是逐渐过渡的。

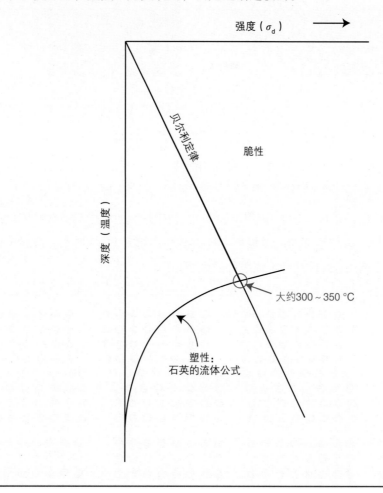

脆性破裂和位错运动导致的变形的另一个重要区别是位错不留痕迹：

位错移动不会破坏或弱化矿物。

一旦位错滑穿晶体，晶体的这个特别缺陷则会完全愈合。在已经形成裂缝的部位本该发育一些软弱点，但由于位错滑穿晶体，缺陷消失且不形成软弱点。因此位错移动不会降低晶体内部强度。

当晶体产生应变时，位错密度增加。因此我们称此能量为**应变能**，也可以说是差异应力导致位错在晶界形成，并且这些位错将会穿过晶体。因此差异应力增加了晶体的能量：

高密度的缺陷反映了晶体处于高能量状态。

低能量状态更加稳定，因此热力学驱动可降低晶体缺陷的数量。缺陷滑动通过原子晶格需要能量。因此该运动发生在晶体面上，并朝着位错移动所需能量最低的方向进行。

滑动的位错在穿过晶体的过程中可能会遇到插入、替换或其他位错。如果这个位错能量太小不能绕过障碍，它将会被卡住。**位错塞积**由多重位错卷入和累积形成。绕过障碍需要位错通过**交叉滑移**改变滑移面。这个位错可能是螺位错，但是刃位错也可"跳"到另一个滑移面，该过程称为**攀移**。攀移和交叉滑移需要能量，本文中能量即为温度。作为一个经验法则，石英发生攀移和交叉滑移的温度大于300℃，而长石则大于500℃。低于这个温度，很难发生位错移动，并且很快使晶体脱离塑性阶段而进入摩擦或脆性机制。一般而言：

位错滑动在温度太低而不能发生体积扩散以及不够湿润而不能发生湿扩散处是最主要的滑动方式。

**流体定律**

位错移动不仅取决于温度（$T'$），也取决于差异应力（$\sigma_d$）及活化能（$E^*$）。根据流体公式可知以上三个变量与应变率（$\dot{e}$）有关。由于该公式中将应力与应变率相关联，因此该公式是一个与变形机制有关的基本方程。

流体公式将应力与应变相关联，并取决于主要变形机制，而变形机制又取决于矿物和温度。

对于位错滑动，即发生位错的温度太低而不能越过晶格障碍，则该公式为：

$$\dot{e} = A\exp(\sigma_d)\exp(-E^*/RT) \tag{11.1}$$

式中，$A$ 为取决于材料常量的经验数值；$R$ 为气体常数；$T$ 为以 K（开氏温度）为单位的温度。在更高温度条件下，主要发生位错蠕变，此时公式为：

$$\dot{e} = A(\sigma_d)^n\exp(-E^*/RT) \tag{11.2}$$

值得注意的是，应力是这个公式的主变量。差异应力升高到能量和位错蠕变的 $n$ 倍，位错既可滑动又可发生攀移，因此称为**幂次律蠕变**。幂次律蠕变的典型 $n$ 值一般介于 3 到 5 之间。这是应用最广泛的流体公式，应用于地壳甚至是地幔地质背景下。

当温度很高（或颗粒粒径很小）时，对于扩散作用，应用的流体公式为：

$$\dot{e} = A(\sigma_d)\exp(-E^*/RT) \tag{11.3}$$

这个公式等效于位错蠕变的公式 [式（11.2）]，$n=1$。这反映了应变率与应力之间的线性关系，是完全（牛顿）黏性变形的典型特征。

## 11.6 从原子尺度到微观结构

原子级的变形结构，如位错，只能借助电子显微镜将其放大 10000 ~ 100000 倍进行研究。然而，这些结构的影响和相关机制可以在光学显微镜下观察到。这些结构被称作**微观结构**，可以携带关于变

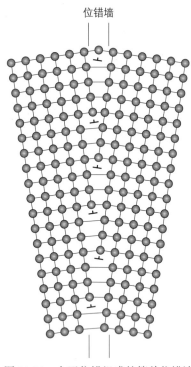

位错墙

图 11.14  由刃位错组成的简单位错墙
位错墙将晶体分成晶格取向略微不同的两
部分，如相邻亚晶粒之间的边界

形时期的温度、应力状态及流变性质等信息。在光学显微镜下可以观察到显微结构和显微构造，如复原和重结晶。然而，请牢记其控制机制也是上述所讨论的原子级机制。

## 复原

通过将位错移动到颗粒边界或将其在颗粒中聚集成带，位错蠕变过程降低了矿物晶粒的内部能量。位错可以形成**位错墙**[图 11.11（b）和图 11.14]。如果位错足够充分，则位错墙在薄片中可见，使其可见的原因是沿着位错墙晶体方向的变化。对于石英等矿物，位错墙两侧显示略微不同的消光角。因此矿物颗粒中的位错墙以**波状消光**为特征。早期阶段中，此类位错墙宽且分散，而这种晶格取向略微不同的部分之间发生的分散有时被称为变形带。这种变形带与变形砂岩（第 7 章）中介观尺度的变形带毫无关系，因此除非从上下文中可以明确区分，该名词应该用于指孔隙性岩石中露头规模的应变不连续。随着应变的积累，位错进一步迁移成为**亚晶界**，限定出位错小甚至没有位错的小型补丁网络，这就是**亚晶粒形成**。**亚晶粒**是与相邻的亚晶粒及母岩颗粒呈小角度（通常小于 5°）的矿物颗粒多边形补丁。亚晶粒的形成（图 11.15 和图 11.16）是这个过程的晚期阶段，被称作**恢复**，变形晶粒可通过移动或位错重排来降低其储存的能量。

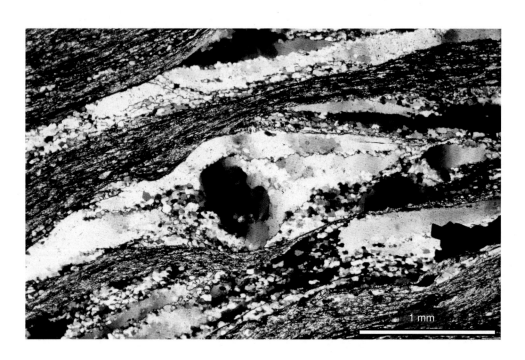

1 mm

图 11.15  石英中的亚晶粒和变形带
一个较大晶粒正在崩解，形成一个带有亚晶粒和新晶粒（核—幔结构）的地幔石英遗迹核。
图来源于斯堪的纳维亚加里东造山带处剪切千枚岩中的石英带

图 11.16  较大石英颗粒尾部亚晶粒的演化

注意亚晶粒因旋转而不能与母岩颗粒对齐形成的模糊影子。图片来自南极洲 Heimefrontfjella

复原包括使位错移动、抵消以及形成位错墙的全过程，使原始晶粒分为具有略微不同晶体取向的多个部分。

## 重结晶

如果恢复作用持续导致仍存在于亚晶粒中的位错被驱除，晶粒将会变成不具或较少波状消光的无应变状态，则此时矿物已经发生重结晶。由亚晶粒旋转直至形成一个分开的颗粒（根据定义，与相邻的颗粒所成的角度超过 10° ）的重结晶类型被称作**亚晶粒旋转重结晶**［图 11.17（a）］。亚晶粒旋转需要位错可以自由移动及相对自由地攀移，这个过程易在高温下发生，被称作攀移位错蠕变。

矿物也可以通过晶界移动重结晶，这个过程称作**晶界迁移重结晶**或**迁移重结晶**。一般来讲，晶界迁移受差异应变能量所驱动，高位错密度的晶粒较相邻的无应变（无位错）的晶粒具有更高的能量。沿着两个晶粒之间的边界，较大应变的晶粒中的原子发生轻微的移动至无应变晶粒的晶格内部。从这个层义上来说，一个晶界迁移进入具有较高位错密度的晶粒中。仅在高温变形（> 500 ~ 600℃）中，晶界的迁移是重结晶的主要机制。在这样的高温条件下，晶界可以较自由地移动，且可以扫过所有晶粒并形成与原始尺寸相近的晶粒大小，即没有晶粒尺寸大小的变化。在具有不同粒径的晶粒中形成高度弯曲的晶粒边界是较为典型的现象（图 11.18）。

如图 11.17（b）所示的这一过程的低温变体，称为**膨胀凸起**。膨胀凸起包括颗粒边界更小型伸展中的更局部化迁移，并且可能会形成新的、远小于主颗粒的颗粒。这幅图也描述了较大的应变颗粒中，新的无应变颗粒的成核作用。两种类型的边界迁移速度都受控于温度和位错密度的差异。对于温度，膨胀凸起一般在低温形成，而随温度增加后更易发生亚晶粒旋转，直至在高温下颗粒边界迁移占据主导地位。

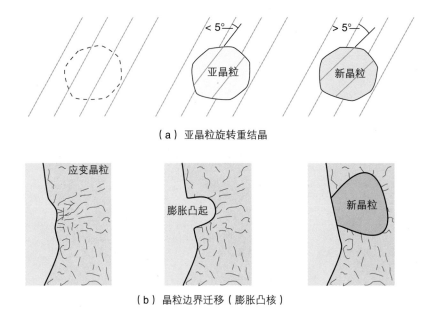

（a）亚晶粒旋转重结晶

（b）晶粒边界迁移（膨胀凸核）

图 11.17 （a）通过亚晶粒旋转重结晶；（b）由晶界移动迁移至进入应变更大的晶粒
（具有更大的位错）而形成的膨胀凸起

图 11.18 强烈弯曲的晶界，代表晶界迁移

此外，亚晶粒在大颗粒中可见，呈现为阴影，表明亚晶粒的旋转是另外一种重结晶机制。红色箭头指向强烈弯曲的晶界。
SG 代表亚晶粒

在许多情况下，地壳中的重结晶被看作是颗粒边界迁移和亚晶粒旋转的组合。重结晶颗粒趋向于形成较相关亚晶粒更大的颗粒，在许多情况下，颗粒边界更加平直。

重结晶就是发生应变和位错较多的颗粒被不具或较少位错的无应变颗粒所替代的过程。

正在变形（在差异应力作用下）的岩石中发生的重结晶称为**动态重结晶**（图 11.19）。已经停止变形的岩石中也可以发生重结晶，该过程称为**静态重结晶**或**退火**。静态重结晶更易形成较大、较均匀的晶粒，一般形成多边形晶粒（图 11.20）。经历动态重结晶的晶粒在构造应力作用下，发生持续重结晶过程。当在显微镜下看见**波状消光**时，晶粒中就形成了新的位错。此外，动态重结晶的晶粒将沿剪切作用的优势方向产生应变。在动态重结晶过程中，总是存在塑性变形机制的持续变形与受温度所促进的通过重结晶而产生的恢复作用之间的博弈。温度越高，重结晶速度越快。

位错的累积被重结晶所抵消，这个过程涉及晶界的形成和迁移。

重结晶岩石的特征之一就是受无重结晶矿物的**阻塞**效应，例如石英岩中小的云母颗粒或富含石英的糜棱岩。这些矿物阻碍晶界迁移因此导致重结晶岩石粒径更小或不规则。

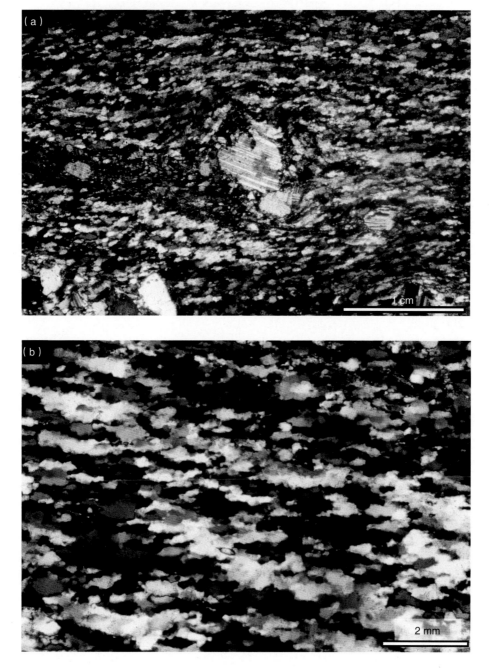

图 11.19　绿片岩相剪切带中的动态重结晶

由于新生晶粒仅经历了非共轴变形的最后一部分，因此与主轴斜交；（a）图中心的晶粒为长石斑晶，（b）图是（a）图局部的放大图

图 11.20　高温混合岩中的重结晶石英—长石聚集体（静态重结晶的多边形纹理特征）

图片来自巴西 Ribera 带，Caroline Cavalcante 拍摄

## 晶体学优选取向（CPO）

在变形期间的不同变形过程和机制可赋予成岩矿物优选的晶体排布方向，这种晶体优选取向（CPO）或晶格优选取向（LPO，同义术语）可能影响地壳和地幔中变形岩石的弱化过程和变形局部化，因此具有小规模和大规模流变影响。对于板状或细长的矿物，CPO 可能较为明显。例如，云母晶粒通常平行排布，这限定了板岩和千枚岩的构造解理，并且有助于片理形成。由于云母通常以其基准面平行于解理／片理的方向排布，因此在这些岩石中观察到由其 [001] 轴（垂直于基准面）表示的强 CPO。这是因为云母很容易沿其解理面滑动，而解理面是原子尺度上非常弱的晶体。因此，基准面是云母晶格中的滑移面。

对于许多非层状硅酸盐矿物，如石英、长石、方解石或橄榄石，CPO 的检测和理解实非易事。我们可以通过偏光显微镜中插入石膏板的方法，便可显示出强 CPO 处的单色优势。在以前的研究中，通常将万用旋转台（U-stage）安装在光学显微镜上，以找到例如石英的光学 $c$ 轴的方向。此外，诸如 X 射线或中子衍射纹理测角仪的体积方法来测量岩石中的晶体取向的方法也曾应用于研究当中。而目前最常用的方法是电子背散射衍射（EBSD），这是一种基于 SEM 的技术，用于测量晶体取向（见专栏11.4）。在其他条件下，变形岩石中也发育多种 CPO 模式，这取决于矿物及其滑移系统、温度、有限应变、共轴度（$W_k$）、差异应力以及 CPO 发育过程中可能发生的重结晶过程等因素。此外，在任何给定的变形阶段之前，岩石和矿物很少具有完全随机的晶体取向。

CPO 模式是晶体塑性变形过程中矿物晶粒结晶取向变化的结果。石英、长石、辉石、角闪石和方解石等矿物主要通过位错蠕变而变形，而只有较少情况是通过双晶变形。因此产生的 CPO 模式是由于晶体内滑移而形成。云母在某种意义上情况较为简单，即滑动仅发生在一个平面（基底或（001）平面）中，并且发生在该平面中的结晶方向上（例如 [100] 方向）。滑移面和滑移方向一起构成滑移系统。由一个滑移面和一个滑移方向形成的滑移系统由其平面（小括号内）和滑移方向 [ 中括号内 ] 表示，因此云母中滑移系统的名称是（001）[100]。当对称滑移面和对称滑移方向构成给定滑移系统时，符号不同，其中在大括号 {} 之间给出对称滑移面，而在尖括号 <> 之间给出对称滑移方向。例如在石英中，由于石英是一种三角矿物，{0$\bar{1}$10} <2$\bar{1}\bar{1}$0> 棱柱滑移系统代表三个对称棱柱平面（0$\bar{1}$10），

（10$\bar{1}$0）和（$\bar{1}$100）以及三个对称滑动方向 [2$\bar{1}$$\bar{1}$0], [$\bar{1}$2$\bar{1}$0] 和 [$\bar{1}$$\bar{1}$20]。在文献中，一些滑移系统也可以表示为字母，代表某些晶体形式，例如对于上述例子中的石英，{m}<a> 用于棱柱 <a> 滑动，或（c）<a> 用于基准面 <a> 滑移（见上例）。滑移面是晶格中的弱平面，位错会优先沿着这些面移动（位错滑移，图 11.10，图 11.12 和图 11.13），并且滑移仅在特定的晶体学方向上发生。在变形矿物集合体中，通过五次滑动系统来保持其完美的内聚力。而也有少量的滑移系统会通常保持活跃，并且由此产生的空间问题通过低温背景下的微裂缝、扭结和双晶，以及高温背景下的动态重结晶和晶界滑动来解决。

## 专栏 11.4　电子背散射衍射技术

　　EBSD（电子背散射衍射）技术使用扫描电子显微镜（SEM）来提供关于定向抛光薄片中所有矿物颗粒的晶体取向的信息，通常测量的晶粒数量有数百至数千个。所得到的数据为包含结

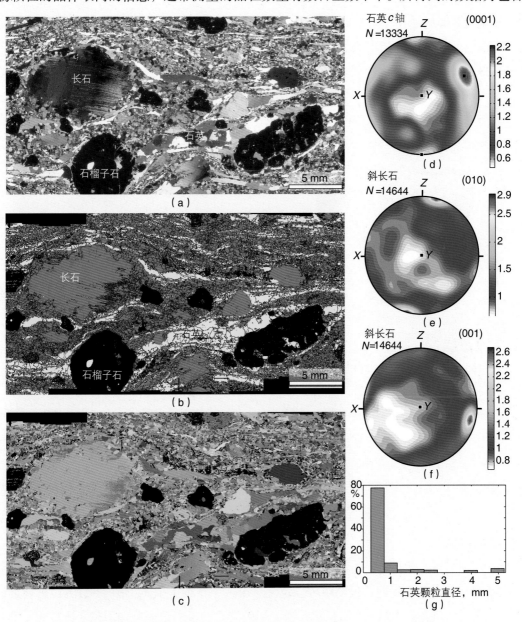

巴西高温剪切带的薄片截面的 EBSD 信息示例，由 Carolina Cavalcante 提供。

晶取向、矿物类型或组成、粒度分布、晶界、错误取向等信息的各类图像，其背后的理论需要更深入的解释，这超出了本书的范畴，因此仅在下面放出一个 EBSD 薄片分析的例子。这里，薄片图像（a）与矿物学图像（b）对应，其中红色代表长石，黄色代表石英，黑色代表石榴子石。此外，颗粒的晶体取向通过类似图（c）上的不同颜色显示。为此，使用欧拉角并进行颜色编码（未示出细节），给出了显示一些选定结晶轴取向的等面积投影，特别是石英 $c$ 轴分布（d）和两个长石晶轴 [（010）和（001），（e）和（f）]。此外还给出了石英的粒度直方图（g）。该示例来自巴西 Riberia 带的高温剪切带，并呈现典型的高温变形模式。EBSD 技术使我们能够在相对短的时间内获得大量的微观结构信息，而在几十年前想要获取这些信息则非常耗时。

矿物可以有多个滑移系统，但它们可能不会全部被激活。首先，在滑移面上存在最小临界剪切应力分量，必须克服该应力分量才能在该滑移面中发生位错。因此，每个滑移系统都有自己的强度，与晶格和键相关。剪切应力分量取决于外部应力场相对于滑移面的大小和方向。因此，在由具有不同取向的晶粒组成的单矿物聚集体变形期间，特定的滑移系统将仅在优势取向的晶粒中被激活；但是，几个滑移系统可能同时运行。例如，图 11.21 的下部所示为石英中的四个滑移系统，并且菱形 <a>、基准面 <a> 和棱柱 <a> 滑动的同时发生的证据较为常见；而哪一个起主导作用取决于温度、应变条件与同时变形、恢复过程，并且不同的系统导致晶体的不同旋转，也因此导致不同的 CPO 模式。

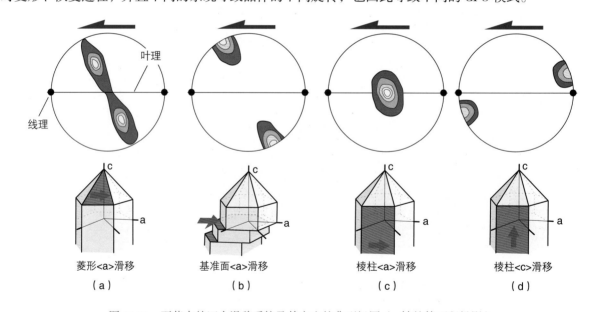

图 11.21　石英中的四个滑移系统及其产生的典型极图（$c$ 轴的等面积投影）

注意图中叶理的方向（垂直和 E—W 走向）和线理（水平和 E—W 倾向）。在该图的下部，是滑移系统相对于晶面和晶轴的对应示意图

## CPO 数据的呈现

CPO 可以通过在等面积图中将晶轴投在极图上来呈现，通常一个轴的取向对应一个点（图 11.21）。极图通常为等值线图，极图中可以定义单个或多个最大值点（图 11.21），呈现裂缝环带或交叉环带（图 11.22 和图 11.23）。由位错蠕变变形的岩石的极图数据反映了在变形过程中活跃的滑移

系统，尤其是最后部分的滑动系统，因为早期的特征随着应变的累积而逐渐被消除。在极图中，CPO 绘制于外部参考系内。在变形岩石的前提下，宏观定义的组构和构造是重要的参考元素，并且按标准程序将叶理画成垂直 E-W 平面，并将线理画成 E-W 水平线（这也提示我们在这种分析中需要定向的样品）。因此，我们参照由垂直（E-W）叶理和水平 E-W 倾向线理定义的参考系，将球形数据定向。需要注意的是，还有其他较为复杂的绘制 CPO 的方法，这里不再讨论。我们接下来将介绍一些可用于解释塑性变形过程中的运动学、应变和温度条件的一般模式，重点以石英为例。

石英可能是 CPO 分析中最受关注的矿物，尽管仍尚未对其有全面的认知。它通常呈现岩石中的 c 轴分布，其球形投影（极图）可以反映应变几何形状（应变椭球的形状）或剪切方向。共轴应变通常产生相对于叶理对称的极图，而不对称极图往往与通过非共轴变形（如简单剪切变形）的岩石相关联（图 11.22）。因此，非对称极图不仅表明非共轴变形，而且表明剪切方向 [ 图 11.22（b）]，特别是与独立运动学准则一起使用时（见第 16 章）。

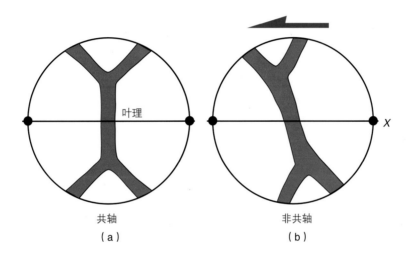

图 11.22　典型的共轴（a）和非共轴（b）极图（交叉环带），用于石英的相对低温变形。共轴图相对于叶理对称，而非共轴图不对称。X 表示线理（水平方向）

极图取决于应变几何学，由 Flinn 图中的位置所表示。石英的数值模拟表明，不同类型的环带形成了不同类型的收缩和扁平应变，这些模式（如图 11.23 所示）在一定程度上可以用于指导对例如富含石英的石英糜棱岩的应变几何学的定性评价。图 11.23 还显示了极图随着应变的增加而变化。

图 11.24 清楚地证明了这种效应，其中 Renée Heilbronner 和 Jan Tullis（2006）在 900℃ 的温度和 1.5 GPa 压力下，针对不同的剪切应变在变形台中剪切了没有原始 CPO 的石英岩样品。相对较高的温度补偿了约 $2 \times 10^{-5} s^{-1}$ 的剪切应变率，这远高于天然塑性变形速率。因此，所得到的组构与接近 500℃ 的自然变形有关。

Heilbronner 和 Tullis 发现，极图随着应变的增加而变化，稳定或稳态模式只能在相当高的应变和完全重结晶（$\gamma \geq 8$）后才能发育。由图 11.21 中的滑动系统与极图之间的关系，可以看出从图 11.24（b）中宽边缘最大值的基面 <a> 的滑移，过渡到通过倾斜的环带（共有两个最大值，表示菱形 <a>）的滑移，再变为到带有棱镜的中心最大特征的环带 <a> 的滑移；它们将这种变化与岩石重结晶的方式联系起来。通过晶界迁移的重结晶影响变形岩石中发生的变化。通常晶粒尺寸减小，晶粒的取向发生变化，更有优势取向的晶粒的晶畴比其他膨胀更快，尤其是晶界迁移作用下。因此，主导机制可以随着应变的积累而改变。

主导滑移系统可以随着应变的增加而变化，从而导致极图发生变化。

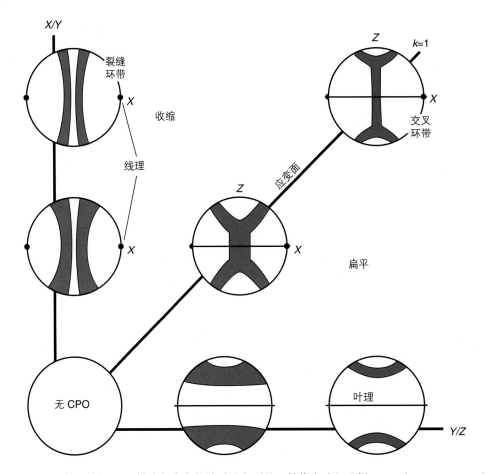

图 11.23　石英 $c$ 轴的 CPO 模式与应变的关系（主要基于数值实验）（据 Lister 和 Hobbs，1980）

注意叶理和线理的方向（$X$）

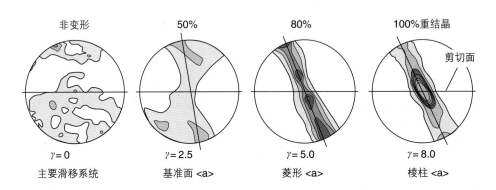

图 11.24　实验室简单剪切变形中不同阶段石英 $c$ 轴取向的球面投影（上半球）图

（据 Heilbronner 和 Tullis，2006，有修改）

原岩是未变形的石英岩（Black Hills 石英岩），极图逐渐发展成一个与叶理斜交的环带（带），最终在中心形成最大值

温度是滑移系统活化的一个重要因素。对于石英，在塑性状态下，基准面和菱形 <a> 滑动在低温下相对容易活化，与在此类条件下产生的环带所反映一致 [ 图 11.25（a），图 11.25（b）]。在较高的温度下，棱镜 <a> 更容易激活，产生最大中心点 [ 图 11.25（c）]。在非常高的温度下，棱镜 [c] 系统最容易激活，极图变为图 11.25（d）所示。因此，尽管诸如应变大小、应变路径、应变率、流体的存在

和预先存在的 CPO 等因素通常对大多数矿物中观察到的最终 CPO 具有较大影响，但极图依然承载着变形期间的温度信息。总的来说，值得注意的是，为了理解和利用 CPO 数据中包含的信息，必须对晶体学、矿物学及构造地质学知识进行深入了解。在本章中，我们只划分了大型构造的大型表面，其中还有许多仍尚待探索的地方。

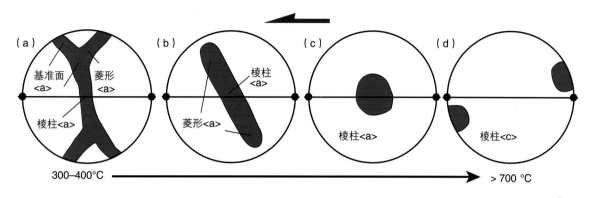

图 11.25　不同温度范围的特征石英 c 轴极图

如图所示，在不同温度下，不同的滑移系统分别活化（另请参见图 11.21 中每个被分开的滑移系统）

## 应力与粒径

重结晶受颗粒边界的差异位错密度驱动，即重结晶又受控于差异应力。由此可见变形岩石中的位错密度揭示变形时期差异应力的有关信息。因此，亚晶粒和动态重结晶晶粒的粒径与变形时期的差异应力有关。

通过粒径估测动态重结晶岩石古应力的工具称为**古应力计**（"压力"源自古希腊语中的"piezo"）。通常情况下，平均粒径会随着差异应力及应变率的增加而降低。温度因素也值得考虑：低温与高应力相对应，且由图 11.26 可知，其粒径会更小。这与观察到的绿片岩相糜棱岩粒径较角闪

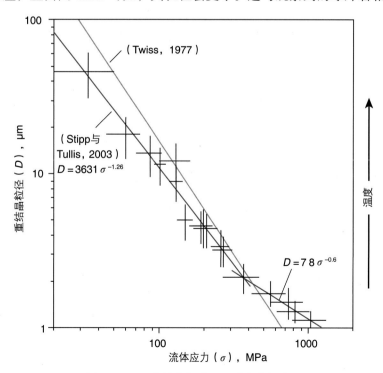

图 11.26　石英的粒径关于差异应力标绘图

Stipp 和 Tullis（2003）通过实验导出的数据用最适合的两条曲线展示出来，与 Twiss（1977）理论的估测曲线作对比

岩相糜棱岩粒径更小的现象相一致。自然变形岩石的估测应力值介于高温糜棱岩的几兆帕和低温糜棱岩的 100MPa 之间（例如糜棱岩形成接近于脆塑性转换阶段）。

　　该方法基于变形稳定的假设。本文中是指亚晶粒及重结晶颗粒的平均粒径恒定，与持续的变形无关。如图 11.26 中不同曲线所示，使用此方法存在较大不确定性。平均粒径的确定也具有不可靠性，不同类型的重结晶机制具有不同的应力—粒径相关关系，同时还需要考虑流体的影响。而矿物的静态（构造期后）生长干扰动态重结晶结构是另一个误差来源。然而，这是我们现今所知道的在地壳中部及深部定量应力的唯一方法。

## 本章小结

　　微观结构的塑性变形是在手样品、露头、图件及剖面图上可以观察到的所有塑性变形结构的基础。褶皱、塑性剪切带、糜棱岩带及相似构造都是位错蠕变及扩散的结果。牢记这些知识点后，下一章我们会继续讨论这些构造现象，首先浏览一下这些总结点并确保可以回答下方的复习问题：

- 脆性变形机制包括摩擦滑动、晶格破裂和原子键的断裂。塑性变形是可恢复的并且没有裂痕形成。

- 塑性变形可通过双晶、不同类型的扩散及位错蠕变发生。

- 矿物可在变形过程中（同构造期或动态重结晶）或变形后（构造期后或静态重结晶）发生重结晶。

- 动态重结晶与位错形成及颗粒应变相互博弈。

- 随着温度的增加，驱使位错运动发生的应力降低。

- 重结晶颗粒的粒径与差应力相关，同时在某种程度上可以用来估计古应力大小。

- 由于沿着预先存在或新的颗粒边界的位错集中而发生重结晶作用，因而会导致无位错域（新晶粒）的出现。

- 石英中的波状消光现象表明存在位错（应变）。

---

### 复习题

1. 塑性变形晶体的滑移面与和脆性断裂相关的滑移面之间的差异是什么？

2. 脆性变形与塑性变形之间的主要差异是什么？

3. 为什么高孔隙砂岩脆性变形中晶内破裂如此常见？

4. 说出两种可以发生在地壳浅部位中的塑性变形机制的名字。

5. 什么是位错蠕变？它与扩散有何不同？

6. 高温下（在地壳深部和地幔）细粒岩石中的主要变形机制是什么？

7. 我们可以从静态重结晶过程中消失的动态变形石英中得到哪些信息？

8. 亚晶粒旋转形成的重结晶与晶界迁移形成的重结晶有什么不同？

## 电子模块

推荐观看本章关于"塑性变形"的电子模块。

## 延伸阅读

### 综合

de Meer S，Drury M，Bresser J H P，Pennock G M，2002. Current issues and new developments in deformation mechanisms，rheology and tectonics//de Meer S，Drury M R，de Bresser J H P，Pennock G M（Eds.），Deformation Mechanisms，Rheology and Tectonics：Current Status and Future Developments. Special Publication 200，London：Geological Society，pp. 1-27.

Karato S.-I.，2008. Deformation of Earth Materials：An Introduction to the Rheology of Solid Earth. Cambridge：Cambridge University Press.

Knipe R J，1989. Deformation mechanisms：recognition from natural tectonites. Journal of Structural Geology，11：127-146.

Passchier C W，Trouw R A J，2006. Microtectonics. Berlin：Springer Verlag.

### 晶体学优选取向（CPO）和电子背散射衍射（EBSD）

Heilbronner R，Tullis J，2006. Evolution of c axis pole figures and grain size during dynamic recrystallization：results from experimentally sheared quartzite. Journal of Geophysical Research，111：doi：10.1029/2005jb004194.

Prior D J，et al.，1999. The application of electron backscatter diffraction and orientation contrast imaging in the SEM to textural problems in rocks. American Mineralogist，84：1741-1759.

### 位错蠕变

Hirth G，Tullis J，1992. Dislocation creep regimes inquartzaggregates. Journal of Structural Geology，14：145-159.

### 流体公式

Carter N L，Tsenn M C，1987. Flow properties of continental lithosphere. Tectonophysics，136：2763.

Schmid S M，1982. Microfabric studies as indicators of deformation mechanisms and flow laws operative in mountain building// Hsü K J，Mountain Building Processes. London：Academic Press，pp. 95-110.

### 粒度应力计

Shimizu I，2007. Theories and applicability of grain size piezometers：the role of dynamic recrystallization mechanisms. Journal of Structural Geology，30：899-917.

Stipp M，Tullis J，2003. The recrystallized grain size piezometer for quartz. Journal of Geophysical Research，30：doi：10：1029/2003GL018444.

### 组构和微构造图

Snoke A W，Tullis J，Todd V R，1998 Fault-related Rocks：A Photographic Atlas. Princeton：Princeton University Press.

# 第12章

# 褶皱和褶皱作用

褶皱是人们肉眼容易观察到且易引起人们研究重视的一种构造。实际上，褶皱可以形成于任何类型岩石、任何构造环境和任意埋藏深度。基于这些原因，早在地质成为一门学科之前，人们便对褶皱有所认知，且被其独有的特征所吸引，并开始对其进行探索性研究（李奥纳多·达·芬奇在500年前便开始研究褶皱，尼古拉斯·斯泰诺在1969年开始研究褶皱）。我们对褶皱和褶皱作用的认识随着时间的推移也不断发生变化，现今被称为"现代褶皱理论"的学说是在基于20世纪50年代到60年代对褶皱认识的基础上发展而成的。研究大、中、小型不同尺度的褶皱是认知地层局部或区域的古构造变形历史的重要途径。褶皱表现出的几何学特征反映了一个地区的变形类型、运动学特征和区域构造背景。此外，褶皱的发育对寻找油气圈闭和其他矿产资源均具有重要的经济价值。本章首先讨论褶皱的几何学特征，之后讨论地层在褶皱作用下的形成演化过程及其作用机制。

本章网络学习模块中，进一步提供了与褶皱作用相关主题的支撑：
- 机制
- 纵弯褶皱作用
- 被动褶皱作用
- 横弯褶皱作用
- 膝折褶皱

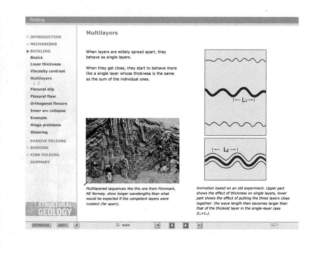

## 12.1 几何描述

褶皱，是在塑性变形过程中初始平面构造转变为弯曲构造时形成。在实验室中观察褶皱的形成与发育是非常有趣的，而且我们还可以通过进行可控物理实验和数值模拟了解更多关于褶皱和褶皱作用方面的知识。然而，建模必须植根于对自然界中褶皱岩石的观察，所以对不同环境和不同岩石类型中形成的褶皱的几何学特征的分析是建模的基础。对褶皱的几何学特征进行分析，不仅可以帮助我们理解不同类型的褶皱是如何形成的，同时对分析地下油气圈闭和褶曲矿物等也是非常重要的。因为褶皱的形态各异，大小不一，所以描述其形态的术语也是较为复杂。因此，本章的开头我们将对与褶皱和褶皱几何学特征相关的基本术语进行介绍。

### 形状和方向

对褶皱的研究最好是在垂直于褶皱层理或褶皱轴面的剖面上进行，如图 12.1 所示。除非特殊说明，我们假定本章的褶皱都是在这样的剖面上进行观察描述。通常情况下，褶皱是由**过渡区**及其连接的倾向通常相反的**两翼**组成。过渡区的形状可能是尖棱和突变的，但是常见的过渡区的曲率都较为平缓，我们将这个过渡区称为**转折端**。转折端的类型范围可以从**膝折带**和**尖棱褶皱**（棱角状褶皱）的点状转折端到**同心褶皱**的浑圆形转折端（图 12.2）。我们可以根据转折端的曲率（即**钝度**）对褶皱进行分类。

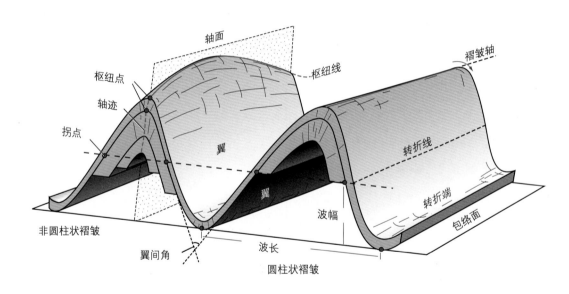

图 12.1　褶皱几何学特征

褶皱的形状也可以与数学函数进行比较，这时，我们可以使用如**波幅**和**波长**等术语来描述褶皱。褶皱不一定会显示出我们在初等代数课程中所熟悉的函数的规律性。然而，在对褶皱形状进行描述的时候，我们会对其进行简单的谐波分析（傅里叶变换），使每一个给定的褶皱面都对应一个数学函数。地质学家们应用的傅里叶变换的形式为

$$f(x) = b_1\sin x + b_3\sin 3x + b_5\sin 5x + \cdots \tag{12.1}$$

由于这个函数快速收敛，因此在描述自然界中的褶皱时我们只考虑 $b_1$ 和 $b_3$ 两个系数。基于以上方法，Peter Hudleston 对褶皱的形态进行了可视化分类，如图 12.3 所示。

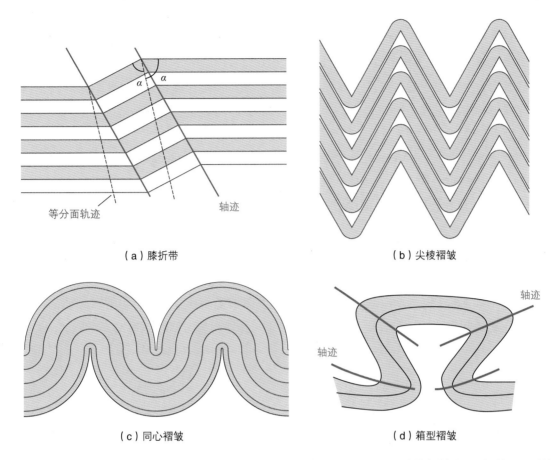

图 12.2 （a）膝折带，等分面即褶皱两翼翼间角的平分面，与轴面不一致；（b）尖棱褶皱（调和褶皱：也叫协调褶皱，细分为平行褶皱和相似褶皱）；（c）同心褶皱，地层弯曲弧呈圆形；（d）箱型褶皱，具有两个轴面

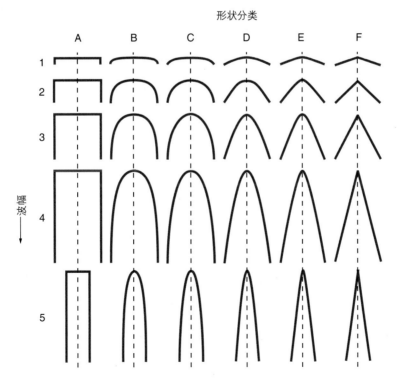

图 12.3 根据形状对褶皱进行的分类（据 Hudleston，1973）

在多层岩石中，沿褶皱轴迹的方向各岩层的弯曲形态基本保持一致的褶皱称作**协调褶皱**，如图12.2（a）至图12.2（c）所示。如果沿轴迹方向褶皱的波长和形状不同或发生突然消亡现象，这种褶皱称作**不协调褶皱**。

同一褶皱岩层上的最大弯曲点位于转折端的中心，该点被称作**枢纽点**（图12.1）。在三维空间中枢纽点的连线被称为**枢纽线**。通常情况下，枢纽线为曲线，当枢纽线近似表现为直线时，许多地质学家将枢纽线称为**褶皱轴**（该定义并不是一个精准的定义）。

我们需要注意一个重要的褶皱几何要素，即**圆柱度**。具有直轴线的褶皱为**圆柱状褶皱**。圆柱状褶皱可以看作是没有完全闭合的圆柱体，该圆柱体由无数个相互平行的假想直线组成 [ 图 12.4（a）中的蓝色线 ]。这些线代表褶皱轴，具有相同的方向（走向和倾伏向），但是这些线在空间上并没有固定的位置。它们都是代表褶皱轴的假想线，并不是连接最大曲率点的枢纽线。但是，值得注意的是，圆柱度并不是要求圆柱体可以切实应用于褶皱上，它只是要求该褶皱面可以通过将一条直线平移而得到。在某种程度上，所有褶皱都为非圆柱状的，因为褶皱必须开始和结束于某个地方，或者需要向相邻褶皱传递应变（专栏 12.1），但是褶皱之间的圆柱度因褶皱而异。因此，尽管褶皱轴在大尺度下存在曲率，但是在露头尺度下 [ 图 12.5（a）] 观察到的部分褶皱可能是圆柱状褶皱。

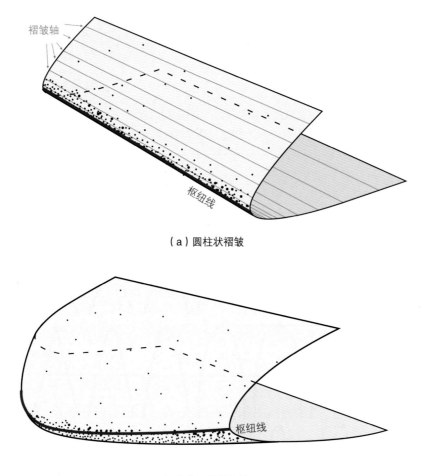

（a）圆柱状褶皱

（b）非圆柱状褶皱

图 12.4　圆柱状与非圆柱状褶皱的几何形态特征

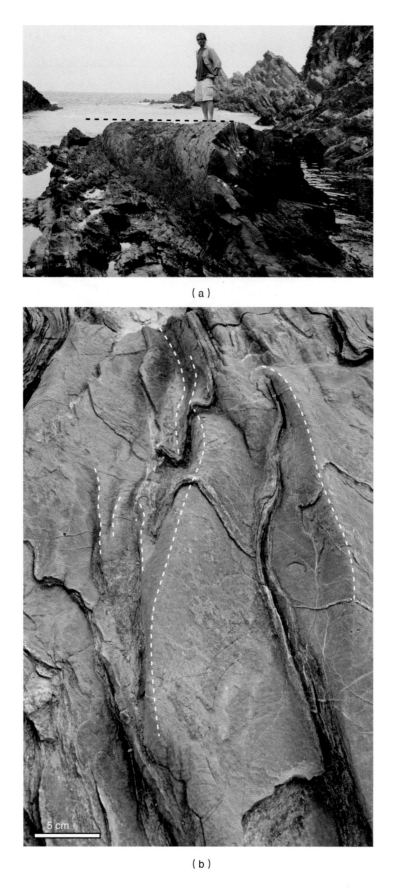

（a）

（b）

图 12.5　（a）葡萄牙 Almograve 浊积岩中的褶皱砂岩层，在露头规模上显示出近乎圆柱形的几何形状；（b）科西嘉岛非圆柱状褶皱，部分褶皱枢纽用虚线勾勒出来

---

**专栏 12.1　褶皱叠覆构造（褶皱调节带）**

　　单个褶皱可以叠覆和干涉。就像断层一样，它们初始于小结构，通过叠覆或转换构造相互作用。褶皱叠覆构造最早绘制于逆冲带和褶皱带中，尤其是在加拿大落基山脉，断层叠覆构造的许多基本原理都来自对褶皱群的研究。褶皱叠覆是应变从一个褶皱传递到另一个褶皱的区域，其特征是褶皱幅度的快速变化。

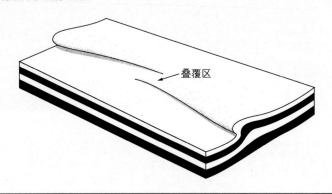

---

　　圆柱度具有重要的应用价值。最重要的一点就是一个圆柱状褶皱地层上的极点在赤平投影图上可以定义一个大圆，这个大圆的极点（$\pi$ 轴）代表了褶皱轴，如图 12.6（a）所示。当用大圆代替极点绘制赤平投影图时，同一圆柱状褶皱地层的大圆将交于一点，该点代表褶皱轴，即 $\beta$ 轴，如图 12.6（b）所示。该方法在野外绘制褶皱地层时十分有用，同时它也适用于其他的圆柱状构造，例如波状断层面。

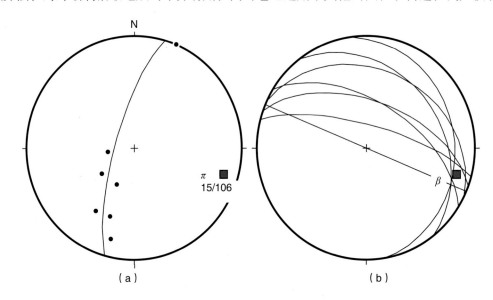

图 12.6　褶皱砾岩层附近地层产状的测量结果

（a）同一褶皱面的极点沿赤平投影网上某一大圆分布。这个大圆的极点代表褶皱轴 [$\pi$ 轴 =15/106（倾角 / 走向）]。
（b）用相同的数据绘制成的大圆。对于理想的圆柱状褶皱，这些大圆应交于一点 [$\beta$ 轴 =15/106（倾角 / 走向）]，即褶皱轴。
褶皱数据来源标注在栏 3.2 内

　　圆柱状褶皱另一个可以便捷应用的特性就是其可以进行线性投影，例如从平面上投影到剖面上。因此，在将映射结构投影到截面上时，通常假设该结构为圆柱状，特别是在 20 世纪初期瑞士地质学家 Emile·Agrand 和 Albert·Heim 等对阿尔卑斯山进行投影时就假设阿尔卑斯山为圆柱状。由于投影的准确度取决于被投影构造实际的圆柱度，所以投影结果的不确定性随投影距离的增加而增大。

**轴面**由两个或多个褶皱面的枢纽线所构成，当这个面近于平面时称为**轴平面**。该术语具有误导性，用枢纽面来描述它更符合逻辑，因为轴面与褶皱轴没有直接关系。褶皱的**轴迹**是指轴面与观察平面的交线，最具有代表性的就是露头面或地质剖面。轴迹就由这个面上的所有枢纽点构成。注意，轴迹不一定平分褶皱的两翼，如图 12.2（a）所示。实际上也可能同时发育两组褶皱面，这种褶皱称为**箱型褶皱**，根据褶皱面共轭的特征也被称为**共轭褶皱**，如图 12.2（d）所示。在其他情况下，当褶皱具有方向多变的轴面时，这种褶皱称为**多斜褶皱**。

褶皱的产状用轴面和枢纽线的产状来表示。这两个参数在绘制如图 12.7 所示的褶皱分类图时互不影响，我们已经对不同产状的褶皱进行了命名。常用的术语为**直立褶皱**（轴面直立，枢纽线水平）和**平卧褶皱**（轴面水平，枢纽线水平）。

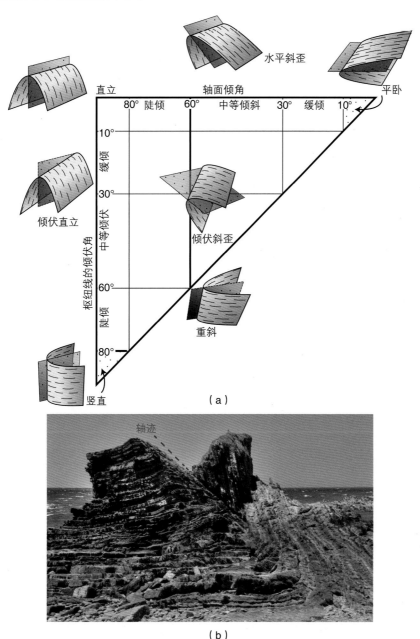

图 12.7　（a）根据枢纽线和轴面的产状对褶皱进行的分类（据 Fleuty，1964）；（b）水平斜歪褶皱，轴面向右倾斜
某些位置与图 12.6（a）中相同，为水平褶皱轴

图 12.7 中所示的大部分褶皱都是**背形**。**背形**是指两翼向下倾斜，并逐渐远离转折端的构造，而**向形**则刚好相反，类似槽形 [ 图 12.8（b），图 12.8（c）]。如果给定了地层层序，当地层向远离褶皱轴面方向逐渐变新时，这个背形就称为**背斜** [ 图 12.8（e）和图 1.6 ]。与其类似，**向斜**就是一个槽型的褶皱，地层向着轴面的方向逐渐变新，如图 12.8（d）所示。在这种关系中，褶皱**朝向方向**就是沿着垂直褶皱枢纽的轴面，并朝着新地层的方向。回到图 12.7，实际上与背形一样，也有直立或倒转的向形。因为定义与地层层序和地层变新的方向有关，因此甚至还有平卧向斜和平卧背斜。然而，平卧和直立背形与平卧和直立向形这些术语并没有具体的含义。

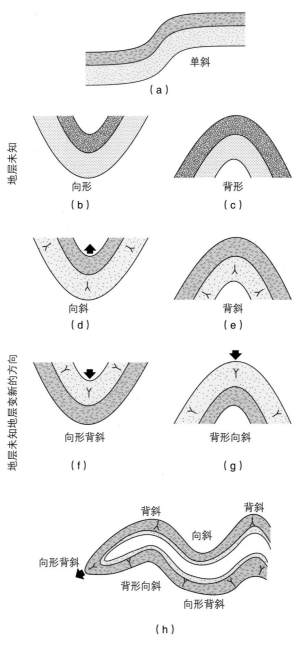

图 12.8　褶皱的基本形状

最底部的图说明了各种类型的向形和背形如何形成于一个重褶皱中

假想一个两翼开启程度为紧闭的等斜的平卧褶皱在晚构造期再次发生褶皱，就会形成一组次级的向形和背形。地层关于各褶皱轴面变年轻的方向取决于它们是在平卧褶皱的倒转翼部还是正常翼部，如图 12.8（h）所示。现在我们用向形背斜和背形向斜两个术语来区分这两种情况，如图 12.8（f），图 12.8（g）所示。**向形背斜**是一个背斜，因为地层向远离轴面的方向逐渐变新。同时，它具有向形的形状，即其产状为向形。与之类似，**背形向斜**是一个向斜，因为地层向着轴面的方向逐渐变新，但同时它具有背形的形状。严格地说，向形背斜就像一个完全颠倒过来的背斜，背形向斜就像一个倒转过来的向斜。迷惑吗？记住这些术语只在绘制多斜褶皱地层时使用，尤其在造山带作图中应用广泛。

正如上文所述，大多数褶皱在某种程度上都为非圆柱状。一个非圆柱状的直立背形有时为**双向倾伏**。大型的双倾伏背形能够形成较大的油气圈闭——事实上它们形成了一些世界上最大的油气圈闭。当非圆柱度非常显著时，背形就转变为**穹窿构造**，穹窿的几何形状类似于一个倒置的谷物碗（或者完整的约塞米蒂的半穹顶）。穹窿是经典的油气圈闭，例如上文中的盐构造，地质学家们常称这种圈闭为岩层向四周倾斜的闭合构造。相应地，在描述褶皱的术语中一个强非圆柱状向斜被称为**盆地**（谷物碗以正确的方式放置）。

**单斜褶皱**或**单斜**，是指只有一个倾斜翼部的近圆柱状褶皱，如图 12.8（a）所示。单斜褶皱（或者简称为单斜）通常是地图规模的构造，其形成与下伏断裂或盐构造的再活动或差异压实作用有关（图 1.10）。

除了褶皱的产状与地层关系，通常还可以根据褶皱的**紧闭程度**来对其进行描述和分类。紧闭程度用张开角或**翼间角**来表征，翼间角就是指两翼之间的夹角。根据这个角度，褶皱可以分为平缓褶皱、开阔褶皱、紧闭褶皱和等斜褶皱（图 12.9）。紧闭程度通常反映褶皱作用过程中产生的应变量的大小。

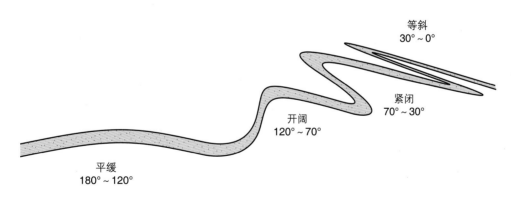

图 12.9　根据翼间角对褶皱进行分类

尽管褶皱相当缺乏系统性，但褶皱通常成组或者成系统出现，相邻的褶皱通常表现为相同的类型，尤其是当褶皱成行或成列出现时。这种情况类似于数学函数，我们可以用波长、波幅、拐点和一个称作**包络面**的参照面来描述褶皱。**包络面**是指某一褶皱面上枢纽的切线面，如图 12.1 所示。应注意的是，包络面内一般不与枢纽线连接，虽然当褶皱为对称褶皱时，包络面过枢纽线。

### 等倾斜线

一些褶皱在形成时地层厚度保持不变，而另外一些褶皱表现为翼部或转折端地层增厚的特征。英国地质学家 John Ramsay 对褶皱形成时的特征以及相关特征进行了研究，并根据**等倾斜线**对褶皱进行了几何分类。通过对褶皱进行定向，使褶皱的轴迹垂直，可以绘制出一套褶皱地层内外边界上等倾角点的连线或者等倾斜线。等倾斜线能够凸显出一套褶皱地层内外边界之间的差异，进而显示出地层厚度的变化。根据等倾斜线，褶皱可以分为图 12.10 所示的三种主要类型：

第一类：褶皱等倾斜线向内弧方向收敛，内弧曲率大于外弧曲率。

第二类（**相似褶皱**，也称为**剪切褶皱**）：等倾斜线平行于轴迹，内弧和外弧的形状一样。

第三类：等倾斜线向内弧方向发散，内弧的曲率小于外弧的曲率。

第一类褶皱进一步分为 1A 亚类，1B 亚类和 1C 亚类。1A 亚类褶皱的特征为转折端地层厚度变薄，1B 亚类的褶皱也被称为**平行褶皱**，如果褶皱为圆形的，则被称为**同心褶皱**，如图 12.2（c）所示，其褶皱各位置地层厚度相等。1C 亚类褶皱翼部的地层厚度稍微变薄。第二类褶皱，特别是第三类褶皱具有更薄的翼部和较厚的转折端。在这些类型的褶皱中，1B 亚类的褶皱（平行褶皱）和第二类褶皱（相似褶皱）的几何形状较为突出，因为它们在野外容易形成和被识别。

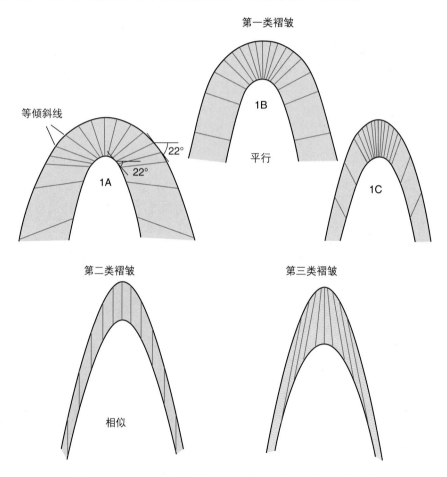

图 12.10　Ramsay（1967）根据等倾斜线对褶皱进行的分类

等倾斜线是垂直褶皱枢纽方向的正交剖面上相邻褶皱面上等倾角点的连线

图 12.11 为根据等倾斜线分类方案所绘制的褶皱，其中褶皱被认为是直立构造（垂直于轴面），所以翼部倾角（$\alpha$）从枢纽点处的 0° 开始向两侧增加。图中纵坐标的参数 $t'_\alpha$ 代表标准化的正交厚度，在图 12.11 中用 $t_\alpha$ 表示。$t_\alpha$ 为过褶皱地层内、外弧上两个对应的等倾角点中的一个（图 12.11 中的红点）作另外一个点的切线的垂线的长度。对于 1B 亚类褶皱，在不考虑褶皱岩层的位置时，褶皱上任意一点 $t'_\alpha = t_\alpha$，每个褶皱的翼部都沿图中 $t'_\alpha = 1$ 的线分布。因此，对一个褶皱岩层进行测量将得到一系列的点，这些点定义了图 12.11 中的两条线（每一条线都是根据一侧的枢纽点得到的）。

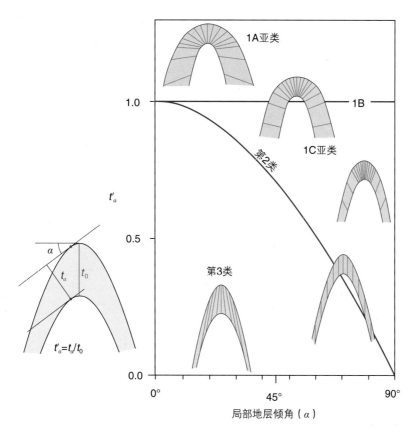

图 12.11　图中绘制了褶皱分类，分别以标准化的地层厚度和褶皱面的倾角为坐标轴（据 Ramsay，1967）

$t'_\alpha$—褶皱翼部岩层厚度除以枢纽部位的地层厚度

## 对称性和级次

剖面上，根据对称性可以将褶皱分为对称褶皱和不对称褶皱。如果从垂直于轴面的剖面出发观察褶皱，两侧的轴迹呈现镜像关系，则褶皱完全对称。这意味着褶皱两翼长度相等。图 12.2 中的尖棱褶皱和同心褶皱就是典型的对称褶皱。

如果我们将这个概念延伸到三维空间，那么轴面就变为镜面，同时我们认为大多数的对称褶皱还有另外两个垂直于轴面的镜面，这是**斜方对称**的特性。对称褶皱两翼的**角平分面**与轴面一致。因此，图 12.2（a）所示的膝折带并不对称。实际上，这是我们辨别膝折带与尖棱褶皱的一种方法：尖棱褶皱对称，而膝折带的翼部长短不等。所以膝折带就只有一个对称（镜）面，这个面垂直于轴面，这种对称性称为**单斜**。

对称褶皱有时又称为 **M 褶皱**，非对称褶皱称为 **S 褶皱**和 **Z 褶皱**，如图 12.12 所示。一些人可能会将 S 褶皱与 Z 褶皱混淆，但是 Z 褶皱的短翼相对于长翼发生顺时针旋转。因此可以将 Z 褶皱的短翼和两侧相邻的长翼想象为这是对字母 Z 进行模仿。S 褶皱的短翼相对于长翼发生的是逆时针旋转，形状类似于字母 S（这与 S 和 Z 之间的棱角差异无关）。有趣的是，当从相反方向观察时 S 褶皱就变成了 Z 褶皱。通常对倾伏褶皱进行研究时，视线要向下倾斜并沿着褶皱的水平枢纽方向进行观察。

组成褶皱系统的褶皱如果具有一致的不对称性，那么我们称这个褶皱系统具有**倒向**。褶皱的倒向可以指定，倒向方向可以通过上翼部相对下翼部的位移方向来确定（图 12.13）。我们还可以将褶皱倒向与图 12.13 中倾斜短翼的顺时针旋转联系起来，该顺时针旋转代表向右方倒向。

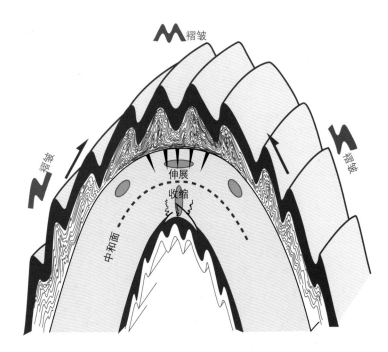

图 12.12 M 褶皱和 S 褶皱可能与低级次的褶皱有关，它们提供了一些关于大型褶皱几何形状的信息

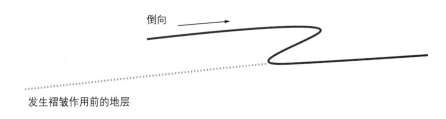

图 12.13 褶皱倒向概念模型

根据短翼的顺时针旋转确定该褶皱为右方倒向的 Z 褶皱

褶皱倒向对于构造分析有重要意义。通常在大型褶皱的翼部和转折端还会发育一些小型的褶皱，见图 12.12。最大型的褶皱称为一级褶皱，较小的相关褶皱称为次级褶皱和高阶褶皱，它有时也被称为**寄生褶皱**。一级褶皱可以为任意规模，但是当它们发育为地图规模的褶皱时，我们一般只能在野外露头观察到次级褶皱或高阶褶皱。如果在一个一级向形或背形构造上的褶皱系统表现为寄生（次级）褶皱，那么他们的不对称性或倒向指示了所在大型构造的位置。如图 12.12 所示，寄生褶皱的倒向朝向转折端。寄生褶皱与低级褶皱之间的这种相关关系对于绘制那些规模巨大、在单个露头区难以观察完全的褶皱构造至关重要。

剪切带中不对称褶皱链的倒向一般与低级褶皱无关，但它为我们判断剪切带剪切方向提供了一些信息。不过这种运动学分析要求对含有剪切矢量的剖面进行观察并结合独立的运动学指标共同进行分析（见第 16 章）。

褶皱的（不）对称性还反映了应变和应变椭圆的方向。通常，当地层平行于 $ISA_3$（最快缩短方向，见第 2 章）时会发育对称褶皱。对于同轴应变而言，此类情况较为容易发生（图 12.14），但是对于简单剪切和其他非同轴变形，就会变得有些复杂，因为地层在变形过程中会发生旋转，因而不能与 $ISA_3$ 保持平行。

褶皱不对称性可能与低级褶皱的位置和褶皱地层相对于应变椭圆的剪切方向或方位有关。

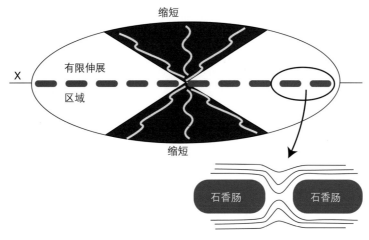

图 12.14  同轴变形中应变椭圆与褶皱倒向的关系

注意褶皱也可能形成于有限伸展区域的石香肠之间

## 12.2  褶皱作用：机制和形成过程

地质学家在野外绘制或描述褶皱时可能都会想到同一个问题：这些构造到底是怎样形成的呢？作为地质学家，我们想要寻找到能够合理解释我们所观察到的现象的简易来源或形成机制。褶皱作用也不例外，我们有许多研究褶皱的方法以及与其形成过程相关的术语。一种方法就是考虑力或应力在一个层状岩石上的作用方式，这会得出如图 12.15 所示的三个褶皱类别和相应的术语。其他的术语都是与地层如何对力或应力进行响应有关，例如，地层是受平行于地层的剪切作用、正交弯曲作用还是受岩石流变学控制的其他机制作用而形成褶皱。当然还有一些其他的与褶皱几何形状有关的分类，例如膝折褶皱或者尖棱褶皱。因此，我们定义了几个不同的褶皱形成机制，不过其中一些形成机制在概念上会发生重叠。这就是为什么我们在讨论像弯滑和简单剪切这些形成机制时，就混淆纵弯褶皱作用，膝折褶皱作用和弯曲作用。综上所述，我们通过讨论应力轴相对于地层层理的方向，运动学，力学和流变学性质之间的差异，进而研究强调不同方面褶皱作用的机制。

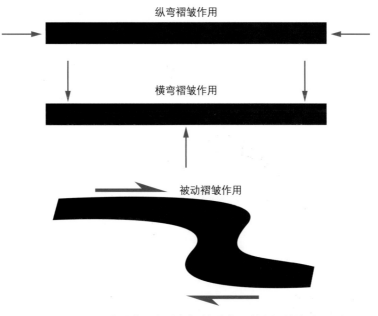

图 12.15  力的作用方式与褶皱形成机制之间的关系

　　褶皱形成机制之间最重要的差异可能就是层理对所施加的应力场发生的是主动变形还是被动变形。在这里我们首先讨论**主动褶皱作用**（纵弯褶皱作用），主动褶皱作用中褶皱岩层与母岩之间存在能干性或黏度差异至关重要。对于**被动褶皱作用**，地层只有简单的被动标记而没有受到流变的影响，而**横弯褶皱作用**，是力直接作用在地层上（图 12.15）。下一章我们将讨论**弯曲褶皱作用**机制（弯滑，弯剪和正交弯曲），该机制能够促进主动褶皱作用和横弯褶皱作用形成。最后，我们将讨论**膝折作用**和**尖棱褶皱**的形成。

## 主动褶皱作用或纵弯褶皱作用（1B 亚类褶皱）

　　**主动褶皱作用或纵弯褶皱作用**是指当岩层开始顺层缩短时便形成褶皱的过程，如图 12.16 所示。图 12.17 中所示褶皱就是由顺层缩短作用形成。若要发生纵弯褶皱作用，那么在褶皱岩层与母岩之间就要存在黏度差异，同时褶皱岩层的能干性要比母岩（基质）的能干性强得多。纵弯褶皱作用的结果就是形成圆形褶皱，通常是平行且近正弦的形状。

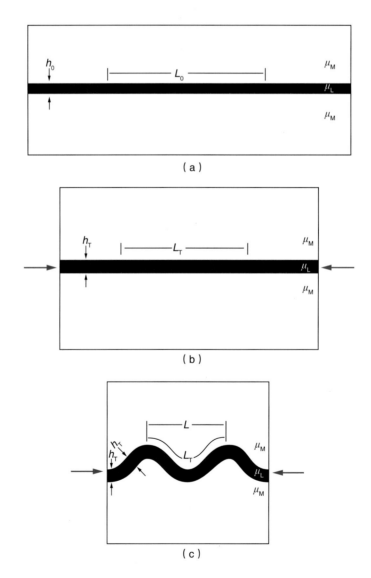

图 12.16　单一岩层的纵弯褶皱作用（据 Hudleston，1986）

$L_0$—原始长度，发生初始的缩短作用（a，b）后长度变为 $L_T$（a，b）；$\mu_L$、$\mu_M$—岩层与母岩的黏度；
$h_0$—地层的原始厚度（a），在初始的增厚阶段厚度变为 $h_T$（b）；$L$—波长；$L_T$—弧长

图 12.17　不同厚度的两套褶皱岩层
上部的薄岩层的主波长比下部厚岩层主波长要小

当位于非能干性岩层中的能干岩层发生顺层缩短时，则发生纵弯褶皱作用。

如果一套均质岩层完全为平面并具有平行的边界，而且方向一直与 $\sigma_1$ 或 $ISA_1$ 保持平行，那么尽管在褶皱岩层与母岩之间存在显著的黏度差异，也不会发生褶皱作用，而是会发生缩短。然而，如果岩层表面存在一些小的不规则面，那么这些不规则面就会逐渐发育成**横向褶皱**，其大小和形状取决于褶皱岩层的厚度和与围岩黏度差异的大小。

纵弯或主动褶皱作用是指当存在顺层缩短作用，岩层与母岩之间具有黏度差异并且岩层面上存在不规则面时，褶皱便在不规则面上逐渐发育形成。

在实验室中研究非能干母岩中（图 12.16）的能干单岩层的纵弯褶皱作用比较容易，而且我们还用数值模拟的方法对其进行研究。纵弯褶皱作用形成的单层褶皱具有以下特点：

● 如果褶皱岩层为均质结构并且在相同的物理条件下发生变形，那么褶皱的波长与厚度（$L/h$）的比值为常数。这种褶皱通常被称为**周期褶皱**。如果褶皱岩层的厚度发生变化，那么褶皱的波长也随之改变（图 12.17）。

● 褶皱作用对褶皱岩层的影响消失得极为迅速（大约为一个波长的距离）。

● 能干岩层中的褶皱基本都属于 1B 亚类褶皱（岩层厚度不变）。如果在两个或两个以上的褶皱能干岩层之间存在非能干岩层时就会形成 1A 亚类和第三类褶皱（图 12.18）。尖棱枢纽点指向能干岩层。

● 一般能干岩层的外侧发生拉伸，而内侧发生缩短。二者之间通常被一个**中和面**分隔开（图 12.19）。注意：顺层缩短作用通常发生在褶皱作用之前，它能够减少或消除外部的伸展带。

● 垂直于轴面或轴面劈理的方向代表最大收缩轴的方向（$Z$）。

如果地层符合牛顿黏性定律且忽略所有顺层缩短作用，那么褶皱波长与岩层厚度之间的关系为

$$\frac{L_d}{h} = 2\pi[\mu_L /(6\mu_M)]^{1/3}$$

（12.2）

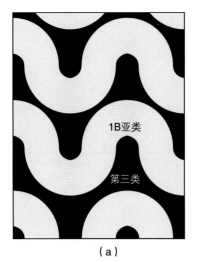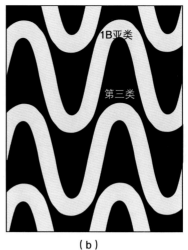

（a）　　　　　　　　　　　（b）

图 12.18　在褶皱地层中通常可以看到 1B 亚类和第三类褶皱交替出现（能干岩层显示为 1B 亚类褶皱的几何形状）

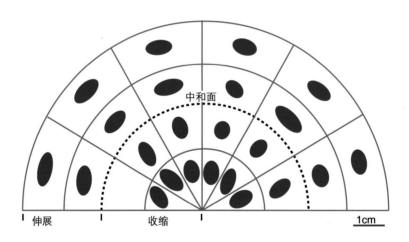

图 12.19　页岩中的一套褶皱石灰岩层转折端应变分布图（一个中和面分隔了外弧拉伸区与内弧压缩区）（据 Hudleston 和 Holst，1984）

式中，$\mu_L$ 和 $\mu_M$ 分别为能干岩层与母岩的黏度；$L_d$ 为褶皱波长；$h$ 为岩层的厚度。实验和理论表明在最初的变形期会发生均匀缩短量（$T$），与此同时不规则面逐渐发育形成平缓的长波幅褶皱构造。当褶皱的最大张角达到 150° ~ 160° 时，顺层缩短作用就会减弱。从此刻开始随着褶皱的发育，岩层的厚度不会再发生显著增厚。将方程式（12.2）展开，平行于岩层方向增厚的量可以表示为

$$\frac{L_{dT}}{h_T} = 2\pi\{\mu_L /[6\mu_M (T+1)T^2]\}^{1/3} \tag{12.3}$$

式中，$L_{dT}$ 为修改后的褶皱波长；$h_T$ 为考虑平行于岩层方向缩短作用的地层厚度；$T$ 为应变比率 $X/Z$，或（$1+e_1$）/（$1+e_3$）。

黏度比 $\mu_L / (6\mu_M)$ 可以通过测量在一个波长的褶皱岩层的平均长度进行估算（这里没有用公式表达出来），褶皱簇的厚度值 $h_T$ 通过测量也能得到。此外，能干岩层内顺层缩短量 $T$ 也能估计出来。

在假设岩层符合线性或牛顿黏性定律的情况下，我们模拟了纵弯褶皱作用［式（6.23）］。在塑性变形过程中，大多数的岩石表现为非线性流变特性，并影响了纵弯褶皱过程。假定岩层符合幂律流变学定律［式（6.24）］，其中指数 $n > 1$。指数 $n$ 值越大，褶皱生长速率越快，平行于地层方向的缩短量

$T$ 越小。通常自然界中的褶皱 $T$ 值很小，$L/h$ 的比值也很小（$L/h < 10$），这表明它们具有非线性流变学特性。但是，使用黏性和幂律流变学模型得到的结果间的差异并不大。

当地层中只有一层能干岩层时，**纵弯褶皱**容易被识别出来，但是纵弯褶皱也可能发育于多个平行的能干岩层中。多能干岩层与单能干岩层相比纵弯褶皱作用形成的 $L_d/h$ 比值明显较小。当两个薄岩层距离很近时它们更像是一个单岩层，其厚度为两个薄岩层厚度的总和，图 12.20 所示为实验结果。当厚岩层与薄岩层交替出现时，薄岩层首先开始发育褶皱，如图 12.21（a），图 12.21（b）所示。然后从某一刻开始，厚岩层也开始发育褶皱（具有较长波长），并控制着褶皱的进一步发育。最终地层中不但形成受厚岩层控制的较大规模褶皱，同时形成较小的在大规模褶皱形成之前发育的次级褶皱，如图 12.21（c）所示。图 12.22 中显示了多层褶皱作用，其褶皱波长受多套地层的控制。

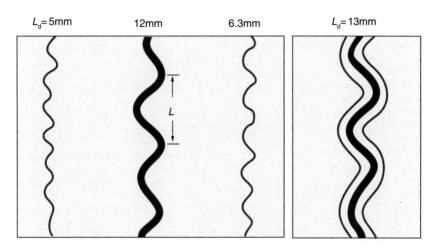

图 12.20　多岩层褶皱作用（据 Currie 等，1962）

分隔较远的岩层代表单层岩层（左）当它们距离越近时，它们表现得越像是一个单层，其厚度大于单岩层中最厚单岩层的厚度

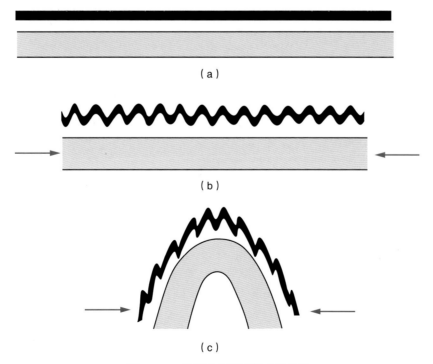

图 12.21　薄岩层中褶皱形成示意图

一旦厚岩层开始形成褶皱，薄岩层中的小褶皱由于弯流作用变为寄生不对称褶皱

在纵弯褶皱作用过程中会发生多种变形机制。最简单的一种统称为**弯曲褶皱**作用，分为正交弯曲，弯滑和弯流。除此之外，还会发生体积变化，尤其是在转折端处。在我们观察完被动褶皱作用和横弯褶皱作用的模型后，我们还会简单回顾这些理想模型。

图 12.22   发生纵弯褶皱作用的多层岩层

注意最大褶皱如何影响整套地层变形

## 被动褶皱作用（第二类褶皱）

在发生被动流动的地方**被动褶皱**作用较为常见，即在形成褶皱作用的过程中，层理没有受到力的作用。在这些情况下，相邻层理之间不存在力学或能干性的差异，只是在视觉上表现出了应变的变化。这种地层称作**被动地层**。简单剪切作用产生的理想被动褶皱为第二类褶皱（相似褶皱），与简单剪切或显著简单剪切分量有关的被动褶皱称为剪切褶皱，如图 12.23（a）所示。

简单剪切作用产生的被动褶皱是理想的相似褶皱。

　　使一组卡片发生差异剪切作用，很容易就能产生标准的第二类被动褶皱的几何形状。在进行剪切作用之前，画一条垂直于卡片的线有助于我们对褶皱进行可视化理解。然而，并不是只有简单剪切作用才能形成被动褶皱。任何塑性应变类型都能形成被动褶皱，例如，一般简单剪切、压扭（第 19 章）甚至是同轴应变，如图 12.23（b）所示。因此，简单剪切只是形成被动褶皱的运动学模型之一。

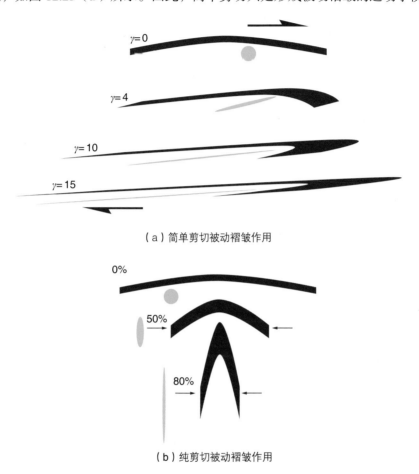

（a）简单剪切被动褶皱作用

（b）纯剪切被动褶皱作用

图 12.23　平缓岩层中简单剪切作用（a）和纯剪切作用（b）形成的第二类褶皱

岩层间不存在黏度的差异，表明这类褶皱属于被动褶皱。

　　被动褶皱作用能够产生**协调褶皱**，这种褶皱的层理不具有力学特性，因此不影响褶皱的形状。

　　只有在剪切带内的岩层中才能观察到被动褶皱作用的实例，其他位置的岩层都会受到非均匀应变的影响。尽管很多地层序列内由于含有力学性质完全不同的层理而发生了层间滑动（见下面的弯滑作用），但沿断层发育的拖拽褶皱依然是脆性区域内的典型构造（第 9 章）。被动褶皱在糜棱岩带内较为常见，特别是在石英岩、大理岩和盐岩等单矿物岩石中常见。

## 横弯褶皱作用

　　当力以高角度作用在岩层上时将发生**横弯褶皱作用**（图 12.25），它与主应力平行于岩层产生的纵弯褶皱不同。被动褶皱作用与纵弯褶皱作用一样，主应力方向平行于岩层，这两类褶皱密切相关。然而，横弯褶皱作用通常被认为是通过边界岩石单元的几何学和运动学特征直接作用于岩层而形成。由于横弯褶皱作用对建筑工程领域具有重要意义，工程师们对其特征进行了详细研究，例如用垂直柱子支撑的水平梁。

图 12.24　苏格兰糜棱岩带内石英岩的被动协调褶皱作用

近似 Z 褶皱的几何形状及发育于苏格兰剪切带内表明它属于剪切褶皱

**当力穿过岩层作用时将发生横弯褶皱作用，该过程可能会涉及多个形成机制。**

在错断的刚性基底断块之上的沉积盖层中，横弯褶皱作用产生的典型地质构造是**强制褶皱**，如图 12.25（c）所示。先存基底断裂之上断裂的活动在盖层中产生位移，沉积盖层在单斜褶皱作用下发生变形，直到某个临界点处发生破裂，而断层继续将向上生长传播。此类强制褶皱主要发育在科罗拉多高原—落基山脉地区，大量与 Laramide 造山运动有关的隆起产生了这种构造。

横弯褶皱作用本身就是一个与边界条件或者外部负载有关的模式，而不是应变模式，特别是当存在自由面时更不是应变模式，例如上述强制褶皱，如图 12.25（c）所示。换句话说，在横弯褶皱作用过程中，有很多方式可以使褶皱作用和应变在褶皱内部进行累积。

地层对横弯褶皱作用最明显的响应特征就是简单剪切产生的变形，在这种情况下，需要重新回顾被动褶皱作用。如果褶皱下面存在一个宽的断裂带或者较为狭窄的褶皱，那么就会形成简单剪切被动褶皱作用模式。多数情况下褶皱向上逐渐变宽，因而必须对剪单剪切模型进行修改。在这种情况下三角剪切较为实用。三角剪切（专栏 9.4）主要分布在传播褶皱前面的三角区域内，同时似乎对分析一些地图规模的实例较为适用。

但是，三角剪切并不能解释我们在强制褶皱中所见到的所有特征。野外观察到的弱顺层表面或顺层变形带上的擦痕证明发生了顺层滑动或顺层剪切作用。下文中将会对弯滑机制进行讨论。同时后文中描述的像正交弯曲这样的相关弯曲机制也可由横弯褶皱作用负载造成。

还有很多其他的横弯褶皱作用实例。一种是**断弯褶皱**，例如逆冲推覆体爬升斜坡构造时发生被动弯曲形成，如图 12.25（b）所示（见第 17 章）。通常这种褶皱会建模形成**膝折褶皱**，它也与弯滑作用有关。我们也会通过简单剪切方式对这种褶皱进行建模，但这种模型只能模拟非平面（例如铲式）断层（见第 21 章）之上的断弯褶皱。

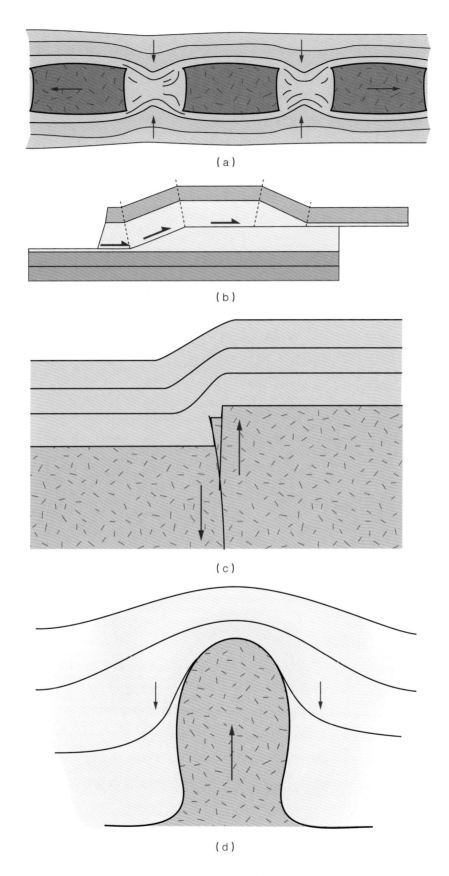

图 12.25　不同环境和规模中的褶皱作用实例

（a）石香肠内的褶皱；（b）逆冲斜坡上的褶皱；（c）再活动断层上的褶皱；（d）浅层侵入体或盐底辟构造上的褶皱

**差异压实作用**是指由于下伏岩层与上覆岩层之间压实程度存在差异，导致沉积序列某一区域比另外一个区域更加坚实，这也是一种横弯褶皱作用。一般差异压实作用在沉积盆地后裂谷序列中的主断块隆脊处比较常见，但也可以沿在盐底辟和浅层侵入体产生。压实作用形成的褶皱比较平缓。

　　岩浆或岩盐的**强制侵入**也能使顶部地层发生弯曲，如图 20.21 所示。这再次说明应变积累机制多种多样，同时弯滑作用是最常见的一种机制。

　　塑性区域内，由于所有或大部分的变形岩石都具有较高的韧性，因而横弯褶皱作用并不常见。然而，横弯褶皱作用常与刚性**石香肠**相伴生，如图 12.25（a）和图 12.26 所示。

图 12.26　石香肠内岩层的被动褶皱作用

## 弯滑和弯流作用（1B 亚类褶皱）

　　**弯滑**是指在褶皱作用过程中沿着岩层界面或者非常薄岩层的滑动（图 12.27）。它是褶皱作用三个运动学模式中的一个（另外两个分别是弯流和正交弯曲），弯滑能够维持地层厚度不变，从而产生1B 亚类褶皱或平行褶皱。简单的弯滑实验仅通过让内部涂有果酱的双层三明治发生褶皱作用就可以实现。在实验过程中即便面包间发生了滑动，该三明治的厚度也保持不变，直到褶皱变得太紧密而不能继续弯曲为止。发生弯滑的先决条件是变形的介质必须为层状或者具有很强的力学各向异性。

　　在自然界中，石英岩或糜棱岩中富含云母的厚岩层、沉积岩中的薄砂岩或石灰岩中的厚泥岩夹层都表现为各向异性。弯滑可以发生在中地壳内，在这里地层发生塑性变形，但是弯滑在上地壳脆性区域内发生褶皱变形的沉积地层中更加常见。对于后者，层理面看起来更像是断层，有时滑动面上会形成擦痕线 [图 12.27（a）中的红线]。

　　褶皱拐点处的滑距最大，向枢纽方向滑距逐渐减小到 0。褶皱两翼上岩层滑动方向相反，相对于枢纽线两翼上的滑距一致，而在过枢纽处岩层的滑动方向将发生改变。弯滑褶皱凸面上的相对滑动方向指向褶皱枢纽，而凹面一侧的相对滑动方向相反。

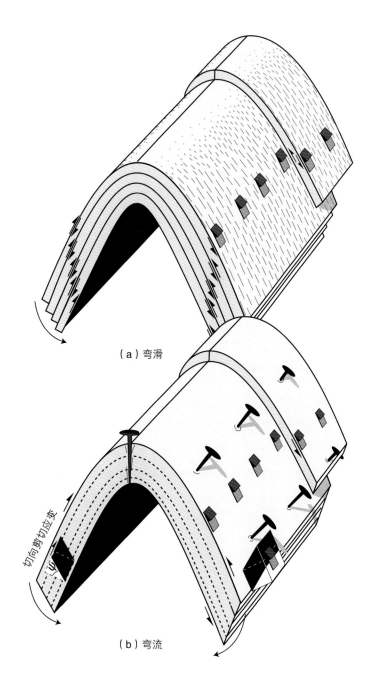

（a）弯滑

切向剪切应变

（b）弯流

图 12.27 （a）弯滑—褶皱两翼显示了相反的滑动方向，滑动速率向转折端方向逐渐减小；（b）弯流—褶皱两翼发生剪切作用（理想状态下，两个模型中的岩层厚度保持不变）

形成褶皱的薄弱岩层上的擦痕及其恒定的层理厚度表明岩层弯滑作用的发生。

在形成剪切应变的过程中，如果应变均匀分布在褶皱两翼上，这种情况通常在塑性区域内较为常见，那么弯滑作用就会变成与其关系密切的**弯剪作用**或**弯流作用**。弯流实验可以通过使一本软的平装书或一副扑克牌弯发生曲实现（记得画圆作为应变标记）。在实验过程中，单张纸间将发生滑动。如果我们在平装书上做应变标记，那么我们将会看到在转折端处应变为 0，向两翼方向应变逐渐增大。

这是由于剪切应变直接与岩层的（旋转）方向有关，如图 12.27（b）所示：旋转弯曲越大，剪切应变越大。

对于原始水平岩层褶皱形成的直立褶皱，剪切应变大小与地层的倾角直接相关（γ 的值为地层倾角的正切值），且褶皱轴迹两侧岩层的剪切方向相反 [图 12.27（b）]。这导致在褶皱上形成了特殊的应变分布。例如，分隔了拉伸区与压缩区的中和面主要在纵弯褶皱中出现，而在纯弯流褶皱中却从未发现过。弯流作用使褶皱的内弧和外弧产生相同的应变，但是向远离枢纽的方向应变逐渐增大。需要注意的是：在纵弯褶皱中我们常发现正交弯曲作用（见下文）与弯流作用或弯滑作用同时发生的痕迹，而在这种情况下很可能有中和面的存在。

---

纯弯曲褶皱不存在中和面，应变向远离转折端方向增加。

---

纯弯曲褶皱是理想的 1B 亚类褶皱。我们可以通过测量任意一个褶皱岩层的长度来估算这类褶皱的顺层缩短量。由于在整个褶皱变形历史中岩层都是充当着剪切面的角色，所以能够维持其原始长度不变。在简单恢复原始剖面时假设褶皱岩层的长度和厚度恒定（第 21 章）。

## 正交弯曲（也是 1B 亚类褶皱）

**正交弯曲**，也称为**切向长度应变**，是一种特定条件下的变形类型：

---

变形初期与层理正交的线在整个变形历史中始终与岩层保持正交。

---

这种弯曲是褶皱岩层的外弧发生拉伸作用，内弧发生缩短作用而形成。因此应变椭圆的长轴与褶皱岩层的内弧层理正交，与岩层外弧层理平行，例如图 12.19 所示的褶皱石灰岩地层。

图 12.28 中将弯流作用与正交弯曲作用进行了比较。正交弯曲与弯流作用的共同点是都产生了平行（1B 亚类）褶皱。但是这两种模型所产生的应变模式却完全不同：在弯流作用中，不存在分隔褶皱岩层外部伸展和内部挤压区域的中和（无应变）面，沿褶皱的等倾斜线应变都相同。这可能由于在褶皱变形历史中，中和面逐渐朝向褶皱核部移动，最终导致挤压区域被伸展区域覆盖。

---

正交弯曲作用产生具有中和面的平行褶皱。

---

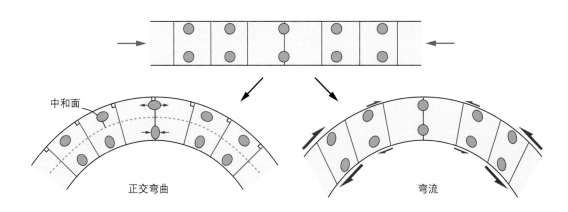

图 12.28　顺层缩短作用产生的正交弯曲和弯流
注意原始正交线的变化。图中标注了应变椭圆

只有开阔褶皱才有可能发生纯正交弯曲作用。当褶皱变得越来越紧闭，发生褶皱作用的条件也就越来越难以满足，逐渐取而代之的就是发生弯滑作用或弯流作用。我们通常能够在抗脆性变形的坚硬能干性岩层中找到正交弯曲作用的证据。一些学者将正交弯曲的定义简化为一种能够使岩层外弧区域发生挤压、岩层内弧区域发生伸展的变形机制。通过避免对正交性的要求，这种模型变得更加普遍，包含了更多的自然实例。

### 膝折褶皱和尖棱褶皱

膝折带在富含层状硅酸盐矿物的层状非均质岩石中较为常见，图 12.29 所示为一些野外实例。膝折带是几厘米至几分米宽的区域或具有明显边界的条带，其中的叶理一般会发生急剧旋转。较宽的膝折带有时被称作膝折褶皱。膝折带和膝折褶皱的主要特征为强烈的不对称性和具有第二类褶皱的几何形状。膝折褶皱与同属于第二类褶皱的**尖棱褶皱**关系密切，但对称性却不同。这两类褶皱都是低温（变质程度低）变形构造，它们具有明显的力学非均质性特征，表现为层理或者重复出现能干—非能干岩层，其都代表这一地层的缩短。

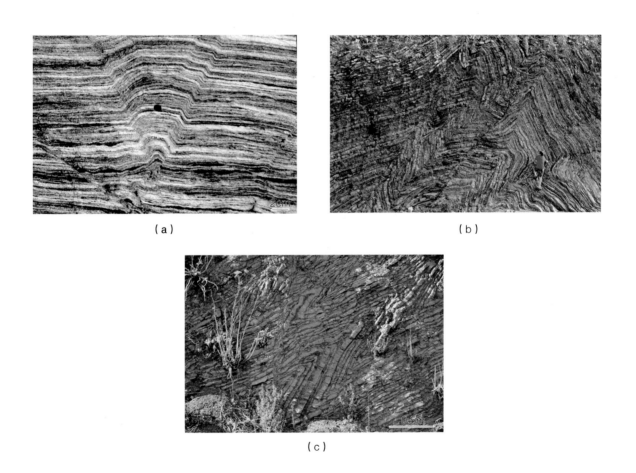

（a）　　　　　　　　　　　　　（b）

（c）

图 12.29　（a）挪威卑尔根糜棱岩化的斜长辉长岩中的共轭膝折带；（b）阿曼海洋沉积中的膝折状褶皱；（c）美国旧金山海洋沉积中的 Chevron 褶皱

经典的膝折带具有极锐利的转折端，但是在尖棱褶皱的外弧一侧甚至连狭窄的转折端都不存在。这二者之间还存在另一个重要的差异：尖棱褶皱开始形成时其轴面垂直于收缩方向，而膝折带的轴面与收缩方向却斜交，尤其在共轭膝折带中。

当我们观察共轭低应变膝折带时，如图 12.29（a）、图 12.29（b）所示，通常假设 $\sigma_1$ 或 $ISA_1$ 将共轭膝折带平分，如图 12.30 所示。正如前文所述，从应变到应力并非易事，但是应变越小，二者的相关性也就越好。当只形成一组膝折带时，其方向与 $\sigma_1$ 斜交，但由于膝折带在递进变形过程中发生旋转，因此我们并不知道其准确的方位。除此之外，我们也尚不知道膝折带如何形成，但似乎其形成过程中会涉及几种变形机制。

（a）                                                （b）

图 12.30    （a）根据共轭膝折带方向可确定 $\sigma_1$ 方向；（b）共轭膝折带可持续发育形成尖棱褶皱

横弯褶皱作用形成的膝折褶皱并不能直接指示应力的方向。这种膝折褶皱的方向是由局部斜坡或断层弯曲的几何形状控制。因此，在这种情况下，两个膝折带之间的角平分线一般并不代表 $\sigma_1$ 或 $ISA_1$ 的方向。实例参见第 17 章或第 21 章。

实验表明，如果应变足够高（约为 50%），那么共轭膝折带能够很好地合并，进而形成尖棱褶皱（图 12.30）。然而，一般在自然界中，膝折作用形成的变形岩石很难产生 50% 的缩短量，因此以该方式形成的尖棱褶皱并不常见。在顺层缩短过程中，多层岩石的弯滑更可能产生层理厚度为厘米级的经典尖棱褶皱，如图 12.31 所示。该情况发生的典型环境为能干地层被薄的非能干地层分隔，例如页岩或千枚岩分隔的石英岩或角岩。因此，弯滑作用在能干岩层之间发生，并且只有在薄转折端处能干岩层才受应变作用。与纵弯褶皱一样，岩层外弧发生拉伸，内弧发生缩短。图 12.32 中显示的就是这种实例，张性矿脉形成于岩层外弧部分（并不明显），同时收缩构造形成于内弧部分。此外，转折端处的形状会造成部分非能干岩石流动到转折点处或者能干地层向转折端内部发生破裂，如图 12.31 和图 12.33 所示。枢纽破裂在薄能干岩层间的相对较厚的能干岩层中较为常见。另外一种解决枢纽处兼容问题的方法则为发生逆断层作用，如图 12.33 所示。

图 12.31 弯滑作用形成的尖棱褶皱意味着在转折端处存在空间问题，该问题可以通过转折端处非能干岩层的塑性流动或者能干岩层的破裂来解决（能干岩层的应变部分用红色进行标记，这意味着在褶皱翼部岩层的厚度保持不变）

图 12.32 褶皱能干岩层外弧受拉伸作用形成的张性破裂（矿脉）（挪威北部瓦兰吉尔冰期的尖棱褶皱）

图 12.33 通过塑性枢纽破裂和逆断层作用解决的枢纽兼容问题

详见图 17.23（冰川构造滑脱褶皱）（褶皱岩墙的高度约为 13m）

## 12.3 褶皱干涉模式和重褶皱

在受两期或多期变形影响的区域内，新形成的次级褶皱可能会叠加在早期形成的褶皱之上。被后期褶皱作用改造的褶皱被称为**重褶皱**，生成的模式称作**褶皱干涉模式**。我们发现褶皱干涉模式分为简单的和复杂的两种类型，这主要取决于两组褶皱的相对方位。John Ramsay 根据两组褶皱的褶皱面和褶皱轴的相对方位关系将重褶皱分为四种主要的类型（图 12.34 和图 12.35）。1 型为经典的穹窿—盆地构造，2 型被称为飞镖型式（图 12.36），3 型为钩状型式。还有 0 型叠加褶皱，这种褶皱系统具有两个相同的但时间上独立的褶皱。0 型叠加褶皱干涉的最终结果是形成了一个简单的紧闭褶皱。

图 12.34 中所示的四种重褶皱类型代表了所有干涉模式范围内的端元模式，如图 12.35 所示。值得注意的是，在野外露头中它们的形状也取决于过褶皱构造的剖面方位和褶皱作用机制类型，尽管图 12.35 所示的褶皱干涉模式从理论上适用于一些方位的褶皱构造。在大多数情况下，我们可以通过简单的非褶皱作用实验来重构第一组褶皱构造的几何形状。

按照定义，干涉模式由第二阶段的变形叠加在早期变形结构之上产生，并且通常情况下，我们可以根据他们的叠覆关系来确定他们的年龄关系。褶皱之间比较典型的叠覆关系为一个褶皱的轴面劈理被另外一个褶皱（晚期形成的褶皱）变成锯齿状。褶皱干涉模式中的此类叠覆关系的出现通常会作为多期变形的证据。然而，重要的是要理解一些褶皱干涉模式也可以通过一个变形阶段的不稳定状态的流动形成，在该变形过程中局部的或区域的 ISA 的方向发生变化，或者在变形过程中褶皱和叶理发生

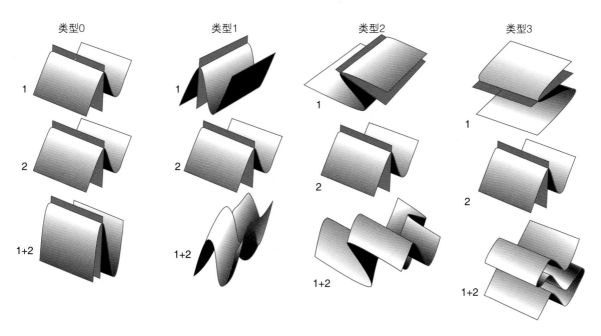

图 12.34　褶皱叠加的主要类型（底部的 1+2），主要由褶皱系统 2 叠覆在褶皱系统 1 上形成（据 Ramsay，1967）

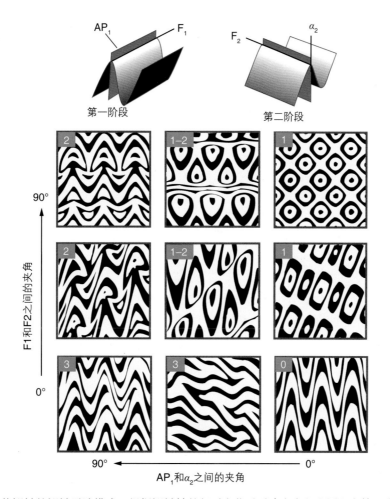

图 12.35　圆柱状褶皱的褶皱干涉模式，根据褶皱轴的相对方位（垂直方向）和图上方第一个褶皱的轴面与
$\alpha_2$ 方向的交角进行的分类（编号的模式据 Ramsay，1967）

$F_1$ 和 $F_2$ 分别是两期褶皱的褶皱轴，$AP_1$ 和 $\alpha_2$ 分别是前期褶皱的轴面方向和最大应变轴或叠加运动的流动方向

了内部旋转，例如剪切带的变形过程中就会发生这种情况。第一种类型的重褶皱尤其可能是一期非均质非共轴变形的产物，或者是先存不规则构造扩增的结果，如图 12.37 所示。在高应变剪切带或滑塌带处形成的极非圆柱状的褶皱通常被称作**鞘褶皱**。一般通过图 12.35 中描述的干涉模式来识别不同褶皱阶段之间的几何关系有重要意义。

图 12.36　褶皱石英片岩中的第 1—2 型干涉模式

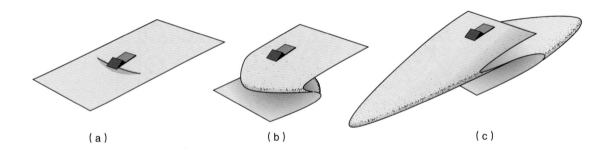

（a）　　　　　　　　　　　（b）　　　　　　　　　　　（c）

图 12.37　先存不规则构造的扩增作用发育形成的鞘褶皱（极其非圆柱状的褶皱）

注意通过简单剪切作用形成鞘褶皱需要高剪切应变作用，从分图（a）到分图（c）剪切应变逐渐增大

　　上面讨论的干涉模式以及图 12.34 和图 12.35 中提到了两个变形机制，其产生同等大小的褶皱。还有两组褶皱的波幅和波长差异较大的情况，需要通过作图来弄清它们之间的关系。图 12.38 所示为一种情况，相互叠加的两个褶皱中次级褶皱比主褶皱构造小。将这些褶皱与图 12.12 所示的褶皱相比，将会发现它们的倒向存在显著差异，这就需要另外一种解释。那么我们如何解释图 12.38 所示的现象呢？一个简单的解释就是大型褶皱受到后期垂直缩短作用的影响，导致褶皱两翼发生顺层剪切。如果在造山或者形成褶皱的变形末期或者之后又发生了重力塌缩变形就会产生此种现象，在这种情况下形成的小的不对称褶皱与图 12.12 所示的大型褶皱的方式形成无关。相反，这些褶皱的不对称性反而与先存层理的产状有关，如图 12.38 所示。这种干涉模式很像一棵圣诞树，所以我以前的一位讲师（Donald Ramsay）称它们为**圣诞树褶皱**。此类褶皱在加里东造山带的一些地方较为常见，它们都经历

了晚期的重力引起的崩塌作用。

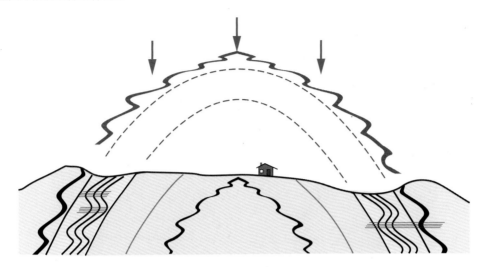

图 12.38　在形成一级背形后发生垂直缩短作用形成的圣诞树褶皱作用

与图 12.14 相比，近平行的轴面劈理比较典型

## 12.4　剪切带中的褶皱

在高应变剪切带或糜棱岩带内，剪切变形过程中的褶皱不断形成与发育（图 12.39）。如果地层最初位于收缩场内或者由于剪切带内不规则构造导致地层旋转进入收缩场内，则地层可能会发生褶皱作用。如果在褶皱作用过程中可以忽略地层间能干性的差异，那么这种褶皱可以看作被动褶皱，如果地层间存在黏度差异，那么我们认为褶皱具有主动分量。由于被动褶皱属于第 2 种类型，主动褶皱属于第 1 种和第 3 种类型，因此可以通过几何分析的方法来判断一个褶皱是主动褶皱还是被动褶皱（图 12.10 和图 12.11）。

理论上，剪切带中高应变的叶理与剪切面几乎平行。在拉伸场中也是如此，但是由于叶理与剪切面十分接近，所以只要层理仅受到轻微的扰动就会进入收缩场内。其结果是导致一系列褶皱的边缘都与剪切方向一致。这种旋转可以发生在构造透镜体或非均质体附近（图 16.13），或者由于应力场的变化或剪切带的旋转导致 ISA 发生轻微的旋转时。

如果褶皱枢纽线位于剪切面上，那么在不发生任何旋转作用时它将一直保持于原位置。然而，通常变形开始时枢纽线与剪切面成一定的夹角，并逐渐向平行于剪切方向旋转。因此我们认为枢纽线与迁移方向成高角度相交的开阔褶皱，如图 12.37（a）所示，与那些枢纽线与迁移方向接近的紧闭褶皱相比，前者经历的剪切作用较弱 [图 12.37（c）]。非共轴流动过程中褶皱枢纽的此类旋转，通常用于解释为什么很多高应变的剪切带内含有枢纽近平行于线理的褶皱构造。枢纽的张性旋转会产生鞘褶皱，其中除了鼻部的枢纽线剧烈弯曲，其余大部分区域的枢纽线都与线理近平行（图 12.37）。鞘褶皱的剖面与 1 型褶皱的干涉模式类似，但是这种褶皱形成于单一剪切事件期间（尽管不一定是一个完整的简单剪切过程）。

在单一剪切作用事件中，褶皱枢纽可以弯曲形成极非圆柱状的褶皱，其几何形状与 1 型干涉模式相似。

（a）

（b）

图 12.39　（a）加里东剪切带中早期褶皱，褶皱枢纽线与线理和迁移方向（箭头）成高角度；（b）同一剪切带中更成熟阶段的褶皱作用，褶皱枢纽线高度弯曲，重褶的方向与迁移方向（箭头）平行、斜交和正交

　　剪切带中的褶皱还可以以其他方式形成。在很多陡峭走滑剪切带中叶理可能与剪切带岩墙垂直（第 19 章）。褶皱的枢纽线与剪切带斜交。斜交的角度取决于剪切带的运动学涡度和层理相对于剪切带的准确方位。沿加利福尼亚圣安德列斯断层就可以找到这类褶皱的实例。

## 12.5　浅层地壳中的褶皱作用

虽然上述讨论的以及在自然界中见到的很多或大部分的褶皱都形成于塑性区域内，但脆性区域的上地壳内也能够形成褶皱。甚至在地表或近地表处也能形成褶皱，如专栏 12.2 所示。专栏图中的实例为重力作用控制下发生的软沉积变形，例如在不稳定的三角洲斜坡或大陆斜坡区，或者是滑坡前缘区。这种构造背景下形成的褶皱一般都是极非圆柱状的褶皱。

沉积物经埋藏后不久发生流化作用和液化作用产生扭曲地层和褶皱，这些构造都与**泥底辟构造**和**砂岩侵入体**相关。其形成机制可能为重力载荷作用、倾斜地层作用、地震甚至陨石坠落事件。当它们向地表运动形成的大规模构造为盐底辟带和褶皱地层。浅层的构造褶皱包括传播断层末端之前形成的**断层传播褶皱**（见第 17 章），例如增生楔。通常与逆冲和盐岩相关的浅层褶皱构造会受到侵蚀作用的影响并导致地层厚度发生变化，因此根据地层沉积记录可以探讨褶皱构造的类型和形成时间。

---

**专栏 12.2　沉积物的塑性褶皱作用**

大多数的褶皱都是由中地壳和下地壳的塑性流动产生，但是在浅层地壳中也能发生褶皱作用。褶皱可能是未固结沉积物受重力不稳定性或脱水作用影响产生。如果孔隙流体的压力异

上图：挪威 Finnmark 地区新元古代河流相砂岩中错断的褶皱地层，形成于岩石固结成岩之前

下图：犹他州 Moab 附近 Dewey Bridge Member 的褶皱砂岩—页岩界面，上覆为十分平坦的地层，底部为 Sliok Rock Member 的砂岩

常高（超压），那么埋藏的松散沉积物很容易发生褶皱作用。在极端情况下，沉积物会发生液化，并且在流体压力恢复正常前表现得更像是流体。通常我们在沉积物中见到的褶皱都为极非圆柱状，有些类似于糜棱岩带内的近似非圆柱状的褶皱。褶皱类型的变化范围由平缓到等斜，由直立到平卧。

软沉积褶皱具有以下几点特征。第一个特征是在变质条件下形成的褶皱通常没有轴面劈理。上部图中显示了砂岩沉积后不久形成的紧闭褶皱，但没有明显的劈理。另一个特征是软沉积褶皱明显受地层层位的限制，如下部图中褶皱的上部和下部的地层都未发生褶皱作用，在距褶皱几米高处可见水平层理。同时，未发现明显的间断面（裂缝）和碎裂变形。

沿断裂的岩层发生变形形成的**牵引构造**和**涂抹**，也属于浅层地壳断层相关褶皱。受断层几何形状控制产生的断层上盘褶皱或**滚动背斜**同样也属于断层相关褶皱（第9章和第21章）。

## 本章小结

简单的褶皱作用模型备受学者们的关注，有时也非常的有用，例如弯滑模型和简单剪切模型。然而，我们应该知道，在自然界中的褶皱的生长历史中，不同的变形机制可能在同一时期共同作用也可能在变形历史的不同阶段发挥作用。我们可以根据应变分布和褶皱的几何形状来辨别主控机制，如果我们掌握了地层能干性的差异、地层厚度、矿物学和非均质性等因素，那么我们可以在某种程度上通过野外观察和实验结果来预测褶皱的形成机制和几何形状。使用以下总结的知识点和复习题，来测试你对褶皱和褶皱作用的认识：

- 地壳中形成的褶皱可以为任意规模。
- 纵弯褶皱和尖棱褶皱证明地层发生顺层缩短作用。
- 形成剪切褶皱时地层长度会增加，但是垂直于轴面的地层厚度不一定发生缩短。
- 厚岩层与薄岩层相比，厚岩层产生的褶皱波长要长。
- 没有完全圆柱形的褶皱，大多数非圆柱形褶皱在剪切带中形成。
- 寄生褶皱的不对称性指示了与其相关的高阶褶皱的几何形状。
- 小的不对称褶皱与高阶构造没有相关性，例如在剪切带中它们可能指示的是剪切方向。
- 软沉积物中的褶皱作用可能不形成轴面劈理，并受某些地层层位的限制。

---

### 复习题

1. 绘制一个穹窿、一个盆地、一个直立向形、一个倒转直立向形背斜的示意图。
2. 穹窿—盆地模式是如何形成的？
3. 如何区分弯流和正交弯曲？
4. 如何识别纵弯褶皱？

5. 什么是剪切褶皱?

6. 平行褶皱和相似褶皱有什么区别?

7. 什么褶皱类型是平行的?

8. 我们在哪里可以找到相似褶皱?

9. 单斜一般在什么情况下形成?

10. 如果我们压缩一套薄岩层和一套厚岩层,使它们发生纵弯褶皱作用,你认为哪套岩层最先发生弯曲? 在发生褶皱作用之前,哪套岩层的厚度增加得最多? 哪套岩层形成的褶皱规模最大?

11. 同心褶皱和平行褶皱的形成条件是什么?

12. 如何利用等倾斜线区分纵弯褶皱和剪切褶皱?

13. 为什么我们可以在低阶褶皱的翼部得到不对称褶皱?

## 电子模块:

对于本章,电子模块的关键词是褶皱。

## 延伸阅读

### 综合

Donath F A, Parker R B, 1964. Folds and folding.Geological Society of America Bulletin, 75: 45-62.

Hudleston P J, 1986. Extracting information from folds inrocks. Journal of Geological Education, 34: 237-245.

Ramsay J G, Huber M I, 1987. The Techniques of Modern Structural Geology: 2 Folds and Fractures. London:Academic Press.

### 纵弯褶皱作用

Biot M A, 1961. Theory of folding of stratified viscoelastic media and its implications in tectonics and orogenesis. Geological Society of America Bulletin, 72: 1595-1620.

Hudleston P, Lan L, 1993. Information from fold shapes. Journal of Structural Geology, 15: 253-264.

Sherwin J-A, Chapple W M, 1968. Wavelengths of single layer folds: a comparison between theory and observation. American Journal of Science, 266: 167-179.

### 褶皱几何形态

Bell A M, 1981. Vergence: an evaluation. Journal of Structural Geology, 3: 197-202.

Stabler C L, 1968. Simplified Fourier analysis of fold shapes. Tectonophysics, 6: 343-350.

### 重褶皱

Grasemann B, Wiesmayr G, Draganits E, Fusseis F, 2004. Classification of refold structures. Journal of

Geology, 112: 119-125.

## 伸展环境中的褶皱

Chauvet A, Seranne M, 1994. Extension-parallel folding in the Scandinavian Caledonides: implications for late-orogenic processes. Tectonophysics, 238: 31-54.

Fletcher J M, Bartley J M, Martin M W, Glazner A F, Walker J D, 1995. Largemagnitude continental extension: an example from the central Mojave Metamorphic core complex. Geological Society of America Bulletin, 107: 1468-1483.

## 剪切带中的褶皱

Bell T H and Hammond R E, 1984. On the internal geometry of mylonite zones. Journal of Geology 92: 667-686.

Cobbold P R and Quinquis H, 1980. Development of sheath folds in shear regions. Journal of Structural Geology, 2: 119-126.

Fossen H and Holst T B, 1995. Northwest-verging folds and the northwestward movement of the Caledonian Jotun Nappe, Norway. Journal of Structural Geology, 17: 1-16.

Harris L B, Koyi H A, Fossen H, 2002. Mechanisms for folding of high-grade rocks in extensional tectonic settings. Earth-Sciences Review, 59: 163-210.

Krabbendam M, Leslie A G, 1996. Folds with vergenceopposite to the sense of shear. Journal of Structural Geology, 18: 777-781.

Platt J P, 1983. Progressive refolding in ductile shear zones.Journal of Structural Geology, 5: 619-622.

Skjernaa L, 1989. Tubular folds and sheath folds: definitions and conceptual models for their development, with examples from the Grapesvare area, northern Sweden. Journal of Structural Geology, 11: 689-703.

Vollmer F W, 1988. A computer model of sheath-nappes formed during crustal shear in the Western Gneiss Region, central Norwegian Caledonides. Journal of Structural Geology, 10: 735-745.

## 机制和过程

Bobillo-Ares N C, Bastida F, Aller J, 2000. On tangential longitudinal strain folding. Tectonophysics, 319: 53-68.

Hudleston P J, Treagus S H, Lan L, 1996. Flexural flow folding: does it occur in nature? Geology, 24: 203-206.

Ramsay J G, 1974. Development of chevron folds.Geological Society of America Bulletin, 85: 1741-1754.

Tanner P W G, 1989. The flexural-slip mechanism. Journal of Structural Geology, 11: 635-655.

## 褶皱中的应变

Holst T B, Fossen H, 1987. Strain distribution in a fold in the West Norwegian Caledonides. Journal of Structural Geology, 9: 915-924.

Hudleston P J, Holst T B, 1984. Strain analysis and fold shape in a limestone layer and implications for layer rheology. Tectonophysics, 106: 321-347.

Ramberg H, 1963. Strain distribution and geometry of folds. Bulletin of the Geological Institution of the University of Uppsala, 42: 1-20.

Roberts D, Stromgard K-E, 1972, A comparison of natural and experimental strain patterns around fold hinge zones. Tectonophysics, 14: 105-120.

# 第13章
# 面理和劈理

面理和劈理是用来描述岩石透入性构造作用形成的面状构造的术语。构造性面理与褶皱和线理共生，是变质岩中能观察到的最常见的构造类型，它们大量存在于岩石中，并且对于反演岩石变形过程具有重要作用。首先，原生面理，如层面等，能促发纵弯褶皱形成，并可在观察岩石褶皱形态时作为参照。其次，在缺少应变标志物的部位，构造面理提供了有价值且广泛分布的应变信息，因为大多数面理与挤压造成的垂向缩短有关。劈理和面理也形成板岩和片岩，这在世界范围内具有重要的经济意义。本章我们将介绍基本的术语，并讨论不同类型的面理在何种条件下、以何种方式产生。成因与剪切带相关的面理在第16章中介绍。

本章电子模块中，进一步提供了与面理相关的主题的信息：

- 形成过程
- 劈理的形成
- 片理化
- 片麻岩面理
- 移位面理
- 剪切带面理
- 面理与应变
- 面理叠加
- 非面理
- 造山作用

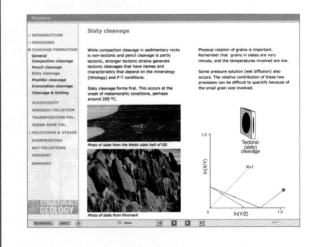

## 13.1　基本概念

### 组构

构造地质学中，术语"组构"被用来描述透入性的且广泛分布的岩体单元（图 13.1 和图 13.2）。它可以由具有优选方向的片状或拉长的矿物构成，例如云母片岩中的云母片或阳起石片岩中的针状阳起石。

组构由具有优选方向的矿物和矿物集合体构成，它们是组成岩石的一部分并透入岩石内部，其空间规模可小至微观尺度，大至厘米尺度。

图 13.1　发育良好的面理（板劈理）（据 Elisa Fitz Diaz 和他的同事们的研究）
强烈的面状组构使板岩沿着优先的方向劈开，该方向不是原生层面，而是次生或构造面理。
地点位于纽约 Whitehall 地区 Taconic Slate Belt

事实上，组构由透入性单元组成的意思是：那些只出现在裂缝表面的矿物，即使它们有很好的定向性，也不构成岩石的"组构"。构成组构的单元间隔普遍小于 1 分米。这意味着断层组或小型剪切带不能作为组构单元。

岩石中的各种组分，如矿物、矿物集合体和砾岩卵石等，能以不同的方式进行方向调整，因而产生不同的组构。区别随机组构、线性组构和面状组构是具有重要意义的。**线性组构**以具有定向的拉张单元为特征。**面状组构**包含板状和片状矿物，或者其他具有统一方向的扁平单元。面状组构不一定完全是数学意义上的平面。面状构造单元通常围绕刚性体发生弯曲或受到后期褶皱作用的影响。在一些情况下以"曲面组构"等术语来描述此类单元可能更为恰当。基本单元没有定向性的组构称为**随机组构**。岩石中组构完全随机的情况可能不常见，但是某种程度上的随机组构出现在一些未变形的沉积岩（碎屑、鲕粒）和火成岩（斑晶）中。然而，碎屑和斑晶在沉积和结晶的过程中可能会产生定向。当研究构造变形对岩石的影响时，这些**原生组构**，更具体地来说是沉积成因和岩浆成因的组构，必须引起重视。在解释变形组构时，原生组构的识别是必要的，并要确保不将原生构造与变形形成的构造相混淆。

组构存在于几乎所有的岩石中，无论岩浆岩、沉积岩还是变质岩。但是组构在强变形的变质岩中尤其发育，该类岩石被称作**构造岩**。在此类岩石中，构造组构依据形态和其内部单元的组合方式命名。如图 13.2 所示，表现出明显的线性组构的岩体被称为 **L 构造岩**，那些表现出显著的面状组构的岩体被称为 **S 构造岩**。术语 **LS 构造岩**用于描述那些同时含有线状组构和面状组构的岩体。强烈变形的变质岩重新组构和应变椭球的形态之间有很强的关联性：**L 组构**往往与收缩应变有关，LS 组构与平面应变有关，而 **S 组构**则与压扁应变有关。

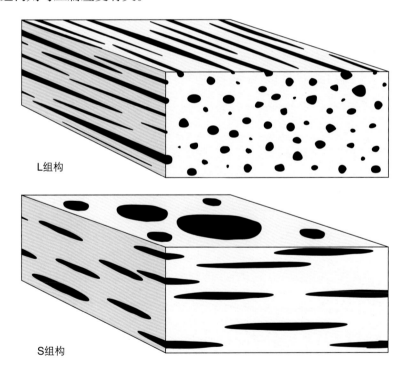

图 13.2　组构作为物体的结构透入于岩石中

线性物体形成 L 组构（上），面状物体构成 S 组构（下）。岩石分别被称为 L 构造岩和 S 构造岩

## 面理

**面理**（出自拉丁语 *folium*，意思为叶子）总体上用于表征变质岩中任何构成组构的面状或曲面状构造，但也包括原生的沉积层理和火成岩中的层状结构。一些地质学家倾向于将术语"面理"限用于构造应变形成的面状构造，但现在此术语通常涵盖了沉积层理和其他原生面状构造。区分**原生面理**和

**次生面理**具有重要意义，原生面理通常指沉积物沉积过程中或岩浆岩形成过程中产生的面理，而次生面理是指岩石在变形过程中形成的面理，如变质岩中的轴面劈理。沉积岩中的原生面理即为层理，火成岩原生面理一般包含岩浆岩中流纹带和侵入岩中岩浆层状结构。次生面理是应力和应变的产物，大多数为**构造面理**，因为它们的形成与构造应力有关。次生面理也可具有非构造成因，最重要的例子是与压实有关的面理。构造地质学上，我们趋向于将术语"面理"限定为变形作用形成的面状构造，并试图对它们进行分类，如图 13.3 所示。

构造面理是一种面状构造，形成于构造作用过程中，包括劈理、片理和糜棱面理。

面理是一种组构，这说明如一条断层或节理等单一的面不可称为面理。例如，尽管手标本上平行展布的裂缝广泛发育，但它们可能缺少**内聚力**（内聚力是面理的第二个固有属性）。虽然面理化岩石常常沿面理裂开，但裂开需要克服其内聚力。

面理化岩石的定义中包含了较强的内聚力，尽管岩石可能优先沿着面理裂开。

面理可以由下列结构或组分而体现：区域内粒度的规律变化、扁平组分区域分布（如砾岩卵石）、具有统一方向的重结晶板状颗粒、排列在毫米厚的区域内的片状矿物、密集分布的具有内聚力的微裂缝和微褶皱（细褶皱）。

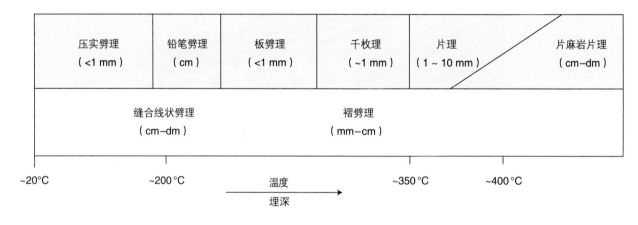

图 13.3　重要劈理和面理类型概要图

依据埋深或温度排序，并能指示面理出现的温度范围。温度指示较为粗略

## 劈理

术语**劈理**是指可能使岩石劈开或裂开的近似平行的面。劈理是面理的（大）亚类，不是所有的面理化岩石都优先沿面理劈开。劈理出现在低级变质岩（弱绿片岩相和更低级别变质岩）和几乎未发生变质的岩石中，而在云母片麻岩或片岩中则表现为晚期褶劈理。

劈理和面理在手标本尺度上都是透入性的，但是其面状单元的空间分布不同。如果面状单元相互之间距离大于 1mm，且在手标本上能明显区分单个面或者区，则该劈理被称为**间隔排列的劈理**（图 13.4 和图 13.5 左侧；同见专栏 13.1）。如果面状单元间隔 0.1mm 或者更少（图 13.5 右侧），则该构造被称为**连续劈理**。自然地，具有连续面理的岩石能劈开成更薄的片，而不是间隔排列的面理。

岩石劈理不应与矿物劈理混淆。后者表述的是矿物沿具体的晶面裂开的趋势。

图 13.4　怀俄明州 Thomas Fork，Sevier 造山带石灰岩（Twin Creek 地层）中间隔排列的劈理
劈理形成于层平行的缩短过程中，并且垂直于缩短方向（Z）（Arlo Weil 的手作为比例尺）

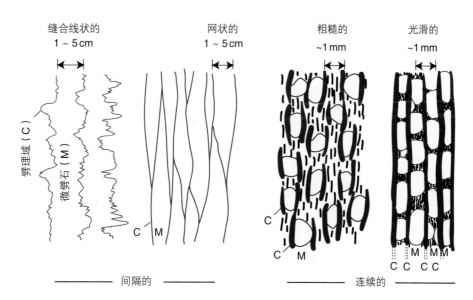

图 13.5　不连续劈理类型

缝合线状（石灰岩）和网状（砂岩）劈理常常是间隔排列的。而更细粒岩石中的连续劈理被分割成粗糙的和光滑的两类，粗糙的劈理
能够转变为光滑劈理。所有的不连续劈理都是域劈理，劈理域（C）被称为微劈石（M）的未变形岩石分割

## 13.2 早年间的术语

大约在 1930 年，澳大利亚地质学家 Bruno Sander 用 S 来代表面理。某野外或地区已被证实的不同时期的面理用 $S_n$ 表示，下标 $n$ 表示相应的时代。原生面理，如层理、岩浆岩分层被标记为 $S_0$（图 13.6）。最早的次生面理标记为 $S_1$，之后的记作 $S_2$，等等。面理通常与褶皱有关，这里褶皱（F）和面理（S）有相同的后缀。例如，与岩石中第一期面理（$S_1$）有关的褶皱被称作 $F_1$ 等。我们已经在图 12.35 中使用了该术语，该处我们将两期褶皱轴面分别称为 $F_1$ 和 $F_2$。相似地，连续变形阶段被称作 $D_1$ 和 $D_2$ 等。

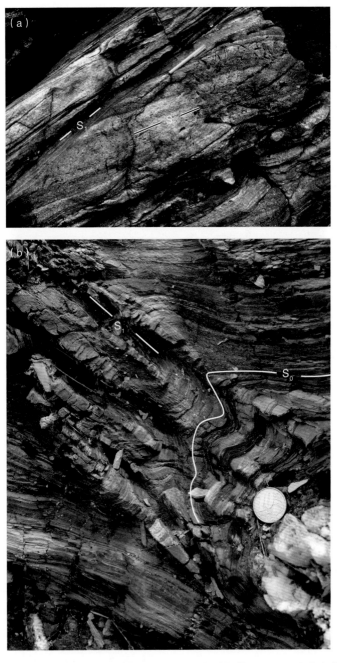

图 13.6　（a）加里东期蛇绿岩中变辉长石中的两期面理，在加里东剪切作用下，原生的岩浆岩分层（$S_0$）被剪切相关的面理（$S_1$）改造；（b）泥岩中早期局部的劈理，劈理的形成与豆荚状石英附近小尺度褶皱作用有关
（巴西 Sergipano 前陆地层）

专栏 13.1 破劈理

　　**破劈理**（分离开的劈理）常用于描述在未变质或极低级变质岩，特别是石灰岩和砂岩中出现的密集发育的裂缝。破劈理常由先存的劈理面破裂而成。通常劈理形成自垂直于劈理面的挤压力。这里我们将破劈理定义为沿垂直劈理面方向的有一定张开度的劈理。因此，在许多情况下它更适合被视为小尺度裂缝组。剪切裂缝也能够密集且系统性地发育，它们与破劈理相似。这种类型的"劈理"非常局限，通常出现在断层核和断层破碎带。前人文献中破劈理具有其他的含义，因此本书中尽量避免使用该术语以免造成混淆。

上图中极细粒砂岩中板劈理（左倾）变为空间上不连续劈理。这种不连续劈理能被认为是破劈理，因为它们沿着压溶缝发育

犹他州 Temple Mountain 附近砂岩中右倾的近平行裂缝，与 Navajo 砂岩中的劈理相似

## 13.3　劈理的发育

　　劈理的类型有很多，可用的术语也很多。为了有效地研究劈理和面理，有必要关注埋藏深度和岩性。**埋藏深度**与温度（和压力）有关。随着温度的增加，首先矿物的流动性增加，随后在更高的温度下，矿物可能重结晶。至大约 350 ~ 375℃时，已经不是劈理形成的环境范围，而进入片理和糜棱面理形成的温度范围。**岩性特征**和矿物学特征在此过程中具有重要作用，因为不同的矿物在相同温压条件下表现各异。层状硅酸盐强烈控制了劈理的发育。总的来讲，如果岩石中没有层状硅酸盐，将没有强烈的劈理和片理。石灰岩中的劈理发育受到碳酸盐颗粒的移动性及易形成缝合线等特征的控制。

　　劈理是低温条件下形成的面理，在富含片状矿物的岩石中发育良好。

　　这里我们主要探讨面理中最普通的类型，即由受递进变质作用（如岩石埋深逐渐增加）所控制的变形而形成的面理。

### 压实劈理

　　沉积岩中首批次生面理的形成与压实历史有关。矿物颗粒方向的重排和孔隙空间的垮塌导致原生面理（层理）增强和改造。例如泥岩和泥质岩，压实导致具有明显的**压实劈理**的页岩的形成 [ 图 13.7

（a）]。在这个过程中也形成压溶，且在一些石英中，我们能发现压溶缝合线。这些构造在石灰岩中更普遍，碳酸盐的溶解产生近水平且不规则的缝，缝里充填泥或者其他残留矿物。这些缝隙是缝合线或压溶缝，其形成的面理被称作**缝合线劈理**（图13.5，左），属于**压溶劈理**。

上述缝状构造在碳酸盐岩中通常间隔几厘米，因此其对应的劈理通常为宽间距劈理。事实上，缝合面之间可能相隔太远而不能定义为劈理。相反地，页岩压实劈理在显微镜下才能识别出来，为连续劈理。这些非构造劈理常被视作 $S_0$ 面理。

### 早期构造发育和不连续劈理

当沉积岩受到构造应力作用时，沉积层理逐渐水平向缩短，通常形成构造面理。这种情况经常出现在造山带前陆。在石灰岩和一些砂岩中，最初构造面理的形成是压溶劈理，典型的像缝合线（锯齿状，剖面上表现为Z字缝合线）。如果最大主应力 $\sigma_1$ 是水平的，形成垂向压溶劈理，它与 $S_0$ 高角度相交，比压实相关的缝合线形成时间要早。

当页岩受构造应力作用时，压溶也很常见。这种情况下，石英普遍溶解，使黏土矿物重新定向并集中分布。在某一时刻，次生面理将与原生面理一样明显，黏土矿物沿 $S_1$ 和 $S_0$ 均形成很好的定向排列。页岩将沿 $S_1$ 和 $S_0$ 破裂成铅笔状块体，这可以解释**铅笔劈理**的形成 [ 图13.7（b）和图13.8]。专栏13.2展示了这种劈理的形成过程。当局部或区域应力场变化时，两期构造作用于同一岩石，也会产生铅笔构造。这种仅由构造作用产生的铅笔劈理与逆冲断层有关，两类构造的形成在时间上紧密相连。

如果构造缩短持续，它将最终将使压实劈理消失。当石英颗粒继续发生溶解，类似于纸牌屋倒塌的情况发生。越来越多的黏土颗粒重新定向排列，成垂向展布。其结果是连续劈理总体上控制了该岩石的结构和构造。此时，岩石成为板岩，它的面理被称为**板劈理**，这样我们已经到达了图13.7中的c阶段。

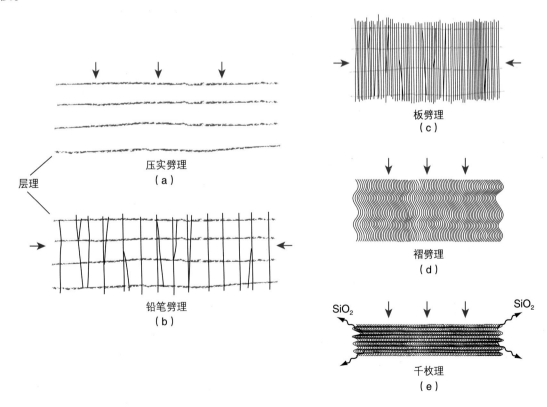

图13.7　泥岩中的劈理发育机理

图 13.8　Oslo Fornebu 地区加里东期前陆褶皱冲断带中页岩铅笔劈理

## 专栏 13.2　铅笔劈理和应变

　　铅笔劈理的发育可以用 Flinn 图表示如下。第 I 阶段为埋藏压实阶段。渐进的垂向压扁造成沿水平轴向初步的拉伸。第 II 阶段，水平向受构造作用而缩短，使得应变椭圆变为长椭圆，此时铅笔构造形成。如果变形继续，进入第 III 阶段，此时 Z 轴变为垂直，垂直展布的构造劈理开始占主体地位。该阶段应变椭圆变为完美的扁圆。继续变形，进入第 IV 阶段，产生垂向拉伸。

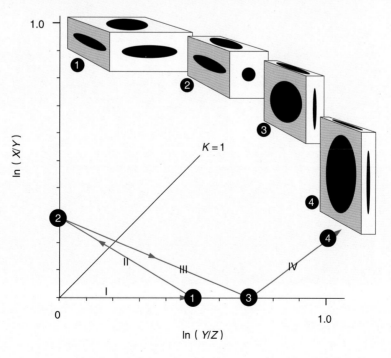

　　板劈理形成于非常低的变质级别，此时黏土矿物刚刚开始重结晶形成新的云母颗粒。细致地观察研究发育完善的板劈理，会发现矿物排列特征发生了变化。当主要矿物是石英和长石时，称为 **QF 域**，它与富含硅酸盐矿物、在千枚岩中更为发育的 **M 域**相对立（图 13.9 和图 13.10）。字母 Q、F 和 M 分别代表石英、长石和云母。我们需要微观观察单个 M 域，其对应矿物的厚度远小于 1mm。QF 域对应矿物的形状为典型的菱形和透镜状，而 M 域所对应的矿物则具有狭窄且扁平的形状。如下所示，许多种类的劈理和面理发育在不同的域中，它们被称作**域控劈理**。

　　术语**不连续劈理**（图 13.5）通常用来描述前期未面理化岩石（如泥岩、砂岩和石灰岩）在构造活动早期形成的构造性域控劈理。该术语暗示此类劈理切割而非细化（或褶皱化）先存的面理。

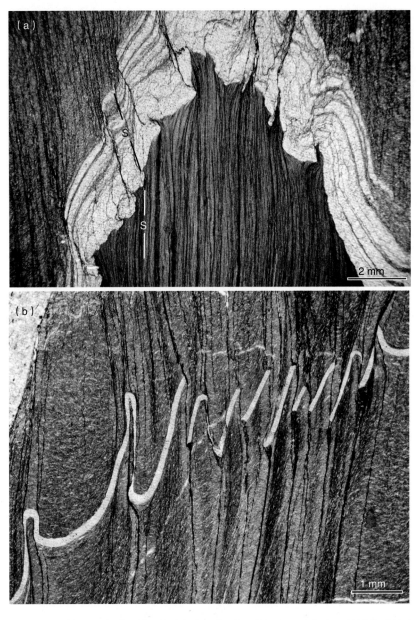

图 13.9　（a）分图为显微镜下观察时千枚理包含相似于褶劈理的褶纹。它与真正的褶劈理的主要区别在于，千枚褶纹是显微尺度的而裸眼看不到。注意此处的千枚理受能干性砂岩层影响，砂岩层劈理间隔更宽，并且方向也不同（折射）。（b）分图中的薄层砂岩被认为受到沿着某些微劈石发生的溶解作用影响
（照片由 Alessandro da Mommio 摄自意大利 Sardinia）

图 13.10　（a）低绿片岩相千枚岩中的千枚理；（b）形成于更高变质相（绿片岩相）的劈理，
QF 域（中部）和 M 域发育良好，且颗粒更粗

学界曾经认为板劈理形成于颗粒的机械旋转。我们现在知道所谓的湿扩散或压溶是产生域控构造的主要因素，这是板劈理的特征。石英和长石颗粒在垂直劈理方向发生溶解，并形成透镜状（三维形态呈圆盘形态）。这种情况出现的区域，层状硅酸盐集中，形成 M 域。溶解和压溶在形成劈理过程中具有重要作用，因此我们能用术语（压）溶劈理来形容板劈理。

---

劈理形成的方式包括颗粒旋转、矿物定向生长和最重要的大多数可溶矿物的湿溶解（压溶）。

---

在湿溶解过程中，一定会发生被溶解的矿物物质穿过颗粒边界处非常薄的液体薄膜迁移出去的情况。在 QF 域中，此类物质沉淀在粒径更大、刚度更强的颗粒的周缘（所谓的压力影处），或彻底迁移出该岩体。事实上，大多数板岩带中大量的物质已经迁移，这与上地壳热力学和流体渗流有关。

### 绿片岩相：从劈理到片理

当进入绿片岩相变质阶段时，以消耗页岩和板岩中黏土矿物为代价，新的层状硅酸盐矿物开始生长。此时千枚岩形成，劈理转变为**千枚理** [ 图 13.7（e）和图 13.9]。云母矿物开始生长，其底面或多或少垂直于应变椭球的 $Z$ 轴和最大主应力 $\sigma_1$。因而，新生的云母颗粒平行排列，且千枚理形成。该劈理仍然是连续的，而且相较板劈理，这些劈理 QF 域和 M 域发育更明显。当达到绿片岩相温度时，因为溶解（湿溶解）变得更强烈，劈理域更发育（图 13.10）。

当未变质的泥岩随着埋深增加，达到高绿片岩相，或可能低角闪岩相时，云母颗粒生长得更大，在手标本上变得容易识别。与此同时，面理曲率增加，包裹石英—长石集合体和强变质矿物（如石榴子、蓝晶石和角闪石）发育。此时面理不再称作劈理，而称为**片理**，且岩石称为**片岩**。

石英富集的岩石中也发现片理，如石英片岩和受剪切作用的花岗岩等。此处 M 域和 QF 域是毫米尺度甚至是厘米尺度的，相较云母片岩，他们更常见且更平整。这是石英片岩和被剪切作用影响的花岗岩容易被切割成板状的原因。这种岩板能被用于许多建筑场合。总之，湿扩散（溶解）和颗粒重新定向控制了板劈理的形成，而片理的形成过程中重结晶更为重要。

## 次级构造性劈理（褶劈理）

如果变形过程中应变增量在局部或区域上发生（ISA）（见第 2 章）改变，或者后期出现了能够形成劈理的变形阶段，则已经形成的构造面理可能被后期的劈理（$S_2$ 或者更晚）影响。因为劈理趋向于垂直最大缩短方向（$Z$）发育，因此新的劈理将叠加于先存的劈理之上。较为常见的劈理叠加方式是通过褶皱作用使得早期的面理形成一系列的小褶皱，产生褶劈理。因此，褶劈理是一系列厘米级或者更小尺度的小褶皱，具有平行的轴面（图 13.11）。随着先存面理与次生应力场之间的角度的变化，褶劈理将呈现对称或者非对称的形态。**对称褶劈理**的翼长相等，而**不对称褶劈理**由 $S$ 形和 $Z$ 形不对称小褶皱构成。

图 13.11　受不对称褶劈理影响的糜棱岩面理
中部云母层的劈理是分离的，而邻近的更富含石英的层中劈理很少发育

沿着部分褶劈理能够追溯早期面理的发育情况，此类褶劈理被称作**带状褶劈理**。当情况相反时，QF 域和 M 域之间存在明显的不连续，这种劈理称作**离散褶劈理**。此时 M 域比 QF 域薄，与微断层相似。在同一露头上，离散和带状劈理相互之间能逐渐转化。

褶劈理形成与岩性有关，并且需要早期发育良好的、至少部分由硅酸盐矿物形成的面理。在云母含量高的岩层常能观察到褶劈理，而缺少云母矿物的层即使与之相邻，也很少观察到褶劈理。受影响的面理域的宽度与新形成的褶劈理的波长相关，域的厚度越大，产生的褶皱波长越长。层厚与波长之间关系与第 12 章所述相同，黏度差对此关系具有重要的控制作用。褶劈理和褶皱作用之间也存在很强的关联性，这些将在下面部分进行讨论。

我们可以观察褶劈理发育的任一阶段，从面理轻微褶皱到强烈的褶劈理发育，而在后者形成过程中重结晶和压溶会导致明显的 QF 域和 M 域结构产生。发育过程的后期，手标本上已很难观察到初始面理，而在显微镜下则较容易观察到。褶劈理渐进式的发育伴随着垂直劈理方向逐渐地缩短，最终，褶劈理转变为千枚理。

## 13.4 劈理、褶皱和应变

### 轴面劈理

如图 13.12 所示，在许多情况下，劈理和褶皱之间存在密切的几何学关系，且这两种构造常常同时产生。几何学上，劈理往往沿着轴面劈开褶皱，特别是在转折端附近。当劈理平行于轴面时，该劈理被称为**轴面劈理**。

许多劈理都是轴面劈理，显示了变形岩石中构造面理与褶皱之间的重要关联。

图 13.12　极低变质沉积物中离散板劈理，轴面至大尺度斜歪向斜（美国佛蒙特州 Scotch Hill Syncline）

$S_0$—层理；$S_1$—劈理

　　有趣的是，如果我们仔细研究劈理—褶皱之间的关系，我们会发现轴面和劈理的方向并不相同。事实上，劈理的方向在不同层可能是变化的。这种发生在相邻的、能干性或黏度存在差异的岩层中的劈理方向变化，被称为**劈理折射**。岩层间能干性差异越大，折射越严重。

　　转折端所发育的劈理可能形成多种不同样式。图 13.13 展示了挪威 Finnmark 地区加里东推覆体砂岩层所夹的非能干性页岩中劈理的发育样式。总体上，劈理垂直于缩短方向，即它代表了应变椭球 $XY$ 面。转折端处发育的页岩劈理样式变得非常有趣。页岩层上部，劈理（$XY$ 面）垂直于层理，它的产状与上覆能干性岩层内平行地层的缩短方向相一致。页岩层下部，与地层平行的劈理与下伏砂岩层外弧的伸展有关。此处存在劈理不发育的区域，被称为**中性点**（图 13.13）。经典的纵弯褶皱的中和面（见第 12 章）消失，这是受到弯曲剪切影响的缘故。甚至在能干性岩层中，弯曲剪切将中和面萎缩成中和点 [ 图 13.14（c）]。

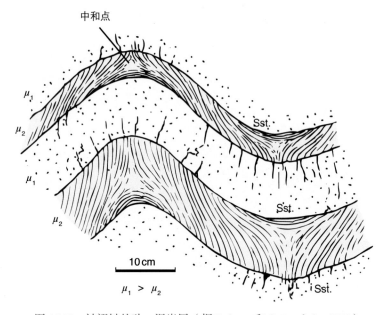

图 13.13　被褶皱的砂—泥岩层（据 Roberts 和 Strömgård，1972）

页岩（绿色）中非平面劈理反映局部 $XY$ 平面方向变化，注意在中和点没有劈理（与图 13.14 对比）

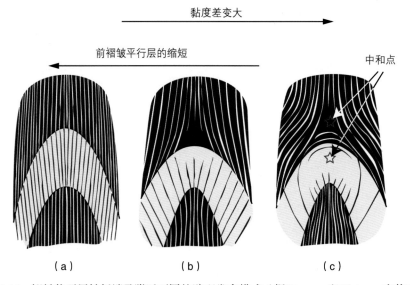

图 13.14　褶皱能干层转折端及附近不同的劈理发育模式（据 Ramsay 和 Huber，有修改）

岩层之间有黏度差，平行层的缩短是重要的，其缩短量大于褶皱作用

图 13.13 所示的劈理样式不是总能够被观察到的。事实上，在能干性岩层和非能干性岩层转化处，劈理常常是连续的，如图 13.14（a）所示，或者仅非能干性岩层发育劈理。劈理最终的样式与早期的变形史有关，因为最终的样式与劈理形成之前的层平行的缩短量紧密相关。更具体地说，若在褶皱开始之前劈理已经较为发育，则劈理将是连续的。结果如图 13.14（a）所示。另一方面，如果劈理形成于褶皱发育之后，劈理样式更可能如图 13.14（c）所示。

野外露头调查发现劈理折射出现在能干性差异较大的相邻地层发生褶皱时。我们可以用能干性和非能干性地层之间不同的剪切应变（$\gamma$）来解释这种现象（图 13.15）。在这种弯曲剪切模型中，能干性和非能干性岩层之间的界面处的应变椭圆被上下岩层应变椭球剪切，如图 13.16 所示。

劈理折射反映出岩层之间的能干性差异以及劈理在褶皱中的位置，折射受到褶皱前平行地层方向缩短和褶皱发育过程中弯曲剪切的影响。

如图 13.17 所示，劈理和岩层之间的角度关系与劈理在整个褶皱上的具体位置有关。尽管很有可能产生折射，但是考虑到褶皱地层系统地变化，劈理总体上具有相当一致的方向。如图 13.17（a）、图 13.17（b）所示，仅从某个单一位置观察到劈理与岩层之间的角度关系，就可以轻松地构建（定性的）褶皱的几何形态。该方法明显是假设了劈理和褶皱作用之间存在成因关系。后期与褶皱作用无关的劈理也出现在多期变形的地区，角度关系告诉我们，它的形成与大尺度褶皱的几何形态无关［图 13.17（c）］。

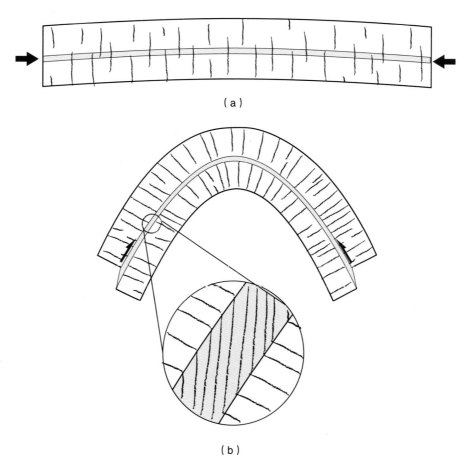

（a）

（b）

图 13.15　褶皱翼部非能干性岩层中局部剪切造成的劈理折射（弯曲剪切）

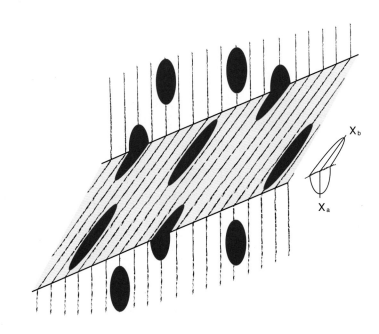

图 13.16　劈理折射的应变（假设层面没有滑动）

跨过层面时，应变必须是渐变的，如应变椭圆必须是相容的。这种情况下，跨层的区域，仅简单剪切和 / 或体积改变的
变形是可能的变形方式

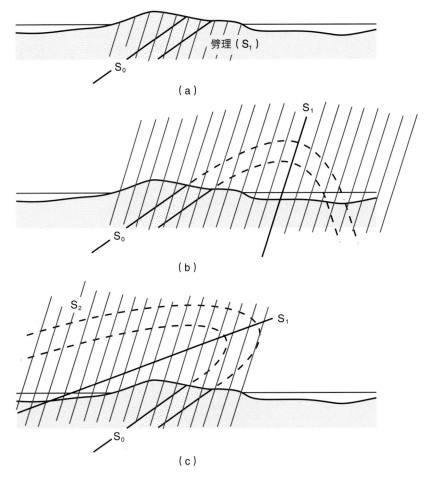

图 13.17　（a）图表示变形区劈理和层理的关系。（b）图为基于劈理的形成与褶皱有关的假设来解释大尺度褶皱。
如果褶皱具有完全不同的几何形态（c），这时褶皱和劈理形成于不同的时期

## 应变

形成于低级变质的劈理，如板劈理以及部分褶劈理和千枚理，通常被认为代表 *XY* 面或压扁面。很明显，上述构造发育于共轴变形过程中 [图 13.18（a）]，此类变形过程对劈理形态影响较大，如图 13.13 所示的转折端劈理的变化。当然，非共轴变形过程，如简单剪切 [图 13.18（b）] 等，对于劈理形态也具有一定影响。简单剪切构成中面理将朝剪切面旋转，剪切带面理显示了剪切区中 *XY* 面的展布，这是非常有用的特征，将在第 16 章进一步讨论。但是我们必须注意例外的情况，例如在面理开始滑动或者它包裹刚性透镜体或其他刚性物体时。

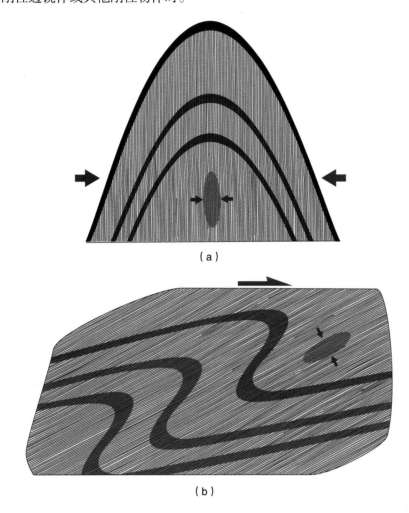

图 13.18　板岩带中直立褶皱（a）和剪切带（b）的缩短方向（箭头）、应变椭圆和劈理之间的简易关系

应变椭球体的形态可能更难获得，但是通过不溶矿物集中于 M 劈理域中这一事实，我们知道体积的减少是劈理相关应变的重要组成部分。在低温和浅埋藏深度，沉积物压实劈理引起 30% ~ 40% 体积缩小。石灰岩中压溶控制的劈理可能有更大的体积缩小，板劈理发育的岩层显示在垂直劈理方向存在高达 50% ~ 75% 的缩短（图 13.16）。我们是如何得出这一结论的？幸运的是，应变标志如沉积岩中的化石和还原斑（三维还原圈）能保存下来。当变形产生时，这些还原斑从圆形变为椭圆，代表局部应变椭球的截面（专栏 3.1）。已知原始形状和几何形态的化石也能被用于估计劈理化（变质）沉积岩的应变。

大多数劈理近似代表应变椭球的 *XY* 面，并有大量的体积缩小。

垂直劈理的缩短可能或者不会被劈理面的伸展补偿。如果压溶（湿扩散）发育，并不被沉淀物补偿，此时 $XY$ 面缩短可能是欠补偿的。这种情况下，变形是非均衡的体积缩小，应变椭圆变为扁圆。大量研究记载，该变形过程中体积显著地减少（图 13.19），这表明物质扩散离开岩石是劈理发生变形的重要的机理。若非如此，溶解的物质将沉淀在 QF 域，但是大多数情况下这种局部沉淀似乎并不重要。多孔岩石压实劈理形成过程中，物理压实可能是重要的，而当温度上升时，湿扩散变得更重要。

劈理形成过程中应变扁球的出现很大程度上受到压溶（湿扩散）的影响。

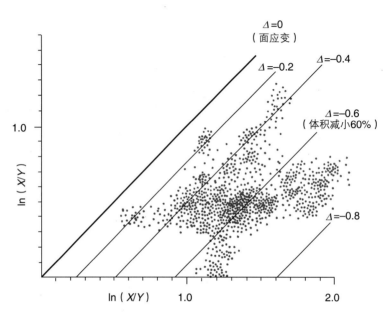

图 13.19　板劈理发育的板岩应变数据（据 Ramsay 和 Woods，1973）

数据完全落在压扁作用区域；$\Delta$ 为体积缩小系数（与第 2 章中定义相同）

千枚理和片岩面理不总是共轴缩短形成的，它们能被简单剪切影响或者是由其产生。在非共轴剪切过程中会形成所谓的剪切带，它看起来可能与轴面劈理相似（图 13.20）。剪切带也被称为伸展褶劈理，是岩石中的小型剪切带，其伸展作用使层理或面理变形。剪切带不与应变椭球直接相关，但是提供了剪切的重要信息，如第 16 章所讨论的一样。区分普通的褶劈理和剪切带可能是困难的，但是剪切带不直接与褶皱作用相关，因此不是轴面劈理。它们也可能展现出与局部剪切或者滑动相关的条纹。将术语劈理限定为面理，且该面理的形成是构造缩短的部分表现，这样定义可能较为明智。

### 横切褶皱

在大多数情况下，理论上褶皱轴面与轴面劈理方向相同。少数情况下，劈理和轴面的方向有明显的差别（图 13.21），甚至在褶皱和劈理有成因联系以及层间流变学特征差异并未造成折射的地方，也会产生此类方向差异。在此情况下，劈理横切过轴面和褶皱枢纽（图 13.21）。这些劈理被称为**横切劈理**，褶皱被称为**横切褶皱**。

威尔士和苏格兰南部高地广泛的板岩带发育经典的横切褶皱。如图 13.21 所示，这些地区的构造呈现系统性的倾斜，劈理相对褶皱轴顺时针旋转。英国加里东造山带轴面和劈理的系统性相交被解释为左行压扭（见第 19 章）。在这样的构造区，变形过程中褶皱和劈理将旋转，褶皱开始时间和劈理形成时间稍有不同使得横切褶皱产生。然而，非稳态流的情况下横切褶皱也能形成于共轴变形，如在岩石变形与瞬时应变伸长轴旋转相关的地区。

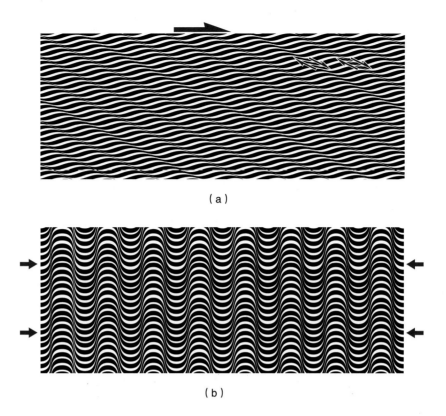

（a）

（b）

图 13.20　（a）剪切带（伸展褶劈理），此处层面主要被剪切作用错开；（b）对称的褶劈理形成于层平行的缩短（注意：普通的褶劈理可能是不对称的）

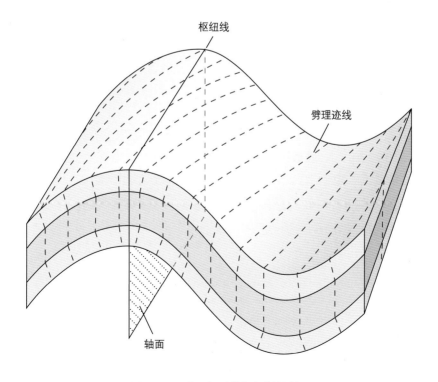

图 13.21　劈理切过横切褶皱的轴面

## 13.5　石英岩、片麻岩和糜棱岩区面理

含云母石英岩发育的面理被称作**片理**。不纯的石英中没有足够的硅酸盐颗粒来形成类似板岩和千枚岩中的连续劈理，或者云母片岩中的波状面理，但是不纯的石英岩和石英片岩能整齐劈开成厘米至分米厚的薄板，常被用于铺设路面或用于其他建筑用途。此类岩石的开裂主要是由于平行的层状硅酸盐在岩石内产生了非均质性所致。

当湿扩散主导劈理形成时，其他晶体塑性变形在片理形成过程中变得更为重要。

纯度很高的石英岩不会发育片理，因为没有硅酸盐矿物被重新定向和集中。单个石英颗粒压扁形成的形态结构可能使岩石表现非均质性，但是并不如在石英片岩中那样明显。当应变量较大时，纯的石英岩作为一种**石英条带**被保存下来，这些条带之间的颗粒大小或颜色会变化，并通常与褶皱的倾角相同。否则，面理可能仅能在显微尺度出现，在那些保存有被压扁的塑性变形颗粒的地方。

花岗岩和其他贫硅铝酸盐矿物的长英质岩石，与大多数岩石不一样，它们不易发育劈理，因为其云母含量很少，重新定向石英颗粒形成劈理所需的时间长且耗能多。然而，当温度较低且存在水的情况下，长石可发生交代作用形成云母能，从而形成面理化岩石。一些岩浆岩也含有很高的长石／石英比。相比石英，长石产生塑性变形需要更高的温度，且在湿扩散过程中流动性差。

这并不是说变形的岩浆岩不发育面理。一些情况下，我们能发现粗粒岩浆岩中发育不连续的劈理。云母富集的区域之间可能间隔几厘米。高应变的花岗岩和其他岩浆岩也将以矿物和矿物集合体重新定向和压扁的形式发育面理。在许多情况下，该过程可能与非共轴变形相关，而共轴变形主要形成出现在板岩和千枚岩中的劈理。变形岩浆岩中的构造面理被称作**片理**（和石英片岩中一样）、**片麻岩条带**，或如图 13.22（a）中所示的**岩浆岩面理**，而不是劈理。

片麻岩条带通常形成自图 13.23（a）所示的过程，在此过程中早期的构造包括岩墙、岩脉和面理等被压扁，并被旋转至几乎完全平行。该过程被称作置换，此构造面被称作**置换面理**，它由置换后的岩层组成。上述岩层可能是花岗质的岩墙，如图 13.24 所示。如果应变量较大的话，共轴变形和非共轴变形都能产生置换面理。对于高温变形而言，部分熔融十分重要，它能够产生由白色物质（亮）和黑色物质（暗）构成的岩浆岩面理 [图 13.22（a）]。

尽管我们图示的岩浆岩中没有先存的面状构造，但是较大的应变，特别是非共轴应变，可能导致**糜棱面理**形成 [图 13.22（b）]。**糜棱面理**与置换岩层和片麻岩条带有关，但是面理域之间的距离更小，通常为毫米或厘米尺度（图 13.23）。这与应变量较大相关：强应变压扁物体并导致薄层。厚度超过一百米的糜棱岩区是典型的剪切带（走滑、逆冲或伸展），具有很大的位移（千米尺度或更大）。糜棱岩和糜棱剪切区构造将在第 16 章进行更详细的讨论。

## 本章小结

面理通常出现在变质岩中，并经常被用于定义不同类型的变质岩。没有面理，进行正确的构造分析可能很困难。本章我们归纳了不同类型的面理，并分析了它们的形成过程。本章中有许多原理和关系，我们没有进一步说明，面理的形成有许多方面需要进一步研究。本章重点总结如下：

- 简而言之，面理形成在变质岩中，而裂缝形成于更浅的地壳深度。
- 大多数面理垂直于或高角度相交于缩短方向。

图 13.22　（a）形成于部分熔融的片麻岩面理（混合岩化）。它由亮和暗两种面理组成，分别被称作白色物质和黑色物质。白色物质代表高温从岩石中熔融提取物。两条花岗质小岩脉切割面理。照片摄自 New Hampshire Presidental Range。
　　（b）巴西 Além Paraiba 糜棱片麻岩，此处的剪应变如此的高，以至于原始的构造完全消失

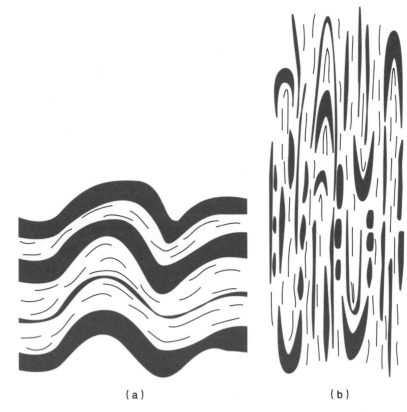

（a）　　　　　　　　　　　　（b）

图 13.23　由水平压缩和垂向伸展形成的置换示意图

共轴和非共轴应变都能产生该结果。该结果（b）是包含片内褶皱和无根褶皱枢纽的条带状岩石。
注意主要面理如何从水平（a）转变为垂直（b）

- 在缺少常规变形标志的区域，面理可以提供重要的应变信息。
- 不同类型的面理反映变形过程中岩性、温度及埋藏深度的不同。
- 劈理通常出现在褶皱轴面附近。
- 片理通常形成于剪切作用，但不一定与褶皱作用有关。
- 劈理形成的过程中压溶迁移了大量的岩石物质，但片理和糜棱面理不存在这种现象。

---

**复习题**

1. 原生面理、次生面理和构造面理的差异是什么？
2. 如何识别变形和变质沉积岩中的原生面理？
3. 哪些特征可以将裂缝区与劈理或面理区分开？
4. 哪类应变能产生横切褶皱？
5. 哪些条件利于连续（密集）劈理形成？
6. 劈理形成最重要的机理是什么？
7. 什么是 QF 域和 M 域？
8. 什么是劈理折射，如何解释它？
9. 我们如何应用劈理和劈理形成前的面理的角度关系来预测大尺度褶皱的几何形态？
10. 为什么劈理总是与压扁应变（扁圆状应变椭球）有关？
11. 剪切带（伸展褶劈理）和普通褶劈理之间的差别是什么？

图 13.24  角闪岩相变沉积岩中被置换的花岗质岩墙（图 13.23 为示意图，摄自挪威加里东造山带 Møkster 地区）

## 延伸阅读

### 综合

Dieterich J H，1969. Origin of cleavage in folded rocks. American Journal of Science，267：155-165.

Ramsay J G，Huber M I，1983. The Techniques of Modern Structural Geology. 1：Strain Analysis. London：Academic Press.

## 劈理折射

Treagus S H, 1983. A theory of finite strain variation through contrasting layers, and its bearing on cleavage refraction. Journal of Structural Geology, 5: 351-368.

Treagus S H, 1988. Strain refraction in layered systems. Journal of Structural Geology, 10: 517-527.

## 劈理—横切褶皱

Johnson T E, 1991. Nomenclature and geometric classification of cleavage-transected folds. Journal of Structural Geology, 13: 261-274.

## 褶劈理

Cosgrove J W, 1976. The formation of crenulation cleavage. Journal of the Geological Society, 132: 155-178.

Gray D R, Durney D W, 1979. Crenulation cleavage differentiation: implications of solution-deposition processes. Journal of Structural Geology, 1: 73-80.

Hanmer S K, 1979. The role of discrete heterogeneities and linear fabrics in the formation of crenulations. Journal of Structural Geology, 1: 81-91.

Swager N, 1985, Solution transfer, mechanical rotation and kink-band boundary migration during crenulation-cleavage development. Journal of Structural Geology, 7: 421-429.

Worley B, Powell R, Wilson C J L, 1997. Crenulation cleavage formation: evolving diffusion, deformation and equilibration mechanisms with increasing metamorphic grade. Journal of Structural Geology, 19: 1121-1135.

## 铅笔劈理

Engelder T, Geiser P, 1979. The relationship between pencil cleavage and lateral shortening within the Devonian section of the Appalachian Plateau, New York. Geology, 7: 460-464.

## 板劈理

Siddans A W B, 1972. Slaty cleavage: a review of research since 1815. Earth-Science Reviews, 8: 205-212.

Sorby H C, 1853. On the origin of slaty cleavage. Edinburgh New Philosophical Journal, 55: 137-148.

Wood D S, 1974. Current views of the development of slaty cleavage. Annual Reviews of Earth Science, 2: 1-35.

## 体积减少和应变

Beutner E, Charles E, 1985. Large volume loss during cleavage formation, Hamburg sequence, Pennsylvania. Geology, 13: 803-805.

Goldstein A, Knight J, Kimball K, 1999. Deformed graptolites, finite strain and volume loss during cleavage formation in rocks of the taconic slate belt, New York and Vermont, U.S.A. Journal of Structural Geology, 20: 1769-1782.

Mancktelow N S, 1994. On volume change and mass transport during the development of crenulation cleavage. Journal of Structural Geology, 16: 1217-1231.

Ramsay J G, Woods D S, 1973. The geometric effects of volume change during deformation processes. Tectonophysics, 16: 263−277.

Robin P−Y, 1979. Theory of metamorphic segregation and related processes. Geochimica et Cosmochimica Acta, 43: 1587−1600.

# 第14章
## 线　理

　　在变形岩石中，线理构造与面状构造相伴而生，它们是指向特定运动方向的中型构造。我们已经对滑动面上的线理如何指示古应力场和运动学过程进行了研究。变质岩中线理构造更为常见，它们与应变和移动或剪切的方向密切相关。本章中我们将试图对这些变形岩石中的常见线理进行分类，并讨论它们的成因和意义。

　　本章的电子模块中，进一步提供了与线理相关的主题的信息：
- 形成过程
- 渗透性
- 几何学特征
- 表面线理
- 弯折线理
- 线理／应变
- 区域模式

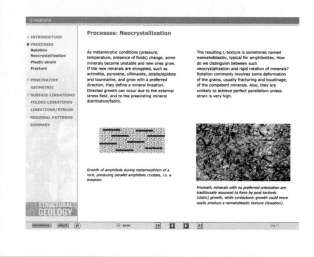

## 14.1　基本术语

**线理**用于描绘岩石中形成的线状单元，如图 14.1 中所示片麻岩中的线状构造。未变形和变形岩石中均存在大量的非构造或**原生线状构造**。火成岩中的绳状熔岩、流动线和柱状玄武岩棱柱，沉积岩中的非球形砾石长轴定向排列、冲刷槽模和定向排列的化石，都是线理构造。尽管也会涉及一部分原生构造，但本书中我们关注与变形相关的线状构造，如 $S_0$—$S_1$ 面理相交的线理（如下）。

线理是一个组构单元，其中一个维度比其他两个维度长得多。

与构成构造变形有关的**线状构造**的组成单元包括变长的物体，如变形的矿物集合体或砾石，两组面状构造的交线，以及几何学上定义的线性特征（如褶皱脊线和褶劈理轴）。同时对**渗透性线理**（构成线性组构或 L 组构）、**面状线理**（仅出现于表面上，如擦痕）及非物理的**几何线理**（如褶皱轴和相交线理）进行了区分。

术语线理不应该与**地表特征**混淆，后者用于地形图尺度、太空图片、卫星影像或数字地形模型的线性特征表述中。大多数地表特征是面状构造，如相交于地球表面的断层和面理。

图 14.1　片麻岩线理（Stacia Gordon，Christian Teyssier 和 Donna Whitney 为图中观察者，摄于挪威 Western Gneiss Region）

## 14.2　塑性变形有关的线理

渗透性线理几乎只出现在塑性变形的岩石中。当线理成为主导组构因素，而 S 组构发育很差或者缺失时，岩石被归为 **L 构造岩**。从具有应变标志的岩石中可以看出，大多数 L 构造岩标绘于 Flinn 图挤压区，即 $X \gg Y \geqslant Z$（图 2.14）。面理（S 组构）和渗透性线理（L 组构）的平衡组合更常见，被称为 **LS 构造岩**。LS 构造岩通常在 Flinn 图上紧邻对角线绘制。没有线性组构或只有一点线性组构的 **S 构造岩**，绘制于 Flinn 图上的典型压扁作用区。

**矿物线理**

渗透性线性组构典型的由定向排列的柱状矿物（如角闪岩中的针状角闪石）组成，或拉张的矿物或矿物集合体（如片麻岩中石英—长石集合体）组成。矿物线能通过几个过程形成：

矿物和矿物集合体可以通过重结晶、溶解／沉淀或刚性旋转形成线性组构。

在一些情况下，变形过程中软基质中刚性柱状矿物的物理性**旋转**能够发生。例如云母片岩中的角闪石和绿帘石，静态生长的角闪石在局部变形区变得定向排列。大多数情况下，拉张矿物和它们的基质之间能干性差异并不足以产生旋转。取而代之的是，塑性变形机制或**溶解／沉淀**过程产生的**同构造**重结晶重塑了矿物和矿物集合体的形态。此外，压力影或应变影中石英的沉淀是促进矿物或矿物集合体沿优势方向生长的常见方式。甚至脆性矿物和包裹在韧性基质内的矿物集合体的压裂或**碎裂**也能将这些矿物集合体重塑成线性组构单元。

碎裂、压溶和重结晶作用都对变形过程中矿物和矿物集合体形态的改变有所贡献。

在均匀应变的岩石中，如果矿物集合体在变形开始时呈球形，则其变形后的形态代表应变椭球。但在大多数情况下，初始形态未知，以至于最终的形态仅给我们应变椭球形态的定性印象。然而，尽管矿物集合体和它们周围的基质之间的黏度差异可能会增加结果的不确定性，但片麻岩中变形的矿物集合体已被应用于应变分析。尤其在初始形态已知和能干性差别小的地区，这种分析较为有效。

岩石中线性形态排列的变形砾石或鲕粒能用于定量分析应变（见第3章）。它们和其他线理依据变形物体的形状被命名为**伸展线理**（图14.2），相关的组构称为**形态组构**。拉伸线理和形态组构在塑性变形岩石（如片麻岩）中极为常见。

矿物和矿物集合体拉伸形成的渗透性拉伸线理是变质岩中最常见的线理类型。

图 14.2　眼球状片麻岩中拉伸线理[显示明显的 L 组构（L 构造岩）]
铅笔为比例尺，摄于 Western Gneiss Region，挪威加里东造山带

石英、方解石和一些其他矿物能生长成高定向性的纤维状晶体，这些纤维晶体定义了线性单元。这些矿物线理被称作**矿物纤维线理**。纤维可能沿瞬时拉伸方向（$ISA_1$）生长，但是也可能垂直于开启的岩石墙面生长。此外，该线理一旦形成，由于渐进变形，它们可能旋转偏离该方向。加之它们除了出现在退变质岩和超压泥岩等未变质岩石的矿脉中，还存在于低变质作用的变质岩碎斑的应变影之中。如果温度和压力过高，纤维状不会形成，同时也很少在中绿片岩相以上的条件下形成。较为限制性的条件使得纤维线理不那么常见，同时也比其他类型的线理渗透性差。

**杆状构造**用来描述拉张矿物集合体，很容易将其与岩石的其他部分区别开来。石英杆通常出现在云母片岩和片麻岩中，条带排列的石英在围岩中形成杆状或雪茄状。杆状构造常被认为是拉伸线理，但经常受其他构造形成过程的影响。它们可能代表孤立的褶皱枢纽，或与石香肠或栅状构造有关（见下文），或与具有原始拉伸几何形态的变形矿脉有关。

---

**专栏 14.1　运用磁性矿物确定组构（AMS 方法）**

　　一些变形岩石并不显示任何可见的定义上的线理或面理。AMS（各向异性磁化率）法可应用于此类情况。磁化率是指某种材料可以被磁化的程度，且可以通过在实验室中测量得到。如果矿物不同方向的磁极化率不同（通常情况如此），则可以得到磁化率各向异性。

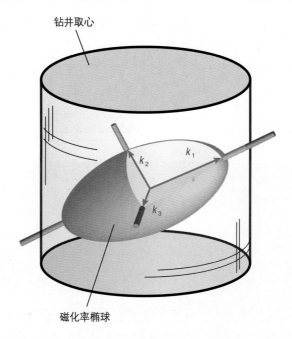

为了测量样品的 AMS，需要在野外定向取心，并在实验室内测量不同位置的磁化率，同时用极化率张量描述方向的变化。与三维应变张量或骨架变形相似，张量有三个特征向量（$k_1$、$k_2$、$k_3$）或三个主轴，可以用**磁化率椭球**表示。

　　主轴（$k_1$）通常与应变椭球长轴（$X$）相关，因此与拉伸线理对应。同样，磁化率椭球最小轴（$k_3$）与面理垂直。然而，在某些情况下关系更为复杂。尽管运用磁极化率椭球来代表应变椭球（应变几何）在某些特定情况下得到了证明，但仍有很多不确定性。例如，如果黑云母是主要的磁性矿物，那么极化率椭球将呈扁圆形而与实际应变几何形状无关。因此，为了优化 AMS 方法，必须对岩石中引起磁极化率的矿物进行仔细研究。一个重要且可能有用发现是，AMS 仅仅揭示变形的最后增量，但增量多大难以说明。

下图展示了 AMS 方法应用的一个实例，实验点位于巴西新元古界 Aracuai 带深熔（混合）岩浆区。AMS 方法获得的面理方向与野外观察到的面理方向非常相似（通过对比磁性面理图和野外面理图），此次实验说明可以用磁面理和线理代表野外露头不可见的面理和线理组构。只有通过 AMS 方法才可以检测到的线理（右），以等面积投影展示在右边。

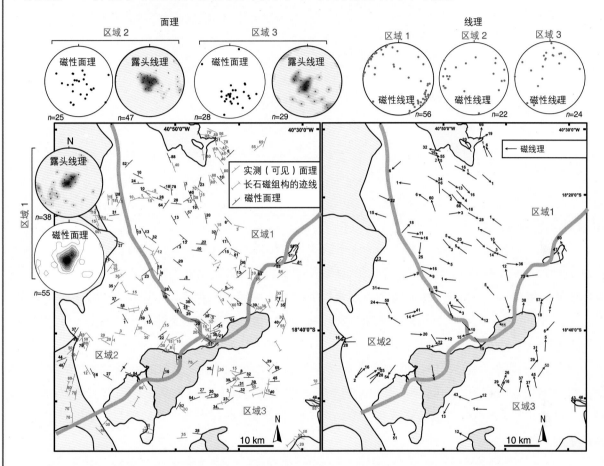

极化率椭球（上图）和显示野外测量的面理数据的两张图，AMS 测得的磁面理（左）和磁线理（右）。

数据由 Carolina Cavalcante 提供，更多信息详见 Cavalcante 等（2013）的文献

## 相交线理

许多变形岩石中包含多套面状构造，最常见的是层理和劈理的组合。大多数情况下这些面状构造呈相交状，交线被视作**相交线理**。在初次构造劈理（$S_1$）切割原生面理或层理（$S_0$）的区域，层面上会形成相交线理（$L_1$），如图 14.3 所示。由两组构造面理相交形成相交线理的情况也较为常见。多数相交线理的形成与褶皱作用有关，线理平行轴迹和脊线。值得注意的是，对于横切褶皱而言（图 13.21），相交线理和轴迹之间有夹角存在。

在一些变形岩石中，相交线理仅局部出现。然而在通常情况下，相交线理的出现的频率高、分布广，此时可以认为线理具有渗透性。与其他线理相似，相交线理随后期的褶皱的形成而产生形变，因此能够指示岩石的变形历史。

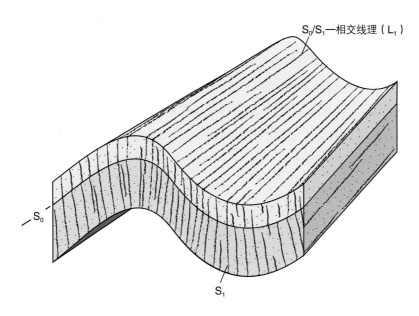

图 14.3　相交线理出现在层面或层理与后期的面理相切

## 褶皱轴和褶纹线理

尽管褶皱轴是与褶皱曲面几何形态有关的理论线，但通常将其视为线性构造。具有较高平行褶皱线密度的岩石可以构成一个组构。富含层状硅酸盐的变质岩通常就是此类情况，其中小尺度褶皱或褶纹构成**褶纹线理**。褶纹线理由大量毫米—厘米尺度的小波幅褶皱的脊组成。其多出现在多期变形的千枚岩、片岩、石英片岩中的云母层、糜棱岩和片麻岩中。褶纹线理与相交线理密切相关，不同之处在于其由肉眼可见的褶皱枢纽组成。

层状岩石褶皱作用过程中，早期形成褶纹理和褶纹线理，而同一过程的后期形成较大褶皱。因此，将早期褶纹线理的方向同与其相关但稍年轻的褶皱轴对比有实际意义。如果它们的方向存在差异，这可能与变形过程中层的旋转方式有关。对于横切褶皱的概念而言，其线理与褶皱枢纽存在一定夹角（图 13.21）。

## 石香肠构造

**石香肠构造**是被拉伸成许多小块的能干性岩层（图 14.4）。单个石香肠构造通常在一个维度上远长于另外两个维度，因而定向为线理。当应变椭球体的 $X$ 轴明显长于 $Y$ 轴时，形成此类线性构造（见 15 章）。当 $X \approx Y$ 时，形成巧克力片香肠构造。

石香肠构造常出现在褶皱层中的褶皱翼部，其长轴方向与褶皱轴平行（图 14.5）。通常情况下，在垂直于石香肠构造长轴的方向上易于识别。也正是因为如此，其在变形岩石中很难作为线性特征被识别。同时，由于石香肠构造发育受能干层限制，因此，与其他大多数线理相比出现概率较低。

### 窗棂构造

**窗棂**是构造地质学家用于描述线性变形构造的术语，该构造限于能干性岩层与非能干性岩层之间的界面处。术语窗棂被广泛应用于文献描述中，包括应用于断面擦痕（断层窗棂）及形成于层平行的挤压和伸展引起的层间构造中。在此类情况下，窗棂的尖端总是指向能干性更高的岩层，如变形时黏度较高的岩层（图 14.6）。由于窗棂与纵弯褶皱的形成都与黏度对比有关，且都通过层平行缩短形成，同时特征波长都与黏度对比相关，从这个意义上说，窗棂与纵弯褶皱紧密相关。但窗棂具有较短的波长，并且限于单个层界面内，因此在这些方面可以与纵弯褶皱区别开来。同时，窗棂构造通常出现在变质岩中石英岩与千枚岩或云母片岩的交界处。在云母片岩中石英杆的表面也可以发现窗棂构造。

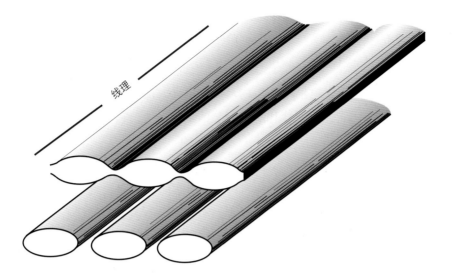

图 14.4　压缩—膨胀圆柱状构造（上）和石香肠构造（下）代表许多变形岩石中的线性单元

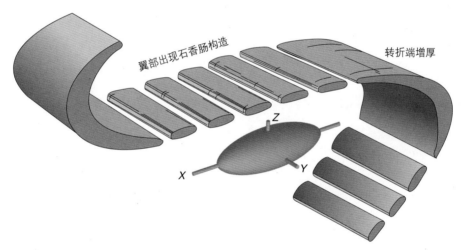

图 14.5　褶皱作用和石香肠构造之间的常见联系

褶皱转折端增厚，而翼部延长形成石香肠构造。应变椭球如图

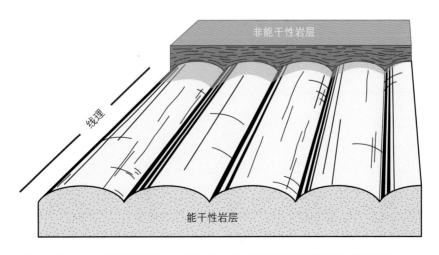

图 14.6　显著能干性（黏度）差异岩层界面处窗棂构造形成的线理

**铅笔构造**

**铅笔构造**是压实劈理和随后的构造劈理，或者两组同等发育的构造劈理之间不连续干涉的结果。在未变质和非常低级别的变质岩中，铅笔构造有优选方向，并形成线理。

## 14.3 脆性区的线理

一些线理仅出现在裂缝面上。它们不是组构形成的单元，而是具有上地壳脆性区特征。这些线理由张裂缝中的矿物生长形成，正如剪裂缝和断层面上的刻蚀条纹，它们通过裂缝之间的交线或形成于破裂过程早期的裂缝弯曲表现出来。

脆性区的**矿物线理**通常情况下局限于纤维线理，其中矿物在裂缝面上沿着优选方位生长（图14.7）。裂缝里矿物的生长通常要求裂缝有一定的开度，要么是张性裂缝，要么是张性剪裂缝。此外，矿物必须沿一定方向生长，才能定义为线理。矿物，如石英、叶蛇纹石、阳起石、石膏和硬石膏在裂缝面上可能表现为纤维状。

图 14.7 蛇纹岩中断层面两组垂直的矿物线理（用白线标出）
不同方向暗示运动形成自两期构造应力场。斯堪的那维亚加里东 Leka 蛇绿岩

如图14.8所示，在许多伸展的或I类裂缝中可发现矿物纤维。纤维的方向通常代表伸展方向。有时能见到弯曲纤维，这意味着变形过程中伸展方向的改变（图8.28），或者在纤维形成时或者形成之后发生了剪切作用。

尽管形成纤维状矿物线理需要伸展作用，但这并不意味着这种线理仅发育于张裂缝。由于大多数剪裂缝呈不规则形状，因此延伸进行过程中可能存在拉伸，并且矿物可能随着破裂面的分离开始生长（图14.9）。此时，裂缝网络内循环的流体沉淀矿物形成的矿物纤维在裂缝段的边缘或者其他不规则处生长。因而，从纤维生长与裂缝几何形态之间的关系能够判别是否产生滑动。

非平面剪切裂缝可以包含伸展的（拉分）部分，该处纤维能生长并形成局部线理。

图 14.8　张裂缝中的纤维线理（云母）（当裂缝开启时，纤维垂直裂缝面生长）

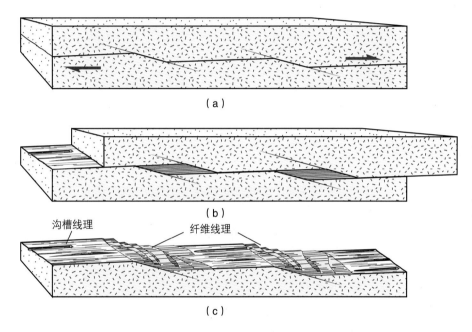

图 14.9　不规则剪切裂缝中纤维线理的形成过程

（a）为初始阶段。（b）为最终阶段。为了便于观察，（c）中上盘被移除。沟槽线理（擦痕）出现在断裂面上，该面在断裂过程中没有开启

**条纹**或**擦痕**是在剪切破裂面上出现的线理，它们形成于上盘物体对下盘（或者相反）的物理磨蚀（图 14.10）。光滑的有条痕的面称为**滑动面**。通常情况下滑动面是抛光的表面，覆盖一层厚度 ≤ 1mm 的破碎黏性岩。硬物或表面凸起能切割断面形成线性痕迹或槽线，被称作**断层刻槽**（图 14.11）。术语**沟槽线理**能被用于表述该类擦痕。

力学上这些擦痕的形成过程可能与冰川刻蚀面相似。近距离观察许多滑动面擦痕，显示它们形成自矿物充填或它们实际上是纤维线理。

擦痕有两种主要类型：一类形成于自力学磨蚀（条纹）；另一类形成于自纤维生长（滑动纤维线理）。

在断层运动的过程中，矿物可能会生长，并且经常出现纤维线理和条纹混合。这些线理可能形成于相同或者不同的阶段，有时由于机械磨损，可能存在两组或更多不同组的不同矿物线理。

图 14.10　滑动面方解石擦痕（摄于纽约 Catskill 石灰岩中的小断层）

图 14.11　学生们正在考察有条纹的断层面上分割石灰岩和砂岩的断层刻槽
断层面分开石灰岩与砂岩，犹他州 Moab 断层

　　几何条纹与不规则或波纹形的滑动面有关。这些不规则面的滑动方向可能有优势方向或轴，并且在暴露的面上表现为线理。变形带集呈群组出现的滑动面上，雪茄状是一种特殊类型的几何条纹，如图 14.12 所示。几何条纹和物理条纹或擦痕通常共生。

图 14.12　变形带区域内的线理

变形岩石中的未变形岩石的线理向下倾，雪茄状。罗盘为比例尺。摄于犹他州 Rafael 沙漠

　　**相交线理**出现在主滑动面与次级破裂面相交的断层面上，如 Riedel 裂缝或张裂缝。相交线理通常（但不一定）与滑动方向成高角度，而条纹和矿物线理更趋向于与滑动方向平行。

　　最后，在变形的灰岩中常出现另一类线理。它垂直于发育良好的压溶缝合线，缩短垂直裂缝面，由板状构造组成，被称为**溶滑痕**。这些构造的意义在于指示挤压和溶滑痕的方向，因此它的动力学意义不同于之前讨论过的其他线理。

## 14.4　线理和运动学

　　地质学家有一种直觉，即线性构造以某种方式指示变形过程中的运动学或运动模式。我们将对此展开讨论，首先对上地壳脆性区进行讨论，而后讨论塑性区。

### 断层相关的运动学

　　线理是理解单一滑动面的滑动方式和断层群动力学重要的构造。纤维线理、擦痕和所谓的几何线理都很好地指示了运动方式，但是可能需要更多额外的信息来增加分析的准确性。

　　与断层有关的擦痕、条纹和一些其他的线理平行于运动方向，但其本身并不指示剪切方向。

　　为了区分正断层与逆断层，并区分左旋与右旋，我们需要知晓与矿物生长有关的断层面形态、次级裂缝的几何形态、滑动面上标志物的相互关系或断层附近的牵引褶皱的详细信息。许多野外地质学家已经证实，依靠传统的沿着断面滑动手掌"感觉"滑动方向的方法并不可靠。相反，我们应该仔细观察断面上或附近任何不规则的地质现象和构造，试着去分析其几何形态和形成过程，并在此基础上评估滑动方向。这要求我们理解断层形成过程中的张裂缝和不同类型剪裂缝的差异和意义，同时熟记如图 10.3 所示的关系及地质含义。

　　在单一的滑动面上观察到两组或更多组线性构造（图 14.7）的情况较为普遍。不同组的线性构造记录不同时期的不同运动，指示不同滑动时期应力场的变化，或者断裂作用过程中局部复杂的几何形态对应力场的扰动。某些情况下，这些破裂面上的矿物生长历史和矿物组成能被用于解释构造运动的相对年龄。

## 塑性变形区线理和运动轴

线理是塑性剪切带或糜棱岩带的常见构造，塑性变形区包括张性剪切带、走滑断裂带或与逆冲推覆相关的糜棱岩。后者的实例有苏格兰北部基底逆冲推覆构造之上的 Moine 推覆体中的线性构造（图 14.4）。早在 19 世纪，它们被视作重要的运动学构造，地质学家对于这些线理是平行于还是垂直于构造运动方向的讨论，一直持续到 20 世纪中业。

20 世纪 50 年代，澳大利亚地质学家 Bruno Sander 建立坐标系统和对称性。他通过定义三个相互垂直的轴 $a$、$b$、$c$（$a$ 轴代表运动方向，$c$ 轴垂直于剪切面）引入**运动轴**的概念（图 14.13）。问题是，线理和褶皱轴是否平行于运动轴 $a$ 或者运动轴 $b$？

Sander 和其学派坚持认为线理代表 $b$ 轴，即不是运动方向。其他学者，如英国地质学家 E.M.Anderson 和挪威地质学家 Anders Kvale，则对 Sander 的观点持反对意见。他们认为在加里东造山带中，拉伸线理（图 14.13）平行于区域的运动方向。紧闭褶皱的线理也与褶皱枢纽平行。Anderson、Kvale 等人由此得出结论，认为大多数情况下线理平行于 $a$ 轴。该观点也很快被大多数人接受。

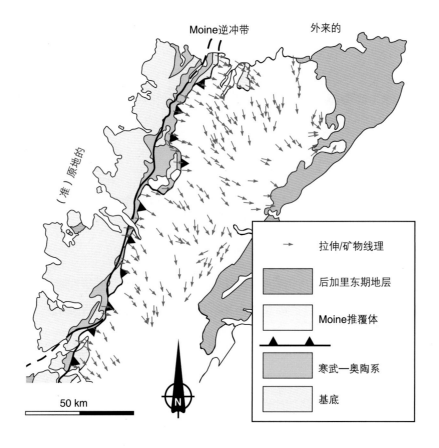

图 14.13 苏格兰北部加里东造山带 Moine 逆冲断层之上的 Moine 系列（推覆体）的线理发育样式
（据 Law 和 Johnson，2010，有修改）

Moine 逆冲推覆区附近大多数线理方向近垂直于逆冲断层走向，与向北西西的逆冲方向一致（注意箭头表示线理的倾向，不是逆冲方向）。远离逆冲断层，线理表现出更多的样式，运动方向也较不易解释

运动轴的概念很快被废弃，并被**应变轴**以及应变轴和剪切面或者其他适当的参照面之间的角度关系所取代。例如简单剪切，拉伸线理位于 Sander 的 a—c 面内，或位于应变椭球的 XZ 面，因为它从初始的位置 45° 旋转到朝向剪切方向的剪切面（如图 14.14 中运动轴 a）。因此，线理的方向与应变有关。非常高应变的情况下，拉伸线理方向大致与 a 轴一致。对于逆冲或者渗透性变形的逆冲推覆构造，这意味着线理的方向指示运动方向。此处并不考虑真实的运动或剪切方向，且仅靠研究线理并不能对运动方向进行判别，而是需要对不对称构造进行进一步研究，这些将在 15 章中进行讨论。

当投影到剪切面时，拉伸线理通常指示运动方向。

当发生共轴变形（如纯剪切）时，研究运动方向并没有太大意义。但即使在这种个情况下，也可以对运动模式进行预测。试想刚性基底之上软的逆冲推覆体共轴垮塌。此时，拉伸线理被连续调整，标准纯剪切形成的这种线理将平行于运动方向。因此，线理变成 Sander 所说的标准 a 线理。

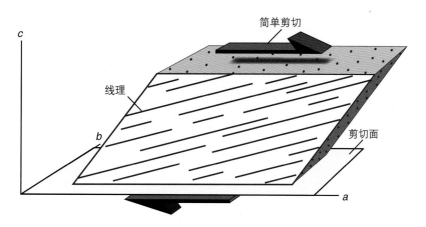

图 14.14　简单剪切形成的拉伸线理及与其相关的 Sander 的运动轴

由于应变增加，线理朝运动轴 a 旋转（剪切或移动方向）

对于其他类型的变形，比如张扭，无论变形多么强烈，线理都与剪切方向斜交（见 19 章）。事实上，它可以以非常戏剧化的方式改变方向。其他一般变形，如纯剪切和简单剪切的斜向组合（其中剪切和纯剪切压扁面都是倾斜的），能限定线理的整体方向。线理与运动方向之间的关系可能变得非常复杂，但是认识到线理依赖于变形的类型，无论是简单剪切、纯剪切或两者的联合，具有至关重要的意义。

地图尺度的线理样式也与应变和运动学有关。例如三维的重力垮塌产生的放射状线理样式，如图 17.29 所示。这些线理的研究表明变形是非平面的。但是，在一些情况下，线理在大范围内平行，应变数据能够用于判断它们是否形成于平面应变（没有垂直于线理的运动）的过程中。如果应变椭球近似于平面（投点沿 Flinn 图对角线分布），我们有理由假设线理指示运动方向为平面应变。如果应变不能近似为平面，则运动方向和线理之间可能存在更复杂的关系。总体而言，假设线理指示运动方向有重要意义，典型的如图 14.14 所示的模式，尽管详细情况可能更为复杂，但线理至少反映了运动方向，例如与苏格兰 Moine 逆冲断层高角度相交的线理。

## 褶皱枢纽和相关的线理类型

当讨论运动方向时，拉伸线理经常是最容易解释的线理类型。褶皱轴、褶纹线理和相交线理可能更加不易分辨。这些线理可能与后期叠加的变形有关，与主要构造运动无关。但它们也有可能仅指示渐进变形的最后阶段，这种情况下，它们提供了研究运动学的有效信息。该现象经常出现在糜棱岩中，在糜棱岩化的过程中，不断发生线理褶皱，且不断形成新的劈理。

褶皱轴和相交线理成因上与拉伸线理不同，它们与运动方向的关系更复杂。某些情况下，它们与拉伸和矿物线理高角度相交［图 14.15（a）］，另一些情况下，它们低角度相交或相互平行［图 14.15（b）］。通常情况下，高应变区褶皱轴和相交线理或多或少地平行于拉伸和矿物线理［图 14.15（b）和图 14.16]。

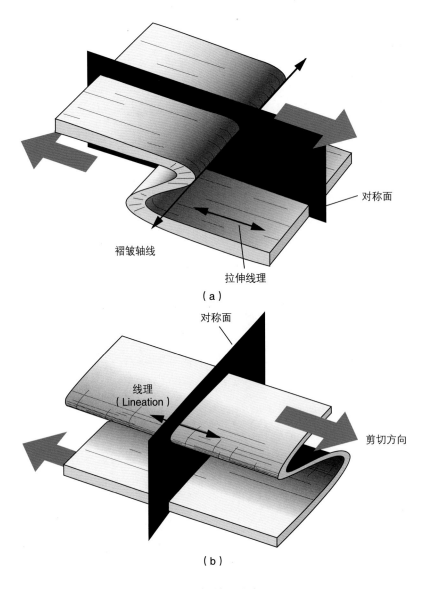

（a）

（b）

图 14.15　褶皱和对称
褶皱轴可能平行也可能垂直于拉伸线理
当讨论褶皱时，用对称的概念来预测运动方向显然不是一种可靠的方法

　　20 世纪中叶，与其他线理平行的褶皱轴仍然存在很多问题。今天，我们为平行褶皱轴和其他线理建立了一套合理的解释。例如，明确了褶皱轴可能朝与剪切平行的方向旋转。该现象可以在枢纽线弯曲且应变很高的情况下发生（图 12.39）。如果存在局部走滑分量，也可以发生上述现象。褶皱也能平行于拉伸或剪切方向形成，例如沿着能干性物质的高扁长透镜体形成。图 14.16（a）为水平方向的高应变区内，垂直层面方向受纯剪切［图 14.16（a）］和简单剪切［图 14.16（b）］的模型。在图 14.16

（a）中，褶皱平行于 $X$ 轴（拉伸方向），没有发生任何方向的旋转。在图 14.16（b）中，褶皱也平行于 $X$ 轴和拉伸线理，但随着应变增加向水平移动方向旋转。

褶皱可以与轴面和移动方向呈任何角度形成，并且随着应变增加和褶皱紧闭，褶皱通常向移动方向旋转。

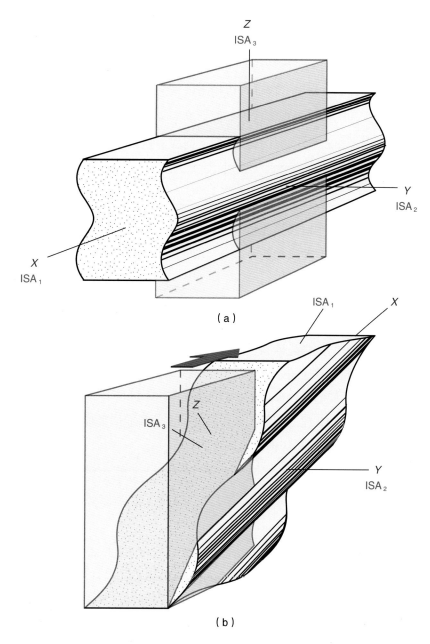

图 14.16 　纯剪切（上）和简单剪切（下）作用下形成的褶皱和拉伸线理

在以上两种情况下，褶皱轴和拉伸线理变得近似平行（纯剪切表现为平行，简单剪切表现为近似平行）

## 本章小结

线理之所以重要，是因为它们与运动学或运动方向密切相关，并且与包含它们的面理一同提供了有关变形历史的重要信息。石香肠构造经常被视为一种线理，是需要更密切关注的另一类构造，我们将在下面的章节对其进行讨论。本章要点如下：

- 线理是被拉伸的物体，滑动面上的擦痕，平面与非真实存在的线（如褶皱轴）之间的交线。
- 每类线理都必须单独进行解释。
- 脆性变形区的线理形成于张裂缝、矿脉中和剪裂缝表面。
- 塑性变形区的线理仅形成于渗透性组构（L组构）或与面理一起的组构（LS组构）。
- 矿物和矿物集合体的拉伸形成拉伸线理。
- 非常重要的拉伸线理可能指示长椭球应变。
- 许多线理与应变或滑动紧密相关，因此可以用于指示运动学过程。
- 运用线理指示运动方向的前提是理解线理如何形成。
- 在判断造山带运动方向时，通常运用拉伸线理，而相交线理和褶皱枢纽不太可靠。

---

## 复习题

1. 什么造成窗棂构造和纵弯褶皱如此相似？
2. 脆性变形区形成哪些类型的线理？
3. 什么线理代表应变椭球的 $X$ 轴？
4. 哪类线理与瞬时应变增量有关？
5. 条纹和擦痕如何与运动学相关？
6. 褶纹线理与相交线理的区别是什么？
7. 石香肠构造与应变椭球有何关系？
8. 在脆性变形区和塑性变形区的形成的矿物线理有何不同？
9. 当分析拉伸线理和移动方向之间的关系时，为何必须要有应变模型？
10. 如何定义各种线理？它们是如何发展演变的？

---

### 延伸阅读

#### 综合

Cloos E，1946. Lineation. Memoir 18，Boulder：Geological Society of America.

Sander B，1930. Gefügekunde der Gesteine. Vienna：Springer-Verlag.

Sander B，1948. Einführung in die Gefügekunde der Geologischen Körper，Vol. 1. Vienna：Springer-Verlag.

Sander B，1950. Einführung in die Gefügekunde der Geologischen Körper，Vol. 2. Vienna：Springer-Verlag.

Turner F J，Weiss L E，1963. Structural Analysis of Metamorphic Tectonites. New York：McGraw-Hill.

#### 磁组构（AMS）

Borradaile G，Jackson M，2010. Structural geology，petrofabrics and magnetic fabrics（AMS，AARM，AIRM）. Journal of Structural Geology，32，1519-1551.

#### 线理旋转

Sanderson D J，1973. The development of fold axes oblique to the regional trend. Tectonophysics，15：55-70.

Skjernaa L，1980. Rotation and deformation of randomly oriented planar and linear structures in progressive simple shear. Journal of Structural Geology, 2: 101-109.

Williams G D, 1978. Rotation of contemporary folds into the X direction during overthrust processes in Laksefjord, Finnmark. Tectonophysics, 48: 29-40.

### 拉伸线理

McLelland J M, 1984. The origin of ribbon lineation within the southern Adirondacks, U.S.A. Journal of Structural Geology, 6: 147-157.

### 运动方向

Ellis M A, Watkinson A J, 1987. Orogen-parallel extension and oblique tectonics: the relation between stretching lineations and relative plate motions. Geology, 15: 1022-1026.

Kvale A, 1953. Linear structures and their relation to movements in the Caledonides of Scandinavia and Scotland. Quaternary Journal of the Geological Society, 109: 51-73.

Lin S, Williams P F, 1992. The geometrical relationship between the stretching lineation and the movement direction of shear zones. Journal of Structural Geology, 14: 491-498.

Petit J P, 1987. Criteria for the sense of movement on fault surfaces in brittle rocks. Journal of Structural Geology, 9: 597-608.

Ridley J, 1986. Parallel stretching lineations and fold axes oblique to a shear displacement direction: a model and observations. Journal of Structural Geology, 8: 647-653.

Shackleton R M, Ries A C, 1984. The relation between regionally consistent stretching lineations and plate motions. Journal of Structural Geology: 6, 111-117.

# 第15章

# 石香肠构造

在塑性变形机制下，相邻地层如果存在黏度差异，受挤压后通常形成褶皱。本章主要讨论在伸展作用条件下，地层怎样断开并形成所谓的石香肠构造。经典的石香肠构造是横弯褶皱作用的产物，即便地层经历后期挤压或褶皱，也能保留下来。它是判断地层是否发生过平行层面伸展的可靠证据。与褶皱构造一样，石香肠构造也有多种成因，不同成因能提供不同的地质信息，值得我们关注。

查阅本章"石香肠构造"一章的电子模块，可以了解关于以下主题的更多细节：

- 经典石香肠作用
- 石香肠构造形态
- 排列特征
- 能干性
- 颈缩褶皱
- 三维形态
- 叶理化石香肠作用

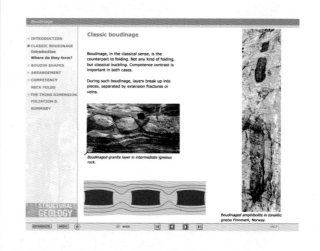

## 15.1　石香肠构造和胀缩构造

石香肠构造最初源于法语"香肠"一词，早在 19 世纪，"石香肠构造"和"胀缩构造"就已经被多次使用。1908 年，Max Lohest 在描述比利时 Bastogne 地区缩短的串肠状构造体和窗棂构造时首次正式提出"石香肠构造"一词。此后一百年间，"石香肠构造"或"石香肠作用"的含义发生了多次变化。目前，人们对这两个概念的认知和理解已经基本达成一致：所谓**石香肠构造**是指地层在平行层面方向伸展作用下形成的一种伸展构造，**石香肠作用**则是使初始连续的地层拉伸变形形成石香肠构造的作用及过程。

发育石香肠构造的地层往往是塑性基质内的能干层。在塑性、脆性或脆—塑性变形机制下，能干层拉伸断成多块，从而形成经典石香肠构造（图 15.1），其几何形态可以是对称的也可以是不对称的。如图 15.1 所示，石香肠构造被脆性张裂缝（左侧）、对称或不对称的剪切带（图 15.1 中间和右侧）分开。除了裂缝，石香肠也可以由石香肠之间的狭窄韧性剪切带分开。

能干层或叶理层拉伸形成的石香肠构造通常呈现出或强或弱规律性的几何形态和分布样式。

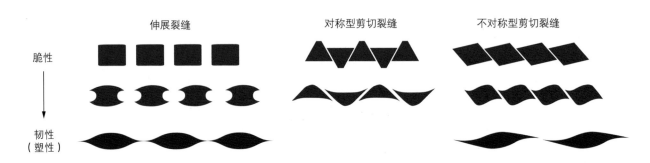

图 15.1　石香肠构造的几何形态在很大程度上取决于石香肠构造是被伸展裂缝分开还是被剪切裂缝分开，以及塑性变形与脆性变形的转换。不对称的石香肠构造可能表示非共轴变形

在一些情况下，能干层经历拉伸后并未断成多块或形成石香肠构造，而是在空间上有规律地减薄。这种构造被称为**胀缩构造**，其形成过程被称为**颈缩作用**。胀缩构造可看作是石香肠体间存在微弱连接的石香肠构造，如图 15.2（b）所示。通常，石香肠构造和胀缩构造受温度、应变量、黏度差异或强叶理化等因素控制。即便是能干性非常强的岩层，也会受高温影响发生塑性变形，而黏度差异较大或高应变率则会促进裂缝发育。这些参数共同作用，影响石香肠构造的几何形态。

石香肠体间的距离用分隔宽度表示。与宽厚比不同，分隔宽度与石香肠所在层与相邻层或岩石基质的黏度差异无关。它主要取决于应变量，具体来说取决于地层平行伸展的程度。因此，分隔宽度比石香肠体的宽厚比更具变化性。

## 15.2　几何形态、黏度和应变

石香肠构造的单个个体可用**厚度**和**宽度**两个量来描述，而石香肠体之间的区域称为分隔区 [图 15.2（a）]，这个分隔区的宽度通常是可测量的。实验表明，石香肠的宽度与变形前地层厚度存在一定关系，地层越厚，石香肠体越宽，反之亦然。这一特点与纵弯褶皱过程类似，较厚地层经历纵弯褶皱作用后的波长通常比较薄地层的长（图 11.20）。在石香肠构造形成过程中，能干层拉断后形成的石香肠体数会越来越多,直到宽度/厚度比即**宽厚比**达到某个特征值。典型的宽厚比在 2 ~ 4 之间(图 15.3 和图 15.4),一旦超过这个特征值,地层平行伸展作用将仅增加分隔区的宽度。某种程度上,我们可以将石香肠构造的宽厚比与纵弯褶皱的特征波长进行类比。

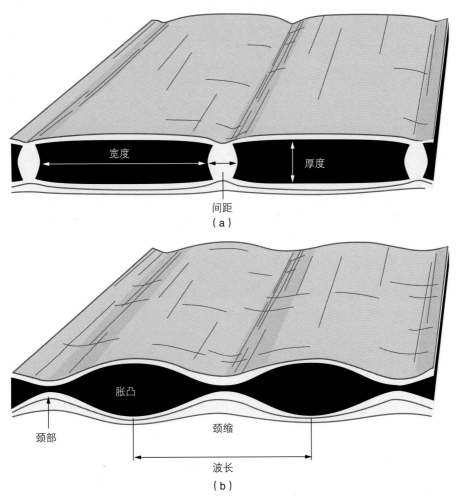

图 15.2 石香肠构造和胀缩构造相关术语示意图

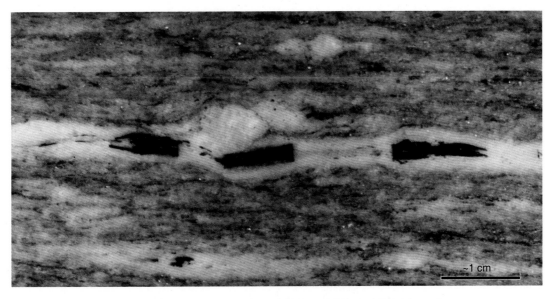

图 15.3 瑞士某手标本中角闪石晶体的石香肠构造(晶体厚 2mm)

图 15.4  巴西 Búzios 元古代片麻岩中的镁铁质岩脉（变质为角闪岩）石香肠构造（Julio Almeida 在本图中作为比例尺）

通过对低能干性基质中的单一能干层进行拉伸实验，Hans Ramberg 发现能干层最终会形成石香肠构造或胀缩构造，而且能干性最强的地层的断口最接近矩形石香肠构造 [图 15.5（a），图 15.5（b）和图15.6]，低能干性地层则形成胀缩构造（图 15.7）。Ramberg 的实验结果表明，在变形过程中，石香肠体的几何形态能够反映岩石内部的黏度差异分布特征。如图 15.7 和图 15.8 所示，石香肠体的断口形态呈圆角状或拖拽状，通常表示边缘以塑性变形为主，或石香肠所在层与相邻层的能干性相差不大。有时，塑性变形只发育于石香肠体的一侧，如图 15.5（d）所示。实验结果揭示，石香肠体上下两侧（至少在塑性变形部位）的黏度差异是导致这一现象的原因，发生塑性变形的部位（如圆角处）黏度差较小。

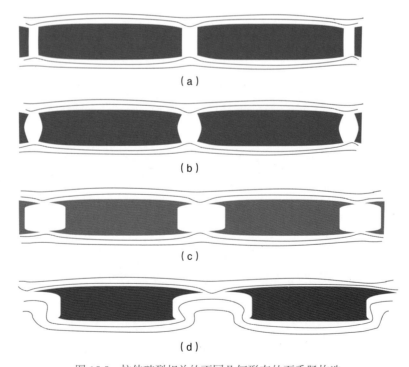

图 15.5  拉伸破裂相关的不同几何形态的石香肠构造

（a）矩形；（b）弱塑性；（c）边缘处塑性明显；（d）上边缘塑性明显，下边缘塑性不明显（表明下边缘的黏度差异较高）

数值模拟表明，石香肠体的边角是最大应力集中区。这就解释了在石香肠形成过程中，为什么边角是首先变形的部位。这种应力集中的结果，可以形成**桶形石香肠**[图 15.5（b）]、**鱼嘴形石香肠**[图 15.5（c），图 15.8 和图 15.9] 和**毕业帽形石香肠**[图 15.5（d）]。

图 15.6　混合片麻岩中角闪岩矩形石香肠构造

石香肠边角的角度表明，相对于基质，角闪岩层属于高能干性地层（元古宙片麻岩，Halden，挪威）

比起桶形石香肠构造，矩形石香肠构造所在地层能干性更强，脆性更大。

图 15.7　挪威北部加里东造山带石英片岩中角闪岩层（变质玄武岩脉）石香肠构造

石香肠构造受到塑性变形的强烈影响而形成胀缩构造[图 14.2（b）]，Steffen Bergh 拍摄

在对石香肠构造进行系统的理论分析后，Ramberg 和后来的研究人员一致认为：石香肠构造的张应力从边角向上、下侧面的中心部位逐渐增加。这说明，较长的石香肠体中心部位的张应力比较短的高。先形成的石香肠体会不停地被拉断，直到石香肠体侧面的中心部位的张应力下降到临界值以下。此时，石香肠体中心的张应力小于抗拉强度，地层不再被拉断，石香肠每一段的宽度也将降到某个临界值以下。该模型还解释了为什么同层石香肠体的宽度虽然不严格一致，但往往在某个特定的范围内。

图 15.8　图 15.4 中左侧石香肠构造的左端

该剖面表明，鱼嘴石香肠构造的形成与内部刚性和边缘剪切变形密切相关

图 15.9　挪威西南部元古代片麻岩石香肠构造

塑性变形环绕边缘分布，对应图 15.5（c）所示的鱼嘴型石香肠构造

　　胀缩构造与纵弯褶皱非常相似。在存在显著黏度差异的情况下，其主波长（$L_d$）和厚度（$h$）的数学关系可以由 Biot 经典公式直接推出。

$$L_d/h =2\pi\ (\mu_L/6\mu_M)^{1/3} \tag{15.1}$$

其中，$L_d / h$ 表示长度 / 厚度比。当各层间黏度差异不大时，通过共振褶皱的机制，也可以形成胀缩构造。此时，$L_d / h$ 值位于 4 ～ 6 的范围内。

纵弯褶皱在非线性（非牛顿）或线性介质中都可以形成，而胀缩构造只能在非牛顿介质中形成。受介质的影响，在天然岩石变形过程中，纵弯褶皱要比胀缩构造和石香肠构造常见。还有一些原因也会导致这种结果，比如在地层平行层面缩短过程中，地层初始不规则变形会被放大，进而形成纵弯褶皱；而地层平行层面伸展或地层垂向减薄会抑制这种不规则变形，进而形成经典的石香肠构造。此外，在不存在黏度差异的地层中，褶皱也可以通过某种被动机制形成，而石香肠构造仅见于强烈叶理化的剪切带内，如第 15.4 节所述。

## 15.3  不对称的石香肠作用和旋转

上述提到的石香肠构造都是具有对称结构的。在变形变质岩中，**不对称的石香肠构造**（图 15.1 和图 15.10）也很常见，其内部各节石香肠体以剪切裂缝或剪切带（小规模的剪切区域）为界分开。这些剪切裂缝或剪切带一般仅在具有石香肠构造的岩层内部发育，并为岩层的层面所限。在地层脆性变形过程中，地层的能干性和应力分布模式控制了剪切带或张裂缝能否形成。通常，岩层在 $(\sigma_1 - \sigma_3)$ < $4T_0$ 时形成张裂缝（$T_0$ 是岩层的抗拉强度）。

图 15.10  斜长片麻岩中的不对称石香肠构造

左旋剪切。角闪岩石香肠构造被剪切带分开。裂缝在石香肠体外过渡为韧性剪切带并迅速消失（图片所示岩层实际高约 1m）

剪切带形成后，石香肠体有时会在没有明显旋转或剪切的情况下被拉开 [ 图 15.11（a）, 图 15.11（b）]。此时，石香肠构造往往平行于周围的叶理；剪切带表现出伸展或张开的特征。在混合片麻岩基质的角闪岩层中，熔融物质或新的矿物通常充填在剪切带拉开后形成的空间内。

石香肠体如果顺着剪切带移动，整个石香肠构造会表现出明显的旋转特征 [ 图 15.11（c）, 图 15.11（d）]。在旋转过程中，石香肠的排列始终与岩层的叶理方向大致平行。第 18 章讨论的多米诺断裂模型和这一过程比较类似，因此可用伸展背景下（图 18.3）的断块旋转模式来解释不对称石香肠作用。

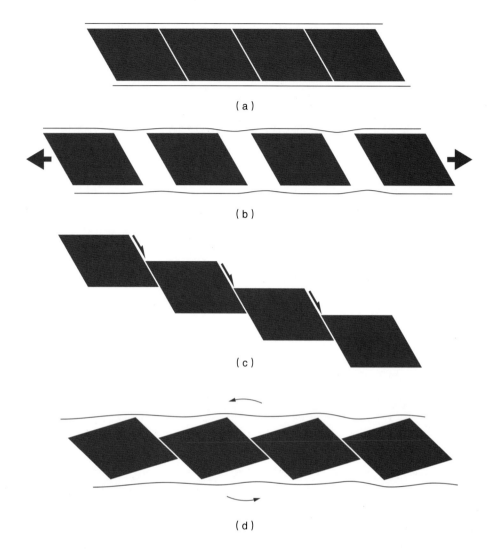

图15.11　不对称的石香肠构造可以由横向剪切裂缝［（a）、（b）］伸展形成，或者剪切组合沿剪切带裂缝（c）
滑动形成，以及由石香肠构造旋转（d）形成

　　在非共轴变形过程中，如果对称的石香肠构造发生旋转，也可能形成旋转的不对称石香肠构造。实验表明，平行地层方向的简单剪切应力会使先期存在的石香肠构造发生旋转。石香肠构造会朝哪个方向旋转？简而言之，和刚性块体一样，宽度较短且能干性强的石香肠构造的旋转方向会与剪切方向保持一致。如果剪切方向为顺时针，石香肠构造的旋转方向通常也是顺时针。不过，宽度较长的石香肠构造是个例外，比如宽厚比较大的石香肠体，旋转方向可能与剪切方向相反。

　　石香肠构造的旋转方向（与剪切方向同向或反向）取决于整体的剪切应力方向和宽厚比（图15.12）。此外，流动方式（$W_k$），石香肠内有无叶理发育、边缘是否发生滑动，分隔区张裂缝或剪切带发育情况、以及黏度差异或能干性差异等也能影响石香肠构造的旋转方向。一般情况下，地层能干性差异越大，石香肠刚性程度越大，在剪切时越容易旋转。被剪切带分隔的不对称石香肠构造倾向于反向旋转（上面提到的多米诺骨牌效应）。强烈的叶理化对旋转方向的影响将在下一节讨论。野外观察表明，大多数（并非所有）石香肠构造的旋转方向与剪切方向相反，如图15.13所示。

　　短的、对称的、刚性的石香肠构造倾向于同向旋转（与剪切方向相同），而长的石香肠构造倾向于反向旋转。

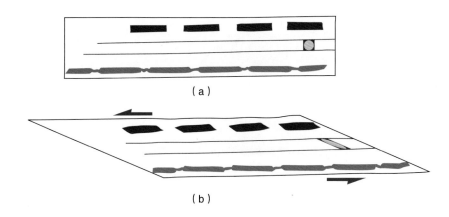

图 15.12　剪切实验模拟宽厚比对石香肠构造旋转方向的影响（据 Hanmer，1986）

较短的石香肠旋转方向与剪切方向一致，而较长的石香肠的旋转方向与剪切方向相反

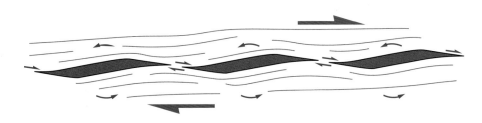

图 15.13　简单剪切过程中，石香肠构造相对剪切方向反向旋转，也称为反转

在影响旋转方向的诸多因素中，石香肠构造形成前的地层展布方向是一个经常被忽略的因素。上文隐含了一个假设前提，地层展布方向大致平行于伸展方向。实际上并不都是这样，在伸展作用发生的一瞬间，任何方向的地层都可能形成石香肠构造。图 15.14 显示了在同轴变形过程中，从 XY 面上观察，地层方向与伸展方向怎样从高角度相交旋转为近平行。实验表明，较为刚性的石香肠块体比其周围的叶理化围岩旋转得慢，因此石香肠构造整体向不对称方向发展；石香肠体的形态越接近矩形，旋转时和叶理化围岩的差异就越大；当共轴变形增加到一定程度时，这种差异逐渐减小；但通常在达到（石香肠与叶理化围岩）彻底亚平行之前，共轴变形过程就逐渐终止了。

非共轴变形的情况又是怎样的呢？石香肠构造的旋转既可以是同轴变形，也可以是非共轴变形的结果，想要通过观察单个石香肠构造的旋转来确定变形是共轴还是非共轴是不可能的。要想评估非共轴变形的涡度（旋转情况），必须参考其他构造特征。

## 15.4　叶理化石香肠作用

前文讨论了单层的石香肠作用——经典意义上的石香肠作用。众所周知，岩层（特别是强烈变形的岩层）通常呈现多层相互叠置或强烈叶理化的特点。在纵弯褶皱变形过程中，相邻层由于距离太近而会干扰变形。与之类似，密集叠置的岩层形成石香肠构造时岩层间也会相互干扰，形成比单一岩层或纹层厚得多的石香肠体。无论岩层是在宏观上体现出平面的各向异性，还是在微观上具有显著的片理或糜棱面理，在应力作用下都会发育一种特殊的石香肠构造，即叶理化石香肠构造，对应的作用称为**叶理化石香肠作用**。叶理化石香肠构造通常较厚，比叶理等岩内微层厚一至几个数量级，但在许多方面类似于经典的石香肠构造。

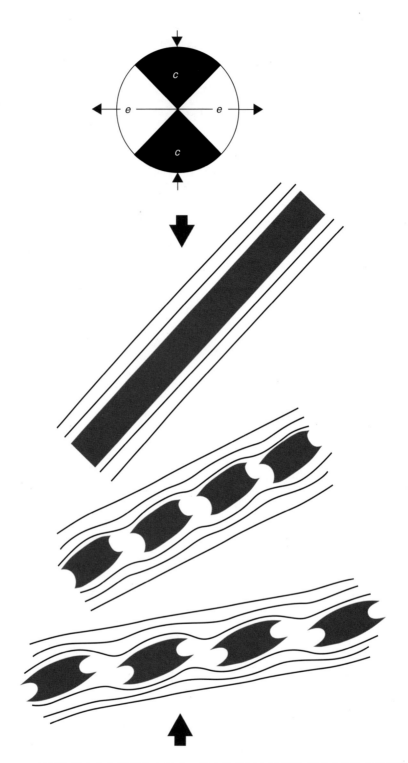

图 15.14　地层初始方向与伸展方向斜交，发生纯剪切变形后形成不对称的石香肠构造

岩层变形过程中，叶理化石香肠构造通常发生在各向异性明显的面（叶理）上。

　　对称的叶理化石香肠构造内，石香肠体以张裂缝为界分开，通常裂缝内填充有石英或其他热液矿物，有时相邻岩层也会发生塑性流动而卷入裂缝中（图 15.15）。石香肠内部的叶理层通常相对裂缝发生收缩（图 15.16）。而裂缝本身的形态可能非常不规则，看起来像是叶理层被撕裂。

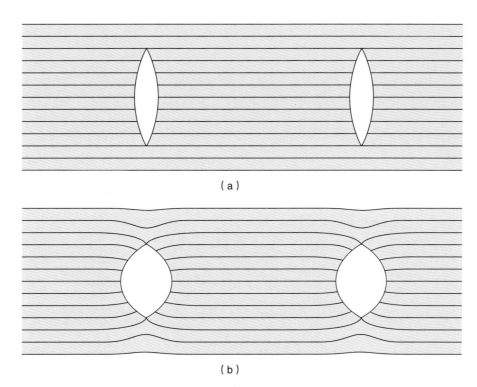

图 15.15　对称叶理化石香肠作用原理（据 Platt 和 Vissers，1980）

（a）拉伸裂缝形成；（b）裂缝的垂向压缩和水平张开

图 15.16　角闪岩相片麻岩中的对称叶理化石香肠作用

　　不对称叶理化石香肠构造内，石香肠体以脆性或韧性剪切带为界分开，两侧岩层沿裂缝 / 剪切带存在相对滑动，矿物填充不如对称叶理化石香肠构造普遍（图 15.17，另见本章的封面图）。不对称叶理化石香肠构造在不同尺度构造上都能观察到，通常以单组或共轭组出现（这与第 16 章讨论的剪切带类型有许多相似之处）。与剪切带相似当仅发育一组剪切裂缝或剪切带时，石香肠构造是非常可靠的运动学指标。因为此类石香肠体和围岩之间不存在明显黏度差异，刚性体的同向旋转效应被削弱，岩层（石香肠体）在一个被剪切裂缝或剪切带限制的长度内旋转。这种旋转严格受几何学控制，如图 15.17 所示。因此，在运动学研究方面，单组出现的不对称叶理化石香肠构造是比经典的石香肠构造更可靠的运动学标志。

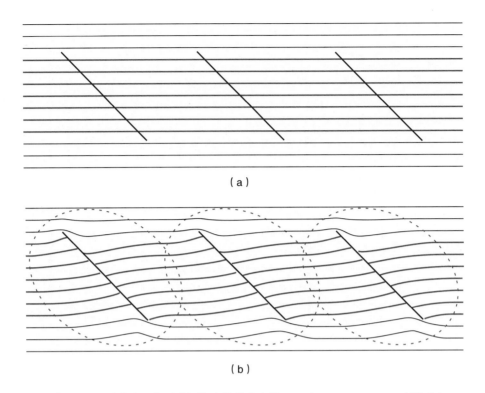

图 15.17　不对称叶理化石香肠构造的形成（据 Platt 和 Vissers，1980，有修改）

（a）剪切裂缝（剪切带）的形成；（b）沿剪切裂缝（剪切带）的相对运动引起裂缝之间的叶理旋转

　　大多数构造岩都存在强烈叶理化现象，使得平行叶理方向很难均匀拉伸。岩层要想进一步伸展，很可能通过叶理层的简单"撕裂"方式。这或许可以解释，在强烈叶理化的岩层中，为什么叶理化石香肠作用很常见。在这个意义上，我们可将叶理化石香肠构造称为岩层叶理化后的晚期构造。

## 15.5　石香肠作用和应变椭圆

　　石香肠构造通常见于有限应变椭圆体 XZ 截面或产状近似的截面，上文讨论的所有特征都以 XZ 截面的观察为基础。Y 方向的特征也很重要，因为它包含相关应变场的重要信息（图 15.18）。尽管在野外进行三维观测难度很大，但是 Y 方向的应变特征值得研究。

　　石香肠体的三维几何形态一般为棒状，因此在垂直 XZ 截面的剖面上，发育石香肠构造的岩层很难观察到石香肠构造或褶皱。沿石香肠体长轴方向，岩层既没有缩短也没有伸长，其组合形态类似铁路横梁或枕木 [图 15.18（b）]，石香肠构造的长轴与应变椭圆的 Y 轴平行 [图 15.18（b）]。

　　如果地层在两个方向上都形成石香肠构造 [图 15.18（a）和图 15.19]，属于压扁应变。如果两个方向上的伸展量相等，可称为均匀扁平化，发育扁圆形应变椭圆体，此时 $X=Y \gg Z$，这种模式的石香肠作用称为**巧克力方块型石香肠作用**。

　　还有一种情况，地层在一个方向上形成石香肠构造，另一个方向上形成褶皱，如图 15.18（c）所示。这个现象表明，地层在一个方向上存在平行层面的缩短，而在另一个方向上存在平行层面的伸展，图 15.18（c）所示单轴伸展应变场便可以观察到这一现象。除此之外，这种几何形态还可以在其他应力场中观察到，具体取决于地层的延伸方向。例如，图 15.18 中与 X 轴垂直的面上的岩层都有可能显示出这种几何形态。因此，要想在野外观察中确定应变类型，通常需要观察多个石香肠变形层 / 褶皱层。

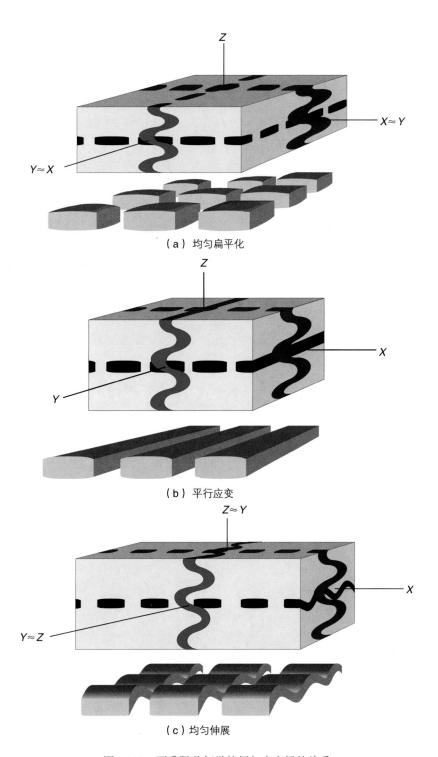

图 15.18　石香肠几何学特征与应变场的关系

通常，褶皱和石香肠构造会出现在不同方向的岩层中；但是在收缩应变的情况下，单一地层可以在一个剖面中形成石香肠构造，
而在另一个剖面中表现为褶皱。每个图底部的三维地层对应于黑色层

　　地层在一个方向形成褶皱在另一个方向形成石香肠构造，与石香肠型褶皱或褶皱型石香肠构造的
形成机制存在本质区别。石香肠型褶皱可形成于递进变形过程中的地层旋转，这种旋转是由于应力场
从挤压型逐渐变为伸展型导致的。而褶皱型石香肠构造（图 15.20）不会在单一的递进变形过程中形
成，因为地层旋转仅发生在应力场从挤压型变为伸展型的过程中，反过来是不可能的。

图 15.19　葡萄牙 Almograve 地区石炭纪浊积岩层褶皱，翼部发育巧克力方块型石香肠构造

能干性砂岩层在两个方向都形成了石香肠构造，正交分布的裂缝内部充填石英脉。研究表明，平行地层延伸方向的两个伸展应力（据岩脉组合），是翼部旋转过程中应力（和应变）方向不断变化的结果（据 Reber 等，2010；Zulauf 等，2011）

图 15.20　巴西特雷斯里奥斯地区新元古代片麻岩中花岗岩层的褶皱型石香肠构造

除非主应力在变形期间改变方向（非稳态变形），否则这种构造不能在单一变形阶段中形成

石香肠型褶皱通常在递进变形期间形成，而褶皱型石香肠构造的形成需要经历两个变形阶段。

　　然而，在递进变形过程中，叶理会发生旋转并倾向于平行于构造透镜体或其他非均质体周围的挤压应力场，从而使石香肠构造所在变形层发生弯曲而形成褶皱。因此，使用褶皱型石香肠构造作为多阶段变形的确凿证据时，必须先评估其他可能性。

## 15.6　大规模的石香肠作用

在地震反射剖面上，下地壳可见有产状较陡的共轭反射波形，与中、上地壳的反射特征有所区别。这种共轭组合，规模在百米级或千米级，通常被解释为倾向相对的剪切带。剪切带分隔了变形程度较低的岩浆岩透镜体。当然，地震反射波中的噪声也有可能形成类似反射，所以地震剖面的解释结果可信度不高。不过，关于出露于地表的下地壳岩体的研究却在某种程度上支持了这一认识，即下地壳存在大尺度的石香肠构造。这种模式本身可能不属于典型的石香肠构造，但由于结构相似性，值得在本节被提及。这种结构也形成于垂向挤压、横向伸展（纯剪切）的应力场中，特别适用于大陆裂谷或其他明显伸展区域的下地壳（图 15.21）。

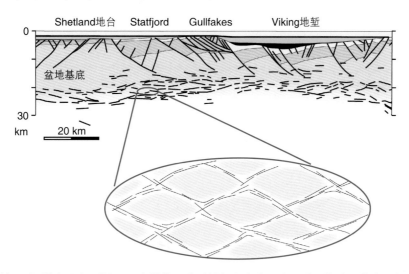

图 15.21　深反射地震测线解释得到的下地壳结构（有时被解释为大尺度石香肠构造，其成因与垂向收缩有关）

石香肠作用还可以在更大尺度上发生。有人认为中地壳可以分成多个类似石香肠构造的单元（图 15.22）。如此一来，需要一个相当大的伸展量才能让地壳形成石香肠构造。而在更大的尺度，整个岩石圈都可能形成胀缩构造或石香肠构造，如专栏 15.1 所述。

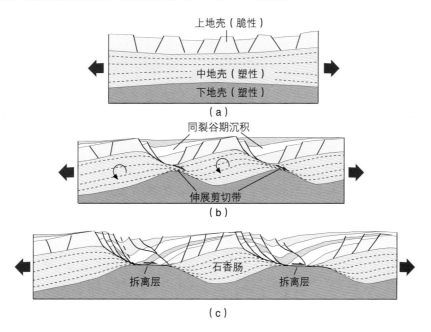

图 15.22　不对称石香肠作用下中地壳伸展的理想模型（据 Gartrell，1997，有简化）

**专栏 15.1 岩石圈石香肠作用**

　　许多地质构造或这些构造的某些方面与尺度无关，石香肠构造也不例外。经典石香肠作用与岩层结构和流动学的差异分布相关，在如岩石圈/软流圈等更大尺度上也存在这种差异分布特征。例如，在裂谷形成过程中，相对强硬的岩石圈受到伸展作用时，也可能形成类似石香肠构造的中尺度构造。这个过程可以称为岩石圈缩颈作用或岩石圈石香肠作用。

　　与较小规模的石香肠构造类似，岩石圈石香肠构造可能是对称的，也可能是不对称的。其几何形态差异受岩石圈流变学的控制，如黏度差异，变形历史期间的应变软化，地壳与下伏岩石圈地幔之间的耦合。例如，第18章讨论的变质核杂岩构造（见图18.7）的形成过程模拟结果表明，应变软化有利于形成不对称石香肠作用。此外，强硬层的展布也是影响岩石圈石香肠构造几何形态的一个重要因素，而上地幔具有最强的能干性。

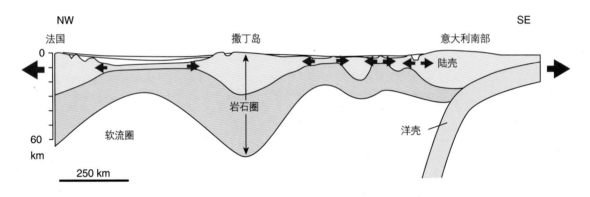

横跨地中海剖面，显示岩石圈的颈缩结构和地壳的石香肠化（据 Gueguen 等，1997，有修改）

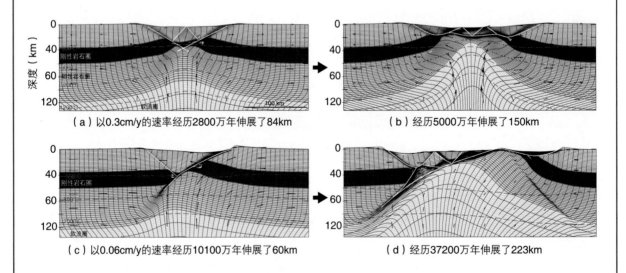

（a）以0.3cm/y的速率经历2800万年伸展了84km　　（b）经历5000万年伸展了150km

（c）以0.06cm/y的速率经历10100万年伸展了60km　　（d）经历37200万年伸展了223km

岩石圈尺度的对称型（a、b）和不对称型（c、d）石香肠构造（更多信息可参考 Huismans 和 Beaumont（2003）发表的文章

这里有两个例子。一个是弧后扩展过程示意剖面，剖面自法国到意大利南端，横跨地中海地区。我们可以用地壳的石香肠作用或整个岩石圈尺度上的颈缩作用来描述这条剖面。值得注意的是，受弧后构造环境下弧伸展机制的影响，剖面模型西北角的颈缩最早形成。

另一个例子是 Ritske Huismans 的数值模拟成果之一，对称的或不对称的岩石圈石香肠作用可以通过平面应变有限元方法来模拟。需要强调的是，岩石圈上部的石香肠系统表现出脆性断裂，而下部则表现出塑性变形机制下的韧性变形。

## 本章小结

石香肠作用形成于地层或叶理被平行地层方向的伸展作用撕裂的情况下。经典的石香肠作用受地层厚度和黏度差异控制，而叶理化石香肠作用与黏度差异关系不大。经典的石香肠作用可以和横弯褶皱作用对应；而叶理化石香肠作用与叶理的各向异性关系密切，因此无法和被动褶皱作用直接对应。石香肠构造对应变过程的分析非常有利，如果考虑地层的初始方向、宽厚比和黏度差异，还能用以指示剪切方向。本章内容要点如下：

- 石香肠作用通常意味着在观察剖面中发生了平行地层伸展作用。
- 褶皱化石香肠构造通常代表两期变形，而石香肠化褶皱可以在单期递进变形中形成。
- 短而刚性的石香肠体会像刚性夹杂物一样发生旋转。
- 相对于剪切方向，较长的石香肠倾向于反向旋转。
- 石香肠体断口的形态（直角形，桶形或鱼嘴形）反映了变形时的黏度差异。
- 叶理化石香肠构造通常是不对称的，能够指示非共轴应变区域的剪切方向。

### 复习题

1. 典型的石香肠作用和叶理化石香肠作用有什么区别？
2. 地层怎样才能同时褶皱和石香肠化（延伸）？
3. 为什么有时会形成胀缩构造而不是石香肠构造？
4. 典型的石香肠构造的应力聚集区在什么位置？
5. 在变形变质岩中，为什么石香肠构造和胀缩构造不如褶皱常见？
6. 石香肠构造的旋转是否意味着非共轴变形？
7. 巧克力方块型石香肠构造揭示什么样的应变场？
8. 为什么褶皱型石香肠构造代表两期变形？
9. 在递进变形过程中是否会形成褶皱型石香肠构造？

## 电子模块

学习本章时建议参考电子模块中的石香肠部分。

## 延伸阅读

### 综合

Goscombe B D, Passchier C W, Hand M, 2004. Boudinage classification: end-member boudin types and modified boudin structures. Journal of Structural Geology, 26, 739-763.

Price N J, Cosgrove J W, 1990. Chapter 16, in Analysis of Geological Structures. Cambridge: Cambridge University Press.

### 石香肠构造和运动学

Hanmer S, 1986. Asymmetrical pull-aparts and foliation fish as kinematic indicators. Journal of Structural Geology, 8: 111-122

### 石香肠构造和三维应变

Ghosh S K, 1988. Theory of chocolate tablet boudinage. Journal of Structural Geology, 10: 541-553.

Zulauf J, Zulauf G, 2005. Coeval folding and boudinage in four dimensions. Journal of Structural Geology, 27: 1061-1068.

### 经典石香肠构造

Lloyd G E, Ferguson C C, 1981. Boudinage structure: some interpretations based on elastic-plastic finite element simulations. Journal of Structural Geology, 3: 117-128.

Ramberg H, 1955. Natural and experimental boudinage and pinch-and-swell structures. Journal of Geology, 63: 512-526.

Smith R B, 1975. Unified theory on the onset of folding, boudinage, and mullion structure. Geological Society of America Bulletin, 86: 1601-1609.

Strömgård K E, 1973. Stress distribution during formation of boudinage and pressure shadows. Tectonophysics, 16: 215-248

### 褶皱石香肠

Sengupta S, 1983. Folding of boudinaged layers. Journal of Structural Geology, 5: 197-210.

### 叶理石香肠

Lacassin R, 1988. Large-scale foliation boudinage in gneisses. Journal of Structural Geology, 10: 643-647.

Platt J P, Vissers R L M, 1980. Extensional structures in anisotropic rocks. Journal of the Geological Society, 2: 397-410.

### 岩石圈石香肠构造

Gueguen E, Dogliono C, Fernandez M, 1997. Lithospheric boudinage in the western Mediterranean back-arc basin. Terra Nova, 9: 184-187.

Huismans R S, Beaumont C, 2003. Symmetric and asymmetric lithospheric extension: relative effects of frictional-plastic and viscous strain softening. Journal of Geophysical Research, 108: doi: 10.1029/2002JB002026

Reston T J，2007. The formation of non-volcanic rifted margins by the progressive extension of the lithosphere：the example of the West Iberian margin//Karner G D，Manatschal G，Pinheiro L M，Imaging，Mapping and Modelling Continental Lithosphere Extension and Breakup. Special Publication 282，London：Geological Society，pp. 77-110.

# 第16章
# 剪切带和糜棱岩

应变，特别是剪切应变，通常集中于一个区域或一个带。我们已经对一些类型的应变集中构造进行了初步了解，如在脆性域中形成的剪切裂缝和断层。在塑性域中也存在应变集中构造，如叶理和剪切标志在这些区域内往往存在连续性。这些经典的剪切带形成了剪切区域范围内的一个重要的端元，在该范围内微观形变机理和韧性均可发生变化。该范围的另一个端元是一定厚度的断层。剪切带范围可能宽至几千米，也可能只出现在手标本上。本章中，我们将通过从理想剪切带的定义到多种复杂的高应变区的讨论，研究剪切带内部结构和应变模式。最后一个部分是动力学构造，这些构造可以指示剪切带的运动方向和剪切区域的生长规律。

本章电子模块中，进一步提供了与剪切带和运动学标志相关主题的支撑：

- 剪切带类型
- 应变
- 生长
- 运动学标志
- S—C 构造
- 碎斑岩
- 微组构
- 石香肠
- 褶皱

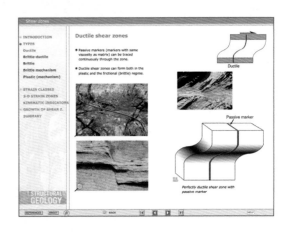

## 16.1 什么是剪切带？

断层和剪切带是密切相关的构造，图 16.1 表明剪切带普遍被认为是断层的延伸或深部扩展。剪切带和断层都是应变集中构造，二者位移均平行于围岩，且伴随位移累积，长度和宽度也将增加。这是**剪切带**的广义和简单定义：

剪切带是指应变明显高于围岩的应变集中带（tabular zone）。

一些人认为剪切带至少应包含简单剪切的一部分，但是如果我们寻求一个与裂缝、缝合线和变形带一致的学术定义，则共轴应变集中带也应被视为剪切带。根据变形样式，我们进行了剪切带的分类，例如**纯剪切带**、**亚简单剪切带**和**简单剪切带**。

剪切带具有两个边界或者**剪切带墙**，分隔剪切带和围岩（图 16.2）。因此，我们可以应用第 9 章中出现的术语"上盘—下盘"应用于剪切带分析。一旦剪切带的边界被确定，我们便能够测量它的厚度和位移。如果剪切带内存在偏移标志层，位移便可直接测得。某些情况下，也可以通过内部构造来估算位移量，如本章后续讨论所示。

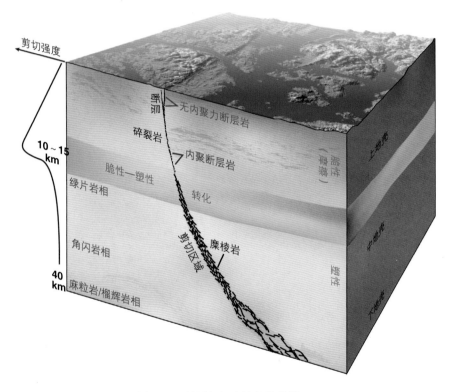

图 16.1　断层之间连接的简化模型

这些断层通常形成于上地壳和典型的韧性剪切带中。过渡带是一个渐变且已知的脆塑性过渡带。过渡带的深度取决于地温梯度和地壳矿物成分。就花岗岩而言，通常情况下该深度范围为 10 ~ 15km

上述剪切带的定义较为广泛，包括断层和典型的**韧性剪切区域**（标记层可以连续追踪）。然而，值得注意的是，在位移分布、形态解剖及变形机理等方面，断层和韧性剪切区域存在很大差异。首先，剪切带厚度与它的位移息息相关。因此，对于位移达到数米的摩擦滑动断层伴生的毫米级厚度的碎裂岩，由于太薄而不能被认定为剪切带。更多发育良好的断层表现为双层结构：中心高应变断层核和低应变破碎带（图 9.12）。从图 16.3 中我们可以看出，在一定位移条件下，断层核厚度相较于韧性剪切带更薄。然而，断层核和破碎带总厚度与韧性剪切带的厚度接近。断层和韧性剪切带的差异在于区域内应变的分布，韧性剪切区域内的应变更为缓慢。另一差异是韧性剪切带同时具有塑性和脆性两种变形机制，而断层主要以脆性变形机制为主。

综上所述，断层并非是韧性剪切带，由于它的特征而隶属于剪切带的一个子类。基于动力学、微观变形机制（塑性或脆性）、变质等级和构造意义等可以进一步划分剪切带的其他子类。基于构造域，可以将剪切带划分为正剪切带、逆剪切带和走滑或斜滑剪切带，与断层的分类类似。伸展和挤压型剪切带表现为低倾角（＜30°），而走滑剪切普遍倾角较陡。尽管剪切带在塑性域中更为常见，但其几乎可以形成于任意构造域的任意尺度和任意深度中。

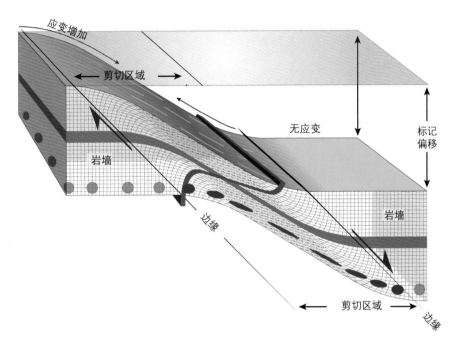

图 16.2　有两个平面标记和圆形应变标记的理想剪切区域变形网格

注意整个剪切区域内网格方块形状、平面标记方向和厚度的改变。剪切带中心区域应变量最大

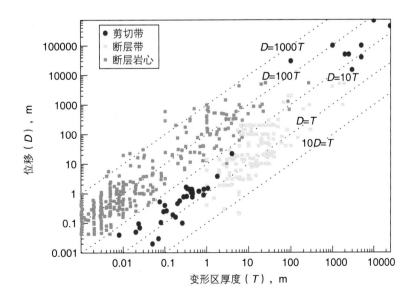

图 16.3　以塑性变形机制为主的韧性剪切带厚度与位移的关系，断层破碎带／核以及断层核（数据源自图 9.14）

## 动力学分类

类似于断层及破裂，也可以根据两盘相对运动划分剪切带类型，即根据动力学对剪切带类型进行划分（图 16.4）。尽管大多数剪切断层以简单剪切为主，但也存在膨胀、压缩以及纯剪切变形。砂和砂岩中的剪切带广泛发育于压缩区（压实带）、简单剪切区（简单剪切带）和膨胀区（膨胀带）。纯剪切也可能作用于断层核上，其中黏土和砂更容易沿断层挤出或注入。

尽管大多数的剪切带可能是简单剪切应力为主，但 2D 动力学层面上剪切带的范围可以从压缩带到简单剪切带再到膨胀带。

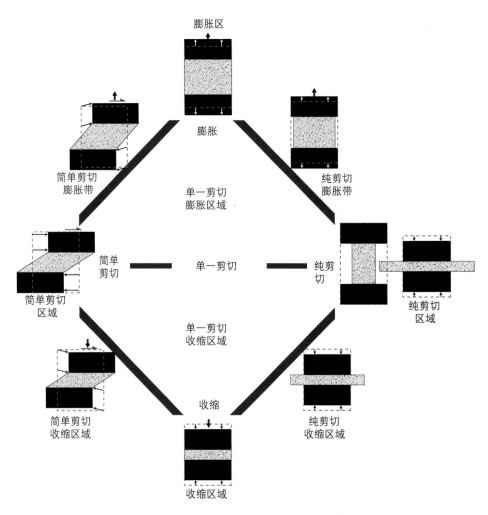

图 16.4　剪切带的动力学分类（平面应变）

纯剪切可能包括剪切带的垂直伸展和压缩

塑性剪切带与简单剪切存在明显差异。然而，从应变的角度看，理想的剪切带是简单剪切变形，伴随或不伴随额外的压缩及膨胀变形。在对更为复杂的剪切带进行讨论之前，我们将对理想剪切带进行特殊研究。在此之前，我们需要讨论另外一种剪切带的分类方法，它在某种程度上与易混淆的术语——脆性、塑性和韧性变形有关。

## 脆性与塑性剪切带

本章开始的剪切带的一般定义并未考虑微观变形机制。

因此，剪切带包括导致塑性形变的因素（矿物颗粒、透镜体、层）、韧性形变的因素及介于两者之间的因素。很多因素影响形变，包括温度、压力、变质反应、胶结作用、应变率、可用流体量，还包括岩石及矿物在区域中的性质和分布。值得一提的是，随着物性条件的改变，形变机理也会随之发生改变。

在上地幔中（图 16.1），脆性成因主导了该区域的形变，因此该区域的主要形变机制为碎裂流作用。如第 7 章中所述，碎裂流包括微裂缝、颗粒边缘的摩擦滑动以及颗粒碎屑的刚性转动。在浅层埋藏的砂及胶结较差的砂岩中，剪切带的形变可能由颗粒流作用形成。颗粒流主要包括颗粒的摩擦重排，但颗粒并没有破裂。只要该形变发生于区域内的有限范围内，如手标本，该区域就可以被定义为剪切区域或者剪切带。由脆性形变产生的剪切区域可以被称为**脆性剪切区域**或**摩擦剪切区域**。虽然独立的滑动面可能因太薄而不能被称为剪切区域，但发育良好的具有内核及破碎带的断层可以被认为是剪切带定义范围的端元，尽管大多数人更倾向于使用"断层"或"断层核"这个术语来形容急剧切断围岩中结构脆性的不连续面。

地壳深部在塑性状态下，第 11 章中讨论过的塑性变形机理成为主导因素。**塑性剪切区域**形成于塑性剪切变形机理的作用下。在含有多晶岩石如花岗岩的**脆性—塑性过渡区域**，过渡带可能较为宽阔，且脆性及塑性剪切机制都至关重要。亚脆性剪切区域是在脆性剪切区域中被塑性形变所影响的区域。除非在温度很高的情况下，大多数的塑性剪切区域包括一些脆性成分，如有裂纹的长石或者石榴石残碎斑晶。

## 韧性剪切带

术语"韧性剪切带"较为常用，但概念相对模糊，一些地质学家使用韧性这个术语来表示塑性变形机制。尽管很多韧性剪切带位于塑性剪切带内，但是韧性及塑性并不等价。我们将韧性与剪切区域中原本连续的标记的连续性联系到了一起。一个**完全韧性剪切区域**不存在内部非连续性，因此被剪切区域切割的标记层在中等尺度内沿着剪切区域可以被连续地追踪到（图 16.2）。这种形变有时被称为连续形变或连续应变。大多数的塑性和一些韧性剪切区域具有连续的被动标记。图 16.5 所示的剪切区域便是一个在脆性形变机理作用下于近地表条件下形成的韧性剪切带。因此，韧性剪切带可以形成于脆性或者塑性的微观形变机理作用下。

一个完整的韧性剪切带的错动标志层可以连续追踪。

野外观测表明，包括塑性形变成因的许多剪切区域都显示出强烈的内部不连续性，表现为滑动面、延伸裂缝、节理或者压溶缝。有些剪切区域可以被定义为**亚韧性剪切带**。很多的塑性剪切区域中都发现了不连续性，但是更多的特性表明它们倾向于脆性剪切区域。

许多断裂带几乎没有或很少表现为韧性，它们从未变形的围岩迅速过渡到断层核，断层核包含许多碎屑、断层泥及断层岩。然而，有些断层表现出沿断层内核方向的拖拽和涂抹，因此出现了连续与非连续共存的形变。在断层前的由断层衍生的褶皱也可被视为韧性剪切区域（图 9.32 和表 9.3）。当断层进入褶皱时或在断层穿入褶皱的点，构造可以被不连续的形变影响并变成半韧性构造。因此，在剪切区域内的形变可以由于空间及时间上的改变而由连续性（韧性）变为（半）非连续性。

图 16.5 纳瓦霍砂岩（美国犹他州，拱门国家公园）中薄的剪切区域（解聚带）显示该区域剪切带内的
砂质薄夹层的连续性（剪切带的形成早于成岩作用）

　　总结上两段的内容，剪切区域可以根据韧性（标记的连续性）及塑性（塑性及脆性成因所占比重）
而进行区分。如图 16.6 所示，脆性剪切区域具有两种含义，第一种为微观范围的摩擦形变（非塑性）；
第二种为完全不连续构造（非韧性）。从上述两方面理解，脆性剪切区域被标绘在图 16.6 的左下角。

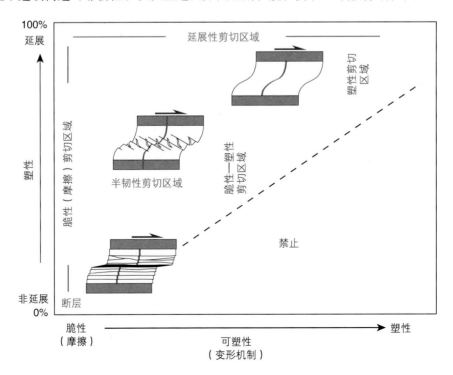

图 16.6 基于变形机制（水平轴）和介观塑性（标志层的连续性）的剪切带简单分类

## 16.2 理想塑性剪切带

**理想的剪切带**以两个纯平面（直的横截面）为边界，这个边界将剪切区域和完全未形变围岩分开（未形变的围岩内可能存在早期构造）。理想的剪切区域是韧性的，所以不存在滑动面或其他不连续面。在理想塑性剪切区域，我们可以看到叶理、线理以及多种应变证据，其中包含了关于该剪切区域的重要信息。

如图 16.7 所示，为了方便进一步研究，我们建立了一个平行于剪切区域、横轴为剪切方向的正交坐标系。在该坐标系内我们可以自由移动围岩并保持它们之间的距离不变。结果可以得到一个完美的简单剪切应力 [ 图 16.8（b）]。根据不同情况，我们可以通过增加拉张或压缩来增加或者减少围岩之间的距离，从而得到一个压实剪切带。与之前相比，简单剪切应力会导致体积的变化 [ 图 16.8（d）]，理论上最终结果应相同。

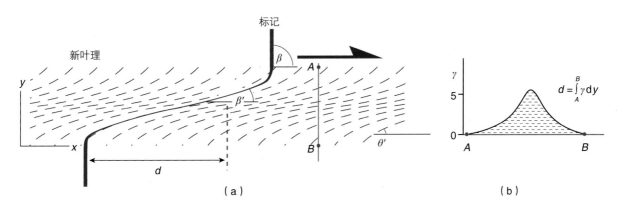

图 16.7 （a）含原生叶理的剪切区域（叶理与沿剪切区域边缘的方向夹角约为 45°，越靠近剪切区域中心，该夹角越小，$\theta'$ 是剪切带与叶理的夹角）；（b）当变形是简单剪切时，可以通过测量和计算通过该形变区域的剪切应变截面的面积获得位移

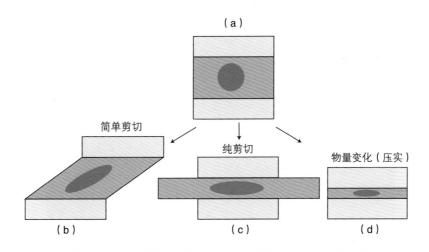

图 16.8 简单剪切、纯剪切和各向同性纵向体积变化的区别

理想剪切区域有较好的韧性，以及有或没有附加压缩 / 拉张的简单剪切作用。

任何不同于简单剪切的形变（不论有没有附加的拉张或压缩）都需要形成不连续面，这违反了设置剪切区域的限制条件。这种偏离的形变会导致物质沿剪切区域方向挤出而形成构造不整合。不整合意味着在连续的构架下，剪切区域的不同部分不能接合，从而导致了上覆、缺口或不连续面。更进一步讲，研究整合度是分析剪切区域的应变不可或缺的步骤。

经典理想塑性剪切区域经常出现在均质的岩石中，特别是如图 16.9 所示的岩浆岩。在这些情况下，可以使用简单剪切形变矩阵 [式（2.16）]，或简单剪切与拉张共同作用下的形变矩阵作为模型模拟变形。利用这些矩阵，在区域中的任一点的剪切应变、形状和应变椭圆的方向及位移均可以计算。通过对理想剪切变形带中结构的研究，对从中得到的信息进行分析。

图 16.9　长石聚集（杏仁状）的角闪石中韧性剪切带在剪切区域内逐渐收紧（向下）

白色线表明与剪切区域相关的叶理如何旋转到与剪切区域平行（照片来自 Graham B.Baird）

## 叶理及应变

在塑性剪切区域内，典型的构造随着位移及应变的积累逐渐发育。这些构造的方向及几何形态取决于剪切区域的类型及应变的程度。如果剪切区域形成于较为均质的岩石中，那么在低剪切应变条件下将会出现模糊的叶理。在图 16.9 和图 16.10 中，沿着剪切区域边缘，可以看到一个模糊的叶理

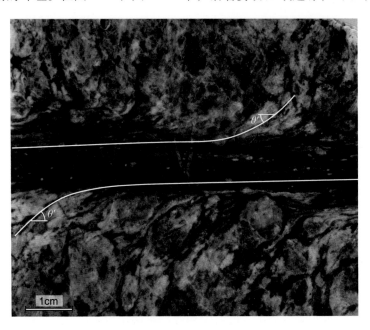

图 16.10　纽约州哈利斯维尔地区戴安娜正长石中的剪切区域

表明应变向剪切区域中心超糜棱岩部分应变程度增大。这可以通过剪切区域内叶理方向的改变以及

颗粒尺寸明显减小说明，图片来自 Graham B. Baird

构造。对于简单剪切，原始叶理构造及边缘的夹角 $\theta$ 接近于 $45°$。在大多数情况下，该角度可能会略小，因为当应变达到一定程度才会形成可见的叶理构造，并且在第一应变的增量的作用下，叶理会发生一定角度的偏转。

在发育完好的剪切区域，沿着低应变边缘可以观察到模糊的一级叶理。随着深入形变中心区域，叶理与剪切区域的夹角（$\theta'$）逐渐减小。起初叶理是垂直于最快收缩方向（$ISA_3$），但是由于简单剪切应力存在非共轴性，因此叶理会向趋近于与剪切区域平行的方向偏移。对于低或中等剪切应变（达到 $10 \sim 15$），叶理呈扁平状并且代表了应力椭圆的 $XY$ 平面的方向。剪切区域内叶理的方向与应变的关系至关重要，其有助于在剪切区域内标记应变。对于简单剪切区域，$\theta'$ 是叶理与剪切带之间的夹角，其计算式为

$$\theta'=0.5\arctan（2/\gamma）\tag{16.1}$$

值得注意是，该关系式仅适用于简单剪切区域，并且叶理形成于剪切区域未形变岩石中变形过程中，且垂直于剪切区域的方向。

在一些情况下，剪切区域包含应变标记，因此可以估算出应变椭圆的横纵比 $R=X/Z$。我们可以将叶理的方向与应变椭圆的形状及 $\gamma$ 联系起来，如图 16.11 所示。

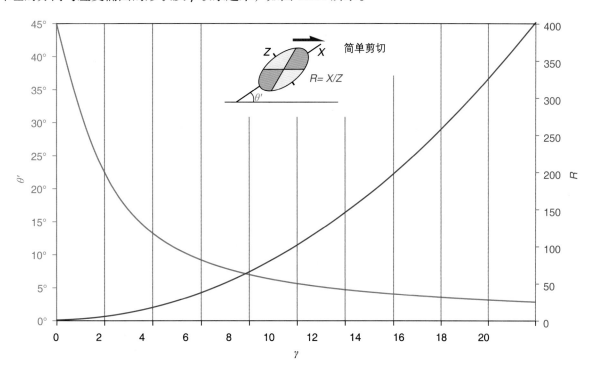

图 16.11　曲线表明角 $\theta'$ 如何在最大有限应变轴（$X$）和剪切面之间随简单剪切增加而减小

蓝色曲线代表剪切应变（$\gamma$）、红色曲线代表应变椭球 $R=X/Y$ 比值。注意，$\gamma$ 和 $R$ 的刻度不同（顶部与底部）

在压缩（或拉张）的作用下，即使是沿着区域边缘的模糊叶理与剪切区域的夹角 $\theta$ 也会小于（或大于）$45°$。减少量取决于压缩的程度。这意味着我们不能将图 16.11 应用于压缩作用下变薄的剪切区域，但是可以将其扩展成等位线来计算压缩或扩张，如图 16.12（a）所示。

在理想的剪切区域中，剪切应变、叶理方向以及应变具有一定的关系。

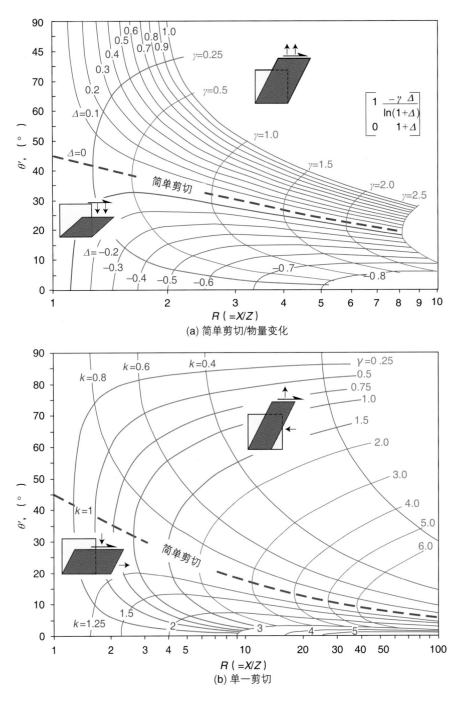

图 16.12 R-θ′ 图

（a）简单剪切和压实；（b）简单剪切和纯剪切（都为平面应变）同时存在；简单剪切曲线开始于 θ=45° ，应注意水平轴为对数

## 线理

在塑性剪切区域内，随着叶理发育，形成了延展的线理。理想情况下，线理在简单剪切区域指示出应变椭圆的 X 轴。延展的线理位于叶理表面，因此可以使用同样的 θ′ 来定义线理边缘或剪切平面的夹角。线理在剪切平面的投影可以指示剪切方向，同时它也是简单剪切的流岩分支（图 16.12）。

## 被动标志的位移与偏转

在剪切区域内，总位移与有限应变存在一定联系。对于简单剪切，这种联系可以简单地用区域的剪切应变图来描绘。曲线的长度为该区域的厚度，并且剪切应变的值表示该区域内的任意一点的对应应变。通过对该区域积分或计算应力—应变曲线下方面积，可以计算得到总位移 $d$ [图 16.7（b）]。

有时在剪切区域内会发现贯穿的标记，如岩脉、纹理和层理 [图 16.7（b）]。这些标记直接表示出剪切区域的位移，这些结果可以与图 16.7（b）中描述的应变积分方法得到的结果进行对比。运用该方法时需注意，应变积分法假设叶理代表 $XY$ 平面并且剪切区域代表简单剪切变形。两种方法的差异表明该形变与简单剪切形变存在偏差。也许可以用区域内的额外收缩或拉张来对该现象进行解释，或者还存在其他类型的形变参与该变形过程。在解释其他类型的变形前，先探索简单剪切区域内标记的被动旋转。

分析一个最初与剪切区域垂直的线性标记较为容易，因为其旋转角度由角度剪切主导。通常情况下，如果一个标记与剪切区域的夹角起初为 $\beta$ [图 16.7（a）]，那么其在形变后的新夹角 $\beta'$ 取决于变形区域形变的类型。对于简单剪切，夹角与剪切应变 $\gamma$ 之间的关系可以表达为

$$\gamma = \cot\beta' - \cot\beta \tag{16.2}$$

其中 $\cot\beta = 1/\tan\beta$。我们也可以用形变矩阵 $D$ 来寻找适合矩阵 $D$ 标记的新的方向。在二维分析中，标志层可以用单位向量 $I$ 来表示，则新方向可以表示为

$$I' = DI \tag{16.3}$$

其中 $I'$ 为代表新方向的向量。简单剪切矩阵 $D$ 由式 2.16 得到。由此可见，如果 $I = (x, y)$，则新方向可以表示为 $I' = (x + \gamma y, y)$：

$$I' = \begin{bmatrix} 1 & \gamma \\ 0 & 1 \end{bmatrix} \begin{bmatrix} x \\ y \end{bmatrix} = \begin{bmatrix} x + \gamma y \\ y \end{bmatrix} \tag{16.4}$$

对于非简单剪切的其他形变类型应使用不同的矩阵。

应用矩阵的一个优点是任意一条线的方向（不仅是在垂直于剪切面的平面或者是平行于剪切方向平面内的线）均可被表示。在三维分析中，运用极点对平面进行分析。因此，形变乘以一个法向量 $P$ 可以得到一个新的方向，用 $P'$ 表示。公式如下：

$$P' = PD^{-1} \tag{16.5}$$

由于线和平面的转动由形变类型决定，因此通过形变矩阵 $D$ 我们可以利用应变增加方法模拟线及平面在形变过程中的转动。通过模拟发现，由简单剪切产生的转动沿着大圆弧运动，这与其他形变类型产生的转动不同（图 2.30 和图 19.22）。通过对被动的线性构造及平面构造的绘制，可以发现越靠近剪切区域中心，构造偏移量越大，可见其转动路径可能会提供有关形变类型的重要信息。实践中，通过对剪切区域内不同应变部分内外标记方向的绘制，进行形变类型的分析，并且与由式（16.3）及式（16.4）计算出来的数字模拟转动轨迹进行对比。

在介绍剪切区域类型之前，我们先对简单剪切区域、压缩区域及两者的结合区域进行总结。

## 简单剪切区域

一个简单剪切区域具有以下特点：

- 平面应变且 $W_k = 1$。
- 在沿剪切区域或垂直方向上并没有收缩或伸展。
- $ISA_1$ 与剪切平面（体）成 $45°$。

- 应变椭圆的 $x$ 轴起初与边缘呈 45°，渐渐地向趋向于与剪切平面平行的方向转动。该过程遵循公式 $\theta' = 0.5\arctan(2/\gamma)$。
- 在已知 $\theta'$ 的情况下，可以根据 $\gamma = 2/\tan2\theta'$ 计算局部剪切应变。
- 被动标记与剪切方向的原始夹角为 $\beta$，可以根据公式 $\cot\beta' = \cot(\beta) + \gamma$ 计算得到形变后的新夹角 $\beta'$。
- 涡度（$\omega$）被定义为剪切应变率：$\omega = \dot{\gamma}$。

## 膨胀、压缩区域

压缩区域或者扩张区域是经历了垂直于区域边缘的纯压缩或扩张的形变区域 [图 16.8（d）]。这种变形带构成了图 16.4（左侧）所示剪切带运动学谱中的端部构件，因此有助于对变形带的探索。较厚的纯压缩或扩张区域并不常见，但是毫米级至分米级厚度的区域可见于多孔岩石，这种特殊的形变带被称为压缩/扩张带。此类形变带有以下特性：

- 平面的非共轴形变，且 $W_k = 0$；
- 在垂直于区域方向上存在收缩或延展；
- ISA 的方向平行或垂直于该区域；
- $X$ 轴的原始方向平行于区域方向且一直保持平行；
- 被动标记与剪切向量的原始角度为 $\beta$，可以根据以下公式计算最终角度 $\beta'$

$$\cot\beta' = \frac{\cot\beta}{1+\Delta} \tag{16.6}$$

式中　$\Delta$——区域内的体积变化（见第 2 章第 12 节）；

- 涡度 $\omega = 0$。

## 膨胀、压缩剪切区域

既存在简单剪切应力又存在扩张或压缩作用的剪切区域被称为膨胀或压缩剪切应力区域。在这些区域中，简单剪切应力与膨胀或压缩应力同时存在。该区域具有以下特征：

- 平面应变，且 $0 < W_k < 1$。
- 一般为非共轴形变。
- 收缩（压缩）或伸展（膨胀）垂直于剪切区域。
- 在沿剪切区域方向没有收缩或伸展。
- $\text{ISA}_1$ 倾斜于剪切区域（对于压缩剪切 $< 45°$，对于扩张剪切 $> 45°$）[图 16.12（a）]。
- $X$ 轴倾斜于区域方向，且转动角度可以根据以下公式计算：

$$\tan 2\theta' = 2\frac{(1+\Delta)\Delta\gamma/\ln(1+\Delta)}{1-\left[\Delta\gamma/\ln(1+\Delta)\right]^2-(1+\Delta)^2} \tag{16.7}$$

- 对于压缩剪切而言 $\theta < 45°$，且对于给定剪切应力，$\theta'$ 小于简单剪切。对于膨胀剪切区域，$X$ 轴的方向可以用一个范围值来表示，且该范围取决于应变及膨胀程度，但是对于给定的剪切应力，$\theta$ 高于简单剪切。
- 被动标志与剪切应力的原始夹角为 $\beta$，最终角度 $\beta'$ 可由以下公式计算：

$$\cot \beta' = \frac{\cot \beta + \Delta \gamma / \ln(1 + \Delta)}{1 + \Delta} \qquad (16.8)$$

以上公式均可以从形变矩阵中提取。

## 16.3　增加纯剪切的简单剪切区域

很多形变区域与理想剪切区域的条件偏离：上下盘可能不平行，滑动面或其他强烈不整合可能在区域变形区域内部或沿区域方向出现，上下盘可能形变或位移可能沿变形区域变化。不符合理想剪切区域的情况下，通常被称为**一般剪切区域**。

一般剪切区域是指不符合理想韧性剪切区域条件的剪切区域类型。

由于岩性的非均质性或变形过程中剪切带内部条件的变化，自然界中，几乎所有剪切带都不具有完全平行的上下盘。与简单剪切流动形态相比，不平行与弯曲的上下盘具有局部偏差。

可以在很多的剪切区域中观察到强烈不整合或滑动面。这些内部的不整合为纯剪切提供了条件。如果剪切区域的上下盘并未形变，包括横跨剪切区域的纯剪切作用与收缩作用将使得区域变薄。矿物将沿着剪切区域方向被挤出，如图 16.8（c）所示。相反，如果纯剪切分量包括平行于剪切区域的收缩，则该区域将变宽，岩石流将会涌入变宽的部位。

我们期待在剪切区域变宽的部位看到层理变薄并出现叠瓦构造和多层褶皱构造。剪切区域的局部变薄伴随着层理变薄，并很可能会形成延展的剪切带。图 16.13 显示两种影响：变薄的层理出现在刚性透镜左侧变薄的剪切区域；变厚及褶皱的层理出现在透镜的另一侧（如图片中间所示）。与此同时，沿着走向方向的共轴形变可以导致具有不同厚度的剪切区域以及局部范围的内部滑动面。如图 16.14 所示，一个显著地塑性剪切区域，其特征从最低处部分自成完全韧性变成中间部分及上部半韧性。

图 16.13　构造透镜体背风一侧形成的褶皱（据 Fossen，Rykkelid，1990）

注意，背风一侧增厚，另一侧减薄，褶皱趋异。红色虚线为剪切带轮廓

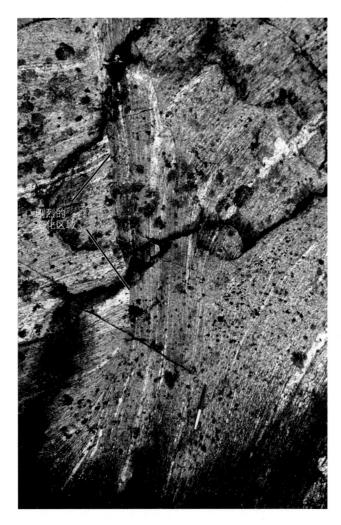

图 16.14 沿左侧边界有局部不连续的塑性剪切带

表明变形偏离简单剪切，笔是参照物

如果摩擦滑动发生在剪切区域，将会产生与走滑相关的线理。这些线理产生于滑动平面上，可能与剪切区域平行或部平行，但不要与图 16.15 所示的拉伸线理混淆。

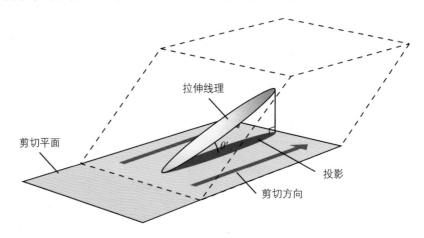

图 16.15 平面应变剪切区域内拉伸线理作用的图例

理想情况下，其剪切面上的投影显示剪切方向。如果线性元素和基质之间的黏度存在差异，那么结果将出现偏差

以塑性剪切带为主的剪切带中，滑动面与其他的脆性构造通常形成于剪切过程中剪切剥露及冷却

的剪切带中。由于非温度及压强的原因，它也可能产生于在其他塑性条件下的浅层地幔中。滑动可以发生在由板状的变质矿物排列形成薄弱平面的位置以及形变率局部短暂升高的地方。狭窄的上下盘或区域内较大的刚性杂质对岩石流体的干扰，可能是导致局部剪切应变率升高的原因。另一个原因可能是外部条件迫使剪切区域在较高速率下形变。最后，岩石内流体的角色也尤为重要。

干燥的岩石在脆性剪切作用下更容易破碎。因此形变岩石的"润湿性"变化即使在浅层地幔也可以控制它的流变特性。因此有一些因素可以控制剪切区域中瞬时的强烈不整合的形成。同时值得注意的是，瞬变形成的滑动面、假玄武岩玻璃以及其他塑性形变中的脆性因素显示：这些构造很可能被随后的塑性剪切及变质岩的重结晶作用掩埋。

一些剪切区域的上下盘在剪切过程中存在共轴应变。在这个情况下，如果共轴应变是均匀的遍布剪切区域上下盘及剪切区域，那么这些应变整合将被保留下来［图 16.16（c）］。这意味着在图 16.8（c）及图 16.16（b）中观察到的不整合并不具有实际意义——上下盘和剪切区域将被延伸到一起［图 16.16（c）］。

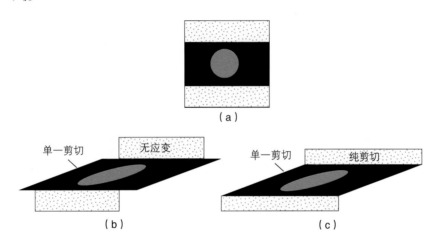

图 16.16　发生共轴应变的剪切区域（b）边界处存在相容的问题，但如果围岩也发生了相同程度共轴应变，则不再存在相容问题（c）。（a）表示未变形状态

## 亚简单剪切区域

从上面的讨论可以明显看出，平面应变剪切区域整个范围存在于简单剪切和纯剪切同时存在的平面。我们在第 2 章中称这种变形为亚简单剪切，因此这种剪切区域被称为**亚简单剪切区域**。

亚简单剪切区域包括了简单剪切和纯剪切同时存在的平面形变范围。

当这种剪切区域增厚时，叶理和边界的初始角度 $\theta$ 范围 > 45°，当纯剪切引起这些区域变薄且延伸时，$\theta$ 范围 < 45°。我们可以利用 $\theta'$、应变和变形类型之间的密切关系分析天然剪切区域。以上分析可以通过以叶理方向和应变椭圆的简图来解释，如图 16.12（b）所示。该特殊图形根据亚剪切构建，所以如果体积发生变化则会导致图版变化。因此在任何情况下，绘制简单剪切曲线的数据必须用附加体积变化或同轴应变的数据来进行解释。为了区分这两种可能性，应该寻找体积是否有变化的证据，这些证据可能是缝合线、脉体或剪切带固定矿物浓度。

亚简单剪切区域中的延伸线理可以反映投影到剪切平面的剪切方向（图 16.15）。注意，如果简单剪切分量太小或为零时，线理则反映纯剪切引起的延伸方向，而不再称为剪切方向。

　　我们进一步研究应变与位移的关系。如图 16.17 所示，假设剪切区域象限的右上角为（1，1）。如果我们应用简单剪切模型，则右上角应该位移到（3，1），然后这个位移会与一个特定轴向比的椭圆相对应。如果应用纯剪切模型使右上角获得相等的水平位移时，我们发现纯剪切会产生更高程度的应变 [ 比较图 16.17（a）、图 16.17（b）的椭圆 ]。相比于简单剪切，一些亚简单剪切变形要产生与剪切区域相同的平行位移，所需的应变要少（图 16.17）。事实上，亚剪切所需的最少应变是 $W_k=0.82$，也就是说 $W_k=0.82$ 的亚简单剪切是产生与剪切区域平行位移的最有效应变。

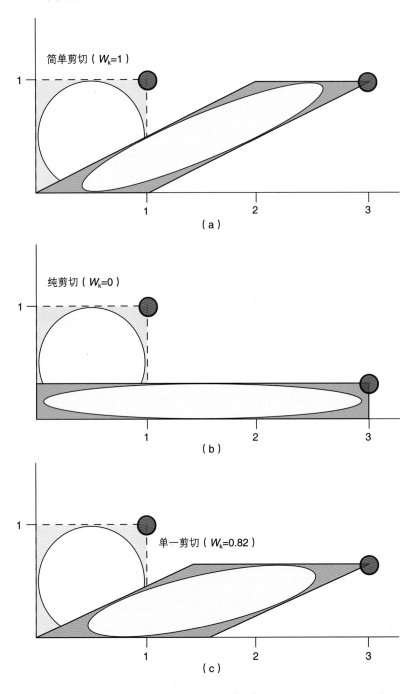

图 16.17　剪切带平行偏移量和应变的比较（据 Fossen 和 Tikoff，1997）

在简单剪切、纯剪切和亚简单剪切的作用下，包含一个圆的正方形发生了变化，作用结果是使正方形右上角发生相等的
水平位移。产生应变最大的是纯剪切，最小的是亚简单剪切

相比于纯剪切或简单剪切，亚简单剪切要达到相同的位移所需要的应变最少。

## 16.4　非平面应变剪切区域

目前为止我们都是在一个平面应变的条件下讨论剪切区域，也就是共轴（纯剪切）形变与简单剪切作用于同一平面。任意平面（无各向异性的体积变化）可对应一个可以绘制在弗林图解上的应变椭球体。然而，许多剪切区域内的应变测量显示出与平面应变的明显不同（图 16.18），意味着延展或收缩与第三方向（Y 轴）共轴和 / 或简单剪切组分有着联系。这使得一般剪切区域扩大到了 3D 应变。在一般剪切区域内，叶理和线理也许以不同的方式形成于不同方向并以不同方式旋转，且线理与剪切方向并无关联。

非平面应变剪切区域具有平坦的或压缩的几何构造，线理也许并不能表示岩流的运移方向。

判断给定的剪切区域的应变是否为平面至关重要。我们可以寻找厚度变化以及多方向流的野外证据。如图 16.9 所示，如果我们可以找到应变标志，我们可以解析它并且将应变数据标记于弗林图解（图 16.18）中。该图中的数据来自于图 16.9 所示的剪切区域类型，尽管该剪切区域第一眼看起来像简单剪切区域，但是图 16.18 所示的应变数据显示了非平面应变。这表明，图 16.9 所示的剪切区域并非简单剪切。

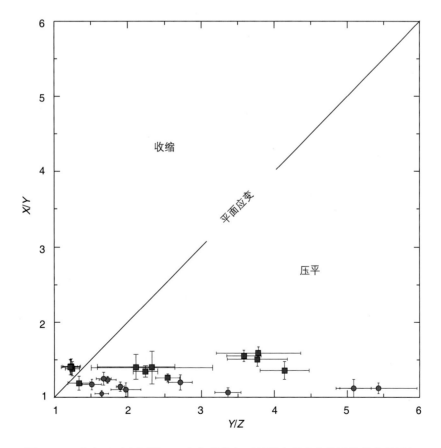

图 16.18　来自于两个与图 15.9 相似的剪切区域样本的应变估计值的弗林图解（切割方向平行且垂直于剪切方向）（据 Bhattacharyya 和 Hudleston，2011）

应变数据清楚地告诉我们，两个剪切区域受到压平作用的影响，因此偏离简单剪切

如果我们发现剪切区域应变属于三维应变，我们将会面临很大的挑战，因为出现了更多的可能形变类型。我们仍然可以考虑纯剪切或简单剪切，但是现在我们需要在多个平面对简单剪切及纯剪切进行组合。图 16.19 显示我们如何将一个 3D 共轴应变与至多 3 个正交简单剪切系统相结合。此时形变矩阵变为三维矩阵：

$$\begin{bmatrix} K_{xy} & \Gamma'_{xy} & \Gamma'_{xx} \\ 0 & K_y & \Gamma'_{xy} \\ 0 & 0 & K_x \end{bmatrix} \tag{16.9}$$

该矩阵可以用于模拟形变，但是计算通常需要计算机程序辅助进行。一些情况下，共轴应变相对于剪切分量存在一个倾斜角，这使情况更为复杂。同时，可能存在更多的原因使非平面应变剪切区域的 3D 分析更具挑战性，通常情况下，需寻找可以解释数据的最简单的模型进行运用。转换压缩及转换延伸是两个十分流行并且与简单 3D 剪切区域形变接近的类别，这将会在第 19 章章末进行讨论。

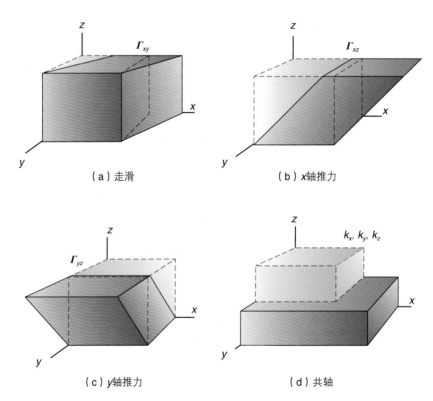

图 16.19　正交变形组分可以整合到公式 16.9 中三维应变矩阵中（据 Fossen 和 Tikoff，1997）

## 16.5　糜棱岩和运动学指示标志

### 糜棱岩

在一些塑性剪切区域的中心部分，例如图 16.10 所示，应变作用很大，导致先存的纹理和构造整体变得扁平或者移位。岩石强烈变性为带状，这类岩石被称为**糜棱岩**——这个词由苏格兰 Moine 逆冲带早期研究者创造（见专栏 16.1）。糜棱岩的特性随着温度、压力、矿物组成、颗粒大小、存在的流体和形变速率不同而变化。总体来讲，糜棱岩的颗粒比母岩更为细小（图 16.10 中明显可见），糜棱岩还具有发育良好的叶理及线理。

　　糜棱岩区域或带可以厚达数公里，特别是在前寒武纪地盾区域以及侵蚀碰撞造山带。这些情况下，上下盘及剪切平面也许很难去辨别，并且区域内会伴随着很多的非均质性。有限应变不仅会随着变形较小岩石的透镜体和长条的变化而变化，而且变形类型也会随着区域的变化而变化。结果就是一个区域包括了很多的形变构造，例如褶皱、解理、叶理、线理以及其他在本章末将会讨论的构造。在笼统意义上讲，它仍然是一个剪切区域，但是比本章起始部分所讲的理想剪切区域更复杂也更多样。这使得厚糜棱岩更加神秘，也使该项研究更加富有挑战性。

---

**专栏 16.1　糜棱岩与碎裂岩**

　　在过去的一个世纪中，糜棱岩（mylonite）一词至少有过两个含义。该词由拉丁语中"碾磨，压碎"一词演化而来。糜棱岩一词最初是指沿着著名的苏格兰莫伊逆冲带（Scottish Moine Thrust Zone）生成糜棱岩的过程，这也是该词语被首次采用。在光学和电子显微镜的帮助下，我们认识到糜棱岩的形成机制主要为塑性变形机制。

　　目前，糜棱岩是指在塑性变形作用下经历了粒径减小的强烈变形的岩石。而相关术语碎裂岩被用于以碎裂流动为主的情况。在糜棱岩化过程中，碎裂作用可同时发生，例如，在塑性形变的石英基质中长石的破碎。

　　依据原始基质是否保持完整（未进行重结晶）的比例，糜棱岩被划分为三个子类：

- **初糜棱岩**：基质（新生颗粒）含量 < 50%
- **糜棱岩**：基质含量介于 50% ~ 90%
- **超糜棱岩**：基质含量 > 90%

糜棱岩常见于逆冲、伸展剪切带和较陡基底剪切带中。

---

　　在过去的一个世纪中，人们以多种方式定义了在高应变剪切带的强剪切岩石，最广泛应用的一种分类参见专栏 9.1 和 16.1。这种分类可以识别初糜棱岩（仍以原生颗粒为主，含量 90% ~ 50%）、糜棱岩（原生颗粒含量为 50% ~ 10%）和超糜棱岩（原生颗粒保持完整，含量 < 10%）。由初糜棱岩到糜棱岩再到超糜棱岩的变化在许多剪切带都能够观察到，但是如果岩石经历过强变形将变得难以识别。

　　原始结构或原始矿物的残余物以大透镜体或碎块形式被糜棱质页理包裹。长度为几十厘米或更长的透镜体被称作**原岩透镜体**。单个晶体或矿物的碎片被称作**碎斑**。在绿片岩相剪切过程中，变形花岗岩中的长石常形成典型的碎斑，因为温度过低不足以使长石发生塑变晶形变。

**运动学指示标志**

　　我们对将微构造作为剪切带和糜棱岩带运动学指示标志的理解在 20 世纪 70 年代和 80 年代有了显著提升。了解构造的不对称性与运动学的关系是对强剪切岩石研究的一个重大突破。值得注意的是，许多糜棱岩包含的构造表现出单斜对称（低），地质学家讲其简化定义为**非对称构造**。这种不对称性与转动分量、不同轴变形或沿特定方向旋转有关，如图 16.20 所示。与在非同轴变形中不对称的质点轨迹同样有关。同轴变形产生的构造，其几何形态表现出更高（斜方）级别的对称性，这与其质点轨迹的对称性相关。不同构造中对称性与同轴度关系的图示见图 16.20。因此，在共轴流动中形成的构造常被认为是斜方晶系。

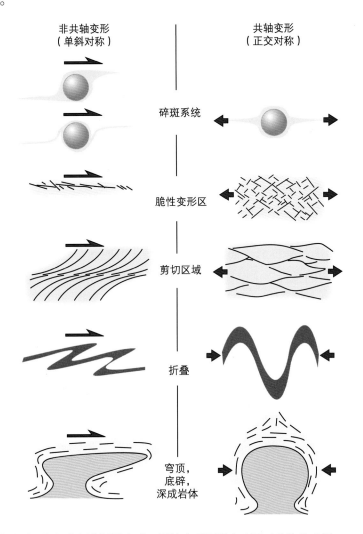

非共轴变形
（单斜对称）

共轴变形
（正交对称）

碎斑系统

脆性变形区

剪切区域

折叠

穹顶，
底辟，
深成岩体

图 16.20　不对称构造（左侧）表征非同轴变形，同轴变形更易产生更对称构造（据 Choukroune 等，1987）

单斜构造提供了在糜棱岩带中关于位移指向和剪切指向的信息，因此在这一节中我们将重点讨论单斜以及非对称构造。在一个剪切带中，我们首要研究垂直于叶理的包含线理的截面（图 16.21）。尽管垂直于线理的截面同样可用于评价三维形变。

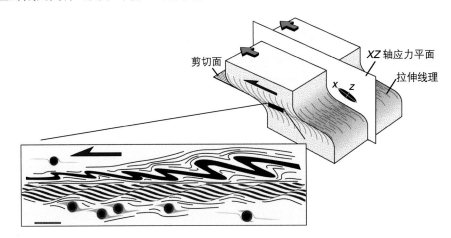

剪切面

XZ 轴应力平面

拉伸线理

x　z

图 16.21　关于判断剪切指向的观察剖面的图示以及一些与剪切指向相一致的不对称构造

糜棱构造的对称性可用于评判剪切方向以及糜棱岩带的同轴度。

## 偏移标识层

我们已经观察了预先存在的标识物（线性或平面）是如何旋转至剪切带中。即使我们观测不到剪切带边缘，从低应变到高应变区域中平面标识物的旋转也提供了可靠的依据来判断剪切指向，例如剪切带中构造透镜体的边缘。

## 糜棱叶理和剪切带（S—C构造）

通常情况下，普遍认为叶理会沿着应变椭球体的 $XY$ 平面产生。叶理从边缘到剪切带内部的旋转指向通常是一类可靠的运动学指示。

随着应变的累积，经常会沿着剪切带壁形成一组滑动面或剪切条带，见图 16.22（a）。这些剪切条带被称作 C（法语中"cisaillement"译为剪切，即与剪切相关的运动），叶理命名为 S（来源于"schistosité"或 schistosity）。C 平面并不是一个真正的平面，而是一个在主剪切带中一个影响着叶理的小规模剪切带。具体来说，叶理曲线起始和终结于 C 平面，同时弯曲的叶理所表示的偏移指向反映了整个剪切带的剪切指向。C 平面在变质岩的剪切带中最为常见，见图 16.23。

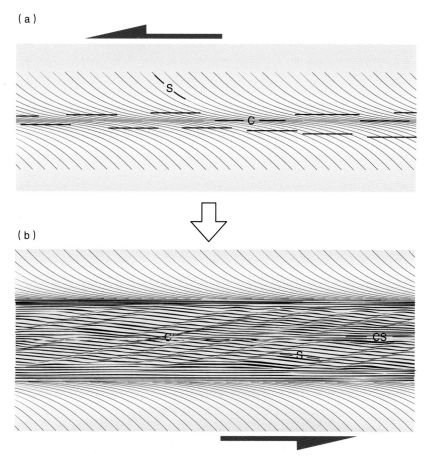

图 16.22　变质岩剪切带中 S—C 构造发育的示意图

（a）新形成的叶理（S）被平行于剪切边缘的剪切面（C）所切；（b）持续的变形使 S 旋转至与 C 近平行，并称为 CS 叶理。新的倾斜剪切条带（C′）形成并反向扭转 CS 叶理，进而使之被称作 S

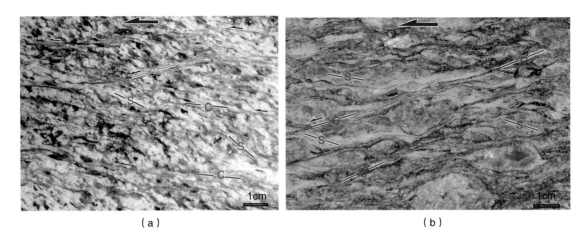

（a）　　　　　　　　　　　　　　　（b）

图 16.23　（a）产于法国布列塔尼阿莫里克剪切带的花岗岩，是最初对 S—C 构造的描述。S 面表示叶理（XZ 平面）。C 平面是平行于废弃剪切带走向的剪切条带（不能单独从图中确定）。也可以看出一些倾斜剪切带。（b）剪切粗粒花岗岩中的两组平面（S 和 C）共同表示左旋剪切（巴西伊帕内玛，新元古代里约热内卢组）

　　当剪切应变很高，例如大于 10 时，剪切条带与叶理间之间夹角的角度难以观察。这时可以得到一种由扭转叶理和 C 平面构成的组合叶理。另外，变形岩石的非均质性及叶理中在云母质成分上的滑动对流动的扰乱足以打破低应变时呈现的简单画面。

　　这种高应变复杂化促进了可以反映流动运动学的新构造的形成。需要注意的是，当应变升高时[图 16.22（b）]，倾斜于剪切带边缘的一组新的剪切条带将形成。当它们对于剪切带的倾斜度可以表示时，这些剪切条带指定为 C′，在富含板状矿物的糜棱岩中尤为常见。因此 C′ 平面与脆性剪切带中的里德尔剪切（R）相类似，并且只有在它相对于剪切带边缘的走向已知时才可被区分。但有时该信息并不已知，因此 1984 年地质学家 Gordon Lister 和 Arthur Snoke 建议，任何在一个进展性的剪切事件中形成的，包含两种平面构造的构造，都称为 S—C 构造。进而，表现出 S—C 构造的糜棱岩称作 S—C 糜棱岩。

　　S—C 糜棱岩由两组平面构造构成：叶理（S）以及斜截断并经常向后旋转叶理的剪切条带（C）。

　　S 与 C 间可出现不同角度的夹角，以 25° 至 45° 为典型。如果叶理与剪切条带（C）间的角度关系始终一致（图 16.24、图 16.25），则该角度可作为可靠的剪切指示器。同轴度越高，其一致性越低，同轴变形预计会产生若干组倾向相反的剪切条带。然而，剪切条带和总体叶理间的恒定角度关系在糜棱岩带较为普遍。但需要注意的是，剪切条带可能形成于剪切带演化过程相对较晚的时期，因此反映了变形历史最后的阶段。

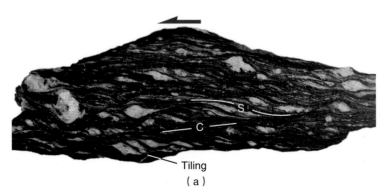

（a）

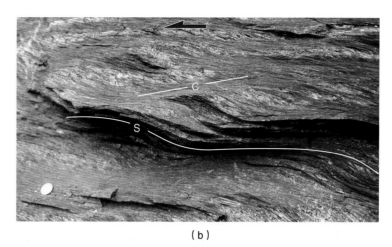

(b)

四分之一构造

(c)

图 16.24 （a）南极初糜棱化花岗岩中的 S—C 构造（注意长石碎斑的镶嵌现象）；
（b）千枚岩中的剪切条带与不对称褶皱；（c）花岗岩质片麻岩中不对称香肠构造（包裹体周围的
不对称褶皱表现出四分之一构造）[ 卑尔根（挪威）东部加里东造山带 ]

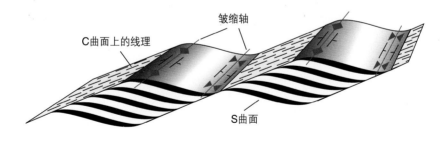

图 16.25 剪切带类型 S—C 构造的几何结构示意图
细褶皱轴部与剪切指向呈高角度，剪切指向由剪切条带（C）上出现的线理所指示。S 面可能发生或不发生滑动

## 微尺度叶理

　　倾斜于主叶理或糜棱条带的叶理，在变形过程中发生矿物集合体的动态重结晶。石英集合体或变形石英脉是其典型代表。集合体本身构成了主要糜棱叶理的一部分，其变形颗粒的长轴确定了倾斜的叶理（图 16.26 和图 16.27）。集合体中有两个对立的过程同时进行，一个是由颗粒拉长所产生的形变，另一个是动态重结晶作用和恢复以消弱这些颗粒记录下的形变。

　　集合体内的倾斜叶理只反映了变形的最后一次增量，而主叶理是整个变形史的结果，因此代表了接近于剪切平面的走向。糜棱叶理与集合体中颗粒形态组构间的夹角可表明变形为非同轴变形，同时揭示剪切指向，甚至表明变形的非同轴度（$W_k$）。如果集合体中的颗粒只发生轻微形变，那么角度应为接近简单剪切的 45 度（$W_k=1$）。按照 S—C 方法，在这种情况下 S 与 C 均为叶理（图 16.26），也可称作 $S_i$（内部）和 $S_m$（糜棱岩）（图 16.27）。

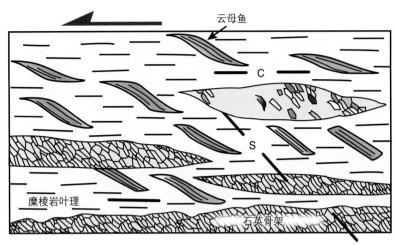

石英的动态结晶，反映其最后一部分的变形历史

图 16.26　以石英云母为主的糜棱岩中的典型 S—C 构造

图 16.27　具水平糜棱岩叶理（$S_m$）的糜棱岩的岩石薄片

石英颗粒被沿着倾斜于 $S_m$ 的 $S_i$ 方向拉伸，其角度关系与顶部向左的剪切指向相同。我们同样可用 S—C 命名法，$S_m$ 代表 C，$S_i$ 与 S 相对应

## 云母鱼构造

糜棱岩中的云母碎斑趋向于具有向碎斑总体走向相反方向弯曲的尾部，见图 16.26。这种构造被称作云母鱼构造，其表现出的不对称性指示了剪切方向。云母鱼常以剪切条带为边界，同时可视其为一种 S—C 构造。

## 叶理鱼构造及叶理香肠构造

部分具有强叶理性的糜棱岩有时会相对于剪切方向向后旋转，产生形似云母鱼但更大规模的构造，称为**叶理鱼构造**（图 15.12）。这种构造也被称为**不对称叶理香肠构造**。

## 石香肠构造

香肠化的能干层可作为运动学指示器，从中可知在变形开始前岩层的大致走向。如果这样一个岩层在一次非同轴变形中位于一个正在活动的拉伸场中，那么其香肠构造将向剪切方向的相反方向旋转，见图 16.24（c）（见第 15 章）。

## 碎斑

长石、石英、云母和其他矿物碎斑可形成一条重结晶材料的活动覆盖层，同样也可形成尾部构造，如图 16.28（a）至图 16.28（c）所示。同轴变形产生相对于总体糜棱叶理对称的尾部形态 [$\phi$ 类型，图 16.28（c）]。对于非同轴变形，倾向于形成不对称形态，最终形状取决于 $W_k$ 及活动覆盖层相对于核心（重结晶速率）的厚度，以及其他因素。当其尾部为阶梯状形态时，这种不对称构造称为 $\sigma$ 类型。如果尾部更细，受碎斑旋转的影响而强烈弯曲，则为 $\delta$ 类型（图 16.29）。两者的一个典型区别是，$\sigma$ 类型的尾部分别位于叶理基准线的两端，而 $\delta$ 类型的尾部会穿越该线。

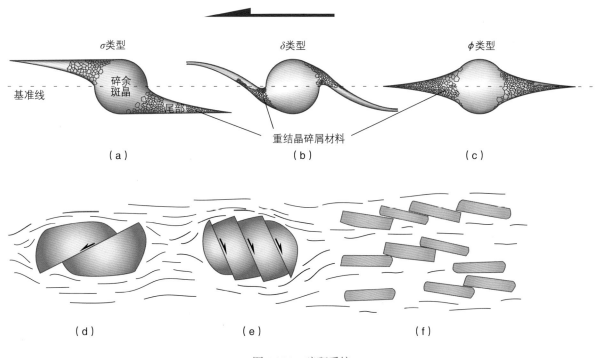

图 16.28　碎斑系统

（a）至（c）为具重结晶尾部的碎斑，$\sigma$ 类型碎斑具有不跨过基准线的尾部，而 $\delta$ 类型的尾部跨过基准线。
（a）和（b）表现出单斜对称（旋转轴垂直于页面）。$\phi$ 类型关于基准线对称。（d）具有与剪切指向一致裂缝的碎斑。
（e）具有与剪切指向所对立的裂缝的碎斑。（f）碎斑的镶嵌（叠瓦）现象。所有构造（除 c 以外）均为左旋剪切

（a）

（b）

图 16.29　（a）具有广泛尾状的 $\delta$ 类型碎斑；（b）$\delta$ 类型碎斑指示了在顶部向左剪切的旋转方向
（挪威 Caledonides 西部片麻岩地区）

　　许多碎斑表现出石英或者其他矿物的生长，称作碎斑压力影或应变影。在非同轴变形中应变影不对称并表现出与 $\delta$ 类型碎斑的相似性。

　　图 16.30 中的石榴子石碎斑同样表现出包裹体相。这种相同样可代表由石榴子石外延生长产生的锯齿状叶理，同时也具有碎斑同运动生长的可能。如果是后者的情况，则该相可表明非同轴变形的旋转指向和剪切指向。

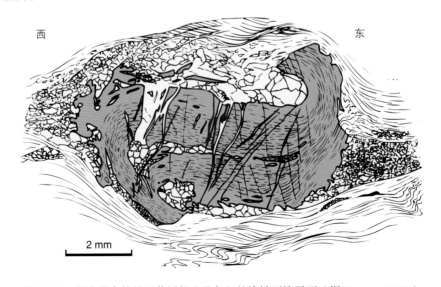

图 16.30　应变影中的具石英尾部（蓝色）的旋转石榴子石（据 Fossen，1992）
内容物模式表明剪切方向自上而下（右）。石榴子石中较年轻的剪切条带与扩张裂缝表现了相反的剪切指向

### 褶皱和劈理

如果我们知道变形开始前褶皱层的大致走向，不对称褶皱和相关的轴面劈理可为我们提供强变形岩石中关于剪切指向的信息。在糜棱岩带中我们经常可以观察到在变形历史中是糜棱叶理本身被褶皱。因此，叶理一定旋转经过了剪切面并进入压缩场。在此情况下，不对称褶皱的构造转向指明了剪切指向（图 16.29）。产生糜棱岩褶皱的条件为叶理被旋转进入瞬时压缩场。当叶理在坚硬的包裹体或透镜周围被扰动时，较易发生一定角度的旋转，且旋转较为明显。或者，非对称褶皱可由在变形前起始位处于压缩场内的交错层理或横切岩脉发展而来。此类情况下，对构造转向的解释需更加谨慎，尤其当标识物的初始走向未知时。在某些特殊情况，不对称褶皱也可能指示"错误"的剪切指向，如图 16.31 所示。

不对称性和高非圆柱性（强弯曲枢纽线）是糜棱岩带褶皱的典型特征（图 16.32 和图 16.33）。有时此种不对称褶皱倒转的翼部被逆断层或逆冲断层所取替（图 16.32），并可帮助判定剪切指向。

图 16.31　在简单剪切中（应变向左增大）褶皱的前进性发展

这种特定的起始走向会导致与剪切指向明显不符的构造转向

图 16.32　形成于非同轴变形片麻岩中的褶皱

不对称褶皱的构造转向指示了顶部向左的移动。一个小型的类似冲断层的构造切断了倒转的褶皱翼部。
整个构造可视作一个 S—C 构造，其中的叶内褶皱列位于两个 C 条带中间

### 四分之一构造

糜棱岩中在构造透镜体和其他刚性物体周围相关的压缩和拉张构造表征了剪切指向。如图 16.33（a）所示，在刚性物体周围的区域可被划分为层增厚和减薄的四分之一扇区，其反应层所经历的压缩 / 伸展作用。构造因叶理绕物体的旋转方式不同而产生变化。在减薄的扇区中，当质点加

速绕过物体的一角时，该层必定变薄。除岩层减薄外，我们还可发现有关溶解作用的证据（云母聚集）。在增厚扇体中，伴随颗粒减速，岩层经历增厚和褶皱变形。

在较小尺度上，镁橄榄石可能优先出现在缩短（加速）区中钾长石颗粒外围 [ 图 16.33（b）]。镁橄榄石可能形成于高差应力作用区。

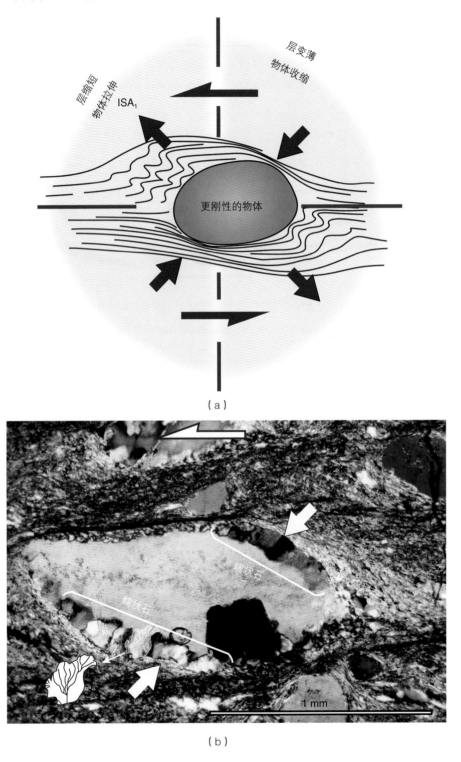

（a）

（b）

图 16.33　（a）糜棱岩带中刚性物体周围减薄 / 加厚的扇体（四分之一）指示了剪切方向。在这些扇区中反映不同应变场的构造称为四分之一构造，如褶皱或薄层的重叠。（b）镁橄榄石结构形成于垂直与最大缩短方向（箭头）的扇区；详细的镁橄榄石结构已被概述（尼泊尔昆布的糜棱岩照片，来自 Alessandro Da Mommio）

## 晶体方位

在富石英糜棱岩中，石英光性 $c$ 轴（$a$ 轴）的方位有时可用于判定剪切方向。一定数量（$> 200$）的方位被测量并投到球面投影网上。在投影网上，叶理垂直，线理呈东西走向。这种样式或环带在非同轴变形中呈典型不对称状，如图 11.21 所示。这种不对称性可指示剪切方向，如图 16.34 所示。实际的环带形态取决于曾经活动的晶体滑移系统，变形时的温度以及应变形态（扁长与扁圆应变椭球体），第 11 章在一定程度已经对该情况进行过讨论。

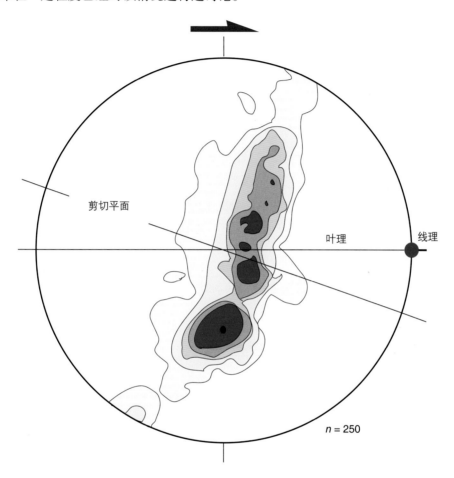

图 16.34 在 U 形台上对 250 组剪切石英的 $c$ 轴进行了测量并投影在球面投影网上（据 Fossen，1993）

相对于叶理（在图中为东—西走向）的不对称样式，如图所示，表明了剪切指向

## 物体排列

在变形的岩石中，坚硬的拉长的晶体可被镶嵌或呈叠瓦状重叠在糜棱岩区域 [ 图 16.28（f）] 这种排列需要晶体密度较高，此类情况在斑状变质岩中较为常见，尤其是当变形开始它们尚未完全固结的情况（岩浆变形）。

## 剪切转移构造

不均质岩石在变形过程中会经历应变分区，从这方面来说，简单剪切和错动集中在较弱的、富云母的层中。一些情况下，剪切作用可以从一个层位转移至另一层位，尤其容易在较软弱的层的终端发生转移。转移或叠覆区可为压缩或拉张，取决于较弱层的排列和剪切指向。压缩构造表现为褶皱列或叠瓦构造，拉张构造以剪切条带为主。图 16.35 展示了如何从此类构造中判断剪切指向。

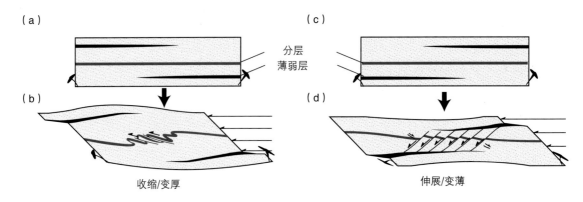

（a）

（c）

分层
薄弱层

（b）

（d）

收缩/变厚

伸展/变薄

图 16.35　从较弱层到另一层的局部剪切应力的传导可产生压缩或拉张构造（据 Rykkelid 和 Fossen，1992）

## 微断层矿物颗粒

　　在塑性变形基质中，以脆性形变为主的矿物颗粒可能在颗粒内部形成剪切裂缝。最常见的实例是在绿片岩相条件下韧性富石英基质变形的脆性长石（图 11.1）。该类裂缝的走向与滑动方向与剪切方向相关（左旋，图 11.1）。需要注意的是该类剪切裂缝有时与剪切方向相一致，有时相反 [ 对比图 16.28（d）和图 16.28（e）]。他们的走向不仅取决于剪切指向和 $W_k$，同样取决于颗粒形状、走向，以及任何结晶解理或其他可能具有的较弱平面。因此，在运动学分析中，裂缝矿物颗粒需谨慎使用。

## 纤维和矿脉

　　拉张矿脉 [ 图 16.36（a）] 的方向指示糜棱岩的剪切方向，有时同样可指示 $W_k$ 以及 ISA 的方位。如果矿脉是纤维状的，则纤维可以更好地判断拉伸方向。

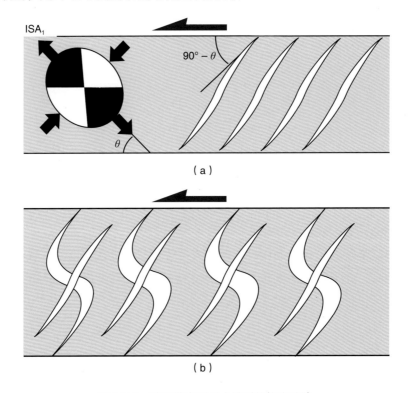

$ISA_1$

$90° - \theta$

$\theta$

（a）

（b）

图 16.36　剪切带中雁列式排列的拉张矿脉

矿脉的倾斜方向与 $ISA_1$ 垂直。它们受剪切呈 S 形并可能被新矿脉所切断

非同轴变形下形成的矿脉从它们形成的时刻开始便会旋转。将形成可用于判定剪切指向的 S 形迹和形态，如图 16.36 和第 8 章（8.8 部分）所示。

特殊的褶皱可在糜棱岩中矿脉的周围产生，褶皱形态的剪切指向与矿脉的位移指向相反。其形态源自施加在矿脉上的剪切力，如图 16.37 所示。该例表明在依据糜棱岩中与矿脉有关的褶皱判断剪切指向时需更加谨慎。

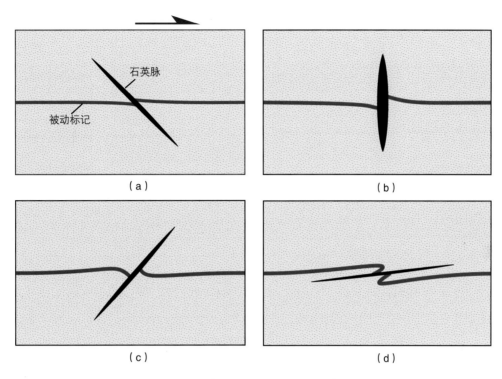

图 16.37　具有错位移指向的拉张裂缝（据 Huldleston，1989）

（a）在剪切体制下拉张矿脉形成；（b）裂缝打开，引起标志层的弱褶皱，在持续剪切中裂缝旋转；沿着裂缝的位移与剪切指向相反（c），（d）

总体来说，一定数量的具有不同走向的岩脉和矿脉有助于还原应变和运动学历史。它们的出现表明它们曾处于拉伸、缩短或先拉伸后缩短的场内。例如，形成香肠状褶皱的矿脉，是经历了先缩短后拉伸的历史。如第 2 章所述，这些场的大小和分布反映了 $W_k$ 和运动学特征。

## 16.6　剪切带的生长

许多剪切带都为简单并定义明确的构造，然而我们对其形成机理的认知还远远不足。为了简化理解，常假定它们形成于均质岩石中，如花岗岩。在实际情况中，剪切带形成于岩石的最弱点或沿着最弱的岩层发育，如含云母层、部分熔融区、矿脉、裂缝、细颗粒层、岩墙等等。对每个剪切带必须单独分析。

一旦剪切带形成，根据其类型的不同，我们可推测四种发展历史，如图 16.38 所示。

**类型一：**剪切带为应变硬化类型，区域变厚的同时中间部分变形减缓。中间部分因此只记录变形历史的第一部分，边缘记录最后部分。剪切带类型一在高原类型的位移剖面中广泛发育。

**类型二：**剪切带为应变软化类型，快速建立起一定厚度，但一定时间后变形集中在中间部分。因此，边缘变为不再活动，并且剪切带的活跃部分变薄。其结果是发育形成具有高剪切应变梯度的薄剪切带。

**类型三**：剪切带发育固定厚度，整个区域持续变形并不表现出任何局部富集作用。剪切带保持其厚度，并等同于其活跃厚度。该模型或许最不贴近真实情况，但可以适用于一些类型的扭折带的情况。

**类型四**：剪切带的发育过程与类型一相同，但是在变形历史中整个剪切带都保持活动。换言之，区域宽度增长，且应变从边缘向中心增大。边缘只记录了最后的剪切增量，但中间部分经历了整个剪切史。

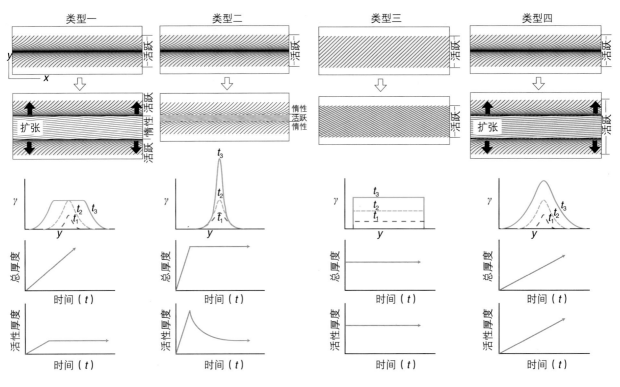

图 16.38　剪切带的四种生长模式

总地来说，剪切带表现出位移或长度与厚度的正相关（图 16.3）的特征。这一现象表明，大多数剪切带会随着变形的进行而加宽，因此印证了类型一和类型四中的剪切带类型特征。如果事实真是如此，这意味着边缘记录了最后的应变增量。为了研究其经历的发育过程，我们需要对比表现出不同位移的相关剪切带，例如位于不同发育时期的剪切带。

一些剪切带在它们的变形历史中会被抬升，从塑性态移动到塑性—延展性过渡态最后进入脆性态。由此通常会导致富集在一或多个相对狭窄区域里的局部剪切，例如类型二，除了应变并不一定要集中在中心部分。许多上千米厚的剪切带经历了同运动的发掘作用，并且在其上半部发育了晚期狭窄的（半）脆性剪切带。一个例子是在专栏 18.3 中讨论的变质岩心复合体所形成的剪切带。类型二剪切带刨除了在剪切早期和中间阶段形成的剪切岩，对还原剪切带的压力—温度历史至关重要，将在第 22 章对其加以讨论。

---

剪切带可通过不同方式发育，发育方式取决于岩石性质、流体、变形机制和变质反应，但是总体会经历早期的加宽。

## 本章小结

　　剪切带是一类重要的构造，并经常包含可反映它们变形类型和变形历史的内部构造，这一性质使其可作为研究一个地区构造演化的重要依据。剪切带不能直接告诉我们的是它们是否形成于拉张、压缩或是走滑体制中。简单剪切、亚简单剪切以及其他类型剪切带均可形成于任何构造体制中，我们必须了解它们在变形时的方位从而做出推断。换而言之，剪切带需要放在一类特定的构造背景中进行研究。在下面三章我们将看到在三类主要的构造体制中，剪切带和断层是怎样形成的。本章的要点包括：

- 剪切带是应变高于周围岩石的区域。
- 剪切带可根据延展性（延展性或脆性）和变形机制（脆性 / 摩擦或塑性）进行分类。
- 延展性剪切带可保存被动层的原始连续性。
- 塑性剪切带将发育走向与应变相关的叶理。
- 如果变形类型（简单剪切）和整个区域的形变已知，其可用于计算偏移距。
- 不对称构造表明了剪切方向。
- 考虑尽可能多的剪切指向指示器从而判断剪切指向。

---

### 复习题

　　1. 剪切带与裂缝有什么不同之处？

　　2. 你能画出图 16.9 剪切带的上边缘吗？它可被简单界定吗？

　　3. 什么数据支持了剪切带位移累积的同时宽度增长的观点？应该从哪里寻找形变的最后增量？

　　4. 我们做了什么假设，使最后的应变增量可代表区域内较早的应变增量？

　　5. S—C 构造的含义是什么？

　　6. 在本章讨论的剪切构造中，你认为哪个最可靠？哪个最不可靠？

　　7. 怎样可以得到剪切带中关于应变路径（应变演化）的信息？

---

## 电子模块

　　学习本章内容时，推荐使用电子模块中的剪切带和运动学指标。

## 延伸阅读

### 综合

Passchier C W，Trouw R A J，2006. Microtectonics. Berlin：Springer Verlag.

### 复杂剪切带

Passchier C W，1998. Monoclinic model shear zones. Journal of Structural Geology，20：1121-1137.

### 剪切带的生长

Means W D，1995. Shear zones and rock history. Tectonophysics，247：157-160.

Sibson R H, 1980. Transient discontinuities in ductile shear zones. Journal of Structural Geology, 2: 165-171.

### 理想剪切带

Ramsay J G, 1980. Shear zone geometry: a review. Journal of Structural Geology, 2: 83-99.

Ramsay J G, Huber M I, 1983. The Techniques of Modern Structural Geology: Vol. 1: Strain Analysis. London: Academic Press.

### 成像和描述

Snoke A W, Tullis J, Todd V R, 1998. Fault-Related Rocks: A Photographic Atlas. Princeton, NJ: Princeton University Press.

### 运动学构造

Berthé D, Choukroune P, Jegouzo P, 1979. Orthogneiss, mylonite and non-coaxial deformation of granites: the example of the South Armorican Shear Zone. Journal of Structural Geology, 1: 31-42.

Dennis A J, Secor D T, 1990. On resolving shear direction in foliated rocks deformed by simple shear. Geological Society of America Bulletin, 102: 1257-1267.

Lister G S, Snoke A W, 1984. S-C mylonites. Journal of Structural Geology, 6: 617-638.

Passchier C W, Williams P R, 1996. Conflicting shear sense indicators in shear zones: the problem of non-ideal sections. Journal of Structural Geology, 18: 1281-1284.

Platt J P, 1984. Secondary cleavages in ductile shear zones. Journal of Structural Geology, 6: 439-442.

Simpson C, 1986. Determination of movement sense in mylonites. Journal of Geological Education, 34: 246-261.

Wheeler J, 1987. The determination of true shear senses from the deflection of passive markers in shear zones. Journal of the Geological Society, 144: 73-77.

### 刚性物体和碎斑岩

Bjørnerud M, 1989. Mathematical model for folding of layering near rigid objects in shear deformation. Journal of Structural Geology, 11: 245-254.

Passchier C W, Simpson C, 1986. Porphyroclast systems as kinematic indicators. Journal of Structural Geology, 8: 831-843.

Passchier C W, Sokoutis D, 1993. Experimental modelling of manteled porphyroclasts. Journal of Structural Geology, 15: 895-909.

### 软沉积物剪切带

Lee J, Phillips E, 2008. Progressive soft sediment deformation within a subglacial shear zone: a hybrid mosaic-pervasive deformation model for middle Pleistocene glaciotectonised sediments from Eastern England. Quaternary Science Reviews, 27: 1350-1362.

Maltman A J, Bolton A, 2003. How sediments become mobilized//van Rensbergen P, Hillis R R, Maltman A J, Morley C K, Subsurface Sediment Mobilization. Special Publication 216, London: Geological Society, pp. 9-20.

### 剪切带内应变

Bhattacharyya P, Hudleston P, 2001. Strain in ductile shear zones in the Caledonides of northern Sweden: a three-dimensional puzzle. Journal of Structural Geology, 23: 1549-1565.

Hudleston P, 1999. Strain compatibility and shear zones: is there a problem? Journal of Structural Geology, 21: 923-932.

Simpson C, De Paor D G, 1993. Strain and kinematic analysis in general shear zones. Journal of Structural Geology, 15: 1-20.

# 第 17 章

# 收缩域

收缩断层可形成于任何构造域，但其通常沿着汇聚板块边界及克拉通内部造山带发育。收缩构造从 19 世纪末到 20 世纪末一直备受关注，之后关注重点相对转移到伸展构造。收缩断层的研究促进了平衡剖面理论的发展，并且使断层叠置和转换构造、断层长度和断距的关系、断层发育机制等方面的研究受到持续关注。对于收缩断层的研究与解析，一方面为更好地理解造山过程奠定基础，另一方面也促进了油气勘探方法的研究，因为世界上许多油气资源蕴含于褶皱冲断带内。本章内容包括收缩断层和相关构造的基本理论，并主要关注造山带内的逆冲构造。

本章电子模块中，进一步提供了与收缩作用相关主题的支撑：

- 构造单元
- 构造域
- 断层几何学
- 构造生长
- 造山楔

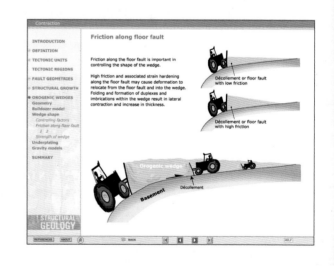

## 17.1　收缩断层

当岩石受构造或重力作用缩短时，形成收缩变形构造。在所有碰撞带内均发现了**收缩断层**和褶皱，这些构造影响了与俯冲带相关的增生棱柱体内未变质的沉积物，并且它们在重力不稳定（滑动）的三角洲趾端及陆缘软泥或盐岩层之上的沉积物中是常见的。甚至移动的冰川和冰盖也可以产生褶皱带和逆冲断层带，并且在欧洲北部和北美北部发育许多第四纪冰期形成的上述构造的实例。

如图 17.1 所示，考虑层状岩体沿分层方向缩短。可以产生许多微观构造和宏观构造。这种缩短作用可以通过由形成溶解裂缝（缝合线）、沿颗粒接触的压溶以及物理压缩而造成的体积损失来调节 [ 图 17.1（b）]。纯剪切响应可以设想为：垂向加厚补偿水平缩短，且岩层保持原来的方向 [ 图 17.1（c）] 或产生纵弯褶皱 [ 图 17.1（d）]。最后，缩短作用导致形成收缩断层 [ 图 17.1（e）] 和成因相关的褶皱构造，这是本章的重点。

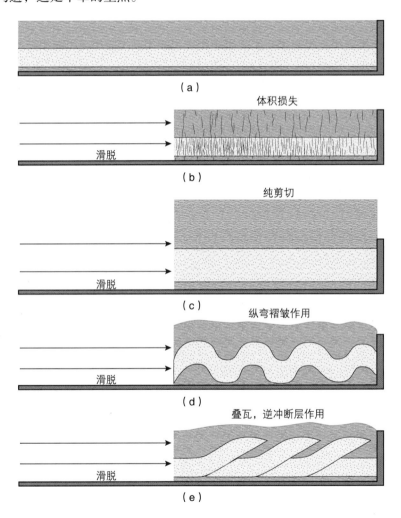

图 17.1　岩层缩短导致形成不同类型应变域和构造

（a）原始岩层；（b）水平压实；（c）无褶皱作用的纯剪切；（d）纵弯褶皱作用；（e）叠瓦

收缩断层和剪切带缩短地壳或一些参考层（如层理）（图 17.2）。当将地壳表层作为参考时，在区域分析过程中，收缩断层完全是**逆断层**和**逆冲断层**。逆断层比逆冲断层陡（大于 30°），逆断层并不会像逆冲断层那样累积大规模位移，但是两者之间存在一个逐渐的过渡。收缩断层可以发育在任何尺度中，从微尺度到区域造山带和俯冲带，都可以发育。

（a） （b）

图 17.2 （a）碎屑沉积岩中中等陡倾逆断层（红圈中人作为比例尺），犹他州 San Rafael Sweel；

（b）小规模逆冲断层缩短了智利北部 Valla de la Luna，Atacama 第三系沉积层［比例尺与（a）一致］

当开展露头研究时，有时可能借助岩性分层作为参考。在这种情况下，有时会观察到正断层和走滑断层缩短了参考层。如图 17.3 所示，这发生在逆断层被旋转和倒转成明显的正断层的情况，或正断层倾角低于参考分层的情况。

收缩断层通常是逆断层或逆冲断层，但是当以岩石分层作为参考时，也可以是其他类型的断层。

这完全是参考层和比例选取的问题。在后文中将以地球表面作为参考，收缩断层仅仅是逆断层和逆冲断层，除非另有说明。

图 17.3 收缩断层也可能是正断层；由于它们缩短或压缩了相关地层而表现为收缩特征

## 17.2 逆冲断层

### 推覆体术语

**逆冲断层**是低角度的断层或剪切带，其中上盘被搬运到下盘之上。主要以倾向滑动为主。有人建议术语"逆冲断层"应用于水平位移（水平断距）超过 5km 的构造，而包括苏格兰 Moine 冲断层（专栏 17.1）在内的许多逆冲断层均满足这种情况。然而，大多数地质学家甚至在露头规模的低角度冲断层中使用这个术语，如图 17.2 所示逆断层。对于发育在向上变年轻或向上变质程度减弱的岩石中的逆冲断层，以下论断是正确的：

逆冲断层使年代老的岩石搬运到年代新的岩石之上，且使较高变质程度的岩石搬运到较低变质程度的岩石之上。

　　根据这样的描述，地层学理论和变质程度都可以用来鉴别和绘制逆冲断层，特别是地层学理论对许多逆冲断裂带内逆冲断层的绘图非常重要。虽然如此，应该注意的是，在岩石经历早期变形或变质的情况下，上述情况所依据的前提并非必须被满足。

　　逆冲断层将基底和上覆**逆冲推覆体**分离。逆冲推覆体是加里东—阿巴拉契亚造山带和阿尔卑斯山等收缩造山带的典型特征。因此，当提到逆冲推覆体内部构造的方位和方向时，一般使用内陆或前陆说明。**内陆**是碰撞带的中心地区，而**前陆**是边缘部分，且距离大陆最远。因此，在碰撞造山带中，每个大陆有一个前陆区，它被一个常见的内陆分割。

---

### 专栏 17.1　Moine 逆冲断层带

　　苏格兰高地西北部加里东统 Moine 逆冲断裂带已经成为一个典型的逆冲构造区。在这里，大规模的新元古代变质岩（Moine 和 Dalradian 岩石）被逆冲断层向西北方向推覆到太古宙基底（Lewisian）及其沉积盖层之上。大约 100km 的逆冲作用形成了叠瓦状构造、双重构造、糜棱岩和其他与主要逆冲作用有关的构造和岩石。在 19 世纪后半叶的地质填图过程中，首次提出了关于逆冲作用的观点。地图显示：古老的岩石（拆离的基底片麻岩）停留在年轻的岩石（寒武—奥陶纪沉积物）之上，这一观察结果引出了逆冲构造作用的概念。地层学是 Moine 逆冲带成图的关键。特别是该地区寒武—奥陶纪地层很容易识别，因此有可能在整个逆冲带中绘制出非常令人印象深刻的双重构造。在 20 世纪 70 年代至 80 年代，加拿大洛基山的双重构造成图启发了人们对双重构造的认识和平衡作用。

　　除 Moine 逆冲带外，Outer Hebrides 逆冲断层、Great Glen 断层和 Highland Boundary 断层均为基本的苏格兰构造。这些前寒武纪断层在加里东造山之前、期间和之后发生再活动。先存断层再活动是造山带的一个典型特征。

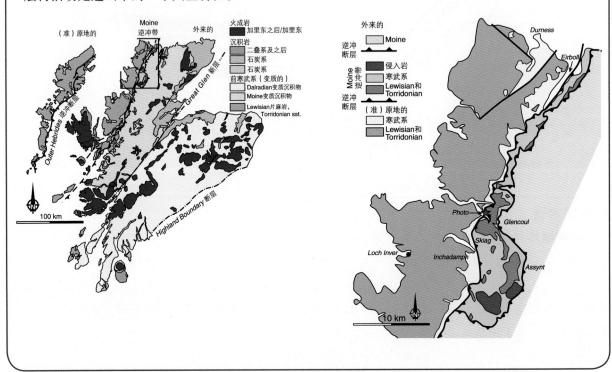

左图：Moine 逆冲带中前寒武纪片麻岩与下伏寒武纪石英岩之间的陡逆冲断层接触面

右图：寒武系沉积地层之上 Lewisian 基底逆冲条带构造，如图所示，较老岩石位于较年轻岩石之上，这是逆冲断层和推覆体区域的典型特征

尽管一些逆冲推覆体作为单一构造单元出现，但是它们通常包含许多内部构造席，每个构造席被逆冲断层分隔。逆冲推覆体中最小的构造单元称为"夹片"，更详细的内容将在下节讨论。与它们的长度和宽度相比，所有这些内部构造单元的厚度都很薄。具有相同岩性和 / 或构造特征的逆冲推覆构造群称为**推覆复合体**。

逆冲推覆体是以一个**基底逆冲断层**或**底板逆冲断层**和上覆**顶板逆冲断层**为边界的基底断层。在常见的叠置推覆体实例中，一个推覆体的顶板逆冲断层充当叠置在它之上推覆体的底板逆冲断层。然而，叠置的逆冲断推覆体的最浅部可能受上部自由剥蚀面限制。底板逆冲断层分隔较弱变形或未变形基底和整个叠置的逆冲推覆体，也将它称为**拆离断层**或**滑脱断层**——该术语也用于低角度伸展断层和不确定运动方向的重要的断层或剪切带。

因为侵蚀作用选择性的剥蚀部分岩体而其他部分被保留，暴露于地表的推覆构造可能是不连续的。推覆体的侵蚀残留部分称为**飞来峰**（德语术语）或**外来物**。类似地，一个穿过推覆体的剥蚀"洞"暴露了下伏岩石单元或推覆体，这种现象称为**构造窗**（fenster，也是德语术语，或 window），如图 17.4 中斯堪的纳维亚加里东造山带中所示那些构造。将推覆体中岩石和下伏未逆冲的基底中岩石进行对比，有可能用来确定推覆体是否属于同一个构造单元，这对于逆冲断层位移的预测有意义。有一个特殊的术语用来描述这些关系。从底部开始，基底称为**原地的**（autochthonous），希腊语意大致为"形成于发现之处，未经位移"。理想地说，基底切片及其沉积盖层仅逆冲几千米的，又称为**准原地的**。理想情况下，准原生单元很容易与基底岩石相联系。局部源于准原地单元之上的单元是**外来单元**。外来也源自希腊语，其中 allo 意为"不同的"，而 chthon 意为"地面"。外来单元从最初的地方被搬运几十或几百千米远。在推覆岩体中可以有许多外来体或外来单元，正如在斯堪的纳维亚加里东造山带中的那样（图 17.4），它们可能被细分为下部、中部、上部和最上部外来单元。

## 断层几何学

造山带前陆中的收缩断层通常形成**叠瓦带**（图 17.5）。一个叠瓦带是由一系列方位相似的逆断层组成的，这些逆断层通过低角度底板逆冲断层连接在一起。此外，如果一条顶板逆冲断层向上作为这些逆断层的边界，如图 17.6 至图 17.8 所示，那么上述的完整构造称为**双重构造**（如图 17.7 中的

Moelven 双重构造）。双重构造是由背驮式排列的断夹片组成，类似于一副倾斜纸牌中的纸牌。断夹片在垂向剖面中通常具有 S 形几何特征（图 17.9），且趋向于内陆倾斜。注意：在逆冲作用过程中，断夹片可以发生褶皱、断裂和旋转，以至于改变了它们原始的几何学特征和方位。

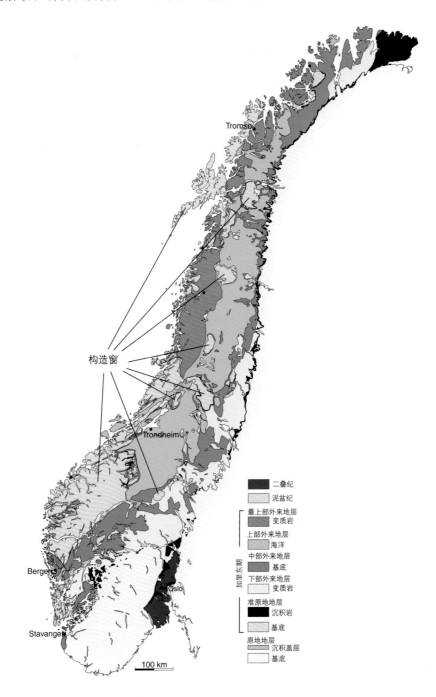

图 17.4　斯堪的纳维亚加里东造山带构造地层特征

下部最短距离搬运推覆体称为下部外来单元，而最上部外来单元包括上部和最远的搬运单元；
准原地单元仅为短距离搬运，而原地单元称为原地的

变质程度很低和无变质沉积层序若在脆性域变形，首先可能形成叠瓦带的陡斜坡段。它们形成于最强或最大能干性岩层中，在平行层缩短过程中，岩层首先发生破裂。可以想象，如果压缩巧克力和果冻交层的构成层序将会发生什么。硬巧克力将很快破裂，然后断层将会沿着果冻层向上连接。在石灰

岩—页岩层序中，平行层缩短过程中大约会发生上述现象：硬的石灰岩传递大部分应力，且发生破裂。
这种地层称为应力断层泥，结果表明：在石灰岩层中产生陡的逆断层；在页岩中产生平的逆冲断层。

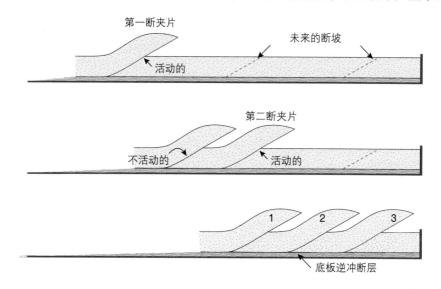

图 17.5　叠瓦带的"标准"形成过程，称为"有序逆冲作用"；模型中断夹片趋向于前陆方向越来越年轻；
偏离此模型的称为"无序逆冲作用"

图 17.6　Svalbard Ny-Alesund 附近第三系收缩作用中形成于白云质砂岩层的双重构造
图中标注了 S 形断夹片和顶板和底板逆冲断层（Steffen Bergh 拍摄）

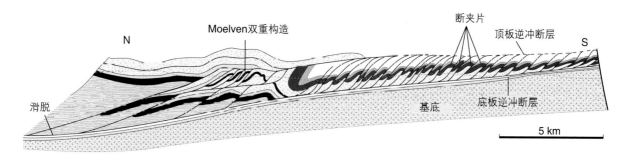

图 17.7　过挪威奥斯陆北部加里东前陆盆地的剖面（据 Morley，1986）

底板逆冲断层位于基底之上薄弱页岩层；顶板逆冲断层的解释认为南部叠瓦状构造是一个双重构造；该剖面与图 17.11 所示模型类似

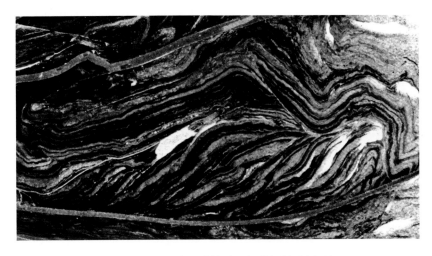

图 17.8　微观尺度逆冲构造和相关褶皱（剖面）

这些结构包括顶板逆冲断层、底板逆冲断层和断夹片，与更大尺度形成的双重构造相似；Svalbard，
Isfjorden 地区石炭纪页岩中的第三纪逆冲断裂带（图片实际宽 2cm，Steffen Bergh 拍摄）

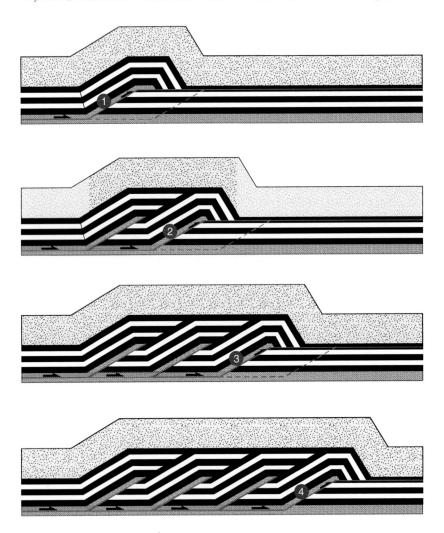

图 17.9　双重结构演化示意图

双重构造趋向于向右（前陆）生长，称为有序逆冲作用或传播。注释：前缘断夹片中典型双膝折褶皱现象

两个不同层序地层中较平缓逆冲断层段与一个更陡的逆断层（断坡）连接而形成的构造称为**坡坪**

**式断层**，这个术语也适用于伸展断层。断坡也可以产生具有反向位移的逆冲断层或逆断层（图17.10和图17.11）。由于在断坡上几何学特征复杂化形成**反冲断层**（注意图17.10中的断坡），陡的断坡更容易产生反冲断层。

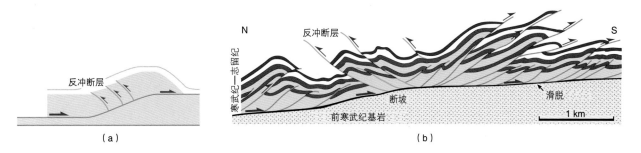

图17.10　（a）基于实验和野外观察反冲断层主要示意图；（b）加里东期底板逆冲断层断坡上形成反冲断层。主要逆冲作用方向指向右侧；挪威奥斯陆北部（据 Morley，1986）

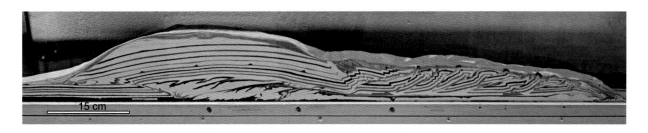

图17.11　蒙彼利埃大学 Jacques Malavieielle 制作的砂箱模拟

在滑脱层（底板逆冲断层）上模型的左侧可以观察到叠瓦带；在滑脱层之下更具有韧性的系统发育在模型中部和左侧；逆冲断层实验模拟明显增强了对逆冲断层系统的认识

从运动学角度来说，叠瓦构造带向着前陆方向从一个地层向一个比之更高的地层传递滑动。下部水平滑脱或底板逆冲断层调节部分位移到每个单独的以断层为边界的断夹片中。在顶部，位移通过顶板逆冲断层被"收集"。因此，如果所有位移被传递到顶板冲断层上，底板逆冲断层将终止活动。

许多断坡走向近似垂直于传递方向，在逆冲断层术语中称为**前缘断坡**。前缘断坡表现为倾向滑动特征，倾向上发育擦痕。然而，断坡也可以是与传递方向斜交的（图17.12）。这种**斜向断坡**是由具有倾向滑动和走向滑动复合的斜向滑动断层形成的。平行于逆冲席运动方向形成的断坡称为**侧断坡**。许多侧断坡的产状是陡的或垂直的，它们是连接前缘断坡段的真实的走滑断层。实际上，它们从一个前缘断坡向另一个前缘断坡传递滑动，也称为**传递断层**。这类断层的另一个术语是**撕裂断层**。

正如在任何其他断层系统中一样，逆冲断层相互连接且形成三维网状结构。一条断层分成两条断层的位置称为**分叉点**（图17.13），或三维体上形成**分叉线**。分叉线圈定构造单元（逆冲推覆体或断夹片），除非逆冲断层作为盲冲断层而消亡。在前缘带限制构造单元的分叉线称为**主导分叉线**，而后缘的分叉线称为**牵引分叉线**。

分叉点和分叉线也可以发育在露头尺度，例如在叠瓦构造带中，但是也可以发育在区域构造尺度。研究表明分叉线的方位可以用来限定单个推覆体的运动方向。这主要是基于断坡是以前缘断坡和侧断坡为主的假设；斜断坡不常见，但是也能产生。

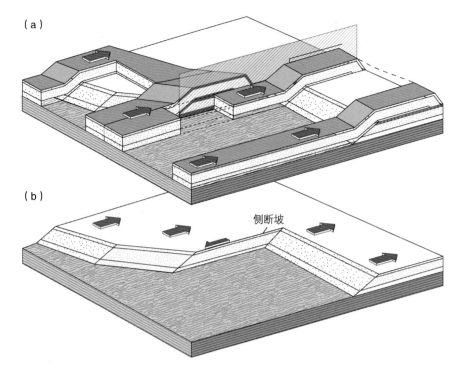

（a）

（b）

侧断坡

图 17.12 不同逆冲断坡及其几何学特征

（a）上盘地层在断坡处表现为褶皱；（b）移除上盘

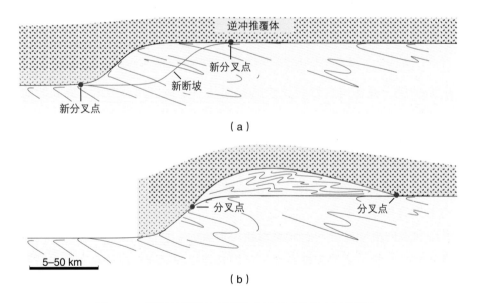

逆冲推覆体

新分叉点

新断坡

新分叉点

（a）

分叉点

分叉点

5–50 km

（b）

图 17.13 断坡处新逆冲推覆体的形成（分叉点已标记）

## 前陆和内陆的样式

收缩域中的变形样式取决于变形时的地层岩性和变形时的深度。在造山带中，边缘前陆区和更中心的内陆区的构造存在差异。

在前陆区，前文所述经典的叠瓦构造和双重构造非常常见。沉积层序中这些构造覆盖下伏基底。如图 17.14 所示阿尔卑斯山的实例，以侏罗山的前陆样式为例，其中侏罗—白垩系沉积物发生褶皱及叠瓦构造变形。图 17.7 描述了过加里东前陆构造的剖面，表明该区域发育大量叠瓦构造和双重构造。无论发育叠瓦构造还是双重构造，基底实际上均未变形，以基地底板逆冲断层或滑脱层与缩短的沉积盖层分隔。这种构造被称为**薄皮构造**，是前陆区变形的典型特征。与碰撞带内部相比，这种变形样式相对简单，地层控制着过断层的相关性。

在内陆区，基地具有卷入特征，因此，这种样式被称为**厚皮构造**。内陆区的冲断推覆构造比前陆区的更厚一些，并且由变质岩和岩浆岩构成。图17.14中所示阿尔卑斯山碰撞带的构造解析表明，整个下地壳均发育叠瓦构造。内陆的另一个特征是在陆—陆碰撞时，存在岛弧或外侧地体从洋壳冲断到陆缘之上的现象。内陆推覆体的应力特征较为复杂，其内部可以无应力，也可以发生应力强烈变化。地层强烈褶皱的地方称为**褶皱推覆体**。内部变形程度很大，表现为糜棱构造的推覆体被称为**糜棱岩推覆体**。在某些情况下，厚皮构造也可能出现在远离碰撞带的区域，这些区域中的先存基地断层在压缩和垂向构造抬升作用中发生再活动，如 Laramide 造山运动（专栏17.2）。

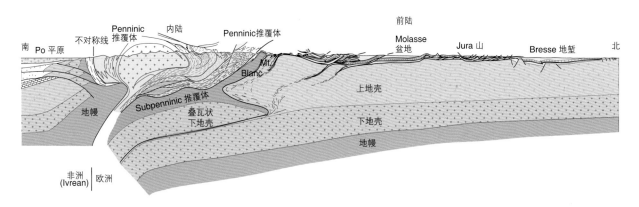

图17.14　过阿尔卑斯横剖面，展示了北部（右）的薄皮前陆变形构造和内陆更普遍和复杂的变形；基于地震信息，指示了下地壳叠瓦特征（据 Schmid 和 Kissling，2000）

---

**专栏 17.2　Sevier 和 Laramide 造山带：薄皮和厚皮变形样式**

美国西部 Cordilleran 造山系发育两条造山带，尽管它们都与 Farellon 板块和北美大陆边缘向西俯冲碰撞有关，但其几何学特征不同。第一条是早白垩世—古近纪 Sevier 造山带，以具有褶皱和逆冲断层的薄皮构造为典型特征。造山带东部包括古生代—中生代沉积层序（剖面A），其逆冲席底部为一条发育于寒武系薄弱页岩中的基底滑脱层。造山带西部向着内陆的方向，基底滑脱层逐渐向下切割趋，新元古代和部分基底地层被卷入到逆冲席中。Sevier 造山带地层经历早期近东西向沿层缩短作用，随后整体向东部前陆方向发生大规模逆冲，形成经典的褶皱—逆冲楔。缩短方向与板块边缘及相对内陆较高的岩浆弧均呈高角度相交。

第二条是 Laramide 前陆造山带，主要形成于晚白垩世—早第三纪，其形成时间与 Sevier 造山带部分重合，但以发育具有深层基底断层的厚皮构造为特征（剖面B）。Laramide 造山带的沉积地层较薄，形成于克拉通地壳，且并未形成传播型逆冲楔。Laramide 造山带岩石经历早期近 SW—NE 向顺层收缩，随后形成大规模逆断层，并发育一系列相连的、以基底为核部的火山弧（其方位部分受控于先存地壳薄弱带）。上述两条造山带在构造样式和收缩方向上均存在一定差异，这种差异性可能与岩石圈深部变形过程有关：不同于 Sevier 造山带，Laramide 造山带在晚白垩纪发生 SW—NE 向的版块相对运动，并且应力沿平板俯冲段传递。尽管确切的过程尚未被完全理解，但两个造山带的差异说明了原始沉积构型、基底卷入和板块边界条件变化对构造样式影响的重要性。

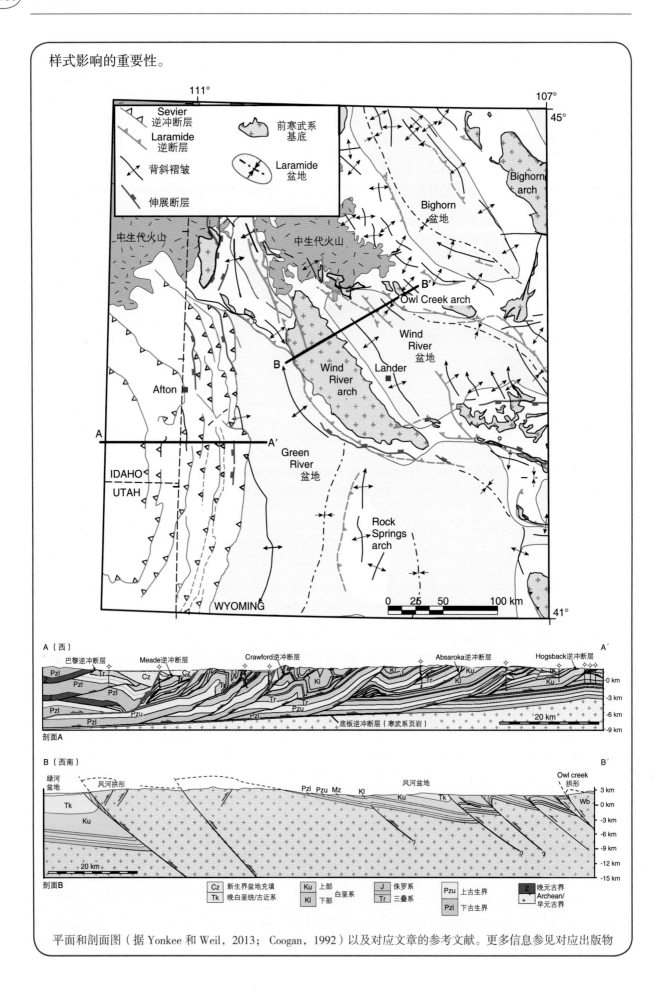

平面和剖面图（据 Yonkee 和 Weil，2013；Coogan，1992）以及对应文章的参考文献。更多信息参见对应出版物

薄皮收缩构造产生经典的双重逆冲构造和相关褶皱，而厚皮构造形成更大的推覆构造，其可能具有更复杂的应变特征。

在造山带中，基底被楔形叠置的逆冲推覆体所覆盖。随着时间的推移，**造山楔**不断增厚及变长，向下俯冲地壳的块体被切割下来，融入到外来单元中，同时增加了洋壳岩石单元。基底的其余部分向俯冲带深部迁移，经历高级变质作用和相关变形作用。因此，与前陆相比，内陆构造往往形成于比前陆构造更大的深度范围，这一事实通常有利于塑性剪切带和塑性应变的形成。当然，在内陆区浅部多为脆性变形，通常受伸展断层影响。

## 17.3 断坡、逆冲断层和褶皱

叠瓦构造带随时间变化多样，但是图 17.5 和图 17.9 中所描述的模型被认为是典型的。各个构造席或断夹片依次形成，以至于在逆冲作用方向上依次形成更年轻的断层。这种向前陆方向上双重构造和叠瓦带依次发育的过程称为**有序逆冲断层**。前陆最前面是最年轻的逆冲断层，使得其他断夹片背离前陆方向传播。

有序逆冲断层使收缩变形带向着前陆方向上扩展，与活动的碰撞带逐渐加宽的过程是一致的。

不遵循这种系统扩展模型的逆冲断层称为**无序逆冲断层**。无序逆冲作用可以影响整个双重构造和叠瓦构造带的几何学特征，并且使地层关系复杂化。即使逆冲作用是有序的，依据每个断夹片累积位移不同，结果可能是变化的。在图 17.9 中，每条断层位移量小且相等。如果在每个断夹片构造上依次增加位移，将会形成一堆断夹片，而非图 17.9 中所见的排列方式。很明显，通过改变这些参数，可以产生一系列叠瓦构造特征。图 17.15 展示了叠置作用形成的构造实例。

双重构造的断夹片构造形成于能干性岩层中连续断坡上，能干性层作为**应力导向**，意味着能干性层比相邻层更容易传导和应力集中。因此，地层学控制着构造断夹片的位置和尺度：能干层越厚，断夹片越大。此外，薄弱层控制滑脱的位置。

断坡趋向于形成在刚性层，薄弱层中形成滑脱。

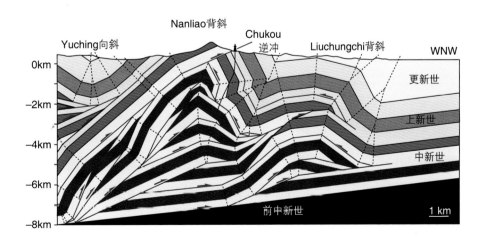

图 17.15　基于台湾南部地表信息和井数据的 Nanliao 背斜解释（据 John Suppe，1983）

背斜被解释为叠加在一起的叠瓦状逆冲席

最大双重或叠瓦构造发育在基底卷入的内陆中。在这里，大部分地壳（也许甚至整个地壳）都可能呈现叠瓦状。这种大尺度的双重构造的识别依赖于深部地震数据，而小尺度构造在野外露头（图 17.6）或在薄片中可以看到（图 17.8）。

## 断弯褶皱

断坡形成的过程中，上盘爬到断坡之上，上盘地层变形成**断弯褶皱**。褶皱的几何学特征反映了断坡的几何学特征。棱角断坡产生棱角型的膝折式褶皱，而缓慢弯曲断坡产生低棱角型褶皱（图 17.16）。断坡和褶皱几何关系较为简单，以至于可以利用简单计算机程序对其进行模拟。了解褶皱几何特征，便能够预测断坡几何学特征，反之亦然。棱角断坡和膝折式褶皱的概念使用广泛，因为二者几何特征关联性的构建相对容易。

构造单元沿底板逆冲断层被动搬运到断坡（弯曲）之上就会形成经典的断弯褶皱。

与断弯褶皱有关的变形历史的有趣之处在于当上盘地层进入和通过断坡时所经历的变形历史。首先，上盘地层向上弯曲以协调适应断坡形状。然后，当上盘地层通过断坡时，将会发生逆向变形恢复到原始方位，通常是水平的（图 17.17）。因此，地层在较短的传递距离内发生两次变形。从这个意义上讲，断坡是上盘地层向着前陆被传递到更高水平地层前所"作用"的区域。有趣的是，当断弯褶皱处于静止状态时，位于断夹片或岩席尾部的褶皱被动地向前陆传递。这种机制通常假定为弯滑或剪切，其保留层厚和长度不变，且可以对剖面进行如图 17.17 中的简单运动学解释。

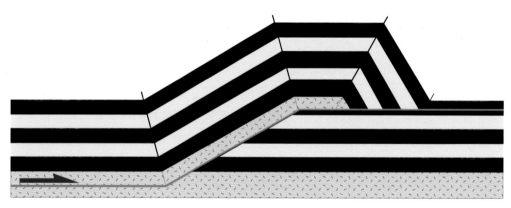

（a）棱角断坡形成棱角型褶皱

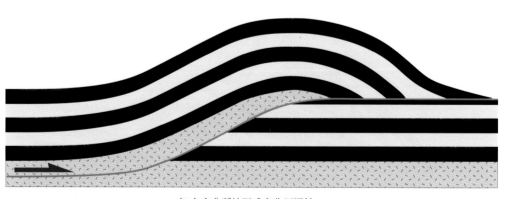

（b）弯曲断坡形成弯曲型褶皱

图 17.16　断坡和褶皱几何学特征的关系

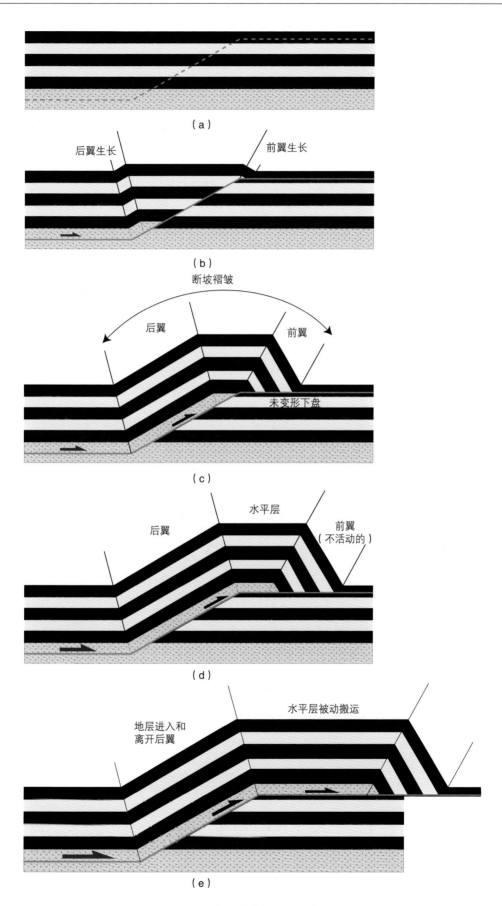

（a）

后翼生长　　　前翼生长

（b）

断坡褶皱

后翼　　　前翼

未变形下盘

（c）

水平层

后翼　　　前翼
　　　　　（不活动的）

（d）

地层进入和
离开后翼

水平层被动搬运

（e）

图 17.17　断层弯曲褶皱的发育过程

在断坡区地层旋转向内陆倾斜且远离断坡区地层近水平。同时，前翼被动向前陆方向（右侧）传播，而后翼静止不动

## 断层传播褶皱（Fault-propagation folds）

类似于正断层和走滑断层，随着断层形成或传播，许多逆断层和逆冲断层在断层末端附近形成韧性褶皱带。末端—褶皱带非常发育，其中逆冲断层影响非变质或低变质沉积岩石。与断层末端有关的褶皱是**断层传播褶皱**——该术语最初应用在发育于传播的逆冲断层之前的特殊类型褶皱，但是也更普遍应用于任意传播的断层端点前缘形成的褶皱。断层传播褶皱与断弯褶皱及其他褶皱不同之处在于其与传播的断层末端同时活动。另一方面，断弯褶皱位于断坡处，且保持静止，伴随岩石传递进入和远离褶皱。断弯褶皱在前翼也趋向于更陡，有时在前翼形成倒转的地层。地震实例如专栏 17.3 所示。

经典的断层传播褶皱形成于断层向上传播的近水平地层中。图 17.18 所示为这种断层传播褶皱形成的简单模型。保持层厚恒定是褶皱几何学特征（位移梯度、断层倾角及断层几何学的关系）简单构建的基本原则，其结果是形成不对称的前陆边缘褶皱。

---

### 专栏 17.3 地震图像

地震剖面上对于逆断层和相关构造的成像具有挑战性，特别是在地层和断层较陡且在垂向上地层重复的情况下。然而，对于世界上的许多地区而言，收缩构造是重要的石油圈闭，正确识别和解释至关重要。在这种情况下，井信息有重要意义，其中是倾角测井数据尤为有用。

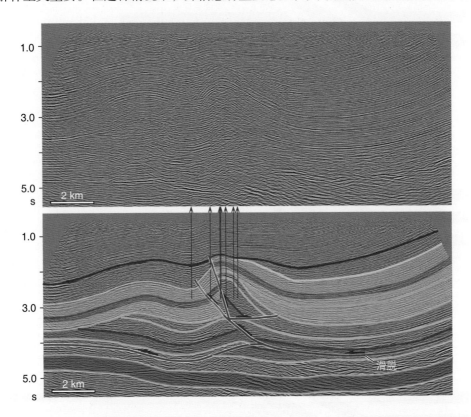

该实例来自科伦比亚安第斯山间马格达莱纳盆地 Provincia 地区，显示了一个被逆断层（断层传播褶皱）改造的滑脱褶皱构造。不整合和生长地层表明：该构造伴随沉积过程演化形成，其背斜形态确定了油气圈闭。竖线代表具有地层倾角测井数据的井，地层倾角数据有助于限制解释，该解释由 Andrés Mora，Cristina Lopez 和 Ecopetrol-ICP 的同事共同完成。

　　断层传播褶皱形成于逆冲断层末端线之上，以适应其末端围岩变形。

　　通常情况下，如果保持持续累积位移，逆冲断层将突破断层传播褶皱。其结果可能是导致沿断层形成拖拽褶皱，尤其是在断层上盘，有时也可能形成于断层下盘（图 17.19）。逆冲断层趋向于突破陡峭而短小的翼部或下部的向斜，导致断层和上盘地层呈高角度关系（图 17.19 和图 17.20）。

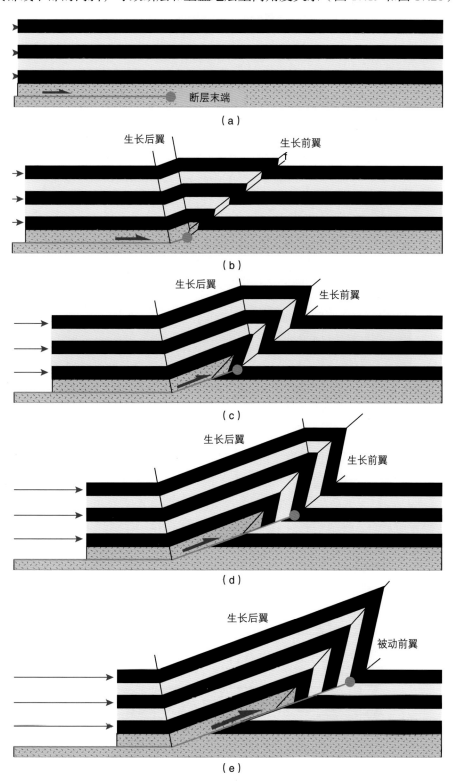

图 17.18　断层传播褶皱的逐渐发育过程

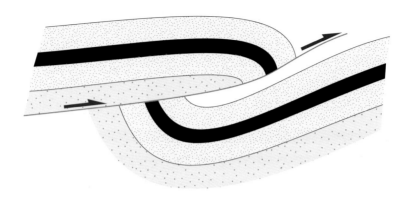

图 17.19 地层通常在逆冲断层和逆断层附近表现出牵引特征。当断层切穿断层传播褶皱时可能形成这类牵引。
地层韧性和断坡几何学特征决定褶皱的最终几何学特征

图 17.20 加拿大落基山脉路易斯逆冲断层北端断层传播褶皱，小规模逆冲断层伴随着不对称背斜—向斜系

## 滑脱褶皱（Detachment folds）

断弯褶皱形成于断坡处，断层传播褶皱形成于断层传播过地层的位置。然而，另外一种褶皱仅沿层滑动形成。这种褶皱被称为**滑脱褶皱**，滑脱面之上的地层比滑脱面之下地层缩短量大。实际上，如图 17.21 所示，一般滑脱层之下地层未变形。滑脱褶皱一般发育在非常薄弱的地层之上，如超压页岩或蒸发岩，通常发育典型同心褶皱（类型 1B）。由于弯曲作用形成褶皱，薄弱层通过流动来调节平坦滑脱层与上部褶皱层的几何学特征差异。

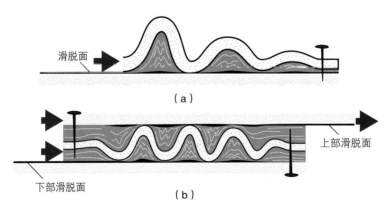

图 17.21 （a）挤压过程中发育在滑脱层之上的滑脱褶皱；（b）当位移向流动方向传递时
两滑脱层之间形成的相关褶皱

滑脱褶皱通常表现为直立和平行（恒定层厚）特征，有时具有箱型褶皱几何学特征和对倾的轴面（图 17.22）。褶皱层和围岩的强黏性差异促使一系列褶皱（褶皱系）的形成。沿滑脱层的视位移表现出趋向于前陆逐渐减小的特征，且可能以**盲断层**终止。滑脱控制的特殊类型褶皱有时发育在视位移从薄弱层向更高强度地层传递的部位 [ 图 17.21（b）]。从原理上讲，这与逆冲断坡的变形过程类似，但是在某些情况下，两套能干性有差异的地层主要以纵弯作用方式变形，而并不形成叠瓦扇断层作用和双重构造。位移垂向传递可能终止于薄弱层，如图 17.21（b）所示。

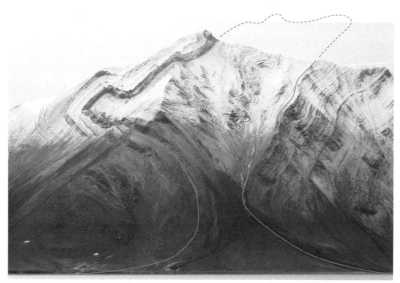

————滑脱面————

图 17.22　Spitsbergen 地区与第三纪逆冲褶皱带相关的大规模滑脱褶皱（滑脱层位于海平面以下，Mina Aase 拍摄）

经典的滑脱褶皱呈直立状，但是由于简单剪切作用可以发生倒转。它也可以被断层破坏形成断层传播褶皱，如专栏 17.3 所示。阿尔卑斯前陆侏罗山发育的滑脱褶皱是典型的滑脱褶皱实例（图 17.14）。这里，能干性褶皱岩层是位于蒸发岩之上的石灰岩。滑脱褶皱也常发育在大陆边缘页岩及盐岩滑脱层之上，在一些地区暴露在冰川构造上（图 17.23）以及未固结沉积物和糜棱片麻岩的野外露头上。

滑脱褶皱发育于任意尺度滑脱面之上，且通常未变形基底的断层之上地层发生解耦变形。

图 17.23　第四纪滑脱褶皱形成于斯堪的纳维亚晚期大冰原向丹麦 Jylland 半岛西北部的始新世硅藻土和火山灰沉积物的推动时期（滑脱层本身并未暴露到地表）

## 17.4　造山楔

**楔形模型**

　　褶皱和冲断带在横剖面上表现为楔形几何学特征，并向前陆方向减薄。这种构造楔普遍形成于造山带和俯冲带之上的增生棱柱体内。有时这种楔形只形成于低角度的前陆区域，有时则形成于整个造山带从前陆到内陆的区域。两者均表现出楔形的几何学特征。

　　构造楔的形成通常可以与扫雪机或推土机前面堆积的楔形雪或土壤（图17.24）进行比较。在浅地壳，脆性变形机制为主导作用，楔形体的形状不仅仅取决于施加的力和重力，也取决于：（1）沿基底逆冲断层或滑脱层的摩擦力；（2）楔形体内矿物的内部强度或摩擦系数；（3）楔形体表面的任意侵蚀[图17.25（a）]。原理上讲，楔形体几何学特征与楔形体的实际规模无关，因此，当楔形体以前缘叠瓦式长度生长时，也会发生内部变形以维持其形状的稳定。

---

　　造山楔或加积楔的形状受控于基底摩擦力、楔形体物质强度及剥蚀作用。具有低基底摩擦力的薄弱楔形体在横剖面上表现为较长且薄的楔形体。

图17.24　造山楔形体的形成演化在许多方面与于推土机前积雪或土壤楔形体的堆积过程类似

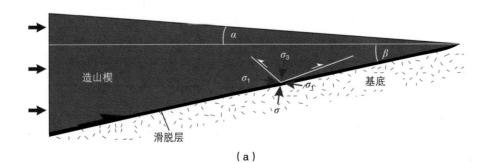

（a）

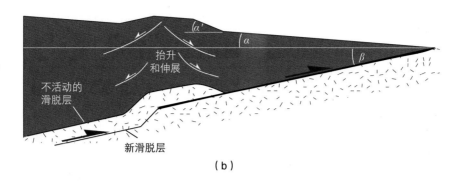

（b）

图 17.25 （a）造山楔的原理；滑脱层的倾角、摩擦力、端部作用力、重力与楔形体内部强度或流变性质密切相关。（b）基底层的合并（称为构造下板块）导致隆升和不稳定性。由此可知，楔形体可以通过正断层活动而减薄；即正断层可以形成于活动造山楔中

**基底摩擦力**是楔形模式中一个主要的控制因素。基底摩擦力越低，楔形体越低且延伸越长。在造山楔中，基底摩擦力受控于相对薄弱的基底滑脱层的性质。滑脱层通常由富含层状硅酸盐矿物的岩石组成，且流体压力的升高可能产生较大影响。流体在俯冲带中起着至关重要的作用，其中滑脱层作为从湿沉积物释放流体的通道，且在变质带中发生重结晶和脱水作用。实际上，认识到流体可能明显弱化逆冲断层，有助于解释传统的逆冲断层机制问题（专栏 17.4）。均一的摩擦系数常被用于简单模型中，而渐变摩擦系数可能更具有实际意义，该系数影响楔形体形成弯曲的坡度。该过程可以与除雪机的实例作类比：由于地下不规则性基底导致摩擦力增加时，需要更大的外力作用，使雪或沙子堆积起来形成坡度较陡、厚度较高的楔形体。这揭示了楔形体的形状取决于基底摩擦力。

---

### 专栏 17.4　逆冲推覆体：力学上不可能吗？

出于力学机制的考虑，推土机模型一度被摒弃，取而代之的是重力驱动模型：巨大推覆体如何在不被内部挤压的情况下沿水平方向上或向上坡推挤达数十或数百千米？简单力学算法表明：推覆体在初始阶段会发生挤压或形成褶皱。Hubbert 和 Rubey（1959）的经典著作中解决了该问题，他们对基底逆冲带中孔隙流体压力的重要性特别进行强调。接近静岩压力的超压大大降低了推覆体移动所需的推力。滑脱层内高流体压力（$p_f$）降低有效正应力（$\sigma_n$）。使用库伦破裂准则计算滑脱时的剪切应力为

$$\sigma_s = C - (\sigma_h - p_f)\,\mu$$

其他地质工作者指出了推覆体不作为刚性块体运动这一事实的重要性。相反，这种运动由许多小滑移事件累积而成，以地震形式或蠕变形式发生。这类运动的解释类似于毛毛虫的运动方式（如果不知道，可以加以学习了解）。在这种情况下，必须克服的摩擦阻力比整个基底同时发生逆冲滑移时小得多。

---

楔形体内应力必须处处保持与正在变形矿物的强度一致，即楔形体内每一点的应力都是临界应力。这就是造山楔模型被称为**临界梯形**或**临界楔形体模型**的原因。应力越大，材料越容易立即变形，直至恢复平衡。在数学模型中，应用库伦破裂准则模拟临界楔形体，这对浅层（上地壳）或部分楔形体尤为重要。这种模型被称为**库伦楔**。较大且较深的造山楔受控于塑性流动定律，如挪威西南部加里

东期楔形体（图 17.26），同时，针对这种情况，已经建立了黏性和塑性介质的简单楔形体模型。

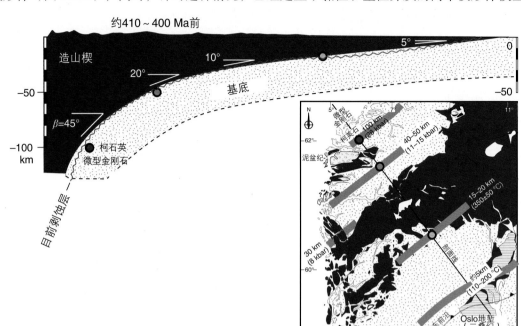

图 17.26    根据古压力和温度数据，加里东造山末期挪威西南部造山楔的简化重构（据 Fossen，2000，有修改）

楔形体表面的**剥蚀**和沉积作用导致物质发生搬运、增加或再分配，这将降低界面坡度且造成楔形体不稳定。因此，楔形体内矿物由于岩石和沉积物内部再分配而垂向上升。实际上，这意味着伴随逆断层和褶皱的形成，楔体达到平衡，且地表坡度稳定。在此过程中，岩石垂直运动，使变质核杂岩暴露到地表。

当楔形体处于临界角和垮塌边缘时，可以获得稳定的楔形体几何学特征。如本章前几节所述，物质通过叠瓦和双重构造逐渐在前缘累积。在浅部楔形体中，其下表面仍未变形。然而，在大规模造山楔的内陆区域，基底块体可能卷入变形，导致滑脱带及其摩擦性质的重构和楔形体的垂向生长。如图 17.25（b）所述，基底层被撕裂且卷入到楔形体中，导致楔形体局部增厚。这种局部增厚特征导致斜坡失稳，而它又可以通过伸展变形局部减薄来调节变形。减薄现象出现在正断层作用的楔形体上部，而沿着滑脱层由顶向前陆方向的运动仍在继续。

## 重力模型

在楔形体或推土机模型中，板块运动驱动"推土机"并不是解释楔状体形成的唯一模型。重力也被认为是造山带向前陆推进的主要驱动力。随着造山带的发育，最高的山脉发育在中部。隆起的内陆岩石体积代表一种重力势，可能驱动也可能不驱动逆冲推覆体运动（图 17.27）。喜马拉雅山脉中的青藏高原就是一个现代实例。重力模型的第一个变量假定逆冲断层是由岩石单元（逆冲推覆体）从隆起的内陆滑下而形成。该模型有时被称为滑行模型或滑动模型［图 17.28（a）］。

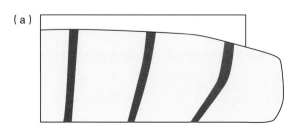

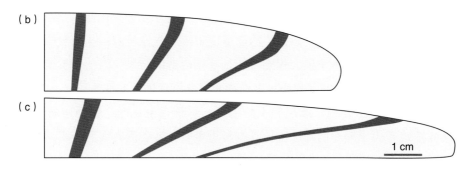

图 17.27　重力扩展实验模拟（据 Ramberg，1981，第 224 页）

值得注意的是：大部分扩展表现出上部流动为主，而基底部分表现出很少的运动或没有运动；结合原始垂向标志层的弯曲，这意味着以简单剪切变形为主。然而，在剪切（水平）方向上长度和高度的变化揭示出部分纯剪切特征。因此，该变形为一般剪切

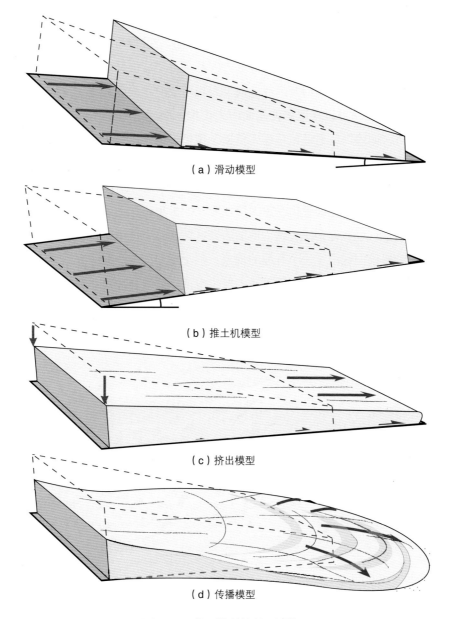

（a）滑动模型

（b）推土机模型

（c）挤出模型

（d）传播模型

图 17.28　推覆体转换的不同模型

（a）滑动模型需要具备向前陆倾斜的滑脱层；而（b）意味着上倾转换；（a）和（b）均为刚性转换，（a）为重力驱动，（b）需要外加推力作用；（c）和（d）也属于重力驱动，边界条件存在差异（物质是否受边界限制）；以上模型可以复合后共同作用

　　**滑动模型**在20世纪50年代至60年代较为流行，尤其是在阿尔卑斯山脉，绘制良好的地质图中可见许多清晰逆冲断层向前陆方向倾斜。然而，活动造山带地震成像显示：基底滑脱层始终向内陆方向倾斜。现今阿尔卑斯山脉的前陆倾角很大程度可能是晚期改造的结果。因此，滑动模型并不适用于宏观冲断带，但该理论对于造山带内浅部较小尺度逆冲断层的解释仍至关重要。

　　目前，**重力滑塌**是一个主要与正断层相关的术语，尽管它也可能会驱动逆断层和逆冲断层的形成。当收到挤压收缩地壳由于增厚而无法维持其自身重量时，就会形成重力垮塌。这种垮塌可能与地热作用和温暖、流动性强的岩浆侵入作用有关。另一种模型称为岩石圈浅部低密度段和深部高密度段的分层拆离模型。下部高密度段与上部岩石圈的拆离导致岩石圈上浮抬升，此时高密度根部中密度相对较低的残存根部可能发生向上垮塌，二者均产生向前陆方向重力诱导推挤力（见图18.21）。垮塌可能导致新生正断层或剪切带的形成，或先存逆冲断层再活动形成低角度伸展断层。

　　从理论上来讲，重力作用可以推动逆冲推覆体向前陆方向运动。如果造山楔中厚度较大而发生了抬升的内陆由于向前陆流动而变薄，就可能发生这种情况。这个过程与冰川作用具有相似特征，其流动性也受重力驱动。当楔形体的物质仅发生向着前陆方向并垂直于造山带前缘的挤出时，该模型被称为**挤出模型**［图17.28（c）］。然而，如果抬升区或多或少表现出放射状或同心圆状特征［图17.28（d）］，则称为**传播模型**。这两个模型均可以在厨房使用面团来模拟：面团足够软时，会发生重力滑塌而向外传播。当不受约束条件时，面团以放射性位移样式传播（传播模型）；但当其两侧边界受到约束时，则以纯剪切方式挤出（挤出模型）。这些机制也可以通过在实验室（图17.29）中进行更精密的物理实验或通过数模模拟实现。Hans Ramberg 在其位于 Uppsala 的实验室中通过物理实验和计算机数值模拟两种手段探索了这种类型的变形，目前能够模拟受重力垮塌驱动的推覆体运动的许多实例。一些学者认为：他的模型完全适用于造山带；也有许多学者认为他的研究方法淡化了造山带背景下水平"推挤"的作用。无论如何，这种重力垮塌模型提出了一个有趣的现象：整个楔形体或推覆体由于侧向伸展作用而发生垂向减薄。在这些模型中，由于构造楔在刚性基底上发生滑散，导致逆冲被动地形成，而且逆冲位移向前陆方向增加（图17.27）。从理论上来讲，逆冲位移会在内陆的某处消亡。

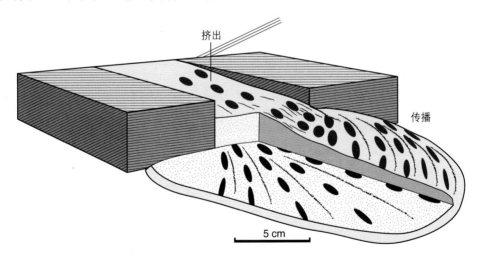

图 17.29　实验室揭示的传播模型（据 Merle，1989）

两个刚性箱体之间的变形为挤出变形。一旦物质离开限制箱体，传播模型在下部产生放射性应变样式，而在物质上部形成同心圆性伸展（应变椭球体标注在图中）

　　解释造山带和大规模逆冲作用的模型必须考虑重力驱动垮塌和纯后推式缩短。

挤出和传播模型对于应变和变形历史的研究也有一定意义。楔形体垂向减薄和侧向伸展作用是楔形体大部分同轴变形的重要组成部分。纯剪切和一般剪切主要适用于简单挤出模型，而三维共轴变形则适用于放射性传播模型。如图 17.29 所示，传播模型的有限应变椭球体以下部 X 轴的反射性分布和上部的同心圆样式为特征。因此，当建立推覆体运移模型时，应该同时分析应变椭球体的形状和方位。弯曲的逆冲前缘可能是重力传播的另一种标志。

某些推覆体在沿着基底发生强烈非共轴变形的情况下，内部几乎没有发生变形，如斯堪的纳维亚加里东造山带的 Jotun 推覆体。这种类型的推覆体不是传播推覆体或挤出推覆体，因为这种推覆体必须足够薄弱才可实现内部变形，这需要一定的温度和适合的矿物学特征。例如富石英的推覆体，它在 300 ~ 500℃温度条件下比富长石的推覆体更容易垮塌。另一个实例是在第 20 章谈到的异地盐岩，其特殊的矿物学特征导致其在地表条件下也具有一定流动性，因此，在地表重力作用下盐岩发生滑散。其他的实例包括沉积在盐岩或富泥沉积物上的大部分大陆斜坡沉积物，它们在重力作用下发生滑动，从而在斜坡下倾方向上形成逆冲断层、叠瓦扇构造和滑脱褶皱。尼日尔三角洲就是重力构造的实例，其楔形体模型很好解释了这一机制（图 17.30）。

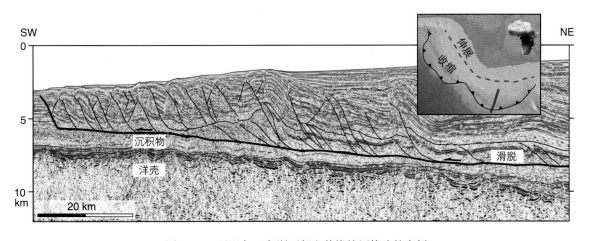

图 17.30　尼日尔三角洲下部和前缘挤压构造的实例

形成在三角洲斜坡较高部位的重力推挤作用环境，ION 地球物理提供了三维地震数据（详见 Bellingham 等，2014）

## 反转构造

当地壳收缩时，很容易受先存构造影响。我们已经认识到滑脱层是如何沿着薄弱岩层（如页岩和盐岩）而形成的。同样地，如果先存断层的产状使其有利于发生滑动，它们就会发生再活动。

正断层向逆断层的转变是收缩作用中断层复活的最佳实例。这种现象和相反情况（逆断层再活动变为正断层）通常被统称为**反转构造**。当收缩开始时，正断层普遍存在。大多数（也可能是所有的）造山带在发生收缩前均存在裂陷及大陆边缘伸展断裂发育期，目前已证实这种与裂陷作用相关的正断层在晚期挤压作用下可以发生再活动。因此，正断层的再活动主要发生于造山作用早期阶段。如图 17.31 所示，Bristol 海峡（英国）中与裂陷作用相关的正断层在阿尔卑斯收缩作用过程中发生再活动。收缩作用逆转了视位移，改变了断层上盘，表现为一个反转前正牵引特征，如图 17.31 中插图所示。

图 17.31 所示实例代表了正断层的简单反转。然而，正断层往往比收缩断层更陡，特别是在断层上段。因此，当最大主应力（$\sigma_1$）转变为水平方向时，正断层并不容易发生再活动。此外，陡倾正断层只能平衡有限的水平缩短作用。因此，收缩通常形成倾斜较缓的**截切断层**，特别是在正断层上部最陡的部分。图 17.32 所示为智利北部南美大陆边缘前缘实例示意图。正断层最终转化为逆冲断层斜

坡，并在收缩前裂谷作用控制的同裂谷沉积中形成了一个叠瓦带。背冲型逆冲断层类似于图 17.10 所示实例（图 17.31）。因此，逆冲断层断坡区可能形成在先存伸展构造的位置。

图 17.31　英国 West Kilve 地区 Quantocks Head 断层显示了正断层反转作用过程中上盘的褶皱

断层总断距为 40 ~ 50m，因此，断层两侧的岩层属于不同的地层

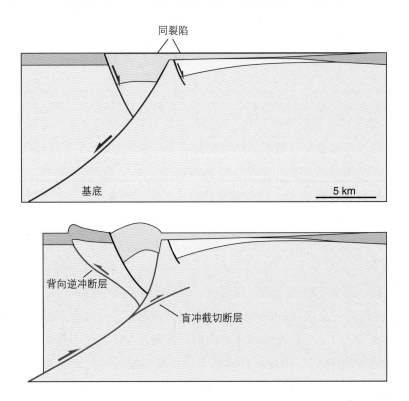

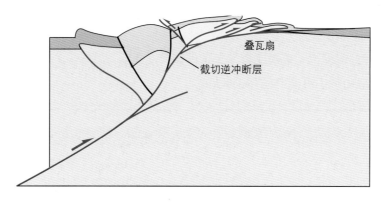

图 17.32　反转模型的实例

在浅部主断层滑动反转和新生逆冲断层形成过程中，两期伸展（三叠纪和晚侏罗世—早白垩世）发生挤压反转。收缩断层以红色表示。基于 Amilibia 等（2008）绘制的智利北部构造

## 本章小结

　　收缩构造较为常见，且具有重要意义，它主要存在于造山环境中，但是也发育在许多大陆边缘下部。长达几百千米的巨大板块运动令人印象深刻，且地质学家对小尺度双重构造和断层传播褶皱的视觉美和几何 - 运动特征表现出极大兴趣。本章中提出的许多术语来源于低变质或未变质沉积岩区。类似的构造也出现在厚皮内陆环境，加上第 16 章讨论的塑性剪切带和糜棱岩带。本章要点如下：

- 力学或流变学情况一直对结果的构造具有重要意义。
- 滑脱层形成在薄弱带，当受高流体压力作用时，可以携带厚层堆叠的推覆体。
- 滑脱层可分隔未变形下盘和变形上盘，或不同变形样式和应变的单元。
- 断坡可能形成于作为应力导向的能干性单元，但也可能通过再活动形成于先存正断层的位置。
- 异地单元通过逆冲断层搬运，而原地岩石没有搬运。
- 逆冲推覆体和逆冲席建造了前陆方向减薄的楔形体，它可以通过临界楔形体模型模拟。
- 楔形体内部或之下条件变化可以使得楔形体变得不稳定，且通过逆冲断层和褶皱楔形体增厚，或通过伸展断层使得楔形体垮塌。
- 楔形体最厚的中心部位的大规模垮塌可以在前陆盆地驱动逆冲断层。

---

### 复习题

1. 什么是分叉线，且如何对其进行应用？
2. 如果你在寻找石油，你会寻找在本章中哪类压缩构造？
3. 什么是糜棱岩推覆体？
4. 断层传播褶皱和断弯褶皱的差异是什么？
5. 背冲型逆冲断层发育在什么部位？
6. 滑脱褶皱形成的理想环境是什么？
7. 在逆冲褶皱带中如何形成伸展断层？

8. 什么因素决定造山楔的形状?

9. 在造山事件过程中，（地质或力学）条件如何变化?

10. 为什么在造山带中可能有先存正断层?

## 延伸阅读

### 断弯褶皱作用

Suppe J，1983. Geometry and kinematics of fault-bend folding. American Journal of Science，283，684-721.

### 断层传播褶皱作用

Erslev E A，1991. Trishear fault-propagation folding. Geology，19：617-620.

Narr W，Suppe J，1994. Kinematics of basement-involved compressive structures. American Journal of Science，294：802-860.

### 非造山重力驱动逆冲断层作用

Corredor F，Shaw J H，Bilotti F，2005. Structural styles in the deep-water fold and thrust belts of the Niger Delta. American Association of Petroleum Geologists Bulletin，89，753-780.

### 应变

Coward M P，Kim J H，1981. Strain within thrust sheets//McClay K R，Price N J，Thrust and Nappe Tectonics. Special Publication 9，London：Geological Society，pp. 275-292.

Sanderson D J，1982. Models of strain variations in nappes and thrust sheets：a review. Tectonophysics，88：201-233.

### 逆冲带和造山构造：几个实例

Hossack J R，Cooper M A，1986. Collision tectonics in the Scandinavian Caledonides//Coward M P，Ries A C，Collision Tectonics. Special Publication 19，London：Geological Society，pp. 287-304.

Law R D，Searle M P，Godin L，2006. Channel Flow，Ductile Extrusion and Exhumation in Continental Collision Zones. Special Publication 268，London：Geological Society.

Law R D，Butler R W H，Holdsworth R，Krabendam M，Strachan R，2010. Continental Tectonics and Mountain Building：The Legacy of Peach and Horne. Special Publication 335，London：Geological Society.

McQuarrie N，2004. Crustal scale geometry of the Zagros fold-thrust belt，Iran. Journal of Structural Geology，26：519-535.

### 逆冲推覆体

McClay K，Price N J，1981. Thrust and Nappe Tectonics. Special Publication 9，London：Geological Society.

Ramberg H，1977. Some remarks on the mechanism of nappe movement. Geologiske Foreningen i Stockholm Forhandlingar 99：110-117.

### 逆冲构造

Bonini M，Sokoutis D，Mulugeta G，Katrivanos E，2000. Modelling hanging wall accommodation above a rigid thrust. Journal of Structural Geology，22，1165-1179.

Boyer S E，Elliott D，1982. Thrust systems. American Association of Petroleum Geologists Bulletin，66：

1196-1230.

Butler R W, 1982. The terminology of structures in thrust belts. Journal of Structural Geology, 4: 239-245.

Butler R W H, 2004. The nature of "roof thrusts" in the Moine Thrust Belt, NW Scotland: implications for the structural evolution of thrust belts. Journal of the Geological Society, 161: 1-11.

Elliot D, 1976. The motion of thrust sheets. Journal of Geophysical Research, 81: 949-963.

Mitra G, Wojtal S, 1988. Geometries and Mechanisms of Thrusting, with Special Reference to the Appalachians. Special Paper 222. Geological Society of America.

### 逆冲作用和油气聚集

McClay K, 2004. Thrust Tectonics and Hydrocarbon Systems. American Association of Petroleum Geologists Memoir, 82.

### 逆冲断层和流体

Fyfe W, Kerrich R, 1985. Fluids and thrusting. Chemical Geology, 49: 353-362.

Hubbert M K, Rubey W W, 1959. Role of fluid pressure in mechanics of over-thrust faulting. Geological Society of America Bulletin, 70: 115-166.

### 楔形体（临界楔）模型

Dahlen F A, 1990. Critical taper model of fold-and-thrust belts and accretionary wedges. Annual Reviews Earth Planetary Science, 18: 55-99.

# 第18章

# 伸展作用

传统上讲，对于伸展构造研究的关注程度较收缩构造要低得多，然而，在20世纪80年代，人们意识到，许多通常被认为与逆冲作用相关的断层和剪切带，实际上也可能是低角度伸展构造形成的。这种构造现象在美国西部盆岭省被首次发现，人们现已清楚地认识到，在大多数造山带普遍存在伸展断层和剪切带。大多数学者一致认为，基于伸展构造的研究在很大程度上改变了人们对造山带和造山旋回的认识。事实上，世界上许多浅海油气资源位于裂谷环境且许多油气圈闭受正断层控制，这也极大地引起了现今人们对伸展构造研究的兴趣。此外，许多油气藏的开发需要对伸展断层的特征和复杂性进行全面的认识。

本章电子模块中，进一步提供了与应力相关主题的支撑：

- 伸展断裂
- 变质核杂岩
- 下盘坍塌
- 裂陷作用
- 碎片
- 伸展背景

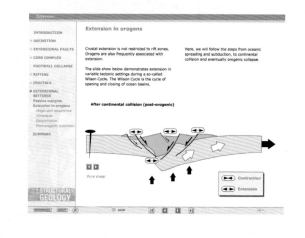

## 18.1 伸展断裂

在岩石变形过程中，**伸展断层**可以引起地壳或某些标志层的伸展变形，如图 18.1（b）所示的伸展断层影响了水平岩层的位移变化，该断层位移大小接近于错断地层厚度，因而很容易确定其位移的方向和大小。其他伸展断层的位移可以累积达上百千米，尽管其规模比逆断层或走滑断层形成的成百上千千米的位移要小得多，但也相当可观。这种规模伸展断层的位移一般选择地壳作为参考来加以确定。在地表上，取位于断层两侧的两点，若在变形过程中两点间距离增大，则认为这两点连线的方向上发生了伸展。但是，断层两侧的两点相对位置的改变也可发生在走滑断层变形中，这主要取决选取两点的位置。因此，我们必须在垂直断层走向的方向上选择两点来评估垂直于断层的伸展，以确定是否为真正的伸展断层。垂直断层走向的方向即是伸展**倾滑断层**的主伸展方向，如图 18.1（b）所示，正如其也是收缩倾滑断层的主收缩方向。对于纯走滑断层，错开的两个点在垂直断层走向方向上长度（距离）没有发生变化。

对于规模更小的断层，在忽略地层产状的情况下，伸展断层是指已知标志层伸长的断层。在某种意义上讲，如果逆断层使标志层伸长了，那么该逆断层也可以认为是伸展断层。图 18.2 显示了一个伸展性逆断层的实例以及它如何通过后期演化旋转而形成现今逆断层效应的示意图。因此，对于不同规模的断层，规定一个参考面来分析其伸展规律是至关重要的，例如，规模大的断层使用术语地壳伸展来描述，而规模小的断层则常使用术语顺层伸展来描述。

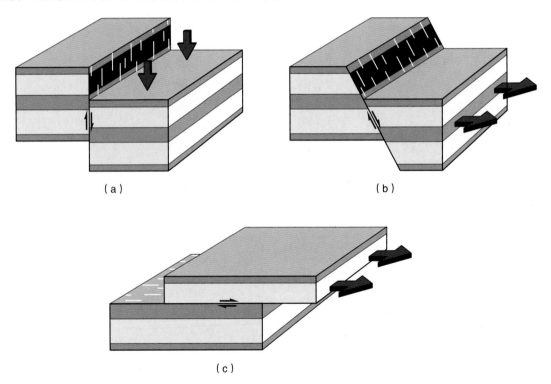

（a）　　　　　　　　　　　　　（b）

（c）

图 18.1　以地表作为参考面，伸展断层（b）是介于垂直断层（a）和水平断层（c）之间的断层。垂直断层和水平断层既不是伸展作用形成的也不是收缩作用形成的

如果以构造或沉积地层作为参考尺度，那么逆断层也可能是伸展性质的断层。

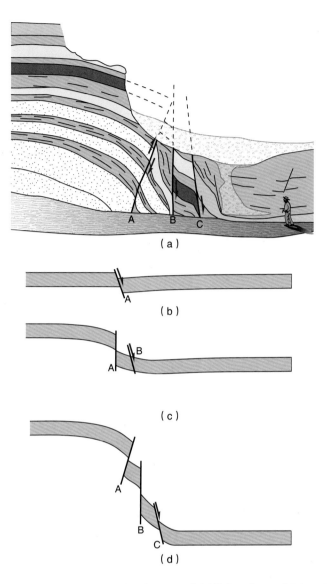

图 18.2 （a）在发育断裂且发生褶皱作用的地层中逆断层和正断层共存。由于正断层和逆断层都使地层伸长，
因此都是伸展性质的断层。这些逆断层在地层褶皱作用使其发生旋转（b）之前是正断层（c，d）
（犹他州 San Rafael 沙漠地层变形剖面）

　　断裂的倾向也很重要，如图 18.1 所示，伸展断层倾向范围介于垂直断层 [ 图 18.1（a）] 和水平断层 [ 图 18.1（c）] 之间，垂直断层仅仅是块体的垂直差异运动，因此既不能使地壳伸长也不能使地壳缩短。我们可以想象，大规模的块体垂向错断与弹钢琴时的键盘运动相似，键只发生垂向运动，而键盘总体长度保持不变。美国西部许多科罗拉多台地在白垩纪拉腊米相时期受垂直构造作用控制形成。通常情况下，垂直于层面发育的断层既不能使地层伸长也不能使地层缩短。水平断层（或顺层断层）代表另外一种端元，因此既不能使断层两盘地层（或平行地层断层段）伸长也不能使其缩短，如图18.1（c）所示。顺层断层一般发育在弯曲的伸展断层或收缩断层的断坪处。

　　在第 7 章第三节中（图 7.13），基于库仑破裂准则和安德森模式，认为断裂最初形成时其倾角通常为 60° 左右。野外地质填图和地震解释均显示高角度伸展断层和低角度伸展断层均是普遍存在的。事实上，高角度伸展断层和低角度伸展断层在许多伸展构造背景中共同存在。那么我们如何解释这种现象呢？

最简单的解释是，先期阶段已经变形的大多或所有岩石，当其再变形时都将继承变形的各向异性。因此，对于非常陡的断层的形成原因，可以简单地认为是断层活动过程中继承了先期形成的高角度裂缝或走滑断层而形成。在上地壳处，裂缝产状垂直于水平方向的 $\sigma_3$，由此可见先期形成的裂缝产状近乎垂直。基于类似的思想，低角度正断层是断层活动过程中继承先存逆断层而形成的，许多低角度的伸展断层按照此种理论进行解释。

同时，物理模拟和野外观察表明，一些高角度伸展断层和低角度伸展断层是在同一伸展变形阶段形成，而并没有继承先存的薄弱构造。特别要强调，一些低角度正断层是由最初的**高角度断层**经过旋转而形成，而其他低角度断层被认为没有经过大幅度旋转而直接形成。可通过著名的多米诺骨牌模型（一个简单反映断层旋转过程的模型）研究这些断层并观察其相关变形特征。

## 18.2　断裂系统

**多米诺骨牌模型**

上地壳的断陷（裂陷）在剖面上往往是一系列旋转的断块，其排列方式就像多米诺骨牌的木块，也像书架上摆放的翻转的书，如图 18.3（a）所示。这种模拟方式已经被称为**书架构造**或刚性**多米诺骨牌模型**：

刚性多米诺骨牌模型描述了一系列同时向一个方向旋转的刚性断块。

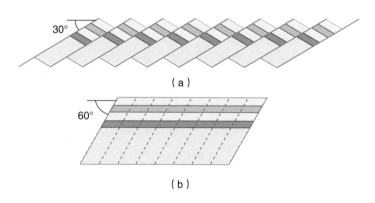

图 18.3　（a）刚性多米诺骨牌式断块示意图；（b）断块可以通过地层刚性旋转至水平状态时加以复原。这里我们通过旋转 30° 和位移的回退进行了复原

**专栏 18.1　刚性多米诺骨牌模型**

- 块体内部没有应变。
- 断层和地层同时以相同的速率发生旋转。
- 沿断层走向各个位置，多米诺断层具有相同的视位移。
- 所有的断层具有相同的倾角（断层相互平行）。
- 断层具有相等的视位移。
- 地层和断层均为平面。
- 所有块体同时旋转而且旋转速率均相同。

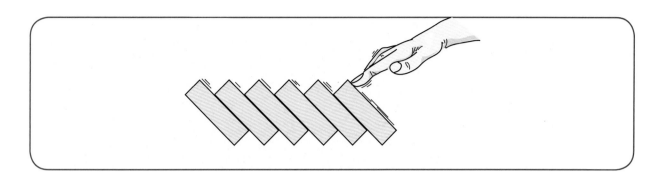

## 专栏 18.2　Gullfaks 多米诺骨牌系统

　　北海 Gullfaks 油田由多米诺骨牌系统组成，该系统被东部发育的复式地垒系统所限制。该多米诺骨牌系统由 4～6 个块体组成，每个块体又被小断层所切割。钻井资料揭示块体地层内还发育大量的亚地震断层和断层伴生构造，包括大量的变形带。此外，每个块体的地层倾角自西向东还具有递减的趋势特征。因此，完全刚性的多米诺骨牌模型因不能持续运动而使块体内部不能形成上述构造现象。如果将非刚性变形的块体以刚性的模式向反方向旋转至地层大致水平状态时，则断层为 45° 倾角，该倾角小于刚性块体的断层倾角 60°，如图 18.3（b）所示（见第 6 章断层形成力学机制部分）。这种倾角差异可以通过断块内部的应变加以解释。故地层断块的这种多米诺式骨牌变形不是纯刚性的。基于上述情况，多米诺骨牌中的低角度伸展断层是高角度伸展断层在演化过程中发生旋转和断块体内部发生应变作用共同造成的。

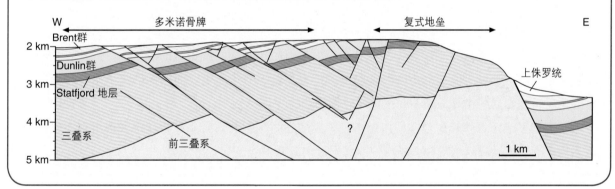

　　刚性的多米诺骨牌模型是相较易于理解的，图 18.3 展示了块体如何刚性旋转，同时阐明了在这个模型系统中断层如何能够被刚性的恢复到原始状态。然而，当将其应用于专栏 18.2 所示的实际地质条件中时，该模形的特点和限制会产生一定的几何学问题。当应用这个模型时必须时刻考虑边界条件以及周围环境对该模型的兼容性。特别需要注意的是，不能出现骨牌的空白区或叠覆区。首要问题是多米诺骨牌系统两端如何处理。为了解决该问题可以在一侧引入一条合适的铲式断层，如图 18.4 所示。同时，在多米诺骨牌系统的下盘一侧也可以设置一条铲式断层，它可以伴随着反向倾斜的多米诺骨牌断块的活动而协调位移。二者之中要设置一个地堑来连接两个这样的铲式断层。

　　第二个兼容性问题是在骨牌块体底部与其下的地层之间存在变形空间能否协调的问题。这个问题可以通过在旋转断块底部设置塑性物质而得到解决，如泥岩、盐岩或侵入的岩浆等。骨牌块体一般规模很大，其深部足以波及地壳中的脆塑性过渡领域，因此，该领域岩石的塑性流变特征能够很好地消除骨牌块体的底部空间问题。

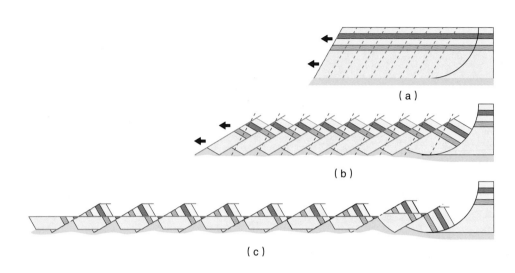

图 18.4　多米诺骨牌系统的形成演化示意图

（a）未变形的下盘由一条铲式断层调节位移；（b）强烈伸展作用下新形成的断层组；
（c）最终的断层形式变得十分复杂；从 Nur（1986）的文章中可获得更详细的描述

通过多米诺骨牌块体底部的透入性变形特征也能解决块体底部的空间问题。然而，如果用理想的多米诺骨牌模型会带来认识上的偏差（不适用解释理想的多米诺模型），因为理想的多米诺骨牌模型是假定刚性，因此骨牌块体内部不发生应变。如果是理想的多米诺骨牌模型，那么在伸展方向上地质剖面的恢复则容易实现（如第 21 章论述）。只要将块体反向旋转至地层水平状态时，断层的断面上的位移就会消除。

**塑性多米诺骨牌模型**

断块很少或从不表现为刚性物体，尤其是裂陷盆地中相对软的或松散的沉积层。此外，我们能清楚看到（第 9 章）形成于断层群中的每条断层的位移都处于变化之中。而刚性的多米诺骨牌模型要求所有的断层长度和位移相等，并不存在任何位移梯度的变化。

由于**塑性多米诺骨牌模型**与刚性多米诺骨牌模型之间存在的固有差异，其定义指出它在块体内部可以累积应变。这导致断层规模、断层位移和岩层的褶曲发生变化。

塑性多米诺骨牌模型是在多米诺断块内部发生应变。

对于塑性多米诺骨牌模型，通过简单线性平衡或刚性块体回退不能准确计算其伸展量。必须选取一个具有代表性的模型取代这些方法，来恢复断块的内部变形，利用塑性简单剪切模型恢复则是一个简易有效的途径（见第 21 章论述）。

**为什么会形成多米诺骨牌系统？**

地壳的伸展作用要么形成大致对称的垒堑系统，要么形成上述的多米诺骨牌系统。地壳中的总伸展与减薄量相等，而断层的排列与分布取决于岩石的变形特征，即地壳中应变如何调节位移（对比图 18.3 与图 18.5）。显然，促进非对称的多米诺骨牌断裂系统形成演化的一个最重要因素是存在一个低角度的软弱地层或地质构造，它可以是超压地层、塑性泥岩、盐岩层或容易使地质构造重新活化的先存断裂。相反，如果不发育倾斜的软弱层或者滑脱层则更利于对称式垒堑系统的形成演化。通过一些物理模拟实验可以证实，倾斜（而不是水平）的基底软弱层或者滑脱层对多米诺骨牌系统形成演化具有重要的影响（图 18.6）。

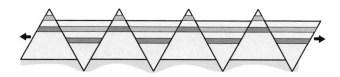

图 18.5　多米诺骨牌式拉伸作用的另一种结果是发育垒堑式系统，理想的垒堑式变形样式对称且整体为
纯剪切应变特征

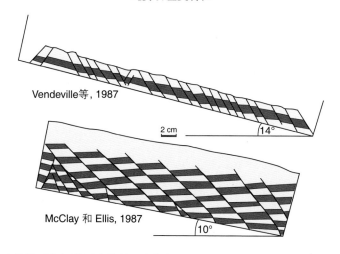

Vendeville等, 1987

2 cm

14°

McClay 和 Ellis, 1987

10°

图 18.6　砂箱模拟实验的模型底部伸展之前设置为倾斜，这个倾斜可引起形成的断层具有均一的倾向和倾角

## 多米诺骨牌系统中的多重断层组合

当多米诺骨牌系统发生强烈伸展时，如图 18.4 所示，那么断层将旋转到与最初的产状相差很大的方向，从而形成新的与最初形成的断层产状一致的多米诺骨牌断裂系统 [图 18.4（b），红色虚线断裂]。这种现象主要是在先期多米诺骨牌断裂系统的剪切应变减小到低于岩石的临界剪切应力时才发生，这主要取决于岩石块体变形强度和断层摩擦属性。根据实际断层摩擦属性值可知新生的断裂可能于旋转 20°～45° 范围时产生，那么对于最初形成的 60° 倾角的多米诺骨牌断层而言，当断层持续活动时，最终可以旋转到倾角为 40°～15° 的范围。最初形成的多米诺骨牌断层旋转到这个倾角时则不再继续活动，而是形成新的断层，并切割先期的断层，并进一步发生旋转变形。来自高地壳伸展变形区的野外证据已经证实这种变形的存在，并已公开报道，如美国西部的盆岭区。

## 18.3　低角度断层和变质核杂岩

很长时间以来，具有较大位移的低角度断层主要发育在褶皱逆冲带上，且一直被认为是收缩作用形成的断层。传统且被广泛公认的观点是认为正断层都是高角度的断层，典型倾角一般在 60° 左右。20 世纪 70 年代对盆岭省的野外考察发现，考虑岩石力学机制的简单化区分断层倾角的高低并不科学。后来人们在世界各地的一些伸展变形区域发现，即使是以发育大量高角度正断层为主的地区，大量低角度伸展断层也普遍存在。现代地震图像解释以及数值模拟、物理模拟也揭示了伸展断层可能以低角度构造的形式出现。目前尚不清楚的是，它们是作为低角度构造活动还是仅仅是高角度正断层发生了简单旋转。

## 低角度正断层存在的问题

自从 20 世纪 70 年代至 80 年代低角度正断层被大量的制图和解释后，就一直是构造地质学家们讨论的问题。与陡峭的正断层相反，它们能够非常有效地调节伸展应变，因此具有运动学意义。世界各地都已经描述了大量的低角度正断层，但其形成原因和形成方式尚不清楚。

低角度正断层存在机械和地震两方面问题。机械上，当最大应力为垂直且岩石为机械各向同性时（第 5 章第 6 节中安德森条件）（参见专栏 7.2，剪切裂缝可以代表正断层），正断层初始倾角为 60° 左右。地震问题涉及地震震源机制数据（专栏 10.1）。全球地震数据显示，在低角度正断层上并没有中到大的地震破裂（震级 > 5.5）的记录，这可以解释为低角度正断层抑制地震活跃的证据。对此有一个可能性解释：这种低角度断层代表在变形期间发生旋转的高角度正断层或者仅仅是因为在低角度正断层上就是不产生大的地震。下文中将对这些问题进行讨论。

低角度正断层能够通过高角度正断层的刚性或塑性旋转而形成。

### 旋转正断层

断层旋转模型（图 18.4）已经告诉我们低角度正断层的形成模式。图中先形成的断层（蓝色断层线）被后形成的断层（红色断层线）经过旋转而呈现近水平产状。然而，许多大型低角度伸展断层是持续发育而没有被新生断裂切割 [图 18.4（c），红色断层线]的。因此，我们必须寻找到其他模型来解释这种低角度伸展断层的形成原因。此种模型的建立，早在 19 世纪 80 年代末就已经流行，该模型可以用于解释整个地壳规模的断层。研究表明，伸展均衡作用要求模型的底部可以发生塑性变形，如果模型底部是固定的，那么不可能通过物理模拟实验来呈现这种塑性条件决定的伸展均衡作用，如图 18.6 所示。

图 18.7 说明了伸展均衡作用模型的原理。上地壳发育的一条铲式正断层，它在接近脆塑性转换区的薄弱拆离带内变成水平产状。大型拆离带上盘可以视为**上部板块**，而拆离带下盘可视为**下部板块**。拆离带上盘经过一定程度的伸展后，新生一条断层，而最初形成的断层不再活动。这种断层之所以不再活动，一部分原因是由于地壳减薄的部分发生了均衡隆升。地壳均衡隆升使原来的断层发生旋转，当断层旋转到上盘地层达到脆性破裂极限时便形成了新的断层，这时原来的断层便不再继续活动了。这个过程重复进行，最终便形成了一系列旋转的多米诺骨牌断块和相关的**半地堑**。在这种演化模式当中，倾角陡的断层是形成较晚的且易于活动的断层（相对于双重逆冲构造中的断块几何学特征而言）。

值得注意的是，上述多米诺骨牌断块模型与传统的多米诺骨牌模型不同，因为它们的形成时间不同。这种多米诺骨牌模型断块系统的形成过程是完全不同于理想的多米诺骨牌模型的实例。

### 滚动枢纽和变质核杂岩体

图 18.7 所示模型反映了中下地壳的简单剪切变形特征。在该变形过程中，上地壳减薄，莫霍面上升，同时拆离带上部板块内的断层群不断隆升而遭受剥蚀，最终导致拆离带下部板块也暴露于地表。上部板块表现为脆性变形，但沿着水平拆离带的初始剪切变形却为塑性，然而，当拆离带抬升后则转而逐渐表现出脆性变形特征。最终，当拆离带暴露地表后，在上盘岩石的脆性构造中出现一个变质岩化和糜棱岩化的核（脆性构造窗），如图 18.7（h）所示。在这个构造窗内的下盘岩石则被称为**变质核杂岩体**，这种变质核杂岩体就是最初在亚利桑那州和内华达州的盆岭省描绘的地质现象。在北美西部的整个雁列山脉都是这种变质核杂岩体（专栏 18.3），而且在世界许多地区，包括与洋中裂谷相关的一些区域都发育这种变质核杂岩体。

由图 18.7 可见，图中拆离断层下盘的侧面（右侧）的垂向剪切变形逐渐停止。在拆离断层上盘侧面，反向剪切变形（与垂向剪切相反）因断裂系统的活动而一直存在，并逐渐向上盘方向迁移。如果把地壳的挠曲看作褶皱,那么在伸展演化过程中,枢纽带则向上盘方向不断移动和转动。通常将这种作用称为滚动枢纽模型,该模型已经被用来解释许多变质核杂岩体的形成。

滚动枢纽模型是一种塑性断层旋转模型。在这个模型中,当下盘的上覆沉积物逐渐去除时,旋转位移便迁移至断层下盘。

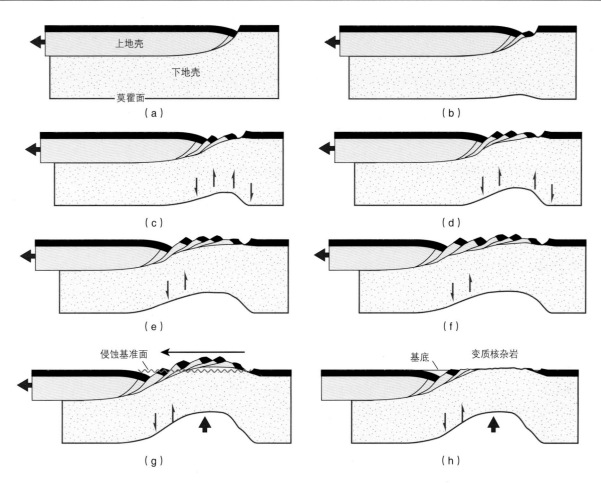

图 18.7 变质核杂岩在地壳尺度的伸展和均衡补偿过程中发育(据 Wernicke 和 Axen,1988)
值得注意的是,新的楔形断块是如何从上盘中分离的。还要注意均衡补偿过程是如何通过垂直剪切来调节的

## 活动的低角度正断层

安德森的理想化假设条件是主应力方向为垂直和水平方向,同时岩石各向同性(图 5.13),建立在该经典模式基础上的莫尔—库仑破裂准则和比尔定律预测正断层在具有低倾角的情况下被锁定且处于非活动状态。简单来说,这是因为断层上的剪应力随着 $\sigma_1$ 角度的增加而减小(图 4.2)。图 7.23 再次告诉我们断层倾角(面理方向)若具有一定的范围(黄色区域),则有利于其再活化。超过该范围则将形成新的断层。扇形的宽度取决于先存构造的强度(内摩擦)和应力状态。对于常见的摩擦系数,临界倾角在 30°~40° 之间。

然而,在一些情况下,低角度正断层可以作为低角度构造活动,也能发生旋转。这包括微地震观测,即来自沿低角度构造发生的小地震信息。图 18.8 中为一个低角度正断层的实例,碎裂断层岩特征为沿低角度滑脱带发育的晚期断层,且没有发现明显的同期或断裂后旋转。另外一个实例是专栏 17.2 中 A 剖面的 Meade 逆冲断层再活化(图中红线为伸展断层)。在后一种情况下,正断层紧随逆冲断层发育，且逆冲断层在剖面的上部陡峭，但在深部的寒武纪页岩层逐渐变平。这些以及其他实例（参考本章末尾延伸阅读获取更多信息）所涉及的早期断层或剪切带在伸展条件下都发生再活化。

图 18.8 Scandinavian 加里东褶皱造山带位于 Hornelen 泥盆系盆地的底部低角度断层分割了泥盆系砂砾岩与 Nordfjord-Sogn 拆离带糜棱岩。该低角度正断层为脆性断层，位于伸展的 Nordfjord-Sogn 拆离带糜棱组构和上覆的超滑脱盆地之间。Vegard V.Vetti 拍摄

先存低角度正断层代表着非均质性，这不符合理想化的安德森条件。为此，我们采用适用于逆断层的超压参数。换句话说，低角度层状地层或者断裂带造成的流体压力增大非常弱，几乎没有摩擦。在沉积序列中，超压页岩层是一个很好的例子。薄盐层是另外一个实例，它们都是在大陆斜坡发生伸展滑脱，例如尼日利亚/安哥拉和巴西的滨海。在火成岩和变质岩中，先存断裂和剪切带作为薄弱构造也可能超压，尤其在地震过程中，此种情况更易发生。

一些现今活动的低角度正断层已经通过微地震活动性被地震探测出来。微地震活动性与小而频繁的地震有关，这些地震可以在短时间内（数月）被大量（数以百计）记录下来，并且通常沿着先存断裂和裂缝产生。科林斯湾和意大利亚平宁山脉的 Altotiberina 断裂带上的微地震活动数据是很好的例子，在这些数据中，被解释为低角度滑脱的地震反射层和微地震活动之间存在着很好的对应关系。因此，有证据证明低角度正断层活动，但没有证据证明大地震活动的发生。以上情形有两种解释：一是大的地震再次发生的时间间隔较长，以至于尚未被探测到，二是一些地震太微弱了以至于蠕变和小地震完全控制了将产生重大地震事件的黏滑运动。一个弱断层核应该包含机械弱矿物，特别是板状矿物（黏土矿物、云母、绿泥石）或滑石。我们知道圣安德列斯断层的很大一部分仅在小地震（微震）时就表现出了抗震（蠕变）行为。低角度断裂带应该更容易捕获流体，因此产生超压而使断层岩更加薄弱。然而，全球范围内的低角度断层的地震静默是一个挑战。

有趣的是，在实验室中可以产生正断层，无论是作为滑脱层还是切割早期的高角度正断层。通过在模型的下部或基底加入薄弱层或者塑料席很容易产生滑脱断层，但是即便没有这样一个预先存在的层，也能产生低角度断层。图 18.9 所示的例子中，红色的断层 5 在某一点切割陡峭断层 1，然后作为低角度断层非常有效地调节了之后的伸展作用。注意红色断层 5 仅在其总长度的有限部分为低角度断层，且它通过两个陡峭断层段的连接形成。在自然界中，一个薄弱的低角度地层或断层可能有助于形成这种连接断层。图 18.10 实例中的断层 6 在中和下部（上部较陡峭）在初始形成时角度约为 25°。在这种情况下，断层的几何形态可能受刚性基底的控制。

在地壳中除了存在薄弱构造外，还可能存在 $\sigma_1$ 在地壳中任何位置都非垂直的情况，例如位于图 18.10 所示的基底结构附近或者在低角度正断层附近的构造，如先存逆断层。这就是另外一个重要的与安德森条件不符的情况，这种情况可以导致低角度正断层形成或者复活，因此需要更好地理解近地表主应力如何变化。

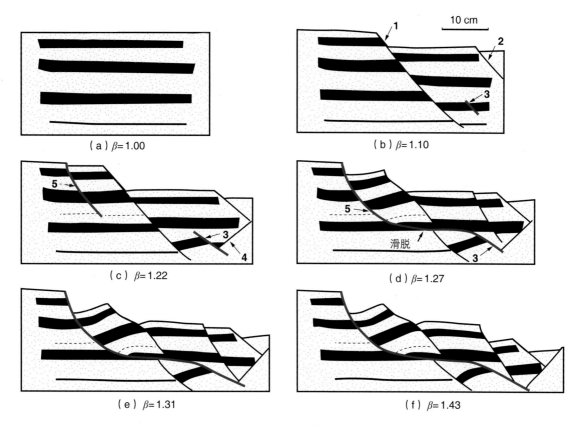

图18.9 黏土实验显示了伸展变形中后期低角度断层的形成过程（据Fossen等，2000）。

从中可以看出后期形成的低角度断层（红色）切割了先期的高角度断层，且在断坪上方形成高断块（中央隆起）。
在伸展作用发生之前，模拟的黑色地层在断盘侧面上发生了涂抹作用

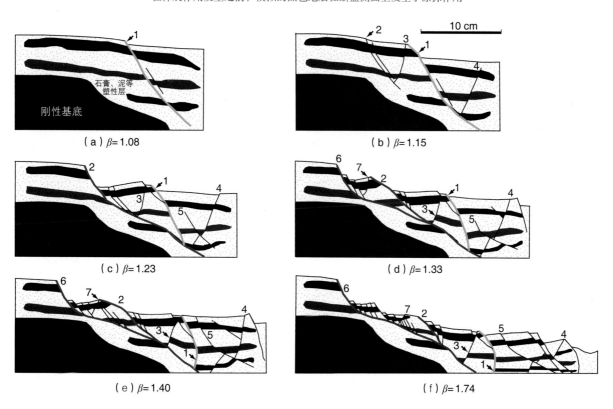

图18.10　在塑性实验中下盘发生坍塌

从中看到在断层下盘连续新生一系列断层，同时后期形成的断层的倾角相对先期断层逐渐减小

一些地质学家并不相信低角度正断层的存在（仅仅认为是被旋转的不活动的高角度构造），并将美国西部一些经典的低角度正断层解释为滑坡和不整合面。还有一些地质学家支持低角度正断层存在的理论，他们认为尽管现今还无法解释低角度正断层作用的各个方面存在的问题，但在野外观察、地震观测和数值模型中已经发现了足够的证据证明低角度正断层的存在。而这是一个值得继续关注的有趣问题。

## 专栏 18.3　变质核杂岩体

典型的变质核杂岩体是由变质片麻岩作为核部所组成，这个核部在没有变质的岩石中以构造窗形式暴露于地表，没有发生变质的岩石一般是非常新的沉积岩层。这两部分岩体被拆离带将其分开，表明其间是发生了强烈的剪切作用位移。这种拆离带为脆性变形，在其下伏片麻岩化断块上形成非共轴构造特征的糜棱岩。一般核杂岩体受低角度拆离带或剪切带的控制而形成，其形成过程是由于拆离带上部断块（上盘）减薄，导致变质的下部断块发生均衡隆升，最终暴露于地表。

上述阐述的核杂岩体发育单一拆离带且为不对称结构。实际上还有一些核杂岩体形成的例子是发育两个拆离带，这两个拆离带发育中穹状弯曲部分的两侧，且具有相反的剪切方向。

揭示变质核杂岩体及其演化过程，需要详细地开展细致的野外构造方面工作，同时结合其他相关信息，例如测定放射性元素年龄、获得地层学信息和分析地震数据等。下图显示了北美安第斯山脉的变质核杂岩体分布规律及相应的伸展方向。

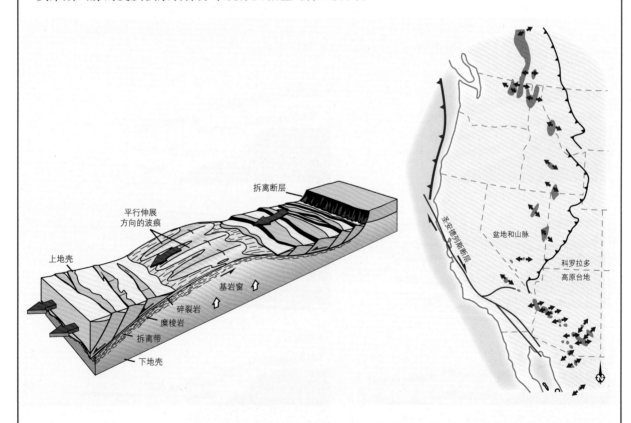

本图据 Wust（1986）、Vanderhaeghe 等（1999）汇编

大洋核杂岩体是与大陆变质核杂岩体对应的大洋产物。它们沿着洋中裂谷形成，被认为是垂直于裂谷轴的上凸（"反铲"）脊。脊定义了一个低角度的拆离断层，显示波瓦状构造（也

称为巨丘），它指示了垂直于裂谷的滑动。洋脊内部由来自于下地壳或上地幔的蛇纹石橄榄岩组成，断层由于由不稳定的滑石和绿泥石等次生矿物组成，因此比较薄弱。这些拆离断层可能产生于岩浆活动较弱的时期，因此通过地壳断裂发生了一段时间的伸展，足以使其中一个正断层由于地壳均衡的驱动旋转而积累大量位移并旋转到一个低角度位置，如图 18.7 所示。

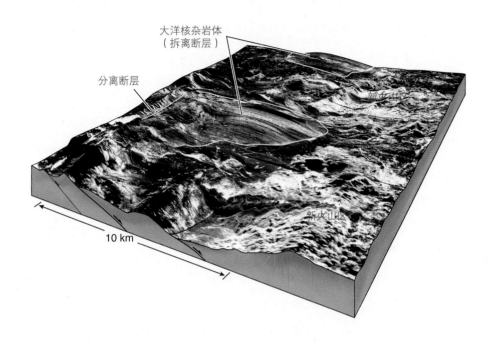

大西洋洋中脊 13° 20′ N 附近海底 NW 向三维视图

无垂直放大，图片由 Chris MacLeod 和 Roger Searle 提供。可以从 MacLeod（2009）的文章中获得更多信息

低角度断层的直接形成需要在地壳内发育低角度的薄弱构造或薄弱层，或者存在异常的压力取向。

## 18.4 断坡—断坪—断坡式几何形态

我们已经明确了伸展断层如何演化成铲式结构。然而对于大型伸展断层，一种特别常见的几何形态是两个断坡被近水平的断层段连起来形成的断坡—断坪—断坡形态。这种**断坡—断坪—断坡几何形态**形成于伸展的断层上盘形变中，因为断层上盘在断层活动过程中必须适应上盘的几何形态。图 18.9（红色断层）就是一个断坡—断坪—断坡几何形态的实例，其中断坪的形成源于两个相对陡的断层段的连接作用。

如图 18.11 所示，在坡坪式断层上盘可能发育一系列楔形断块，坡坪式断层要么向上尖灭（指下断坡式断层顶部）要么断到地表（指上断坡式断层顶部）[ 见图 18.10（f）中断层 6 上盘 ]。这些断层组和断夹块被称为伸展叠瓦带，类似于收缩构造中的收缩叠瓦带。而伸展构造中主要表现为一系列的透镜体，这些透镜体共同构成了**伸展双重构造**。伸展双重构造与收缩双重构造类似，都发育底板和顶板断层。

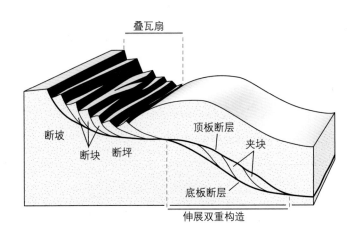

图 18.11 伸展叠瓦和伸展双重构造示意图（图中黄色代表断块和夹块）

　　通过物理模拟（图 18.11）和裂谷系统如北海盆裂陷地（专栏 18.2）来看，断块群往往发育于断坪的上盘。多米诺式断裂系统通常发育在地垒（如下盘坍塌断块）的后面。图 18.10 再次显示了断块群的形成过程，第一个断块是指断层 1 和断层 3 之间的块体，第二个断块是指断层 2 和断层 7 之间的块体。

## 18.5　下盘坍塌与上盘坍塌对比

　　人们通常认为叠瓦扇构造带是由上盘中连续形成的断层和断片生成，这主要是发生在断层上盘比下盘更易于发生形变的情况下，尤其当断层上盘发生坍塌时往往在断层上盘依次形成叠瓦带式断层。图 18.10 可以看到明显的断层上盘坍塌现象，由实验的最后阶段［图 18.10（d）～图 18.10（f）］可以看出，在 6 号断层上盘形成了大量的断层。另一相关实例如图 18.7 所示。

　　图 18.10 的实验也可以看到断层下盘坍塌现象，即在断层下盘逐次形成新的断裂。在实验的早期阶段，在 1 号断层下盘新生同向的 2 号断层，如图 18.10（a）至图 18.10（c）所示。在实验晚期阶段，断层下盘的更远处形成 6 号断层，其与上盘先前的坍塌作用一起构成了叠瓦构造带。

　　在裂谷系统中大型断块形成并发生旋转时，断层下盘坍塌现象较为常见，尤其在重力和构造应力影响下隆升断块的顶部容易发生坍塌。在某些情况下，重力作用只会引起断层下盘坍塌。在弯曲断层面上引起的重力坍塌和重力滑动往往会形成复杂的地层之间的关系，这给石油勘探带来了挑战。滑动的形成常常受塑性层（如泥岩、超压地层、盐岩）控制，其典型特征是在滑动构造的前方形成收缩褶皱和逆断层，而在中部和后部形成伸展断层（图 18.12）。

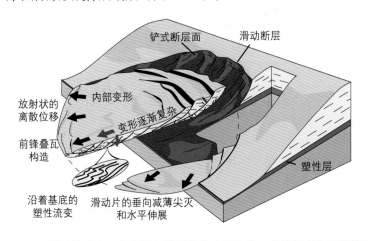

图 18.12 滑动构造中，在中部和后部产生伸展构造，在前部产生收缩构造

## 18.6 裂陷作用

裂谷的形成是地壳在构造力作用下发生牵引分离。控制裂谷形成的因素很多，其中存在两个端元模型，即主动裂陷作用模型和被动裂陷作用模型。在**主动裂陷作用模型**中，裂谷是由软流圈地幔中上升的热地幔物质或地幔柱形成的，产生穹窿并增大穹窿区域的张应力。结果在岩浆作用下主要形成裂谷而未必发生很大的伸展。在**被动裂陷作用模型**中，裂谷的形成主要是源于构造板块传递的远程应力场作用。被动裂谷的形成往往沿着岩石圈中的继承性薄弱带形成，例如沿着先前造山带复活的收缩构造系统形成。

主动裂陷作用受地幔柱控制形成，而被动裂陷作用是受板块构造应力控制形成。

许多自然界中的裂谷往往都含有这两种裂陷作用模型。在某种简单情形下，最初的裂陷作用是由地壳大规模的隆升引起的，如图18.13（a）所示，该阶段形成较陡的裂缝系统，裂缝连接深部促使地幔中岩浆的形成和上侵。接下来演化的主要阶段是伸展阶段，该阶段地壳垂向变薄、侧向伸展，如图18.13（b）所示，形成主干断层和断块。一旦伸展作用趋于停止，则进入最后的沉降阶段，如图18.13（c）所示。地壳冷却，基底埋藏加深，后裂陷沉积物开始沉积。形成的断层主要受差异压实作用控制。

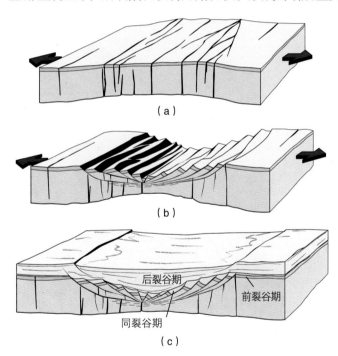

图18.13 裂谷演化的三个阶段
（a）早期伸展阶段形成裂缝或深部裂缝复活，该阶段形变小，岩浆以岩墙形式在深部裂缝处发生于局部聚集；（b）拉张阶段，主断层发育复杂且成排分布，同裂谷沉积没有发生；（c）后裂谷沉降和沉积阶段，在后裂谷地层中因地层差异压实作用形成压实性断层

裂谷的沉积记录可以反映裂谷的伸展演化过程。**前裂谷**层系是伸展作用发生前的表层沉积。**同裂谷**层系是由裂陷过程中的沉积物所组成。同裂谷层系显示了跨过**生长断层**的地层厚度和相带的变化规律，通常表现出上盘增厚、下盘变薄或无沉积特征。**后裂谷**层系受控于断块几何形态和伸展停止后的热沉降作用。

裂谷形成的两种简单端元模型可以通过本章前面的内容加以想象。一种相关联的是多米诺模型，其裂谷的最终宽度建立于裂谷初始阶段的演化特征基础之上，因此多米诺断层能够累积位移，并且同时沿着多米诺断块发生旋转，二者累加作为伸展量的累积。另一个端元模型涉及断层下盘的大规模垮塌，该模型中裂谷轴部为扩张点，以至于沿着中部地堑向两侧逐渐形成新的断裂。自然界中裂谷的模型是由不同模型中的元素组成的，因此较为复杂。一般而言，裂谷的演化受控于多个因素，如地幔的演化进程和热结构、地壳的力学结构（先存构造的分布规律和展布方向）。

## 18.7  半地堑和调节带

对称裂谷很少发育，大多数裂谷都是一侧发育主干断层。当我们沿着裂谷方向移动时，会发现主干断层的位置从裂谷的一侧突然出现在裂谷的另一侧。这是裂谷系统的普遍现象，该现象由 Bruce R. Rosendahl 和他的同事们在东非大裂谷系统的坦噶尼喀湖地区得到了详细勘探证实。在这里裂谷由一系列反倾向**半地堑**逐渐演化发展形成。每个半地堑为曲线型、半月形几何形态，在半地堑走向末端的另一侧转换为一个典型的反倾向的另一个半地堑。受半地堑排列特征和断层上盘伴生次级断层特征的影响，可形成盆地级的高点（地垒）或低点（地堑）（图 18.14）。**调节带**这个术语有时用来描述半地堑叠覆构造的这种特定类型。值得注意的是对称部分只在两个倾向相反的半地堑之间存在，如图 18.14 所示。

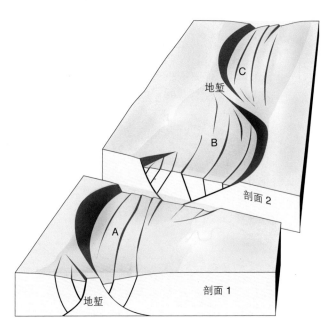

图 18.14  叠覆且相互作用的半地堑构成的裂谷系统

20 世纪 80 年代 Rosendahl 及其同事们基于对东非裂谷的观察将叠覆区命名为调节带。
不同类型的半地堑成排出现。调节带可以包含地垒（剖面 1）或者地堑（剖面 2）

## 18.8  纯剪切和简单剪切模型

裂谷带的地壳伸展模式有纯剪切模型和简单剪切模型（图 18.15 和图 18.16）。纯剪切模型又称**McKenzie 模型**，简单剪切模型有时又称为 **Wernicke 模型**，这是以 20 世纪 70 年代和 80 年代分别公开发表这两种模型的学者的名字命名的。

　　地壳可以整体发生纯剪切变形而发生均匀一致的减薄，或者受倾斜的剪切带控制而局部非均匀变形。

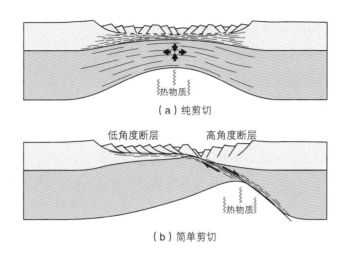

图 18.15　地壳伸展和裂陷的两种理想模型

纯剪切模型是对称的，裂陷中心与下面的热幔柱对应。简单剪切模型通常受控于低角度剪切带，从而形成非对称的裂陷模式

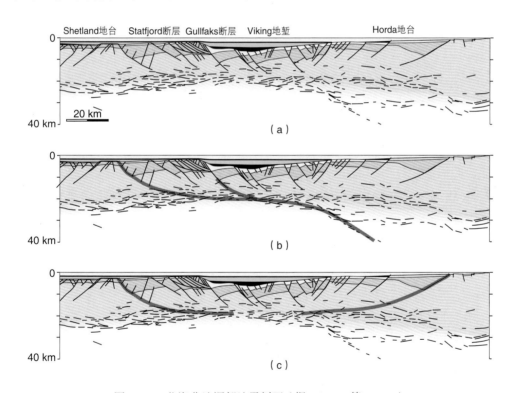

图 18.16　北海盆地深部地震剖面（据 Odinsen 等，2000）

该剖面分别基于（b）简单剪切和（c）纯剪切进行解释，也可以认为同时包含了这两种模型

　　**纯剪切模型**是最早提出的（比简单剪切模型提出得早），这一理论认为在裂谷中孤立断层的作用是造成地壳的对称减薄，所有的应变都是纯剪切应变，水平的伸展是垂向减薄的结果。这一理论模型中下地壳受塑性变形机制而减薄，而上地壳则发生脆性的断裂变形。

　　纯剪切模型整体上天然对称，**简单剪切模型**则形成非对称的裂谷，从这种意义上讲，这种现象与前面章节讲的一致。使用简单剪切这一术语是由于该模型受控于一条横跨地壳甚至整个岩石圈的倾滑拆离断层或剪切带。这个拆离带涉及一个局部化的简单剪切，由于这个简单剪切是非常重要的，因此可以用简单剪切模型术语进行定义。两端受控于一个倾滑拆离带的裂谷，不但裂谷的几何形态不同，热构造也不同。在纯剪切模型中，最高的温度梯度位于紧邻盆地中部的下方。然而在简单剪切模型中最高温度梯度的位置被（滑脱断层）错断了（图18.15）。这对抬升和沉降模型都有一定影响，因此对盆地的发育产生相应影响，并且不同的简单剪切模型结果不同。

## 18.9　伸展估算、分形及幂次律关系

垂直裂谷方向的伸展或拉伸量可以通过多种方式获取。记录了裂谷下部地壳减薄现象的深部地震剖面可以转化成地质剖面，再通过地质剖面计算伸展量。假定面积守恒，例如，剖面遵循物质守恒且不存在地壳被地幔熔融现象，那么通过复原剖面可以估算伸展量（见第21章），即在剖面上将减薄的区域垂向上复原至裂谷边缘现今厚度，再通过面积守恒计算水平量的大小即为伸展量（注释：裂谷现今面积除以裂谷两侧以外现今厚度，计算原始裂谷的水平长度，该长度与现今裂谷的水平长度差代表伸展量）。

估算伸展量的纯构造方法是在垂直裂谷方向上针对标准层计算水平断距的总和。如果块体旋转不大，则水平断距总和等于总的伸展量。然而，通过断层水平断距之和估算的总伸展量与地壳面积守恒估算的伸展量往往不相等。

在大多数情况下，水平总和估算的伸展量为最小伸展量，在某些情况下，这两种方法估算结果受控于一或两个因素，为何会出现如此偏差呢？

在垂直裂谷剖面上，地壳平衡估算的伸展量一般比断层水平断距估算的伸展量要高。

一种可能的原因是裂开的地壳的下部被地幔熔融。因此，面积守恒的假想不成立，造成伸展量估计过高（注：面积估计过小，未变形地层厚度不变，造成计算的未变形长度变小，继而伸展量变大）。另一方面，地壳物质的熔融现象如果不广泛发育，则其不足以造成面积估算的偏差，因此，除非主动裂谷中伴随大面积岩浆作用，否则不会造成面积估算的偏差。

在精细计算断层位移的模型中，计算水平断距总和的地震剖面上，亚地震断层（亚地震断层是一种很小且在地质剖面上不能显示的构造）显然被忽略。亚地震断层规模太小，普遍认为不能造成很大的计算偏差。然而，如果这些亚地震断层的数量很多，那么其位移总和就会造成很大的伸展量。但是，对于低于地震分辨率的亚地震断层，如何校正断层造成的伸展呢？

20世纪80年代和90年代，针对该问题有广泛的研究，人们意识到断层群中断层水平（或垂直）断距的分布是呈幂次律关系变化（见专栏18.4）。该方法是通过地震测线、地质图和野外露头收集断层的位移数据，并绘成对数坐标的累计曲线图。沿着选定的地震测线或者地质剖面的地层为参考，测量每一个断层的水平断距，然后借助表格进行分类。然后绘制图件，$X$轴为水平断距值，$Y$轴为个数累加和。实际上，该图意味着最大水平断距对应的最大数量累计总和的点为第一个点，第二大水平断距对应的第二大累计总和的点为第二个点，以此类推。

另一种方法是将每千米断层总个数沿$Y$轴绘制，该方法可以对频率进行描述，例如，可以描述给定剖面上不同偏移量范围的断层频率。

---

### 专栏 18.4　分形与自相似性

分形是一种几何形式，可以被分为更小的部分，其中每个小的部分与大尺度具有一致的几何学特征。分形也称为自相似性，意思是一个或更多的属性在不同尺度上重复。虽然地质构造中可能存在不具有自相似性的其他方面，但仍然有许多属性具有自相似性（如断层和褶皱）。例如，大型褶皱由具有相同形状的次级褶皱所组成，次级褶皱由具有相同形状特征的更次级褶皱所组成。或者说对于同一地区，在卫星照片上看到的一组裂隙与野外观察到的或微观看到的裂隙模式是相像的。这些裂隙是不一样的，但是在不同尺度上（例如地表 100 千米以上尺度、地表露头尺度和显微尺度）它们看上去是很相似的。这就是在地质图中需要添加比例尺的原因。

通常情况下，需要对裂缝群中的特殊性质和大小进行考虑。在断层位移的一维模型中，位移的大小不能忽略。如果断层群中位移变量在对数坐标下直线分布，如图 18.17 所示，那么位移也是具有与其相似的性质。这意味着，对于任意选定的断层位移，都有固定数量的具有选定断层位移十分之一的断层与其相对应。因此，例如对于每一条具有 1km 位移的断层，将有 100 条且位移为 100m 的断层与其相对应，而每一条具有 100m 位移的断层，相当于 100 条且位移为 10m 的断层相对应。这种关系主要取决于幂指数 $D$（式 18.2）。在二维和三维模型中，自相似性和分维数用来表征断层的长度和断层其他几何学参数的关系。分形理论在地质方面有很多应用，通过分形建立基础数学与地质应用的关系至关重要。

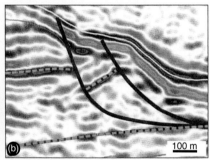

（a）厘米尺度构造；（b）百米尺度构造（据 Hesthammer 和 Fossen，1999）

二者都来自北海 Statfjord 领域。这两个不同尺度的构造看上去非常相似，且显示了断裂几何学特征的自相似性原理

---

许多断层位移群沿着直线分布，代表了幂次律分布的特征。幂次律和自相似性意味着在对数坐标中数据点大致呈直线分布。可用下面的数学关系式表示：

$$N=aS^{-D} \tag{18.1}$$

式中，$S$ 为位移、落差或平错；$N$ 为平错断层的个数总和，$a$ 为常数；指数 $D$ 用来描述分维数或者直线的斜率。将式（18.1）取对数，则式（18.1）可以改写成：

$$\log N=\log a-D\log S \tag{18.2}$$

该式为对数坐标下斜率为 $-D$ 的直线，幂指数 $D$ 反映小位移和大位移对应个数间的关系。当 $D$ 值比较大时，每一个大型断层都包含相当数量的小断层。因此，$D$ 值越大，小型断层贡献的应变越高，从而被忽略的小型断层（亚地震断层）在伸展量计算中造成的误差就越大。在自然界中断层群对应的 $D$ 值一般是取 $0.6 \sim 0.8$。

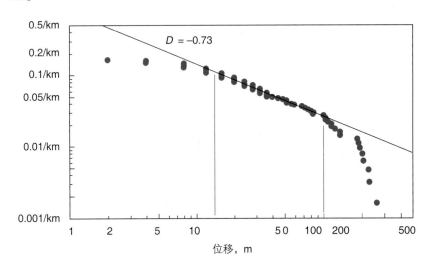

图 18.17　断层位移和断层个数总和对数坐标曲线（对横纵坐标长度归一化）（据 Fossen 和 Rørnes，1996）

在图中中间部分的散点数据呈直线分布。直线两端为大断层和小断层取样数量不足造成的散点偏差。
数据来源于北海 Gullfaks 领域的次级断层群

实际测得的数据在对数坐标下很少完全是一条直线，图 18.17 所示也不例外。然而，图 18.17 中心部分散点为直线（介于 $10 \sim 100m$ 之间），该直线在两端散点出现弯曲段处终止，这些散点不呈现为直线的原因是断层位移太小（地震分辨率的问题）和断层位移太大（在一定区域，选定的剖面不是完全垂直于大断层构造走向），均不能真实反映断层的准确位移（因而易于忽略了小断层的存在和造成大断层位移测量偏小的现象）。该效应有时被称为截尾效应。为了弥补较低的截尾效应，直线段可以延伸至小断层位移域（图 18.17 中直线段向上延伸至小断层位移域）。但是，直线段也不能无限延伸下去，从某个点开始，这种直线关系就不复存在。例如在多孔岩石和沉积物中，当位移接近变形岩石的晶粒尺寸时，这时的位移便不再符合直线变化规律。

举个例子，通过地壳面积守恒（地壳减薄）原理，估算跨越北海裂谷盆地北部的中生界伸展量接近 $100km$，从区域地震解释测线统计断层水平断距总和估算的伸展量大约为 $50km$。经证实，如果幂次律关系能够外推到小的亚地震断层领域，那么造成伸展量估算差异（$50km$）的大多或全部原因可通过亚地震断层来解释。

在横穿裂谷的区域剖面中，亚地震断层会导致地壳平衡估算的伸展量与水平断距总和估算的伸展量存在偏差。

## 18.10　被动大陆边缘和大洋裂谷

如果大陆裂谷伸展到一定程度，地壳将完全裂开，取而代之的是出现大洋地壳。现今位于大洋地壳之上的靠近裂谷两侧部分称为被动大陆边缘。位于北海盆地北部的 Viking 地堑，在晚侏罗世 ~ 早白垩世裂谷形成过程中，当伸展变形达到同比增长 150%（即伸展系数达到约 1.5）时，伸展作用停止。当伸展系数超过 1.5 以后通常引起岩浆活动和火山作用，进而发生更频繁的岩浆活动，直到当伸展系数达到约 3 时出现了洋壳。过被动大陆边缘的剖面通常显示旋转的断块，其边界为向海倾斜的正断层，其在脆性上地壳的底部逐渐变平或终止。这种旋转的断块是先前裂谷历史遗留的结果。

被动大陆边缘在裂谷作用之后很少发生地震活动。该环境断层的活动大多是重力驱动机制，不仅导致滑塌，并且在底部软弱层（盐岩或泥岩）发育大规模的伸展断层，如图 18.18 所示的黑色地层。大西洋边缘的大规模类似的实例见第 20 章。

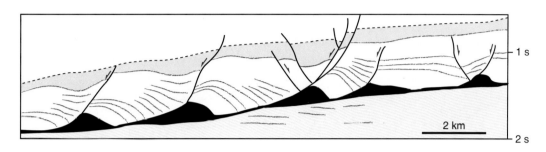

图 18.18　低角度拆离带上的重力机制驱动的同沉积伸展（据 Duval 等，1992，有修改）

位于西非被动大陆边缘（安哥拉）的 Kwanza 盆地。断块在薄而软的盐岩层发生滑动并与基底发生分离。
盐岩是塑性流动的且遵循面积守恒原则，调节了因断块旋转而形成的不规则空间

当被动大陆边缘逐渐沉降并有碎屑沉积物覆盖时，沿着大洋裂谷的构造活动通常较为显著。大陆裂谷和大洋裂谷的主要区别之一是大洋裂谷有大范围的岩浆和热液活动。此外，大洋裂谷中除了发生重力滑动，断层顶部几乎没有受到侵蚀。

热岩浆和薄岩石圈共同决定了大洋裂谷范围内整体为正向构造，只是沿洋中脊发育相对狭窄的地堑。相对较高的裂谷，其势能一部分通过铲式正断层来释放。在洋中脊处主要是正向运动的低角度拆离带控制，这与大陆伸展形成变质核杂岩的过程在几何学和运动学上相类似。在这种大洋变质核杂岩中，由于正断层作用引发的构造去顶作用，地幔岩石在"海底窗"中暴露出来。这种情形与图 18.8 描述的形成机制类似，但大洋裂谷不发生侵蚀作用。

对于洋脊构造地质学知识的认知由于其无法接近而受到限制，但是现代高精度深海地貌分析数据和地震数据为洋脊的构造过程提供了新的信息。

## 18.11　造山伸展和造山垮塌

伸展绝不限于裂谷带和被动大陆边缘。在板块汇聚已经停止的活跃的山脉和造山带内往往发育一些规模较大的伸展断层和剪切带。

造山作用是威尔逊旋回阶段中的一个。换言之，造山带在先期离散的板块边界或先期裂谷之上形成，并且通常在晚期再次形成裂谷。在典型造山旋回的早期阶段，位于汇聚大陆之间的大洋一直存在，弧后裂陷作用控制伸展作用发生，如图 18.19（a）所示。拉张作用也主要在大洋地壳的上部发生，因为洋壳上部进入岛弧下方的俯冲带。这种拉张作用是大规模弯曲层弧外伸展的例子，详细讨论见第 12 章。

如前文所述，在陆陆碰撞的晚期阶段，当造山带边界成为不稳定边界时，造山楔中伸展断层和剪切带便随之形成。当大的基底块体趋于合并时，造山带边界强烈增厚而变得不稳定，从而形成正断层和剪切带，如图 18.19（b）所示。基于喜马拉雅造山带的活动规律，过去人们认为分离出来的热基底块具有较低的密度使之在浮力作用下隆升，从而该块体下部形成逆冲断层、而在其上部形成正断层，如图 18.19（c）所示。这个位于后陆的基地块形状逐渐减薄，加速了其向前陆方向挤出。

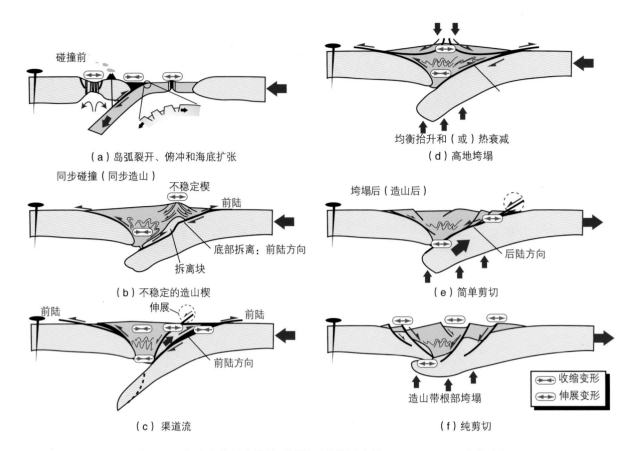

图 18.19 与造山旋回有关的不同类型的伸展（据 Fossen，2000，有修改）

图 18.20 揭示了该模式如何演化。断片可以为刚性块体，但也可以为软的，内部可以流动的塑性物质。位于后陆的热基底物质通过低黏性流动向前陆方向的挤出作用常常被称为**渠道流**。同时，渠道顶部为正断剪切带，它形成于整体收缩的变形区域。

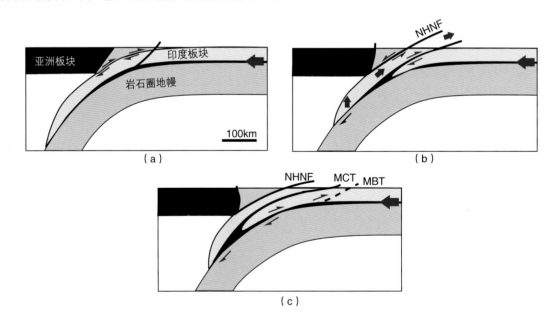

图 18.20 在喜马拉雅造山运动过程中的主干正断层（NHNF）形成模式

陆壳的部分块体在挤压和浮力作用下分离和隆升（NHNF 和 MCT 之间块体）。该块体下部为逆冲断层 MCT，上部为正断层 NHNF。该模式基于物理模拟结果（据 Chemenda 等，1995）。NHNF—北喜马拉雅正断层；MCT—主干中心逆冲断层；MBT—主干边界逆冲断层

同收缩伸展构造的第三个模型与地壳下部和岩石圈地幔的热构造物质变化有关。在陆陆碰撞过程中，地壳物质俯冲削减并增热。温度的升高削弱了地壳强度，因此当地壳隆升到一定高度时，在其自身重力作用下可能沿着伸展断层和剪切带发生垮塌作用，如图18.19（d）所示，我们称这种模式为**造山重力垮塌作用**。

当地壳太厚（或太薄）而无法支撑其自身重力时，便发生了重力引起的伸展垮塌。

人们常规认知中的造山重力垮塌往往是指造山带顶部的山脉的垮塌，但是地壳底部的垮塌也同样重要。大陆的俯冲能使陆壳下沉大约数百千米。当板块下部如岩石圈、地幔冷却（一段时间）而变稠密，而大多俯冲削减的地壳都比周围的岩石圈要轻，以至于产生浮力作用。任意大洋地壳与大陆地壳前缘接触时也同样如此。此外，岩相的过渡如榴辉岩的形成，能够增大造山带根部岩石的密度。造山带根部高密度部分很可能下沉并移动到地幔之下，该模型称为**分层模型**（图18.21），其结果导致造山带根部其余部分快速增热，部分被熔融，并加速了岩浆活动。

致密造山根脱落导致去根部分的地壳在浮力作用下造山隆升，如图18.19（d）所示。去根部分现今仍在向上隆升，这种模型被称为**造山根垮塌作用**，如图18.19（f）所示。该作用为造山根沿着地壳底部侧向传递的同轴应变机制。但这种作用也可能是渠道流驱动机制。去根垮塌导致区域隆升的后果就是造山机构的顶部发生重力垮塌作用。现今的西藏高原仍存在这种现象，并已经通过造山根脱落、造山根垮塌和相似模型对其加以解释。

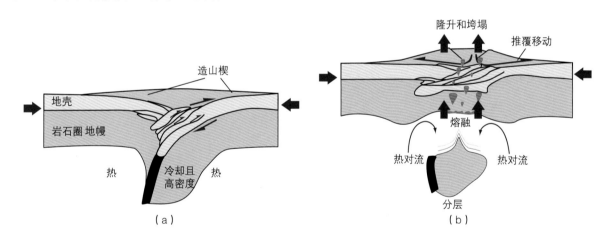

图18.21　引起造山带垮塌和造山带根部垮塌的分层模型

（a）造山带根部冷却、致密化并使大陆地壳下沉。（b）致密根部分层、下沉引起深部的大陆地壳与上部地壳脱落，上部地壳均衡作用下隆升使得造山带（造山楔）上部发生重力垮塌，岩石从后陆向前陆方向自高向低快速运动

## 18.12　造山后的伸展

在整个造山带的离散演化过程中，基底面上逆冲断层的运动总向着前陆方向，正如图18.22（a）所示的加里东的实例。一旦剪切方向改变为反向，造山楔则朝碰撞带中心方向运动，如图18.22（b）所示，那么造山运动的演化便进入离散演化阶段或造山后演化阶段。该阶段中，整个地壳领域都表现为伸展变形。其中一种造山后的伸展变形包括基底逆冲断层和造山楔内的高角度逆冲断层，如图18.19（e）、图18.22（b）所示的反转变形。如前文所述，这种基底逆冲断层带的再活动可导致变质核杂岩的形成。

另一种造山后的伸展变形是形成断穿整个地壳的倾向后陆的伸展剪切带。在后陆隆升导致先期的造山逆冲断层发生旋转至不利于其伸展再活动的角度之后，这种剪切带开始形成，如图 18.19（f）、图 18.22（c）所示。这样倾向后陆的伸展剪切带影响着整个地壳和剖面，横切地壳之后进一步使先期反转的基底逆冲断层发生旋转。发育这种构造的典型实例是斯堪的纳维亚的加里东造山带。

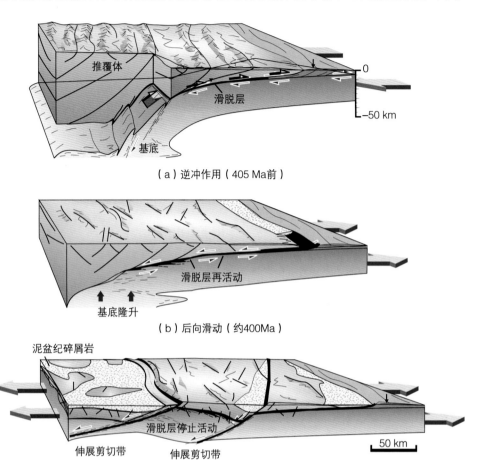

（a）逆冲作用（405 Ma前）

（b）后向滑动（约400Ma）

（c）倾斜的伸展剪切带（400～360Ma前）

图 18.22　位于斯堪的纳维亚的加里东造山带南部的低角度伸展断层和剪切带演化过程（据 Fossen，2000）

（a）板块汇聚过程中的推覆体位置；（b）造山楔（推覆体）反向滑动导致基底拆离带的剪切方向与原方向相向；
（c）倾向后陆的伸展剪切带和断层切割了先期逆冲断层和基底（滑脱面）

## 本章小结

在许多构造环境或非构造环境中（例如重力滑动环境），以正断层、剪切带或拆离带等形式出现的伸展变形构造都较为普遍。它们控制着裂谷构造，控制着造山旋回收缩后阶段的演化，甚至在造山过程中都起着至关重要的作用。它们还影响地表盆地的形成——尽管本章对此并未涉及。关于伸展构造的重要知识点和问题如下所示：

● 伸展断层是指使参考层伸长的断层，通常是使地壳伸长的大断层，或者是使地层伸长的小断层。

● 一些大规模的伸展断层系统能够通过建立塑性多米诺模型加以模式化，该模型考虑了断块内部发生应变。

● 倾斜的拆离带促进了定向旋转断块的形成（即多米诺系统）。

● 与收缩断层类型十分相似，伸展断层也能形成叠瓦带，断层几何形态也有复式和断坡—断坪—断坡结构。

● 变质核杂岩体由暴露在构造窗的变质岩组成，一个伸展滑脱带将这种变质岩与上覆错断的非变质岩或低级变质岩分离开来。

● 在许多伸展断层群中，大断层和小断层数量之间存在系统关系。

● 在建立起定量关系的基础上，基于该关系可以估算超出常规数据分辨率以外的断层的数量或密度。

● 在造山作用过程中经常可见伸展断层和伸展拆离带，在陆陆碰撞过程中和碰撞之后均能形成伸展断层和滑脱构造。

● 碰撞带中心部分的同步收缩重力垮塌作用可以引发后陆的伸展和向前陆方向的逆冲。

● 收缩后的伸展作用常常表现为先期逆冲断层作为伸展拆离带而再次活动。

---

## 复习题

1. 怎样能使一个逆断层在某种特殊情况下也发生伸展变形？

2. 多米诺断层模型中哪些方面是不理想的？

3. 如果我们预期形成 60° 倾角的正断层，那么如何才能形成低角度正断层？

4. 给出至少两个断层演化的例子，这个演化能形成类似多米诺的断块但又不是多米诺模型。

5. 解释伸展断层组的形成过程（该断层组叠加于同一伸展阶段形成的早期伸展断层之上）。

6. 在什么环境下能形成变质核杂岩体？

7. 在伸展拆离错断过程中，滚动枢纽机制是什么意思？

8. 在横穿裂谷方向上，为什么地壳平衡法的伸展量估算与总水平断距法的伸展量估算不同？

9. 在陆陆碰撞期间或碰撞历史结束时，什么原因可能造成整个造山带的隆升？

---

## 电子模块

对于本章，电子模块的关键词是伸展。

## 延伸阅读

### 综合

Jackson J，McKenzie D，1983. The geometrical evolution of normal fault systems. Journal of Structural Geology，5：472-483.

Wernicke B，Burchfiel B C，1982.Modes of extensional tectonics. Journal of Structural Geology，4：105-115.

### 调节带

Rosendahl B R，1987.Architecture of continental rifts with respect to East Africa. Annual Review of Earth and Planetary Science，15：445-503.

### 渠道流

Godin L，Grujic D，Law R D，Searle M P，2006.Channel flow，ductile extrusion and exhumation in continental collision zones: an introduction//Law R D, Searle M P, Godin L, Channel Flow, 352 Extensional regimes Ductile Extrusion and Exhumation in Continental Collision Zones, Special Publication 268, London: Geological Society, pp. 1-23.

### 收缩领域的伸展断层

Burchfiel B C, et al., 1992.The south Tibetan detachment system, Himalayan orogen: extension contemporaneous with and parallel to shortening in a collisional mountain belt. Geological Society of America (Special Paper), 269.

Platt J P, 1986.Dynamics of orogenic wedges and the uplift of high-pressure metamorphic rocks. Geological Society of America Bulletin, 97: 1037-1053.

### 低角度常规断层

Abers G A, 2009. Slip on shallow-dipping normal faults. Geology, 37: 767-768.

Anders M H, Christie-Blick N, 1994. Is the Sevier Desert reflection of west-central Utah a normal fault? Geology, 22: 771-774.

Axen G J, 2004. Mechanics of low-angle normal faults//Karner G D, et al. Rheology and Deformation of the Lithosphere at Continental Margins. New York: Columbia University Press, pp. 46-91.

Chiaraluce L, Chiarabba C, Collettini C, Piccinini D, Cocco M, 2007. Architecture and mechanics of an active low-angle normal fault: Alto Tiberina Fault, northern Apennines, Italy. Journal of Geophysical Research, 112: doi: 10.1029/2007JB005015.

Collettini C, 2011.The mechanical paradox of low-angle normal faults: current understanding and open questions. Tectonophysics, 510: 253-268.

Collettini C, Holdsworth R E, 2004.Fault zone weakening and character of slip along low-angle normal faults: insights from the Zuccale fault, Elba, Italy. Journal of the Geological Society, 161: 1039-1051.

Hreinsdottir S, Bennett R A, 2009.Active aseismic creep on the Alto Tiberina low-angle normal fault, Italy. Geology, 37: 683-686.

Kapp P, Taylor M, Stockli D, Ding L, 2008. Development of active low-angle normal fault systems during orogenic collapse: insight from Tibet. Geology, 36: 7-10.

Wernicke B, 1995.Low-angle normal faults and seismicity: a review. Journal of Geophysical Research, 100: 20, 159-20, 174.

### 造山垮塌和造山伸展

Andersen T B, Jamtveit B, Dewey J F, Swensson E, 1991. Subduction and eduction of continental crust: major mechanisms during continent-continent collision and orogenic extensional collapse, a model based on the Norwegian Caledonides. Terra Nova, 3: 303-310.

Braathen A, Nordgulen, Osmundsen P T, Andersen T B, Solli A, Roberts D, 2000.Devonian, orogen-parallel, opposed extension in the Central Norwegian Caledonides. Geology 28: 615-618.

Dewey J F, 1987.Extensional collapse of orogens. Tectonics, 7: 1123-1139.

England P C, Houseman G A, 1988.The mechanics of the Tibetan plateau. Royal Society of London Philosophical Transactions (Series A), 326: 301-320.

Fossen H, Rykkelid E, 1992.Postcollisional extension of the Caledonide orogen in Scandinavia: structural expressions and tectonic significance. Geology, 20: 737-740.

Hacker B R, 2007.Ascent of the ultrahigh-pressure Western Gneiss Region, Norway. Geological Society of America Special Paper, 419, 171-184.

Houseman G, England P, 1986. A dynamical model of lithosphere extension and sedimentary basin formation. Journal of Geophysical Research, 91: 719-729.

Wheeler J, Butler R W H, 1994.Criteria for identifying structures related to true crustal extension in orogens. Journal of Structural Geology, 16: 1023-1027.

### 裂谷系统

Angelier J, 1985.Extension and rifting: the Zeit region, Gulf of Suez. Journal of Structural Geology, 7: 605-612.

Gibbs A D, 1984. Structural evolution of extensional basin margins. Journal of the Geological Society, 141: 609-620.

Roberts A, Yielding G, 1994, Continental extensional tectonics// Hancock P L, Continental Deformation. Oxford: Pergamon Press, pp. 223-250.

### 旋转正断层和变质核杂岩

Brun J P, Choukroune P, 1983.Normal faulting, block tilting, and de' collement in a stretched crust. Tectonics, 2: 345-356.

Buck W R, 1988.Flexural rotation of normal faults. Tectonics, 7: 959-973.

Davis G H, 1983. Shear-zone model for the origin of metamorphic core complexes. Geology, 11: 342-347.

Fletcher J M, Bartley J M, Martin M W, Glazner A F, Walker J D, 1995.Large-magnitude continental extension: an example from the central Mojave metamorphic core complex. Geological Society of America Bulletin, 107: 1468-1483.

Lister G S, Davis G A, 1989.The origin of metamorphic core complexes and detachment faults formed during Tertiary continental extension in the northern Colorado river region, U.S.A. Journal of Structural Geology, 11: 65-94.

Malavieille J, Taboada A, 1991.Kinematic model for postorogenic Basin and Range extension. Geology, 19: 555-558.

Nur A, Ron H, Scotti O, 1986.Fault mechanics and the kinematics of block rotations. Geology, 14: 746-749.

Scott R J, Lister G S, 1992.Detachment faults: Evidence for a low-angle origin. Geology, 20: 833-836.

Wernicke B, Axen G J, 1988.On the role of isostasy in the evolution of normal fault systems. Geology, 16: 848-851.

### 裂陷作用的纯剪切和简单剪切模型

Kusznir N J, Ziegler P A, 1992.The mechanics of continental extension and sedimentary basin formation: a simple-shear/pure-shear flexural cantilever model. Tectonophysics, 215: 117-131.

McKenzie D, 1978.Some remarks on the development of sedimentary basins. Earth and Planetary Science Letters, 40: 25-32.

Wernicke B, 1985.Uniform-sense normal simple shear of the continental lithosphere. Canadian Journal of Earth Sciences, 22: 108-125.

# 第 19 章

# 走滑、张扭和压扭作用

　　走滑断层作为一种重要的断层成因类型，已有 100 多年的研究历史。走滑断层最初在加利福尼亚、日本和新西兰引起人们的关注，因为，在地表可以看到延伸长度较大的走滑断层且具有相当大的走滑位移。人们发现这种走滑断层与破坏性的地震活动关系密切，特别是在加利福尼亚和土耳其地区尤为明显。因此，研究走滑断层特征及其形成的构造背景具有重要的社会意义和学术价值。本章主要论述走滑断层的基本类型、形成过程和发育的构造背景，同时阐述张扭和压扭作用——即走滑与伸展、走滑与收缩作用结合产生的三维空间变形。

　　本章电子模块中，进一步提供了与走滑相关主题的支撑：
- 变换断层
- 转换断层
- 平移断层形成 / 生长
- 弯曲 / 叠覆
- 压扭应变分区
- 圣安德列斯断裂

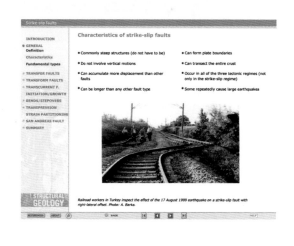

## 19.1 走滑断层

**走滑断层**是位移矢量既平行于断层走向又平行于地表的断层，如图 19.1 所示。虽然人们倾向于用走滑断层这一术语来统一描述走滑断层和走滑剪切带，但是，**走滑剪切带**更强调受塑性变形机制控制产生的深部走滑构造。走滑断层（和走滑剪切带）产状通常比其他断层陡，大多走滑断层在平面上表现为平直特征，但沿着断层走向也会出现弯曲或不规则的几何形态，断层的这种弯曲特征在竖直面上比在水平面上更为显著，尤其在垂直走滑断层位移矢量的正交竖直剖面上更为突出。然而，走滑断层在平面上的弯曲通常对其伴生构造的形成具有重要的影响。走滑断层规模跨度较大，一般代表着自然界中延伸更长、规模更大的断层。加利福尼亚的圣安德列斯大断裂和土耳其的北安那托利亚断层是世界上两个最著名的大型走滑断层，也是造成地震灾害最大的断层。

走滑断层和走滑剪切带一般具有剖面上较陡、平面上相对平直的产状特征。

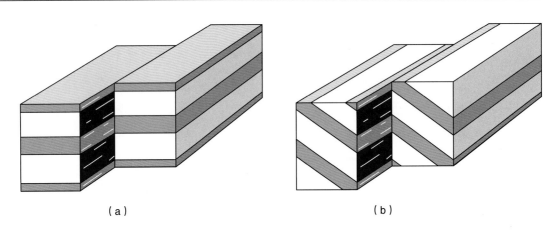

（a）                                （b）

图 19.1　如果地层产状是垂直或水平的（a）或者地层走向平行于断层走向（b），则纯走滑断层在任意剖面上都没有视位移。因此，仅仅依据地震剖面数据很难识别走滑断层。本图中断层的剪切方向为左旋

走滑断层分为**左旋走滑**和**右旋走滑**两种类型，理想的走滑断层的两侧块体不存在垂直位移。尽管从理论上讲，走滑断层能够延伸至整个地球，并且可以积累无穷大的位移，但逆断层和正断层的发育程度则受地壳厚度强烈限制。虽然跨越地球尺度的走滑断层从未被发现过，但走滑断层能够累积大位移这个观点已经被公认。正是由于这个原因，对于著名的陡倾断层和剪切带（如苏格兰的 Great Glen 断层、北欧的 Tornquist 地区、斯匹次卑尔根岛的 Billefjorden 断层、加拿大的 Great Slave Lake 剪切带、格陵兰西南部的 Nordre Stromfjord 剪切带、新西兰的 Alpine 断层），尽管存在一些断层水平断距（断裂带宽度、范围）认识上的争议，但无可否认的是它们都具有几百或上千千米的走滑位移。

## 19.2 变换断层

走滑断层有多种不同的运动学机制，因而相应地对应不同的名称。**变换断层**是传递断层之间位移的走滑断层。通常情况下，任何类型的断层只要与其他至少一条断层相连接，都被认为是位移的传递。但变换断层是用来描述特殊走滑断层的特定术语，其断层端部受其他断层或伸展断裂限制。因此，变换断层为有界断层，不能自由地生长演化，这将影响断层位移与长度的相关关系。

变换断层通过走滑位移传递两条伸展断层或两条收缩断层之间的位移。

变换断层可以为不同尺度，且可以连接一系列构造。变换断层可以连接张开的或者充填矿物的裂缝（图 19.2）、岩脉、岩墙、同倾正断层 [ 图 19.3（a）] 或反倾的正断层（图 19.4）、斜向断层、逆断层 [ 图 19.3（b）] 等。更大尺度的变换断层可以错断裂谷轴线，小尺度的变换断层往往连接倾向相反的裂谷边界断层。在洋中脊上，洋脊地堑沿着变换断层发生迁移。图 19.5 所示的大洋变换断层于 20 世纪 60 年代首次发现，人们称之为**转换断层**。

图 19.2　两条伸展断裂之间的左旋变换断层

位于通往犹他州精致拱门的路上

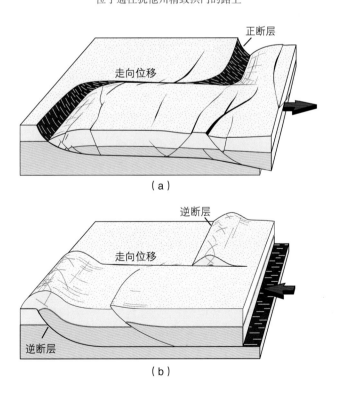

图 19.3　沿伸展和收缩环境中的侧断坡都可以发生走滑运动

这种走向位移断层属于变换断层，可以吸收主干断层很大的水平位移，而位移沿主干断层走向方向上却很少或几乎没有变化。变换断层的每个端部与伸展断层或收缩断层相连接

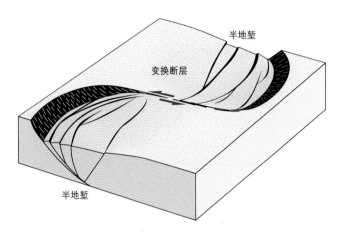

图 19.4  连接相反方向半地堑的走滑断层是变换断层

这些变换断层在裂谷中较为常见，如东非裂谷系，北海裂谷和里奥格兰德裂谷

图 19.5  洋中脊转换断层〔远景图（立体图）和平面图〕

转换断层仅在洋中脊之间活动（除了轻微的垂向调节位移之外）。断层活动段上的位移都是相等的，
位移的增长速率与断层的传播速率成正比

　　转换断层是大型的走滑断层（延伸长度上千公里以上），这种走滑断层可以切割板块或者形成于板块边界。该术语最早是指板块边界和错断了洋中脊的变换断层（洋脊—洋脊型），如图 19.6（a）所示。此外，转换断层可以是连接洋中脊和碰撞俯冲板块边界（岛弧）的走滑断层（洋脊—岛弧型），如图 19.6（b）所示；或者可以是连接两个碰撞俯冲板块边界（岛弧）之间的走滑断层（岛弧—岛弧型），如图 19.6（c）所示。板块边界的转换断层可以延伸很长，尤其是发育在大陆地壳中的转换断层。

　　最著名的实例就是位于加利福尼亚州的 1200 千米长的**圣安德列斯断层**，它代表沿北美板块与太平洋板块边界发育的大陆转换断层。大型的转换断层实际上是一个断裂带而不是简单的一条断层。圣安德列斯断层与其伴生的次级断层形成了约 100 千米宽的近平行断裂带，断裂带内还发育褶皱、逆断层和正断层。这些构造将在本章的后面加以讨论。现在我们强调这样一个事实，在断裂带内的众多断层中，通常是只有一条断层在给定的时间活动。从这个意义讲，像圣安德列斯断层这样的转换断层不同于塑性区域的大多活动的剪切带，塑性区域活动的剪切带的应变往往为带内所有的或有效的区域变形的累加。

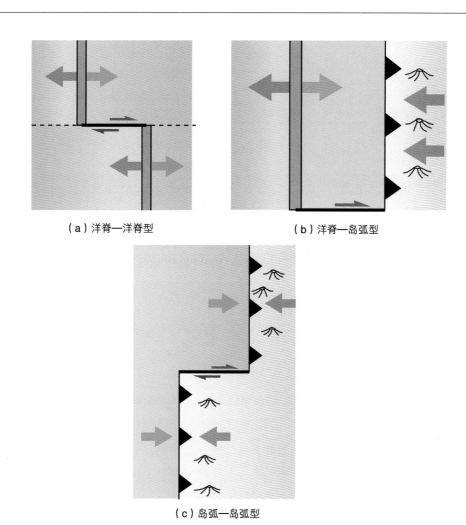

（a）洋脊—洋脊型　　　　　　　　（b）洋脊—岛弧型

（c）岛弧—岛弧型

图 19.6　转换断层是通过板块边界连接的走滑断层

（a）传播洋中脊段间位移的转换断层；（b）连接裂陷洋中脊段与岛弧或俯冲带的转换断层；

（c）错断了碰撞俯冲（岛弧）板块边界的转换断层

## 19.3　平移断层

在大陆地壳中，**平移断层**这一术语主要用于描述具有自由末端的走滑断层，即末端不受其它构造约束的走滑断层。平移断层自由末端的移动导致断层的延伸长度随着位移的累加而不断增大。因此这类走滑断层遵循正常的位移—长度关系，即断层最大位移随着延伸长度的增加而有规律地增大（图 9.54）。这并不意味着这些断层在生长过程中从未受过阻碍。实际上，平移断层是自由生长、相互作用和逐渐连接形成的延伸长度更大的断层，正如伸展断层生长连接一样，然而平移断层却不像转换断层那样具有特殊的运动学意义。

---

平移断层具有自由末端，断层延伸长度随着走滑位移的积累而增长。

---

与伸展和收缩断层相比，平移断层（以及其他走滑断层）的变形影响区域一般不大，例如大陆裂谷中的正断层作用区域或者褶皱冲断带中广泛的逆冲断层区域都比较大，而平移断层变形往往局限在单一区域内。平移断层主要是使其两侧岩石发生水平移动，并且由于大多平移断层错断的区域比围岩要薄弱，因此这种走滑带作为先存构造更易于断层沿其发生持续的剪切作用。然而，对于任何类型的

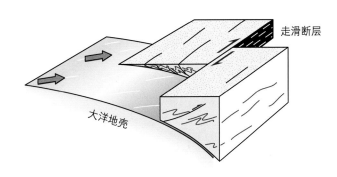

图 19.7 走滑断层源于具有斜向俯冲矢量的俯冲带

该模型已经用于解释圣安德列斯断层的形成机制，该断层对应的大洋地壳是太平洋板块，对应拆离块体是 Salina 陆块

走滑断层，走滑断层带的宽度都随着延伸长度和位移的增加而增大。

自由走滑断层（平移断层）形成于板块内部，因此称其为**板内断层**。相反，沿板块边界发育的转换断层（前一节中已讨论），称其为**板间断层**。

延伸较长的平移断层一般向上切割到地表，在深部终止于逆冲断层、伸展断层以及俯冲带等构造（图 19.7），平移断层可以贯穿脆性—塑性转换带，并且可以继续向下延伸作为较陡的塑性剪切带。

## 19.4 走滑断层发育特征和剖析

### 单一走滑断层（简单剪切）

走滑断层是在地壳中的某个部分沿着地球表面以不同速率发生移动的情况下形成。与正断层和逆断层类似，走滑构造从细节上看较为复杂。走滑断层会伴生多种次级构造，通过物理模拟可以对其加以认识，早在 20 世纪初，里德尔黏土实验是最著名的解释走滑断层伴生次级构造的实验。该实验的设置如图 19.8 所示，其组成部分主要是两个硬木块，上部被一套黏土层覆盖。两个木块彼此滑动，其应变传递到上覆的黏土层中，使黏土层逐渐发生变形。

里德尔很快意识到黏土层并不是形成简单的一条断层，而是形成了包含一系列破裂的变形带。这些次级破裂可以根据它们的排列方式和相对整个走滑带的滑动趋势加以分类。第一组破裂为**里德尔剪切破裂**或被称为 R 破裂（或被非正式地称为里德尔剪切）。它与整个剪切带小角度相交且与整个剪切带具有同向滑动趋势，如图 19.8（b）所示。图 19.9（a）中，R 破裂与另一组 **P 剪切破裂**（P 破裂）一起发育。P 破裂通常在 R 破裂形成之后发育，它们的形成与剪切带位不断移累形成的次级应力场的瞬时变化有关。第三组剪切破裂是图 19.9（a）虚线所示的破裂，该破裂与整个剪切带呈反向运动趋势，且与剪切带高角度相交，称其为 R′ 剪切破裂。一般而言，R′ 剪切破裂比 R 破裂发育程度低。

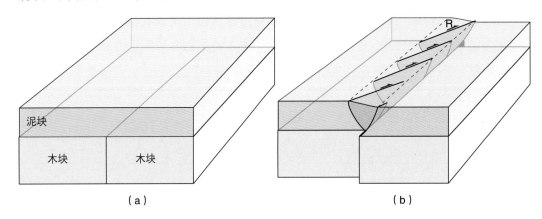

图 19.8 由黏土层和其下部两个木块构成的物理模型

可观察到 R 破裂几何学特征和剪切带的上部宽度特征

里德尔模型中除了形成脆性的 R 破裂、R' 破裂和 P 破裂之外，还发育伸展断层或 **T 破裂**，见图 19.9（b）中的蓝色破裂。在里德尔泥岩模型的剪切环境中，T 破裂垂直于最大瞬时拉伸轴方向 [ISA$_1$，图 19.9（b）中红色箭头 ]。对于大规模的走滑带而言，其内部形成的倾向滑动的正断层或多或少地表现出与 T 破裂具有相同的断层走向。走滑剪切带中也可形成褶皱，如图 19.9（b）、图 19.9（c）的绿色构造以及图 19.10 所示，通常褶皱形成于变形之前的离散断层内。地层近于水平时，走滑剪切带内形成的褶皱的轴迹方向与最小瞬时拉伸轴方向夹角近乎于 90° [ISA$_3$，或图 19.9（b）中的橘色箭头 ]。此外，褶皱初始时枢纽近平行于 ISA$_1$，因此，在受到平行于枢纽方向的拉伸作用后，形成近平行于枢纽的拉伸线理或与枢纽成高角度的岩脉。在走滑剪切带内，倾斜地层也能形成褶皱，但这种情况下 ISA 瞬时拉伸轴与褶皱轴之间的关系更为复杂。其他收缩构造（如缝合线和逆断层）也能在走滑带中形成，如图 19.9（b）、图 19.9（c）所示，这些构造将具有与褶皱轴大致相同的方向。

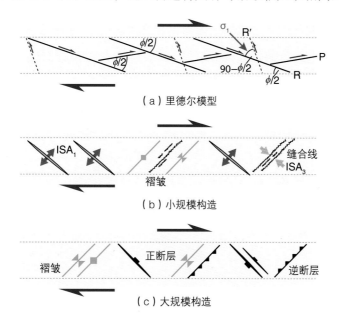

（a）里德尔模型

（b）小规模构造

（c）大规模构造

图 19.9　右旋走滑运动形成的构造

（a）里德尔模型中的 R 和 R' 破裂分别是同向和反向运动，P 剪切是次级破裂，它连接 R 和 R'。φ 为内摩擦角；
（b）沿走滑带形成的其他小规模构造；（c）大规模的构造

一条走滑带形成的早期阶段表现为由各种小规模脆性破裂连接而成的带。

简单的褶皱实验可以通过用两只手让一块布料发生简单剪切运动来实现。实验中，褶皱立即呈现出与剪切方向成一定夹角，同时，褶皱枢纽走向反映了褶曲变形之初的瞬时拉伸方向，之后，随着剪切应变的积聚，褶皱发生旋转变形。试试看。

单个剪切破裂和张性破裂形成并最终连接起来，反映了走滑断层的形成和生长过程。形成长走滑断层的其他方式见专栏 19.1。专栏 19.2 是长走滑断层的实例。

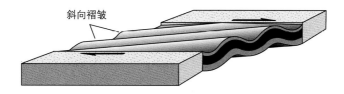

图 19.10　水平地层中的宽阔变形带中走滑运动形成的褶皱。剪切带轴迹与褶皱轴线呈锐角

**专栏 19.1   大规模走滑断层是如何形成的?**

　　岩石力学特征告诉我们,当剪切破裂形成时,在剪破裂末端应力场作用下会产生局部张性破裂,称为微裂隙。如图所示,在一个具有平直裂缝的塑性板材上施加应力场。走滑断层如何生长成为上百千米长度的破裂呢?

　　很长时间以来,人们认为大规模断层的形成除了可以由小破裂连接而成以外,还可以由张破裂或先存的较长的节理形成。但这些初期断层和破裂长度并不能达到数百公里长。而断层数百公里的延伸长度一定通过连接形成,比如说可以是再活动破裂引起的连接。错断的破裂模型中要求走滑错断发生之前要经历两个不同的阶段,即伸展阶段和连接阶段,这就表明了走滑错断是两个历史阶段的变形。另一种模型是走滑断层的演化过程基于先存的薄弱构造而发展。如果不发育破裂和断层,那么沟渠、陡峭的地层不连续界面或页理面可作为走滑断层形成的先存薄弱构造。其中一些构造的延伸长度比破裂要长得多,正是由于这些较长的先存薄弱构造没有发育锁住断层的翼破裂,因而使得走滑断层更容易形成。

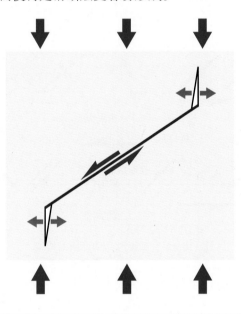

**专栏 19.2   北大西洋的斜向滑动**

　　冷岸群岛(挪威)北部延伸到不列颠群岛南部的横跨北大西洋的加里东造山带,广泛分布着几条地形突出的断层。最著名且最引人注目的是苏格兰大峡谷断层和挪威冷岸群岛的Billefjorden 断层。这些断层都显示了许多走滑断层的特征,如平直的断层轨迹和陡的倾角。断层本身大部分覆盖,暴露部分由于再活动而发生复杂演化,其各自的岩石或地层单元显示了不同动力变质的演化特征。因此,大多地质学家认为当这些断层已经成为走滑断层性质时,加里东造山运动也就结束了。

　　走滑断层水平错断位移很难估计,因此对其认识出现了一些不同观点。这种晚加里东走滑断层的水平位移,大多被粗略地估算为 1 ~ 2000km。英国地质学家 W. Brian Harland 是最早认为走滑断层具有大的水平位移的科学家之一，在20世纪60年代，他认为连接挪威斯瓦尔巴群岛 Billefjorden Fault 和苏格兰 Grant Glen Fault 之间的走滑断层的水平位移至少超过3500km。它甚至可能与纽芬兰阿巴拉契亚山脉东南部的走滑断层相连。参与讨论的许多地质学家现今认为该断层的水平位移应该是几百米级别，而不是上千公里规模。

无论如何，位于加里东碰撞造山带中部的大型左旋走滑系统表明，加里东造山运动是斜向压扭作用，其后陆部分具有走滑分量。

现在认识比较清楚的是在不同时期、不同应力场作用下，一些陡倾断层的活动往往是在正断层或逆断层基础上再活动形成的。这就是走滑断层的特征，这种特征即导致形成难以解释的复杂的断裂带结构。

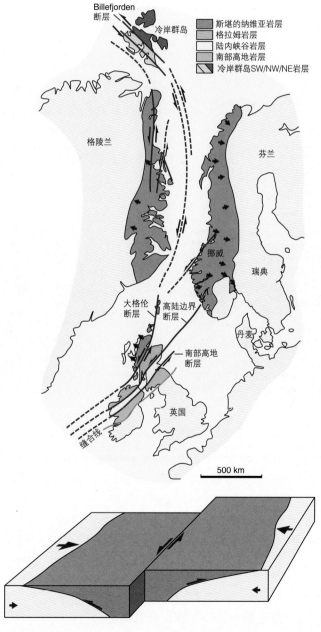

北大西洋加里东时期简图（泥盆纪重建），强调走滑断层、表明了垂直造山带方向缩短和平行造山带方向走滑运动的概念模型

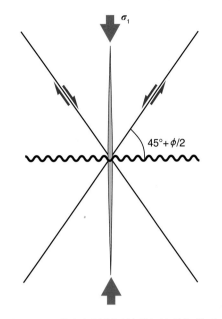

**图 19.11 形成走滑断层的共轭纯剪切模型**
显示了垂向伸展裂缝和水平缝合线的方向。该模型中假定
这两组走滑断层大致同一时期活动

## 共轭走滑断层（纯剪切）

走滑断层可以是单一断层，也可以是近平行的断层线构成的断裂带。然而走滑断层也可以形成共轭组（图 19.11），这意味着走滑断层可以在同一时期、相同区域应力场作用下同时活动。

共轭走滑断层符合安德森模型和库仑剪切破裂准则。简而言之，两组走滑断层之间的锐夹角被 $\sigma_1$ 平分（图 19.11 红色箭头），该角度大小受控于受岩石的内摩擦角。从运动学上讲，这种共轭走滑断层由水平方向纯剪切机制形成，其中一个方向上的缩短量被另一个方向上的正交伸展量所平衡。在该理想模型中，垂直于剪切方向没有延伸或收缩。

著名的规模比较大的共轭走滑断层系统是位于喜马拉雅山北部的断层，正如图 19.12（b）所示。印度板块向北移动作用于欧亚板块，一些聚敛运动位移被活动的走滑断层所调节。走滑断层调节块体的横向位移并使其远离碰撞造山带，同时在垂直造山带方向发生缩短位移。图 19.12（a）阐明了该变形机制。该模型揭示了喜马拉雅山碰撞带北部块体比刚性的印度板块要软弱得多。

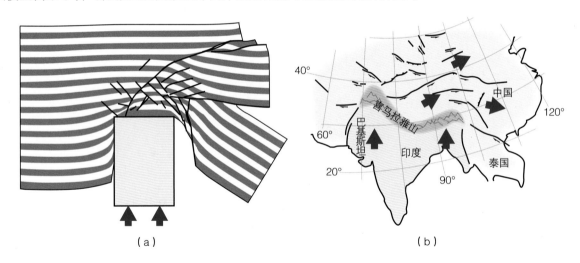

**图 19.12 在刚性挤入体前方形成的走滑断层（a），当块体被侧向挤出时形成两组共轭的断层；该模型模拟了喜马拉雅北部地区的断层变形机制（b），该实验由 Tapponnier 等于 1986 年开展**

## 断层弯曲和叠覆

理想的走滑断层在具有位移矢量的剖面上是平直状的断层。然而，在最简单的实验模型中都会产生次级断层或断层段，这些次级断层相对于主走滑断层的趋势来讲是斜交的（图 19.9）。这种异常通常用断层的分段连接模式加以解释，如图 19.8 和图 19.9（a）所示。当单个断层段出现叠置并逐渐连接时，便形成了**断层叠覆**和**断层弯曲**现象。在断层的弯曲处会形成收缩构造或伸展构造，形成的构造类型主要取决于断层滑动方向与阶步的叠覆方向（图 19.13）。

在走滑断层**抑制弯曲**处形成的收缩构造包括缝合线、劈理、褶皱和逆断层。图 19.13 中的抑制弯曲发育在右阶左旋断层内。其间形成的近平行逆断层或者斜向滑动收缩断层被两条走向滑动断层段所限制，称为**收缩走滑双重构造**。对于大尺度构造而言，抑制弯曲部位为正向地形区域。有时候这些收缩构造很可能被后期新形成的平直的断层线所横切。在抑制弯曲处尽管保留了一些块体不规则现象，但造成这种不规则现象的应变硬化的特征往往被削弱或者消除了。甚至像圣安德列斯断层这样的平直断层也具有小规模的抑制弯曲，这些弯曲产生局部的收缩，有时被称为压力脊（图 19.14）。

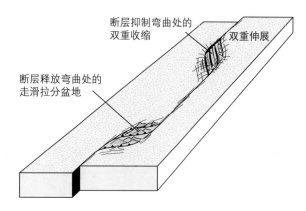

图 19.13　走滑断层系统中发育在断层弯曲或叠覆区的伸展双重构造（转换拉张）和收缩双重构造（转换挤压）的演化过程。大规模的实例可能导致盆地的形成和局部的造山运动

走滑断层的弯曲可以促进形成伸展构造或收缩构造，这主要取决于断层的滑动方向和阶步的叠覆方向（右或左）。

**释放弯曲**形成于左阶左旋走滑断层系（图 19.3）或者右阶右旋走滑断层系。这种弯曲特征形成的是伸展构造，如正断层和伸展破裂。中等尺度的释放弯曲部位往往形成伸展破裂，而大尺度的释放弯曲部位控制形成具有较大正位移的断层。一系列平行的伸展断层两侧被走滑断层所限制，如图 19.13 所示，被称为**伸展走滑双重构造**。正断层控制形成负向构造，即盆地，这些盆地以不同规模的沉积物所充填。图 19.15 显示了位于走滑断层释放弯曲部位的死亡裂谷的形成过程，该裂谷内发育正断层，导致原有的山脉的海拔逐渐降低至接近或低于海平面。随着时间的推移，伴随着正断层的形成，盆地逐渐变宽和变长。死海是另一个著名的该类型盆地的实例，它形成于两条走滑转换断层的叠置区域。沿着走滑断层释放弯曲部位发育的盆地被称为**拉分盆地**。

图 19.14　在帕姆代尔附近，沿圣安德列斯断层一个抑制弯曲处形成的平缓山脊，上新世统 Anaverde 组岩层（？）由于水平缩短作用形成美丽的褶皱

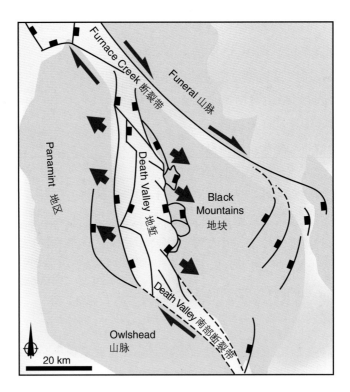

图 19.15　死亡谷是典型的走滑拉分盆地

最初由 Burchfiel 和 Stewart（1966）揭示，之后 Wright 等人（1974）在此基础上也提出了走滑拉分盆地性质

## 地震影像和花状构造

　　地震数据反射能够反映走滑断层发育的深度。纯走滑断层仅仅依靠地震数据是很难检测的，一方面是因为断层太陡而不能形成有效反射，另一方面因为水平的地层或者平行地层走向的断层在垂向剖面上没有位移显示（图 19.1）。那么寻找走滑断层抑制和释放弯曲是检测走滑断层存在的一个线索，因为在抑制和释放弯曲处会形成正断层、逆断层或褶皱，同时伴有块体的垂直运动。弯曲处的独有特征是构造样式自下而上逐渐趋于分裂和变宽，如图 19.16 所示。这些构造样式被称为**花状构造**。走滑断层抑制弯曲形成的花状构造称为正花状构造，释放弯曲形成的花状构造称为负花状构造。

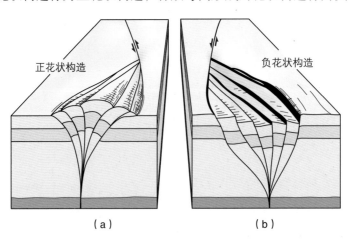

图 19.16　释放弯曲处形成负花状构造和抑制弯曲处形成正花状构造的主要特征

　　走滑断层向地表方向是逐渐分叉和变宽的，尤其是在抑制弯曲和释放弯曲处。一种原因是近地表的岩石力学性质的改变。然而断层比周围岩石要软弱得多，在近地表未固结沉积岩中，这种力学性质

的差异是逐渐降低的。因此，在这种近地表环境下更易于形成复式断层。

## 19.5 压扭作用和张扭作用

我们知道在走滑断层的弯曲处能够产生局部的收缩构造和伸展构造。在弯曲处的这种变形类型属于**压扭作用**和**张扭作用**。这些变形的模式不一定受断层弯曲所限制，如果断层或剪切带不是纯走滑，那么这些变形将覆盖整个走滑断层的长度范围。这个剪切带的含义不同于简单剪切作用，在垂直断层面的剖面上，它含有除走滑位移以外的缩短和伸长的分量。

一般而言，压扭作用是走滑和垂直剪切带方向上共轴缩短应变的复合（图 19.17），换言之，张扭作用是走滑和垂直伸展应变的复合。

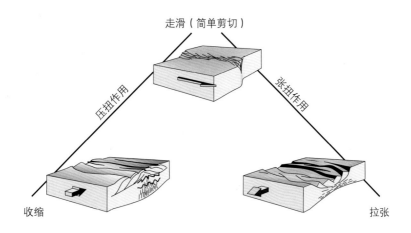

图 19.17　连接收缩、走滑和伸展的压扭作用和扭张作用

压扭作用（张扭作用）是同时发生在沿着构造走向方向的走滑或简单剪切运动和垂直构造走向方向的缩短作用（伸展作用）的复合。

对于有限宽度的垂直的剪切带，压扭和张扭作用可以很简单地模拟出来。走滑分量是沿着垂向的带发生的水平简单剪切位移，而缩短量可以通过水平方向缩短和垂向或横向伸展共轴变形加以模拟。让我们构建一个垂向伸展的纯剪切的共轴分量，如图 19.18 所示，这是阐述压扭作用的最简单的数学模型，最早由 Sanderson 和 Marchini 于 1984 年提出。该变形理论在第 2 章已经讨论，这两个同时发生的位移分量可以用变形矩阵加以描述：

$$D = \begin{bmatrix} 1 & \Gamma & 0 \\ 0 & k & 0 \\ 0 & 0 & k^{-1} \end{bmatrix} = \begin{bmatrix} 1 & \frac{\gamma(1-k)}{\ln(k^{-1})} & 0 \\ 0 & k & 0 \\ 0 & 0 & k^{-1} \end{bmatrix} \qquad (19.1)$$

这个矩阵是三维的，因为纯剪切和简单剪切分量分别属于两个垂直的平面上（$xz$ 面是简单剪切变形，$yz$ 面是纯剪切变形）。$\gamma$ 是简单剪切分量或走滑分量，而 $k$ 值是反映横切剪切带剖面上的剪切带缩短量或伸展量的系数（$k$ 为收缩系数或伸展系数）。如果 $k=0.7$，代表剪切带变薄了 30%，这种变形是压扭作用。如果 $k=1.2$，代表剪切带厚度增大了 20%，这种变形是张扭变形。一直以来，一旦我们建立了变形矩阵，就会有一个与其对应的反映一定方向和形状的应变椭圆，再利用 $W_k$、ISA 和上述增量变形矩阵就可以计算线和面的变形旋转模式。让我们利用这个机会探索一下压扭和张扭作用机制。

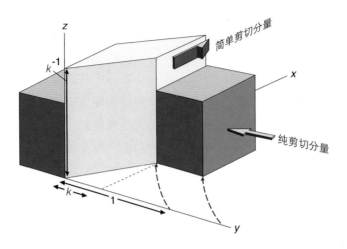

图 19.18　Sanderson 和 Marchini（1984）提出的压扭作用的简单模型——两个刚性块体之间的均匀应变

### 应变椭球

在深部，应变主要通过塑性变形机制进行累积，在剪切带内可以根据应变标志体对塑性应变进行标定。用式（19.1）变形矩阵方程可以表征该变形模型（图 19.19）。

压扭作用形成扁圆形的椭球体（扁平），而张扭形成扁长形椭球体。

对于张扭作用，应变椭球体的长轴 $X$ 始终是水平的，如图 19.20（c）、图 19.20（d）所示，对于以纯剪切分量为主的压扭作用，应变椭球体的长轴 $X$ 是垂直的（$W_k < 0.81$）（纯剪切和简单剪切分量各占一半的时候 $W_k=0.71$），如图 19.20（a）所示。而简单剪切控制的压扭作用中纯剪切分量是相对小的，长轴 $X$ 最初是水平的，后来变成垂直。$Y$ 轴与长轴 $X$ 之间的转换发生在费林图解中变形路径碰撞并从水平轴上反弹回来的时候（图 19.19 中扁平区域的蓝色点线）。对于变形来说，这个转换表示 $Y$ 轴的应变率大于长轴 $X$ 的应变率，所以在某一时刻这两个轴的长度是相等的，之后发生了转换。转换的标志就是在这一点上发生的是完美的压扁应变。

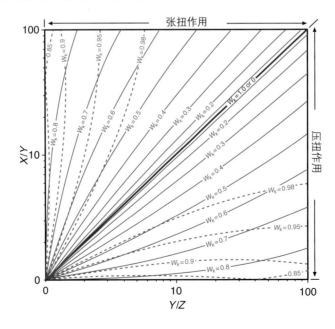

图 19.19　显示常量 $W_k$ 分布路径特征的弗林图解（据 Fossen 和 Tikoff，1994）

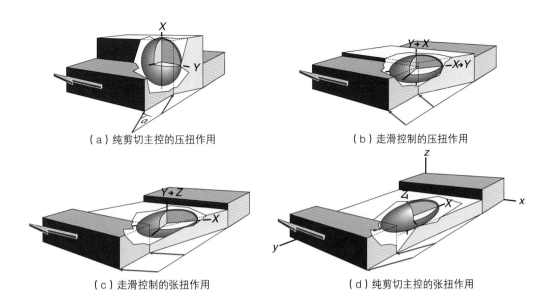

（a）纯剪切主控的压扭作用　　　　　　　　（b）走滑控制的压扭作用

（c）走滑控制的张扭作用　　　　　　　　（d）纯剪切主控的张扭作用

图 19.20　有关四种压扭作用和张扭作用的有限应变椭球体的方向和形状分布特征（据 Fossen 等，1994）

对于张扭而言，在 $Y$ 轴和 $Z$ 轴之间也发生了类似的转换，在这种情况下主要是发生了一个完美的收缩。在图 19.19 中两条 $W_k$=0.85 线上我们可以看到这两种转换，从这开始我们可以明显地发现如果要发生转换，那么就需要更高的应变。如果在变形历史中改变了运动学涡度 $W_k$ 或者选择其他的压扭模型，那么就会出现其他的变形路径。不管怎样，下面是一个很好的标准：

纯剪切控制的压扭带产生垂直的线理，而以强简单剪切分量为主的压扭作用产生水平的线理。

水平面上应变椭圆的最长轴的方向，是 $X$ 轴还是 $Y$ 轴，可以通过下面的方程得到：

$$\theta' = \arctan[(\lambda - \Gamma^2 - 1)/k\Gamma] \tag{19.2}$$

这里面 $\theta'$ 是最长水平轴与垂直剪切带之间的夹角。知道了水平截面上应变率 $R$，我们就可以通过图 19.21（a）估算出 $W_k$。

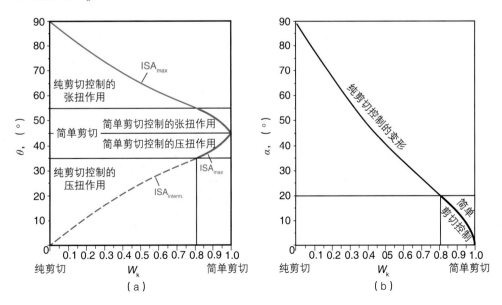

图 19.21　（a）$W_k$ 与 $\theta$ 之间的关系（运动学涡度，$W_k$=cos$\alpha$ 或 =sin2$\theta$；$\theta$ 为最大水平瞬时伸展应变轴与剪切带夹角）。（b）$W_k$ 与 $\alpha$ 之间的关系（$W_k$ 包含压扭作用和张扭作用，$\alpha$ 为斜流脊 $k$ 的方向）

（据 Fossen 和 Tikoff，1993）

### 线状构造

线理是用来描述岩石中的线状要素的术语，例如片麻岩描绘中的线状构造。

我们只是指出，在压扭带中的线理与剪切带斜交并成 $\theta'$ 角，或者在具有明显纯剪切分量的情况下与剪切带垂直相交。在变形历史中，有时线状构造或者面状构造会或多或少地发生被动的旋转。通过使用矩阵左乘和小应变增量，我们可以计算出在变形历史中这些线和面是如何旋转的。尽管通过相同的方式也可以探索出面是如何发生旋转的，但在这里我们着重关注线状构造。初始方向不同的线状构造对于任意给定的变形类型都会勾勒出不同的路径，例如图 19.22（左）所示的立体示意图。对于简单剪切（纯走滑剪切带），线状构造沿着大圆旋转（图 19.22，$W_k=1$）。对于纯剪切（$W_k=0$），则会形成对称的模式。对于张扭，旋转路径主要受控于斜流脊，线状构造最终会平行于斜流脊（图 19.22）。

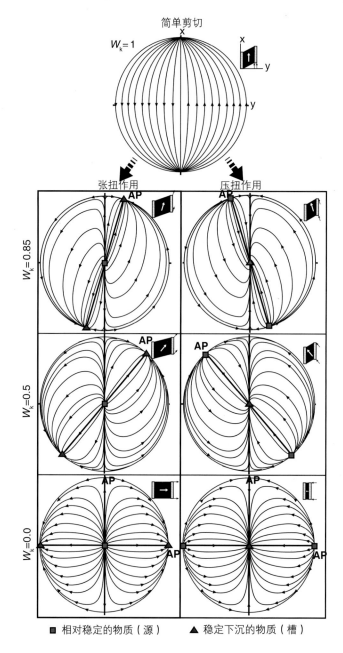

图 19.22 赤平投影（等面积投影）中被动线状构造的旋转模式（AP 为流脊）（据 Fossen 等，1994）

这意味着发生变形的线状构造将集中在一个与剪切带和剪切方向斜交的方向上。在我们的模型中流脊与剪切带之间的夹角 $\alpha$ 为：

$$\alpha=\arctan[(\ln k)/\gamma] \tag{19.3}$$

式中，$k$ 为纯剪切分量；$\gamma$ 为剪切应变。

这个交角与拉伸线理的倾角（拉伸线理与剪切方向的夹角）在性质上相似，但是却不相等[式（19.2）]。因此，在张扭带中使用线理来确定传递方向并不十分准确。实际上，如果我们能够确定一个应变梯度，例如，从低应变边缘向变形带中央，那么其旋转模式可以与图 19.22 中的理论模式相比较，然后确定压扭或者张扭的类型。如果可以提供应变数据，那么也可以应用图 19.19 来确定。

重要的是，理解上述简单压扭和张扭的模型只是众多可能的模型中的一种。并不是所有的走滑剪切带都是垂直的，也可能是横向挤压或者其他的运动学模型。尽管如此，图 19.18 所示的简单模型说明了如何建立压扭模型以及压扭作用如何使岩石发生垂向运移，同时解释了对于大尺度构造，在压扭和侵蚀共同作用下如何使变质岩更加接近地表。

## 19.6　应变分配

天然岩石往往是为各向异性或非均质性，因而应变在整个变形岩石内的分布不均匀。这可能首先与变形前岩石的各向异性有关，其次可能与变形过程中形成的结构有关。特殊情况下，一旦形成了薄弱断层或者剪切带，简单剪切分量很可能继续集中（图 19.23），而为平衡外部约束条件或边界条件产生的应变而发生的变形，其共轴分量由围岩来调节。这个现象称为**应变分配**：

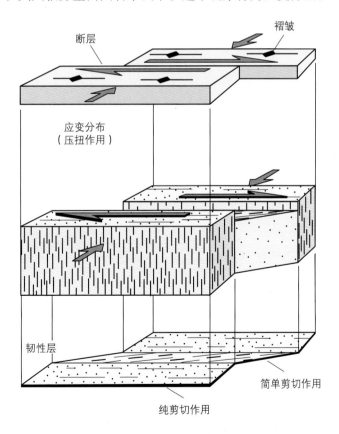

图 19.23　压扭作用区的应变分布

一部分块体主要经历简单剪切应变作用，而其他块体主要受纯剪切应变作用。在地壳浅表区，简单剪切带往往为一个或几个断层

应变分配是指将变形带内的总应变通过内部分解形成不同类型的应变区域。

变形带内应变的选择性再分配具有多种方式并可发生在不同的环境中，例如，在露头规模的韧性剪切带中简单剪切被划分为多个与剪切带斜交的剪切区带，还有在剪切带间的岩石的逆旋转。然而，应变分配这个术语在地学科学家们试图理解倾斜板块边界的变形以及其增生楔时应用非常广泛。

## 板块边缘与大型应变分配

斜向板块边缘的板块运动方向或者板块速度矢量方向与板块边缘斜交。如果这种边缘是斜向汇聚的则沿着边缘发生整体的压扭变形，如果是斜向发散的则发生张扭变形。如果我们知道了一个板块相对另一个板块的运动矢量，那么我们就可以确定斜流脊的方向，因为二者是相同的（图 2.21）。这一非常有用的事实可以用来模拟板块边界处变形带的结构。

沿走滑主控的板块边界处的应变分配，一方面涉及走滑或剪切量，另一方面与垂向收缩或伸展量（共轴应变）之间的平衡有关。如果大部分的简单剪切应变作用集中于一条或几条走滑断层分布，那么该区域的其他部分将主要受共轴应变作用控制。

在板块边缘的变形带内部，只要变形总和等于板块运动矢量与板块边缘方向产生的总变形量，则变形可以自由分割。

通常认为圣安德列斯断裂系统是一条走滑带，在加利福尼亚中部板块矢量与板块边缘成 5° 夹角，所以它具有少量压扭性质（图 19.24）。单单从该信息，我们就可以从图 19.21（b）中推测出 $W_k=0.985$ 并且这个变形非常接近简单剪切（走滑）。从而可以预测出 $ISA_1$ 与板块边缘成角 42.5°。然而，因为走滑断层承担了简单剪切分量，所以断层之间的区域调节了主要的水平收缩量（纯剪切）。这就解释了为什么在这些区域内 $ISA_1$（$\sigma_1$）与板块边缘之间的夹角远小于 42.5°。同时也解释了为什么轴线与断层平行的褶皱会出现在纯剪切控制的区域内。即使是新形成的、开放的褶皱，$ISA_1$（$\sigma_1$）与板块边缘之间的夹角也仅为 6° ~ 12°，但该区的总应变预测初始褶皱的方向接近 40°。因此，应变分配问题在研究走滑带和板块边缘时至关重要。

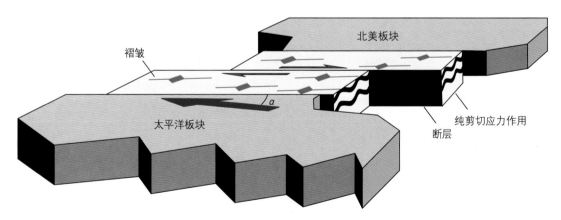

图 19.24　加利福尼亚圣安德列斯断裂带示意图

两个流脊之间的夹角 $\alpha$ 只有 5°，但是由于简单剪切集中在断层上，所以主要由纯剪切控制了断层之间的区域，这就是褶皱轴与断层近于平行的原因，而非图 19.10 所示的结果

## 本章小结

我们已经了解走滑断裂带在世界上许多地方如何形成重要的构造，尤其是沿着转换板块边缘。在几何形态复杂或整体变形偏离简单剪切（压扭或张扭）的地方，走滑构造备受关注。尽管有许多压扭和张扭模型可供研究，但基于地图模式和野外详情的简单模型可以解释很多重要的特征，并可以产生有助于进一步理解这些结构的其他问题。若干重要知识点和相关问题如下：

- 沿转换板块边缘形成的走滑带称为转换断层。
- 发育于陆内的走滑带称为平移断层。
- 压扭（张扭）出现在具有收缩（伸展）分量的走滑带内。
- 在许多压扭变形带内都可以存在应变分配。
- 简单的压扭模型预测通过简单剪切带或者走滑断层分隔了多个共轴应变区域。

---

### 复习题

1. 大型走滑断层或剪切带的特征是什么？

2. 转换断层的作用是什么，在什么情况下发育？

3. 在走滑断层阶步和突变弯曲部位形成什么构造类型？

4. 穿过抑制弯曲和释放弯曲的剖面有怎样的特征？

5. 死亡谷代表了什么样的地质背景？

6. 走滑断层在深部具有什么特征？

7. 如何解释具有明显走滑位移的剪切带中的压扁应变？

8. 就像死亡谷一样，死海是一个你可以在海平面以下的陆地上行走的地方，也是沿走滑断层的一个明显不活动的"地面上的洞"。你认为它是如何形成的？

9. 走滑断层如何调节大规模纯剪切作用？

---

## 电子模块

对于本章，电子模块的关键词是走滑。

## 延伸阅读

### 走滑断裂作用实例

Storti F，Holdsworth R E，Salvini F，2003.Intraplate Strike-Slip Deformation Belts. Special Publication 210，London：Geological Society.

Tapponnier P，Peltzer G，Armijo R，1986. On the mechanics of the collision between India and Asia// Coward M P，Ries A C，Collision Tectonics. Special Publication 19，London：Geological Society，pp. 115-157.

### 烃类聚集

Harding T P，1976. Predicting productive trends related to wrench faults. World Oil，June：64-69.

### 物理建模

Clifton A E，Schlische R W，Withjack M O，Ackermann R V，2000. Influence of rift obliquity on fault-population systematics：results of experimental clay models. Journal of Structural Geology，22：1491-1509.

McClay K，Dooley T，1995. Analogue models of pullapart basins. Geology，23：711-714.

Tikoff B，Peterson K，1998. Physical experiments of transpressional folding. Journal of Structural Geology，20：661-672.

### 抑制弯曲和释放弯曲

Aydin A and Nur A，1982. Evolution of pull-apart basins and their scale independence. Tectonics 1：91-105.

Burchfiel B C，Stewart J H，1966. "Pull-apart" origin of the central segment of Death Valley，California. Geological Society of America Bulletin，77：439-442.

Cunningham W D，Mann P，2007. Tectonics of Strike-Slip Restraining and Releasing Bends. Special Publication 290，London：Geological Society.

Peacock D C P，1991. Displacements and segment linkage in strike-slip fault zones. Journal of Structural Geology，13：1025-1035.

Westaway R，1995. Deformation around stepovers in strikeslip fault zones. Journal of Structural Geology，17：831-846.

### 地震解释

Hsiao L Y，Graham S A，Tilander N，2004. Seismic reflection imaging of a major strike-slip fault zone in a rift system：Paleogene structure and evolution of the Tan-Lu fault system，Liaodong Bay，Bohai，offshore China. American Association of Petroleum Geologists Bulletin，88：71-97.

### 走滑断层（常规）

Sylvester A G，1988. Strike-slip faults. Geological Society of America Bulletin，100：1666-1703.

Wilcox R E，Harding T P，Seely D R，1973. Basic wrench tectonics. American Association of Petroleum Geologists Bulletin，57：74-96.

Woodcock N H，Schubert C，1994. Continental strike-slip tectonics// P L Hancock，Continental Deformation. Oxford：Pergamon Press，pp. 251-263.

### 张扭和压扭变形的理论模型

Fossen H，Tikoff T B，Teyssier C T，1994. Strain modeling of transpressional and transtensional deformation. Norsk Geologisk Tidsskrift，74：134-145.

Jones R R，Holdsworth R E，Clegg P，McCaffrey K，Travarnelli E，2004. Inclined transpression. Journal of Structural Geology，26：1531-1548.

Robin P Y F，1994. Strain and vorticity patterns in ideally ductile transpression zones. Journal of Structural Geology，16：447-466.

Tikoff B，Teyssier C T，1994. Strain modeling of displacement-field partitioning in transpressional orogens. Journal of Structural Geology，16：1575-1588.

### 张扭作用和压扭作用

Oldlow J S，Bally A W，Lallemant G A，1990. Transpression，orogenic float，and lithospheric balance. Geology，18：991-994.

Sanderson D , Marchini R D, 1984. Transpression.Journal of Structural Geology, 6: 449-458.

Tikoff B , Greene D, 1997. Stretching lineations intranspressional shear zones: an example from the Sierra Nevada Batholith, California. Journal of Structural Geology, 19: 29-39.

Treagus S H, Treagus J E, 1992. Transected foldsand transpression: how are they associated? Journal of Structural Geology, 14: 361-367.

# 第20章

# 盐构造

盐作为一种特殊的岩石，其性质和特征与其他岩石存在很大的差异。这意味着当含有盐层的沉积层序发生变形时，它们会具有自己独有的特征。在不同的构造环境中，往往发育不同的构造样式，如盐脊、盐枕、盐底辟，甚至是盐冰川。即使在盐层很薄的条件下，盐仍可以充当滑脱层，控制构造形态，并增加变形区域的范围。在地质学中，盐构造对研究伸展构造和挤压构造是非常重要的，此外，在许多油田中也出现了受盐层或盐构造作用而发生的变形。本章专门讨论盐及相关的盐构造，通过世界范围内的实例概述盐构造的几何形态、形成演化和形成条件等。

本章电子模块进一步提供了与盐构造相关主题的支撑：

- 盐构造
- 流动方式
- 盐流
- 底辟类型
- 张性底辟
- 压性底辟
- 盐和油气
- 盐沉积
- 墨西哥湾
- 伊朗

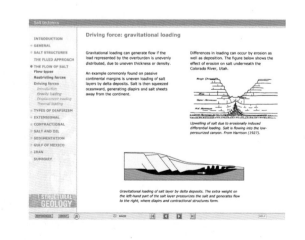

## 20.1 盐构造和盐构造学

在克拉通盆地、裂谷盆地、被动大陆边缘盆地和前陆盆地等许多沉积盆地中，盐层都是地层的重要组成部分，无论在伸展、挤压或走滑背景下的含盐沉积地层发生变形时，盐层都起着重要的作用。图 20.1 呈现的剖面是裂谷背景下的实例，二叠纪 Zechstein 盐层绵延数百千米。如图 20.2 所示，在北欧大部分地区可以追踪到此套盐层（从英国到波兰），从地图上看，原本均匀厚度的盐层已被重新塑造成圆形或椭圆形的集中区域。横剖面（图 20.1）清楚地表明盆地内盐形成的构造与下部水平地层方向偏离。

本节中盐已经发生变形（流动），当盐参与变形时，我们使用**盐构造**这一术语，它对构造的类型、几何形态，位置和 / 或形成的变形构造的范围具有显著的影响。该术语包含任何与盐相关的变形和变形构造，包括与盐滑脱有关的变形。另一个关于地下盐运动和盐底辟的术语是**盐构造学**，由希腊词语中的盐或者岩盐（*halos*）和运动（*kinesis*）组成。

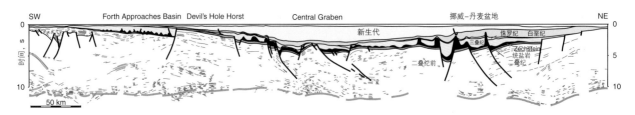

图 20.1 过北海南部多个盐构造剖面（解释的地震测线）（据 Zanella 等，2003，位置见图 20.2）

盐的变形过程依赖于它的厚度、范围、在地层内的位置、基底再活化程度以及上覆地层的物理性质。变形可以是局部的且与板块构造应变无关，其变形完全受盐及其上覆地层的密度差驱动。其他情况也许更常见，例如在区域构造应力场影响下，盐对区域的影响作用更大。下文中，我们将讨论一些与盐运动有关的常见构造，并快速了解盐的特殊之处。

## 20.2 盐的性质和流变学

盐具有特殊的物理和流变特性，使盐岩与大多数的常见岩石具有本质上的区别，如专栏 20.1 所示。首先，沉积层序中盐层可以由纯盐岩组成，但通常包含其他矿物，特别是硬石膏、石膏和黏土矿物。纯盐岩具有相对低的密度，为 $2.160 \mathrm{g/cm^3}$，而不纯的盐密度略高。这使盐的密度低于大多数碳酸盐岩，但其密度仍大于未成岩的碎屑沉积物。那么，许多介绍性的教材中所提到的密度差，会怎样驱动并形成盐底辟呢？

答案是盐和多孔沉积物之间存在差异压实。即使在较浅埋藏处，盐也几乎没有孔隙，几乎不能被压缩，因此不会随着埋深增加而变致密。这与大多沉积岩存在较大差异，在沉积岩中，压实作用至关重要。因此，当沉积物在埋藏过程中受物理和化学作用压实时，它们的密度会随着埋藏深度的增加而增加。一旦压实的上覆地层的密度大于盐层，就会出现密度反转（致密层被较不致密层所覆盖）。根据这一观点，建立了一个重力不稳定的情况，在某些特定条件下，可以导致盐流向地面。

那么什么深度条件下会发生密度反转和盐浮力？这主要依赖于**压实曲线**，取决于沉积物的性质和埋藏速率（沉积速率）。因此，不同深度盐的浮力应该依据具体情况计算，但是我们可以做一些粗略的估算。

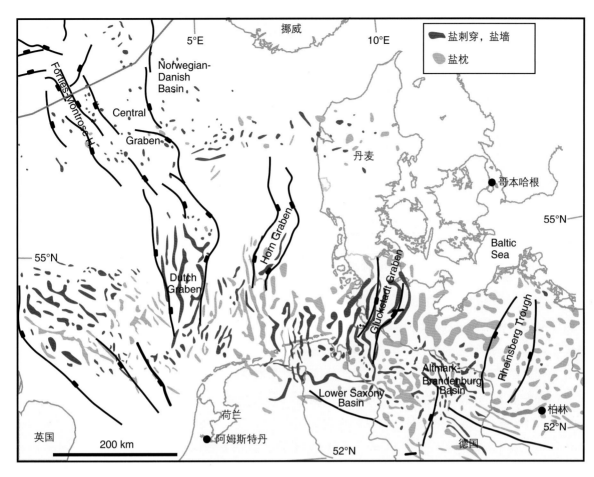

图 20.2 北海盆地南部和北欧盐构造和主要断裂平面图（部分据 Scheck 等，2003）
注意盐构造方向和断裂之间的紧密联系

在 1 ~ 2km 深度，硅质碎屑沉积物的密度通常超过 2.2g/cm³。具体深度取决于粒度、类型、矿物成分及沉积物类型，并且对硅质碎屑沉积物而言，黏土压实速度大于砂岩。可以通过简单计算，将岩石矿物密度（$\rho_s$）与孔隙流体密度（$\rho_f$）结合，有

$$\rho = \phi \rho_f + (1-\phi) \rho_s \qquad (20.1)$$

上式中，利用孔隙度（$\phi$）反映压实作用。对于孔隙度为 30% 的硅质碎屑沉积物，平均矿物密度是 2.7g/cm³，若具有含盐的孔隙水（密度 1.04g/cm³），岩石密度与轻微不纯的盐大致相同（2.2g/cm³）。因此，为了使覆盖层比盐更致密，孔隙度值需低于 30%。如果沉积物是细粒沉积物，则此类情况发生在相对较浅的深度，可能只有 600 ~ 700m，而对于砂质地层（密度为 2.2g/cm³），深度可能达到 1500 ~ 2000m。此外，如果一个底辟体想要仅依靠浮力到达地表，上覆地层平均密度必须超过下伏盐层平均密度。这种条件下，其埋深至少在 1600m，通常接近 3000m。如在墨西哥湾中，其埋深大约为 2300m。

---

**专栏 20.1 盐的性质**

沉积盆地的普遍特点。

机械压实作用很弱。

> 低密度（2.160g/cm³）。
>
> 高热导率。
>
> 几乎不能压缩。
>
> 非渗透性。
>
> 黏滞性，类似流体。
>
> 导致大范围的变形。
>
> 增强水平的滑脱。
>
> 产生构造流体圈闭。

---

当上覆地层平均密度超过盐的密度时，盐层会在浮力和重力的作用下变得不稳定。

从流变学上分析，即使在地表条件下，盐在加载过程中也会发生塑性变形。只有应变率变得很高，如地震活动和采矿（或者当用锤子撞击）时，盐才会发生破裂。在大多数地质条件下，盐将作为黏弹性介质流动。这就是为什么盐矿被用来作为废料储库的原因。

由于盐的弛豫速率很低，盐变形的弹性分量在大多数情况下可以忽略不计，因此，盐可以被认为是一种**黏性材料**。更详细地说，盐的变形机制可以分为两种：**湿扩散**（wet diffusion）和**位错蠕变**（dislocation creep）。湿扩散是盐中存在水分时的主要变形机制，在湿扩散中，物质通过一层薄薄的流体膜沿颗粒边界溶解和运移（第11章）。由于湿扩散涉及沿着颗粒边界的运移，且表面积随颗粒尺寸的减小而增大，因此，在细粒盐中湿扩散通常比在粗粒盐中更快也更加重要。低应变率和差应力会促进湿扩散。干燥的盐则不同，它没有流体运移物质。在这种情况下，除非盐发生破裂（在地表或靠近地表情况下的干盐），位错蠕变是主要的变形机制。

上述两种变形机制都较为容易在盐内触发，这表明盐具有非常低的屈服强度，因此容易流动。加之盐在大多数地质条件下不能压缩，这意味着盐在地质建模中可以被视为流体。

---

盐的特殊之处在于它的低密度，以及即使在地表，特别是当负载时也能够像流体一样流动。

## 20.3 盐底辟作用、盐几何形态和盐流动

### 盐构造

长期以来，人们都知道地壳中的盐体呈现出各种几何形态，例如从被称为盐背斜和盐枕的细长结构，到如盐株等更局部的结构。尽管许多盐构造大体上统称为底辟，但是它们具有不同的名称，如图20.3所示。"底辟"（diapir）一词来源于希腊语的通过（dia）和刺穿（peran），在地质学中用以描述一个地质体，通常由盐、岩浆或者饱含水的泥和砂组成，由重力驱动其向上运移并且侵入到上覆地层中。因此，一些构造，如**盐枕**（salt pillows）和**盐背斜**（salt anticlines），其仅仅使上覆地层弯曲和隆升，并不是严格意义上的底辟，因为他们没有侵入或者刺穿上覆地层。然而，这些构造代表着能够导致真正底辟形成的不同阶段。底辟演化的过程称为**底辟作用**（diapirism）。

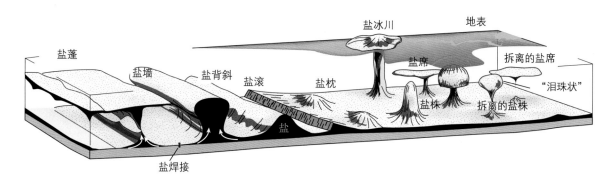

图 20.3 不同类型的盐构造，及其名称和几何形态。盐构造成熟度由图中心部分向两侧逐渐增加。

盐底辟是大量的盐塑性向上流动并且不规则地刺穿上覆地层。

盐从盐层流动到形成盐构造通常称为**盐撤**（salt withdrawal），或者更确切的称为**盐挤出**（salt expulsion），但这种称法不常用。简单来说，主要有两种类型或者流动端元。一种是**泊肃叶流动**（poiseuille flow），发生在盐背斜或底辟构造生长过程中盐流入盐构造时 [ 图 20.4（a）]。在这种情况下，流动受沿着盐边界作用的黏性剪切力限制，这种效应被称作**边界牵引**（boundary drag）。这种影响导致盐在盐层中部的流动速度快于其沿着顶部和底部流动的流动速度。因此，较薄的盐层流动速度要慢于较厚的盐层，这意味着当盐层厚度减少到几十米时，较厚（几十米或几十米以上）的盐层流动速度会减慢。如果盐在地层边界处完全耗尽，则两套地层互相接触，这种接触称为**盐焊接**（salt weld）（图 20.3），在地质和地震剖面上通常用成对的点表示（图 20.5）。

盐焊接可固定盐背斜和盐丘，因此使盐构造停止生长。

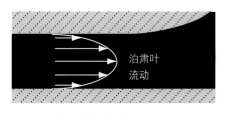

（a）盐岩流入底辟

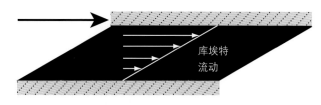

（b）盐位于移动的岩层下部

图 20.4 发生在变形盐层中的两种主要流动模式
箭头代表速度，（a）中为抛物线，（b）中为线性

盐焊接总是包含一些残留的盐，即使残留的盐仅几厘米厚，它也代表一个易发生局部应变的软弱带。盐焊接的重要性在于它阻止盐侧向流动进入邻近的盐构造中。

另一个已知的类型是**库埃特流动**（Couette flow）[ 图 20.4（b）]，包括盐层内部的简单剪切，被认为是上覆层相对于下伏层的转换。这种类型的流动是典型的盐层充当了滑脱层，但是两种流动类型可以较好地彼此伴生。理想情况下，在库埃特流动中，不存在泊肃叶流动中的边界效应。

## 盐底辟几何形态

盐底辟可以呈现出多种形态。在平面图中，盐底辟构造可能被拉长，通常沿着区域断层或地堑轴的方向，如图 20.2 所示的北欧实例。它们也可以呈圆形，中央地堑中许多底辟构造都呈现这种形状

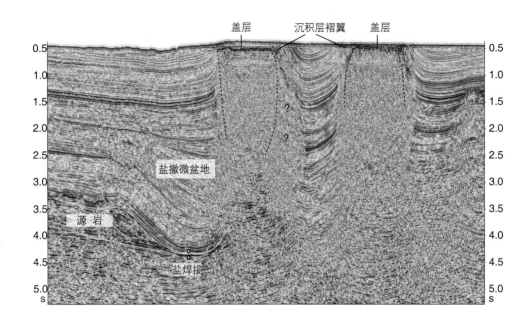

图 20.5 地震二维测线的盐构造成像

两个盐构造已经出露地表（现今被第四系沉积物覆盖），并且已经形成了具有反射性的盖层。盐构造较深部被地震噪声遮挡。
在盐焊接构造的基础上，对源盐层进行了解释。沉积层序记录了盐构造的发育历史：蓝色地层线以上，底辟周围地层厚度
开始发生变化，沉积厚度大约为 1.5 ~ 2 km。注意盐焊接上部的微盆地。数据由挪威石油理事会提供

（图 20.3 中的西北部分）。随着盐向上减薄，一些在横剖面上表现为三角形。这种现象在盐构造与上覆地层内断层相连的情况下比较常见（见下文中再活动的盐构造）。具有像塞子形状的盐底辟称为**盐株**（salt stocks）（图 20.3）。在垂直的横剖面上表现为株状的细长的盐构造称为**盐墙**（salt walls）。图 20.6 所示犹他州东南 Moab 地区（Paradox 盆地）是发育较好的盐墙的实例。

许多底辟具有一个较窄的**根部**和较宽的上部，上部称为**球茎**。在特殊的情况下，根部可能完全缺失，从而使盐底辟的球茎与源盐层完全分离。孤立的盐的球茎有时被称为**泪滴状底辟**（teardrop diapirs）。这种分离的盐体可能表现为不对称的几何形态，这是由于盐在相对新的沉积地层上侧向运移而产生，这种情况下，盐被称为**外来体**（allochthonous）。尽管不是很常见，但是底辟也可以变平，并连接在一起，形成了各种**盐株盐蓬样式**（salt stock canopies）。

我们所掌握的关于盐构造几何形态的大多数信息都是从地震数据体中获得。盐在声学上很均质并且不常产生地震反射。因此，相当纯的盐在地震测线上表现为具有典型噪声特征的"地震透明"区。盐层的顶部通常可以很好地成像，但是盐墙通常太陡而不能在地震测线中显示（图 20.5）。盐构造和盐层会吸收很多地震能量以至于盐下反射很难识别。因此区别盐的球茎和盐株较为不易。如专栏 20.2 所述，在一些情况下，甚至很难区别盐构造和冲击构造。尽管如此，地震成像技术不断进步，并且现在三维模拟可以提供盐的图像，这在十年前是无法实现的。

---

**专栏 20.2 盐构造或冲击构造？**

很难确定环状构造究竟是盐底辟构造还是与冲击构造造成的，因为这两种机制都会产生具有断层、地层扰动等特征的环状构造。

犹他州峡谷地国家公园的 Upheaval Dome 就是一个典型的例子。它位于 Paradox 盆地边缘部

分，含有石炭纪的盐。该地区的盐运动形成了一系列的盐背斜，特别是在 Moab 和 Arches 国家公园地区，但是没有出现 Upheaval Dome 模式的环状构造。

北海的 Silverpit "火山口" 是一个相似的构造，从地震解释中可以看出是一个具有环状断层的凹陷。这也被认为是一种盐构造，但该问题仍需要大量的研究。

那么我们如何区分冲击构造和盐底辟构造呢？变形的石英可能是较好的证据，这种片晶的面状变形可以判断与流星撞击事件有关的高压变形。片晶是沿晶体方向排列的位错带，可以在透射电镜下观察到。这种现象已经在 Upheaval Dome 构造中被报道过（Buchner 和 Kenkmann，2008），为冲击起源的研究提供了进一步证据。可以补充的是，冲击会削弱地层使得盐更容易向地表流动，因此两种模式可能会相互伴生。

右图：犹他州 Upheaval Dome 中心部分平面图。左下：Silverpit 构造地震解释（Stewart 和 Allen，2005）。右下：Upheaval Dome 的地形模型。

## 盐构造的模拟：流体方法

在 20 世纪 30 年代，盐和上覆地层之间的密度差异的作用以及盐即使在地质低温下也能流动的性质受到了广泛的关注。这导致在一段时期内，不仅是盐，上覆致密的沉积物都作为流体被模拟。这种条件下的物理模拟较易实现，正如 Lewis Lomax Nettleton 在 1934 年证明的那样，他在密度相对较低的原油上涂了一层玉米油。这种不稳定状态会形成底辟构造，因为轻质油滴通过重质油上升（图 20.7），有点类似于所谓的熔岩灯——灯内热蜡从灯的底部上升。在这种流体实验中，致密流体（沉积物）将下沉到下面密度小一些流体（盐）中。

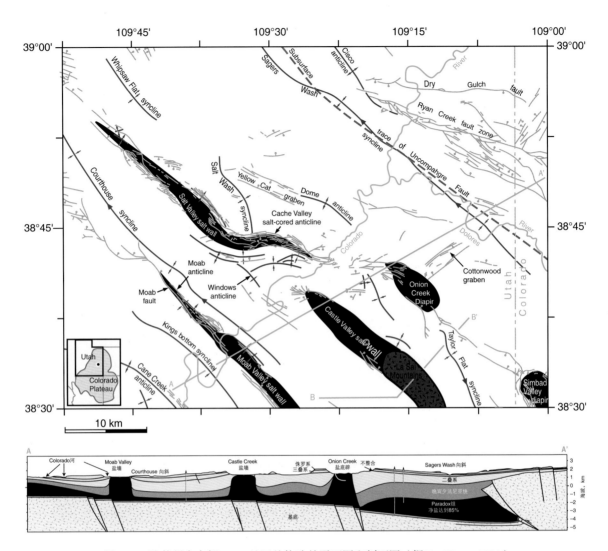

图 20.6　犹他州东南部 Moab 地区盐构造的平面图和剖面图（据 Doelling，2001）

延绵的盐墙占主导地位，同时出现了大量的圆形底辟。在基底处，盐墙主要是沿着 NW—SE 向长期活动断层分布，
而较年轻的塌陷断层则发育在上覆地层中。这些盐构造是在挤压或伸展的过程中形成和生长的吗？简单的问题往往难以作答

　　自 1960 年左右以来，一种更为复杂的模拟设备——**离心机**被广泛使用，在瑞典乌普萨拉
（Uppsala）的实验室里，Hans Ramberg 和他的同事们比任何人都更深入地探索了这种模拟装置的可能
性和局限性。Ramberg 和其他工作人员使用弱韧性的材料作为岩石的相似物，并且在离心机中使他的
模拟变形高达 2000g。因此，离心机中重力的作用更加突出。此外，实验材料的密度和黏度，以及地
层的厚度（几何形态）被设计成实际地质情况的缩小版，并保持了相似的比例和差异。物理模拟中这
种重要部分被称为**缩放**（scaling），并且在第 1 章进行了讨论（第 1 章第 8 节）。需要注意的是，实
际的离心机模拟不一定要求模型层的密度和黏度与预计模拟的实际地质地层一样，但是在模拟中不同
层之间的密度和黏度差异对比应与自然界的一致。

　　结果表明，离心机实验模拟的底辟与在上地壳观察到的盐底辟非常相似。因此可以通过这种模拟
研究底辟的形成过程。如图 20.8 所示，我们可以看到底辟从开放的盐丘或盐枕 [ 图 20.8（a）] 到高底
辟 [ 图 20.8（b）]，再到孤立的或蘑菇状盐体侵入到上覆地层中 [ 图 20.8（c）]，最终形成盐蓬 [ 图 20.8
（d）]。在这个过程中，模型可以被暂停并且可以增加沉积层。最终盐在地表或近地表扩散形成盐
蓬。伊朗的 Dashte Kavir（大量盐沼）是离心机模拟实验成功复制的盐构造地区，包括蘑菇状底辟和盐

蓬（对比图 20.8 和图 20.9）。该地区上覆层具有异常高的塑性，这与散布在这些地层中的盐有关。这种塑性特征，使它们更易形成褶皱而不是断裂和裂缝，如图 20.10 所示。

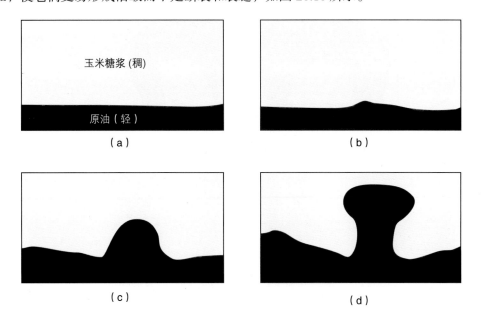

图 20.7　将密度大的玉米糖浆放在密度较低的油上的实验（该实验由 Nettleton 于 1934 年发表）

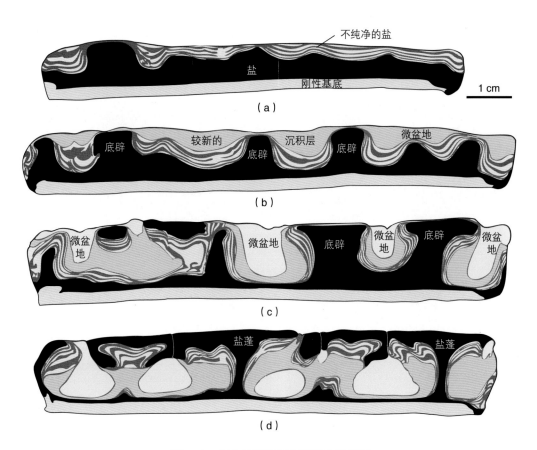

图 20.8　离心机模拟实验不同阶段剖面

这些剖面不能直接相互关联，但是非常有助于理解底辟最终形成盐蓬的过程。

该模型是在 Uppsala 的 Hans Ramberg 实验室制作的，用于在伊朗重现 Dasht-e Kavir 盐底辟，如 Jackson 等（1990）所述

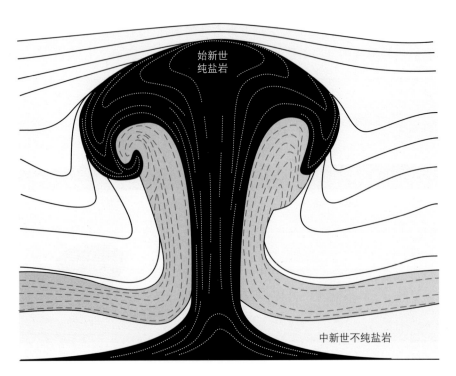

图 20.9 在伊朗 Dasht-e Kavir 发现的典型的蘑菇状底辟构造

更多信息见 Jackson 等（1990）的文献

  理论上，当上覆层表现为一种理想的流体时，随着盐层上升，位于盐上的地层将变薄而不会破裂，这种构造不是严格意义上的底辟。这样的构造并不常见，这表明在模拟中只有可移动盐层应被赋予流体性质。

图 20.10 伊朗 Dasht-e Kavir 出露的盐构造

可见圆形底辟构造。注意含盐的覆盖层的褶皱。图片来自 NASA

## 盐构造模拟：脆性方法

目前普遍认为，将上覆层当做流体的模型过于简化。流体没有剪切强度，然而实际上岩石和沉积物具有剪切强度。重力确实是驱动力，但要想形成盐底辟，就必须克服其顶部的强度。因此，如果上覆层是坚硬、脆性的岩石（石灰岩或致密的硅质沉积岩），密度差自身并不足以引发底辟作用。回想一下，如果要发生明显的密度反转，必须要有一定沉积厚度（大约 2 ~ 3 km），这表明盐上的沉积地层已经经历岩化作用，从而发生了机械强化。物理学方面的思考告诉我们，如果没有构造断裂作用或破裂作用帮助，底辟作用不太可能发生。另一方面，一旦顶部变弱并且底辟作用开始，经典的重力驱动底辟作用便可以相对容易地进行。

---

脆性破裂能降低顶部强度并且使盐上升形成底辟。

---

基于这个原因，离心机模型已经在很大程度上被简单变形箱取代，在变形箱中，可以通过移动侧壁来实现伸展或者挤压，倾斜可以增加重力，并且可以在底辟作用时控制沉积。这些由上覆（脆性）砂岩的黏性硅胶组成的模型，在过去的几十年内，已经成功地用来再现沉积盆地内大量的地震可识别的盐构造，雷恩第一大学（法国）和得克萨斯大学奥斯汀分校已经完成了大量的重要实验，并生成了如图 20.11 所示的模型。

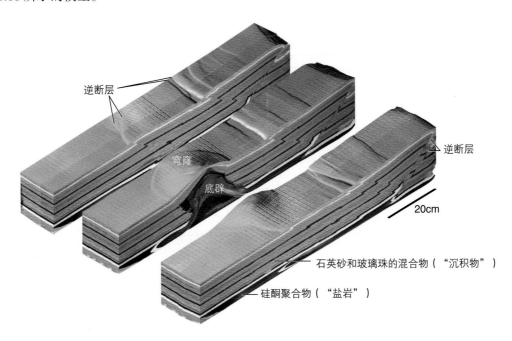

图 20.11　被"沉积物"覆盖的盐的类似物的物理模拟实验

本图所示为诸多模型中的一个，用于探讨在先存盐底辟的条件下挤压沉积层序。实验过程中，底辟顶板呈穹隆状，
逆断层沿着穹隆走向发育。图片由得克萨斯大学奥斯汀分校应用地球动力学实验室的 Tim Dooley 提供。

## 对盐流动的控制

即使盐层被更致密层覆盖，表现出表重力不稳定的特征，盐也不会移动，除非有某种形式的重力或机械异常存在。上覆地层厚度和 / 或密度横向的变化被称为**差异载荷**（differential loading）。许多人甚至认为强度的变化是一种差异载荷。差异载荷是盐层移动的一个重要原因，它与盐层应力状态的横向变化有关。由于盐的性质像一种黏性流体，因此我们需要讨论盐层内不能长期维持的**压力差**

（pressure differences）。差异载荷的作用导致盐向低压区流动。差异载荷造成的盐运动不依赖于密度反转，因此与浮力有着本质的不同。这意味着，差异载荷作用即使在非常浅的深度也是有效的，一旦盐层顶部新的沉积物发生不均衡沉积就会导致盐发生移动。

如果由于某些原因，一个区域载荷（或剥蚀）大于其周围载荷，则形成差异载荷，在这种情况下，盐开始从最大负载区域流出。如图 20.12（a）所示，这种差异可能是由于上覆地层厚度和/或倾角的横向变化，或由于岩性和岩石密度变化（沉积相变化，局部出现火山岩等）导致。此外，如图 20.12（b）所示，海拔差也能触发盐流动。

通常情况下，大多数盐构造与断裂和褶皱有关，并且许多（但不是全部）这样的构造表明构造应变在盐运移过程中起到了一定的作用。如果盐体被压缩，软弱的盐很可能向上流动并且在水平方向缩短，就像牙膏从管子中被挤出来一样。在区域伸展条件下，水平拉伸或者卸载导致盐在侧向上扩张并且在垂向上减薄。在这种简单模型中，盐体周围边界控制着盐的流动，这种边界效应可以称为**位移加载**（displacement loading）。

---

盐的垂向（沉积）或侧向（构造）载荷可以导致盐流动，与任何密度反转或埋藏深度无关。

---

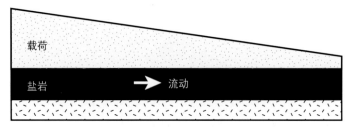

（a）不同的上覆地层厚度

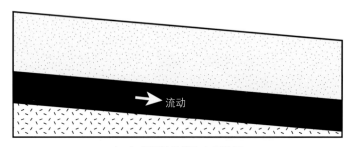

（b）倾斜的盐岩和上覆地层

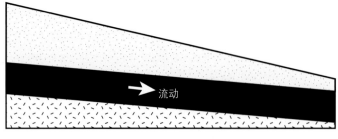

（c）（a）和（b）的组合

图 20.12　载荷导致盐流动的不同情况

（a）与差异载荷（例如河流三角洲）有关的流动，其导致了差异压力。（b）倾斜引起的高度差引起的流动。
（c）两者的结合，在大陆边缘较为常见。这些简单的模型具有受限制的（固定）端部，因此上覆地层不会在盐上滑动

**热载荷**（Thermal loading）是指热盐膨胀而变得更具有浮力。这可以加速盐向地表流动。也有人认为热载荷可以导致对流（在盐构造内热盐上升冷盐下沉）。这在大多数盐构造中可能并不是一个重要的过程，但是可以解释在伊朗 Dasht-e Kavir 发现的一些特殊的旋卷盐构造（旋涡构造）（图 20.9）。

## 盐底辟之上及周围构造

盐流动可能会影响围岩，这仅仅是因为流动的盐和它周围的环境之间产生的摩擦力。当盐运动时，摩擦力的存在可以导致形成摩擦**牵引褶皱**（drag folds）。这种牵引褶皱可以形成于未固结或固结很差的沉积地层中，但是在大多数情况下，盐比围岩弱得多，因此不易形成牵引褶皱。

然而，围绕盐构造发生的地层旋转（褶皱）较为常见，除了摩擦之外，还有其他的解释方案。例如，由于盐实际上是不可压缩的，而在相邻的硅质碎屑沉积物压实时就会形成宽的牵引带。因此，这种**差异压实**（differential compaction）可以引起沿着盐构造向上减薄而产生的明显阻力。在其他情况下，盐会强力侵入上覆层，这将在下一节讨论。因此，在底辟作用过程中，沉积层**褶翼**（flaps）可以被有力地向上推起[图 20.13（a）]。第三种褶皱机制是盐体拖曳，即当盐进入盐底辟或盐墙，盐源层减薄。盐体拖曳导致上覆层局部沉降，并且在盐构造周围形成**边缘向斜**或**微盆地**。这种机制通常与差异压实一起形成侧翼的微盆地，其地层表现为一个向下放大的褶皱。

在盐构造周围地震解析出第二类褶皱是由盐撤和差异压实导致的垂向剪切而形成。

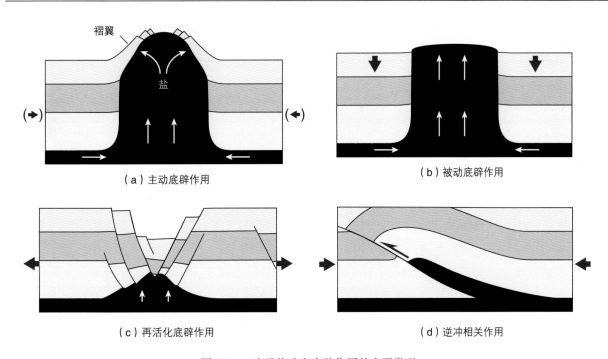

图 20.13 底辟构造和底辟作用的主要类型

（a）由密度差和盐的强力上升（浮力）引发的主动底辟作用；（b）沉积物沉积在盐构造周围的被动演化；
（c）伸展导致的再活化底辟作用；（d）挤压过程中形成的盐构造（逆冲作用）

当浅层底辟体在快速沉积过程中生长时（被动底辟作用，见下图），会形成更复杂的结构，如图 20.14 所示。底辟的顶部和边缘随后被薄层沉积物覆盖，其表面起伏度随着沉积压实和底辟上升而增加。在某些情况下，表面起伏足够高以至于陡坡在重力作用下塌陷且/或盐突破岩壁暴露在外。与此同时，地层（褶翼）沿着底辟边缘进一步变陡，甚至在一些情况下发生倒转，然后被埋藏在新的沉积物之下。这一过程重复发生，其导致的结果是盐构造周围的不整合将**盐体动力循环**叠加起来。

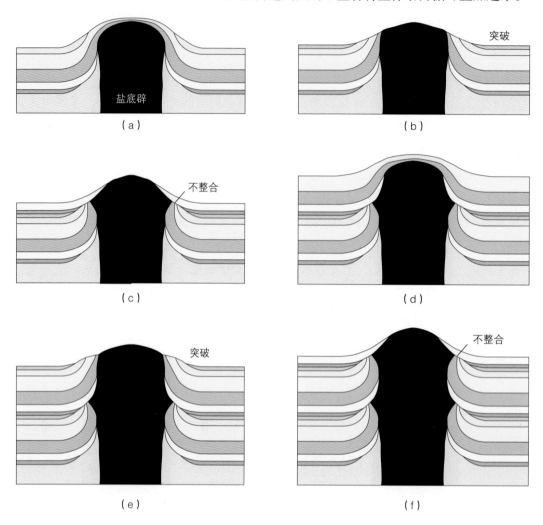

图 20.14　沿垂直盐构造的盐体运动学沉积层序（据 Rowan 等，2003）
有时上升的盐体会突破顶板（或顶板沉积物重力滑动），并使岩层发生弯曲。随着下一个沉积序列开始沉积，就会形成不整合

　　通常在未出露的盐构造顶部会发育一个丘状构造（图 20.15）。这种丘状构造可能同样与差异压实以及盐的生长有关。盐底辟顶部通常会发育断裂，大多数情况下，是在盐运动期间随着地层弯曲和伸展形成的正断层。只在极少数情况下，由于盐顶部受盐强力隆起作用，盐底辟边缘会发育逆冲断层。以上两种情况下，盐构造之上的断层往往反映盐构造的平面几何形态，因此（理想情况下）圆形底辟发育环状断层模式，而椭圆形底辟和盐墙则发育具有更多线性轨迹的断层。然而，构造应变或继承性破裂方向可能会影响盐上构造的构造模式。通常在圆形盐底辟之上发育的是**同心断层**（concentric faults），如图 20.15 中所示黑色断层，在许多情况下与盐构造坍塌有关。此外，由于下部盐的膨胀，在一些盐丘顶部产生了放射状断层（radial faults）（图 20.15 中红色断层）。盐构造之上也形成一些小规模的同心状、放射状或其他模式的裂缝。

　　在盐内部，由于流向邻近岩石的流速会逐渐衰减到零，因而具有明显的应变梯度。沿着供给盐层的流动可能很简单，但盐结构本身的内部模式可能更复杂。盐矿内和出露的盐丘可以看到明显分层的褶皱，其与盐底辟内的非线性流动有关。

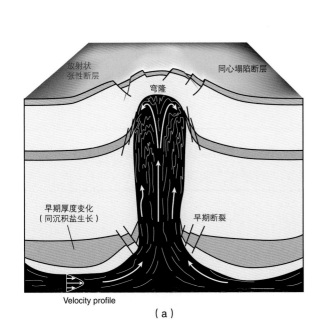

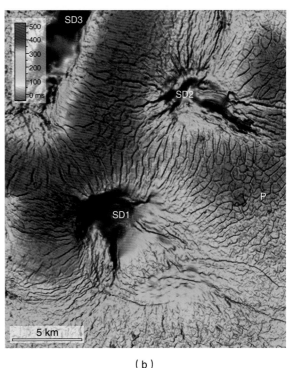

（a）    （b）

图 20.15   （a）与盐丘相关的一些常见的伴生构造。（b）荷兰北海始新世 Brussels Marl 顶部地震解释平面构造图。色标代表的是到基底北海组的厚度（时间）。红色（无厚度）代表盐刺穿了 Brussels Marl 组。注意盐丘（SD1~3）周围的放射状构造（小断层），破坏了区域多边断层的模式（P）。图片由 Rachel Harding 提供，更多信息见 Harding 和 Huuse（2015）的文章

## 20.4  上升的底辟：过程

底辟一旦开始隆起，它将会进一步发育，其形状取决于沉积速率或剥蚀速率、构造背景、上覆岩层强度、重力载荷、盐的温度、盐层厚度、盐体分布范围（盐体的有效范围）等。在传统的底辟作用模型中，底辟可以在压差、热力或位移载荷的驱动下，通过上覆岩层向上推进。像这种**主动底辟作用**（active diapirism），底辟顶部的褶翼被迫向两侧分开，并致使岩层沿盐墙的上部向上转动 [图 20.13（a）]。如上所述，与重力反转有关的浮力通常不足以引起主动底辟作用。只有当一个底辟已经形成后，上覆岩层减薄，这时底辟作用才能由浮力驱动。

**被动底辟作用**（passive diapirism）是指出露的或较浅的底辟作用，这类底辟的上升速度与沉积速度大致保持一致 [图 20.13（b）]。因此，对应底辟构造的初始阶段是其他的机制驱动。一旦底辟形成，周围的沉积物随着压实而下沉，并陷入源盐层中，该盐层随着盐体进入底辟构造而变薄。在此过程中，沉降会在盐底辟周围形成微盆地，新的沉积地层在此堆积，有时被称为**下沉形成说**（downbuilding）。如果该过程持续了很长一段时间并且源盐层足够厚，就可能形成较高的盐底辟。如果盐体隆升速率大于沉积速率，底辟构造就会发育成向上加宽的构造。相反，当盐体隆升速率小于沉积速率时，底辟构造呈现出向上变窄的形状。经常会发现一些盐墙陡峭的被动底辟，这说明沉积速率和盐体隆升速率（流动速率）之间存在平衡。源盐层的枯竭可能会减少或终止盐体的运动，从而导致底辟被埋藏。

我们已经强调，对于大多数盐构造而言，通过断裂和裂缝作用削弱顶板岩层是其形成的必要条

件。这些破裂所涉及的应变可能十分微小。但是，在某些情况下，上覆岩层受构造断裂的影响更为显著，此时盐体会充填到发生位移的断块之间的空隙中[图20.13（c）]。在这种情况下，构造应变会导致盐体上升，通常是伸展的，这个过程被称为**再活化底辟作用**（reactive diapirism）。实验表明，一旦拉张作用停止，再活化底辟作用也会随之终止，这表明该机制依赖于主动的伸展应变。压缩变形也可引发底辟作用，因为盐可以侵入到逆冲断层的上盘的覆盖层中[图20.13（d）]。

底辟作用可以是受载荷驱动的主动型底辟，或是底辟周边的沉积物下沉形成的被动型底辟，也可能是构造应力导致的再活化底辟。

大多数天然底辟包含两种或所有以上底辟生成机制。为了解在不同构造域内断裂和盐底辟之间的相互作用的重要性需要对不同构造体系中的盐构造的影响进行更深入的研究。

## 20.5 伸展域的盐底辟作用

在陆相伸展盆地和被动大陆边缘沉积了大量的盐。由于这些地区往往经历长时期或者反复的伸展期，因而许多盐层受到区域伸展构造的影响。具体来讲，许多盐底辟在区域伸展条件下开始形成，可能会被之后的收缩变形作用改变，下文中会对此类情况进行进一步讨论。

大量的物理实验表明，张性断裂和裂缝削弱了上覆地层，从而诱发再活化底辟作用。上覆地层中的地堑通常会导致一个三角形底辟形成，其随着拉张而隆升，并为盐提供空间[图20.16（a）]。尽管盐体的侵入降低了盆地的深度，但盐体上的地堑构造在这个阶段依然可以在顶部形成局部微盆地。图20.16（a）所示的地堑是对称的，但也可以是由一个主控断层控制形成的不对称型地堑。在这些不对称的构造在下盘形成了一个的三角形（非等边）盐体，被称为**盐滚**（salt roller）（图20.3）。盐滚的持续演化使断层下盘的盐体不断增厚。

在张性断裂和裂缝作用地区，当盐底辟的上覆层变得足够薄，足以被张性断裂破坏时，盐可以开始移动。经历了早期的再活化底辟作用后，如果源盐上覆的所有地层平均密度大于盐的密度，则盐体主动（浮力）向上运动（图20.16b）。此处盐底辟和它的围岩在密度上存在明显差异，压实的沉积物的额外重量挤压盐体并使之流入盐构造。该载荷足以诱发盐底辟作用，意味着在此阶段不需要主动伸展作用。在被动阶段，顶部岩层呈穹顶状并被拉伸，从而导致沿着盐底辟的上部边缘形成了陡峭的倾斜岩层或者褶翼。

如果源盐层足够厚，那么盐体可以到达地表，成为被动底辟（图20.16c）。因此，在张性条件下，盐在底辟上升过程中可以通过主动、被动、再活化底辟作用流动。盐甚至可能最终是在表面横向流动（通常是海底），形成外源**盐席**（salt sheet）[图20.16（d）]，专栏20.3说明了更多细节。请注意即使在底辟作用非常成熟的阶段，早期的断层仍然保存在盐墙的最深处，这揭示了其早期伸展的历史[图20.16（c），图20.16（d）]。

盐构造可能经历了图20.16（a）至图20.16（d）所示的所有阶段，但在这一过程中，演化可能随时停止，或者在盐底辟塌陷时发生逆转。图20.16右侧一栏中显示了盐底辟在不同生长阶段塌陷的结果。任何给定的例子中，实际演化都取决于伸展速率、沉积速率、盐的黏度（温度、纯度）以及盐的有效性（盐岩层的厚度）之间的平衡关系。在扩张过程中，盐底辟的宽度逐渐增加，因此进入盐构造中的盐流一定多于用于平衡此构造增长的伸展速率的盐流。

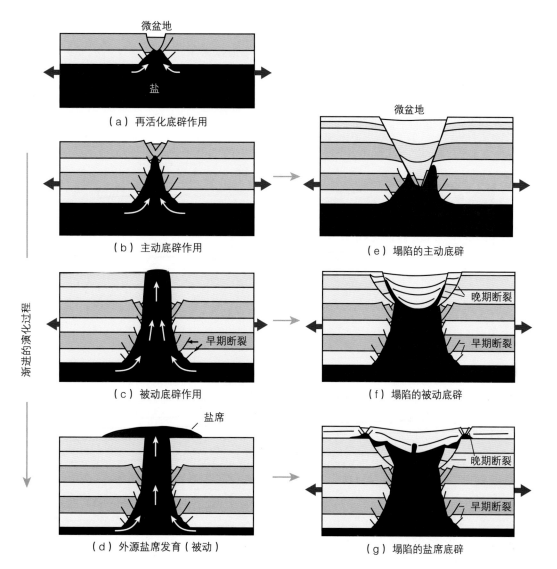

图 20.16  通过再活化（a）、主动（b）和被动（c、d）底辟作用的不同阶段，展示盐底辟完整的、
理想化的演化过程。在任何阶段，盐构造都可能会坍塌，从而产生右侧所示的构造（e、f、g）。
基于 Hudec 和 Jackson（2007）的文章以及其中的参考文献。

如果在伸展过程中构造扩张过快，那么盐构造就会坍塌。显然，如果源盐层枯竭，形成盐焊接，不论伸展速率如何，在持续的伸展作用下盐体一定会发生坍塌。盐底辟经历生长和塌陷，或是隆升或沉降，都是较为常见的现象，而且在模拟实验中可以很好地重现这一过程，并且其中盐底辟伸展和沉积的速率是可控的因素。

伸展能够导致盐底辟的形成，也会使之延长、加宽，最终导致其垂直坍塌。

---

**专栏 20.3  盐冰川**

当盐从海平面以上的底辟（盐塞）中流出时，它受重力所用沿最大倾角方向流动。在像伊朗这样的干旱地区，在降雨期间，盐被弄湿后才会发生流动。否则，盐席的上部通过连接发生脆性变形。这说明了流体对变形机制的影响：潮湿条件有利于塑性变形。在重力作用下，向下流动的表层的盐被称为盐冰川。伊朗的扎格罗斯山脉以其盐冰川而闻名，据估计其年流量为 0.3～16m，但海底盐冰川也发生在盐的挤压速度高于海水溶解速度的地方。例如，在墨西哥湾出现的部分海底盐冰川。

　　盐在向下流动过程中，由于非恒定的速度场（速度从基底向上增加），盐会发生褶皱变形。可以看到各种尺度的平卧褶皱，其中最大的可以在地图中标绘出来。这些褶皱是类似的褶皱（第二类），因为它们没有机械分层，只是在盐流动期间被动进入挤压区域而形成。

根据 Chris Talbot 的研究绘制的伊朗盐冰川的示意图（据 Chris Talbot，1979）

位于伊朗南部的 Anguru 盐塞，含有红棕色页岩和绿色火山岩的不纯净的盐从图片中部的山上流出，覆盖在较新的沉积地层之上（黄色）。照片由 Mahmoud Hajian 拍摄

## 20.6   收缩域的底辟作用

　　当覆盖在盐层上的沉积层序在区域收缩（构造的或是纯重力作用）中缩短，那么盐上的这些沉积层序就可能开始弯曲。盐因此随着上覆岩层的褶皱而流入弯曲形成的低压的褶皱轴部。长的盐背斜就以此种方式形成，如果是同沉积过程，可能会引起沉积厚度的显著变化，即朝背形向斜岩层变薄或者尖灭。

　　上覆岩层收缩褶皱过程中形成盐背斜并非真正的底辟作用，因为上覆层依然完整：底辟作用要求顶部岩层被刺穿。刺穿可以借助于逆冲构造，如图 20.13（d）所示，但是由此形成的这类盐构造的几何形态非常不对称，可能与上述讨论的经典底辟构造不大相同。

　　虽然在区域收缩过程中弯曲作用和逆断层作用是盐底辟开始形成的一种方式，但是在发生区域收缩作用的地区，大多数大型底辟构造很可能是由于伸展作用形成，并在后来的收缩过程中被扩大或是改造。我们必须认识到，先存的盐底辟代表了一些软弱的元素，如果该区域受到水平压缩，这些软弱的元素会优先发生变形。当这种情况发生时，盐底辟则越变越窄，同时盐体上挤，许多情况下还横向延伸。根据含盐量、构造发育和沉积特征的不同，可以形成多种典型的构造。如果承认收缩形成盐底辟或者改造盐底辟，那么所包含的构造种类将多种多样。我们将研究一些最常见的与收缩作用相关的盐底辟。

盐岩比其他的岩石软，所以它将影响区域收缩后的构造样式，无论是通过滑脱褶皱作用和叠瓦作用，或是挤压已有的底辟，形成盐席和盐川。

## 泪滴状底辟

已经形成的盐构造的扩展部分逐渐收缩可以导致**泪滴状底辟**（teardrop diapirs）的形成（图 20.17），原本向上扩展的底辟被挤压到构造中间盐焊接形成的位置。上面孤立部分是泪滴构造，下面根部构造称为基座。在该过程中，盐向上流动，在许多情况下，其受浮力的分量控制，但同时也受顶部自由表面控制。实际上，由于构造挤压或盐增压提供了足够的动力，因此该过程的发生不需要浮力作用。泪滴状构造通常出现在盐构造缩短区的地震数据中，但是在伸展区也可以产生该构造（图 20.18）。

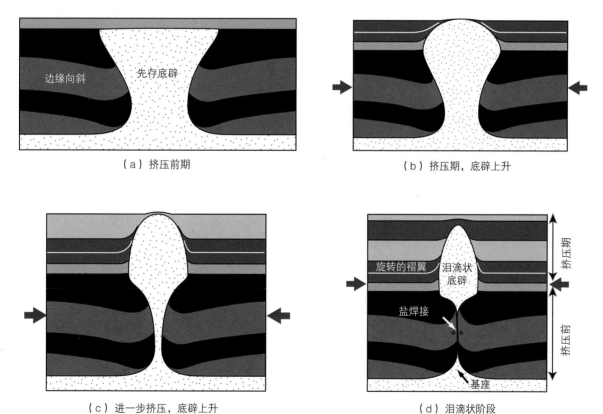

（a）挤压前期

（b）挤压期，底辟上升

（c）进一步挤压，底辟上升

（d）泪滴状阶段

图 20.17　泪滴状底辟形成模式图（据 Hudec 和 Jackson，2007）

由于挤压作用，使在伸展过程中形成的沙漏状底辟（a）转变为泪滴状底辟（d）。

如果泪滴状构造的盐焊接倾斜，在持续缩短的过程中，盐焊接可以作为逆断层活动。泪滴状底辟和相关构造的最终几何形态取决于先存的几何形态和沉积速率。如果收缩仅由纯剪切引起（如图 20.17所示），或沿着基底盐层发生的剪切作用也会影响其几何形态。

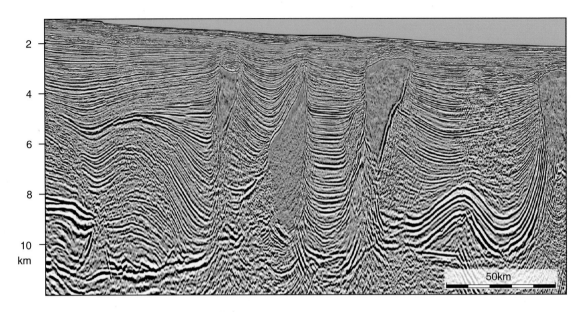

图 20.18　墨西哥湾密西西比峡谷海底的深度偏移地震剖面上显示的泪滴状底辟构造（滑脱的盐株）

源盐层位于约 10 ~ 11km（未解释）深处。在伸展环境中盐退形成了褶皱。图片由 TSG-NOPEC 提供

## 盐席

某些情况下，盐可以到达地表（干燥的陆地或者海底）并像缓慢流动的熔岩一样从火山口喷出。尽管地表盐席构造在一个多世纪前就已为人所知，但是迄今为止绘制的数千个盐席中，大多数是海底盐席，最近几十年才在裂谷和被动边缘通过地震成像和钻探探测得到以上这些盐席。如上文所述，此类情况可以在不受收缩作用影响的情况下发生，如图 20.16（d）所示，且易在底辟（通道）中盐垂直运动比沉积速率大时发生。然而，盐很容易到达并覆盖陆地表面或海底，在叠加了收缩"挤压"时，这种构造会发育得更好。

在地表或在地层间横向席状流动的盐称为**外来体**，因为它覆盖在较年轻和地层层位较高的岩石或沉积层之上，类似于外来的逆冲推覆体。因此，盐席也可称作**盐推覆体**（salt nappes）。

盐进入上覆地层则被称为外来体，如果宽度至少是厚度的五倍则被称为盐席。

盐挤出取决于相对盐流动的沉积速率。如果没有沉积物沉积，盐席会沿着上方地层的顶部分布，并在埋藏时受地层和埋藏之上剥蚀程度的限制。伊朗南部（专栏 20.3）所见地表盐构造就是上述情况，它在重力作用下向下流动，就像冰川一样。由**盐冰川**（salt glaciers）的褶皱标记可以看出，基底的不规则和基底的摩擦通常会导致盐内差异流动。大多数基底附近发生的流动是库埃特流，盐冰川舌部在地面之上滚动。然而，如果沉积物在盐构造的边缘沉积，流动的盐将周期地出现远离供给端的爬升段，其速率取决于沉积速率和盐挤出的速率。因此，可能会产生一系列的坡坪（图 20.19a），断坡被认为是沉积速率较快和盐发展速度较慢的时期。通常情况下，出露的盐席前进的机制称为**喷出式推进**（extrusive advance）。

海下盐席通常受沉积作用影响，已发现的许多实例中，盐席中部和后部被沉积物覆盖，而前部或趾端保持出露。这样的盐席通过出露的趾端喷出前进，该机制称为**开放式趾端增长**（open-toed advance）。开放式趾端推进导致在优先方向上侧向生长，使构造具有不对称性。挤出增长受盐向上流动驱动时，而开放式趾端推进包含由聚集在盐席顶部沉积物产生的流动以及微盆地沉入盐层产生的载

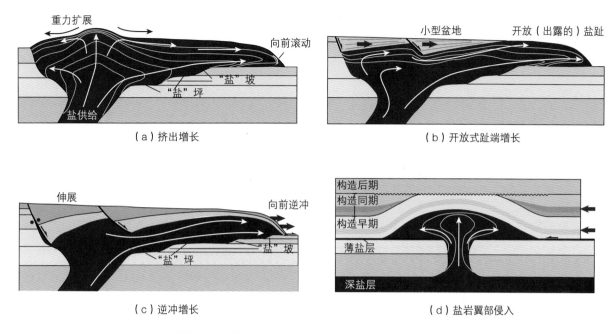

图 20.19　不同的外来盐构造（盐席）演化模式图（据 Hudec 和 Jackson，2006）

荷 [图 20.19（b）]。如图 20.19（b）和图 20.20 所示的正断层，表明盐朝着趾端流动并且在盐和微盆地底部存在摩擦阻力。最终，微盆地可以到达盐层底部，形成连接通道和盐席的焊接缝。在这种情况下，来自盐通道的供给中断，如果盐焊接开始起到滑脱作用（冲断），孤立的**外来盐体**（allochthonous salt）受沉积载荷或构造转换作用会持续地挤出。最终通过开放式趾端推进扩张的盐席可以完全被埋藏，如图 20.20 所示。后期剥蚀作用有时可以使盐层重新恢复流动。

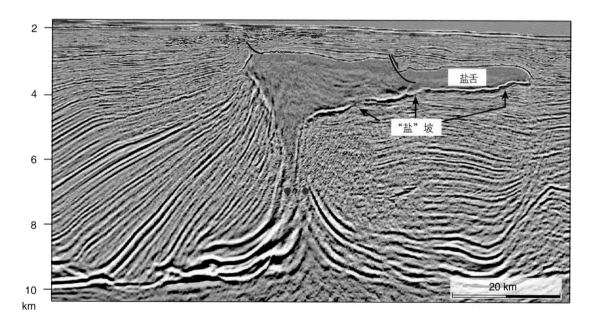

图 20.20　墨西哥湾经典的盐席构造（密西西比峡谷）（图片由 TSG-NOPEC 提供）

　　一些完全被埋藏的盐席可以通过逆冲作用进一步推进，这种机制称为**逆冲式推进**（thrust advance）。这种情况下，逆冲位于趾部区 [图 20.19（c）]。构造引发的逆冲断层上盘发育盐席，意味着在盐层底部或下部沉积物最上层存在一个软弱层，消除了盐体挤出增长和开放趾端推进的摩擦阻力。沿着逆冲层观察到的坡坪与逆冲断层传播有关（第 17 章），而与沉积速率的变化无关。坡坪坡（ramp-flat-ramp）的几何特征较为相似，挤出增长和开放趾端增长的过程中，很难区分盐席从一侧向另一侧逆冲形成的基底的几何特征。

在某些情况下，在同一地区会形成几个盐席，如果它们足够接近，则盐能够接合形成一个连续的单元，即**盐蓬**（salt canopy），它可以覆盖很大的面积。一旦形成盐蓬，盐蓬能起到其他盐层的作用，产生的次级底辟可以刺穿进入更高的地层单元。

### 盐侵

上述的盐席在地表或近地表形成。然而，盐体也有可能侵入到深部地层，尽管这种情况并不常见。这种构造称为**盐（翼）侵** [salt（wing）intrusions]，在北海南部已发现此类情况，那里的主要盐层（二叠纪 Zechstein 盐层）侵入了一个更高的但是相对薄的三叠纪蒸发岩层。由此产生的构造类似岩浆岩岩盖侵入体（图 20.21）。似乎更高的薄弱蒸发岩层的存在是盐可以形成盐侵的必要条件，同时它还依赖于区域挤压作用，该挤压作用可以给主要盐体增加压力，并在上部的蒸发岩层上方形成滑脱褶皱。滑脱褶皱为盐的流动提供了空间。盐体通常横向流动，但在盐侵的情况下，盐沿断层向上流动。

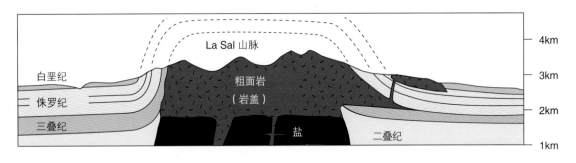

图 20.21　岩浆侵入盐底辟（盐墙）（据 Doelling，2001）

这种侵入是一种岩盖构造，类似于文中描述的盐（翼）侵（犹他州，Moab 地区）

## 20.7　走滑背景下的底辟作用

任何断裂或破裂作用都会使上覆地层变弱，并减缓盐底辟的形成。然而，在走滑系统释放（伸展）过程中，易于形成再活化盐底辟。这些区域上覆层被大量的断裂和裂缝削弱，并且产生大量水平伸展。盐底辟在缓慢释放阶段的发育与区域扩展非常相似（如上所述）：如果盐流入底辟的速度相对于伸展速度较慢，盐底辟可能会上升，随后坍塌。在挤压带或褶皱区，盐沿着逆冲发育位置充当区域滑脱层。

释放的弯曲是再活化底辟发育的理想位置，同时，底辟也可能会沿着走滑断层发育。

## 20.8　岩溶作用（喀斯特作用）下的盐坍塌

顶部位于地表或近地表的盐构造，其出露部分易被大气水溶解。这不仅会形成不溶性矿物和岩层的岩帽，还会导致岩溶作用，这与在石灰岩和大理岩形成的喀斯特地貌相似。在这两种情况下，岩溶作用都会导致上覆岩石和沉积物的重力坍塌，但是盐的溶解度更高（360g/L），因此重力坍塌的可能性更大一些。

　　岩溶构造的坍塌会在盐岩运移停止后很长一段时间后，在盐构造上方形成断层系统。这样的断裂构造难以与在区域伸展时盐构造伸展坍塌形成的脊地堑和环状断层系区分，在同一时间，两者可能同时产生影响。犹他州东南的 Paradox 盆地的盐脊是少数几个盐溶解导致盐墙相对近期坍塌的地区之一，塌陷可能是由顶部先存断裂再活动造成的（图 20.22）。在盐构造顶部发育的盖层，即主要由石膏和黏土组成的残留岩石，表明盐发生了溶解。由于科罗拉多高原晚新生代和第四纪的隆升作用，这些盐构造出露的时间相对较晚。盐构造上部的坍塌可能与地下溶蚀作用有关，导致先存断层再活化，并产生了新的断层。

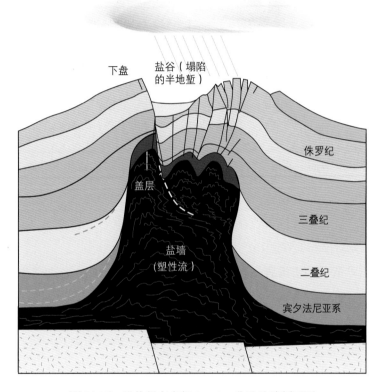

图 20.22　犹他州东南部 Paradox 盆地盐墙剖面图
盐层顶部的塌陷构造部分是由盐溶解过程中第三系地层区域再活动而形成的，大部分断裂活动与早期更深处形成的碎裂变形带有关

## 20.9　盐滑脱

　　盐的一个最重要的角色是在伸展背景如被动大陆边缘，或挤压背景如造山楔（褶皱冲断带）机制上起到了软弱滑脱层的作用。虽然盐构造（如底辟）仅在较厚盐层存在时形成，但只要盐的横向分布广泛，则可以形成几厘米厚，甚至更薄滑脱层。

　　盐的存在会对调节应变和分布方式上产生很大的影响。通常，如果盐层分布广泛，盐的软弱和黏性能使更广泛的地区发生变形。通常情况下，它也能够导致基底和覆盖层的**解耦**（decoupling）。这意味着上覆地层变形样式与下伏地层变形不同。如第 17 章所述，滑脱褶皱是有关盐滑脱的实例。盐层之上和之下完全不同的断层类型也很典型，因为除非盐层非常薄或断层非常大，否则断层不能延伸穿过盐层。

在造山楔中，盐起到了滑脱作用，将变形较小或没有变形的基底与强烈叠瓦和褶皱的岩石单元分隔开。因此，在碰撞带盐促进了薄皮构造的发育，如阿尔卑斯山脉和比利牛斯山脉前陆部分（图20.23）及伊朗的扎格罗斯山脉褶皱冲断带（图21.3）。在这种背景下，盐单元使构造应变局部化，这在一定意义上保护了相邻（上覆）盐层不受应变的影响，即使它们被搬运到几十或几百千米远。盐滑脱低摩擦力的另一个结果是上覆的变形岩石上的楔形物在横剖面上变长变薄，因而该情况下前陆延伸的范围要比没有盐滑脱时的范围更远。因此，盐滑脱能够使造山带变宽。

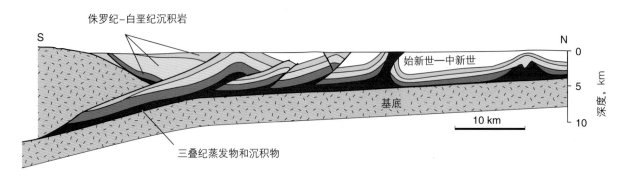

图 20.23　在 Pyrenean 造山楔前陆地区的盐作为滑脱层使基底与被挤压的上覆层分离
（据 Hayward 和 Graham，1989，有修改）。

造山楔中盐层容易形成滑脱，产生薄皮变形带，并且降低了造山楔坡角。

盐在造山楔中的作用，在地壳脆性部分表现最为显著，在脆性部位盐与其围岩的流变学和力学差异较大。在更深的地方，随着塑性变形机制变得更活跃，其他岩石变得软弱，在变质岩发育的深度，薄的石灰岩或千枚岩单元可能与盐在较浅的深度所起到的作用相同。

盐滑脱也可能由重力造成。盐滑脱变形最极端的表现形式一般情况下是在被动大陆边缘产生，如西非和巴西的沿岸地区。在这些地区，向洋倾斜的盐层使上覆层受重力驱动发生滑动。倾角不明显，可能仅仅只有几度，但是由于盐的强度较低，已经足够引发滑动。此外，由于上倾剖面靠近河流三角洲体系，因此上倾剖面的荷载普遍存在。整体的应变模式与任何重力滑动过程相同：后部伸展，前部收缩（图20.24和图20.25，又参见图18.12）。小规模的类似情况可以在一些日常生活中找到，例如覆盖在屋顶的积雪的重力滑动。来自房屋的热量产生一层薄水膜，雪在其上缓慢向下滑动，导致上部伸展，下部挤压（图20.26）。

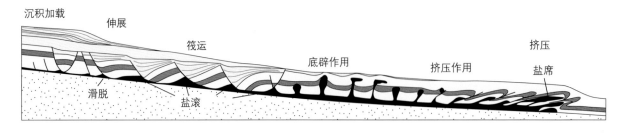

图 20.24　被动大陆边缘常见的盐滑脱构造

大陆边缘上部的盐滑脱，伸展作用可以在盐上产生并分离断块。所谓的**筏形断层**形成于盐滑脱之上，使张性断层完全与断块分离（图20.24和图20.25）。从某种意义上说，筏运作用即为断块作为分离的块体分布在盐层上，这在安哥拉被动陆缘得到了充分的体现。

图 20.25　巴西海岸的 Espirito Santo 盆地地震剖面

在上部（左侧）出现了伸展断层和断层筏，中部地区为盐底辟构造，右侧为异地源盐，下倾部分。
特别是在剖面上倾部分出现滑脱层结构。图片由 CGGVeritas 提供

　　在滑脱向下的一些点，伸展变为挤压，形成压性构造。这种情况发生是由于斜坡变浅、滑脱变平，同时也由于盐层在大陆边缘向洋的某点终止。如图 20.27 所示，由于盐终止导致剖面左边滑脱被牵制，并且在上盘产生压性构造。终止点处摩擦急剧增加，从滑脱层滑下来的沉积物堆积起来或通过令人印象深刻的收缩构造而堆积起来。这些构造包括滑脱褶皱、挤压的盐底辟、逆冲断层或者逆断层（图 20.25 和图 20.27）。盐席通常在压性域形成，常位于盐滑脱的下部和挤压区域，如果有足够的盐存在，也可形成盐蓬。

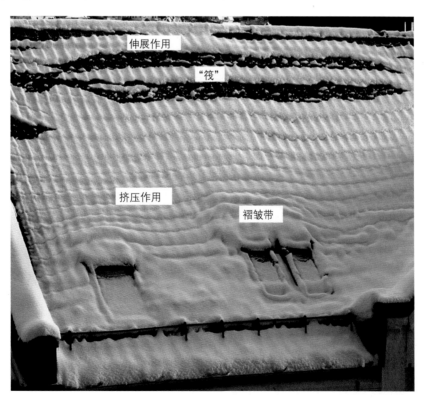

图 20.26　雪沿着光滑的屋顶缓慢移动，在屋顶上形成了伸展构造，如果被压住，则在底部形成挤压构造。
在这种情况下，窗户和围栏被固定。这是作者从卑尔根的办公室窗外看到的景象

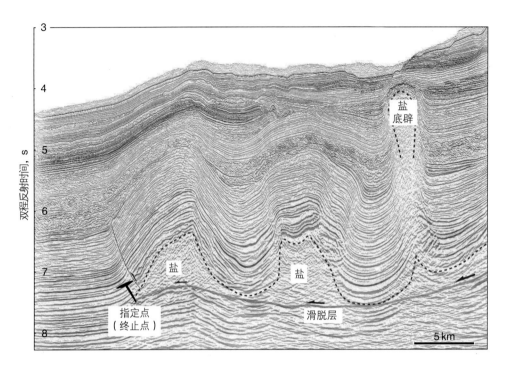

图 20.27　在塞内加尔西部的西非被动边缘盐的下倾终止。终止点固定在滑脱层上，其结果是在趾部附近的覆盖层被挤压（褶皱）（图片由 Ophir Energy，Rocksource ASA 和 AGC 提供）

## 本章小结

　　盐是一种特殊的岩石类型，在大多数地质条件下依靠塑性变形机制发生黏性变形。被埋藏的盐层可以被认为是流体，由上覆层的重量产生超压。盐的软弱性质使其发生局部变形，其不可压缩性使其周围沉积物致密，并在侧翼形成微盆地，较低的密度使其在埋藏的临界深度之下时具有浮力。从开始到结束的沉积速率、沉积类型，构造应变和盐流动速率是非常重要的变量，这些变量使每个盐构造都具有特殊性。以下是与本章有关的一些要点和问题：

　　● 盐的密度通常低于上覆地层（浅部被石灰岩覆盖，几千米深部被硅酸盐碎屑沉积物覆盖），但通常需要顶部变弱才能形成初始底辟作用。

　　● 许多盐底辟活动的开始取决于差异载荷或上覆地层局部断层作用。

　　● 底辟通过被动生长、区域伸展或挤压完成扩大或变形。

　　● 较高的伸展速率能使底辟构造加宽和降低，使其上部坍塌，形成上覆迷你盆地。

　　● 收缩能够挤压底辟，有时它们可以挤出到地表而形成盐席和盐冰川。

---

### 复习题

1. 为什么底辟作用不能仅仅由密度反转而形成？

2. 什么是再活化底辟作用？它可能发生在什么构造体系中？

3. 是什么导致了经典离心机模型在某种程度上的不现实性？

4. 主动底辟作用和被动底辟作用的区别是什么？该如何区别二者？

5. "盐丘形成说"是什么意思？

6. 为什么我们无法在重力牵引的滑脱层上部看到底辟，如图 20.24 所示？

7. 是什么决定了盐墙或盐底辟的形成？

8. 盐席和盐蓬的区别是什么？

9. 在造山楔中基底的盐层起到了什么作用？

10. 你能对图 1.6 做一个粗略的解释吗？能识别出盐层么？可以用铅笔画出盐构造并解释褶皱吗？

## 电子模块

本章推荐了有关盐构造的电子模块。

## 延伸阅读

### 综合

Hudec M R, Jackson J A, 2007. Terra infirma：understanding salt tectonics. Earth-Science Reviews，82：1-28.

### 外来盐席

Hudec M R, Jackson M P A, 2006. Advance of allochthonous salt sheets in passive margins and orogens. American Association of Petroleum Geologists Bulletin，90：1535-1564.

### 底辟作用

Stewart S A, 2006. Implications of passive salt diapir kinematics for reservoir segmentation by radial and concentric faults. Marine and Petroleum Geology，23：843-853.

Vendeville B C, Jackson M P A, 1992. The rise of diapirs during thin-skinned extension. Marine and Petroleum Geology，9：331-353.

Vendeville B C, Jackson M P A, 1992. The fall of diapirs during thin-skinned extension. Marine and Petroleum Geology，9：354-371.

### 被动边缘（盐滑脱构造）

Brun J P, Fort X, 2004. Compressional salt tectonics（Angolan margin）. Tectonophysics，382：129-150.

Jackson J, Hudec M R, 2005.Stratigraphic record of translation down ramps in a passive-margin salt detachment. Journal of Structural Geology，27：889-911.

### 盐溶解作用

Gutiérrez F, 2004. Origin of the salt valleys in the Canyonlands section of the Colorado Plateau Evaporite：dissolution collapse versus tectonic subsidence. Geomorphology，57：423-435.

# 第 21 章

# 平衡和恢复

地震解释的一个重要环节是将剖面或平面上的构造恢复到变形前的形态，即构造恢复环节。简而言之，如果一个剖面恢复前、后地层的长度、面积不变（或在三维空间上体积不变），我们就说恢复剖面或解释剖面是平衡的，是符合地质规律的。"平衡剖面"这一概念最早应用于挤压构造环境的研究，现在已逐渐普及到伸展构造环境。需要注意的是，在地质解释的过程中，尽管我们常将剖面是否平衡作为判别解释结果是否正确的重要条件，但并不意味着剖面平衡解释结果就正确。本章将通过一些剖面和平面来介绍平衡和恢复的基本前提和方法，并分析这些方法的实用性和不足。

本章电子模块中，进一步提供了与平衡和恢复相关主题的支撑：
- 刚性体的恢复
- 塑性体的应变
- 相关准则
- 平面图的恢复

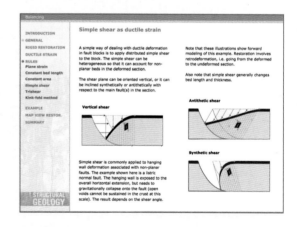

## 21.1 基本概念和定义

地质资料里包含的不确定因素，往往造成结果的多解性。哲学上有个著名的奥卡姆剃刀理论，该理论认为正确的解释和模型应当尽可能简单。这一理论也适用于平衡地质剖面的解释和模拟过程：如果我们考虑太多细节，将面临一些技术上的困难，或者发现工作效率低下。尽管一个简单的恢复方法可能存在明显的矛盾和错误，但它仍能得到一些关于构造变形的有价值的信息。

现在我们开始讨论平衡和恢复的具体内容。构造变形的地质解释结果经过**平衡**处理后，不仅现今的几何形态符合地质学规律，还能根据一些关于构造变形的假设条件将其恢复到未变形时的形态。因此，平衡处理会使我们的剖面或平面解释结果更加真实。此外，一条平衡剖面不仅必须是**协调的**，即不仅剖面上多个构造变形之间，剖面上的构造变形与构造背景都必须符合地质学规律，还必须**可恢复**。

**构造恢复**通常需要将一个剖面或平面恢复到过去未变形时或某期变形时的形态。除了那些线性变形（大多数构造变形都是非线性的），大多数构造变形的恢复方法类似于利用相反数或反转变换矩阵 $D^{-1}$ 来恢复构造变形的方法（见本书第 2 章）。因此，我们在进行构造恢复时，首先应当判断构造变形是否可以通过旋转、平移、简单剪切、弯滑等方式，或者这些方式的组合来解释。如果可以这么解释，我们通过求相反数，就可以对构造变形剖面或平面进行恢复。在实际的构造恢复过程中，有一个原则要遵循，即各要素之间必须是协调的，尤其是地层的产状要协调。具体体现在，恢复后的剖面应当没有或只有少量的重叠和空隙，断距应当被消除（早期就存在断距的情况除外），沉积地层应当去褶皱并旋转成平面或水平状态。因此，当我们在恢复一套（现在已变形）早期没有变形的地层时：

---

构造恢复剖面上不应当出现地层的重叠、空隙、错断、弯曲或其他产状非水平的现象。

---

在实际操作过程中，想要完美地恢复剖面或平面是比较困难的，尤其是在构造变形比较复杂的情况下。但这是我们的基本目标，换句话说，我们想要的是让恢复剖面或平面看起来尽量真实或相似。只有当一条剖面能恢复到变形前的合理形态时，我们才称这条剖面是平衡的。

---

只有恢复结果符合地质学逻辑，才能证明一条地质剖面是平衡的。

---

从技术层面讲，我们通常不考虑变形历史和恢复步骤，只有在需要对比构造变形前后的形态时，才考虑构造变形的机制，如刚性体旋转、断距（块体平移）和断块内部变形（韧性形变，也叫剪切变形）等。这时候，我们会设计一个未变形的模型，然后观察它的变形，直到它逼近我们的解释结果。这便是**正演模拟**，与平衡不是一回事。

平衡和恢复之所以被广泛使用有很多原因。其中一个原因是，它们能够估算一些构造变形量，比如确认沿着某条剖面的伸展量和缩短量，这就增加了解释结果的可靠性。20 世纪 60 年代，Clarence Dahlstrom 以及其他一些学者应用平衡和恢复手段对一条过加拿大艾伯塔落基山脉的剖面进行构造重建，恢复它变形前的形态，并计算出了它的构造缩短量。随后，该理论又被人们应用到伸展环境，比如美国西部的盆岭省和北海盆地。苏格兰地质学家 Alan Gibbs 对北海裂谷的横剖面进行了恢复，他也是最早应用该理论的学者之一。

---

平衡的剖面或平面不一定准确，但它要比不平衡的剖面更准确。

---

虽然剖面平衡作用是最常见的，但恢复和平衡作用可以在一维、二维和三维上实现。一维恢复称为线性恢复，二维恢复最常用于横切剖面，但也可用于平面，而三维恢复和平衡作用需要考虑三维空间可能的运动。

## 21.2　地质剖面的恢复

最简单的恢复办法是绘制一条直线，使它的方位和位置与变形前的状态一致。在恢复某个标志层或剖面上某个解释层位时，常用这种简单的一维恢复方法，如图 21.1 所示为一个标志层的恢复示意图。如果要考虑断层的几何形态或两个以上标志层，就属于二维平衡的范畴。

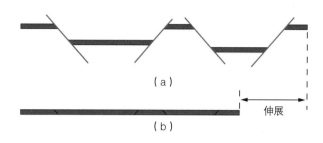

图 21.1　一维条件下恢复水平标志层的概念模型

在这种情况下，将线段沿着断层轨迹移动，直到它们对接形成一个连续层。然后，通过比较变形前后的形态确定伸展量

系统性地研究平衡剖面始于对加拿大艾伯塔落基山的研究，20 世纪 50 年代至 60 年代，一些构造地质学家在石油勘探过程中对逆冲褶皱带中某个标志层进行了平衡处理，他们假设地层的长度和厚度在弯曲前后始终保持不变，进而恢复出了标志层变形前的长度。在艾伯塔段的落基山，由于大多数构造变形位于软弱的泥岩层内，所以以弯滑作用形成滑脱断层或褶皱的时候，可以保持地层厚度不变，因此该处是研究平衡剖面的典型场所。过去标志层的测量主要通过传统野外工作方法实现，不过现代绘图通常要求精确的数据，比如经钻井证实的地震测线解释结果。一维恢复在任何方向上都可以实现，所求得的伸展量或缩短量与剖面方向对应。不过，在通常的情况下，剖面恢复需要遵循一些理论前提：首先，构造变形应当是平面应变（专栏 21.1）；其次，位移矢量或应变椭球最大轴 / 最小轴所在平面要和所研究的剖面重合。好在很多（但远非所有）挤压环境和伸展环境都能满足这些前提，这就使得线性平衡变得很有应用价值。

平衡剖面通常研究的是平面应变，并且剖面方向与构造主位移方向一致。

构造变形如果不是平面应变，就会存在一个垂直于剖面方向的应变分量，物质将沿这个方向进出剖面，使得剖面上地层的长度和面积发生变化。如果体积应变较明显，必须对垂直应变分量进行计算，这种情况就属于更为复杂的三维恢复。同理可知，如果某个地区属于非平面应变，我们却使用一维恢复方法去研究，解释结果就会出错。在本章中，我们主要关注平面应变。

---

### 专栏 21.1　平衡剖面的条件

- 充分的地质解释。
- 平面应变。
- 剖面方向与构造传播方向一致。
- 选择合理的变形机制（垂直剪切、刚性体旋转等），关于构造变形的认识应符合相应的构造背景。
- 恢复结果应建立在独立观察和实验的基础上，且符合地质学逻辑。

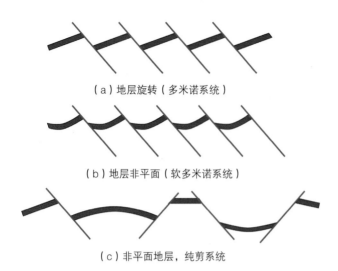

图 21.2 （a）表示如果地层未发生褶皱，旋转地层可通过刚性旋转和去断距等方法恢复。（b）和（c）表示如果地层发生褶皱，应该使用透入性（韧性）变形如垂直剪切和斜向剪切等方法恢复。

## 刚性体恢复

当断块表现出刚性体特征时，剖面恢复过程最为简单，因为它只涉及刚性体旋转和平移两种机制。在剖面（或三维空间的平面）恢复过程中，无论断层迹线是否存在弯曲，未变形沉积地层在恢复后仍然呈直线状。图 21.2（a）所示为多米诺构造的恢复实例，恢复过程用到偏移（平移）和旋转（逆时针）两种机制。恢复每个断块的过程如下：在去断距前，首先旋转剖面，让地层变成水平状；然后利用一把剪刀或电脑绘图程序进行恢复，通常要固定住剖面的一端；接下来，以固定端为参考点移动断块进行恢复；最终，我们将得到伸展量、断层倾角和块体旋转量三个数据。图 21.2（a）所示的例子非常简单，块体旋转时地层长度保持不变。如果剖面中存在两个以上地层，我们就会发现刚性体旋转时面积也是不变的。

## 长度守恒和面积守恒

**长度守恒（平衡）**有个假设前提，即：要想标志层恢复到初始长度，只能通过可观测的分离和叠置来伸长或缩短标志层。这一假设在剖面恢复中普遍适用，尤其是在需要快速恢复某个构造时。这一假设常被用来恢复褶皱冲断带，不仅在加拿大落基山山脉适用，几乎所有薄皮逆冲构造带都适用。图 21.3 所示为伊朗 Zagros 褶皱—冲断带的恢复实例，由于扎格罗斯褶皱—冲断带的形成受控于软弱的盐岩滑脱层，因此比较适用长度守恒恢复，不过这种情况比较少见。当地层为线状或水平状时[图 21.1 和 21.2（a）]，适用长度守恒恢复方法。不过很多情况下，由于地层发生弯曲，长度守恒恢复的可靠性值得质疑。

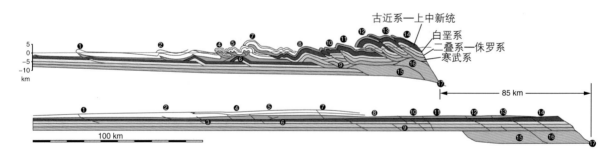

图 21.3 穿过 Zagros 褶皱—冲断带的横剖面（据 McQuarrie，2004，有修改）
剖面恢复过程采用弯曲滑动方法，在保持地层厚度不变（面积守恒）的条件下，在变形剖面上测量断块各地层从顶部到底部的长度，在恢复剖面的断坡和断坪处将其与对应地层进行拼接。为帮助比对，使用数字来标识各断块

如果变形地层是弯曲的，说明存在韧性应变，仅靠刚性体的旋转无法将变形恢复。

在褶皱形成过程中，某些特定的递进应变方式可以使地层长度保持不变。当地层长度发生改变，但面积仍然保持不变时，这时候使用**面积守恒**会更稳妥、更合适。面积守恒：如果剖面在一个方向被缩短，必然在另一个方向伸长。以图21.4（b）为例，只要没有压实或者物质出入剖面，即便地层长度和厚度发生了改变，变形前后面积依然守恒，因此A的面积和B的面积一定相等。面积平衡可用来估算滑脱层的深度，如图21.4（c）所示，C和D的面积相等，只要知道伸展量（上盘的水平位移），就能轻易估算出铲式正断层变平的深度。这种估算滑脱层的方法同样适用于图21.4（b）所示的断层传播褶皱。

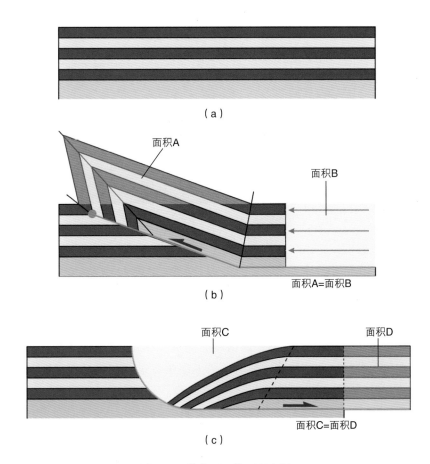

图21.4 横截面上的面积守恒

（a）未变形剖面；（b）断层传播褶皱；（c）铲式正断层；除了弯滑和弯剪，只要层内存在剪切应变，地层长度就会发生改变

## 弯滑

弯滑机制形成褶皱是通过层间滑动实现的，地层长度和厚度保持不变，这就使构造恢复过程变得简单。如果应变平面不连续分布，就形成弯剪，此时应变平面平行于层面。

在挤压环境中，滑动和剪切最容易发生在层间的力学软弱面，因此平行地层的简单剪切最常见。此时，只要地层开始褶皱，平行地层的滑动和剪切就会起作用，最终形成弯曲滑动褶皱或弯曲剪切褶皱——这两种褶皱机制的地层长度和面积保持不变。

在弯滑和弯剪过程中，由于地层长度和厚度保持不变，因此面积也不变。

弯滑机制适用于模拟或平衡挤压构造，如断层转折褶皱和断层传播褶皱。断层转折褶皱可用一本平装书或一叠纸沿着斜面移动来说明。通过在这叠纸的一面绘制圆圈，可以看到在不改变纸的长度的情况下，应变是如何累积的。

要恢复剖面，只需用尺子或丝线测量剖面上每个标志层的长度，然后将这些标志层移动到初始断点处（断坡上它们曾经被错断的地方），在保持地层厚度不变的情况下做层拉平，如图 21.5 所示。如果地层厚度在变形剖面上存在变化，仅靠弯滑机制得到的恢复剖面可能是错误的。类似的方法也可以用来恢复弯滑褶皱，比如滑脱褶皱。

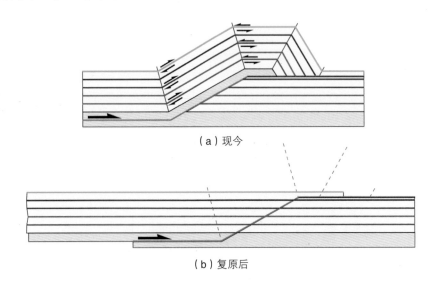

（a）现今

（b）复原后

图 21.5　恢复时假定地层长度和厚度保持不变。上盘地层逐个旋转拉平后，向左移动与下盘层位对接上，其结果符合弯滑原理

在伸展环境中，虽然也有平行地层的剪切作用，但很少见。之所以如此，是因为挤压环境的 $\sigma_1$ 方向是水平的，伸展环境中 $\sigma_1$ 方向是垂直的，而滑动方向大多和 $\sigma_1$ 方向呈 20° ～ 30° 夹角。在伸展环境中恢复剖面常采用另一种跨地层剪切的恢复方法，即简单剪切。

## 剪切

简单剪切将小规模变形视为韧性变形，地层保持连续。在地震剖面上，这种真实存在的小规模变形表现为亚地震特征（尺度小于地震反射剖面的分辨率）或韧性变形特征，在解释时常被忽视。专栏 21.2 讲述了如何应用简单剪切估算断块内的韧性变形。从本书第 16 章可知，简单剪切是一种透入性作用，造成整个地层旋转，导致地层长度发生改变。由于不同部位简单剪切方向的变化，地层还会发生偏移或褶皱。尽管地层长度会有变化，简单剪切的面积仍然是守恒的，因此在伸展环境中简单剪切的面积守恒比层长守恒更实用。

简单剪切常用来恢复伸展构造的上盘，适用于非平直断层，特别是铲式正断层（如图 21.6 所示）。由于雪弗龙公司最早采用**垂直剪切**方法来模拟铲式断层上盘的等面积变形，因此这种技术也称作**雪弗龙（Chevron）恢复**（注意不要与第 12 章雪弗龙褶皱混淆）。垂直剪切意味着水平方向没有伸长或缩短，但每套地层都发生了延长、旋转和减薄。

人们应用垂直剪切机制不久后，很快就意识到断层上盘的剪切变形可能不是垂直剪切，进而提出**反向剪切**（剪切面倾向与主断层相反）和**同向剪切**。图 21.6 展示了两者的区别，反向剪切卷入上盘更大范围，形成的断距要小于垂向剪切。在实际恢复过程中，选择合适的剪切角并不是一件容易的事，我们经常会调整角度以得到最佳选择。对大多数铲式正断层来说，反向剪切选用 60° 剪切角比较合适，而同样的角度在同向剪切中却会产生上盘陡倾的假象 [图 21.6（d）]。因此，垂向剪切更适用于大尺度的地壳变形恢复。

当断层倾角向下变陡时，无论是缓慢变陡（反铲式断层）还是突然变陡（图 21.7），同向剪切都适用。当上盘发育向斜时，同向剪切也适用。不过，如果向斜宽度向上增加，**三角剪切**（专栏 9.4）可能是更好的选择。在图 21.8 的例子中，向前传播三角剪切（a）模拟现存剖面（b）的结果非常好。

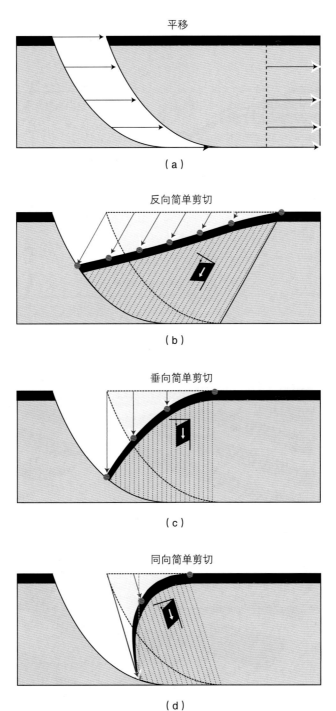

**图 21.6 铲式断层上盘的变形**

（a）平移；（b）反向剪切、（c）垂直剪切和（d）同向剪切；请注意断层上盘几何形状的不同，
且剪切作用实际上仅影响上盘左侧部分

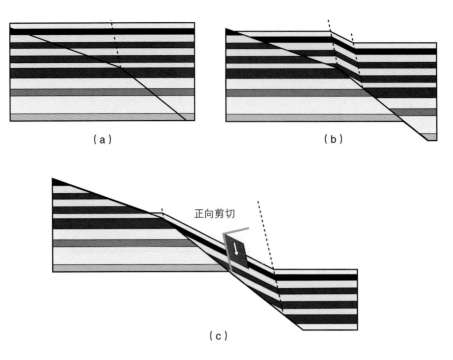

（a）                              （b）

（c）

图 21.7　同向剪切位于正断层上盘的个别位置

简单剪切与断层倾角向下变陡有关

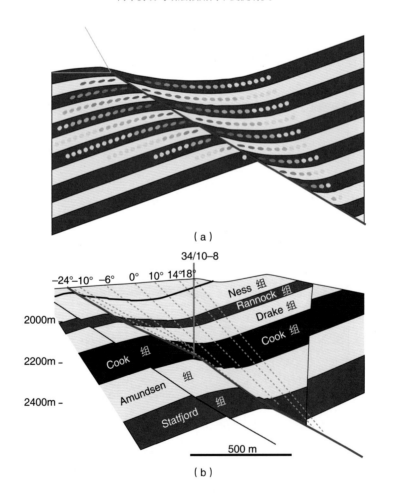

（a）

（b）

图 21.8　（a）断层向上传播时地层倾角变缓的三角剪切机制在上盘形成一个向斜。（b）北海 Gullfaks 油田经过井约束的地震剖面。等倾角线（蓝色）的划分以地层倾角测井数据和地震解释结果为依据（注意二者的几何相似性）

三角剪切没有固定的剪切角，只有一个可移动的三角变形区域，该区域内地层发生韧性变形，其末端与断层端点相连。三角剪切模型非常有趣，它能解释局部牵引构造和断层附近的褶皱，但在恢复区域性大剖面时又不适用，后一种情况更适用垂直剪切或斜向剪切。因此，可以综合两种方法，用垂直剪切模拟整个剖面，用三角剪切模拟剖面内的特定断层。

---

### 专栏 21.2　垂向剪切和斜向剪切究竟有什么不同？

变形地层间的局部变形或韧性变形导致地层变得不再水平，我们可用多种方式模拟这一过程，其中较为方便的方法是简单剪切。它涉及两个变量：剪切应变和剪切面的倾角，即**剪切角**。不过，在地震/地质剖面上，很难见到这些导致地层变成非平面的构造，包括亚地震级别的断层、变形带、伸展裂缝或微尺度的重组结构。因此，通常观察精度下的韧性变形，都是用简单剪切来模拟。

有时候，我们可用断层上盘中的小断层的方位代表剪切角，如同下面两张图展示的，断层上盘大多数小规模断层与主断层同向。然而，断层上盘整体的形成机制却属于反向剪切，如黄色箭头表示。这两个例子表明想要用小断层来确定剪切角不太容易。

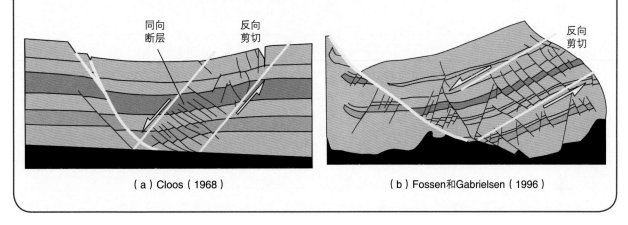

（a）Cloos（1968）　　　　　　（b）Fossen和Gabrielsen（1996）

---

### 其他模型

还有一些其他假设条件被用来模拟非平直断层上盘的韧性变形，包括主地层**断距守恒**和**水平断距守恒**。在本书第9章讲述了断层位移的变化规律。尽管这些假设条件从几何学的角度看是可行的，但除了特定的例子，从地质学的角度看仍然不够完善。不过，如果给定断层的位移相对剖面长度而言较大，断距的变化就显得相对较小，此时位移守恒会是个不错的选择。一般情况下，剖面恢复时建议尝试多种假设条件，一方面可以提供多个可选解释，一方面不同解释的区别会帮助突显其中的不确定因素。

### 压实作用的影响

面积守恒是指在变形过程中地层的形态发生了变化，但是面积始终保持不变。不过，压实作用既可以发生在变形期间，也可以发生在变形后，沉积岩的压实作用（垂向缩短）会使面积发生纵向减小。如果构造变形发生在浅部沉积地层埋藏、成岩之前，断层和褶皱受后期的压实作用影响会非常明显。墨西哥湾三角洲相沉积地层中的生长断层倾角向下减缓，便是压实作用影响变形形态的典型实例，如图 21.9 所示。

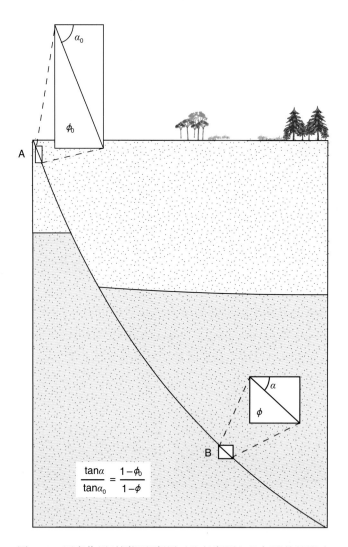

图 21.9　压实作用对同沉积断层（生长断层）几何形状的影响

由于压实程度随深度增加而增强，断层倾角也会随深度增加而下降。如果知道初始孔隙度，就可计算断面上任何位置的
原始倾角。通常情况下，砂岩的孔隙度约为 40%，黏土约 65% ~ 70%。值得注意的是，有些断层的倾角随深度增加
而变平也可能是受其他因素控制

　　压实作用对沉积地层内断层的初始几何形态也有影响。图 21.10 所示断层的上部变得平缓，断层表现出反铲式特征。形成这种断层形态的根源是差异压实，压实作用对浅层的影响比已经压实的深层更大。

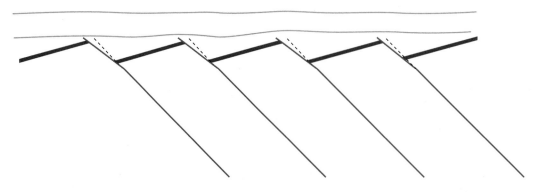

图 21.10　在构造活动后期，埋藏越浅的沉积地层的压实作用越大。由于差异压实作用，
构造活动后期，断层上段的倾角将明显变缓、变平

　　压实作用导致断层产状发生变化还有一个原因，那就是砂岩的压实率小于泥岩或黏土层。一般情况下，黏土层的初始孔隙度约为 70%，而砂岩约为 40%。如果刚沉积的砂泥互层中发育断层，后续的压实作用将使黏土层段的断层倾角小于砂岩段。

　　此外，断层两盘对差异压实作用的响应也不相同。如果下盘地层大多是致密的结晶岩或压实程度较高，在断距较大（超过几百米或更多）的情况下，后续的压实作用将使上盘地层的厚度变化明显大于下盘地层。倾斜的正断层上盘通常会受压实作用影响而形成一个向斜，如图 21.11 所示。

　　在进行构造恢复时，大多数平衡程序利用各种岩性的压实曲线来消除压实作用的影响。

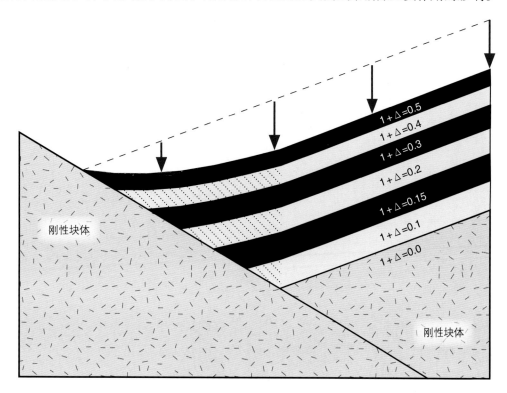

图 21.11　如果上盘的压实程度比下盘更高，就会形成压实向斜。假设本例的上盘是刚性体，
上覆沉积地层的压实从顶层的 50% 降到底层的 10%

## 21.3　平面图的恢复

　　在平面图上，正断层控制的水平地层表现为一系列分散的断块，逆断层则表现为一系列叠置的断块，有时这两种情况同时存在。以图 21.12（a）所示正断层为例，断块间的间隙即伸展量。所有断块在平面上的形态让人想到拼图游戏，构造恢复相当于把碎片归位 [图 21.12（b）]，并使所有碎片的间隔或叠置最小。如果断块内地层水平或没有变形，这种构造恢复相对简单。

　　通常情况下，地层是倾斜的，这时就有必要通过刚形体旋转让地层变成水平状态。如果层面不平，还应对层面进行去褶皱处理或考虑一些误差。这时候，应变模型的选择就是个问题，什么方法能将褶皱面上的质点投影到水平面来？斜剪切、垂直剪切或其他转换方法？如果表面积守恒，就可以使用弯滑褶皱模型。

　　尽管构造平面恢复有不少地方处理得不够精确或无法确定，仍不失为一个有用的方法，比如它能帮助我们选择剖面方向。以图 21.12（c）为例，连接质点变形前后的位置得到位移矢量图，从位移矢量的方向可以评估变形过程中重力的扩散情况，也可看出平面应变（相互平行的位移矢量）和非平面应变（相互离散的位移矢量）的区别。如果构造变形属于非平面应变，则意味着任意方向的剖面面积都不守恒，这样的剖面是不可能平衡的。如果我们的解释结果是平衡的，它肯定是错的！如果构造变形属于平面应变，选择平衡剖面时尽量与位移矢量平行。此时，平面恢复能让我们更准确地选择剖面方向。

构造平面恢复可以提供一些重要的信息。两盘断点的相对运动能够指示断层的局部位移方向 [ 图21.12 ( d ) ]。如果地层不是水平的，水平方向的位移分量可指示断层的局部位移方向。通过这种方法，平面恢复不仅能确定断层的滑动性质（倾向滑动、斜向滑动和走向滑动），还能显示断块在铅直面上的旋转角度 [ 图 21.12 ( e ) ]，而且水平任何面上方向的应变量都很清楚。最后，通过断块的间隙和叠置区还可以检验解释结果是否可靠、恢复结果是否一致。

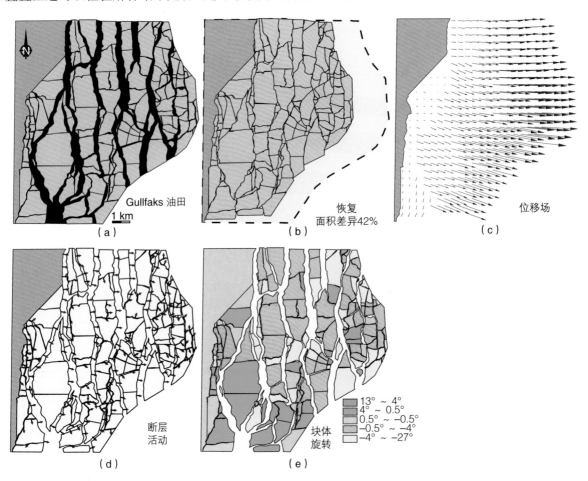

图 21.12　Gullfaks 油田 Statfjord 组构造平面恢复图（据 Rouby 等人，1996）

（a）现今形态；（b）恢复形态；（c）以最西部块体为参照物的位移矢量场；（d）断层滑动方向；（e）断块绕垂直轴的旋转量

## 21.4　地质力学恢复

到目前为止，我们介绍的大多数恢复方法，都是从几何学或运动学上考虑的。如果要考虑岩石或岩层的力学性质，可以利用有限元法或类似的数值方法。这涉及一些基本的力学概念（线性弹性理论）和物理定律，还需要计算变形过程中各点的应力分布。在实际应用中，常常将模型网格化，根据弹性理论计算施加位移或外力后物体的物性参数和运动学参数，将这些响应参数赋值给每个网格后，根据节点的受力可计算节点的位移。

本文通过两个例子来说明，第一个例子如图 21.13（a）所示。三个褶皱层的力学特征已经给出（杨氏模量 $E$=10GPa，泊松比 $\nu$ =0.25），假定地层可以沿着地层界面自由滑动。节点在移动到水平目标线的过程中，既可以向上移动也可以沿水平线横向移动。图 21.13（b）所示为恢复的结果，水平地层的长度差异与弯曲滑动的调节有关。每套地层的应力的分布都表现出类似的特征，即内弧拉伸、外弧挤压。这一点与第 12 章的内容一致（请注意，构造恢复是个反向过程，因此内弧产生张力，而外弧中产生挤压）。如果我们将三套地层设置成一个力学层，那样地层间就不能发生弯曲滑动，几何学恢复结果也将多种多样，尽管应力模式相似，但应力会相当高。

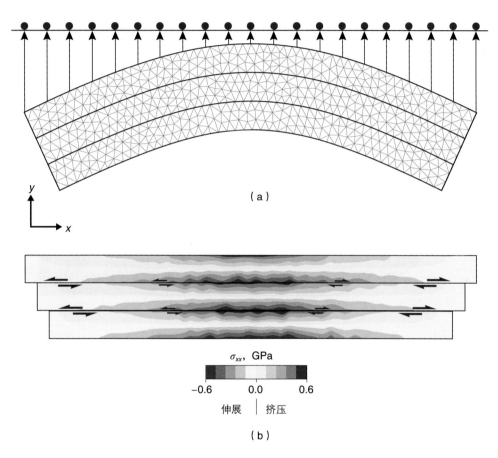

图 21.13　在岩石力学（$E$=10GPa，$\nu$ =0.25）和运动学的共同约束下恢复三个褶皱层

（a）待恢复的网格状褶皱；（b）恢复后的地层；水平应力计算结果表明，在褶皱期间发生内弧压挤压和外弧拉伸

（注意：与图中所示的恢复过程相反）

第二个例子（图 21.14）是对经典铲式断层沙箱试验的数值模拟，该沙箱试验由 Ken Mc–Clay 在 Royal Holloway 完成，他在刚性基底上铺了一层低摩擦系数塑性层作为基底滑脱层。该模拟虽然地质结构类似图 21.6 所示，但使用的不是垂直剪切或倾斜剪切方法，而是通过创建网格 [ 图 21.14（a）] 进行力学恢复。网格的设置值得注意，它的边界被断层、地层界面和滑脱层限定。在无滑动摩擦的情况下，模型经历图 21.14（b）所示的中间阶段后，最终恢复到如图 21.14（c）所示的结果。

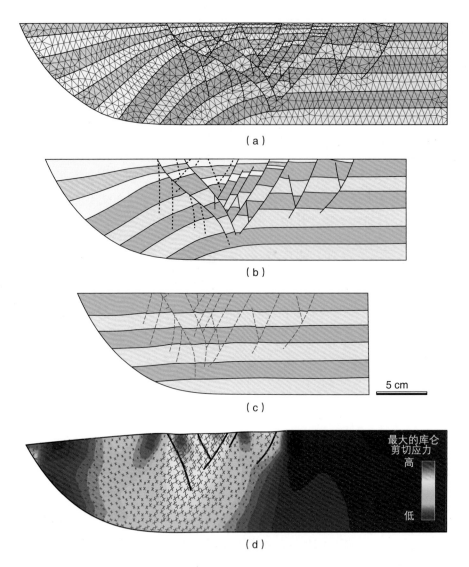

图 21.14　Laurent 和 Frantz Maerten 对 McClay（1990）沙箱模拟试验进行的力学恢复

（力学参数：$E$=2MPa，$\nu$ =0.3，摩擦角为 31°。断层间彼此接触且无摩擦）

（a）正演模拟最终结果（构造恢复初始阶段）；（b）构造恢复中间阶段；（c）构造恢复后，实线标注的断层为早期活动断层；
（d）递进变形过程中第一次变形（恢复）后的最大库伦剪切应力分布和预测的剪切面方位，黑线是前一阶段形成的断层，其位置和
方位与预测的应力数据十分匹配（与预期结果一致）。欲了解更多信息，请参阅 Maerten 和 Maerten（2006）的文章

## 21.5　三维构造恢复

平面恢复有时候也被称为三维恢复。不过，真正的三维构造恢复应包括体积恢复，这意味着要同时恢复平面和剖面。由于断块作为一个三维块体不仅会整体移动，块体内部也会发生变形，所以三维构造恢复问题非常复杂，本书不深入探讨。

在三维构造恢复过程中，通常利用数学方法将地层三角网格化或多边形网格化，这些网格是可运动的。使用垂向剪切的过程，就像手里轻轻握着一把铅笔，让笔尖接触存在差异起伏的表面，随着层面的起伏每只铅笔都可以发生轻微的垂向移动。三维构造恢复是解决非平面应变的好方法，但是，由于时间的限制，其他更为简易的构造恢复方法更吸引人。这些简易恢复方法可能不那么精确，但可以较快地得到重要的地质信息。

## 21.6 回剥

上面讨论的构造恢复技术主要基于运动学，没有考虑地壳的弹性或均衡响应。如果要恢复大尺度构造，这些因素必须要考虑。**回剥**（Backstripping）是一种均衡恢复方法，通过不断移除沉积地层并对地壳均衡作用进行平衡处理，得到盆地的沉降史。在裂谷盆地研究中，通过估算后裂谷期的沉降速率，可以估算岩石圈在裂陷期的伸展量。具体内容包括：由新到老逐步剥离地层，利用压实—深度曲线校正压实作用，校正沉积载荷引起的构造沉降。与几何学平衡理论一样，均衡平衡也分为一维、二维和三维（较少见）。一维回剥主要依据 Airy 均衡理论，二维和三维回剥则依据挠曲均衡，需要考虑侧向载荷引起的补偿均衡。有时还需要通过古水深校正来恢复盆地早期阶段的古水深。

本书对回剥技术的细节不过多讨论（想要了解更多细节可以阅读下方的推荐文献），但是总的来说，模拟裂谷环境的构造剖面应包括：

（1）消除水深影响，计算挠曲均衡响应值。

（2）移除最年轻的地层系统。

（3）残余地层去压实校正。

（4）计算移除沉积负载后的挠曲均衡响应值。

（5）依据估算的 $\beta$ 值和裂谷年龄加上热隆升量。

后裂谷期每套地层由新到老不断重复上述过程，绘制一系列的恢复剖面。示意图见图 21.15。

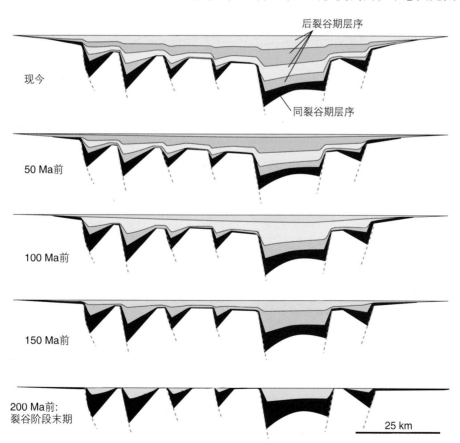

图 21.15　综合考虑挠曲均衡响应、压实和热沉降等因素，回剥一条过裂谷盆地的剖面的示意图

（据 Roberts 等人，1993，有修改）

从上到下逐步移除所有后裂谷期沉积地层单元，剖面参考古水深标志（例如断层顶部的侵蚀平顶）进行了校正

## 本章小结

　　构造剖面或平面恢复是非常有用的技术，运用它可以估算区域应力，探索如何用不同的变形机制来解释我们观察到的地质构造。如果某个构造无法恢复，则应慎重考虑恢复时采用的解释结果或假设条件的合理性。如果剖面和平面恢复结果从地质学角度看起来可行，说明解释结果是平衡且合理的，但不一定在所有细节上正确。我们要牢记，构造恢复在细节上永远都不可能都对，它经常需要对自然条件下变形的复杂性妥协，但它仍不失为一个有效的方法。构造恢复有多种实现手段，包括使用剪刀和纸张、绘图软件或专业的恢复软件。请记住以下几点：

- 平衡的解释结果一定能合理地恢复到变形前的阶段。
- 合理的构造恢复状态（未变形）通常意味着沉积地层产状水平，断块间没有空隙或叠置。
- 如果构造恢复的前提假设是合理的，就需要考虑解释的剖面是否平衡。
- 构造恢复的方法通常不止一种。
- 在构造恢复过程中，必须慎重考虑构造环境和前提假设，使用一切可用的信息和经验。

---

### 复习题

1. 要使剖面平衡，必须满足的两个最基本前提是什么？
2. 构造恢复和正演模拟有什么不同？
3. 构造恢复中的韧性应变是什么意思？
4. 剖面恢复中最常见的韧性应变模型是什么？
5. 怎样恢复褶皱层？
6. 平面图恢复可以提供哪些信息？

---

## 延伸阅读

### 综合

Rowland S M，Duebendorfer E M，2007. Structural Analysis and Synthesis. Oxford：Blackwell Science.

### 回剥技术

Roberts A M，Yielding G，Badley M E，1993. Tectonic and bathymetric controls on stratigraphic sequences within evolving half-graben//Williams G D，Dobb A，Tectonics and Seismic Sequence Stratigraphy. Special Publication 71，London：Geological Society，pp. 81-121.

Watts A B，2001. Isostasy and Flexure of the Lithosphere. Cambridge：Cambridge University Press.

### 收缩

Dahlstrom C D A，1969. Balanced cross sections. Canadian Journal of Earth Sciences，6：743-757.

Hossack J R，1979. The use of balanced cross-sections in the calculation of orogenic contraction：a review. Journal of the Geological Society，136：705-711.

Mount V S，Suppe J，Hook S C，1990. A forward modeling strategy for balancing cross sections. American Association of Petroleum Geologists Bulletin，74：521-531.

Suppe J, 1983. Geometry and kinematics of fault-bend folding. American Journal of Science 283, 684-721.

Woodward N B, Gray D R, Spears D B, 1986. Including strain data in balanced cross-sections. Journal of Structural Geology, 8: 313-324.

Woodward N B, Boyer S E, Suppe J, 1989. Balanced Geological Cross-Sections: An Essential Technique in Geological Research and Exploration. American Geophysical Union Short Course in Geology, 6.

### 伸展

de Matos R M D, 1993. Geometry of the hanging wall above a system of listric normal faults-a numerical solution. American Association of Petroleum Geologists Bulletin, 77: 1839-1859.

Gibbs A D, 1983. Balanced cross-section construction from seismic sections in areas of extensional tectonics. Journal of Structural Geology, 5: 153-160.

Morris A P, Ferrill D A, 1999. Constant-thickness deformation above curved normal faults. Journal of Structural Geology, 21: 67-83.

Nunns A, 1991. Structural restoration of seismic and geologic sections in extensional regimes. American Association of Petroleum Geologists Bulletin, 75: 278-297.

Westaway R, Kusznir N, 1993. Fault and bed "rotation" during continental extension: block rotation or vertical shear? Journal of Structural Geology, 15: 753-770.

Withjack M O, Peterson E T, 1993. Prediction of normal-fault geometries-a sensitivity analysis. American Association of Petroleum Geologists Bulletin, 77: 1860-1873.

### 平面复原与三维复原

Rouby D, Fossen H, Cobbold P, 1996. Extension, displacement, and block rotation in the larger Gullfaks area, northern North Sea: determined from map view restoration. American Association of Petroleum Geologists Bulletin, 80: 875-890.

Rouby D, Xiao H, Suppe J, 2000. 3-D Restoration of complexly folded and faulted surfaces using multiple unfolding mechanisms. American Association of Petroleum Geologists Bulletin, 84: 805-829.

### 盐构造

Hossack J, 1993. Geometric rules of section balancing for salt structures//Jackson M P A, Roberts D G, Snelson S, Salt Tectonics: A Global Perspective. Memoir 65. American Association of Petroleum Geologists, pp. 29-40.

Rowan M G, 1993. A systematic technique for sequential restoration of salt structures. Tectonophysics, 228: 331-348.

# 第 22 章

# 全局简观

作为构造地质学家，我们需要根据对构造地质学知识的认知做出客观的观察和分析。然后，将局部观察结合在一起，组成或归纳出一个大型区域模型。我们应及时汇总观测结果，从而构建变形史，或者提出一个结合沉积信息、侵入关系和变形资料的模型。将构造观察与其他信息结合起来至关重要，在本章中我们会对一些相关样例做简要介绍，特别是与变形的相分解，变质岩石学，$P—T—t$（压力—温度—时间）路径和沉积模式有关的实例。相关论述过程简要，旨在表明一些重要原则和参数而不是详细讨论样例和方法。

## 22.1 综合

本书中，我们在不同的章节中讨论了不同类型的构造，如断层、褶皱和叶理。通过学习，我们应该对每个构造类型的基本知识有一定的了解，并在需要时加以运用。我们应该能够识别多米诺断块、**碎裂变形带**、亚晶粒、变形带、相似褶皱以及本书中讨论的其他构造。当考察一个露头或地震剖面时，我们的大脑会自动搜寻熟悉的几何形态和模式。通过结合其他露头的观察，我们提出了以下几类问题：在类型和倾向上，观察到的褶皱会形成一致的模式么？如果在某一地区或露头上观察到的褶皱运动学上保持一致，是否可以依赖一次单一的变形阶段来解释它们？又或者需要通过更加复杂的变形历史进行解释？如果断层影响褶皱地层，如图 22.1 所示的两种情况，那么褶皱和断层是否产生于同一变形阶段？还是形成于不同时期不同应力场和 / 或物理环境下呢？为了寻找答案，我们可能需要测量各种不同的构造并且在赤平投影中画出它们的方位数据。也许，还需要应变分析和运动学分析。这可能还不够，我们可能会发现，我们还需要从例如变质岩石学、地球年代学和地层学等相关学科中引进更多的信息。

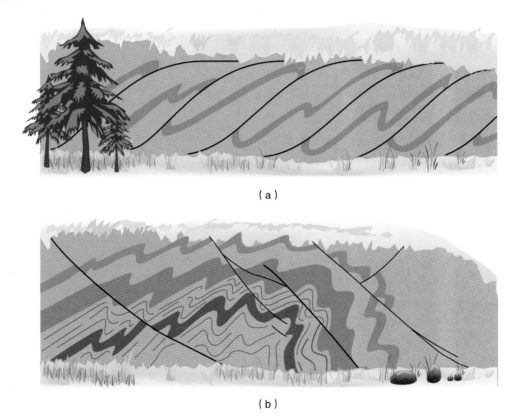

（a）

（b）

图 22.1　露头上断层和褶皱的示意图

在分图（a）中，褶皱模式与逆断层模式能够系统性地匹配，就可以很自然地将断层和褶皱解释为同期变形阶段的产物。
在分图（b）中，正断层和褶皱之间没有运动学上的联系，因此我们将其解释为两个变形阶段的产物

## 22.2 变形阶段

构造地质学家通常需要寻找两个或多个**变形阶段**的证据。在 20 世纪 60 年代至 80 年代，这尤其是构造地质学研究的焦点，一般情况下与变质岩石学和放射性年代测定相结合，这对于现今构造地质学家来说也是重中之重。对变形阶段的定义有很多种，其一便是：

---

一个变形阶段是一个时期，在这个时期内，该地区的构造的不断形成，并且具有与特殊的应力或应变场或运动学模式相关的同一构造。

---

显然，在变形过程中，温压条件、应力场和运动学都会发生连续变化，在这种情况下，离散变形阶段的概念不是十分适用，但是在很多情况下，变形阶段的概念有效。在单个变形阶段形成的构造都可预见特定的特征。例如，同一阶段形成的褶皱都可能显示出一致的倾向，并且它们可能发育具与特定变质环境有关的具有一定矿物组合的劈理。在脆性域中，形成于同一变形阶段的扩张裂缝都会显示出相同的方位（除受局部应力异常影响的区域），并且被相同的矿物填充。在第 10 章中讨论了断层运动学，其中在相同的区域应力场中形成的断层和裂缝的模式一致。

在考虑区域变形史时，**叠加关系**是一个十分重要的原理。叠加关系表明在同一露头或样品中发现了两种或多种构造，因而可以确定它们的相对年代。一个脆性正断层在一个塑性剪切带中发生偏移就是一个很好的两期变形阶段的例子。在韧性域中，褶皱干扰模式（第 12 章）就可以揭示两个不同变形阶段的特征。

**构造类型**和方位并不一定是一个好的标准，因为构造类型会受局部流变变化和性质以及应变幅值变化的影响。因此，开阔褶皱和紧闭褶皱可能于同一阶段形成，而同心滑脱构造可能于滑脱之上形成，而紧闭剪切褶皱则形成于滑脱内部。此外，随着相邻砂岩中变形带及相邻页岩层中滑动面的形成，扩张裂缝可以在能干性石灰岩地层中发育。因此，具有叠加关系的地方对于相对年代的确定是无价的。

即使这些构造都出现在同一个露头或地区，但要整理构造之间的年代关系并不容易。不同方向的断层也可能同期形成，如图 9.4 中所示的断层。

## 22.3 递进变形

很多岩石都经历了两个或多个变形阶段，其中一些可能与构造事件相关，例如岛弧与大陆边缘发生碰撞或是陆—陆碰撞。这些构造事件有时可以产生若干个阶段。代表两个或多个阶段共同作用的变形称为**多阶段变形**。从 20 世纪 60 年代到 80 年代，变形阶段的概念一直用于露头尺度，甚至是用于手标本尺度。大多数现代地质学家会更倾向于一个变形阶段应该具有更多的区域性特征，而这需要在一个地区的多个露头中发现相同的关联。在我们讨论单个变形阶段之前，仍没有一个明确的定义来说明多大区域内的一系列构造才称为是区域性。例如，走滑断层的一个弯曲（bend）可以在弯曲区域产生一组变形构造，这些构造叠覆在早期构造上（图 19.13）。在对这组变形构造应用单个变形阶段这个术语之前，需要对这个弯曲有多大进行确定。该弯曲有多大呢？可能相当大（1km$^2$ 或更大？），但在构造地质学的案例中，这个术语通常以某种不同的方式来使用。

多阶段变形这个术语受到挑战的另外一个相关案例是剪切带和糜棱岩带中褶皱和劈理的发生。褶皱可以偶尔出现在活动的糜棱岩带中，这主要取决于局部几何效应，例如构造透镜体。第 16 章中讨论的四分之一构造（图 16.33），以及图 12.39 中描述的鞘褶皱都是很好的实例。在渐进剪切过程中形成于剪切带的零星褶皱和叶理能够产生重褶褶皱和叠加叶理，这些都不是多期变形的证据。相反，我们认为这些构造是在**渐进变形**过程中形成的。然而，如果剪切带在一定时期内不活动，然后在另一个不同的地壳深度和 / 或应力场下发生重新活动，那么我们会其将作为一个新的变形阶段进行讨论。

多阶段变形意味着离散变形阶段，而渐进变形则涉及在某一局部或区域尺度上更连续、逐渐的发育。

需要注意的是，由于构造都是随时间的推移发育的，因此任何变形阶段都涉及渐进变形。

## 22.4 变质结构

变质条件十分重要，因为它们强烈影响着变形过程中将要形成的构造类型以及微观尺度变形机制和过程。**进变质作用**涉及温度—压力的升高，而**逆变质作用**则描述了相反的情况。变质情况或温压路径可以通过分析变质组合得到，而在变形的岩石中，这些组合通常和变形构造联系在一起。进变质作用矿物共生次序通常被暴露时形成的逆变形构造和组合所叠覆。

### 斑状变晶

有时变质矿物会生长成为比岩石一般颗粒大很多的晶体。这些大的变质晶体即被称为**斑状变晶**，并且常见于含云母的片岩和片麻岩中。图 22.2 中显示的斑状变晶中含有包裹体，这些包裹体画出了内部片理的轮廓，可以看出在图 22.2（a）中，内部片理已经发生了强烈弯曲，而在图 22.2（b）中则比较平直。这种内部片理代表生长过程中的片理残留，并且反映了当时的变质条件、结构方向和几何形态。因此，斑状变晶提供了进入变形史早期阶段的重要小窗口。图 22.3 说明了一个早期面理如何在斑状变晶中保存下来。

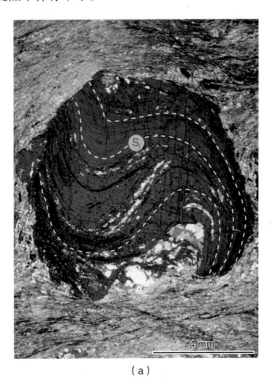
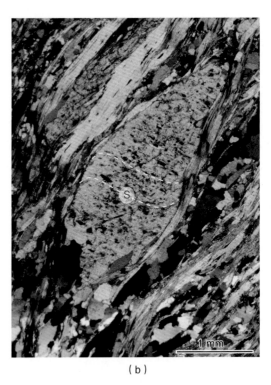

（a）　　　　　　　　　　　　　（b）

图 22.2 （a）云母片岩中的石榴石斑状变晶，显示出 S 型图案。包裹体图案是一个早期片理，现在已经分离并与外部片理呈高角度。（b）具有直线（大多数）包裹体痕迹的角闪石斑状变晶。直线痕迹即表明构造作用之前或构造作用期间的生长，但是接近边界的弯曲则表明变形是在生长史末期开始的

但是直线型与弯曲型斑状变晶包裹体表明了什么呢？斑状变晶可以在一个给定的变形阶段之前、期间或之后生长，分别称为**构造期前**、**同构造期**和**构造期后**。一些人利用**构造期间**这个术语来表示生

长发生在两个变形阶段之间的情况，尽管大部分人都会简单地将这种情况认为是构造期前。同构造期包裹体痕迹趋于弯曲，因为一旦成核，斑状变晶在进一步生长过程中就代表坚硬的极易旋转的物体。如果对其一步一步地进行素描，将会看到一个弯曲的包裹体图案形成。

根据这个发现，图 22.2（a）中的例子就可以解释为同构造期。构造期前的（构造期间的）包裹体图案往往是直线，因此，图 22.2（b）中看到的包裹体图案中间的直线部分很可能就是构造期前的，而外围的曲线则暗示了生长末期的旋转。需要补充的是，构造期前的（构造期间的）包裹体痕迹也可以为弯曲状态，例如早期变形阶段产生弯曲（细褶皱）劈理的情况——如图 22.3 画出的一种情况。

构造期后的斑状变晶更容易识别，因为它们只是简单地生长在现有结构上，可以通过斑状变晶连续追踪。

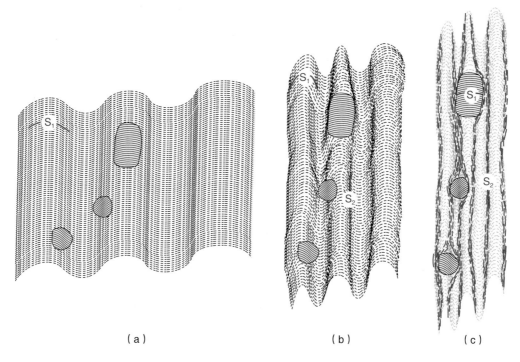

（a）　　　　　　　　　　（b）　　　　　　　　　　（c）

图 22.3　斑状变晶中倾斜内部片理（$S_1$）的发育是在生长过程中继承了岩石结构

## 压力—温度轨迹

在一次造山事件中发生变质的岩石遭受了构造变质作用，变质条件的变化可以描绘成压力—温度空间的轨迹，称为**压力—温度轨迹**（图 22.4）。岩石一定或通常记忆了其经历的构造变质作用的不同阶段或不同时期，通过这些信息可以推测它的压力—温度轨迹。例如，很多斑状变晶含有矿物包裹体，而这些矿物包裹体的生长压力—温度条件不同于基质矿物学中反映的压力—温度条件。有时利用处于平衡状态的矿物微探针分析可以估计两个阶段的压力—温度条件。

对于剪切带中保存在围岩或构造透镜体内的矿物共生序列，也可以运用同样的方法进行研究，如图 22.5 所示，在早古生代榴辉岩剪切带的围岩中[图 22.5（a）和图 22.5（b）]，以及更宽的榴辉岩剪切带的透镜体中[图 22.5（c）]保存的元古代共生序列。在高温高压条件下生长，并且在后来阶段发生退化的变质矿物假晶同样也可以为高温（峰值？）变质条件提供信息。例如，在一些超高压岩层中，发现柯石英之后又发现了石英假晶。同理，斑状变晶的化学分区和反应结构也可以为压力—温度的发育提供信息。这类信息是**热气压**测定领域的基础，并且基于实验室实验和校准，因此可以在压力—温度图中绘制图 22.4（a）和图 22.4（b）所示的构造变质类型的发育情况。虽然这里并没有真正涉及变质岩石学，但我们必须指出压力—温度图之所以重要，是因为它们反映了变形阶段期间或变形阶段之间的变质条件，而且当变质矿物集合体能够和类似劈理或离散的剪切带等的构造联系在一起时，就可以将构造地质学和大地构造学紧密结合在一起。

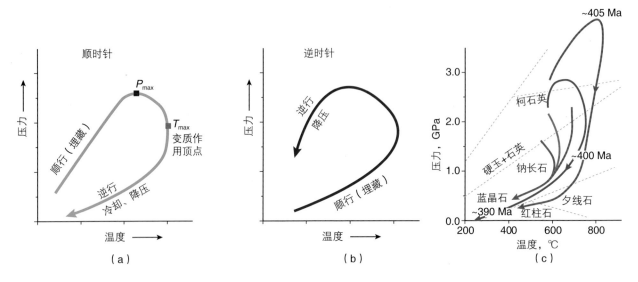

图 22.4　顺时针（a）和逆时针（b）压力—温度曲线。（c）不同地点的压力—温度—时间轨迹，挪威西南部加里东期俯冲陆壳，与图 17.26 和图 18.22 相关（据 Labrousse 等，2004）。年代涉及两条最深的路径。显示了众所周知的相变以供参考

如果我们能够恢复压力—温度史中不同阶段的信息，就可以构建压力—温度图，但这就依靠于非均质应变和不完全变质重置。

同时，压力—温度轨迹的形状也至关重要。在压力—温度图中，水平轴为温度，竖直轴为压力，压力—温度轨迹表现为顺时针或逆时针（与顺时针相反）的轨迹。图 22.4（a）中所示为一条**顺时针轨迹**，而这条轨迹则代表当相对低温的陆壳快速俯冲时，在岩石达到压力—温度轨迹中温度峰值之前先达到压力峰值的特征。在加里东陆—陆碰撞期间波罗的海地盾俯冲就是一个很好的例子（见图 17.26），其相关的顺时针压力—温度轨迹如图 22.4（c）所示。大部分顺时针压力—温度轨迹都意味着岩石在剥露史的第一阶段中经历了热变化。需要注意的是，压力—温度轨迹以及它的形状都取决于埋藏、剥露的速率和造山楔之后的质点轨迹，而这同样受区域地质构造和局部构造发育的控制。图 22.4（b）显示了一个**逆时针轨迹**，这类轨迹可代表任何热变早于地壳增厚的构造环境，例如裂谷作用早于造山作用或热岩浆在地壳增厚前侵入下部地壳。

构建压力—温度轨迹的先决条件是在岩石中找到足够的变质历史信息。矿物共生序列一定会在沿轨迹的若干个点上形成，并且必须在后续的构造变质史中保留下来。在干燥岩石中，即使物理条件发生急剧的变化，矿物也不会发生变化或重结晶。然而，一旦流体进入岩石，变质反应和再校准相对容易发生。这意味着，岩石会经历矿物共生序列没有记录下来的变质条件。流体与剪切带紧密相关，因此，剪切事件随流体进入并形成剪切带或裂缝，所以代表给定压力—温度条件的矿物优先地沿剪切带形成。这种变形和变质作用之间的联系十分重要，而且提供了帮助我们获得变形阶段期间和变形阶段

前期条件信息的多相性。一般来说，不同时期的剪切带含有不同的变质矿物组合，而这则是帮助我们构建压力—温度轨迹的最有价值的温度压力信息。

## 22.5 同位素定年和压力—温度—时间轨迹

基于野外或薄片上简单的叠加关系就可以容易地估计出压力—时间轨迹的方向（顺时针或逆时针），但是如果加上通过同位素数据获得的绝对时间的约束，则结果更加精确，如图 22.4（c）所示。简单地说，不同的定年方法既可以确定变质平衡的时间，也可以确定任何与变质反应无关的封闭时间间隔中的冷却时间。变质作用的直接测年一般是通过对锆石、独居石或榍石等变质作用时期生长的矿物进行铀铅年龄检测来确定。这种方法可以得出锆石生长的年代，而且激光法有时甚至能给出带状锆石的生长史。

一个有用的构造综合法在很大程度上依赖于岩石构造热史年代的确定。

大多数角闪石和白云母的 $^{40}Ar/^{39}Ar$ 分析都认为用于确定冷却年龄，指示了氩扩散停止时，矿物传递温度的时间。对于角闪石来说，这个温度为 500℃左右，而白云母则为 350℃左右。此外，白云母有可能在 350℃左右或略微低于 350℃的温度下在剪切作用过程中生长，通过保持温度保留在结晶过程中扩散的氩，因此，它们的 $^{40}Ar/^{39}Ar$ 年龄反映了生长的时间。如果是这样，就可以通过确定它们出现的剪切带的年带来代表构造变质事件的年代。$^{40}Ar/^{39}Ar$ 方法同样适用于钾长石，而钾长石在 150 ~ 350℃的范围内则表现为一种更接近于氩的多重矿物，因此能够用来模拟该间隔内的时间—温度轨迹。

压力—温度轨迹的最低端可以通过磷灰石裂变径迹分析来确定，即利用磷灰石的退火温度为 150℃时。通过结合这些方法和其他一些未提到的同位素方法，可能还需要其他独立的地层学证据，就可以确定压力—温度的绝对时间，得到的就是压力—温度—时间的**轨迹**。需要指出的是，同位素证据可能难以解释，甚至是对已经出版的结果和结论也应该进行批判性评价。

构造变质期间和构造变质事件之间的侵入岩的定年大有用处，这些岩石的定年可以给出比其他地质年代信息更准确、更可靠的结晶年龄。除了这些方法，还有若干种方法和技术在使用，另外，在过去的几十年里，新技术的应用使得精确度更高、误差更小。

### 微结构和变形机制

构造热事件的温度压力信息和同位素约束需要和微观尺度变形过程相结合。通过利用我们对不同压力—温度条件下岩石和矿物的变形特征的了解，可以识别具有相同变形机制的构造。总之，这能够帮助我们对同一区域内不同类型的构造进行识别、标注和划分。

## 22.6 构造作用和沉积作用

在变质岩地区，沉积物和变质沉积物十分重要，因为它们沉积在地表。如果一个（变质）沉积单元显示出一个完整的或者修改的主要基底接触，则可以推测在沉积过程中基底曾裸露在地表。在已知沉积物年代的情况下，则可以将一条非常有用的信息加在压力—温度—时间轨迹上。例如，在图 22.4（c）中所示的来自挪威西南部的加里东造山带被早期的中泥盆统沉积物所约束（约 397Ma 前），并且晚于约 425Ma 前沉积于洋壳之上的、现在被发现为碰撞带中蛇绿岩套碎片的沉积物。

当变形发生在地表或接近地表时，沉积作用和构造作用的关系更加明显。我们已经看到局部盆地和微型盆地如何在盐底辟周围和之间随着岩盐缩回形成（图 20.5 和图 20.18）。盐底辟周围的沉积类型及其厚度变化、不整合和沉积中心的迁移类型，反映了盐构造及盐变形的生长史和相关断层的运动情况。图 20.14 中阐明的运动学序列的形成就是这种关系中的一种类型。通过连续的恢复或回剥分析可以辨别地层样式，这可以提供通过其他方法很难获得的重要的信息。

保存在裂谷、造山带和走滑背景的同构造沉积记录反映了该区域与断层运动时间、盐生长或垮塌、剥露作用、变质事件或其他局部或区域构造有关的构造史。

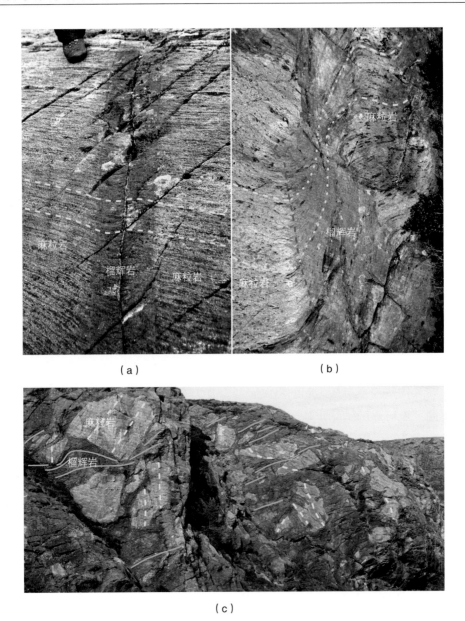

（a）　　　　　　　（b）

（c）

图 22.5　挪威的加里东大陆西南部造山带，Bergen Arcs 的加里东格林维尔期榴辉岩化的麻粒岩阶段的变质作用和变形构造之间的联系紧密，沿裂缝（a），剪切塑性区（b）和宽剪切区（c）发生选择性榴辉岩化，从（a）至（c）表示了不断增加的压力及变质作用，而选择性榴辉岩化则是由于沿裂缝和剪切区的流体渗透所致。Austrheim（1987），Bingen 等人（2004）及 Raimbourg 等人（2005）以证实计算出来的榴辉岩和麻粒岩的压力—温度条件和铀铅年龄测定得出的年代均不相同

图 22.6  带有旋转上盘的半地堑随着远离断层表现出的内部不整合和地层变薄，这些都是同沉积构造的特征
（Caleta Herradura，智利，该悬崖高 50 ~ 70m）

在任何一个涉及一些垂向运动分量的构造背景中，与断层相关的沉积模式较为常见。拉分盆地充填（第 19 章）反映了断层运动的时间和沉降速率，而这也与断层几何形态和滑动速率有关。在压缩域中，通过研究发现碎屑楔形层位于传播逆冲推覆体和生长造山楔的前端。这些前陆盆地反映了由外来单元及它们的合成物造成的地形起伏。一个接近造山带的前端会导致注入前陆盆地的碎屑物质增多，造成更快的沉积、更粗的颗粒以及相对于原前陆区域的外来矿物和碎屑类型。例如，奥斯陆附近加里东前陆层序中铬铁矿的突然出现，已经被解释为蛇绿岩套外来体从内陆进入盆地的证据。随后，造山前缘到达该地区，并且与地层发生薄皮收缩有关。因此，被认为是同造山期的整个层序其实包含了远早于造山变形作用之前的造山运动的重要信息。

在裂谷盆地中，沉积地层划分为裂前、同裂谷期和裂后层序。更具体的，一条主正断层（如图 22.6 所示）会有一个碎屑充填的同构造楔，并会随着远离断层而变薄，其颗粒变细、向下倾角变大（如图 22.7、图 22.8 所示的特征）。由于强烈的铲式断层几何形态，图 22.7 中的向下倾角增加的特征更加明显。随着断层滑动和新地层的沉积，铲式断层可以更有效地旋转地层。图 22.7 中的模型用来解释在挪威西南部的加里东造山带崩塌过程中一个厚度超过 20km 的、埋深从未超过 10km 的砾岩和砂岩层序累积的过程。在理论上，这种机制可以累积无限厚的地层而不会使其埋深超过拆离面，并且很好地阐明了断层几何形态和构造作用如何控制沉积作用和地层层序。

同时，断层转换带也影响沉积模式，而且转换带扇很可能比其他沿活动断层发育的扇体大，如图 22.8 所示。石油地质学家对这种构造作用和沉积模式之间的相互作用类型十分感兴趣，并开始沿断裂系统（地层圈闭）寻找粗粒碎屑楔形层。断层滑动速率是另外一个重要因素，因为高滑动速率对沉积模式的影响比低滑动速率大得多。

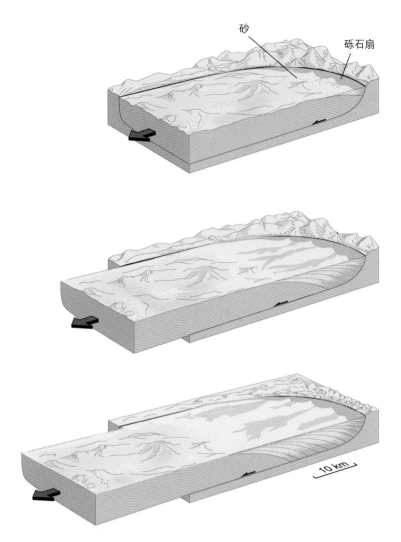

图 22.7　允许地层厚度积累数万公里的铲状断层模型（据 Fossen 等，2008）

这个模型解释了形成于加里东造山运动的延伸碰撞时期的泥盆纪盆地中的地层关系

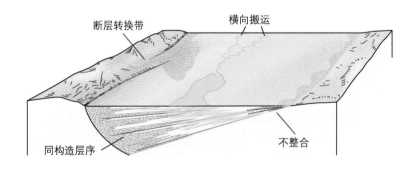

图 22.8　在正断层上盘中的同构造沉积形成了沿断层陡坡沉积粗粒物质的楔形体。
断层的转换吸引了粗粒物质和河流系统，从而引起了大型转换区域扇

## 本章小结

　　构造地质学中最为重要的是进行仔细的观察，收集，详细记录和全面注释，并尽可能客观地处理

这些数据。野外、地震数据及实验研究的与变形岩石有关的实例越多，就越能更好地理解不同地壳环境下构造的演化。同时，还需要了解其他相关信息，本章提到了其中的一部分信息：

- 重建一个地区的构造史时，叠加关系至关重要。
- 构造可以在一个很长的时期内连续、渐进地形成，也可以在被构造静止期分开的离散阶段中形成。
- 变质矿物十分重要，因为它们可以指示变形时期的压力—温度条件，并且其中一些还可以进行同位素测年。
- 经历多期变形和变质的岩石，由于局部应变和不完整的变质构造作用通常会记录下不只一次的构造变质事件。
- 靠近地表形成的构造，尤其是断层和盐构造，可以影响地貌并因此控制沉积模式。

## 复习题

1. 变质岩石学是如何帮助评价一组叠覆构造是形成于渐进变形阶段，还是形成于只是单独的几次变形运动？

2. 你能列举其他可用于上题的目的的方法和标准吗？

3. 如何区分构造期前（构造期间）、同构造期和构造期后斑状变晶？

4. 顺时针方向的 $P—T$ 路径在什么构造环境下形成？

5. 根据来自卑尔根弧榴辉岩区的这些信息绘制一个 $P—T—t$ 图（参考信息，参见宾根等人，2004）：

（1）麻粒岩相：近 1GPa，在 930Ma 前时 800 ~ 850℃（锆石的铀铅年龄）。

（2）榴辉岩相：1.8 ~ 2.1GPa，423±4Ma 前时约 700℃（锆石边缘结晶化的铀铅年龄）。

（3）逆剪切角闪石相：0.8 ~ 1.2GPa，409±8Ma 前时约 690℃（Rb/Sr）。

其他定年：早于逆剪切角闪石相形成的岩脉：422±6Ma 前到 428±6Ma 前（Rb/Sr）和 418±9Ma 前（U—Pb）。

6. 在半地堑环境下，构造期前、同构造期及构造期后沉积序列的特征是什么？

## 延伸阅读

Barker A J, 1998. Introduction to Metamorphic Textures and Microstructures, 2nd ed. Cheltenham: Stanley Thornes.

Best M G, 2003. Igneous and Metamorphic Petrology, 2nd ed. Oxford: Blackwell.

Gawthorpe R, Leeder M R, 2000. Tectono-sedimentary evolution of active extensional basins. Basin Research, 12: 195-218.

Passchier C W, Trouw R A J, 2006. Microtectonics. Berlin: Springer.

Spry A, 1969. Metamorphic Textures. Oxford: Pergamon Press.

# 附录 A
# 更多关于变形矩阵的信息

变形矩阵不仅表示变形的精确定义，而且还包含了丰富的关于变形的信息。通过一些线性代数知识，有可能提取出应变椭圆（椭球）。线和平面的方向、旋转和应变，及稳定状态的变形流动参数等（例如流脊和瞬时拉伸轴）都能被找到。这里给出的方法和公式可以插入到电子表格中，或可以探索使用已经准备和粘贴到本书对应网页上的电子表格中。

## A.1 变形矩阵和应变椭球

在这本书中提出的理论是都是基于把变形分解成简单剪切（$\gamma$）和纯剪切或同轴（$k$）分量。如第2章中定义，这种理论分析这可能会，也可能不会意味着面积或体积的变化。

在二维中（平面应变），变形矩阵把一个点或向量（$x$，$y$）变换为新位置（$x'$，$y'$）：

$$\begin{bmatrix} x' \\ y' \end{bmatrix} = \begin{bmatrix} \mathbf{D}_{11} & \mathbf{D}_{12} \\ \mathbf{D}_{21} & \mathbf{D}_{22} \end{bmatrix} = \begin{bmatrix} x \\ y \end{bmatrix} \tag{A.1}$$

或者
$$x' = \mathbf{D}x \tag{A.2}$$

这是线性代数中的一个线性变换，这意味着均匀的变形。为了利用变形矩阵，我们必须知道变形和矢量运算的准则。关于更多细节理论，可以参考线性代数的基础教科书，我们在这里仅仅考虑这个方法和方程，帮助我们得到关于变形的信息，然而，它有利于对特征向量和特征值的一些理解。

任何非零向量 $x$ 和相应量 $\lambda$ 满足方程

$$\mathbf{A}e = \lambda e \tag{A.3}$$

分别是特征向量和特征值。我们分析的特征向量和特征值中矩阵 $\mathbf{A}$ 不是 $\mathbf{D}$，而是 $\mathbf{DD}^{\mathrm{T}}$ 的乘积，有（原因就不在这里解释了）：

$$\mathbf{DD}^{\mathrm{T}}e = \lambda e \tag{A.4}$$

显然可见，对于一个 $2 \times 2$ 矩阵仅仅有两个特征向量与相应的特征值，对于 $3 \times 3$ 的矩阵有三个特征向量与相应的特征值。在变形变换（变形）过程中特征向量会发生什么变化？式（A.3）表明，它仅仅延长或缩短（取决于特征值 $\lambda$）。没有剪切应变（或剪切应力，如果我们考虑的应力矩阵）存在，且特征向量表示主应变轴（或应力轴）的方向。特征值代表的延伸率的平方，因此，特征值的平方根是主应变轴的长度。

通过计算机程序可以很容易地计算特征向量和特征值，且二维矩阵和简单的三维矩阵可以在电子表格中处理。让我们以平面应变为例，允许一般单剪切存在或不存在附加的体积变化，有：

$$\mathbf{D} = \begin{bmatrix} k_x & \dfrac{y\left(k_x - k_y\right)}{\ln\left(k_x/k_y\right)} \\ 0 & k_y \end{bmatrix} = \begin{bmatrix} k_x & \varGamma \\ 0 & k_y \end{bmatrix} \tag{A.5}$$

首先形成对称矩阵 $\mathbf{D}\mathbf{D}^{\mathrm{T}}$：

$$\begin{bmatrix} k_x & \varGamma \\ 0 & k_y \end{bmatrix}\begin{bmatrix} k_x & 0 \\ \varGamma & k_y \end{bmatrix} = \begin{bmatrix} k_x^2 + \varGamma^2 & k_y\varGamma \\ k_y\varGamma & k_y^2 \end{bmatrix} \tag{A.6}$$

对于分离对角线系数 $\varGamma$ 的说明，见 Fossen 和 Tikoff 1993 年发表的文章。

现在我们想求出特征向量（对于三维：$\lambda_1 > \lambda_2 > \lambda_3$，有 3 个解）和特征向量（$\mathbf{e}_1 > \mathbf{e}_2 > \mathbf{e}_3$）。对于两维，如果有一些线性代数的知识，手算不难求出其解，我们在这里仅仅给出其结果：

$$\lambda = \frac{\varGamma^2 + k_x^2 + k_y^2 + \sqrt{\left(\varGamma^2 + k_x^2 + k_y^2\right) - 4k_x^2 k_y^2}}{2} \tag{A.7}$$

$$\mathbf{e} = \begin{bmatrix} \dfrac{-k_y\varGamma}{\varGamma^2 + k_x^2 - \lambda} \\ 1 \end{bmatrix} \tag{A.8}$$

注意式（A.7）给出两个解，因此有两个特征向量。还应注意的是，从变形矩阵推导出一些方程可以分解出完整简单剪切和纯剪切。

## A.2 面积或体积变化

在均匀变形中涉及的面积或体积的变化（$\varDelta$）可以通过计算矩阵的行列式 $\mathbf{D}$ 求出，表示为 $\det\mathbf{D}$（见专栏 2.1）。行列式与 $\mathbf{D}\mathbf{D}^{\mathrm{T}}$ 的特征值乘积相一致。体积变化（如果沿第三方向没有应变，二维面积变化意味着体积变化）成为 $\det\mathbf{D}^{-1}$ 乘以 100%。对于平面应变矩阵（式 A.5），我们可以得到

$$\det\mathbf{D} = \begin{bmatrix} k_x & \varGamma \\ 0 & k_y \end{bmatrix} = k_x k_y \tag{A.9}$$

可以看到，如果 $k_x = 1/k_y$，在这种情况下没有体积变化，因为行列式变成了 1。

## A.3 应变椭球方位

最大主应变轴和剪切方向之间的夹角 $\theta'$ 的计算式为

$$\theta' = \arccos\left(e_{11}\right) \tag{A.10}$$

其中 $e_{11}$ 是 $\mathbf{D}\mathbf{D}^{\mathrm{T}}$ 的归一化最长特征向量的第一个分量（最长的特征向量对应于最大特征值，表示为 $\lambda_1$）。注意，一个向量 $x$ 的归一化形式是 $x/\left(x^{\mathrm{T}}x\right)^{1/2}$。对于在 A.1 部分中的二维例子，这角度可以从下列方程中求出

$$\theta' = \arctan\left(\frac{\varGamma^2 + k_x^2 - \lambda_1}{-k_y\varGamma}\right) \tag{A.11}$$

## A.4 伸展和旋转的线

我们可以研究任意线从初始方位开始变化过程，由单位向量 $l$（由线的方向余弦组成）表示的初始方向新方向 $l'$ 转换，$l'$ 可以通过变形转化获得：

$$l' = Dl \tag{A.12}$$

线的旋转角度（$\phi$）可以从下列公式获取

$$\cos\phi = \frac{l^T l'}{\sqrt{l'^T l'}} \tag{A.13}$$

线伸展率的平方 $\lambda$ 可以简单写为

$$\lambda = l'^T l' \tag{A.14}$$

最大主应变轴（$e_1$）之间的角度 $\beta$ 的计算式为

$$\beta = \cos^{-1}\left(e_1^T l'\right) \tag{A.15}$$

其中 $e_1$ 是对应 $DD^T$ 的最大特征值的归一化特征向量（$\lambda_1$）。一般这新向量 $l$ 与其他相邻长度不同，但可以被归一化后揭示关于坐标轴的新方向余弦。

## A.5 平面旋转

由它的极向（法线）表示平面。如果 $p$ 是在变形前的一个平面上的极向，平面新方向是由 $p'$ 表示，其中

$$p' = pD^{-1} \tag{A.16}$$

$p$ 的旋转等于平面的旋转，并可以通过方程求出：

$$\cos\phi = \frac{p^T p'}{\sqrt{p'^T p'}} \tag{A.17}$$

## A.6 ISA

就变形矩阵而言，通过取一个非常小应变量（严格地说是一个无限小应变），计算 $DD^T$ 的特征向量，来估算主应力拉伸轴。对于上方提到的变形矩阵 [式（A.5）]，最快拉伸方向（ISA$_1$）和剪切方向或轴的坐标系的夹角 $\theta$ 的计算式为

$$\theta = \arctan\left\{-\frac{2}{\gamma}\left[\ln k_x - \frac{\ln(k_x + k_y)}{2} \pm \frac{\sqrt{\ln(k_x + k_y)^2 + \gamma^2}}{2}\right]\right\} \tag{A.18}$$

## A.7 流脊

对于稳定（间隔）变形的流脊可以从变形矩阵获得。我们已经知道，纯剪切有平行于坐标轴（应变椭圆轴）的流脊，二维坐标有两个相互垂直的流脊，三维坐标有三个相互垂直的流脊。对于在式

（A.5）中变形矩阵，简单剪切沿 X 方向的分量是引起斜流脊的原因之一。这个流脊为：

$$\begin{bmatrix}1\\0\end{bmatrix},\quad\begin{bmatrix}\dfrac{\gamma}{\ln\left(k_x/k_y\right)}\\1\end{bmatrix}\quad（A.19）$$

对应图 2.19 中 AP₁ 和 AP₂ 的两个流脊。第三流脊（AP₃）垂直于我们所考虑的 x—y 平面。在两个流脊之间准确夹角 α 的计算式为

$$\alpha=\arctan\left(\dfrac{\ln\left(k_1/k_2\right)}{\gamma}\right)\quad（A.20）$$

对于平面应变，流脊和 ISA₁ 之间的关系为

$$\alpha=90°\ -2\theta\quad（A.21）$$

## A.8　运动学涡度（$W_k$）

对于在一定时间段的稳定变形，应变不断积累，即流脊和 ISA 保持恒定，则运动学涡度 $W_k$ 可以通过变形矩阵计算。例如平面应变：

$$W_k=\dfrac{\gamma}{\sqrt{2\left(\ln k_x\right)^2+2\left(\ln k_y\right)^2+\gamma^2}}\quad（A.22）$$

或

$$W_k=\cos\left\{\tan^{-1}\left(\dfrac{2\ln k}{\gamma}\right)\right\}\quad（A.23）$$

也能表示为：

$$W_k=\cos\alpha=\cos\left(90°\ -\theta\right)\quad（A.24）$$

其中 α 是上一节中定义的。

## A.9　矩阵的极向分解

在变形过程中非同轴变形涉及应变椭球旋转，因此被称为旋转变形，与非旋转或同轴变形（如纯剪切）相反。如果我们想提取和量化由变形矩阵 **D** 表示的变形旋转分量，可以把 **D** 分解成一个应变矩阵 **S** 和一个旋转矩阵 **R** 的分解（分裂），即

$$\mathbf{D=SR}\quad（A.25）$$

对称矩阵 **S** 只包含纯应变分量，描述了应变椭圆 / 椭圆体的形状，而旋转矩阵 **R** 包含旋转分量。旋转矩阵 **R** 被定义为

## 旋转矩阵 R

$$\mathbf{R} = \begin{bmatrix} \cos\omega & -\sin\omega \\ \sin\omega & \cos\omega \end{bmatrix} \tag{A.26}$$

对于平面应变情况，在变形矩阵中角 $\omega$ 可以写为：

$$\tan\omega = \frac{D_{12} - D_{21}}{D_{11} + D_{22}} = \frac{\Gamma}{\left(k_x + k_y\right)} = \frac{\gamma\left(k_x - k_y\right)}{\ln\left(k_x - k_y\right)\left(k_x + k_y\right)} \tag{A.27}$$

因此，可表示为

$$\omega = \tan^{-1}\left(\frac{\Gamma}{k_x + k_y}\right) \tag{A.28}$$

因此可以代入旋转矩阵 [式（A.25）]。

## 应变矩阵

重修构建式（A.24），对于矩阵 **S**，有：

$$\mathbf{S} = \mathbf{D}\mathbf{R}^{-1} = \begin{bmatrix} \mathbf{D}_{11} & \mathbf{D}_{12} \\ \mathbf{D}_{21} & \mathbf{D}_{22} \end{bmatrix}\begin{bmatrix} \cos\omega & \sin\omega \\ -\sin\omega & \cos\omega \end{bmatrix} = \begin{bmatrix} \mathbf{D}_{11}\cos\omega - \mathbf{D}_{12}\sin\omega & \mathbf{D}_{11}\sin\omega + \mathbf{D}_{12}\cos\omega \\ \mathbf{D}_{21}\cos\omega - \mathbf{D}_{22}\sin\omega & \mathbf{D}_{21}\sin\omega + \mathbf{D}_{22}\cos\omega \end{bmatrix} \tag{A.29}$$

有限应变椭圆长、短轴的长度，以及矩阵 **S** 的对角元素，以变形分量形式完全给出。例如平面应变，有下列形式

$$\mathbf{S} = \begin{bmatrix} k_x\cos\omega - \Gamma\sin\omega & k_x\sin\omega + \Gamma\cos\omega \\ -k_y\sin\omega & k_y\cos\omega \end{bmatrix} \tag{A.30}$$

如果我们进行深入一步的研究，对于在地质上的实际转换，**S** 是对称的、正定的，因此需正交对角化。这只是意味着通过一个新的矩阵 **P**，**S** 可以被转换成一个对角线矩阵，其中矩阵 **P** 的列是 **S** 的特征向量：

$$\mathbf{S} = \mathbf{P}\mathbf{S}_d\mathbf{P}^{-1}$$

对角矩阵 $\mathbf{S}_d$ 现在是主二次应变沿对角线的对角矩阵：

$$\mathbf{S}_d = \begin{bmatrix} \lambda_1 & 0 \\ 0 & \lambda_2 \end{bmatrix} \tag{A.31}$$

$$\mathbf{S} = \begin{bmatrix} e_{11} & e_{21} \\ e_{12} & e_{22} \end{bmatrix}\begin{bmatrix} \lambda_1 & 0 \\ 0 & \lambda_2 \end{bmatrix}\begin{bmatrix} e_{11} & e_{12} \\ e_{21} & e_{22} \end{bmatrix} \tag{A.32}$$

## 解释

我们现在可以写出总转换矩阵的表达式为：

$$\mathbf{D} = \mathbf{P}\mathbf{S}_d\mathbf{P}^{-1}\mathbf{R} \tag{A.33}$$

或者

$$\mathbf{D} = \begin{bmatrix} e_{11} & e_{21} \\ e_{12} & e_{22} \end{bmatrix} \begin{bmatrix} \lambda_1 & 0 \\ 0 & \lambda_2 \end{bmatrix} \begin{bmatrix} e_{11} & e_{12} \\ e_{21} & e_{22} \end{bmatrix} \begin{bmatrix} \cos\omega & -\sin\omega \\ \sin\omega & \cos\omega \end{bmatrix} \tag{A.34}$$

　　我们可以以下方式解释这种矩阵分解：首先，矩阵 $\mathbf{R}$ 旋转了一个角度 $\omega$，这描述了变形的旋转分量。然后应变椭圆（椭球）的长轴旋转 $\mathbf{P}^{-1}$ 到平行于 $X$ 轴的坐标系统，发生的应变由 $\mathbf{S}$ 表示，最后旋转返回位置（$\mathbf{P}$）。关于式（A.32），记住矩阵乘法中矩阵是不能交换位置以及从后往前乘，也就是说最后一个矩阵提前计算。

# 附录 B
# 极射赤平投影

在地质学中，通常利用极射赤平投影方法将层理、面理和线理等三维的方位数据投影到二维平面上进行研究。通过绘制的图形可以实现数据的对比分析，也可以很方便地评价构造的特征和相互关系。因此，极射赤平投影图在当代构造地质学中一直沿用，起初是用手动投影的方法，而现在更多的是借助个人计算机绘图程序实现制图。

## B.1　极射赤平投影（等角度）

极射赤平投影是一种用来表征面或线状构造的二维图解。平面的方位可以通过想象的一个过球心的平面来表示 [ 图 B.1 （ a ）]。平面和球面的交线为一个圆，这个圆通常称为**大圆**。除了结晶学领域用上半球投影之外，地质学家通常采用下半球极射赤平投影 [ 图 B.1 （ b ）]。我们希望将平面投影到穿过球心的水平面上。因此，这个水平面将是我们的**投影平面**，它与球体相交的水平圆称为**基圆**。

投影时，我们将位于大圆下半部分的各点与球面的顶点相连 [ 图 B.1 （ c ）的红线 ]，然后水平投影平面上就会出现一个圆弧形的投影（圆的一部分），这个投影就是该平面的**极射赤平投影**。如果一个面是水平的，那它的投影则会与基圆重合，如果平面是垂直的，投影就由一条直线代表。平面的赤平投影常被称为环形轨迹，但是由于它们和大圆关系密切，所以也常将它们称为大圆。

在我们了解了一个平面的极射赤平投影是如何绘制的之后，那么**线**的投影也就变得很容易了，因为线是面的子集。因此当平面投影是一个大圆时，线的投影就是一个点。大圆（任何大圆）可以被认为是点的集合，而每一个点都代表了平面里的一条线。因此，一条线是包含于一个平面内的，例如擦痕或矿物生长线理在赤平投影中表现为所对应平面投影的大圆上的一个点。

在图 B.2 中我们投影了一条垂直给定平面的直线，其投影用**极点**表示。过球心的直线与下半球相交于一点，投影可以通过将交点与球面顶点连线来获得 [ 图 B.2 （ a ）中的红线 ]，该连线与投影面的交点即为平面对应的极点。因此，平面可以用两种方式表示，一种是大圆，一种是极点。注意水平线要沿着基圆绘制（水平极点由两个反方向的符号表示），而垂直线要在中心绘制。

为了让极射赤平投影更加实用，我们需要建立一个面网以供参考。我们已为基圆赋予地质方向（北、南、东和西），将投影球看作一个有经纬度的球体。其三维形态如图 B.3 所示，从南极向北极看：经线和纬线就是大圆（原始含义）和所谓的小圆之间那些相互交叉的线。如果我们现在将小圆和大圆以每隔 2° 或 10° 为间隔投影到水平投影平面，得到的就是**赤平投影网**。

经线是一系列交于一条公共线（N—S 向线）的平面，在投影网上表现为一个大圆弧。纬线的投影不代表平面，而是与 N—S 线共轴的锥状投影，通常称为**小圆**（也就是它们在投影网上的投影）。上述这些特定投影组成的网称为**伍尔夫网**。

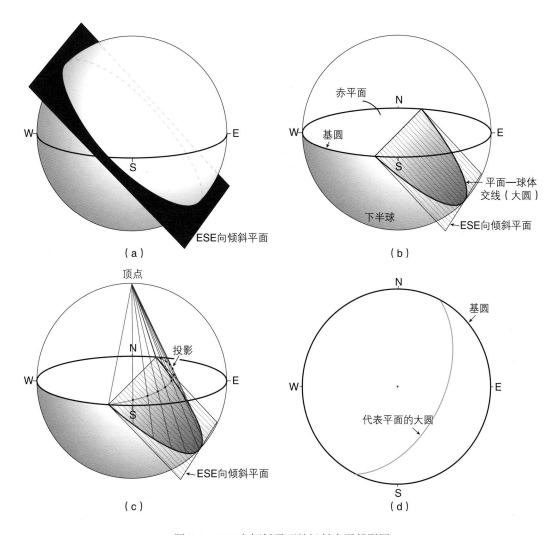

图 B.1　ESE 向倾斜平面的极射赤平投影图

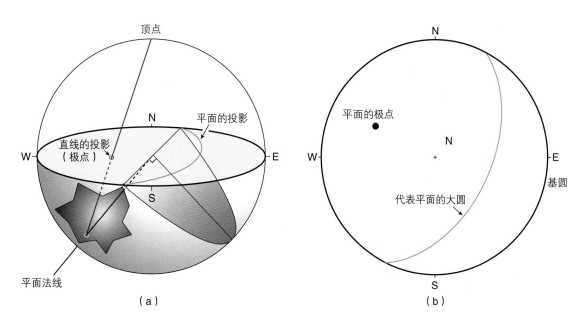

图 B.2　直线的赤平投影图（以平面法线或极点为例）

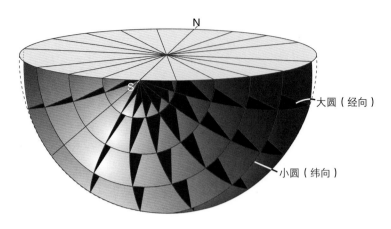

图 B.3　投影网

和平面的经向和纬向对比，投影网中南北轴是水平的，和地球垂向视角相同

## B.2　等面积投影

伍尔夫网可以用来处理角距关系（网面之间的角度固定），它在某些情况（如晶体学方面）很有用处。然而，用于构造方面时保留面积则更有用处。这样，图中一部分的投影密度可以直接与另一部分的投影密度进行比较。这两种投影绘图的方法是一样的，但是由于是等面积投影（图 B.4），所以平面和线的位置会有些不同。这种投影网称为**施密特网**或者**等面积网**（图 B.5 所示为等面积投影）。在等面积网上的众多数据可以根据密度绘制等值线，这对评估某一地质方位附近的数据集中度很有用。等值线通常用于结晶学轴线（如石英 $C$ 轴）等密图中（图 16.34），等值线的数值表示在给定投影网的 1% 面积之内点的百分数。通过计算机程序可以很容易地完成等值线图。

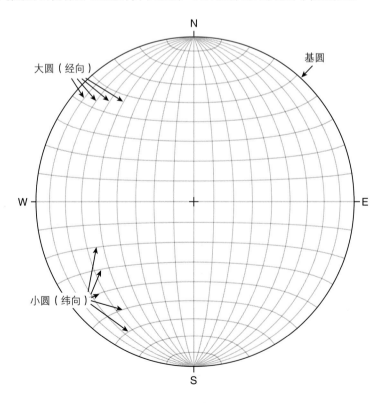

图 B.4　等面积网

## B.3　平面的投影

平面可以在伍尔夫网或施密特网中通过大圆或极点这两种不同的方式在投影网中展示出来（图 B.2）。图 B.6 给出了如何手动绘制两种表示方法的示例，我们可以先从大圆开始。

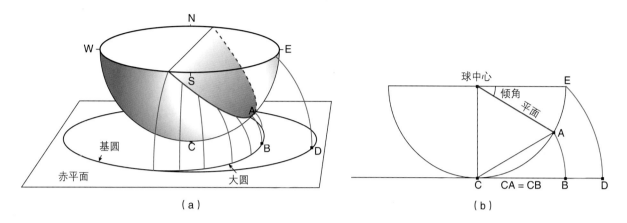

（a）　　　　　　　　　　　　　　　（b）

图 B.5　等面积投影图

一个赤平面上的平面投影，该赤平面与球面下部相切。通过 3D（a）和过 C 和 A 的剖面（b）说明投影过程

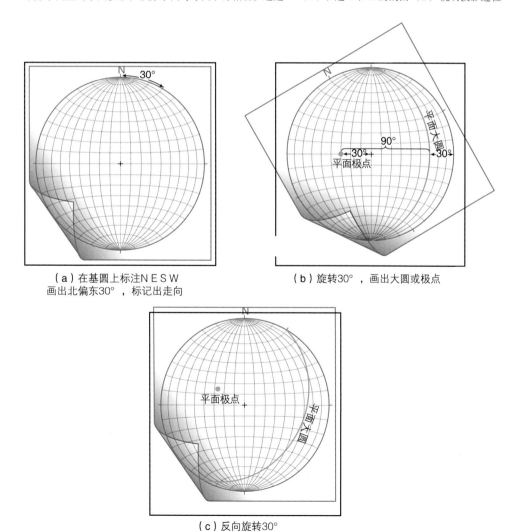

（a）在基圆上标注 N E S W　　　（b）旋转30°，画出大圆或极点
画出北偏东30°，标记出走向

（c）反向旋转30°

图 B.6　施密特网上绘制产状 N 030° E，30 SE 的平面的投影

以一个走向 30°（或 N30°E），倾角 30°，向东南方向倾斜的平面为例。透明纸放在事先制作好的等面积网上，中心用图钉固定住。基圆和方位北标记在透明纸上。然后在平面上标记出走向数值，即 30° 位置 [图 B.6（a）]，旋转透明纸使这个标记与投影网正北重合 [图 B.6（b）]，在我们这个实例中是逆时针旋转 30°，然后从基圆向内数出倾角值，追踪着所处的大圆画出迹线。将透明纸复原归位即可得到平面的投影。基圆代表了水平面的投影，越靠近基圆，倾角越小。

极点图的制作和上述方法相似，不同的是倾斜方向与平面相反，二者相互垂直，夹角相差 90° [图 B.6（b）]。因此极点在图解上落在与大圆弧相反的一侧。在构造分析中涉及大量方位数据的时候通常采用极点图投影方式，尤其是涉及构造方位分组的问题（通常会是这种情况）。

## B.4　直线的投影

绘制直线的方位和绘制平面方位的方法相似。例如对于一条向着北偏东 30° 方向倾斜 40° 的直线，像平面投影那样，先标出 30° 的方位 [图 B.7（a）]，逆时针旋转 30°，或者把它转到东西直径上（本例中顺时针旋转 60°），从基圆向内数倾角值标出极点 [图 B.7（b）]，复原图纸即完成绘制 [图 B.7（c）]。

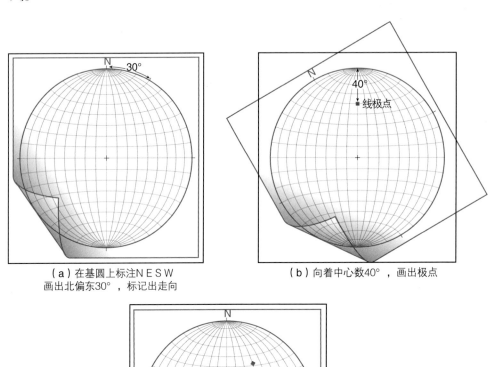

（a）在基圆上标注 N E S W
画出北偏东30°，标记出走向

（b）向着中心数40°，画出极点

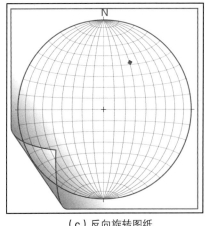

（c）反向旋转图纸

图 B.7　施密特网上绘制向着 N030°E 方向倾伏 40° 角的直线的投影

## B.5 侧伏角

在做断层分析的时候，将滑动面和线理绘制在同一个图上非常有意义，在这种情况下，线理会落在代表滑动面的大圆弧上，水平方向和线理的夹角称为**侧伏角**。它的绘制需通过旋转大圆弧至南北方向，然后数与水平方向（南或北）的度数，就是野外测量的倾伏角度（图 B.8）。右手原则总是从走向顺时针读值，所以角度可以达到 180°。右手原则已经在图 B.8 里应用。其他方式测量的锐角和对应走向，在这种情况下侧伏角不超过 90°。

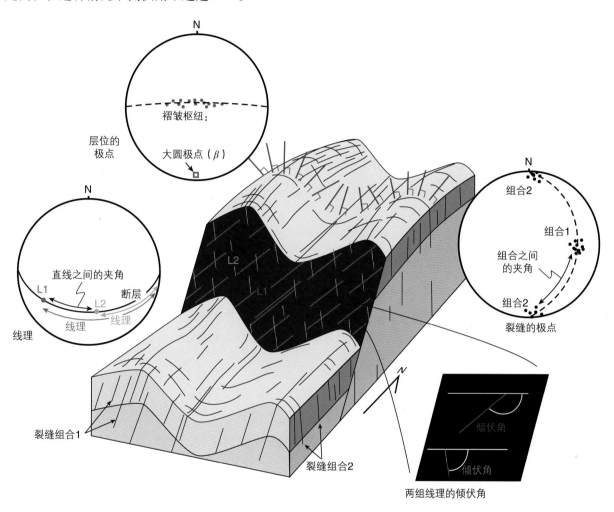

图 B.8　一个构建的在真实环境变形岩石层序中多种构造要素的赤平投影

层位方位可以揭示 β 轴（枢纽线的区域方位）。裂缝系之间的角度可以通过大圆间的角距获得，断层数据分别绘制，可以看出断层面是一个大圆，线理是大圆上的点

## B.6 根据直线确定平面

如果两个或多个直线共面，这个面可以通过网中的这些线得到，将这些线的投影点落在一个公共大圆弧上，这个大圆弧就代表了我们要找的面。

## B.7 交线的投影

两个平面交线的投影可以通过绘制两平面的大圆来查看，这种情况下，交线投影由两个大圆弧的交点表示。若绘制出这两个平面的极点，那么这两个平面的交线的投影就是对应的包含了两个大圆极点的极点。

## B.8 面—面和线—线之间的角度

两个面之间的**角度**的获取，可以先通过绘制两个面的极点，并旋转做图纸直到两极点落在同一大圆弧上，通过读两个点之间的纬度差可以得到二者的角度（图 B.8）。**两个线之间的角度**的获取可以用相似的方法，将两条线固定在一个大圆弧上（平面包括两条线），两者之间的角距就代表了它们的夹角（图 B.8）。

## B.9 据视倾角判断方位

根据观察到的某个方向上的**视倾斜**来判断一个面状构造的方位有时是很有用的。如果任意方位上测定了两个或多个视倾斜，两个平面中的每一个都是由一个大圆弧和一个代表视倾角（在露头测量）的点来表示，包含这两个视倾斜投影点的大圆弧就是所求平面投影。相反，已知一个面状组构或构造的投影（大圆），可通过读出关注剖面与大圆弧交点的产状，代表其视倾斜的方位。

## B.10 面和线的旋转

面状构造和线状构造的旋转可以通过沿大圆弧的移动来实现。极点代表旋转轴。绕一个水平轴的旋转很容易，只需旋转绘图纸将旋转轴转至南北向，然后将极点沿着纬向小圆移动相应的角度。

沿着一个倾斜轴旋转会复杂一些。它需要先将旋转轴旋转为水平状态，后再按上述方法进行旋转操作，最后将旋转轴复原归位至原来方向，即可得到旋转后的平面投影。

## B.11 玫瑰花图

有的时候只有关注平面的走向信息可以测量，在这种情况下数据可以以玫瑰花图形式呈现。玫瑰图是划分为多个扇区的主圆，其中每个扇区内记录的测量个数由花瓣的长度表示。这是一种形象、醒目的方式，可反映裂缝或线状构造的方向，也可以表征线状构造分布趋势。

## B.12 绘图程序

所有上述操作及更多操作都可以通过赤平投影程序迅速绘制出来，比如 Richard Allmendinger，Nestor Cardozo 和 Frederick Vollmer 就慷慨地提供过这些程序（参见本书的网站以获得最新的概述）。一些绘图程序上的统计插件也是很有用的。然而，在使用这些程序时，理解底层的原则是成功的关键。

### 延伸阅读

Lisle R J, 2004. Stereographic Projection Techniques for Geologists and Civil Engineers. Cambridge：Cambridge University Press.

# 封面及各章对应图件说明

### 封面图
犹他州峡谷地国家公园峡谷地貌。博通有限公司刘畅拍摄。

### 卷首插图
犹他州南部的圣拉斐尔单斜构造。这个单斜构造的陡翼很容易看到，形成了抗风化的三叠纪—侏罗纪岩石层脊（豚背）。这个褶皱被解释为一个断层传播褶皱，在 Laramide 造山运动期间形成在一个重新复活的基底断层之上。

### 第 1 章前
葡萄牙西南部 Almograve 附近褶皱的石炭纪浊积岩，被复杂的石英脉网分割。

### 第 2 章前
来自巴西东南部 Além Paraiba-Pádua 剪切带的详细信息。能干性的石香肠或构造碎屑被强烈的剪切带叶理包围。Carolina Cavalcante 作为比例尺。

### 第 3 章前
聚晶（多碎屑）砾岩的低温变形，显示石英纤维在花岗质碎屑岩的裂缝中。Stord, Norwegian Caledonides.

### 第 4 章前
孔隙性风成 Cocorobó 砂岩（巴西 Tucano 盆地 Canché 地区 São Sebastião 地层）中的变形带，在白垩纪裂陷作用中受垂向最大应力方向作用而形成。

### 第 5 章前
Minnesota 北部条状铁层中的红燧石褶皱层。

### 第 6 章前
西班牙 Cap de Creus 西区强烈剪切的钙质片岩中的褶皱花岗岩墙。

### 第 7 章前
英格兰西南部 Kilve 地区破裂的石灰岩层。

## 第 8 章前

拱门国家公园侏罗纪砂岩（主要是 Moab 系）中节理模式的鸟（俯）瞰图。视野宽度约 3.3 千米。

## 第 9 章前

犹他州拱门国家公园游客中心附近公路上砂岩中的正断层。Jonny Hesthammer 的脚放在断层上，这条断层向上张开为至少两条断层。

## 第 10 章前

在纽约州 Chest 附近的阿巴拉契亚造山作用的前陆剖面上，石英纤维形成在一个小断层面的擦痕上。

## 第 11 章前

石英—长石—云母糜棱岩中，长石以脆性为主（左上部三角形），石英重结晶成为细小均质晶粒，云母重结晶且发育剪切带。西班牙东北部 Cap de Creus 绿片岩相剪切带在 Variscan 造山运动期间发生变形。Alessandro Da Mommio 拍摄。

## 第 12 章前

褶皱—冲断的石炭纪浊积岩层在 Variscan 造山运动期间发生变形，剥蚀作用后，三叠纪红层覆盖在不整合面之上，这显示了伸展作用的证据（小规模正断层）。注意：大岩石后面的人作为比例尺。

## 第 13 章前

葡萄牙西南部 Almograve 附近沿着褶皱浊流层的轴面形成了胚胎状劈理。极低温 Variscan 前陆变形。

## 第 14 章前

强烈变形的聚晶砾岩表现出收缩应变（L 型构造岩）。注意：硬币附近是实际上未变形的花岗质鹅卵石（直径 2cm）。挪威西南部加里东造山带 Salthella，Austevoll。

## 第 15 章前

沿着挪威加里东造山带 Trondheim 西部的兰斯维克附近的 Møre-Trøndelag 断层带强烈变形的岩石。在变形过程中，角闪岩层比围岩能干性更强。

## 第 16 章前

Variscan 造山运动期间变形的变质岩中的绿片岩相右行剪切带。西班牙 Cap de Creus 地区。

## 第 17 章前

在 Variscan 造山运动期间变形的褶皱（尖棱型）和冲断的浊积岩。葡萄牙 Almograve 南部的 Cavaleiro。

## 第 18 章前

美国死谷，Mosaic 峡谷晚元古代灰岩（Noonday 组）中的小地堑。

## 第 19 章前

以右旋压扭剪切带为主的糜棱岩组构（巴西东南部 Ribeira Belt，Além Paraiba-Pádua 剪切带）。

## 第 20 章前

科罗拉多河穿过 Salt Valley salt wall 东南端的二叠纪—三叠纪地层的剖面图（见图 20.6），暴露的褶皱和断裂的二叠纪—侏罗纪地层沉陷到下伏的盐构造。

## 第 21 章前

"平衡"——在山中走钢丝绳的人。图片自 istockphoto.com，版权拥有者 Vernon Wiley。

## 第 22 章前

MountKidd 的加拿大洛基山的不对称褶皱与 Lewis 逆冲断层的北端有关。Kananaskis，Alberta，Canada。

# 术语表

**accommodation zone 调节带**：两个叠覆断层段之间的区域，二者视位移从一条断层转换到另一条断层。具体地说，用于连接两个倾向相反半地堑的构造带。

**active diapirism 主动底辟作用**：底辟构造受差异热负载或位移负载驱动机制向上刺穿上覆岩层。一般来说，上覆岩层由于破裂作用而发生减弱。

**active folding 主动褶皱作用**：由于岩层间黏性差异控制了沿层水平缩短作用，导致了褶皱的形成（褶曲）。

**active markers 活动标记**：是指对应力场作出力学反映的标志或构造，具有不同于基质的黏度特征。这类标志可能是弯曲或石香肠构造，且并不能代表岩石的一般应变状态。

**active rifting 主动裂陷作用**：裂谷是软流圈上升形成的产物，这导致形成张应力，从而在岩石圈中形成正断层和拉伸。

**allochthonous 飞来峰**：指直接对应基底之上的被搬运很远的构造单元。源于希腊语："allo"的意思是"不同的"，"chthon"的意思是"地层"。典型使用于活动几十千米或更大的推覆体构造。

**allochthonous salt 外来盐岩**：盐岩自母岩层拆离，通常发育在挤压变形中。

**angular shear 角度剪切**：变形前正交的一组线的角度变化。更具体地说，沿参考线的角度剪切是变形前垂直于参考线的某一线的角度变化。

**anisotropic volume change 非均质体积变化**：只在一个或两个方向上通过挤压或收缩形成的体积变化。

**anticlinal 背斜**：指核部由老地层、翼部由新地层组成的褶皱。

**anticrack 反裂纹**：闭合裂缝的工程术语，即表现出压缩位移的裂缝。

**antiform 背型**：远离枢纽带翼部向下倾斜的褶皱。

**antiformal syncline 背型向斜**：具有背型构造的向斜（远离轴面地层变老），即向斜上下颠倒形态。

**antithetic fault 反向断层**：源于希腊语"antithetos"，意为与…相反。反向断层是指与相邻主干断层或主控断层系倾向相反的断层。

**antithetic shear 反向剪切**：与参考断层位移方向相反的剪切作用，现作为一种剖面恢复技术。

**aperture 开度**：裂缝两壁之间的距离。

**area change 面积变化**：由于变形而发生面积方面的变化。除非在第三个方向上补偿条件下，则意味着体积变化。

**aseismic slip 无震滑动**：也称之为稳滑，与黏滑相反。

**aspect ratio 纵横比**：椭圆或矩形的长轴与短轴之比。

**asperity 粗糙度**：沿着裂缝面的不规则性。

**autochthonous 原地的**：构造变动作用未导致沿造山带岩性单元发生搬运的现象。希腊语"auto"在这一点上意为"相同"。

**axial plane 轴面**：平面的轴表面，并不是必须平行于角平分面。

**axial plane cleavage 轴向面劈理**：近平行于褶皱轴面的劈理。该劈理必然形成于褶皱的过程。也称之为轴面平面劈裂。

**axial surface 轴面**：理论上连接褶皱构造连续面的枢纽线的面。

**axial trace 轴迹**：理论上连接褶皱的枢纽点的线。

**axially symmetric extension 轴面对称伸展**：一个主方向上伸展（应变椭圆的 $X$ 轴）且另外两个方向上相等的缩短作用（$Y$ 和 $Z$）。标志着完美的压缩应变。相当于统一的伸展作用。

**axially symmetric shortening 轴向对称缩短**：一个主方向上压缩（$Z$）且另外两个方向上相等伸展的作用（$Y$ 和 $X$）。标志着完美的压扁变形。相当于统一的缩短作用。

**back-thrust 背冲断层**：趋向于后陆上盘发生位移的逆冲断层，即方向与一般逆冲方向相反。

**backstripping 回剥**：主要集中于盆地沉降历史的分析，通过连续地移除地层层序和地壳均衡的平衡来实现均衡盆地恢复。

**backward modeling 反向建模**：从现今状态开始，模拟（恢复）到变形前的状态。

**balancing 平衡作用**：三维模型或地质剖面的构建或解释，通过实际的地质过程到未变形地质状态的再现来实现。

**basin 盆地**：在褶皱术语中，是一个倒转的穹隆。

**bending 弯曲作用**：当力高角度作用于岩层时形成的褶皱机制。

**bisecting surface 平分面**：该界面将褶皱分为两部分。当平分面为垂直时，翼部具有相同的倾角。

**blastomylonite 变晶糜棱岩**：它是糜棱岩在构造作用后重结晶形成的。颗粒并不定向排列（相等颗粒），且很少或没有内部应变。

**blind fault 盲断层**：指未切穿某一界面或接触到其他断层的断层。传统应用于逆冲断层术语（盲逆冲断层）。

**bluntness 曲率**：垂直于枢纽线的在横截面上观测到的褶皱的角度或弯曲度。

**body forces 体力**：是指影响岩石整体（内部和外部）体积的力。

**bookshelf tectonics 书架式构造**：根据多米诺模型发展形成的旋转断块的常用命名。

**borehole breakouts 井眼崩落**：应用井眼几何学特征预测最大水平应力的方法。

**boudinage 石香肠构造**：导致形成石香肠的过程。

**boudins 石香肠**：是指先存岩层系统分段过程中形成的构造。经典石香肠形成于岩层的伸展作用——岩层比基岩能干性强。参见叶理石香肠构造。

**boundary drag 边界牵引**：由于黏性剪切力作用在边界导致岩层流动的限制现象。特别适用于盐岩和黏性岩浆。

**box fold 箱型褶皱**：同时形成且具有两个轴面和枢纽带的褶皱。横截面上像箱型。

**branch line 分叉线**：两个相互作用的断层的交切线。适用于任何类型断层（正断层、逆断层或走滑断层）。

**branch point 分叉点**：剖面或平面上两个断层形迹的连接点。

**breached relay ramp 破坏型转换斜坡**：转换斜坡被断层切割，从软连接构造转换成为硬连接叠覆构造。

**breccia 角砾岩**：有内聚力或无内聚力断层岩，由不同方向的脆性破裂形成的碎块组成。角砾岩碎块占该岩石总体积 30% 以上。

**brittle deformation mode 脆性变形模式**：通过脆性变形机制发生的变形（破裂、摩擦滑动、碎裂流）。

**brittle strain，brittle deformation 脆性应变、脆性变形**：通过破裂发生变形（不连续变形）。

**brittle shear zone 脆性剪切带**：以脆性变形机制为主变形的剪切带，又称为摩擦剪切带。通常应用于原始连续岩层破裂的剪切带。

**buckle folds 纵弯褶皱**：通过纵向弯曲作用形成的褶皱，表明在岩层和基岩的厚度和黏度差作用下，波长和幅度具有一定规律。

**buckling 纵弯褶皱作用**：当岩层比基质（即岩层周围介质）能干性更高（即较高黏度）时，岩层受到顺层挤压时而发生的褶曲机制。随着应力增加，岩层界面发生微小膨胀而使岩层变得不稳定并发生弯曲。

**bulb 球茎**：泪滴型底辟的上部厚的部分。

**Byerlee's law Byerlee 准则**：破裂临界剪应力和作用于其上的相关正应力的关系。正应力反映了地壳内埋深深度，因此，这一准则模拟了通过摩擦地壳上部临界剪切强度。

**characteristic earthquake model 特征地震模型**：根据滑动分布和破裂长度，每次滑动事件与其他滑动事件相同。

**cataclasis 碎裂作用**：颗粒脆性破碎（颗粒尺寸减小），伴随摩擦滑动和旋转。源于希腊语 "crushing"。

**cataclasite 碎裂岩**：具有内聚力的细粒断层岩。根据基质含量，将碎裂岩分为原始碎裂岩（基质含量 10% ~ 50%）、碎裂岩（基质含量 50% ~ 90%）和超碎裂岩（基质含量＞ 90%）。

**cataclastic deformation band 碎裂变形带**：由于碎裂作用形成的变形带，它是一种重要的变形机制。

**cataclastic flow 碎裂流**：通过碎裂作用变形形成的岩石流，但在一定尺度上使其变形连续且分布在某一带上。

**centrifuge 离心机**：物理模拟试验中使用的旋转装置，其中重力可以被刻度。

**channel flow 载流**：在陆陆碰撞造山带中，类似于"河道"的大规模相对低黏度热岩石的流动现象。运动学就是挤出作用，河道之下表现为逆断层活动，其上表现为正断层活动。

**chemical compaction 化学压实**：通过湿扩散发生的压实现象，即在颗粒接触面和缝合线形成部位发生溶解。

**chevron fold 尖棱型褶皱**：具有一定角度枢纽的褶皱，其中轴面或多或少垂直于 $\sigma_1$。

**chevron method V 形法**：在剖面平衡或恢复过程中使用的垂向剪切方法。

**chocolate tablet boudinage 巧克力式平板香肠构造**：在二维平面上的香肠构造，在三维上形成近似正方形或长方形的石香肠。

**christmas-tree folds 圣诞树型褶皱**：叠置在较大规模先存直立褶皱之上的次级褶皱，通常通过重力垮塌方式形成。当主褶皱是直立背斜型构造时，将会出现圣诞树型样式。

**clay injection 泥岩注入型**：由于局部超压导致张性裂缝开启，从而导致泥岩沿断层注入的现象。

**clay smear potential （CSP）泥岩涂抹潜力（CSP）**：在砂泥岩互层层序中，沿断层距泥岩层距离和错断泥岩层厚度的关系。CSP 用于断层封闭性分析。

**clay smear 泥岩涂抹**：沿断层核涂抹或注入（不常见）泥质现象。

**cleavage 劈理**：形成于低级变质环境和相关褶皱的构造叶理。发育劈理的岩石易于沿着劈理发生破裂。

**cleavage refraction 劈理折射**：在能干性差的岩层接触面上解理方位的变化。

**climb 攀移**：边缘位错跳跃到另一个滑动面以绕过晶格中的障碍的过程。

**coaxial deformation 共轴变形**：沿着 ISA 的线不发生旋转，$W_k$=0，主应变轴（$X$、$Y$ 和 $Z$）在整个变形历史保持静止的变形。

**Coble creep Coble 蠕变**：参见颗粒边界扩散。

**coefficient of sliding friction 滑动摩擦系数**：是指作用在裂缝上导致滑动的剪应力与正应力的比值。

**cohesion 内聚力**：介质的固体性质。具有内聚力的岩石不容易发生崩裂，而无内聚力介质则容易分解。在沉积岩和断层泥中，胶结作用增强内聚力。

**cohesive strength 内聚力强度**：莫尔圆中垂向轴与破裂标准或包络线相交的位置。它是岩石沿特定面发生剪切破裂（没有正应力）所需剪切应力的理论值。在许多情况下，岩石内聚力大约是其抗张强度的 2 倍（$C$=2$T$）。

**compaction 压实**：指一个方向上缩短，而其他两个方向保持不变。

**compaction band 压实带**：指只发生压实而没有剪切的变形带，压实带发育在高孔隙度砂岩内。

**compaction cleavage 压实劈理**：指静岩压实作用下沉积物变为沉积岩而形成的劈理。普遍发育于泥岩中。

**compaction curve 压实曲线**：描述特定沉积物（岩石）孔隙度随埋深变化的曲线。

**compactional shear zones 压实剪切带**：指岩体内具有压实部分的剪切带。

**competency 能干性**：指某一岩层或物体流动的力学强度或阻力与相邻岩层或基体的对比。能干性物体比它们的基体更能抵抗流动性。

**compression 压缩**：广泛用于压缩应力的表达式。收缩或缩短用于应变。

**compressive strength 压缩强度**：岩石在破裂前所能抵抗的缩短量，通常是抗张强度的几倍（根据格里菲斯准则，多为 8 倍）。

**concentric faults 同心断层**：指与下伏岩层垮塌有关的圆形断层，例如由于盐岩垮塌和喀斯特构造垮塌造成的断层。

**concentric folds 同心褶皱**：指圆滑的、弧形近似半圆的褶皱，以至于无法分开翼部和枢纽（或者它们只由枢纽组成）。

**conjugate faults 共轭断层**：指在相同应力场条件下形成的两个交切断层。

**conjugate folds 共轭褶皱**：参见箱型褶皱。

**constant area restoration 面积不变恢复**：平面和剖面恢复过程中，面积保持不变。

**constant displacement restoration 位移不变恢复**：沿着断层位移表现为固定不变的特征。

**constant-horizontal-stress reference state 恒定水平应力参考状态**：假定岩石圈在一定深度条件下不具有剪切强度的应力参考状态，在该均衡深度下其与流体类似。

**constant length restoration 长度守恒恢复**：在横剖面上一个或多个标志层的恢复过程中，变形前后标志层长度保持不变。

**constitutive laws 本构定律**：描述应力和应变关系的定量或方程。

**continuous cleavage 连续劈理**：在手标本上，单个劈理系间的距离是不可识别的劈理，即小于 1mm。

**contraction 收缩**：长度减小，同义词为缩短。

**contractional fault 收缩断层**：参考地层（可能是岩层或地球表面）缩短过程中形成的断层。

**contraction fracture 收缩裂缝**：闭合裂缝，通常是缝合的，又称为反裂纹。

**corrugations 波形**：剪切带、断层或滑动面上圆形波状起伏变化；微观和地图尺度均有发现，大规模实例可能与断层分段生长连接或平行剪切带褶皱有关；野外也可能与断盘的摩擦分隔有关。

**couette flow 库埃特流**：是指通过与基底有关的上覆岩层转换得到的简单剪切型流动。

**coulomb envelope 库伦包络线**：通过库伦破裂准则预测的线性破裂包络线。

**Coulomb material 库伦材料**：遵循库伦破裂准则的材料。

**Coulomb wedge 库伦楔**：库伦破裂准则应用在楔形材料中导致的造山楔模型。

**creep 蠕变**：普遍应用于缓慢地质过程。更特殊的是用于不同微观或介观变形机制（扩散蠕变、位错蠕变等）下长期恒定应力作用下永久塑性变形累积的缓慢作用方式。

**creep mechanisms 蠕变机制**：在晶体或晶体集合体中作用的变形机制，与通过逐渐塑形应变累积维持应力有关。蠕变机制分为扩散蠕变（颗粒边界扩散、体积扩散和压溶作用）和位错蠕变（位错攀移、位错滑移和重结晶）。

**crenulation cleavage 褶劈理**：在富层状硅酸盐和叶理发育良好岩石的低变质条件下，由于微褶皱作用形成的劈理。

**crenulation lineation 褶线理**：由于富层状硅酸盐层微褶皱作用形成的线理，与相互交切线理密切相关。

**critical taper model 临界楔模型**：参见临界楔模型。

**critical tensile strength 临界抗张强度**：材料在破裂边缘时的张应力。

**critical wedge model 临界楔模型**：在碰撞带（俯冲带、前陆褶皱—逆冲带）上外来单元的模型，其中，作用在楔形几何学构造上的外来单元受控于基底摩擦、内部强度和剥蚀/沉积，又称为 critical taper model。

**critically stressed 临界应力**：达到破裂强度限制时的应力，即材料处于破裂的边缘。

**cross-slip 交叉滑移**：允许位错改变滑动面以绕过障碍物的过程。

**cylindrical fold 圆柱形褶皱**：具有直线型枢纽的褶皱，因此枢纽带可以被假想为一个圆柱体。

**damage zone 破碎带**：沿断层脆性变形构造（裂缝、变形带和缝合线）区域。破碎带具有一定密度，明显高于围岩。

**décollement 滑脱**：大规模滑脱作用，即在地壳或地层层序（盐岩或泥岩）中沿着薄弱层发育的断层或剪切带。该术语在伸展和挤压环境均适用。

**décollement folds 滑脱褶皱**：在滑脱层或拆离层之上形成的褶皱，其中次级滑脱层在褶皱作用下保持原状。与拆离褶皱一致。

**decoupling 解耦作用**：用于解释剖面上部和下部变形样式不同的情况，或者构造并未直接在两部分之间连接的情况。这两部分被滑脱层或非常薄弱层（典型是盐岩层）分隔。

**deformation 变形**：指由于外力作用下形状、位置和方向的变化。通过对比未变形和已变形的状态和位置说明变形的发生。

**deformation bands（Ⅰ）变形带（Ⅰ）**：由于颗粒重组和颗粒破碎而形成的毫米级应变集中带。其中在垂直方向上具有压实特征的剪切带是变形带中最常见的类型。

**deformation bands（Ⅱ）变形带（Ⅱ）**：显微镜下可识别的矿物颗粒沿某一方向定向排列的区域，该区域两侧具有明显的位错。

**deformation gradient tensor 变形梯度张量**：参见变形矩阵。

**deformation matrix 变形矩阵**：与变形状态和未变形状态相关的转换矩阵。变形矩阵描述了线性转换关系，因此表现为均质变形。这对变形（但不是变形历史）进行了完整的描述。

**deformation mechanisms 变形机制**：变形过程中以微观机制为主，包括碎裂作用、摩擦颗粒边界滑动，干扩散和湿扩散、位错滑移、位错攀移、塑性颗粒边界滑移、双晶作用和膝折。重结晶一般是通过两种或更多机制出现的一种过程。变形机制这一术语也可用于更普遍的方式。

**deformation phase 变形阶段**：在一定区域内构造连续形成过程中的一个时间周期。尽管构造样式可能变化（例如：由于应变是均质的，开阔褶皱和紧闭褶皱可能发育于同一阶段，但它们具有一致的缩短方向），通常构造可能与特定的应力或应变场或运动学样式有关。

**deformation twins 变形双晶**：力学双晶作用的结果。变形双晶常见于方解石晶体中。

**delamination model 拆沉（剥离）模型**：造山带高密度根部拆离且沉陷到下伏地幔中的模型。

**detachment 拆离**：低角度或水平断层或剪切带分隔上部板块（上盘）和下部板块（下盘）。滑脱层通常是薄弱层或构造复活或再活动的部位。

**detachment folds 拆离褶皱**：在滑脱层上剪切或滑动过程中，滑脱层之上能干性岩层中形成的褶皱。

**deviatoric stress 偏应力**：总应力和平均应力的差值，这与构造应力密切相关。

**dextral 右旋的**：右旋，相对参考点向右移动。

**diapir 底辟构造**：通常指盐岩、岩浆或水饱和的泥岩（或砂岩）在重力作用下向上移动并刺穿上覆层的岩体。

**diapirism 底辟作用**：与底辟构造形成相关的作用。

**differential compaction 差异压实**：两个或更多区域经历不同程度的压实作用，例如，通过陡倾断层，新沉积物优先富集在下降盘断块中。

**differential loading 差异负载**：不均匀分布负载，例如，三角洲叶状体局部沉积物增厚的位置。

**differential stress 差应力**：最大和最小主应力的差值，即莫尔圆的直径。

**diffusion 扩散**：指原子晶格中空位（洞）的移动。体积扩散发生在晶格内，而沿颗粒边界发生颗粒边界扩散（科布尔蠕变）。

**dilation（US），dilatation（UK）膨胀 [dilation（美），dilatation（英）]**：体积变化，通常意味着体积损失（负膨胀体积增加）。均匀膨胀是指所有方向具有相同伸展量，常见实例是单轴应变。在剪切带背景下，膨胀通常意味着通过剪切带的压实。

**dilational shear zones 膨胀剪切带**：具有膨胀（负压实）部分的剪切带。

**dilation band 膨胀带**：未发生剪切作用、仅具有膨胀位移的变形带。膨胀带表现为孔隙度增加特征，与其他类型变形带相比，相对并不常见。

**dip isogons 等倾角线**：在上拱部位上，褶皱岩层上部和下部边界相同倾角点的理论连线。

**dip separation 倾向视位移**：在垂直剖面上观察的断层倾向上视位移。倾滑断层中倾向视位移即为真实位移。

**dipmeter log 倾角测井**：基于沿井孔电阻率测量解释，测井表现出面状特征的倾角和方位角。通过操作倾角工具进入井孔直接测量，面状特征代表岩层、变形带或裂缝。

**dip-slip fault 倾滑断层**：沿着断面倾向上发生滑动的断层，即一个完全的逆断层或正断层。

**disaggregation band 解聚带**：由于非破环性颗粒流动（颗粒旋转和摩擦滑动）形成的变形带。通常形成于未固结—半固结砂岩中。

**discrete crenulation cleavage 不连续褶劈理**：指与带状褶劈理相比，在 GF 域和 M 域间具有片状不连续的褶劈理。

**disharmonic folds 不协调褶皱**：在互层岩层中，沿着轴迹形态和波长发生改变的褶皱。

**disjunctive cleavage 不连续劈理**：与早期的叶理无关的域劈理。典型的不连续劈理是非常低变质的沉积物。依据域的形态可将其划分为缝合线状的、网状的、粗糙的和光滑的劈理。不连续劈理与褶劈理相比，褶劈理的先存叶理通过微褶皱作用和溶解发生再复活。

**dislocation 位错**：结晶晶格内原子规模线缺失的现象。位错可以通过滑动和攀移机制发生移动，且位错形成和移动导致塑性变形。边缘位错和螺式位错是天然变形岩石中主要位错类型。

**dislocation creep 位错蠕变**：地壳内通过位错移动导致的应变累积过程，其中攀移和交叉滑动机制用于突破晶格障碍。

**dislocation glide 位错滑移**：通过边缘位错移动形成的自我恢复（毛毛虫式的）过程（见图 10.12）。

**dislocation walls 位错墙**：在晶格内位错集中形成的墙。位错墙以变形带和亚晶粒间边界为标志。

**displacement 位移**：特定点变形前后位置的差异。例如，对断层而言，位移是断层两盘原始相邻的点相对移动造成的。

**displacement field 位移场**：描述变形介质中一点变形的矢量场，即连接颗粒变形前和变形后位置的矢量。

**displacement-length ratio 位移—长度比**：指断层最大位移与其长度的比值。通常在横剖面或平面上测量，这导致了局部的不确定性。

**displacement loading 位移加载**：通过改变侧向边界条件的加载过程，例如，通过压缩或拉伸沉积物或岩石的体积。

**displacement vector 位移矢量**：在变形前后连接材料某一点（砂岩颗粒）位置的矢量。

**distortion 扭曲**：应变。

**domainal cleavage 域劈理**：由不同材料域组成的劈理，通常含云母为 M 域，富含石英长石质为 QF 域。当在手标本上单个域较明显时，域劈理是一个间隔劈理。

**dome 穹隆**：从最高峰向每个方向倾斜的岩层特征，表现为碗状几何学形态。

**domino（fault）model 多米诺（断层）模型**：变形过程中类似多米诺块体旋转的平行状正断层模型，也称之为箱状机制。刚性岩石发育经典多米诺模型，而软多米诺模型允许内部块体变形。

**domino faults 多米诺断层**：受旋转断块（多米诺块体）分隔的平行正断层系，其中岩层与断层倾向相反。

**doubly plunging fold 双倾伏褶皱**：由于弯曲的枢纽线，在两个方向上形成的倾伏褶皱。

**downbuilding 盐丘形成说**：该术语用于沉积物沿被动盐岩底辟的累积过程，沉积物相对于地球表面向下堆积建造。

**drag（folds）牵引（褶皱）**：在断裂或盐构造两侧或一侧的褶皱带。褶皱作用必须与断层形成和生长过程有关。原成因术语意味着褶皱的形成受控于沿断层摩擦阻力。现在完全用作描述术语。

**ductile deformation 韧性变形**：由于任一种变形机制（脆性或塑性）导致的宏观尺度的连续变形。一些地质学家限定该术语在结晶—塑性变形中。

**ductile shear zone 韧性剪切带**：是指不具有内部剪切且不连续的剪切带。

**duplex 双重构造**：是指由顶板断层、底板断层和夹于其中的背式排列断夹片所组成的一系列构造单元。也用于伸展和走滑环境（伸展和走滑双重构造）中的类似构造。

**dynamic analysis 动态分析**：探索分析应力和应变关系。

**dynamic recrystallization 动态重结晶**：同运动学重结晶，即变形过程中连续重结晶。揭示了通过微弱非等粒确定的新的与叶理呈一定角度的组构。

**edge dislocation 边缘位错**：在结晶晶格中的线性缺陷，参见图 10.11。

**effective stress 有效应力**：在孔隙性岩石或沉积物中总应力与孔隙应力的差值。

**elastic deformation（strain）弹性变形（应变）**：当加载的应力移除时，变形（应变）消失。

**elastic material 弹性材料**：指发生弹性变形的材料。

**elongation 伸展率**：$e=(l-l_0)/l_0$，其中 $l_0$ 和 $l$ 分别是变形前后剖面线的长度。

**enveloping surface 包络面**：包络或切向一系列几何学特征的面，如一系列褶皱枢纽或莫尔圆。

**extension 伸展**：衡量由于变形而造成的物体或测线长度增加量。

**extension fracture 伸展裂缝**：因垂直于裂缝的伸展作用形成的裂缝。伸展量相对微小时以节理为主，相对较大时则以矿脉为主。

**extensional duplex 伸展双重构造**：沿伸展断层形成的双重构造，其中单个断层脊被伸展断层分隔，且以顶板和底板断层为界。

**extensional fault 伸展断层**：导致参考层延伸（长度增加）的断层，参考层可能是岩层或地球表面。

**extrusion 挤出**：岩石沿着 $Y$ 轴（面应变）同一方向不发生应变移动的应变模型。应用于野外剪切带和造山带（特别是喜马拉雅造山带）模型中，在造山楔中逆冲推覆构造向前陆传播比上覆单元快得多。造成通过逆冲断层下部和正断层上部控制的外来单元。参见河道流。

**extrusive advance 挤出推动**：因暴露盐席（盐川）推动的重力控制机制。

**fabric 组构**：在渗透性变形岩石中面状物体和线状物体的结构。L 型组构以线性特征为主，而 S 型组构由面状元素组成。

**failure envelope 破裂包络线**：此包络线由一系列代表不同差应力和平均应力（沿莫尔圆 $X$ 轴不同位置）的莫尔圆组成。每个圆与包络线相切。破裂包络线描述特定介质（岩石）不同应力条件下破裂的应力条件。

**Far-field stress 远场应力**：相当于远程应力。

**fault 断层**：指平行于界面的、具有一定位移的面状或窄板状带。普遍用于脆性构造（构造以脆性变形机制为主）。

**fault bend 断层弯曲**：断层形迹或断面的弯曲现象。尽管该术语并不意味着特殊的演化，许多断层弯曲可能代表断层连接形成的硬连接构造。

**fault-bend fold 断弯褶皱**：由于断面弯曲或膝折在上盘形成的褶皱。传统上指在逆冲断层断坡上形成的褶皱。

**fault core 断层核**：大部分位移占据的断层中部高应变带，被断层破碎带包围。断层核由无内聚力岩石粉或强烈剪切富层状硅酸盐的断层泥或有内聚力的碎裂岩组成，可能包含岩石透镜体。断层核厚度可能从小规模（米级）断层的小于 1mm 到大规模（千米位移）断层的约 10m 之间变化。

**fault cut 断层切割关系**：在井中由于断层作用缺失导致的地层剖面缺失现象。基于临井信息或野外地层信息可以预测断层切割关系。

**fault cut line 断层切割线**：指由于断层错断形成的断面和地层面的交切线。有两条断层切割线，分别称为上盘和下盘切割（切截）线。

**fault damage zone 断裂破碎带**：参见破碎带。

**fault gouge 断层泥**：指位于断层核的细粒富泥质无内聚力岩石，由于母岩破碎作用和化学交代作用而形成。

**fault grooves 断层槽**：因断层任一盘的粗糙度导致在滑动面上形成线状形迹或凹槽。

**fault juxtaposition diagram 断层对接图**：描述沿特定断层岩性接触关系的图，即砂—砂、砂—泥等。它与三角图密切相关，是一种通用的理想断层（位移逐渐改变）对接图。

**fault linkage 断层连接**：两个相邻断层段相互作用、连接而形成硬连接构造或软连接构造的过程。

**fault plane solution 震源机制解**：基于大量地震仪的地震监测结果，因地震诱导的关于第一次活动的信息的极射赤平投影图。它由两个正交面组成，区分压缩和拉张活动。这些面中一个面代表断层方位。"沙滩球"型投点解释了滑动的性质（正、逆断层等）和主应力轴大体位置。

**fault-propagation fold 断层传播褶皱（断展褶皱）**：在传播断层末端之前形成的褶皱。传统上用于逆冲断层，但也可用于任何其他类型断层（正断层、走滑断层或逆断层）。

**fault stepover 断层阶步**：两个近似平行的非共线断层的连接构造。断层必须彼此距离较小，以便应力场相互作用。这两个断层可能软连接或硬连接。

**fault strain 断层应变**：指计算受大量断层影响的面积或体积内的应变。作为一个概念，二维和三维应变仅应用在韧性（连续）变形中，但由于韧性变形与规模有关，它可能是一个近似值，可以应用在分散裂缝的破裂岩石中。

**fault trace 断裂形迹**：断层和任意特定界面的相互作用面，如地球表面、地层接触面或横剖面。

**fault zone 断裂带**：指由一系列距离较近的、近似平行的断层或滑动面组成的断裂带。断裂带厚度相对于其延伸长度规模较小。最新使用的术语中，断裂带是指断层中部应变最大部分，与断层核一致，或者比断层核稍宽。

**fenster 构造窗**：剥蚀暴露在下伏推覆体（构造窗）之上的岩石单元。

**fiber lineation 纤维线理**：参见矿物纤维线理。

**fissure 裂隙**：充满流体的张性裂缝。

**flaps 褶翼**：沿着盐底辟上部的褶皱岩层，远离底辟体倾斜（除非发生反转）。当移动的盐底辟突破上覆岩层，抬升、旋转且顶开顶板岩层时形成褶翼。

**flat-ramp-flat fault 坡坪式断层**：是指在任意一侧由近平行段连接较陡段的断层。该术语使用于伸展和逆冲断层中。

**flexural flow 弯流作用**：由于平行岩层简单剪切形成的褶皱，又称为弯曲剪切作用。

**flexural folding 弯曲褶皱作用**：由于弯滑作用、弯曲剪切作用或正交弯曲作用形成的褶皱。

**flexural shear 弯曲剪切**：由于平行岩层简单剪切作用变形形成褶皱的机制。剪切应变在枢纽点为零，向挠曲点逐渐增加。其剪切方向远离枢纽带，即在两翼是相反的，又称为弯流作用。

**flexural slip 弯曲滑动**：在褶皱作用过程中沿着岩层接触面发生滑动作用。至于弯曲剪切作用，远离枢纽线滑动增加，两翼相反。典型发育于高强度差的褶皱岩层中。

**floor thrust 底板逆冲断层**：逆冲断层确定双重构造的基底，或推覆体或复杂推覆体的基底逆冲，即基底逆冲断层。

**flow 流动**：该术语用于地质历史时期的岩石——特定足够时间和适当的物理条件（温度、压力、流体适用性），通过塑性或脆性变形机制发生岩石流动。碎裂流和塑性流的差异可做出。

**flow apophyses 流脊**：在流动（变形）过程中分隔不同颗粒运动领域的脊。

**flow laws 流动定律**：指描述特定岩石变形速率、应力和变形机制之间关系的数学模型。

**flow parameters 流动参数**：指描述一定突发或间隔的变形历史条件下变形的相关参数。对于稳态变形，它们代表整个变形历史。重要的流动参数是速度场、流脊、ISA 和涡度。

**flow pattern 流动样式**：在流动变形过程中以颗粒路径为轮廓的样式。

**flower structure 花状构造**：走滑断层在横剖面上表现为向上裂开且变宽的样式。

**fold axis 褶皱轴部**：圆柱型褶皱的直线型枢纽线。

**fold hinge 褶皱枢纽**：参见枢纽。

**fold limb 褶皱翼部**：以枢纽带分隔的褶皱的两部分，枢纽带即为最大弯曲区域。

**fold nappe 褶皱推覆体**：指内部褶皱贯穿且源于反转褶皱翼部的剪切作用的推覆体。

**foliation 叶理**：通常指形成于塑性域的面状构造。叶理以压平该构造为特征，也可用于原生构造，如层理或岩浆岩层，在这种情况下，应该使用术语原生片理（与次生或构造片理相区别）。

**foliation boudinage 叶理型石香肠构造**：指强烈片理型变质核杂岩中的形成的石香肠构造，其中石香肠被雁行式排列的剪切裂缝、小规模剪切带或伸展裂缝分隔。

**foliation fish 叶理鱼**：与相关其他岩体相比，强烈变形叶理型岩石的体积经历回旋作用，表现为类似鱼形的几何学特征。

**footwall 下盘**：指非垂直断层之下部分。

**footwall collapse 下盘垮塌**：指断层下盘一个或更多次级断层的形成过程，更普遍适用于正断层。

**footwall uplift 下盘抬升**：正断层下盘的抬升，抬升量大约是断距的 10%。

**forced folds 强制褶皱**：当基底块体沿先存断层移动时形成的褶皱，强制上覆沉积岩层褶皱形成单斜构造。

**foreland 前陆**：逆冲区域或造山带的边缘或前面部分，以薄皮构造和非常低变质条件至非变质条件为主。

**forward modeling 正演模拟**：指模拟一个剖面形成或演化的过程。从开始到结束或现今，即与反演模拟相反。

**four-way dip closure 四倾向闭合**：穹隆构造。

**fracture 裂缝**：片状平面不连续构造。理想裂缝较窄（厚度低于 1mm），具有位移不连续和力学不连续特征，且裂缝为薄弱构造以至于岩石优先沿裂缝破裂。裂缝也连通流体，张裂缝和剪切裂缝存在差异，有时也可能为收缩裂缝。

**fracture cleavage 破劈理**：类似劈理的一系列密集裂缝。当普通劈理沿劈理发生缩短作用时，破劈理沿该构造剪切或穿过该构造伸展。该术语有点混乱，最好省略。

**fracture toughness 裂缝粗糙度**：材料中先存裂缝持续生长的阻力。高裂缝粗糙度意味着抵抗裂缝传播的高阻力，因此裂缝具有低传播速率。

**frictional regime 摩擦领域**：地壳中物理条件有助于脆性变形机制的领域，例如地壳的上部。与脆性域完全相同，但重点取决于变形机制（并不是变形样式）。

**frictional shear zone 摩擦剪切带**：以脆性变形机制为主的剪切带，又称为脆性剪切带。

**frictional sliding 摩擦滑动**：指在无塑性变形机制作用下的在具有一定摩擦力的裂缝上滑动的过程。

**frontal ramp 前缘斜坡**：垂直于传播方向的斜坡。传统上用于逆冲断层斜坡，但现在也可用于伸展断层的斜坡。

**general shear 一般剪切**：指比简单剪切更复杂的变形，通常包括三维应变。与一些地质学家提出的次级简单剪切同义。

**general shear zone 一般剪切带**：是指偏离理想剪切带模型的剪切带。

**geometric striae 几何学擦痕**：滑动面上的线性不规则特征，即为表面波状起伏。

**gliding model 滑动模型**：20 世纪 50 年代至 60 年代流行的造山模型，推覆体被认为是由造山抬升部分的重力滑动造成的。

**gneissic banding 片麻状条带**：由不同矿物组成的单个带的条带或岩层，通常代表被移位和压扁的岩墙或其他原生构造。

**graben 地堑**：德语称为"grave"。以至少两个走向平行但倾向相反的正断层或垂直断层为边界的坳陷。

**grain boundary diffusion 颗粒边界扩散**：指晶体的晶格沿着颗粒边界扩散的一种塑性变形机制。又称为 Coble 蠕变。

**grain boundary migration 颗粒边界迁移**：通过颗粒边界迁移导致晶体重结晶。

**grain boundary sliding 颗粒边界滑移**：塑性变形机制条件下由于扩散作用导致颗粒滑动（不要与脆性变形机制条件下颗粒边界摩擦滑动混淆。）

**granular flow 颗粒流**：摩擦滑动和滚动造成的颗粒流动（平移和刚性旋转）。典型情况为松散砂或黏土变形，又称为 particulate flow。

**gravitational orogenic collapse 重力造山垮塌**：当造山抬升顶部重量超过造山体系的强度产生重力时，出现因自身重量作用造成的造山垮塌。

**Griffith fracture criterion 格里菲斯破裂准则**：式 7.6 表明在莫尔圆中为非线性关系（曲线）。

**groove lineation 槽线理**：断层槽限定的线理。

**growth fault 生长断层**：断层上盘沉积物沉积过程中发生活动的浅部正断层。越靠近断层，上盘地层越厚，临近断层也可能更发育粗粒沉积物。断层位移向下增加，而倾角逐渐较小。

**hackles, hackle marks 锯齿状标志**：指在伸展破裂上缓坡所限定的羽状曲线样式，从破裂的核心点向外辐射，或者从曲线轴向外扇形分布。与羽状构造完全相同。

**half-graben 半地堑**：受一条主干正断层控制的构造凹陷，在旋转的上盘岩层中也发育反向（倾向相反）小断层。不对称地堑是完美半地堑和对称地堑中间的一种地堑构造。

**halokinesis 盐构造学**：指有关盐构造的研究，即研究地下盐岩流动作用下盐底辟和相关构造的形成的学说。

**halokinetic cycle 盐体动力环**：沿着盐底辟的环状沉积层序，环被不整合分隔，这是由于底辟的非稳态上升引起的。盐体动力环沿底辟体垂向层叠式分布。

**hanging wall 上盘**：在倾斜断层上的岩体。

**hanging-wall collapse 上盘垮塌**：临近断层上盘形成的一个或多个次级断层。最常用于正断层。

**hard link 硬连接**：通常用于断层叠覆带中，其中叠覆断层至少通过一条断层（在平面上可以观察到的断层规模）连接在一起。

**harmonic folds 协调褶皱**：沿轴迹具有相似形态重复出现的褶皱。

**heave 平错**：断层视位移的水平部分。对于倾滑断层而言，平错等于实际位移矢量的水平部分。

**heterogeneous deformation 非均质变形**：在一定体积和面积内变形发生变化，又称为"inhomogeneous deformation"。

**heterogeneous strain 非均质应变**：在一定体积和面积内应变状态（应变椭圆或椭球）发生变化，又称为"inhomogeneous strain"。

**high-angle fault 高角度断层**：是指倾角大于 30° 的断层。

**hinge 枢纽**：褶皱面最大弯曲的区域，即连接褶皱翼部的带。

**hinge line 枢纽线**：最大弯曲点的连线，即通过褶皱面上连接的枢纽点确定的线。线性枢纽是圆柱形褶皱的褶皱轴。

**hinge point 枢纽点**：褶皱面上最大弯曲的点。

**hinge zone 枢纽带**：褶皱上最大弯曲的条带。

**hinterland 内陆**：造山带的内部或中部带，与前陆相关。内陆以基底卷入和局部高变质构造为特征。

**homogeneous deformation 均质变形**：变形在所讨论面积或体积内任意部位保持一致的现象。

**homogeneous strain 均质应变**：在一定面积或体积内应变状态保持一致的现象，意味着整个面积或体积内应变可以单个应变椭圆或椭球为代表。

**homologous temperature 均一温度**：材料温度 $T$ 与其熔融温度 $T_m$（使用绝对温度）的比值。

**horizontal separation 水平离距**：穿过断层某一水平界面上观察到的错断岩层的离距。

**horse 断夹片**：逆冲断层中最小规模构造单元的术语。断夹片以逆冲断层任一侧为边界的构造席，出现在双重构造系列中。S 型几何学特征较常见。现在也用于正断层术语（伸展双重构造中断夹片）。

**horsetail fractures 马尾状裂缝**：大裂缝末端八字形分散的裂缝。

**horst 地垒**：在任意边相对地层抬升的延伸区域。地垒以正断层（垂直或远离地垒倾斜）为边界。

**hybrid fracture 混合裂缝**：剪切型（Mode Ⅱ）和张开型（Mode Ⅰ）裂缝的组合。

**hydraulic fracturing 水力破裂作用**：增加钻井某一层段的流体压力，直到超过地层压力，岩石发生破裂。用于模拟油气生产或注水井。

**hydrostatic stress 静水应力**：指当所有方向应力一致（球形应力椭球）时的应力状态，仅出现在流体中，包括岩浆中。

**ideal shear zone 理想剪切带**：穿过剪切带和平行于剪切带发育，或不发育额外压缩或膨胀的韧性简单剪切带。

**imbrication zone 叠瓦带**：指倾向相同且终止于底板逆冲断层的一系列逆断层，但并不是必须以顶板断层为边界。也可用于正断层的相似排列的带。

**incremental strain ellipse 递增应变椭圆**：指总体变形历史中的一小部分变形的应变椭圆。递增应变椭圆之和即为有限应变椭圆。

**in-sequence thrusting 有序逆冲作用**：指趋向于前陆越来越新的逆冲断层。

**inhomogeneous deformation/strain 非均一变形 / 应变**：参见均一变形 / 应变。

**instantaneous stretching axes（ISA）瞬时拉伸轴**：最大伸长方向（ISA1），最小拉伸（最大缩短）方向（ISA3），以及与其他两轴垂直的中间轴（ISA2）。这些轴可以在变形过程中的任何时间被确定。

**interlimb angle 翼间角**：褶皱两翼之间的夹角。

**internal rotation component of strain 应变的内部旋转部分**：变形前沿着最大主应变轴和相同线方向上不同材料线方位间的差异。

**interplate faults 板间断层**：界定板块边界的断层。

**intersection lineation 交面线理**：由于两个面状构造相互作用形成的线理，如层理和劈理。

**intertectonic 构造间的**：指两个变形阶段间的事件等。

**intraplate faults 板内断层**：出现在构造板块内部的断层，即不是板块边界的一部分。

**inverse deformation 逆向变形**：将变形介质恢复到未变形状态的变形。又称为反向变形或应变。

**inversion 反转**：（1）由于平卧褶皱（倒转翼）导致地层倒置。（2）正断层再活动形成逆断层。（3）将盆地转变为高地，反之亦然（与早期定义有关）。

**ISA 瞬时拉伸轴（ISA）**：参见瞬时拉伸轴。

**isochoric 等体积的**：具有一致的体积或面积。

**isotropic medium 各向同性介质**：在各个方向具有相同力学性质的介质，以至于无论取向反映相同应力。

**isotropic volume change 各向同性体积变化**：在各个方向以相同量收缩或膨胀引起的体积变化，又称为体应变。

**joint 节理**：伸展裂缝，通常侧向延伸较长（可达数百米）而位移很小（微观）。

**juxtaposition 对接**：描述断层上的岩性接触关系，通常使用对接图或三角图表达。

**juxtaposition seal 对接封闭**：穿过断层砂岩而与页岩完全接触的封闭现象。

**kinematics 运动学**：源自希腊语"kinema"，含义为运动，描述了岩体由于变形如何移动。

**kinematic axes 运动学轴线**：通过三个正交轴（a，b，c）确定的运动学框架，其中a轴代表运动方向，c轴垂直于剪切面。

**kinematic indicator 运动学标志**：在变形事件过程中标志剪切或移动方向的任何构造。包括与断层有关的糜棱岩剪切带、旋转的斑岩碎屑、牵引褶皱和 Riedel 剪切。

**kinematic vorticity number，$W_k$ 运动学涡度数（$W_k$）**：代表应变椭球旋转速率和应变累积速率的比值。$W_k=0$ 代表纯剪切，$W_k=1$ 代表简单剪切。

**kink bands 膝折带**：或多或少与膝折褶皱意思相同，强调的是不对称褶皱（通常确定异常倾角的带）的一翼。

**kink folds 膝折褶皱**：是指具有线型枢纽的小（典型厘米级）角度褶皱，认为是形成于与 $\sigma_1$ 呈锐角的轴面。

**klippe 飞来峰**：逆冲推覆体剥蚀的残留部分。

**L-fabric L- 组构**：线性组构。

**L-tectonite L- 构造岩**：以线性组构为主的强烈变形岩石。

**LS-tectonite LS- 构造岩**：以线性和面状组构为主的强烈变形岩石。

**lateral ramps 侧断坡**：平行于外来单元运移方向而形成的斜坡。

**leading branch line 主导分叉线**：前缘分叉线。

**line defect 线缺陷**：结晶晶格内的线缺陷，又被理解为位错。

**lineament 轮廓**：在地球（或其他星球）表面上直线型或较缓弯曲线性特征，通过远程监测图像识别或成图。轮廓可能代表构造地质或岩层接触面。

**linear fabric 线性组构**：渗透在岩石内的线性组构。

**lineation 线理**：由于构造应变作用形成的线性构造，即角闪岩中旋转的针状角闪石结晶，花岗质片麻岩中石英和长石的次生加大，或断层面上擦痕。线性物质是普遍发育的（变质岩）或限定在破裂面上（脆性域）。

**listric（fault）铲式（断层）**：源自希腊语"listros"，含义为铲形的。这一几何学术语描述了一些断层向下变平的特征。伴随埋深变陡的断层有时被称为反铲式断层。

**lithostatic pressure 静岩压力**：上覆岩层密度、厚度和重力加速度（g）的产物。

**lithostatic reference state 静岩参考状态**：地壳中应力参考状态，其中地壳被认为是无剪切强度的介质（即流体），而各个方向的应力是密度、埋深和重力加速度作用的结果。

**low-angle fault 低角度断层**：倾角低于30°的断层。

**lower plate 下部板块**：大规模拆离型伸展断层或剪切带的下盘。

**M-domains M 域**：以云母为主的微观劈理域，且有时也以层状硅酸盐和黑色的岩相为主。M 域被 QF 域分隔。

**M-folds M 型褶皱**：对称褶皱，典型对称褶皱出现在大规模褶皱枢纽带中。

**master fault 主干断层**：研究区内最大的断层。

**McKenzie model McKenzie 模型**：裂陷作用的纯剪切模型，其中岩石圈在总体纯剪切样式下对称伸展。

**mean stress 平均应力**：主应力的平均值。

**mechanical stratigraphy 力学地层学**：基于岩层力学性质而非岩性或沉积特征的地层学。

**mechanical twinning 机械双晶**：定向应力作用下形成的双晶层。

**metamorphic core complex 变质核杂岩体**：低角度正断层（拆离）下部板块（下盘）变质岩的暴露部分（构造窗）。根据这一术语的原始用意，上部板块表现为脆性变形，而下部板块包含塑性域形成的糜棱岩。

**mica fish 云母鱼**：具有尖的和相对弯曲的尾部的云母颗粒，典型的云母鱼被剪切带分隔，具云母糜棱岩（或千糜岩）的典型特征。

**microstructures 微观结构**：从原子规模到颗粒集合体范围的结构，通过光学或电子显微镜观察。

**microtectonics 显微构造**：提供应变、运动学和变形历史的信息的小规模变形构造。

**mineral fiber lineation 矿物纤维线理**：由于纤维状或拉伸矿物（石英、蛇纹石和阳起石）生长形成的线理。

**mineral lineation 矿物线理**：通过界面上或给定岩体上平行六面体排列矿物形成的线理。

**minibasin 小型盆地**：临近盐底辟构造或在其间、上部形成的小规模盆地。

**missing section 缺失地层**：参见断层切截。

**mode Ⅰ fracture Ⅰ型裂缝**：张开型或伸展性裂缝。

**mode Ⅱ fracture Ⅱ型裂缝**：可观察的界面内外移动的剪切裂缝，又被理解为滑动模型。

**mode Ⅲ fracture Ⅲ型裂缝**：平行于边缘移动的剪切裂缝，即观察面平行于滑动矢量。又称为撕裂模型。

**Mohr circle 莫尔圆**：描述作用于岩石内一点所有可能方向界面上的正应力和剪应力的莫尔圆。

**Mohr diagram 莫尔图**：代表作用于面上一点的正应力和剪应力的水平和垂向轴的图。

**Mohr failure envelope 莫尔破裂包络线**：实验建立的矿物破裂包络线，不管它是否遵循库伦破裂准则。

**monocline 单斜**：只有一个倾斜翼的次级圆柱形褶皱（另一翼是区域水平岩层）。

**mullion 窗棂构造**：形成于能干性岩层和非能干性岩层界面间的线性变形构造，其中尖端指向能干性强的岩石。

**mylonite 糜棱岩：** 由于强烈塑性变形形成的发育良好的叶理构造岩，通常发育在中地壳和更深层。尽管当细粒岩石糜棱岩化时可能导致粒径增加，正常以颗粒粒径减小为特征。也可能发生附属脆性变形，基于结晶程度可以进一步划分为初糜棱岩、变晶糜棱岩、糜棱岩和超糜棱岩。

**mylonite nappe 糜棱岩推覆体：** 以糜棱岩为主的推覆体。

**mylonitic foliation 糜棱化叶理：** 糜棱岩化过程中形成的叶理——通常是一种由平行矿物和矿物集合体、透镜体和反映原始构造的平行岩层（岩墙或岩层）限定的强的、组合型的叶理。

**mylonitization 糜棱岩化：** 将岩石转变为糜棱岩的过程。该过程主要以塑性变形机制为主，通常伴随脆性微破裂。

**Nabarro-Herring creep Nabarro-Herring 蠕变：** 参见体积扩散。

**nappe 推覆体：** 外来岩石单元，通常为逆冲推覆体，但也用于伸展外来单元，普遍位于伸展拆离构造之上。

**nappe complex 推覆复合体：** 具有相同岩性和构造特征且形成单一单元的逆冲推覆体集合体。

**neck 颈缩：** 该术语用于描述膨缩构造中要素间窄的连接处。

**necking 颈缩作用：** 膨缩构造的形成作用。

**neutral point 中和点：** 未经伸展或压缩的褶皱枢纽点。

**neutral surface 中和面：** 褶皱枢纽带中分隔枢纽内部岩层挤压和外部岩层伸展作用的理论面。

**Newtonian fluid 牛顿流体：** 材料变形以至于剪切应变和剪切应变线性相关 [式（6.22）]，又称为线性弹性材料或完全弹性材料。

**non-coaxial deformation 非共轴变形：** 沿着主应变轴的线在变形前后不具有相同方向。

**non-coaxial deformation history 非共轴变形历史：** 沿着 ISA 线和主应变轴在变形历史过程中旋转，$W_k \neq 0$。

**non-steady-state deformation 非稳态变形：** 颗粒路径和流动参数（ISA 和 $W_k$）伴随变形历史而改变。

**normal drag 正牵引：** 断层上下盘岩层旋转，以至于弯曲与断层视位移量保持一致。

**normal fault 正断层：** 上盘相对于下盘向下移动的断层。正断层是地壳表面或水平岩层有关的伸展性质断层。

**normal stress 正应力：** 作用于垂直参考面的应力。

**oblate 扁圆形：** 圆盘型几何学特征，用于描述应变椭圆。对于完全的扁圆物体，最大和中间轴（$X$ 和 $Y$）具有相同长度：$X=Y \gg Z$。

**oblique ramp 斜断坡：** 与传播方向斜交的断坡（逆冲系统或伸展断层系统）。

**oblique-slip fault 斜向滑动断层：** 位移矢量以较断层倾向更低角度倾向滑动的断层，即走滑和正断活动或逆冲活动的混合作用。

**oceanic metamorphic core complex 大洋变质核杂岩体：** 变质核杂岩体形成于大洋裂谷环境，其中变质核由蛇纹岩组成。

**open-toed advance 开放式趾部增长（前进）：** 盐席通过在趾部挤出增长（前进），盐席的其余部分逐渐被沉积物覆盖。

**orogenic root collapse 造山带根部垮塌：** 造山带根部密度低于围岩密度，以至于造山带向上垮塌且向外侧传播的模型。

**orogenic wedge 造山楔：** 在造山带或山体范围内外来岩体表现为楔形特征（横剖面）——内陆最厚而

趋近于前陆变薄。

**orthogonal flexure 造山挠曲**：原本与岩层正交的线保持正交状态的褶皱机制，产生分隔内部收缩和外部拉伸的中和面，又称为正交纵向应变。

**outlier 飞来峰**：逆冲推覆体剥蚀的残留部分，与 klippe 同义。

**out of sequence thrusting 无序扩展逆冲序列**：趋近于前陆并非有序地越来越新（老）的逆冲断层。

**overcoring 套取岩心**：测量钻井岩心延伸程度和相关应力的应变相关方法。

**overlap zone 叠覆带**：叠覆断层段之间的区带。可能为硬连接，叠覆褶皱表现为连接状态；或为软连接，叠覆带应变是韧性的（连续变形）。转换斜坡是软连接的常见表现形式。

**overlapping faults 叠覆断层**：走向近似相同但侧向彼此偏离的两条断层，断层末端不一致。末端彼此生长，其长度比断层长度生长的要小，且两条断层足够近时，它们的弹性应变场叠覆。

**overpressure 超压**：地层单元中超过静水压力的孔隙压力。这种现象出现于夹于两套非渗透性岩层（页岩）中的高孔、高渗单元（砂岩）中，以至于孔隙流体无法排出。此外，静岩负载也会产生超压，从而降低有效应力和抵抗物理压实作用。

**overprinting relations 叠加关系**：野外、航空相片、卫星相片或地震剖面上观察到的构造间的相对年龄关系，例如一条断层切割另一条断层或褶皱再复活的现象。

**P-shear fractures，P-shears P 型剪切破裂，P 剪切**：与构造带斜向排列的次级活动面体系。当观察的部分（走滑断层应该是水平的）被认为是一个剖面时，P 剪切确定逆冲活动的方向。

**P-T path 压力—温度路径**：压力—温度图（沿轴压力和温度的关系图）的路径，路径箭头展示发展过程。该路径以变质共生识别为基础，标志着不同时期温压变化。

**P-T-T path 压力—温度—时间路径**：在压力—温度空间中包含已标注日期（年代）的点的路径，通常是放射性的。

**paleopiezometer 古流体压力法**：基于实验或理论数据，使用重结晶颗粒粒径预测重结晶（或亚颗粒形成）过程中差应力大小的方法。

**parallel folds 平行褶皱**：具有一定岩层厚度的褶皱（1B 型）。

**parasitic folds 寄生褶皱**：在单个褶皱作用过程中形成的较大规模褶皱翼部或枢纽带上伴生的褶皱。

**parautochthonous 准原生的**：造山带中几乎是原地生长的岩石，只发生过较短的搬运。岩石可以很容易地恢复到原地状态。

**particle path 颗粒路径**：在逐渐变形过程中，变形介质中通过颗粒的路径。

**particulate flow 颗粒流**：与 granular flow 同义。

**passive diapirism 被动底辟作用**：盐岩由于沉积物累积负载差异作用隆升在地表或近地表而形成的底辟作用，且沿着底辟体向下建造，驱替盐岩进入底辟体。

**passive folding 被动褶皱作用**：岩层不受岩石力学（无能干性差异）影响的褶皱：岩层仅作为标志层。

**passive marker 被动标志层**：与周围相比，不具有力学或流变学差异的构造或客体，以至于其变形与围岩相同。这意味着它不会形成褶曲或石香肠构造。

**passive rifting 被动裂陷作用**：受板块相互作用相关的远程应力驱动的裂陷作用。被动裂谷在岩石圈中沿薄弱带形成。

**pencil cleavage 铅笔劈理**：页岩中两条不同方位劈理引起页岩类似铅笔状破裂的劈理。典型铅笔劈理属于压实和构造应变的联合作用。

**perfect plastic deformation 完全塑性变形**：与时间无关的塑性变形，其中应变率对应力—应变曲线没有影响。完全塑形变形不会表现任何应变硬化或应变软化作用。

**perfect plastic material 完全塑形材料**：在一定应力条件下累积永久应变的不压缩材料，其中这种应力（屈服应力）不能增加，屈服应力与应变率无关。

**periodic folds 间歇性褶皱**：沿着单一岩层褶皱表现出一定的波长—厚度比（$L/h$）

**Permanent strain 永久应变**：移除诱导应变的应力场之后应变保持不变的现象。

**phyllitic cleavage 千枚型劈理**：在千枚岩中低—中绿片岩相条件下形成的连续劈理。

**phyllonite 千枚岩**：云母质糜棱岩，典型千枚岩形成于强烈剪切低级变质作用。

**phyllosilicate deformation bands 层状硅酸盐变形带**：层状硅酸盐沿着条带形成具有一定方向的局部组构的变形带。通常见于含层状硅酸盐的砂岩中，又称为层状硅酸盐框架构造。

**pinch-and-swell structures 膨缩构造**：不具有明显分离石香肠形成的能干性沿层的颈状构造。

**pinning 固定点**：用于解释经历重结晶的岩石阻碍非重结晶矿物的作用。

**pinpoint 定点**：在恢复和平衡过程中参考的固定点。

**pitch 侧伏角**：滑动面走向与滑动线理的夹角，可以通过在滑动面上测角器测量。也可以用 rake 这一术语表示。

**planar fabric 面组构**：叶理、劈理。

**plane strain 面应变**：中间应变轴变形过程中保持不变（$y=1$），$Z$ 轴缩短伴随 $X$ 轴伸展的形成。因此，垂直于 $XZ$ 面没有颗粒移动。面应变产生应变椭圆，沿着 Flinn 图对角线（$k=1$）投点。

**plastic behavior 塑性行为**：在一定屈服应力条件下才发生的变形。属于永久变形，且可能是应变硬化或软化。

**plastic deformation 塑性变形**：由于塑性变形机制形成的韧性变形。塑性变形产生不可恢复的形态变化（永久应变），不发育由于破裂作用形成的裂缝。对于一些科学家（特别是工程技术人员）来说，塑性变形是应力作用下不发生破裂的永久变形的累积作用。因此，黏土力学工作者将黏土定为（半）塑性材料。

**plastic deformation mechanisms 塑性变形机制**：位错蠕变（滑移）、双晶和扩散。严格意义来说，扩散可以区分塑性和脆性变形机制。

**plastic shear zone 塑性剪切带**：以塑性变形机制为主的剪切带。

**plasticity 可塑性**：当保持材料内聚力时原子键被破坏的变形机制。然而，黏土力学家认为可塑性仅与流变学（永久应变的累积）有关。

**plumose structures 羽状构造**：节理上微小的地形样式，与羽毛构造类似，标志着节理的生长方向。这种构造样式指向节理的成核点。通常发育于细粒岩石中的节理，又称为锯齿状标记。

**Poiseuille flow Poiseuille 流动**：岩层中流动过程中，由于摩擦作用中部流动最快且趋向于边缘降低的流动过程。

**Poisson's ratio 泊松比**：作用在一维样品上的应变和垂直该方向应变的比值。如果保持平衡，没有体积变化，则材料是不可压缩的，且泊松比为 0.5。

**polyclinal folds 复倾斜褶皱**：具有变化或差异倾向的轴面的褶皱。

**polyphasal 多阶段的**：具有多个阶段，用于关于变形出现的不连续事件，其中单个事件或阶段命名为 D1、D2…

**pore pressure 孔隙压力**：孔隙性岩石中注入孔隙空间的流体（水、油或气）的压力。

**porphyroclast 残碎斑晶**：强烈剪切细粒糜棱岩基质中较大规模残余矿物颗粒，典型见于长石或其他"耐久"矿物。通常与反映剪切矢量的不对称尾部有关。

**postkinematic 造山运动后的**：造山运动之后的变形。

**postrift 裂陷期后的**：裂陷活动之后，典型用于表述裂陷停止之后热沉降过程中沉积层序中和相关伸展断层或拉张环境。

**posttectonic 构造运动后的**：变形阶段后发生的一些变化。

**power-law distribution 幂率分布**：在双对数图中数据表现为线性分布特征。

**pressure difference 压力差**：用于表述不同位置压力的差异，典型的压力差是由于差异负载作用引起的。在黏性岩石（流体）中形成一个不稳定的条件驱动流体流动，例如在盐岩层或软流圈地幔中。

**pressure solution 压溶**：沿着颗粒边界湿扩散。唯一出现于亚变质温度条件下的扩散类型。在沉积岩中通常被称为溶解作用，因为在沉积物压实过程中温度和化学方面的因素比压力更为重要。

**pressure-solution cleavage 压溶劈理**：通过近平行压溶缝确定的构造劈裂，常见于石灰岩中。

**pretectonic 构造期前的**：正在讨论的变形阶段之前的。

**primary fabric 原生组构**：当沉积或结晶形成岩石过程中形成的沉积和变质组构。

**primary foliation 原生叶理**：当沉积或结晶形成岩石时形成的沉积或变质叶理。

**principal planes of stress 主应力面**：应力场中不维持剪切应力的面，这些面垂直于主应力轴。

**principal strain axes 主应变轴**：应变椭圆中两（三）个正交轴代表最大伸展（$X$）和挤压（$Z$）的方向和大小。应变椭球具有第三个中间轴（$Y$）与其他两个应力轴正交。变形矩阵的特征矢量。

**principal stress axes，principal stresses 主应力轴、主应力**：三个相互作用正交轴（在二维中为两个）确定主应力方向和应力椭球。应力矢量的特征矢量。主应力值是应力轴的长度和应力矢量的特征矢量。

**principal stretches 主拉伸**：主应变轴长度。

**process zone 过程带**：在大量微破裂软化岩石形成过程中早于破裂形成的构造带。过程带传播早于破裂的形成，又称为摩擦断裂区。

**prograde metamorphism 进变质作用**：趋近于较高变质程度的变质作用。

**progressive deformation 递进变形**：正在进行和演化的变形产生的变形历史。

**prolate 椭球形**：使人想起雪茄的细长的三维形状。理想伸长物体具有一个主要的主应变，它大于其他两个应变轴，这两个应变轴长度相等，即 $X \gg Y=Z$。

**protolith 原岩**：变形过程中构造未发生明显变化的原始岩石，即剪切带中的原岩透镜体。

**pseudotachylyte（US），pseudotachylite（UK）假玄武玻璃**：断裂变形过程中由于摩擦融化形成的玻璃或脱玻化玻璃。

**pull-apart basin 拉分盆地**：形成于拉伸叠覆或走滑断裂带释放弯曲带的盆地。

**pulverization 研磨**：断裂过程中出现的过程，其中岩石被磨碎成亚微米颗粒，以至于破碎颗粒保持在原地，岩石手标本上的原生构造是明显的证据。研磨与沿走滑断层观察到的超剪切破裂速度振动（非常快破裂速度）有关。

**pure shear 纯剪切**：面应变共轴变形，其中颗粒围绕 $XY$ 面应变椭圆主轴有序移动。流脊是正交的，且 $W_k=0$。

**pure shear model of rifting 裂陷纯剪切模型**：参见 McKenzie 模型。

**pure shear zone 纯剪切带**：通过纯剪切作用变形的剪切带。

**QF-domains QF 域**：被富云母 M 域分割的以石英和长石为主的微观劈理域。

**R′-fractures R′ 破裂**：在剪切环境下破裂是与里德尔剪切相反的。

**R-shears R 型剪切**：参见 Riedel 剪切。

**radial faults 放射状断层**：呈放射状的断层，理想上自一个常见中心点呈放射性，典型放射状断层发现于穹隆的上覆岩层，如盐丘。

**raft 竹筏作用**：在滑脱层上伸展断层系中的断块，其中断块被相邻断块中先存错断地层所分隔（这个过程被称为浮块作用）。

**rake 侧伏角**：参见 pitch。

**ramp 断坡**：当断层在地层中攀移更高层位时，逆冲断层相对陡且短的部分。现在也用于连接两个低角度正断层的较陡部分。参见转换斜坡。

**ramp-flat-ramp geometry 坡—坪—坡几何学特征**：具有以较陡断层段为边界、中心部分近平行特征的几何学特征。

**random fabric 随机组构**：不具有优势方向的组构。

**reactive diapirism 再活动底辟作用**：由于大量构造脆性应变作用而导致盐岩再活化上拱的过程，通常为伸展作用。

**reciprocal deformation 置换变形**：促使变形物体恢复到未变形状态的变形过程，又称为 "inverse" 变形。

**recovery 恢复**：结晶岩中位错的移除或重排作用产生较少位错和低能量域，导致亚颗粒的形成。

**recrystallization 重结晶**：变形过程中通过颗粒边界移动出现的过程，或通过位错和点缺失的集中形成新颗粒边界的过程。变形过程中重结晶是动态的，其中温度控制的重结晶是静态的。不稳定矿物在变质条件变化过程中也可能重结晶成不同组分的新的矿物。

**recumbent fold 平卧褶皱**：具有近平行轴面和水平枢纽线的褶皱。

**reduced stress tensor 简化的应力矢量**：包含关于主应力轴方向和相对（非绝对长度）长度信息的矢量。

**relay 转换**：是指叠覆断层段之间的区域。

**relay ramp 转换斜坡**：断层末端之间通过岩层弯曲形成的转换褶皱区。通常用于叠覆带中具有斜坡型几何学特征的近平行岩层。这种褶皱是由于两断层间应变转换造成的。

**releasing bend 释放型弯曲**：具有局部伸展作用的沿走滑断层的弯曲。

**releasing overlap zones 释放型叠覆带**：在叠覆带内断层排列和位移方向引起拉伸的叠覆带，又称为伸展型叠覆带。

**remote stress 远程应力**：是指区域存在的应力场，远离由于局部构造（如薄弱断层）导致的异常，即与一些构造有关的远距离的一种应力。又称为 "far-field stress"。

**repeated section 重复地层**：由于断层作用导致地层重复的现象，与缺失地层概念相反。地层重复或缺失现象取决于断层和井的方位。直井穿过逆断层或逆冲断层，导致剖面地层重复。

**residual stress 残余应力**：外部应力场变化或移除之后，锁定岩石以保持岩石的应力。

**restoration 恢复**：用于解释地震剖面、平面或三维模型的重构，恢复到变形前的状态。

**restraining bends 限制型弯曲**：具有局部挤压或压扭性质的走滑断层的弯曲。

**restraining overlap zones 释放型叠覆带**：在位移方向上缩短的叠覆带，又称为挤压叠覆带。

**retrodeform 退变形**：恢复到变形前阶段的未变形阶段的过程。

**retrograde metamorphism 退变质作用**：趋近于低变质程度的变质作用。

**reverse drag 逆牵引**：断层上盘地层旋转现象，从而维持弯曲与断层上视位移方向不一致现象。滚动构造与断层几何学特征有关，是逆牵引的最常见实例。

**reverse fault 逆断层**：上盘相对下盘向上移动的断层，意味着岩层的缩短。

**rheologic stratigraphy 流变地层学**：岩石圈或岩石圈一部分的流变地层，可以将岩石圈细分为具有不同流变学特征的岩层。

**rheology 流变学**：在应力影响下作为连续体变形的任何岩石和其他材料的流动（希腊语 *rheo*）研究。弹性、黏性和复合作用是不同流变学变形。

**ribs and rib marks 羽肋和羽肋痕**：在张性裂缝面上出现的椭圆形（贝壳状）构造，以裂缝的成核点为圆心。它们是裂缝方向略微异常且垂直于羽脉痕迹的脊或沟。

**riedel shear fractures，Riedel shears Riedel 剪切破裂、Riedel 剪切**：雁行式排列的次级滑动面系，每个 Riedel 剪切破裂与主滑动面斜交。当观察的剖面（走滑断层是水平的）是垂直构造的剖面时，$R$ 剪切表现为伸展性质。反向破裂（$R_0$ 或主 $R$）系也将出现，尽管与 $R$ 剪切相比较为少见。

**rim syncline 边缘向斜**：沿着平面构造边缘的向斜。典型用于盐底辟内外环的褶皱。

**rodding 杆状构造**：变形过程中形成的拉伸矿物构造（线性）。

**rolling hinge model 滚动枢纽模型**：伴随视位移累积，原始陡倾正断层上部拉平的动力学模型。由于断裂作用过程中均衡调整的作用，弯曲断层枢纽趋向于上盘移动或滚动。该模型导致变质核杂岩体的形成。

**rollover 滚动构造**：由趋近正断层上盘水平岩层逐渐变陡确定的褶皱构造。通常与向下变缓的铲式断层有关。

**roof thrust 顶板逆冲断层**：确定双重构造上部界线的低角度断层。

**rotational deformation 旋转变形**：用于解释非共轴变形的术语。

**S-C mylonites S-C 型糜棱岩**：具有两套同时形成界面（S 和 C）的糜棱岩，二者角度斜交表示剪切方向。

**S-fabric S 型组构**：面状组构。

**S-fold S 型褶皱**：与长翼有关的短翼逆时针旋转的不对称褶皱。

**S-tectonite S 型构造岩**：以面状组构为主的强烈变形岩石。

**salt anticline 盐背斜**：以盐岩为核的背斜，通常是由于盐岩移动（流动进入背斜构造）和上覆岩层弯曲（无盐岩侵入）形成的。

**salt（stock）canopy 盐（株）蓬**：来自许多向上变宽底辟的盐岩出现在较盐岩层较浅岩层的构造。

**salt expulsion 盐挤出**：又称为盐撤。

**salt glacier 盐冰川**：盐底辟表面盐岩流动形成的盐席或盐舌，通常是挤压应变造成的。

**salt（wing）intrusion 盐侵入作用**：盐岩在接触面之下侵入浅部层位的作用，有时称为盐岩翼部侵入。

**salt nappe 盐推覆体**：相当于"盐席"。

**salt pillow 盐枕**：盐岩下沉流动导致的盐岩集中，其中盐岩未侵入上覆岩层。

**salt roller 盐滚**：正断层下盘盐岩形成的不对称三角形体。

**salt sheet 盐席**：由于一个或多个底辟体的盐岩侧向流动形成的外来盐岩席，通常在地表或近地表。

**salt stock 盐株**：具有近似柱状形几何学特征的盐岩底辟体。

**salt tectonics 盐构造**：当变形中涉及盐岩时，它可能影响变形构造的类型、几何学特征、局部化和变形范围，但并不意味着与板块构造应力具有直接关系。

**salt wall 盐墙**：绵延的盐底辟体，该构造长度是宽度的几倍。

**salt weld 盐焊接**：盐岩层完全被耗尽的点或区域，以致边界岩层彼此连接。

**salt withdrawal 盐撒**：盐岩流动从局部区域进入相邻盐构造的现象。盐撒导致在挤出区域形成局部沉积盆地（又称微盆地），且当盐撒发生时会形成盐焊接。

**scale model 比例模型**：从一些自然实例适当缩小（或增大）的模型。

**scaling 比例关系**：比例关系将实例的物理量转换为适合实验仪器的物理量。与长度同时缩放的物理量（如地壳的厚度）包括应变率、温度、黏度、应力、重力或约束应力、内聚力和颗粒尺寸等，都是需要进行缩放的。

**schist 片岩**：片理发育良好的变质岩；根据矿物成分，片岩划分为云母片岩、石英片岩和绿片岩等。

**schistosity 片理**：在上部绿片岩和角闪岩相条件下，岩石变形由粗粒片状矿物确定的构造叶理。

**screw dislocation 螺位错**：参见图 10.11。

**sealing fault 封闭断层**：在孔隙性和渗透性岩石中阻止流体流过的非渗透性或较低渗透性断层。页岩或泥岩涂抹以及非渗透性断层泥可能封闭断层，即使沿断层面砂—砂对接。

**secondary foliation 次生叶理**：岩石沉积或重结晶后形成的叶理。

**seismogenic zone 孕震区**：地壳中的频繁地震带，属于脆性地壳中和上部，其中地壳是最强的。

**self-juxtaposed seal 对接封闭**：过断层储层与储层对接情况。由于断层岩发育的封闭作用，包括沿断层碎裂作用和胶结作用。

**semi-ductile 半韧性**：包括脆性变形样式和韧性变形样式的变形，即原始连续岩层部分受不连续构造影响和扭曲变形。

**shale gouge ratio（SGR）断层泥比率（SGR）**：断层封闭性分析中使用的比率，与滑过断层面一点的泥岩含量和局部断层落差有关。

**shale smear factor（SSF）泥岩涂抹系数（SSF）**：断距和泥岩层厚度的比例关系；SSF 用于评价断层封闭性。

**sharp discontinuity 片状不连续构造**：用于描述裂缝（包括缝合线）的术语，即与长度和高度相比，这种构造非常薄。术语"不连续"与位移的突变有关，也意味着这些构造代表了以降低的剪切强度、抗张强度、硬度和与母岩有关的高流体连通性为特征的力学异常。参见板状不连续构造。

**shear bands 剪切带**：通常发育于叶片状糜棱岩中的小规模（厘米级）剪切带。单套剪切带与叶理之间的斜交角度指示了剪切岩石中的剪切方向。

**shear fold 剪切褶皱**：指有时用于相似褶皱的术语。

**shear fracture 剪切破裂**：可观察到的平行位移方向的裂缝。它仅由单个破裂组成，而断层是由许多连接破裂组成。

**shear sense indicators 剪切方向标志**：参见运动学标志。

**shear strain（g）剪切应变（g）**：两个原始垂直线经历角度变化（$\theta$）的正切值。

**shear strain rate 剪切应变率**：剪切应变累积速率。

**shear stress 剪切应力**：作用于平行于参考面的应力。

**shear zone 剪切带**：以塑性变形为主的板状应变带，典型的剪切带以简单剪切为主。

**shear zone walls 剪切带断盘**：剪切带两侧的边界带，又称为 shear zone margins。

**sheath folds 鞘褶皱**：在高剪切应变带中形成的强烈非圆柱褶皱。

**shortcut fault 捷径断层**：在断层再活动过程中或由于断层面膝折的几何学复杂形态而形成的一个新的、短的或不难破裂轨迹的断层或断层段。在后一种情况下，捷径断层将会切穿膝折带，从而使断层更平直。

**shortening 收缩作用**：参见 contraction。

**similar fold 相似褶皱**：褶皱内部和外部具有相同形状，意味着平行于轴面的圆弧间的距离是相同的。根据 Ramsay 等倾角线分类法，相似褶皱是经典的 2 型褶皱。

**simple shear 简单剪切**：非共轴面状应变变形内颗粒沿直线和 $W_k=1$ 的线移动。

**simple shear model of rifting 裂陷的简单剪切模型**：参见 Wernicke 模型。

**simple shear zone 简单剪切带**：以简单剪切变形为主的剪切带。

**sinistral 左旋的**：相对参考点左旋移动的现象。用于断层移动的相对方向，意味着相反的断块向左移动。

**slaty cleavage 板劈理**：由于矿物重新定向和压溶作用再板岩中形成的构造劈理。

**slickenlines 擦痕线**：擦痕上的线状构造，提供关于断层滑动方向的信息。

**slickensides 擦滑面**：由于断层位移错动形成的细粒擦滑面，形成于拉伸颗粒破碎和 / 或同运动期矿物生长环境。

**slickolites 擦痕岩面**：构造缝合面上尖峰或"牙齿状"部位。

**slip 滑动**：（1）剪切活动集中在一个面上（滑动面）；（2）在结晶面内位错前缘的移动。

**slip plane 滑动面**：（1）平面状滑动面；（2）沿着位错移动的晶体点阵面。

**slip surface 滑动面**：是指沿着滑动出现的良好的表面或窄带（＜1mm）。原则上，滑动量可以从几厘米到几公里，但大规模位移易于形成被称为断层核的脆性剪切带。滑动面和断层在一些地质学家的概念中是相同的。

**smear 涂抹**：细粒和非渗透型岩石或沉积物沿断层涂抹的区域或薄膜。涂抹来自岩层中受断裂作用影响的泥岩、页岩或其他细粒岩石。

**soft domino model 软多米诺模型**：改进的多米诺模型，允许断块内塑性应变。

**soft link 软连接**：用于解释断裂叠覆带，其中没有断层连接两条叠覆断层段。因此，发育转换斜坡。

**soil mechanics 黏土力学**：应用在黏土领域的工程力学。

**sole thrust 底板逆冲断层**：标志构造单元基底的低角度逆冲断层。

**spaced cleavage 间隔劈理**：解理域宽度至少为 1mm 的劈理，即在岩心样品上可以识别的。

**splay faults 撒断层**：在断层末端点附近的较小规模的马尾状断层。

**spreading 分散作用**：受重力驱动作用的具有放射状位移或速度样式的岩石的转变，类似于把软面团放在桌子上发生的现象。

**static recrystallization 静态重结晶**：变形后岩石或矿物颗粒的重结晶，以等粒结构无应变颗粒为特征（在显微镜下无明显的波状消光）。

**steady-state deformation 稳态变形**：在整个变形历史，变形保持不变，如颗粒路径和流动参数（ISA

和 $W_k$ )。

**steady-state flow（or creep）稳态流动（或蠕变）**：以恒定应变率的矿物变形，参见 steady-state deformation。

**stem 茎**：泪滴型底辟体的减薄部分。

**stickolites 擦痕岩面**：灰岩中垂直压溶束的面状构造。

**stick-slip 黏滑**：非活动期分隔的突然（地震）滑动事件。

**strain 应变**：由于变形作用而发生的长度（一维）或形态（二维或三维）的变化。主要用于连续（韧性）变形，但也常用于断裂作用区，参见断裂应变。

**strain axes 应变轴**：参见主应变轴。

**strain compatibility 应变相容性**：当沿着分隔不同应变层的界面没有滑动时，达到应变相容。

**strain ellipse 应变椭圆**：在变形介质中单位球的变形导致形成的椭圆。应变椭圆具有两个主轴，确定了最大、最小和中间应变的方向。

**strain energy 应变能**：是指应变过程中，由于位错累积在晶体中储存的能量。与位错密度成比例。

**strain geometry 应变几何学**：与应变椭球体的形状或弗林 $k$ 值相关的理论，通常展示在弗林图解中。

**strain hardening 应变硬化**：为了维持固定应变率，增加应力水平的效应。岩石力学实验过程中实验室的最佳约束条件。在剪切带或变形带条件下，应变硬化意味着围岩比变形带更容易发生持续变形。应变硬化又称为 deformation hardening 或 work hardening。

**strain invariants 应变不变性**：主应变轴和长度（变形矩阵的特征向量和特征值）与坐标系的选择无关。

**strain markers 应变标志**：物体在变形介质中的应变状态，即已知长度、形状和方位未变化的线或物体。

**strain partitioning 应变分区**：从微观尺度到中尺度不同部分应变的物理分解。例如：压扭作用分解为纯剪切带和简单剪切带，即沿着斜向碰撞板块边界。在厘米尺度中，简单剪切可以分解为斜向剪切带和经历反向旋转的区域。

**strain rate 应变率**：应变累积过程中的速率或速度。通常使用两个不同类型的应变率，即伸展速率和剪切应变率。

**strain shadows 应变影**：剪切带或糜棱岩带内碎斑或其他刚性物体的任一边的部分，其中矿物可能结晶成尾状。在后者的情况下，可能是对称的或不对称的，这是作为剪切标志的意义。它与瞬时拉伸的区域有关，又称为压力影和压力边缘。

**strain softening 应变软化**：为了维持固定应变率，降低应力水平的效应，即与应变硬化相反。

**stratigraphic separation 地层分离**：井钻遇断层显示的缺失或重复地层现象。

**strength 强度**：在岩石破裂或屈服之前，维持岩石的应力大小。差应力（$\sigma_1 = \sigma_3$）通常应用在地质学中。未变形岩石样品可以用于三轴压缩、轴向拉伸或剪切实验测试，这将给出不同的值（压缩强度、抗张强度和剪切强度）。然而，围压增加将增强岩石的强度，破裂或永久应变累积要求一定的差应力。

**stress 应力**：界面上的应力是施加在作用面上的力，通常分为正应力和剪应力部分。某一点应力的完全状态以应力张量给出，并以应力椭圆描述。

**stress ellipsoid 应力椭球**：描述某一点应力状态的椭圆。这点代表了无数面的交点，且在该点任意面上正应力是从一点到椭圆的距离，测量需要垂直于作用面。椭圆轴是主应力（最大、最小和中间正应力，相应标志为 $\sigma_1$，$\sigma_2$ 和 $\sigma_3$），其方位垂直于应力主轴面。当三个主应力均为压缩或拉张时，仅存在应力椭球。二维显示应力椭圆。

**stress guide 应力导向**：应力沿着能干层优先传递。此类岩层可以是沉积岩的石灰岩，或岩石圈脆性上地壳的浅部。

**stress tensor（matrix）应力张量（矩阵）**：描述某一点应力状态的张量。

**stretching（s）拉伸（s）**：$s=1+e$，其中 $e$ 为伸展率（伸展）。等于预测盆地拉伸量时区域评价的 $\beta$ 系数。

**stretching lineation 拉伸线理**：由于物体构造拉伸形成的线理，如矿物集合和砾岩碎屑。

**striations，striae 擦痕**：由于断层上下盘摩擦移动在滑动面上形成的线性划痕和凹槽。

**strike-slip duplex 走滑双重构造**：沿着走滑断层形成的双重构造，类似于典型逆冲或伸展相关双重构造。因此存在两种类型，即伸展走滑双重构造和挤压走滑双重构造。

**strike-slip fault 走滑断层**：位移为水平方向的断层。走滑断层是右旋或左旋的。

**structural geology 构造地质学**：为了理解岩石圈变形构造的几何学特征、分布和形成的研究。

**structural style 构造样式**：一系列构造表现出的可区分样式。例如，具有相似的张开度、构造转向和变质矿物组合的褶皱展现的构造样式，它们与相同岩石其他褶皱明显不同，或类似于另外区域或单元的褶皱。构造环境、埋深—温度条件和岩性特征都影响最终的构造样式。

**stylolitic cleavage 缝合线状劈理**：由缝合线（压溶束）组成的劈理构造，也称之为压溶劈理。

**subgrains 亚颗粒**：矿物颗粒部分具有一致的消光现象，因此也会结晶，方位与颗粒残余部分明显不同。在晶格尺度，亚颗粒是位错墙形成中位错的累积。

**subseismic faults 亚地震断层**：是指断层规模太小而无法投影在特定地震测线。其规模介于地震数据分辨率之下，且其他数据（如岩心、野外数据或测井资料）可以用来识别它们。

**subsimple shear 一般剪切**：介于简单剪切和纯剪切之间的面状变形，即 $0 < W_k < 1$，且流脊呈锐角。

**subsimple shear zone 一般剪切带**：变形以一般剪切为主的剪切带。

**superplasticity 超塑性**：以颗粒边界滑动为主、以细颗粒为优势的微观变形过程；不再广泛使用。

**surface forces 面力**：作用于界面上的力。

**surface lineations 面线理**：限定在面上的线理（断层或裂缝），即非透入性的。

**synclinal 向斜**：远离褶皱轴面岩层越来越老的褶皱。

**synform 向型**：翼部向下倾斜且趋近于枢纽带的褶皱。

**synformal anticline 向型背斜**：具有向型形态的背斜（远离轴面地层越来越新），即背斜颠倒。

**synkinematic 同运动学的**：在变形过程中形成或出现的。

**synrift 同生裂谷**：裂陷过程中形成的，典型用于沉积层序中，展示趋向于伸展断层上盘地层的增厚现象。

**syntectonic 同生构造**：变形过程中形成的构造。

**synthetic fault 同向断层**：相对于相邻主干断层而言，倾向相同的小规模断层。

**synthetic shear 综合剪切**：综合作用在参考断层位移方向上的剪切作用，用于横剖面恢复过程。

**t-fractures t 型裂缝**：在脆性剪切带或断层中形成的伸展裂缝。它们最初标志着瞬时拉伸方向，但在持续变形过程中易于旋转。典型与走滑断层带中 R 型裂缝和 P 型裂缝相关。

**tabular discontinuity 板状不连续构造**：用于描述应变局部化构造，在露头或手标本上可测量厚度（即比片状不连续构造更厚），且不连续构造强度和位移向两侧连续变化。变形带是典型板状不连续构造的实例。剪切带可以被认为是板状不连续构造。

**tangent-lineation diagrams 正切—线理图**：断层数据和它们的运动学数据揭示了古应力方向和可能的应力椭球形状的投影图。

**tangential longitudinal strain 切向纵向应变**：与褶皱岩层正交的测线在褶皱作用前后仍保持不变的褶皱机制。该机制意味着外弧伸展和内弧收缩。

**tear fault 撕裂断层**：参见传递断层。

**teardrop diapir 泪滴型底辟**：形状类似一个倒置的泪滴的外来盐底辟形态，这是由于向上变宽底辟的盐焊接作用而成的。

**tectonics 构造作用**：源于希腊词"tektos"，意为建造，是有关岩石圈在岩石或沉积物达到应力累积的屈服点后如何被建造的知识。实例为板块相互作用（板块构造）、盐移动（盐构造）、冰川作用（冰川构造）和垮塌造山或断层崖（重力构造）。

**tectonic fabric 构造组构**：由于构造作用形成的组构，与原生组构相对应。

**tectonite 构造岩**：强烈应变作用研究，通常为糜棱岩；L 型构造（强烈线理）、S 型构造（强烈叶理）和 LS 型构造（明显的线理和叶理）存在差异。

**tensile strength 抗张强度**：负向水平轴与破裂准则或包络线的截距。一般来说，是指发生断裂之前介质所能承受的张应力大小。

**tension 张力**：能够（并非必然）导致伸展的拉力。

**tensile fracture，tensile crack 张裂缝、张裂纹**：是指垂直于缝壁的具有较小张开度的伸展裂缝，即 I 型或张开型裂缝。大多数地质学家认为，为应力保留拉张力一词是有用的，在这种情况下，张裂缝一词应限于伸展作用下形成的伸展裂缝。

**tensor 张量**：$n$ 阶张量是具有 $m \times n$ 组构的对象，$m$ 代表维数。0 阶张量是标量，一阶张量是矢量，而二阶张量和更高阶张量是矩阵。张量是独立的坐标系；例如：无论相关坐标系如何，变形矩阵描述应变椭球和膨胀。

**thermal loading 热负载**：由于加热（盐岩扩张，且加热使其变得越来越轻）引起盐岩的浮力作用。

**thermobarometry 温压测定计**：定量测定变质岩（火成岩）达到化学平衡时的温度和压力的仪器。基于已知相互作用和稳定应力场，变质指数矿物或次生矿物群用于预测压力和温度。

**thick-skinned deformation 厚皮变形**：包含基底和上覆沉积盖层的造山变形。

**thin-skinned deformation 薄皮变形**：不包括基底，仅包含上覆沉积盖层的造山变形。基底推覆体可能仍出现在造山楔中，但这些基底岩石必须源于远源区。

**throw 断距**：断层倾向视位移的垂直部分。

**thrust advance 逆冲推动**：由于逆冲作用（沿着盐席基底剪切应变集中）导致的盐席的移动。

**thrust（fault）逆冲断层**：具有一定测量位移（通常大于 10km）的低角度逆断层。更多地非正式地用于低角度逆断层，与位移量无关。

**thrust nappe 逆冲推覆体**：地图尺度上由于逆冲断层导致搬运几十千米或更远的岩石单元。

**tightness（of folds）紧闭性（褶皱）**：褶皱几何学特征取决于褶皱翼间角；从平缓、开阔、紧闭到等斜。

**traction 牵引力**：作用于面上的应力。

**trailing branch line 尾部分叉线**：推覆体或推覆构造的最末端的分叉线。

**transcurrent faults 平移断层**：具有无限制（自由）末端的走滑断层。

**transected fold 横切褶皱**：轴面劈理与褶皱轴面斜交的褶皱。

**transecting cleavage 横切劈理**：横切横切褶皱枢纽的劈理。

**transfer fault 传递断层**：从一条断层到另一条断层传递位移的断层。

**transform fault 转换断层**：确定板块边界的走滑断层。转换断层传递洋中脊段或岛—弧边界断层的活动。

**translation 平移**：指没有任何旋转和形变的刚性运动，其位移场由平行和等长的位移矢量组成。

**transmissibility 传导率**：在含油或水储层中断层传导流体的能力。

**transposed layering 转置岩层**：通过原始横切元素（岩墙、岩层、横切岩层、岩浆岩带、构造叶理等）的构造压扁成近平行元素的复合叶理而形成的岩层。该过程包括高应变和反映应变椭球压扁的叶理。通常见于下地壳形成的片麻岩。

**transpression 压扭作用**：在区域中一个额外的且同时发生缩短的走滑断层带。通常为三维变形，其中应变椭圆投点远离弗林图解对角 $K=1$ 的位置。

**transtension 张扭作用**：在区域中一个额外的且同时发生伸展的走滑带，即与压扭作用相反。

**triangle diagram 三角图**：是指表示连续增加视位移的岩层对接图。本地地层信息是三角图的构成元素。S.G.R 值等参数可以计算，且并入三角图中。

**trishear 三角剪切**：反映正在传播的断层端部前端变形的模型，其中由于水平地层受到（断层传播）褶皱作用，剪切扇形进入非均质韧性等速变形的向上变宽区域，见专栏 8.3。

**undulatory（or undulose）extinction 波动（或波状）消光**：在旋转过程中，在交叉偏振光学显微镜下观察矿物颗粒的不均匀消光现象。

**uniaxial contraction/shortening 单轴压缩**：在一维方向上压缩且垂直该方向界面没有应变。沉积物压实是一个实例。

**uniaxial extension 单轴伸展**：在一维方向上伸展且垂直该方向界面没有应变。单轴伸展意味着体积增加。

**uniaxial strain reference state 单轴应变参考状态**：地壳中应力状态模型，其中由于垂向压实作用应力增加（单轴压缩）。因为岩石在水平面无法扩展或收缩而应力增加，且在上覆负载作用下向下应力水平增加。

**uniform extension 均匀伸展**：在 $X$ 轴上拉伸的应变状态，其由垂直 $X$ 轴界面的相等收缩互补。

**uniform flattening 均匀压扁作用**：在 $Z$ 轴上压缩的应变状态，其由垂直 $Z$ 轴界面的所有方向相等拉伸作用互补。

**uniform slip model 均匀滑动模型**：一点滑动与每次滑动事件相同，而滑动面积可能变化。

**upper plate 上部板块**：大规模伸展拆离断层或剪切带的上盘。

**upright fold 直立褶皱**：轴面垂直且枢纽水平的褶皱。

**variable slip model 变滑动模型**：滑动量与破裂长度随变形事件不同而变化。

**vein 矿脉**：被矿物充填的伸展裂缝。

**velocity field 速度场**：描述变形历史过程中任何移动颗粒的速度矢量场。

**vergence 收敛度**：与不对称褶皱的几何学特征有关的术语；如果褶皱被认为是简单剪切作用的结果，那么收敛方向就是剪切的方向。

**vertical shear 垂向剪切**：具有垂向剪切面的简单剪切，即颗粒沿垂直线移动。通常用于恢复垂向剖面。

**viscosity 黏度**：流体在剪应力作用下变形的阻力，或较不正式地称为介质阻止流动的阻力。因此，"稠"流体的黏度高于"稀"或流动的流体。随着地质时间的推移，中下地壳的岩石可以被认为是具有很高黏度的流体。

**viscous material 黏性材料**：是指剪切应力—应变间表现线性关系的材料。黏性材料也在剪切应力和应变率间表现出线性关系。

**volume change 体积变化**：参见膨胀。

**volume diffusion 体积扩散**：通过晶格空位迁移的扩散蠕变现象，又称为 Nabarro-Herring 蠕变。

**volumetric strain 体积应变**：各向同性体积变化。

**vorticity 涡度**：描述在变形过程中流体中粒子的旋转角速度，或者流体中粒子的旋转或循环的快慢的量度。主要应用于塑性区域内的岩石变形。在数学上，涡度是描述速度场旋度的矢量场。因此它是一个矢量，其矢量轴沿着旋转轴，我们可以通过将一小部分液体或可流动的岩石冻结到一个不会发生变形的球体中而将其可视化。涡度矢量是指球体绕着旋转轴旋转，角速度是涡度的一半。当球体不发生旋转时，涡度不存在。

**wall rock 断盘岩石**：剪切带或断层的任意一盘岩石。

**wallace-bott hypothesis wallace-bott 假说**：沿最大剪切应力，在特定裂缝上出现的滑动规律。

**Wernicke model Wernicke 模型**：裂陷的简单剪切模型，其中岩石圈在裂谷中部以具有低角度简单剪切带控制的不对称伸展为主。

**wet diffusion 湿扩散**：离子在颗粒接触之间的水膜中传输所产生的扩散类型，一般在较浅的深度。

**window 构造窗**：下伏推覆体岩石单元的剥蚀出露现象，与 fenster 同义。

**wing crack 翼裂纹**：在裂缝生长或再活动过程中，剪切裂缝末端形成的张性裂缝，其与母裂缝斜交。

**work hardening/softening 加工硬化 / 软化**：与应变硬化 / 软化基本同义，但严格来说与能量有关，而不是与应力水平有关。

**yield point 屈服点**：应力—应变曲线上标志从弹性到永久变形转换的点。

**yield stress 屈服应力**：保持岩石流动（屈服）的临界应力。

**Young's modulus 杨氏模量**：弹性材料应力与应变的比值，描述维持一定应变所需的应力大小，又称为弹性模量。

**Z-folds Z 型褶皱**：指短翼相对于其长翼顺时针旋转的褶皱。

**zonal crenulation cleavage 带状褶劈理**：通过早期叶理可以连续追踪的褶劈理。

# 参考文献

Allmendinger R W, 1998. Inverse and forward numerical modeling of trishear fault-propagation folds. Tectonics, 17: 640-656.

Amilibia A, Sabat F, McClay K R, Munoz J A, Roca E, Chong G, 2008. The role of inherited tectonosedimentary architecture in the development of the central Andean mountain belt: insights from the Cordillera de Domeyko. Journal of Structural Geology, 30: 1520-1539.

Anderson E M, 1951. The Dynamics of Faulting. Edinburgh: Oliver and Boyd.

Andò E, Hall S A, Viggiani G, Desrues J, Bésuelle, P, 2011. Grain-scale experimental investigation of localised deformation in sand: a discrete particle tracking approach. Acta Geotechnica, 7: 1-13.

Angelier J, 1994. Fault slip analysis and palaeostress reconstruction//Hancock P L, Continental Deformation. Oxford: Pergamon Press, pp. 53-100.

Austrheim H, 1987. Eclogitization of lower crust granulites by fluid migration through shear zones. Earth and Planetary Science Letters, 81: 221-232.

Bellingham P, Connors C, Haworth B R, Danforth A, 2014. The deepwater Niger Delta: an underexplored world-class petroleum province. GeoExpro, 11 (5): 54-56.

Bhattacharyya P, Hudleston P, 2001. Strain in ductile shear zones in the Caledonides of northern Sweden: a three-dimensional puzzle. Journal of Structural Geology, 23: 1549-1565.

Bingen B, Austrheim H, Whitehouse M J, Davis, W J, 2004. Trace element signature and U-Pb geochronology of eclogite-facies zircon, Bergen Arcs, Caledonides of W Norway. Contributions to Mineralogy and Petrology, 147: 671-683.

Breddin H, 1956. Die tektonische Deformation der Fossilien im Rheinischen Schiefergebirge. Zeitschrift Deutsche Geologische Gesellschaft, 106: 227-305.

Buchner E, Kenkmann T, 2008. Upheaval Dome, Utah, USA: impact origin confirmed. Geology, 36: 227-230.

Burchfiel B C, Stewart J H, 1966. "Pull-apart" origin of the central segment of Death Valley, California. Geological Society of America Bulletin, 77: 439-442.

Cavalcante G C G, Egydio-Silva M, Vauchez A, Camps P, Oliveira E, 2013. Strain distribution across a partially molten middle crust: insights from the AMS mapping of the Carlos Chagas Anatexite, Araçuaí belt (East Brazil). Journal of Structural Geology, 55: 79-100.

Chemenda A I, Mattauer M, Malavieille J, Bokun A N, 1995. A mechanism for syn-collisional rock exhumation and associated normal faulting: results from physical modelling. Earth and Planetary Science Letters, 132: 225-232.

Choukroune P, Gapais D, Merle O, 1987. Shear criteria and structural symmetry. Journal of Structural

Geology, 9: 525-530.

Cloos E, 1968. Experimental analysis of Gulf Coast fracture patterns. American Association of Petroleum Geologists Bulletin, 52: 420-441.

Coogan J C, 1992. Structural evolution of piggyback basins in the Wyoming-Idaho-Utah thrust belt//Link P K, Kuntz M A, Platt L B, Regional Geology of Eastern Idaho and Western Wyoming. Geological Society of America Memoir, 179: 55-81.

Craddock J P, van der Pluijm B, 1989. Late Paleozoic deformation of the cratonic carbonate cover of eastern North America. Geology, 17: 416-419.

Cruikshank K M, Zhao G, Johnson A, 1991. Duplex structures connecting fault segments in Entrada Sandstone. Journal of Structural Geology, 13: 1185-1196.

Currie J B, Patnode A W, Trump R P, 1962. Development of folds in sedimentary strata. Geological Society of America Bulletin, 73: 655-674.

Darby D, Hazeldine R S, Couples G D, 1996. Pressure cells and pressure seals in the UK Central Graben. Marine and Petroleum Geology, 13: 865-878.

Davis G, Reynolds S J, Kluth C F, 2011. Structural Geology of Rocks and Regions, 3rd edition. Chichester: J. Wiley and Sons.

Doelling H H, 2001. Geologic map of the Moab and eastern part of the San Rafael Desert 30' × 60' quadrangles, Grand and Emery Counties, Utah, and Mesa County, Colorado. Utah Geological Survey Map 180.

Durham W B, Goetze C, 1977. Plastic flow of oriented single crystals of olivine. I. Mechanical data. Journal of Geophysical Research, 82: 5737-5754.

Duval B, Cramez C, Jackson M P A, 1992. Raft tectonics in the Kwanza Basin, Angola. Marine and Petroleum Geology, 9: 389-390.

Dyer R, 1988. Using joint interactions to estimate paleostress ratios. Journal of Structural Geology, 10: 685-699.

Elliott D, 1970. Determination of finite strain and initial shape from deformed elliptical objects. Geological Society of America Bulletin, 81: 2221-2236.

Engelder T, 1985. Loading paths to joint propagation during a tectonic cycle: an example from the Appalachian Plateau, U.S.A. Journal of Structural Geology, 7: 459-476.

Engelder T, 1993. Stress Regimes in the Lithosphere. Princeton: Princeton University Press.

Engelder T, Geiser P, 1980. On the uses of regional joint sets as trajectories of paleostress fields during the development of the Appalachian Plateau, New York. Journal of Geophysical Research, 85: 6319-6341.

Erslev E A, 1991. Trishear fault-propagation folding. Geology, 19: 617-620.

Finch E, Hardy S, Gawthorpe R, 2004. Discreteelement modelling of extensional fault-propagation folding above rigid basement fault blocks: Basin Research, 16: 489-506.

Fischer M P, Polansky A, 2006. Influence of flaws on joint spacing and saturation: Results of one-dimensional mechanical modeling. Journal of Geophysical Research, 111.

Fleuty M J, 1964. The description of folds. London: Proceedings of the Geologists' Association, 75: 461-

492.

Flinn D, 1962. On folding during three-dimensional progressive deformation. Quarternary Journal of the Geological Society, London, 118: 385-433.

Fossen H, 1992. The role of extensional tectonics in the Caledonides of South Norway. Journal of Structural Geology, 14: 1033-1046.

Fossen H, 1993. Structural evolution of the Bergsdalen Nappes, Southwest Norway. Norges Geologiske Undersøkelse Bulletin, 424: 23-50.

Fossen H, 1998. Advances in understanding the post-Caledonian structural evolution of the Bergen area, West Norway. Norsk Geologisk Tidsskrift, 78: 33-46.

Fossen H, 2000. Extensional tectonics in the Caledonides: synorogenic or postorogenic? Tectonics, 19: 213-224.

Fossen H, Gabrielsen R H, 1996. Experimental modeling of extensional fault systems by use of plaster. Journal of Structural Geology, 18: 673-687.

Fossen H, Hesthammer J, 2000. Possible absence of small faults in the Gullfaks Field, northern North Sea: implications for downscaling of faults in some porous sandstones. Journal of Structural Geology, 22: 851-863.

Fossen H, Rørnes A, 1996. Properties of fault populations in the Gullfaks Field, northern North Sea. Journal of Structural Geology, 18: 179-190.

Fossen H, Rykkelid E, 1990. Shear zone structures in the Øygarden Complex, western Norway. Tectonophysics, 174: 385-397.

Fossen H, Tikoff B, 1993. The deformation matrix for simultaneous simple shearing, pure shearing, and volume change, and its application to transpression/ transtension tectonics. Journal of Structural Geology, 15: 413-422.

Fossen H, Tikoff B, 1997. Forward modeling of non steady-state deformations and the "minimum strain path". Journal of Structural Geology, 19: 987-996.

Fossen H, Tikoff B, 1998. Extended models of transpression and transtension, and application to tectonic settings//Holdsworth R E, Strachan R A, Dewey J F, Continental Transpressional and Transtensional Tectonics. Special Publication, 135, London: Geological Society, pp. 15-33.

Fossen H, Tikoff T B, Teyssier C T, 1994. Strain modeling of transpressional and transtensional deformation. Norsk Geologisk Tidsskrift, 74: 134-145.

Fossen H, Odinsen T, Færseth R B, Gabrielsen R H, 2000. Detachments and low-angle faults in the northern North Sea rift system//Nøttvedt A, Dynamics of the Norwegian Margins, Special Publication, 167, London: Geological Society, pp. 105-131.

Fossen H, Schultz R, Shipton Z, Mair K, 2007. Deformation bands in sandstone-a review. Journal of the Geological Society, London, 164: 755-769.

Fossen H, Dallman W, Andersen T B, 2008. The mountain chain rebounds and founders. The building up of the Caledonides: about 500-405 Ma.//Ramberg I, Bryhni I, Nøttvedt A, The Making of a Land: Geology of Norway. Trondheim: Norsk Geologisk Forening, pp. 178-231.

Fry N, 1979. Random point distributions and strain measurement in rocks. Tectonophysics, 60: 89-105.

Gallagher J J, Friedman M, Handin J, Sowers G M, 1974. Experimental studies relating to microfracture in sandstone. Tectonophysics, 21: 203-247.

Gartrell A P, 1997. Evolution of rift basins and low-angle detachments in multilayer analog models. Geology, 25: 615-618.

Gleason G C, Tullis J, 1995. A flow law for dislocation creep of quartz aggregates determined with the molten salt cell. Tectonophysics, 247: 1-23.

Goldstein A, Knight J, Kimball K, 1998. Deformed graptolites, finite strain and volume loss during cleavage formation in rocks of the taconic slate belt, New York and Vermont, U.S.A. Journal of Structural Geology, 12: 1769-1782.

Griffith A A, 1924. The theory of rupture//Biezeno C B, Burgers J M, First International Congress on Applied Mechanics. Delft: J. Waltman, pp. 55-63.

Griggs D, Handin J, 1960. Observations on fracture and a hypothesis of earthquakes//Griggs D, Handin J, Rock Deformation. Memoir, 79, Boulder: Geological Society of America.

Gudmundsson A, 2000. Fracture dimensions, displacements and fluid transport. Journal of Structural Geology, 22: 1221-1231.

Gueguen E, Dogliono C, Fernandez M, 1997. Lithospheric boudinage in the western Mediterranean back-arc basin. Terra Nova, 9: 184-187.

Hanmer S, 1986. Asymmetrical pull-aparts and foliation fish as kinematic indicators. Journal of Structural Geology, 8: 111-122.

Harding R, Huuse M, 2015. Salt on the move: multi stage evolution of salt diapirs in the Netherlands North Sea. Marine and Petroleum Geology, 61: 39-55.

Hayward A B, Graham R H, 1989. Some geometrical characteristics of inversion//Cooper M A, Williams G D, Inversion Tectonics. Special Publication, 44, London: Geological Society, pp. 17-39.

He B, Xu Y G, Paterson S, 2009. Magmatic diapirism of the Fangshan pluton, southwest of Beijing, China. Journal of Structural Geology, 31: 615-626.

Heard H C, 1960. Transition from brittle fracture to ductile flow in Solenhofen limestone as a function of temperature, confining pressure and interstitial fluid pressure. Geological Society of America Bulletin, 79: 193-226.

Heard H C, Raleigh C B, 1972. Steady-state flow in marble at 500℃ to 800℃. Geological Society of America Bulletin, 83: 935-956.

Heilbronner R, Tullis J, 2006. Evolution of c axis pole figures and grain size during dynamic recrystallization: results from experimentally sheared quartzite. Journal of Geophysical Research, 111: doi: 10.1029/2005jb004194.

Hesthammer J, Fossen H, 1998. The use of dipmeter data to constrain the structural geology of the Gullfaks Field, northern North Sea. Marine and Petroleum Geology, 15: 549-573.

Hesthammer J, Fossen H, 1999. Evolution and geometries of gravitational collapse structures with examples from the Statfjord Field, northern North Sea. Marine and Petroleum Geology, 16: 259-281.

Hobbs B E, McLaren A C, Paterson M S, 1972. Plasticity of single crystals of synthetic quartz//Heard H C, Borg I Y, Carter N I, Raleigh C B, Flow and Fracture of Rocks. American Geophysical Union Monograph, 16: pp. 29-53.

Hobbs B E, Means W D, Williams P F, 1976. An Outline of Structural Geology. New York: J. Wiley and Sons.

Hodgson R A, 1961. Classification of structures on joint surfaces. American Journal of Science, 259: 493-502.

Holst T B, Fossen H, 1987. Strain distribution in a fold in the West Norwegian Caledonides. Journal of Structural Geology, 9: 915-924.

Hossack J, 1968. Pebble deformation and thrusting in the Bygdin area (Southern Norway). Tectonophysics, 5: 315-339.

Høyland Kleppe K J, 2003. Strukturgelogisk analyse av forkastninger og deres innvirkning på kommunikasjon i østlige deler av Gullfaksfeltet, nordlige Nordsjøen. Unpublished Cand. scient. thesis, University of Bergen.

Hubbert M K, Rubey W W, 1959. Role of pore fluid pressure in the mechanics of overthrust faulting. I: Mechanics of fluid-filled porous solids and its application to overthrust faulting. Geological Society of America Bulletin, 70: 115-205.

Hudec M R, Jackson M P A, 2006. Advance of allochthonous salt sheets in passive margins and orogens. American Association of Petroleum Geologists Bulletin, 90: 1535-1564.

Hudec M R, Jackson M P A, 2007. Terra infirma: understanding salt tectonics. EarthScience Reviews, 82: 1-28.

Hudleston P J, 1973. Fold morphology and some geometric implications of theories of fold development. Tectono physics, 16: 1-46.

Hudleston P J, 1989. Extracting information from folds in rocks. Journal of Geological Education, 34: 237-245.

Hudleston P J, Holst T B, 1984. Strain analysis and fold shape in a limestone layer and implications for layer rheology. Tectonophysics, 106: 321-347.

Huismans R S, Beaumont C, 2003. Symmetric and asymmetric lithospheric extension: relative effects of frictional-plastic and viscous strain softening. Journal of Geophysical Research, 108: 2156-2202.

Jackson J A, Cornelius R R, Craig C H, Gansser A, Stöcklin J, Talbot C J, 1990. Salt Diapirs of the Great Kavir, Central Iran. Memoir, 177, Boulder: Geological Society of America.

Kreemer C, Holt W E, Haines A J, 2003. An integrated global model of present-day plate motions and plate boundary deformation. Geophysical Journal International, 154: 8-34.

Labrousse L, Jolivet L, Andersen T B, Agard P, Hébert R, Maluski H, Schärer U, 2004. Pressure-temperature- time deformation history of the exhumation of ultra-high pressure rocks in the Western Gneiss Region, Norway. //Whitney D L, Teyssier C, SiddowayC S, Gneiss Domes in Orogeny. Special Paper (380), Boulder: Geological Society of America, pp. 155-183.

Law R D, Johnson M R W, 2010. Microstructures and crystal fabrics of the Moine Thrust zone and Moine Nappe: history of research and changing tectonic interpretations. Geological Society, London, Special

Publications, 335: 443-503.

Li Z H, Gerya T V, Burg J P, 2010. Influence of tectonic overpressure on P-T paths of HP-UHP rocks in continental collision zones: thermomechanical modelling. Journal of Metamorphic Geology, 28: 227-247.

Lister G S, Hobbs B E, 1980. The simulation of fabric development during plastic deformation and its application to quartzite: the influence of deformation history. Journal of Structural Geology, 2: 355-370.

Lister G S, Snoke A W, 1984. S-C mylonites. Journal of Structural Geology, 6: 617-638.

MacLeod C J, Searle R C, Murton B J, Casey J F, Mallows C, Unsworth S C, Achenbach K L, Harris M, 2009. Life cycle of oceanic core complexes. Earth and Planetary Science Letters, 287: 333-344.

Maerten L, Maerten F, 2006. Chronologic modeling of faulted and fractured reservoirs using geomechanically based restoration: technique and industry applications. American Association of Petroleum Geologists Bulletin, 90: 1201-1226.

Maerten L, Gillespie P, Pollard D D, 2002. Effects of local stress perturbation on secondary fault development. Journal of Structural Geology, 24: 145-153.

Maerten L, Gillespie P, Daniel J M, 2006. Three-dimensional geomechanical modeling for constraint of subseismic fault simulation. American Association of Petroleum Geologists Bulletin, 90: 1337-1358.

Marone C, Scholz C H, 1988. The depth of seismic faulting and the upper transition from stable to unstable slip regimes. Geophysical Research Letters, 15: 621-624.

McClay K R, 1990. Extensional fault systems in sedimentary basins: A review of analogue model studies. Marine and Petroleum Geology, 7: 206-233.

McElroy T A, Hoskins D M, 2011. Bedrock geologic map of the McCoysville quadrangle, Juniata, Mifflin, and Perry Counties, Pennsylvania. Pennsylvania Geological Survey, 4th ser., Open-File Report OFBM 11-01.0, 51 pp., Portable Document Format (PDF).

McQuarrie N, 2004. Crustal scale geometry of the Zagros fold-thrust belt, Iran. Journal of Structural Geology, 26: 519-535.

Merle O, 1989. Strain models within spreading nappes. Tectonophysics, 165: 57-71.

Morales L F G, Mainprice D, Lloyd G E, Law R D, 2011. Crystal fabric development and slip systems in a quartz mylonite: an approach via transmission electron microscopy and viscoplastic self-consistent modelling. Geological Society, London, Special Publications, 360: 151-174.

Morley C K, 1986. Vertical strain variations in the OsaRøa thrust sheet, North-western Oslo Fjord, Norway. Journal of Structural Geology, 8: 621-632.

Myrvang A, 2001. Bergmekanikk. Trondheim, Institutt for geologi og bergteknikk, NTNU.

Nettleton L L, 1934. Fluid mechanics of salt domes. American Association of Petroleum Geologists Bulletin, 18: 1175-1204.

Odinsen T, Christiansson P, Gabrielsen R H, Faleide J I, Berge A, 2000. The geometries and deep structure of the northern North Sea.//Nøttvedt A, Dynamics of the Norwegian Margin. Special Publication 167, London: Geological Society, pp. 41-57.

Olson J, Pollard D D, 1989. Inferring paleostresses from natural fracture patterns: a new method. Geology, 17: 345-348.

Passchier C W，Trouw R A J，2005. Microtectonics，2nd edition. Berlin：Springer.

Paterson M S，1958. Experimental deformation and faulting in Wombeyan marble. Geological Society of America Bulletin，69：465-476.

Petit J P，1987. Criteria for the sense of movement on fault surfaces in brittle rocks. Journal of Structural Geology，9：597-608.

Philipp S L，2012. Fluid overpressure estimates from the aspect ratios of mineral veins. Tectonophysics 581：35-47.

Platt J P，Vissers R L M，1980. Extensional structures in anisotropic rocks. Journal of the Geological Society，London，2：397-410.

Pollard D D，Segall P，1987. Theoretical displacements and stresses near fractures in rock：with application to faults，joints，veins，dikes，and solution surfaces.//Fracture Mechanics of Rock. London：Academic Press，pp. 277-349.

Raimbourg H，Jolivet L，Labrousse L，Leroy Y，Avigad D，2005. Kinematics of syneclogite deformation in the Bergen Arcs，Norway：implications for exhumation mechanisms//Gapais D，Brun J P，Cobbold P R，Deformation Mechanisms，Rheology and Tectonics. Special Publication 243，London：Geological Society，pp. 175-192.

Ramberg H，1981. Gravity，Deformation and the Earth's Crust，2nd edition. London：Academic Press.

Ramsay J G，1967. Folding and Fracturing of Rocks. New York：McGraw-Hill.

Ramsay J G，Huber M I，1983. The Techniques of Modern Structural Geology. Vol. 1：Strain Analysis. London：Academic Press.

Ramsay J G，Huber M I，1987. The Techniques of Modern Structural Geology. Vol. 2：Folds and Fractures. London：Academic Press.

Ramsay J G，Woods D S，1973. The geometric effects of volume change during deformation processes. Tectonophysics，16：263-277.

Reber J E，Schmalholz S M，Burg J P，2010. Stress orientation and fracturing during three-dimensional buckling：numerical simulation and application to chocolate-tablet structures in folded turbidites，SW Portugal. Journal of Structural Geology，53：187-195.

Rives T，Razack M，Petit J P，Rawnsley K D，1992. Joint spacing：analogue and numerical simulations. Journal of Structural Geology，14：925-937.

Roberts A M，Yielding G，Kusznir N J，Walker I M，Dorn-Lopez D，1993. Mesozoic extension in the North Sea：constraints from flexural backstripping，forward modelling and fault populations. // Parker J R，Petroleum Geology of Northern Europe. London：Geological Society，pp. 1123-1136.

Roberts D，Strömgård K E，1972. A comparison of natural and experimental strain patterns around fold hinge zones. Tectonophysics，14：105-120.

Rouby D，Fossen H，Cobbold P，1996. Extension，displacement，and block rotation in the larger Gullfaks area，northern North Sea：determined from map view restoration. American Association of Petroleum Geologists Bulletin，80：875-890.

Rowan M G，Lawton T F，Giles K A，Ratliff R A，2003. Near-salt deformation in La Popa basin，Mexico， and the northern Gulf of Mexico: a general model for passive diapirism. American Association of Petroleum Geologists Bulletin, 87: 733-756.

Rutter E H, 1976. The kinetics of rock deformation by pressure solution. Philosophical Transactions of the Royal Society of London A, 283: 203-219.

Rykkelid E, Fossen H, 2002. Layer rotation around vertical fault overlap zones: observations from seismic data, field examples, and physical experiments. Marine and Petroleum Geology, 19: 181-192.

Sanderson D, Marchini R D, 1984. Transpression. Journal of Structural Geology, 6: 449-458.

Scheck M, Bayer U, Lewerenz B, 2003. Salt redistribution during extension and inversion inferred from 3D backstripping. Tectonophysics, 373: 55-73.

Schmid S M, Kissling E, 2000. The arc of the western Alps in the light of geophysical data on deep crustal structure. Tectonics, 19: 62-85.

Scholz C H, 1990. The Mechanics of Earthquakes and Faulting. Cambridge: Cambridge University Press.

Schultz R A, Fossen H, 2002. Displacement-length scaling in three dimensions: the importance of aspect ratio and application to deformation bands. Journal of Structural Geology, 24: 1389-1411.

Schultz R A, Klimczak C, Fossen H, Olson J E, Exner U, Reeves D M, Soliva R, 2013. Statistical tests of scaling relationships for geologic structures. Journal of Structural Geology, 48: 85-94.

Sibson R, 1977. Fault rocks and fault mechanisms. Journal of the Geological Society, 133: 191-213.

Stewart S A, Allen P J, 2005. 3D seismic reflection mapping of the Silverpit multi-ringed crater, North Sea. Geological Society of America Bulletin, 117: 354-368.

Stipp M, Tullis J, 2003. The recrystallized grain size piezometer for quartz. Journal of Geophysical Research, 30: doi: 10: 1029/2003GL018444.

Suppe J, 1983. Geometry and kinematics of fault-bend folding. American Journal of Science, 283: 684-721.

Talbot C J, 1979. Fold trains in a glacier of salt in southern Iran. Journal of Structural Geology, 1: 5-18.

Tapponnier P, Peltzer G, Armijo R, 1986. On the mechanics of the collision between India and Asia//Coward M P, Ries A C, Collision Tectonics. Special Publication, 19, London: Geological Society, pp. 115-157.

Tikoff B, Fossen H, 1999. Three-dimensional reference deformations and strain facies. Journal of Structural Geology, 21: 1497-1512.

Trudgill B, Cartwright J, 1994. Relay-ramp forms and normal-fault linkages, Canyonlands National Park, Utah. Geological Society of America Bulletin, 106: 1143-1157.

Twiss R J, 1977. Theory and applicability of a recrystallized grain size paleopiezometer. Pure and Applied Geophysics, 115, 227-244.

Twiss R J, Moores E M, 2007. Structural Geology, 2nd edition. New York: H. W. Freeman and Company.

van der Pluijm B, Marshak S, 2004. Earth Structure: An Introduction to Structural Geology and Tectonics, 2nd edition. New York: WW Norton & Company.

Vanderhaeghe O, Burg J P, Teyssier C, 1999. Exhumation of migmatites in two collapsed orogens: Canadian Cordillera and French Variscides. //Ring U, Brandon M T, Lister G S, Willett S D, Exhumation Processes: Normal Faulting, Ductile Flow and Erosion. Special Publication 154, London: Geological Society, pp. 181-204.

Vollmer F W, 1990. An application of eigenvalue methods to structural domain analysis. Geological Society of America Bulletin, 102: 786-791.

Wernicke B, Axen G J, 1988. On the role of isostasy in the evolution of normal fault systems. Geology, 16: 848-851.

Wright L A, Otton J K, Troxel B W, 1974. Turtleback surfaces of Death Valley viewed as phenomena of extensional tectonics. Geology, 2: 53-54.

Wust S L, 1986. Regional correlation of extension directions in the Cordilleran metamorphic core complexes. Geology, 14: 828-830.

Yonkee A, Weil A B, Mitra G, 2013. Transect of the Sevier and Laramide orogenic belts, northern Utah to Wyoming: evolution of a complex geodynamic system. Geological Society of America Field Guide, 33: 55 pp.

Zanella E, Coward M P, McGrandle A, 2003. Crustal structure. //Evans D, Graham C, Armour A, Bathurst P, The Millennium Atlas, Petroleum Geology of the Central and Northern North Sea. London: Geological Society, pp. 35-43.

Zulauf G, Gutiérrez-Alonso G, Kraus R, Petschick R, Potel S, 2011. Formation of chocolate-tablet boudins in a foreland fold and thrust belt: a case study from the external Variscides (Almograve, Portugal). Journal of Structural Geology, 33: 1639-1649.

# 编辑的话

　　《构造地质学（第二版）》这本中文译著的出版，是本人的编辑生涯中颇为重要的一笔。Haakon Fossen 教授的生花妙笔，严谨而又不失惬意地为读者们提供了一个丰富多彩、趣味横生的构造地质的世界。在付晓飞教授的带领下，东北石油大学地球科学学院断裂控藏研究室戮力同心、克服万难将其翻译成中文，经过多次润色和修改后，此版本终于能正式出现在读者面前。与付晓飞教授团队的合作是我本人的荣幸，本书的编辑工作开拓了我的眼界，并从多个方面丰富了我的工作生活。本人能以编辑的身份参与到这个过程中，主导出版相关工作，为这本书的出版尽一份心力，深感喜悦的同时，也深刻地感受到了国外优秀教材的魅力——本书章节之间环环相扣，各种举例被不同章节引用，证明了本书理论体系的完整性和逻辑上真正的自洽，其含金量对得起仅为原版教材五分之二左右的价格，其严谨的著书态度更是值得国内各大高校的授课者们学习。希望在未来，国内的相关教材也能够因作者和出版人的共同努力而日臻完美，而我本人也将用编辑这本书的态度和付出精神来面对未来的工作，以此不负这份终于付梓的喜悦。在本书出版之际，希望能够与各位读者朋友共享这份喜悦，也希望能为读者提供更多高水平的作品。

中文版编辑　何　桐

2021 年 4 月 10 日